U0338439

任继周文集

第八卷

草业科学研究方法

中国农业出版社

北京

Ren Jizhou's Selected Works

Volume 8

Research Methods of Pratacultural Science

China Agriculture Press

Beijing

任继周院士

1998年，中国农业出版社出版任继周主编的《草业科学研究方法》

1986年，任继周教授（右一）为全国草地农业系统分析讲习班授课

1988年，任继周教授（左一）查看庆阳澳援项目的实施情况

1989年，任继周教授（左一）考察甘肃省肃南马鹿养殖场

1994，任继周教授（右二）考察美国百绿公司试验站

1996年，任继周院士考察新疆克拉玛依草地退化状况

2002年，任继周院士（左二）在河西走廊考察种草改良盐碱地的情况

1998年，任继周院士在云南曲靖北大营考察草地

2009年，任继周院士在中国农业科学院草原研究所作学术报告

《任继周文集》编辑委员会

主　　任：洪绂曾

顾　　问：（按姓名笔画排序）

云锦凤　刘更另　刘钟龄　许　鹏　许岭妊　李文华

李建东　李毓堂　张子仪　张天理　宗锦耀　祝廷成

贾幼陵　黄文惠

副 主 任：南志标　胡自治

委　　员：（按姓名笔画排序）

王　宁　王春喜　王彦荣　王槐三　石长魁　龙瑞军

卢欣石　朱邦长　刘自学　刘博浩　牟新待　杨中艺

李　洋　李向林　李建龙　吴序卉　沈禹颖　沈益新

张自和　张新跃　陈全恭　陈宝书　郎百宁　胡自治

南志标　侯扶江　洪绂曾　高洪文　符义坤　蒋文兰

韩建国　韩烈保　傅　华

办公室主任：傅　华

办公室成员：林慧龙　李立恒　胥　刚　未　丽

任继周院士学术贡献（代序）

洪绂曾　胡自治　南志标

任继周，山东平原县人。1924 年生，1948 年中央大学（现南京农业大学）畜牧兽医系畜牧专业毕业。1948—1950 年，师从我国草原科学奠基人王栋教授，专攻牧草学。1950 年应我国著名兽医学家盛彤笙院士的邀请和恩师王栋教授的嘱托，远赴兰州，到国立兽医学院（现甘肃农业大学）任教。自那时以来，先后在甘肃农业大学、甘肃省草原生态研究所、兰州大学草地农业科技学院等单位从事草业科学的教学与科研工作。1952 年任讲师，1978 年由讲师破格晋升为教授。1995 年当选中国工程院院士。在甘肃农业大学工作期间，先后担任畜牧系副主任、草原系系主任，副校长。1981 年任继周创办了甘肃省草原生态研究所并担任第一任所长至 1993 年，后由甘肃省人民政府任命为名誉所长。1992 年甘肃省教育厅批准成立由甘肃农业大学草原系和甘肃省草原生态研究所共同组建的甘肃农业大学草业学院，任继周为名誉院长，继续以学术带头人、教授和博士生导师的身份领导这一集体的学术活动和研究生的培养工作。2002 年，甘肃省草原生态研究所整体并入兰州大学，成立兰州大学草地农业科技学院，任继周任名誉院长、博士生导师。

任继周的主要学术与社会兼职有中国人民政治协商会议全国委员会第五至第七届委员，国务院学位委员会学科评议组第一至第三届成员、召集人，国家自然科学基金委员会学科评审组专家，全国科协第六届委员，农业部科学技术委员会第一至第四届委员，中国草学会第一至第三届副理事长、第一副理事长、首席顾问，国际人与生物圈委员会中国委员会委员，国际草原学术会议（International Rangeland Congress）连续委员会成员，*Journal of Arid Environments* 编委，《国外畜牧学——草原与牧草》（现名《草原与草坪》）《草业科学》《草业学报》主编、名誉主编。

1960 年任继周领导的甘肃农业大学饲料生产教研组被评为全国文教群英会先进集体，他代表集体出席了这一盛会。1978 年被评为甘肃省科学大会先进个人，出席了全国科学大会。1991 年享受国务院特殊津贴并被人事部批准为国家级有突出贡献的专家。1999 年获得何梁何利科技进步奖。2000 年被人事部等部委授予全国优秀农业科学工作者称号。1983 年美国草原学会授予他名誉会员称号。1988 年新西兰梅西大学（Massey University）出资设立了任继周教授奖学金，专门用以资助中、新两国农业领域内学者、学生的交流。

"齐鲁多才俊，金陵铸学风，陇上酬壮志，莽原碧草心""草界先驱"分别是洪绂曾教授和中国草学会为任继周院士 80 华诞的祝寿题词。题词高度概括了任继周作为我国草业科学的奠基人之一，在草业科学领域所取得的成就与贡献，及他矢志草业、无私奉献、勇于创造的高尚品质。

一、科学研究

50 余年来，任继周自觉运用辩证唯物主义，在草业科学的理论与实践方面，进行了广泛而深入的研究与探索，取得了多方面的创造性成果。在国内外发表学术论文 150 余篇，主编出版了大学统编教材 4 种，工具书 4 种，著作 12 部。他主持的科研成果获国家科技进步三等奖三项，部、省级科技成果荣誉奖一项，一等奖一项，二等奖三项。在草原类型学、草原利用与改良、草原生产能力评定、草原季节畜牧业、草地农业生态系统、草坪学、草原生态化学等领域均做出了创造性与开拓性贡献，有些分支学科系根据他本人的成果发展而成，有力地推动了我国草业科研、教育和生产的发展。

（一）创立草原的气候—土地—植被综合顺序分类法

1956 年，任继周提出了草原的综合分类法，以后与其学术集体不断完善，发展成为草原的气候—土地—植被综合顺序分类法，简称草原综合顺序分类法。

草原综合顺序分类法是在深入研究了草原的发生与发展基本规律的基础上，唯物辩证地处理了形成草原的气候、土地、生物和劳动生产各类因素在草原分类中的作用和分类指标的位置后，提出的与世界当前存在的六大类草原分类法具有明显不同特色的分类法，是我国两大草原分类法之一。它的学术特色在于：

（1）分类指标信息量大，对生产有较多的指导意义。

（2）第一级分类单位——类以水热指标划分，用以表达水分状况的草原湿润度（K），据地理学家艾南山（1984）研究指出，草原湿润度与著名的贝利的湿润度（S）、霍尔德里奇的可能蒸散率（PER）、桑斯威特的可能蒸散（E_0）、彭曼的干燥度（A）以及布迪科的辐射干燥指数（K）具备相同的功效，但草原湿润度（K）计算简单，应用更加方便。

（3）该分类法最重要的第一级分类单位是数量分类，结果客观、可靠，并可用计算机检索分类。

（4）综合顺序分类法设计的第一级分类检索图在国际上称为"Ren-Hu's Chart"，可以直观体现类的地带性和发生学关系；可以根据类在检索图中的坐标位置，确定各个类的相似或相异程度，预测它的自然特性和生产特征。

（5）它可以将全世界相互远离的各类草地——天然草地、人工草地，地带性草地、非地带性草地纳入一张图、一个分类系统之中。

草原综合顺序分类法自建立以来，已成功地应用于甘肃、宁夏、青海、新疆、内蒙古、西藏、四川、贵州等省（自治区）的草原分类。1978 年，草原综合顺序分类法及其检索图获甘肃省科学大会荣誉奖，任继周为主持人，第一获奖人。1995 年综合顺序分类法由其助手胡自治主持进一步改进，研究成果获 1999 年农业部科技进步二等奖。

（二）创造了"划破草皮，改良草原"的理论与实践

1958 年，任继周在我国首次提出了划破草皮改良高山草原的理论，通过试验，使改良的草原生产力提高 2.5 倍。1965 年出版了《划破草皮 改良草原》一书。划破草皮改良高山草原的创新之处在于：在不破坏草原天然植被的前提下，以机械适度划破絮结的草皮，增加土壤的通气性、透水性，改良土壤理化特性，促进牧草的营养繁殖、天然下种和生长，从而达到提高草原生产力的目的。这是应用生态学原理改良退化草原的范例。为了

将这一技术应用于占我国草原面积 1/3 的高山草原，任继周在 20 世纪 60 年代初积极与青海省畜牧机械研究所联系，合作研制出我国第一代草原划破机——燕尾犁，进而发展为划破补播机。目前，划破草皮已成为我国甘肃、青海、四川、西藏、内蒙古等省（自治区）大规模改良草原的常规方法之一。草原划破补播与目前在新西兰、美国盛行的 Direct drilling 极为相似。40 余年前创造的这一技术在改良我国草原的实践中将发挥更大作用。

（三）开创划区轮牧及放牧生态学的研究

20 世纪 50 年代末，任继周最早将西方和苏联的划区轮牧先进理论和方法全面引进我国，并在试验和实践的基础上，提出了具有我国特色的高山草原整套划区轮牧实施方案。

任继周在这一领域的贡献主要是：

（1）通过试验、宣传、推广，提高了我国草原学界对划区轮牧的认识，为在全国范围内应用这一先进技术奠定了思想及理论基础。

（2）在大量试验研究的基础上，针对我国不同草原类型，提出了划区轮牧的周期与频率、轮牧分区及其布局、划区轮牧规划、牧场轮换、轮牧分区障隔的设立等，为在我国实行划区轮牧提供了技术准备。

（3）1958 年在甘肃天祝县红疙瘩牧业村实施了全面的划区轮牧，并在生产和管理上取得了全面的成功，红疙瘩牧业村被评为全国先进集体，获得了国务院颁发的由周恩来总理签署的奖状。40 余年前提出的原则至今仍普遍应用于我国草原合理利用的实践。他在 20 世纪 60 年代提倡并在甘肃天祝抓喜秀龙滩建立草原围栏的实践，已在全国牧区得到重视，成为我国合理利用草原的基本措施。

任继周在 20 世纪 50 年代中期研究划区轮牧的同时，还对我国西藏羊、牦牛的划区轮牧和放牧习性进行了研究，发表了研究论文，这是我国在放牧生态学领域最早的研究成果。

（四）建立了评定草原生产能力的新指标——畜产品单位

20 世纪 60 年代末，任继周针对载畜量单位在评定草原生产力中存在的弊端，提出了畜产品单位的概念。1978 年他和助手们研究、建立了评定草原生产能力的新指标——畜产品单位（Animal Product Unit，简称 APU）体系。畜产品单位体系是一个评价草原生产力的新概念和新尺度，它具有下列重要科学意义：

（1）它根据草原生态系统的理论，确定了在草原畜牧业生产中，牧草、载畜量、畜产品是不同转化阶段的产品，分别反映草原的基础、中间和最终生产力，畜产品单位指标可以评价和反映草原生产最后一个转化阶段的真实生产力。

（2）畜产品单位指标把家畜作为草原的生产资料与产品在属性上区分开来，从而排除了长期存在的草原家畜头数指标在生产中造成的误差和假象，反映了草原生产的真实效率。

（3）畜产品单位是一个可换算的标准单位，从而结束了不同国家、不同时期和生产不同畜产品的草地生产力不能比较的历史。

畜产品单位指标提出后，即被我国相关的生产管理、科研、教学等部门接受应用，已为我国农业部主编的《中国畜牧名词术语标准》一书收录，编入了《中国大百科全书》《中国农业百科全书》《中国资源百科全书》等重要工具书，并被国际权威著作《世界资源：1987》引用。

（五）建立草原生态化学的理论体系

1975年，任继周带领学术集体开始了草原生态系统内能量与矿质元素循环的研究。在此基础上，为草原专业本科生开出了专业基础课——草原生态化学。经过10年的研究与教学实践，他主编出版了全国高等农业院校试用教材《草原生态化学》（1985），并组织出版了《草原生态化学实验指导》（1987，吴自立主编），标志着这一分支学科在草业科学中的初步形成。

任继周的学术贡献主要有：

（1）确立了草原生态化学的任务是以土壤—牧草—动物为主干，以化学为手段，阐明草原生态系统中能量与矿物元素转化的规律。

（2）揭示了牧草中硒含量与草原类型间的内在关系。

（3）提出了草地硒含量水平的综合指标（grassland comprehensive criteria of Se level，简称GCCSL），用以判定牧草中硒含量的多寡。

目前，草原生态化学已是草业科学专业本科生的主要专业基础课之一。草原生态化学研究已成为草地农业生态系统研究的重要组成部分，1989年中国草原生态学会设立了草原生态化学研究组。英国CABI于2000年出版了阐明草地营养元素在土—草—畜间循环规律的著作，它的科学思路与任继周主编的《草原生态化学》极为相似。可以预见，草原生态化学研究在促进草业生产发展中将发挥日益重要的作用，学科本身在促进产业提升的同时也将得到长足发展。

（六）提出了草原季节畜牧业理论

1978年，任继周及其学术集体在对西北诸省（自治区）草原畜牧业考察和草原生产流程分析研究的基础上，提出了草原季节畜牧业理论。

我国草原家畜的饲料几乎完全依靠天然草原，但在牧草的"供"与家畜的"求"之间存在着尖锐的季节性矛盾，暖季牧草利用不完，而冷季牧草供应不足，家畜在冬春枯草期多处于饥饿状态。全国每年因"春乏"而使家畜死亡及体重减轻的损失约占畜群生长量的30%。

为解决这一问题，草原季节畜牧业理论提出了下列综合措施：

（1）冷季保持最低数量的畜群，以减轻冷季牧场的压力，结合补饲，使草畜基本平衡，避免因营养不足造成的家畜损失。

（2）暖季充分利用牧草的生长优势、杂种幼畜的生长优势及杂种优势，快速育肥。

（3）冷季来临前，按计划淘汰家畜，不使其越冬（羊）或只越一个冬季（牛），当年（或18个月内）收获畜产品。通过这些综合措施，有效地缩短生产周期，减少冬春损失，加强畜群周转，使幼畜的增重尽可能转化为畜产品，提高草原畜牧业的生产效率。

草原季节畜牧业与国外肥羔业、肉犊业有本质的不同，主要的区别在于前者着眼于在粗放管理条件下草、畜的积极的季节平衡，而后者则是不受季节条件制约的集约化商品生产。

草原季节畜牧业理论一经提出，便在全国范围内普遍得到赞同与应用，改进了我国草原畜牧业传统生产方式，大幅度地提高了我国北方牧区的生产效益，最高可使单位面积草原的畜产品增加 11 倍。该理论的主体被完整地纳入大型专著《中国植被》第 27 章——《草场植被的合理利用与草场生态系统的管理》。中央农业电影制片厂拍摄了同名影片（导演万迪基），并译为英文，介绍到国外。

1988 年，以草原季节畜牧业学说为核心内容的"高山草原生态系统研究"获农业部科技进步二等奖，任继周为主持人、第一获奖人。

（七）提出了提高高山草原生产能力的综合技术措施与理论

在 20 世纪 60 年代和"文化大革命"期间先后完成的"提高高山草原生产力的研究"和"天祝永丰滩高山草原样板田试验"的基础上，任继周及其助手们，1975 年在甘肃天祝万亩草原上进行了全国科技发展计划项目"高山草原改良中间试验"，地方相关行政和生产部门也被邀请参加了中试。经过 5 年的努力，面积为 $670hm^2$ 的中试基地产草量提高7.5 倍，载畜量提高 4.4 倍，草原生产能力提高 3.8 倍，每百公顷草地收获 2 250 个畜产品单位，接近发达国家的水平。

任继周的重要贡献包括：

（1）在我国最早进行了草原畜牧业现代化生产的中间试验，提出了在生产中合理利用和改良草原的一整套综合技术措施。

（2）建立了根据 4 月份土壤含水量状况，预测当年牧草产量的数学模型，将我国草地牧草产量的研究从规律探索推进到预测预报的更高层次。

（3）提出了冷季草地"临界贮草量"的概念，确定了中试基地草地贮草量的临界值，发展了草原培育学的理论，并为冷季草地畜牧业生产从经验型到科学型的转变提供了依据。这是我国草原学界将科研成果直接应用于大面积生产实践，又从实践中丰富和发展草原科学理论的重要尝试。该成果中提出的"临界贮草量"概念和牧草产量预测模型至今仍对我国草业科学与生产有重要指导意义，所形成的阈值和关键生态过程的论点为草地农业生态系统评价提出了新依据。

1979 年，这一科研成果获得甘肃省科技成果一等奖，任继周为主持人、第一获奖人。

（八）建立了西南岩溶地区草地—畜牧系统可持续发展的技术体系

1981 年以来，任继周在贵州率先开展了我国南方岩溶地区草地的开发研究，主持农业部"六五"重点攻关项目和国家"七五"重点攻关项目的同时，先后担任农业部"湖南、湖北、贵州三省南方草地实验示范区建设"项目技术专家组组长和联合国 UNDP 和新西兰政府资助项目"云贵高原草地农业系统的开发研究"项目的技术总裁，指导项目区各省草地畜牧业建设。"八五"开始，甘肃省草原生态研究所在这一地区的项目改由蒋文兰为第一主持人，任继周为第二主持人和国际合作项目的负责人，继续指导项目的研究工作，前后累计长达 20 余年。

我国西南岩溶地区，多年来"以粮为纲"，土瘦民穷，举世罕见，全国贫困人口的1/4集中于该地区。但另一方面，这一地区草地的水、热和生物资源的开发潜力明显地高于北方草地。

建立西南岩溶地区草地—畜牧系统可持续发展技术体系研究的主要研究成果包括：

（1）明确了我国西南岩溶地区具备建立有特色、现代化、可持续的草地农业系统的有利条件。

（2）确定了适应长江中游和岩溶地区的牧草品种及其用于建立人工草地的适宜组合。

（3）建立了人工草地建设和退化草地恢复的技术体系。

（4）建立了人工草地—绵羊放牧系统技术与管理体系。

（5）建立了科研—示范—推广—培训四位一体的跨地域科技系统工程。在贵州省威宁县灼圃建立的试验站—示范场—农户相结合的模式，使 460 多 hm² 草地的产草量增加11.5 倍，载畜量及羊的体重、产毛量等均达到新西兰的生产水平，农民人均收入增加 8倍。被当时的贵州省领导称为脱贫致富的"灼圃模式"。同时，任继周开创了科技专家在数省区范围内与政府部门合作，直接指导生产，并获得显著经济、生态与社会效益的先河。

1987 年，"六五"农业部攻关项目"云贵高原退化草地的恢复与重建"获农业部科技进步二等奖，任继周为主持人、第一获奖人。1992 年，他主持的"七五"国家攻关项目专题"云贵高原区人工草地草畜试验区"作为项目的一部分，获国家科技进步三等奖，在报奖时，他自动退出评奖，将获奖机会留给年轻同志。1997 年，云贵高原草地农业研究获国家科技进步三等奖，任继周为第二获奖人。

2002 年，任继周作为主要成员，参加了国务院研究室组织的南方草地考察组，向中央提出了实施西南岩溶地区现代草业和奶业行动计划的建议。得到了国务院主要领导的批示，认为"这个建议应予以重视"，并要求国务院有关部门提出方案。

（九）建立了黄土高原区草地农业系统的发展模式

自 20 世纪 70 年代末以来，任继周针对我国传统农业以单一种植业为主的病态格局，致力于提高我国农业整体生产力的研究。以甘肃省草原生态研究所庆阳黄土高原试验站为依托，先后主持完成了农业部重点攻关项目"草地农业生态系统的研究与建设""黄土高原草地农业综合技术开发研究"、中澳合作项目"草地农业生态系统研究与发展项目"等。

任继周在这一研究领域贡献有下列各点：

（1）最早倡导把牧草与家畜充分引入黄土高原单一种植业的生态系统，以土地—植物—动物"三位一体"的综合观点研究生态系统的建设、管理与效益。

（2）提出草地农业生态系统中存在着经济效益的倒金字塔模式。在草地农业生态系统中，通过各转化阶段的农学措施，价值流的增大，可使生产效益逐级放大，从而出现倒金字塔模式，为草地农业向深度发展提供了理论依据。

（3）提出了一整套调整、优化农业生产结构，控制水土流失，治理我国黄土高原，发展草地农业生态系统的技术体系。

（4）为黄土高原区树立了草地农业可行性的实体样板。庆阳黄土高原试验站的粮食播种面积减少 17%，豆科牧草种植面积增加 1.67 倍，粮食单产提高 60%，总产量提高37%，化肥施用量减少 33%，土壤有机质含量增加 23%，牧业产值在农牧业总产值中的比例由 15.9%上升到 56.8%，农牧业总产值增加 1.04 倍，每公顷纯收益提高 1.7 倍，水土径流量和冲刷量分别降低 88.4%和 97.4%。西峰市什社乡下咀村、西村等示范村牲畜增加近 3 倍，粮食总产量增加 41.4%，平均单产提高 43.3%，人均收入提高 1.6 倍。

草地农业生态系统在我国黄土高原的实践被《光明日报》等誉为"发展农业的根本出路"。现已成为黄土高原区治理水土流失，提高系统生产力，实现可持续发展的主要途径之一。

1999 年，任继周致信甘肃省委、省政府主要领导，提出在陇东黄土高原以平凉为中心建立巨型畜牧业基地的建议，得到高度重视。平凉市委、市政府积极落实，请任继周前往指导，制订实施方案。现草畜产业已成为当地发展经济的支柱产业之一。

（十）创建了草坪研发的理论与技术体系

20 世纪 80 年代初，任继周根据国内外草坪学与草坪业的现状与趋势，率领他的学术集体，开始了草坪的研究与开发。在运动场草坪、景观草坪的建植与管护，草坪草的引进与选育，草坪的质量评定等方面取得了系列成果。

我国以往对草坪学的研究，多集中于草坪草的引种评价，尚未形成自己的草坪科学理论体系，运动场草坪建植管理技术的研究几乎处于空白，基本上凭经验摸索。

该项目取得的主要成就包括：

（1）丰富和发展了我国的草坪学理论。提出了"最佳坪床结构""建坪的数量化决策""坪用价值""运动场草坪质量评定体系"等新概念，促进了整个学科理论体系的形成。

（2）创建了我国的运动场草坪建植与管理技术体系。根据草原类型检索图，确定了适于我国不同地区的草坪草种和品种。创建了混合直播法，建立了从坪床准备到建坪、管理等一整套具有我国特色的运动场草坪建植与管理技术。根据这一技术体系建成的北京第 11 届亚运会田径主场地——国家奥林匹克体育中心运动场和全国青运会主场地——沈阳体育中心运动场，被国内外专家与教练员、运动员誉为国际一流水平，为祖国赢得了荣誉。

1991 年，该项目获农业部科技进步二等奖，1992 年获国家科技进步三等奖。任继周作为项目主持人，从提出思路、进行设计到组织实施都付出了巨大的心血与汗水。在报奖时，他却把自己的名字去掉，而代之以年轻同志。

（十一）研制出甘肃省生态建设与草业开发专家系统

1981 年以来，任继周带领学术集体，开始了草地资源监测和牧区雪灾的研究，先后完成了甘肃、青海、新疆、西藏等省（自治区）的草地资源监测及北方四省区耕地面积监测等。2000 年在甘肃省省长基金支持下，开展了"甘肃省生态建设与草业开发专家系统"的研究与开发，并于 2001 年圆满完成。

该项目被誉为在生态问题研究中，成功地引入地理信息系统与其他信息技术的范例，代表了我国草业学界在该领域的水平与进展。其主要成果包括下列各点：

（1）研制了《甘肃省草业开发专家系统》，并发行了单机版软件光盘；建成了基于 GIS 的《甘肃省生态建设与草业开发专家系统》网站。

（2）依据草原综合顺序分类法及农业资源与环境地理信息空间数据库，制作出《甘肃省草地类型空间分布电子地图》，为指导农业结构调整、草业建设和发展提供了科学依据。

（3）在全省范围内，以乡为单位，明确了当地适宜引种的牧草种类和相应的栽培及加工利用技术。

（4）研制出了甘肃省苜蓿病害诊断系统，为苜蓿病害及时防治提供了重要指导。

（5）建立了草地农业资源空间数据分析系统，提出了全省适宜退耕还草的地理分布和标准，为土地资源综合评价和开发利用提供了决策分析的新技术和新手段。

目前该项目已拓展为国家攻关项目，正在对西部七省（自治区）进行研究。2002 年，该成果获甘肃省科技进步二等奖，任继周为项目主持人、第一获奖人。

（十二）建立了草地农业生态系统的理论体系

20 世纪 80 年代以来，任继周带领学术集体在我国黄土高原、云贵高原、青藏高原及内陆盐渍区开展了草地农业生态系统的研究，并逐步形成了草地农业生态学的理论体系。在上述科研成果的基础上，1995 年任继周主编出版了《草地农业生态学》，1998 年出版了《草业科学研究方法》和《河西走廊盐渍地的生物改良与优化模式》等著作。

草地农业生态系统的理论核心与前沿包括了下列的一些理论：

（1）界面论。草地农业生态系统存在 3 个主要界面，即草丛—地境界面（界面 A），草地—动物界面（界面 B）和草畜—经营界面（界面 C），研究界面中的一系列生态过程，是阐明系统行为特征的简捷途径。

（2）结构与功能。草地农业生态系统具有 4 个层次的生产，即前植物生产层（自然保护区、水土保持、草坪绿地、风景旅游等），植物生产层（牧草及草产品等），动物生产层（动物及其产品），后生物生产层（加工、流通等）。后生物生产层是植物、动物产品加工和流通而实现社会化的过程，其生产效益可能超过以上各个生产层的若干倍。

（3）系统耦合与系统相悖论。草地农业生态系统的 4 个生产层之间可以有条件地进行系统耦合，产生系统进化，多方面释放系统的催化潜势、位差潜势、多稳定潜势和管理潜势。系统相悖和系统耦合是一个事物的两个方面。系统相悖主要表现为空间相悖、时间相悖和种间相悖，草地退化就是草地系统相悖的综合体现，解决草地系统相悖的关键是建立和完善草地农业生态系统结构，促使子系统之间的耦合。

（4）草地健康评价。健康的草地生态系统服务是全价的，健康系数和有序度均为最大化，处于不健康阈值以下的生态系统，有序度和健康系数趋近于零，其服务价值自然近于零。草地基况（condition，C）、草地活力（vigor，V）、组织力（organization，O）和恢复力（resilience，R），即 CVOR 可作为综合评价草地农业生态系统健康的体系。

《草业科学研究方法》一书的最大特色在于首次以 4 个生产层的体系综合介绍野外与室内的各种方法与技术。该书 1999 年获全国优秀图书暨科技进步二等奖，任继周为第一获奖人。《草地农业生态学》与《草业科学研究方法》的出版，标志着草地农业生态学作为草业科学一个分支学科，其理论体系和方法论的正式确定，而《河西走廊盐渍地的生物改良与优化生产模式》则丰富与发展了这一分支学科。

2002 年，以钱正英院士为组长，30 余位两院院士或专家参加的中国工程院西北水资源项目综合组在向中央提出的《西北地区水资源配置、生态环境建设和可持续发展战略研究项目综合报告》中，将建设草地农业系统，开展草地农业和特色农业作为我国西北地区农牧业发展的主要方向。

对于草地农业生态系统的理论与实践的重要意义，我们再补充如下的总结和评价。1984 年钱学森从系统工程理论的高度，提出了发展草业系统工程的理论。与此同时，任继周提出了草地农业生态系统理论。他定义了草地农业生态系统的概念，论证了草地农业生态系统的发生与发展，提出了草地农业生态系统的四个生产层，完整地论述了草地农业生态系统的结构、功能、效益评价。两位院士建立的有关草业的相辅相成的重要理论，使我国的草业科学思想达到了世界先进水平的新的高度。在这一科学思想的指导下，我国草业已从畜牧业的范畴独立了出来，草业的生产、科研和教学内容已从传统的土—草—畜系统，在前植物生产—植物生产—动物生产—后生物生产 4 个生产层的基础上得到了很大的提升和扩展，具有和产生了牧区、农区、林区和城市等草业子系统，草业已成为与农业、林业三足鼎立的植物生产的产业，并且同时具有动物生产特征的产业。

二、教学与教学研究

任继周自 1950 年执教以来，始终未脱离草业科学的教学工作，尽心尽责培育新人，桃李满天下。1957 年他应邀为农业部草原培训班系统地讲授了草原学；1958—1959 年受高等教育部委派，作为草原专家，在越南民主共和国河内农林大学讲学一年。"文化大革命"之后，他主持制订了全国草原专业本科教学计划和研究生培养计划，建立新课程，出版新教材，改革教学方法，进行教学研究，在建立、发展我国草业教育方面，与草业科研一样，同样做出了巨大贡献。

（一）主持制订了第一个全国草原专业本科教学计划和研究生培养方案

1977 年 11 月，我国的高等教育拨乱反正，开始走上正轨，国家要求各专业制订科学的教学计划和编写出版高水平的全国通用教材。根据农业部的指示，甘肃农业大学牵头召开了全国草原专业教材会议，在任继周的主持下，通过了由他和学术集体提出的以草原调查与规划、草原培育学、草原保护学、牧草栽培学、牧草育种学等专业课为核心的草原专业教学计划，这是我国第一个全国草原专业统一教学计划，它为我国改革开放以后高等草业教育的迅速发展与保证培养质量奠定了科学基础。

1983 年与 1991 年任继周受农业部委托，两次牵头召开会议，分别制订了"攻读草原科学硕士学位研究生培养方案"，修订了"攻读草原科学硕士学位研究生培养方案"，制订了"攻读草原科学博士学位研究生培养的要求"。被农业部批准并颁发各高校施行，它对规范我国草原科学研究生培养工作，提高整体培养质量起到了具有历史意义的重要作用。

（二）创建四门草原专业课程

任继周创建了我国高等农业院校畜牧专业和草原专业（草业科学专业）本科和研究生教学的 4 门课程，即草原学、草原调查与规划、草原生态化学和草地农业生态学。

1959 年，农业出版社出版了由任继周主编的畜牧专业教科书《草原学》，作为对中华人民共和国成立 10 周年的献礼。1961 年，该书被农业部批准为全国第一本农业院校畜牧专业统编教材，出版了修订二版。

1985 年，农业出版社出版了由任继周主编的第二本统编教材《草原调查与规划》。该书吸纳了许多任继周及其学术集体数十年的研究成果，具有明显的学术特色，1987 年被评为甘肃省优秀教材，并被农业出版社推荐为具有中国特色的大学教科书，建议翻译出版，向国外发行。

同年，农业出版社又出版了任继周主编的另一本统编教材《草原生态化学》。该书从草原生态系统能量流转与物质循环的角度，将土—草—畜整个过程中的能量与元素转换加以系统综合，从而创造了一个国际学术界的崭新学科。促进了草原生态系统的这一分支的研究与发展。

1980 年以来，任继周为甘肃农业大学、南京农业大学、东北师范大学等校的研究生讲授草地农业生态学，该课程 1983 年以后成为我国草原科学专业和相关专业研究生的学位课或必修课之一。在这门课程教学和研究的基础上，1995 年，中国农业出版社出版了任继周主编的草原专业和畜牧专业本科和研究生教材《草地农业生态学》。这是一本在生态系统水平上论述草地农业生态学的教材，充分地体现了任继周近 20 年在草地农业生态系统研究的新成果。

1975 年，任继周敏锐地注意到草坪学与草原学的内在联系以及草坪在环境建设和体育竞赛中的重要作用，指派甘肃农业大学草原系教师孙吉雄做开设草坪学的准备。1983 甘肃农业大学草原系率先为本科和研究生开设了草坪学课程，并于 1989 年出版了孙吉雄主编的我国第一本《草坪学》教科书。

（三）培养了一大批研究生和学术骨干

任继周 1955 年开始在西北畜牧兽医学院培养草原学研究生，是我国草原科学领域最早培养研究生的导师之一。1981 他被国务院学位委员会批准为首批草原学硕士生导师，1984 年被批准为我国第一位草原学博士生导师。

1966 年前，任继周在甘肃农业大学共培养了 10 名草原学研究生，后来全部成为我国草原学界的学术骨干。1978 年恢复研究生培养制度后，任继周继续培养了大批研究生。其中已有 43 人被聘任了草原专业高级专业技术职务，12 人已成为博士生导师。为我国草业发展培养了一批科研、教学和管理领域的骨干。

任继周在数十年的教学工作中，始终注意教学研究，改革教学方法。"草原科学硕士研究生培养"项目获 1989 年甘肃省高校优秀教学成果一等奖，"制订我国草业科学硕士研究生培养方案，出版配套教材，提高整体培养水平"项目获 2001 年国家级教学成果二等奖。

三、学科和基地建设

任继周在长期的教学科研生涯中，始终以战略家的远见卓识，积极开展学科和基地建设，在草业科研教学机构和学术刊物的创办上，取得了突出的成绩，为推动我国草业教育和科技的发展做出了巨大贡献。

（一）创办了我国第一个草原系和草业学院

1962 年冬至 1963 年春，任继周作为草原专家参加了全国 12 年科技发展规划会议。为了落实其中的草原科技发展规划，根据国家科委的文件，1964 年在甘肃农业大学畜牧系正式设立了草原专业并当年招生。任继周为畜牧系副主任主管草原专业。1972 年，草原专业升格为独立的系，任继周任系主任，这是我国农业院校中第一个草原系，主要面向全国招生。1992 年，在任继周的努力下，成立甘肃农业大学草业学院，这是我国第一个草业学院，胡自治任院长，任继周为名誉院长。

1989 年任继周创建的甘肃农业大学草原系和甘肃省草原生态研究所组建的学术集体共同被批准为国家级草原科学重点学科点，这是我国当时唯一的草原科学重点学科点，任继周为重点学科点负责人和学术带头人。

（二）创办了我国草原生态研究所

1981 年，任继周在农业部和甘肃省的大力支持下，在兰州创办了甘肃省草原生态研究所，隶属农业部及甘肃省。2001 年，经农业部和甘肃省批准，加挂中国农业科学院草原生态研究所的牌子。该所面向全国，承担科研、培训和咨询、出版、科技开发等四大任务。拥有农业部牧草与草坪草种子质量监督检验测试中心（兰州）和农业部草地农业生态系统重点开放实验室，是我国草原科学领域内学术力量较强的研究所之一。在农业部组织的"七五""八五"期间全国农业科研单位综合能力评估中，在全国 1 200 余个研究所中，分别名列第 14 和第 9 名，全国同行业第 1 名。

2002 年，在任继周的推动下，经甘肃省人民政府、农业部和教育部批准，甘肃省草原生态研究所整体并入兰州大学，成立了草地农业科技学院，成为部属综合大学中首家草业学院。同时保留并继续使用甘肃省草原生态研究所的名称。

（三）创办了 3 个专业学术刊物

创办学术期刊，利用学术期刊推动学科的发展，培养年轻人才，是任继周学科建设思想的重要组成部分。1964 年，任继周应邀为中国科技文献出版社重庆分社出版的《畜牧学文摘》主编草原牧草专栏，每期刊出自编文摘约 20 篇。当时的这个专栏，帮助我国草业科学工作者了解国外草原科学研究和发展的概况。此后，在 1981—1990 年的 10 年中，任继周先后创办了 3 个全国公开发行的草业科学学术刊物。

（1）《国外畜牧学——草原与牧草》杂志。1981 年，改革开放后的我国急需全面了解外部世界，在这种大气候条件下，经任继周争取，中国科学技术情报编译出版委员会批准由甘肃农业大学草原系编辑出版译报类刊物《国外畜牧学——草原与牧草》，任继周任第一任主编。该刊在 20 世纪 80 年代中期是我国草原科技信息报道量最大的杂志。2000 年该刊更名为《草原与草坪》，由胡自治教授任主编，任继周任名誉主编。

在这里我们特别摘录几段任继周为《国外畜牧学——草原与牧草》创刊时写的发刊词，以说明在刚刚打开国门的当时，其作为学术大师的睿智与卓识。

"历史的经验告诉我们，了解国外情况是很重要的。甚至可以说，不了解别人，也很难真正了解自己。这就是'以人为鉴'的道理。

不论是草原本身，还是草原工作者，正在发展着一种十分深刻的全球规模的内在联系。这种联系首先是通过草原科学的发展而实现的。'趋同性'是一种联系，'趋异性'也是一种联系。是否能够自觉地去探索这种联系并发展、利用这种联系，几乎是草原科学和草原生产先进程度的标志。不应该以任何借口，把我们与世界分割开来。和其他科学一样，草原科学是没有国界的，尽管它有着严格的地域特点。

这个刊物应该是个窗口，使我们看见世界草原的风貌，嗅到世界草原的气息，了解国外草原工作者正在做些什么和他们的工作趋势。

这个刊物还应该是个论坛，在这里我们可以交流对全世界草原问题、草原工作的观点。

当然更重要的，这个刊物应该成为一个有效率的渠道，使世界各地的草原知识通过它流向中国。草原科技现代化的光荣任务，要求我们把全世界的智慧集中起来，使它变成巨大的物质力量，为我国的草原建设做出贡献。"

（2）《草业科学》杂志。1984 年，任继周又创办了以反映我国草业科学研究成果为主的刊物《中国草原与牧草》（1989 年更名为《草业科学》），并任主编至今。该刊以（人民日报）1983 年 9 月 18 日的社论《种草种树，发展牧业，改造大西北》为发刊词，鲜明地反映了办刊的立意与宗旨。该刊 1989 年被评为甘肃省优秀科技期刊，1999 年入选"中国期刊评价数据库统计源期刊"。根据影响因子排序，2003 年在全国畜牧兽医类期刊排名第二。近年来，在任继周主编推动下，该刊与北京克劳沃草业技术开发中心、西部草业工程技术研究有限公司合作，实行企业化管理，走出了一条以刊养刊，更好地为草业生产服务的道路。

（3）《草业学报》。20 世纪 80 年代末，我国草业科学与技术已有很大的发展和提高，针对全国草业学界需要一个高级学术交流园地的状况，任继周在主管部门支持下，在 1990 年创办了《草业学报》并任主编。在任继周的直接领导及全体编委和广大读者的共同努力下，《草业学报》的质量不断提高，1999 年该刊入选国家科技部"中国科技论文统计源期刊"，2002 年成为中国科学引文数据库（CSCD）核心期刊。2003 年，根据影响因子排序，该刊在全国 1 534 种科技期刊中名列前八，全国畜牧兽医类期刊排名第一，被授予第二届"百种中国杰出学术期刊"。同年，该刊由季刊改为双月刊。2004 年由南志标接任主编，任继周任名誉主编。

上述 3 个学术刊物的陆续出版，使这个学术刊物系列达到完整，国内和国外，高级和中级配套，对推动我国草业整体的发展和进步起到了十分重要的作用。作为 3 个刊物的学术领导人和主编，任继周不仅把握办刊的大计方针，而且在组稿、审稿、撰稿等方面身体力行，使刊物与时俱进，不断提高与前进。

此外，任继周主编出版了包括 10 个分册，114 万字，发行 15 万册的《草业科技文库》；6 个分册，130 多万字的《西部大开发退耕还林还草技术丛书》和其他草原学术论文集等多种。

（四）创建了 7 个试验站

任继周十分注意科研联系实践，重视定位研究。针对生产中存在的重大问题，在不同的生态区域建立试验站，进行科研、示范、培训、推广，是任继周科学研究的一大特色。用时 50 年左右，逐步形成了以试验站为中心，试验站—示范村（场）—联系户相结合的工作方法，较好地实现了理论与实践、科研与生产、科研人员与农民群众的紧密结合。

早在 1954 年，任继周就在甘肃天祝祁连山下的抓喜秀龙草原扎上帐篷，开展了草原定位研究。1956 年，正式建立了我国第一个草原定位试验站——甘肃农业大学天祝高山草原定位试验站，在这里进行了我国最早的草原科学的定位研究，发表了我国第一批定位试验研究报告。该站现为甘肃农业大学草业学院的主要教学科研基地之一。

1972 年由于牧草栽培学和牧草育种学教学和科研的需要，在农业部和校领导的支持下，任继周领导建立了甘肃农业大学武威牧草试验站。经过几代人 30 多年的建设，该站已建成为甘肃农业大学草业学院的另一主要教学科研基地。

1981 年，任继周将其主要精力转到甘肃省草原生态研究所以来，先后在甘肃省西峰市、贵州省威宁县、甘肃省景泰县、甘肃省临泽县、云南省曲靖市建立了 5 个永久性试验站。他们分别是庆阳黄土高原试验站、贵州高原南方草地试验站、景泰草地农业试验站、临泽草地农业试验站和云南曲靖郎目山草地农业试验站。

这些试验站，在承担重大研发项目，展示最新科研成果，培训地方政府官员、农技推广人员和农民，推广适用技术等方面发挥了无法替代的作用。拥有众多试验站，是甘肃省草原生态研究所的一大特色与优势。随着甘肃省草原生态研究所并入兰州大学，这些试验站在教学方面已开始发挥作用。以试验站为依托，开展研发工作的方法，得到了众多草业科技工作者的认同，试验站建设已成为有关院校及科研单位改善支撑条件的主要内容之一。

（五）建立兰太草坪公司和西部草业工程技术中心

加速科技成果转化，提高草业生产能力，在获取生态与社会效益的同时，获取经济效益，始终是任继周关注的问题。1984 年，任继周创建了兰太草坪科技开发公司，这是我国国内第一个向国家注册的从事草坪的企业，成立初期他亲任董事长兼总经理，勇敢地迈出了从科研向生产转化的第一步。该公司先后承担完成或设计国内 8 个高尔夫球场，120余个运动场草坪及 800 万 m^2 的绿地建设，其中承建的福建登云高尔夫球场是国内首个由中国人自主建设的球场，为祖国争取了荣誉，四川国际高尔夫球场曾被《中国高尔夫》评为最佳球场。

2000 年，在甘肃省科技厅的支持与任继周的推动下，甘肃省草原生态研究所联合中科院寒区旱区环境与工程研究所、甘肃农业大学、中国农业科学院兰州畜牧与兽药研究所、北京克劳沃公司等单位，成立了西部草业工程技术研究中心。任继周院士与程国栋院士共同为中心的首席科学家，这是我国草业领域内首家省级工程技术中心。中心下设西部草业公司，承担了农业部耐旱牧草种子基地建设等研发任务，并在种子销售等方面取得迅速进展，已成为我国兰州以西地区最大的种子供应基地之一，推动了我国草业科技转化与草业生产的发展。

第八卷卷首语

　　我的草业科学专业工作，有两个原发点：一个是草原学的教学工作；另一个是草原调查。从这两个原发点开始，开启了我的专业之旅，在我面前展现了一个奇幻世界，也给了我无尽情趣。

　　关于第一个原发点，草原学的教学开头的情况，在文集第一卷卷首语中已经说过了。现在说说我的第二个原发点——草原调查。

　　对我来说草原调查，既是专业调查，也是我涉世的开端。我真正的入世是从草原调查开始的，是沿着对草原调查的道路，走上了草原学科之路，然后是草业科学的道路。从这里，我开始向周边巡视、探索，逐步理解社会。

　　1950 年 5 月初，我应恩师盛彤笙先生的邀请，衔另一位恩师王栋先生之命，经过 21 天的漫长旅途，来到兰州国立兽医学院。由于盛师的热情接待，我不但没有觉得环境的陌生，倒是像到了家一样踏实、自如。

　　新家，三间土房，摆了学校统一供给的简单家具，显得空荡荡的。我挂上离别南京时王栋老师亲笔书写的立轴和对联，立即蓬荜生辉，这所空荡荡的房子突然充实起来，俨然一个新家。

　　王栋老师写的立轴是："我国西北牧区草原辽阔，牧草丰茂，牛羊肥硕健壮。然每届冷季来临，天寒草枯，家畜饥寒交迫，往往大量乏弱死亡。是以牧草育种与栽培，草原之调查与管理，皆不可或缺者也。"

　　对联的上联是："为天地立心，为生民立命"；下联是："与牛羊同居，与鹿豕同游"。

　　这立轴不啻一篇草原学的"总论"，勾画了草原学的轮廓。对联尤其寓意恢宏，启人心志。这是王栋老师对我这个即将远行的弟子的谆谆教诲。以他所擅长的汉隶写来，笔酣墨饱，浑厚遒劲，耐人端详。挂在墙壁上，日夜揣摩，"虽不能至，心向往之"。王栋先生的墨宝，虽已毁于"文革"。可是老师的嘱托是刻在我的心上的，至今一个字也没有忘记。

　　我的另一位恩师盛彤笙先生，为我准备了一个难得的舞台。他当时兼任西北畜牧部副部长，组织了西北地区畜牧兽医考察团。1950 年春，我一到兰州，就参加了这个考察团的甘肃分团，调查了甘肃省草原的旮旮旯旯。那时宁夏是甘肃省的一个地区，也考察了六盘山和银川河套地区。甘肃草原的壮丽多彩，令我震撼。这次调查野外工作和室内作业，大约历时一年半。草原在我的心里鲜活起来，从草原延伸出许多脉络，逐渐伸入中国的农村、牧区乃至全社会，因此也扩大了我对社会的视野。因此，我把草原调查认作我进入社会的引路人。

　　我说草原调查是引领我进入社会的引路人，就是因为呈现在我面前的，既是草原类型的奇幻多样，也带我进入我国的农村牧区。我骑驴，骑马，骑骡子，骑骆驼，乘牛车、马车、汽车等，一路上的见闻，打下了我的专业长途旅行的第一个界桩。这个界桩的意义，非同寻常。我将从这里出发，走到人生旅程的终点。

正是这次简单的草原调查，引发了我探索草原的兴趣，开始广泛收集世界各国的草原调查、监测的图书文献。那时我国科学文化处于封闭状态，搜集世界文献很不容易，主要渠道是通过国家的情报文献中心。我受这个中心的委托，承担了《畜牧文摘》中《草原牧草》部分的编辑任务。情报中心的编辑非常敬业，把世界各地的有关专业杂志，以及联合国等国际组织的不定期出版物及时寄给我，有的是原版，有的是复印件。我通过这个文献中心订阅了英国出版的《草类文摘》（Herbage Abstracts，当时称为《牧草文摘》）全部现刊和过刊，可借此追踪某些最新科学进展。我还通过内部渠道，购买了一些重要图书，如 1978 年出版的由 L. 't Mannetje 编著的《草原植被和动物生产计量》（Measurement of grassland vegetation and animal production，1978，Commonwealth bureau of Pasture and Field Crops）。这本书出版不久，我就从伦敦买到了的。这是当时最前沿的一本草原调查的权威著作，后来有俄文译本。我还收集了苏联饲料研究所和英国草地研究所使用的工作手册。1978 年，我作为人与生物圈中国委员会第一个代表团成员，访问法国、德国、荷兰、英国，与有关学术单位建立直接联系，收集到大量有关草地监测方法的资料。可以不夸张地说，当时我们是全国草原调查方法一类文献收集最全的单位之一。

在国内外广泛搜集的基础上，我在甘肃农业大学首次开设了我国《草原调查》的专业课。并在后来召开的第一次草原科学专业教学计划会上，将《草原调查规划》定为草原专业的必修专业基础课。会上曾有人怀疑，草原调查这样的临时性工作，是否需要设立专门课程，但还是顺利通过了。经过较长时期的教学实践，1985 年由中国农业出版社出版了《草原调查规划》通用教材。

后来草原科学发展为草业科学，研究范畴由植物生产层和动物生产层扩展到前植物生产层和后生物生产层，草业科学的研究方法自然也要相应发展。因此，这本书将原来草原调查的内容加以扩展，定名为《草业科学研究方法》。本书立意在针对四个生产层，以及四个生产层发生过程中所包含的三个界面，提供较为完整的监测度量系统。

草业科学作为一门新的学科，必须建立相应的方法论。从这个意义上来说，《草业科学研究方法》应该是草业科学方法论的投影。本书从 1998 年出版，到现在已经 18 年了。这是两代人的成长时段。在这一时段里我国草业科学有了长足发展，多少新事物、新方法，尤其有众多的新人成长起来。当这本《草业科学研究方法》收入文集的时候，深感愧对新人、新事，严重过时了。为了减轻编者的愧疚，先将第七章、第八章和第十六章重新改写，其他部分要等改版时再做全面修订了。在这里应该对读者表示歉意。

序　言

　　《草业科学研究方法》是在草原科学研究方法的基础上发展起来的，它具有较为深厚的科学背景。但是作为独立的草业科学的方法论的体现，却与草业科学同样年轻，还不够成熟，更说不上完善。尽管如此，从本质上说，仍然如其他科学与它们各自的方法论专著一样，蕴涵着草业科学的特色与精华。

　　草业作为农业的一个新的分支，从 20 世纪 80 年代开始，正在古老的华夏大地萌发。它作为一种新兴的产业，包含了草业生产的全部生产流程。

　　草业科学，发源于草业并以草业为归宿。草业科学当然也应该覆盖草业生产全过程。它以生态系统的理论为基础，对草地农业系统加以整体调控与监测。

　　草业科学的研究方法，必须在草业科学的目标与方法论的指导下，满足草业科学和草业生产的要求。亦即满足对于草业生产整体的调控与监测的需要。同时，正确的方法论和与之相应的研究方法，又给草业科学与草业生产以促进。

　　由于草业科学是一个跨越前植物生产层，植物生产层，动物生产层和外生物生产层的漫长生产系统，它的层次多，涉及非生物的、生物的和外生物的（如加工、流通等）众多方面，其中包含了十分丰富的组分，各个组分及组分集团之间的关系更是纷繁万端，不易梳理。对于这样一个庞大复杂的体系加以监测，如何使其简明扼要，不疏不蔓，关于信息的选项，加工，解译，反馈都能准确、及时，难度极大。这实际上是要建立，或更确切地说，把握一个已经存在的或即将存在的草业运行的信息系统。多年以来，我们试图解决这一难题，但屡作屡废，尚无成就。

　　现在，呈现在读者面前的这本《草业科学研究方法》，是根据上述设想做出的初步尝试。大体上分为几个部分：本底资料监测与评价部分；有关植物、动物生产资料的监测与评价部分；有关加工流通的监测与评价部分。

　　为了达到上述目的，本书编者制订了几项编写原则：

　　（1）精选研究项目。草业生产既然包含了四个生产层，它比任何其他农业生产部分的生产流程都长，涉及的项目甚多，在众多的有关项目中，如何选取必要的研究、监测项目，摒除不必要的项目，既使工作简练易行，又能保持研究监测的系统完整，这是我们考虑的首要问题。监测项目的抉择依据，就是从草业生产系统的整体构架着眼，选择必不可少者，作为本书的研究监测项目。可有可无者，尽管表面看来颇为重要，也只好割爱。

　　（2）掌握本书容易。由于草业系统涉及的生产层次多，项目多，如将有关研究项目遍加论述，将使本书篇幅过分冗长而庞杂。因此，有关植物、土壤、动物及畜产品的化学分析方法，植物、动物生理参数监测等，因为都已有专著，一概从略。凡与草业生产直接有关的研究方法，则根据草业生产的实际需要，参考有关文献，结合笔者等自己的工作经验，给以简明论述，力求减少缺漏。

（3）选定监测精度。根据目前生产水平和使用工具的要求，选定适宜的监测精度，精度过粗固然不宜，过细也不利于监测任务的完成。

（4）厘定研究方法。同一监测项目，可以有多种不同的研究方法，本书选择其较为简易可靠，国际上较为通行，易于推广的方法一二种，不求完备，不多罗列。其中少部分方法是笔者等借鉴国际文献，改进或始创，而在我们及有关单位行之有效的新方法。

（5）谨慎项目解释。每一研究项目及其监测结果，力求给以科学、明确地解释。目的不明，释义含混者，一律不取。

我们希望通过上述努力，能够为读者提供一个便于目前使用，符合研究和生产需要的研究系统，和在此系统要求下的具体研究方法。

本书共分十九章。它们的执笔人分别是（依姓氏笔画为序）：王彦荣（第五章），孙吉雄（第二章、第十七章），朱兴运（第八章），刘荣堂（第十二章、第十五章），任继周（第六章），牟新待（第九章），牟新待、陈全功（第十六章），张自和（第十九章），陈宝书、胡延凯（第三章），胡自治（第一章、十章），南志标（第十一章、十四章），曹致中（第四章），符义坤（第七章），葛文华（第十八章），鲁挺（第十三章）。任继周拟定框架统编。

各位撰稿人尽管在我们规定的原则下努力求索，但是现在看来这本《草业科学研究方法》与既定目标之间，显然还有很大的差距。这主要是笔者的水平所限，也与草业科学和草业生产本身发展水平有关。对于一个刚刚肇始的新兴产业和植根于这一产业的新兴学科，当然还难于很快建立一个完整的监测系统和与之相适应的研究方法。这样的系统和这样的方法，只能随着生产的发展而逐步完善。这是我们今后的责任。

当然我们并不想以此为借口，推卸我们在工作中的疏忽和错误，希望热心的读者能够给以指正和帮助，我们将十分感谢。

任继周序于北京

1996 年 6 月

目　　录

Contents

第一章 草地植被特征的研究

一、草地植被分析的取样

（一）样地的建立

为了研究和分析草地植被必须建立试验样地，在样地中取样进行分析。样地应当能提供关于该群落（草地型）的充分而完整的概念，因此样地应有一定的面积。草本植被样地的面积至少应为 $100\sim400\mathrm{m}^2$，个别特殊的群落如其总面积很小，则可将全部面积作为样地使用。对于灌丛，面积应更大一些，一般为 $400\sim1\,000\mathrm{m}^2$。在平原地区，样地面积可适当扩大，在山区，由于生态条件复杂和在空间上变化迅速，群落的变化也很快，因此样地可适当缩小。

样地是代表一个群落整体的地段，因此样地应选在群落的典型地段，尽量排除人的主观因素，使其能充分反映群落的真实情况，代表群落的完整特征，因此样地应注意不要选在被人、畜和啮齿动物过度干扰和破坏的地段，也不要选在两个群落的过渡地段。平地上的样地应位于最平坦的地段，山地上的群落应位于高度、坡度和坡向适中的地段；具有灌丛的样地，除了其他条件外，灌丛的郁蔽度应是中等的地段。

样地的轮廓可以是定形的，如正方形、长方形；也可以是不定形的，如对平地和山地的小面积群落，可沿其自然边界建立样地。样地四周应当用围栏加保护，以免人、畜破坏。为了精确的研究，尤其是产量动态的研究，样地需用网眼为 $5\mathrm{cm}\times5\mathrm{cm}$ 以下的围栏保护，防止野兔等采食。

（二）取样和取样单位的布局

为了某一项草地植被特征的研究，需要在样地内抽取一系列的取样单位进行"解剖麻雀"式的研究。如果植被具有完全均匀的组成和分布，那么在任何地方抽取一个取样单位——样本就可以了，但这种情况在自然界的草地中并不存在，因此就不得不抽取一系列的样本并对其布局作出合适的安排，以便从取样单位获得的信息与数据能代表样地，进而能代表整个草地群落。有下列几种取样方法可根据实际情况进行选用。

1. 随机取样 随机取样也称客观取样，其目的在于使样地中的任何一点都有同等的机会被抽作取样单位，这样就可以用统计的方法表示取样的完善程度。例如，利用随机表上的随机数字，或扔出一些硬币或洗好的牌以决定取样的位置。但是这种方法常使取样单位集中在一起，或者两个取样单位紧密相邻，而另外的草地被遗漏，损失十分珍贵的科学信息。为了避免这个缺陷，可采用改进的随机步程法，即在样地内互相垂直的两个轴上，利用成对的随机数字作距离以确定取样的地点，即先从一个方向以随机步数进行取样，取完后改变方向并重复这一程序。

2. 系统取样　这种方法是将取样单位尽可能地等距、均匀而广泛地散布在样地中，以避免随机取样时取样单位分布不规则，某些地方取样单位过多，而另外一些地方又太少的缺陷。系统取样的具体方法如图 1-1 所示。在按这些方法取样和等距布局时，如果其中有的取样单位正好碰到裸地、岩石、鼠洞、蚁塔、石块等处而无草地的代表意义时，可以稍为偏移。对于超过 15°的坡地，取样单位应照顾到坡的上、中、下等部位。

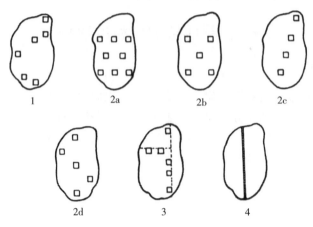

图 1-1　取样和取样单位布局示意图

1. 随机取样　2a~2d. 系统取样　3. 限定随机取样　4. 样带

3. 限定随机取样　这是随机取样和系统取样的有机结合，它体现了二者的优点。具体做法是将样地进一步划分为较小单位，在每个单位中采用随机取样，这样做可使样地内每个点都有成为样本的更大机会，而且数据适于统计分析。限定随机取样和其基础方法比较费时，因为样地面积须用网格画出，以便决定较小单位的取样数及其随机点的位置。

4. 分层取样　这种方法适用于具有明显的镶嵌分布的草地群落，或由较小的异质群落构成的群落复合体等。取样时先将样地划分为相对同质的各个部分，然后在每部分内按其面积或其他参数使用随机或系统取样。在非镶嵌的灌丛草地，可在同一面积上对灌丛和草本植被分别取样，然后对获得的数据进行计算以得到统一的结果。

（三）有面积取样

1. 样方法　样方就是面积为正方形或长宽比小于 4∶1 的矩形取样单位。使用样方作为取样单位就是样方法，它是有面积取样中最常用的方法。

（1）样方的大小和最小面积。从统计学的要求出发，取样的面积越大，所获的结果越准确，但所费的人力和时间相应增大。取样的目的是为了减少劳动，因此要使用尽可能小的样方，但同时又要保证试验的准确和达到统计学的要求，样方面积不可能无限制地减少，因而就出现了统计学上的最小面积的概念。

最小面积就是能够提供足够的环境空间，能保证体现群落类型的种类组成和结构真实特征的最小地段。不同类型的群落其最小面积是不一样的。最小面积可以用不同的方法求得，最常用的是种—面积曲线法，用种数和面积大小的函数关系确定最小面积。

具体方法是开始使用小样方，随后用一组逐渐把面积加倍的样方（巢式样方），逐一登记每个样方中的植物种的总数。以种的数目为纵轴，以样方面积为横轴，绘制种—面积曲线。曲线最初急剧上升，而后近水平延伸，并有有时再度上升，好像进入了群落的另一发展阶段。曲线开始平伸的一点就是最小面积，这一点可以从曲线上用肉眼判定，这样的最小面积可以作为样方大小的初步标准。另外也可用作图法求出最小面积在曲线上的点。在图 1-2 上，设曲线的末端为 P，P 与原点相连得 PO，作平行于 PO 而切曲线的直线，得切点 Q，从 Q 引垂线与横轴相交于 R，R 即为最小面积。此外也可更简便地根据法国 CEPE 的规定，把上述巢式样方系列中达到含有样地总种数 84％的面积作为群落的最小面积。

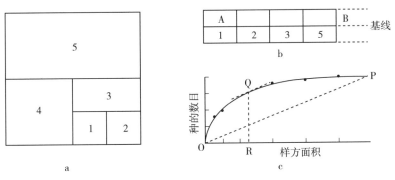

图 1-2　两种巢式样方排列方式及种—面积曲线图
a. 样方式巢式方排列　b. 样带式巢式样方排列　c. 种—面积曲线，R 为最小单位

（2）取样数目。根据种—面积曲线确定了取样面积之后，还应确定取样数目，即样方的重复数问题。取样误差与取样数目的平方成反比，如要减少 1/3 的误差，就要增加 9 倍的取样数目，这种关系可用图 1-3 说明。在 a 点之前，估计误差下降很快；当取样数 N 大于 a 之后，估计误差显著变缓；而当 N≥b 时，估计误差的变化不大。因此，为了减少误差，必须增加取样数目，但当 N 值达到一定数目之后，再增加取样数对减少误差的作用就很小了。绘制滑行平均值或滑行方差值对样方数目的相关曲线，可以获得确定采用最少样方数目的标准，振幅趋于平缓的一点的样方数就是最少样方数。图 1-4 上估算用 3.5cm 直径的土钻，取线叶嵩草（*Kobresia capillifolia*）草地根样所需最少取样数的一个小试验的结果，它表明滑行平均曲线表明最少取样数是 8 钻，而滑行方差曲线是 15 钻，建议取 10～15 钻。另外也可根据种—面积曲线的方法，制作种—样方数目曲线，求得最少样方数（参看图 1-2）。

此外还可用统计学的方法求算最少取

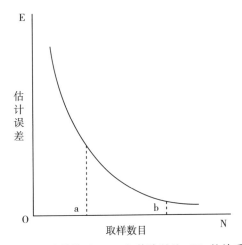

图 1-3　取样数目（N）与估计误差（E）的关系
（李博，1986）

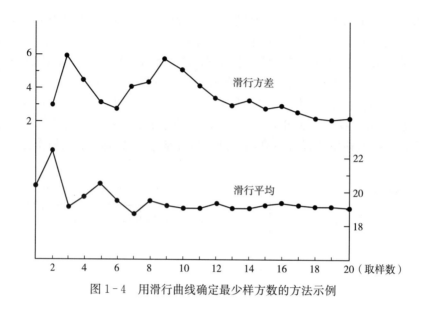

图 1-4　用滑行曲线确定最少样方数的方法示例

样数目。在统计学中用方差 S_X^2 来表示样本变异的大小，一个样本方差很小，取样数目就可以减少，如方差很大，则取样数目要增加。当样本的平均值 $\overline{X}$ 已知，则总体期望值 95% 的置信区间为：

$$\overline{X}\pm1.96\frac{S_X}{\sqrt{N}} \tag{1}$$

如将 1.96 简化为 2，则为 $\overline{X}\pm2\dfrac{S_X}{\sqrt{N}}$。

如果规定了符合精度要求的容许误差范围 D，则 $2\dfrac{S_X}{\sqrt{N}}$ 的最大摆幅不得超过 $\overline{X}D$，即：

$$2\frac{S_X}{\sqrt{N}}=\overline{X}D \tag{2}$$

$$N=\frac{\Delta S_X^2}{X^2 D^2} \tag{3}$$

式中 N 即为在上述条件下的最少取样数目。ΔS_X^2 可以根据小样本的试验求得，即通过小样本的种数或重量定量值，找出其最大值和最小值的变异幅度，再查表 1-1，根据取样数的 an 和变异幅度，得到一个估计的 ΔS_X，再平方得到 ΔS_X^2。例某草地群落最小面积为 0.5 m^2，小样本 3 次重复的各重量值分别为 50g，60g，和 70g，求容许误差为 10% 的最少取样数。

这里样本平均数 $\overline{X}$ =（50＋60＋70）÷3=60，容许误差 D 为 10% 即 0.1，数据最大值与最小值的变异幅度为 20，查表 1-1，ΔS_X = an×变异幅度 = 0.590 8×20，ΔS_X^2 =（0.590 8×20）²，这样，取样数 N 为：

$$N=\frac{(0.590\ 8\times20)}{60^2\times0.1^2}=3.87\approx4$$

即在这个特定的群落上，0.5m² 的取样重复至少 4 次。

由于草地植被的差异性及对精度的不同要求，不能提出通用的取样重复数，下列数据供不能进行实际试验以确定样方数目时的参考。典型草原：0.5m² 的样方重复 6 次，1m² 的样方重复 4 次；高山草甸：0.25m² 的样方重复 5 次；0.5m² 的样方重复 3 次；荒漠草原和草原化荒漠：2m² 的样方重复 3 次；蒿属荒漠和半荒漠：1m² 的样方重复 3 次；人工草地测产时割草机割幅×10m 的样方重复 3 次。

表 1－1　根据数据变异幅度估计标准差和标准误表

取样数目	an	an/$\sqrt{N}$
2	0.886 2	0.626 3
3	0.590 8	0.341 1
4	0.485 7	0.242 8
5	0.429 9	0.192 2
6	0.394 6	0.161 1
7	0.369 8	0.139 7
8	0.351 2	0.124 1
9	0.336 7	0.112 2
10	0.324 9	0.102 7
11	0.315 2	0.095 1
12	0.306 9	0.088 6
13	0.299 8	0.083 2
14	0.293 5	0.078 9
15	0.288 0	0.074 4
16	0.283 1	0.070 8
17	0.278 7	0.067 6
18	0.274 7	0.064 7
19	0.271 1	0.062 3
20	0.267 7	0.059 8
30	0.245	—
40	0.231	—
50	0.222	—

注：标准差 $S_X = an×$变异幅度；

标准误 $S_{\bar{X}} = (an/\sqrt{N})×$变异幅度。

（3）样方的形状。一般使用正方形的样方。由于边际影响是形成误差的原因之一，从这一点出发，同样的面积正方形边线短，因此正方形的样方优于长方形。但是长方形比同样面积的正方形在体现地段的变化上更为有效，在面积较大时长方形的样方人工作时方便一些，因此长方形的样方也有其优越性。根据试验，使用两种样方其所得结果差异不显著，因此可视具体情况任选一种形态。

样方法常用于测定种属组成、种的饱和度、多度、密度。在测定重量时最好面积加大

1倍，或重复数增加1倍。在用于测定盖度时，除可目测外也可在样方内使用点样法。

2. 样条法 样条是样方的变形，即长宽比超过10：1，取样单位呈条状的样方。样条因在一定面积的基础上长度延伸很大，在取样中可更多地体现草地在样条长度延伸方向上的变化，因此适用于研究稀疏或呈带状变化的植被。在植物个体大小相差较大时，样条的准确性超过样方。在半荒漠和荒漠，视灌木成分的多少和均匀程度，可用1m宽、20～100m长的样条，重复2～3次测定重量及其他数量特征。

3. 样带法 样带是由一系列样方连续、直线排列而构成的带形样地，因此是系统取样的一种形式。样带的长短取决于样方的多少，而样方的多少又取决于研究的对象和重复的多少。样带最适用于生态序列，即植被和生态因子在某一方向上的梯度变化及其相互关系的研究，例如河谷草地的水分和植被变化，畜圈、饮水点周围的土壤和植被变化，丘间低地到沙丘的水分、盐分和植被变化，两个群落过渡地带的植被及其生境条件的变化等。

样条和样带的区别是一个样条只是一个取样单位，而一个样带包含了许多取样单位（样方）。

表1-2 草地植被样方测定登记表

取样地点：　　　　　　　　　　　　　　　　　　　样方号：

草地类型：　　　　　　　　　　　　　　　　　　　登记时间：

样方大小：m×m＝m²　　　　　　　　　　　　　　登记人：

植物种名	生活型	层次	株数	苗数	多度	高度（cm）		盖度（%）		物候期	生活力	产量（g）		备注
						生殖枝	营养枝	总盖度	分盖度					
1.														
2.														
3.														
4.														
5.														
6.														
7.														
8.														
9.														
10.														
总计或平均														

4. 样圆法 这是使用圆形取样面积进行植被分析的方法。同等的面积，圆的边线最短，边际效应最小，理应是最好的取样形状，但是由于在测定重量时它的边界不易严格遵循，而样方却方便得多，因此除了测定频度外，一般不使用样圆。测定草本植物频度的样圆面积规定为0.1m²（直径35.6cm），重复50次。

(四) 无面积取样

1. 样线法　样线法是以长度代替面积的取样方法,在株丛高大且不郁蔽的草地上用以测定盖度和频度较样方法更方便、准确。样线法的具体方法是在样地的一侧设一侧线,然后在基线上用随机或系统取样法定出几个测点,以作为样线重复的起点;也可不作基线,直接使用两条平行的或互相垂直的足够长的样线,例如两条50~100m的样线。样线最好用20~50m的钢卷尺或皮圈尺,因其有刻度,测定方便,如无卷尺可使用测绳。在灌丛草地或荒漠,视株丛的大小,每2~5m为一测定线段;草本植物每1~2m为一线段。从样线一端开始测定,以线段为单位测定并登记垂直投影在样线上的植物种名,种的个体所占线段长度 (表1-3)。登记完后整理资料,得样线长度L,总线段数N,样线上出现的植物种数,出现的种的个体数M,种在样线上的总长度B,所有种在样线上的总和$\sum B$(如有上下重叠,登记时应注明,整理和计算时应减去),种以线段为单位出现的次数F (表1-4)。此外,另行在样线上按种测定10~20株的株丛平均直径R,所有种的加权平均直径$\bar{R}$,这样就可按下列公式计算出一些有用的数量指标。

表1-3　草地群落样线法测定结果登记表

样线地点:　　　　　　　　　　　　　　　　　　　　登记时间:
草地类型:　　　　　　　　　　　　　　　　　　　　登记人:
样线号:No　　　　　　　　样线长度:　　m　　　　　线段长度:　　m

植物种名	线段No1 出现的		线段No2 出现的		线段No2 出现的		备注
	次数	长度 (cm)	次数	长度 (cm)	次数	长度 (cm)	

表1-4　草地群落样线法测定结果汇总表

样线地点:　　　　　　　　　　　　　　　　　　　　登记时间:
草地类型:　　　　　　　　　　　　　　　　　　　　登记人:
样线号:No　　　　　　　　样线长度:　　m　　　　　线段长度:　　m

植物种名	个体数	总长度 (m)	出现的线段数	株丛的平均直径 (m)	备　注
总计或平均					

$$分盖度 （\%） = \frac{B}{L} \times 100 \tag{4}$$

$$总盖度 （\%） = \frac{\sum B}{L} \times 100 \tag{5}$$

$$频度 （\%） = \frac{F}{N} \times 100 \tag{6}$$

$$种的个体平均面积 （m^2） = \pi \left(\frac{1}{2}R\right)^2 \tag{7}$$

$$种的密度 （株/m^2） = 1/\pi \left(\frac{1}{2}R\right)^2 \tag{8}$$

$$所有种的个体平均面积 （m^2） = \pi \left(\frac{1}{2}\bar{R}\right)^2 \tag{9}$$

$$所有种的总密度 （株/m^2） = 1/\pi \left(\frac{1}{2}\bar{R}\right)^2 \tag{10}$$

为了节省人力和时间并能达到一定的测定精度，可按种—面积曲线法的原理求出最短样线。样线可按 1、2、8、16、30、40、50、60、70、80、90、100m 的依次长度，制作种—长度曲线，求出最短样线。再制作种—最短样线数曲线，求出最少样线重复数。不同类型草地的最短样线和最少样线重复数需分别求出。

2. 样点法 样点法也叫点测法，是草地植被定量分析的传统技术之一。样点法是将细而长的针垂直或成一角度穿过草层，针所接触到的植物体部分称为样点样本；针本身就是样点，实际上是极端缩小了的取样单位。样点法的一个基本假定是取样单位是几何学含意的点，没有面积。但是实际使用的针不可避免地有一定的粗细，结果是不应接触的植株部分却接触了，因而估计过大，针越粗，估计值越大，误差越大。误差还取决于被测植物叶片的大小和形状，小叶和周长与面积比例很大的那种形状的叶误差更大。椭圆形的叶其误差——表现为真正叶片面积的百分数——可通过下式计算：

$$E = \frac{100d}{1b}(d + 1 + b) \tag{11}$$

式中：E——误差；

d——样针直径（mm）；

b——叶宽（mm）；

1——叶长（mm）。

使用较细的针可以减少误差。一般使用的是直径 2mm 左右的针，它可以保证针的坚挺和正确使用。图 1-5 的点测器细针装于刻度杆的末端，刻度杆可在能转动的台槽中呈倾斜、垂直或水平地滑动。图 1-6 是点测架，架上有并排等距的 10 银针，间距为 5cm 或 10cm，针能自由上下移动。使用时将样点架放在样地上，从一侧开始，将针从上向下插下，记录测针所接触的植物名称及每种植物的次数。一次测定后向前移 5cm 或 10cm 进行下一次测定。

样点法的测定次数视草地状况和精度要求测 300～1 000 点。测完后统计针刺总次数 M，每种植物与针接触总次数 h，全部种与针接触总次数 H（如有重叠应减去），种以测架长 1m 长测线为单位的出现次数 N，测架总测定次数或测线总长度 B（m），再按下列公式计算盖度和频度：

$$分盖度（\%）=\frac{h}{M}\times100 \quad (12)$$

$$总盖度（\%）=\frac{H}{M}\times100 \quad (13)$$

$$频度（\%）=\frac{N}{B}\times100 \quad (14)$$

3. 距离法 这是在样地内随机取定一些样点或样株，然后测量每个随机点或随机样株与其最近的同种个体的距离，以计算密度、盖度和频度等的取样方法。距离法主要适合于不便使用样方法和样点法取样的灌丛，同时对草本群落也有一定的使用价值。目前有四种不同的距离取样方法（图1-7）。

最近个体法——测定距每一随机点最近个体的距离。

近邻法——测定随机株与其最近同种邻株的距离。

随机成对法——测定随机点两边两个相对个体的距离。

中心点四分法——测定从随机中心点到每一象限内最近个体的距离。

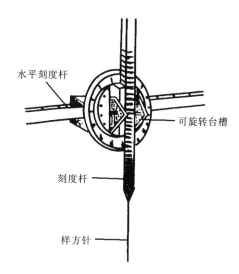

图1-5 点测样方器

测针装于刻度杆的末端，刻度杆可在能转动的台槽中呈倾斜地、垂直地或水平地转动，游动圆盘可按一定距离左右滑动

（任继周，1973）

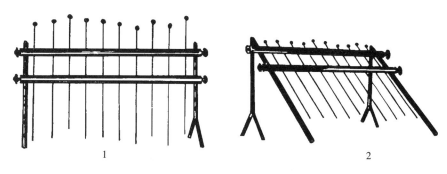

图1-6 点测器

1. 具垂直针　2. 具倾斜针

（Tinney，Aamodt，and Ahlgren，1937）

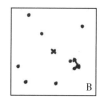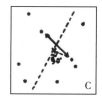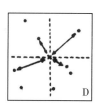

图1-7 距离法取样

A. 最近个体法　B. 近邻法　C. 随机成对法　D. 中心点四分法

表 1-5　草地群落样点法测定结果登记表

测定地点：　　　　　　　　　　　　　　　　　　登记时间：

草地类型：　　　　　　　　　　　　　　　　　　登记人：

植物种名	测定次数																									小计
	1	2	3	4	5	6	7	8	9	10	11	12	13	14	15	16	17	18	19	20	21	22	23	24	25	
1.																										
2.																										
3.																										
4.																										
5.																										
6.																										
7.																										
8.																										
⋮																										
⋮																										

现以中心点四分法为例说明这类方法方法的应用。在样地内随机抽定一个样点，以此样点为中心随意作垂直的十字交叉线，从交点起每线延长到 1m，形成四个象限。在草本群落可直接用边长 1m 的十字架，将其交点与样点重合即可。在每一象限内寻找最靠近中心点的同种个体，分别测定其距中心点的距离、植株基面积和投影面积并登记在表 1-6 内。在一个样点依次作完各种植物的调查后，进行下一个重复，共重复 10 次。然后整理资料得所有种在所有样点上的距离总计 $\sum d$，随机样点总数 N，种出现的个体数 t，所有种出现的总个体数 T，种出现的随机点数 n，种的基面积或投影面积总和 A，种的个体数 B（表 1-7），然后根据下列公式计算有关数量特征：

$$中心点植株的平均距离\ D = \frac{\sum d}{4N}\ (m) \tag{15}$$

$$每一植株的平均面积\ S = D^2\ (m^2/株) \tag{16}$$

$$所有种植株的平均密度\ J = \frac{1}{D^2}\ (株/m^2) \tag{17}$$

$$种的相对密度\ e\ (\%) = \frac{t}{T} \times 100 \tag{18}$$

$$种的密度\ E = \frac{eJ}{100}\ (株/m^2) \tag{19}$$

$$种的平均基面积或投影面积\ C = \frac{A}{B}\ (m^2/株) \tag{20}$$

$$种的分盖度\ Cr\ (\%) = EC \times 100 \tag{21}$$

$$种的频度\ R\ (\%) = \frac{n}{N} \times 100 \tag{22}$$

表1-6　中心点四分法取样测定结果登记表

取样地点：　　　　　　　　　　　　　　　　登记时间：

草地类型：

取样号：　　　　　　　　　　　　　　　　　汇总人：

中心点附近植物种名	最近的同种个体距离（cm）	基底直径（cm）	植冠投影直径（cm）

表1-7　中心点四分法测定结果汇总表

取样地点：　　　　　　　　　　　　　　　　汇总时间：

草地类型：

取样总数 $N=$　　　　　　　　　　　　　　汇总人：

中心点附近植物种名	随机点数（N）	个体数（B）	距离总计（cm）	基底面积总和（A）	投影面积总和（A′）

二、草地植被的数量特征

（一）种属组成及种的饱和度

种属组成是一个植物群落最基本的特征。研究种属组成就是仔细编制群落的植物名录，在编制时应列入处于成熟状态、非成熟状态甚至幼苗状态的一切种。名录中的植物种名按生活型排列，每一生活型中可再按分类学系统或学名字母顺序排列。种属组成的研究应在最小面积（参见一中（三）之1）、更大面积甚或整个群落内进行。

单位面积中已知植物种的平均数叫做种的饱和度，为了便于比较，草本群落种的饱和度以 $1m^2$ 的种数为单位来表示。种的饱和度和环境条件相关，环境条件越优越，种的数目越多，种的饱和度越大。

（二）多度

多度是样方中某种植物个体的多少程度。当难以区别植物的个体时，如灌丛、丛生和根茎等植物，可以生殖枝作单位。草本植物的多度测定，常用 O. Drude 的 6 级制多度评定，其规定为：

cop. 3（copiosae 3）：植株极多，分盖度 70%～90%。

cop. 2（copiosae 2）：植株很多，分盖度 50%～70%。

cop. 1（copiosae 1）：植株多，分盖度 30%～50%。

sp.（sparsae）：植株不多，星散分布，分盖度 10%～30%。

sol.（soltarae）：植株很少，偶见一些个体，分盖度在 10% 以下。

un.（unicum）：植株在样方中仅出现 1 株。

此外还有两个符号 soc.（socialis）和 gr.（gregatium）可与前述的一些等级连用，作为叙述的补充。soc. 表示植株个体互相密接、郁蔽，形成背景。gr. 表示植株丛生成密集的集团（图 1-8）。

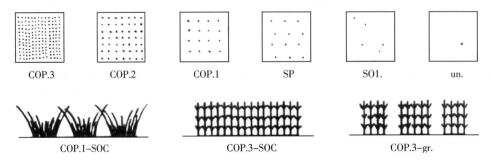

图 1-8　德鲁捷（O. Drude）多度标准模式图

在大多数情况下，多度大、个体多，因此盖度也大，所以 Drude 在各级的标准上附加了盖度的范围。但在一些特殊情况下，如种的个体很多但很小［某些春季短命植物如葶苈（Draba）等］，或个体不多但具较大且平铺于地面的枝叶（如莲座丛状和垫状植物等），这样，多度与盖度之间相关很低，出现较大的分歧，因此在实际测定中，要根据种的实际多少定多度，盖度只能作为参考，更不能用盖度的大小返定多度。

登记植物多度时，由于被测植物种的大小、植株单位（如前述的灌丛、莲座丛、丛状草本的植株统计或认定单位）差异很大，在研究报告中需加以说明，以便和他人的工作进行比较或汇总。

（三）密度

密度指单位面积中某种植物的平均株数，用公式表示就是：

$$D = \frac{N}{S}（株/m^2） \tag{23}$$

式中：D——密度；

　　　N——样地中某种植物的株数；

　　　S——样地面积。

密度的倒数即为某种植物个体平均所占的面积，也就是营养面积（Ma）

$$M_a = \frac{1}{D}（m^2/株） \tag{24}$$

这是假定其他种不存在的情况下的平均面积或营养面积。

密度是一个实测值，是限定在某一一定样方面积中的计算值，但它又是一个平均值，同一草地，取样面积不一致时，计算的密度值有一定的差异，而同一密度并不就是同一数量，因此在用不同的样方作比较时，应说明取样面积的大小。为此，一般规定密度的测定是 1m² 中某种植物个体的数量。

H. C. Hanson 曾用 5 级制的数字确定多度，由于他规定的是 1m² 中的株数，因此实际上是密度级别，这种级别划分在草本群落，尤其是人工草地中使用很方便，其级别规定如下：

稀少：种在样方中的数量为 1～4 株/m²。

偶遇：5～14 株/m²。

常遇：15～29 株/m²。

丰富：30～99 株/m²。

很丰富：多于 99 株/m²。

灌木的密度除了可用大样方统计株数的方法求算外，也可用距离法（参见一中（四）之 3）先求得平均面积，然后根据下式求算：

$$D = \frac{\sqrt{M_a}}{2} \tag{25}$$

式中：D——种的密度（株/m²）；

M_a——平均面积（m²/株）。

上述种的密度是不论群落中有否其他种的情况下所求得的数据，但在实际上，一个群落，尤其是天然群落极少是只有一个种，因此这样求得的密度其实际意义有限。相反，要有用的是计算所有植物种的密度和平均面积（营养面积），它对实际的生产，如草地培育中的施肥量、播种量十分有用。此外还可在此基础上计算群落的平均株距，公式为：

$$L = \sqrt{\frac{S}{N}} - d \tag{26}$$

式中：L——平均株距（cm）；

S——样方面积（m²）

N——样方中所有种的个体数；

d——所有种茎或株丛的平均直径（cm）。

（四）盖度

盖度指植物群落总体或各个种的地上部分的垂直投影面积与取样面积之比的百分数。它反映植被的茂密程度和植物进行光合作用面积的大小。有时候盖度也称为优势度。

盖度有投影盖度（全株盖度）和植基盖度两种。投影盖度是植物茎叶的垂直投影面积与样方面积之比的百分数。植基盖度是植物基部面积与样方面积之比的百分数（图 1-9）。灌丛的投影盖度也称为郁蔽度，用 0～1 之间的整数或小数表示。

在盖度测定中如果不分种，全部植物对样方地面的投影面积所计算的盖度称为总盖度；种对样方地面的投影面积所计算的盖度称为分盖度；按层或层片植物总体测算的盖度称为层盖度。在浓密的群落，分盖度或层盖度的总和可以大于 100%，甚至达到百分之几百，但总盖度不应大于 100%。

图 1-9　植被的两种盖度示意图

1. 地面面积　2. 植基面积　3. 投影面积

投影总盖度可用目测法直接估计，容许的误差不应超过 5％；分盖度的估测较难准确，也可用样线法（参见一、（四）之 1）和样点法（参见一、（四）之 2）实测。对基盖度的测定可用样线法在植物基部离地面 2～3cm 处测定植基直径；也可从上述高度对刈割后用样线法或样点法测定，不过这种测定由于难以辨认种而不能测定分盖度。

在较稀疏的灌丛草地，如果灌丛的盖度和丛间的草本盖度是分别测得，那么灌丛草地的总盖度（C）不能以灌丛盖度（C_a）加草本层盖度（C_h）之和来计算，而应该用下式求算：

$$C(\%) = C_s + (1 - C_s) \times C_h \tag{27}$$

（五）频度

频度是种在群落中分布的均匀程度的数量指标，计算公式为：

$$R(\%) = \frac{n}{N} \times 100 \tag{28}$$

式中：n——某一个种在全部取样中出现的次数；

N——全部取样数。

频度的测定是用 $0.1m^2$ 的样圆，即用粗铁丝制成的直径为 35.6cm 的圆圈，在样地中沿随机的方向随机抛出 50～100 次，登记和编制每一个取样中的植物名录（表 1-8）。在编制了全部取样的植物名录之后，计算每一个种在该群落中出现的百分数，这就是种的频度百分数，或叫频度系数，用 R 代表。

表 1-8 草地植物频度测定登记表

取样地点：　　　　　　　　　　　　　　　　　　测定时间：

草地类型：　　　　　　　　　　　　　　　　　　登记人：

植物种名	测定次数及划记													划记总数	频度（％）
	1	2	3	4	5	6	7	8	9	10	48	49	50		
1.															
2.															
3.															
4.															
5.															
6.															
⋮															

C. Raunkiaer 把频度划分为 5 级，A（级）＝1％～20％，B＝21％～40％，C＝41％～60％，D＝61％～80％，E＝81％～100％。他根据对全世界 8 000 种有花植物的频度百分率研究的结果，发现 A 级包括 53％的种，B 级为 14％，C 级为 9％，D 级为 8％，E 级为 16％。根据这些数据，Raunkiaer 得出频度定律，即 A 级＞B 级＞C 级≧＜D 级＜E 级；用图表示就是反 J 形的 Raunkiaer 标准频度图（图 1-10）。

一个成熟的，种间数量对比关系正常的群落，优势种总是少数，而散生的伴生种是大量的。在频度定律中，A 级植物频度小而种类多，它们就是伴生种的频度表现。E 级植物频度最大而种类较少，因此它们应是优势种或亚优势种的频度表现。频度定律说明，群落内部种的分布的均匀性，取决于 A 级和 E 级植物的百分比。成熟的、稳定的群落，频度图式总是呈反 J 型。当群落被扰动时，群落没有了明显的优势种和伴生种，或者它们的数量关系被破坏，B、C、D 级植物增多，则频度图式不呈或远离反 J 形，因此，可以用一个群落的频度图式鉴别它是否被扰动或稳定、成熟的程度。

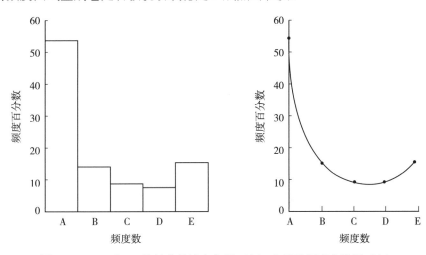

图 1-10　Runkiaer 的标准品读直方图（左）和标准频度曲线图（右）

频度的大小与密度有关，频度是密度的函数，但在多数情况下，二者不呈直线相关，只有在最大规则分布与每个取样中为 1 株时，才呈直线相关。在随机分布的情况下，密度（E）与频度（R）的关系可用下式计算：

$$E = -\ln(1 - \frac{R}{100}) \tag{29}$$

式中：ln——自然对数。

多度和频度之间的多种关系，可用图 1-11 加以说明。

（六）优势度（重要值）

种在群落中所起作用和所占地位的重要程度叫做优势度（SDR）或重要值（IV）。在群落学的研究中有人将盖度（C）的大小认作优势度，也有将群落的密度（E）、高度（H）、多度（D）、高度（H）和重量（Y）等数量指标加以不同的组合，即这些指标的相对值（式中的相应符号加'，以区别于绝对值）的不同组合来求算种的优势度，例如：

$$SDR_2 = （C' + E'）÷2 \tag{30}$$
$$SDR_2 = （C' + Y'）÷2 \tag{31}$$
$$SDR_3 = （C' + E' + H'）÷3 \tag{32}$$

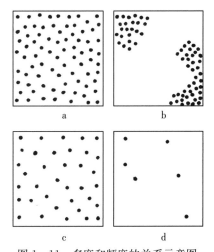

图 1-11　多度和频度的关系示意图
a. 多度大频度也大　b. 多度中等频度颇大
c. 多度颇大频度小　d. 多度小频度也小
（据 П. Д. Ярошенко，1959）

$$SDR_4 = (C' + E' + H' + R') \div 4 \tag{33}$$

$$SDR_5 = (C' + E' + H' + R' + Y') \div 5 \tag{34}$$

在草原生产中，由于重量（产量）和盖度的实际重要意义，因此推荐用公式 1 - 31 计算优势度，并将优势度大于 60% 的种认作优势种。

三、草地植被的空间结构特征

草地植被的空间结构是群落中植物的种及其数量分布、植物与环境之间相互关系的立体反映，它赋予群落一定的外貌，在结合群落的时间结构特征观察群落时，群落更具有外貌的动态特征。空间结构及其动态可以帮助识别和鉴别群落，也可以指示正确利用和培育草地。例如，混播草地就是人工的最佳层片结构、垂直结构和时间结构的群落，它在合理的牧草种间、空间和时间关系上，可以稳定地提供最多和最好的牧草产品。

（一）群落的层片结构

群落的层片结构就是群落的生活型组成。层片是由同一生活型的植物组成的群落的生态结构单位，它具有一定的数量，占据一定的空间。为了进一步的研究，根据生活型高级单位划分的层片，还可以按照它的低级单位细分。例如，矮生蒿草（Kobresia humilis）草地群落的地面芽植物层片还可细分为地面芽密丛莎草层片、地面芽莲座草本层片、地面芽匍匐型草本层片、地面芽密丛禾草层片；地下芽植物层片还可以细分为地下芽根茎——密丛莎草层片、地下芽根茎草本层片等。

表 1 - 9　我国几种植被类型生活型的比例（%）

植被类型	高位芽植物（Ph）	地上芽植物（Ch）	地面芽植物（H）	地下芽植物（G）	一年生植物（Th）
热带雨林（西双版纳）	94.7	5.3	0.0	0.0	0.0
亚热带常绿阔叶林（滇东南）	74.3	7.8	18.7	0.0	0.0
温带落叶阔叶林（秦岭北坡）	52.0	5.0	38.0	3.7	1.3
寒温带暗针叶林（长白山西南坡）	25.4	4.4	39.6	26.4	3.2
温带草原（东北）	3.6	2.0	41.0	19.0	33.4
亚高山草甸（滇东北）	6.0	0.0	74.0	13.0	7.0
高山冻荒漠（滇西北）	0.0	30.0	54.0	16.0	0.0

引自姜汉侨（1980）。

除非精细管理的人工单播的草地，天然的半人工的草地组分不可能属于同一生活型，因此它们都由不同的层片所构成。对一个群落种的生活型（层片）进行数量分析，就构成群落的生活型谱。不同地带的高级植被类型，通过层片结构分析，可以揭示其组分的生态条件特点。高位芽层片占优势的群落，反映其生境温热多雨；地面芽占优势的群落，反映其生境具有较长的寒冷季节；地下芽占优势的群落，反映其生境比较冷湿；一年生植物占优势的群落，反映其生境比较干旱；地上芽占优势的群落一般反映了高海拔和干旱的生境。几种主要层片的结合，反映综合的生境条件，例如，寒温性针叶林，地面芽植物占优势，地下芽植物次之，高位芽植物又次之，反映了它的生境有一个较短的夏季，漫长的冬季，并且严寒、潮湿。

（二）群落的垂直结构

植物群落按地上部分的高度或地下部分的深度形成的垂直配置称为垂直结构，它表明群落的层次或成层现象。群落的成层性能够调节和保证植物群落在地上或地下的单位空间中更充分地利用自然环境条件，它是植物群落与环境条件之间相互关系的一种特殊反映。决定地上部分成层的环境因素主要是光照、温度和湿度等因素；决定地下部分成层的主要是土壤的理化性质，特别是土壤水分和养分状况。植物群落所在地的环境越优势，群落的成分和层次就越多，垂直结构也越复杂；反之，成分和层次就越少，垂直结构也就简单。

1. 地上的垂直结构　发育完全的森林群落层次分化最完整，根据生活型，通常可以划分为乔木层、灌木层、草本层和地被层四个基本结构层次（图 1-12），在各层中又可按同化器官在空中排列的高度划分亚层。以草本植物为主的草地群落，由于生活型较简单，基本的层片较少，但仍可按生活型低级单位和高度划分亚层。如大针茅（*Stipa grandis*）草原群落一般可分为三个亚层（图 1-13），第一亚层高 40～50cm，生殖枝可达 80cm 以上，主要由建群种大针茅及少量高大杂类草组成；第二亚层高 15～30cm，生殖枝可达 50cm 或更高，主要是羊草（*Leymus chinense*）及小型丛生禾草；第三亚层的高度在 10cm 以下，主要由根茎苔草及低矮的或莲座丛状的旱生杂类草组成。在湿润时期或阴湿地区，草本层之下还可有苔藓等低等植物构成的地被层。为了便于判定和记录层片和种的高度，可以使用一块有纵横标度的硬纸或胶合板作为背衬的屏幕以便于工作。

图 1-12　森林中的成层现象
1. 乔木层　2. 灌木层　3. 草本层　4. 地被层
(B. B. AлиехНН)

图 1-13　大针茅草原垂直投影图
1. 大针茅　2. 糙隐子草　3. 麻花头　4. 甘草　5. 柴胡　6. 冷蒿　7. 白婆婆纳　8. 瓦松
(李博, 1980)

2. 地下的垂直结构　植物群落的地下部分成层现象和层次之间的关系与地上部分是相关的，例如发育成熟的森林群落，草本层、灌木层和乔木层的根系分布深度依次加深。

地下部分的垂直结构一般按植物种的根系深度分布，群落根系深度分布及其根量分布两种情况进行研究。前一种情况，例如在典型草原上，土壤的上层分布的主要是一年生植物的根及其他植物分布不深的鳞茎、块茎等；中层主要是针茅属的根；下层主要是双子叶植物的轴根。后一种情况是结合深度对根的粗度与重量的研究。

对草地群落地下分层的研究，一般采用形态法和重量法。形态法是挖掘一定深度的土坑，修整好向阳的剖面，固定好网格，把剖面上暴露出来的植物根系按比例描绘在方格纸上。为了使剖面的根系暴露得更清楚，还可将长 5cm 的铁钉按 10cm 的上下、左右间隔钉入剖面，固持根系，然后用喷头水将剖面的表土冲去 0.5～1cm，再借助网格绘制根系图。重量法是在土坑壁上切出 20cm×10cm×5cm 的砖形土块，由地表开始至 35cm 处连续切下 7 块，以后再在 40～45cm、60～65cm、90～95cm 处各切一块，共10 块。将每一土块中的所有根系洗出，区别粗根、中根、细根，烘干称重，然后制成地下部分分布图（图 1-14）。

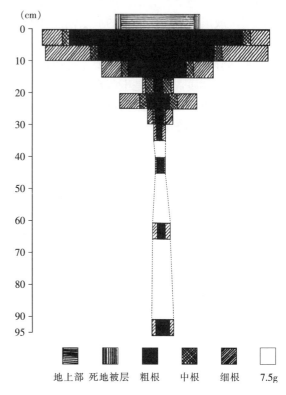

图 1-14　大针茅草原根量垂直分布图
(李博，1980)

（三）群落的水平结构

在一个群落或草地型的范围内，由于土地条件的不均一（小地形、微地形的变化，土壤湿度和盐渍化程度的不同等），群落内植物环境的不一致（上层遮阴的不同等），种的生态生物学特性（繁殖特性、迁移特性、竞争特性以及多度特性等）的较大差异，动物的干扰（洞穴、抛土、选择性采食、践踏等），导致产生一些小型的种的结合，它们是整体群落的一部分，但又是具有一定特征的小群落，也可以称作草地型的变体。小群落不是垂直方向上的层片，而是群落水平分化的一个结构部分，并且在很大程度上依附于其所在的群落。

草本群落结构的水平分化现象很常见，如芨芨草（*Achnanthrum splendens*）群落，在较稀疏的情况下，芨芨草丛中有与其伴生的少数植物，丛间的空间，则由其他的禾草和杂类草组成的小群落占据。另外如放牧过度的线叶嵩草（*Kobresia capillifolia*）群落，在践踏较重，土壤坚实的较高处，出现由火绒草（*Leontopodium leontopodioides*）构成的小群落。对小群落的研究，有助于更为全面地了解群落结构的总体特征；如果进而以小群落作为标本，了解小生境特点，分析群落分化原因，掌握群落动态趋势，对草地的改良和利用具有直接的指导意义。

　　一定面积上的群落水平结构需用常规的测量方法或大比例尺的航片绘制植被图表明，也可用线样法研究小群落在某一方向上的分布。在小地形表现明显的群落中，可用下述样线法进行研究：在预定样线的两端，各钉入一个结实的木桩或铁桩，借助于水准仪或坡度仪，拉紧一条严格水平的细尼龙绳样线，并使其心可能接近地面（只可能接近样线上的一处最高点）。绳上每隔5～10cm有一标度，沿着样线前过，描述各个小群落的种属组成、生活型和其他特征。在线的每一标度处用直尺测定并记下该处的垂直高度，在全样线测定完毕后，可以根据所获数据准确地绘出该地段的小地形剖面图，并在图上标出或使用图例表明所有的小群落，最后便可获得在某一方向上小群落的分布及对某种小地形适宜程度的资料。

表1-10　群落水平结构样线法研究记载表

距离（m）	高度（cm）	小群落名称及简要特征	环境特征
0～1			
1～2			
2～3			
⋮			

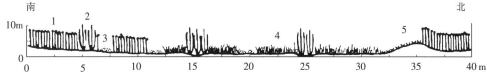

图1-15　天祝金强河二级阶地某典型地段小地形及植物群落水平分布图（植物符号高度为非比例尺）
1. 珠芽蓼　2. 金露梅　3. 鼢鼠堆　4. 线叶嵩草　5. 矮生嵩草

四、草地植被的时间结构特征

（一）物候

　　物候指植物的种在某一时期的气候条件下表现的发育状态或阶段。物候的研究对草地的管理有重要意义，例如，可以根据主要牧草的物候期来确定开始放牧、结束放牧和割草的适宜时期；也可通过调控一年生牧草的播种期，使其抽穗（禾本科）或开花（豆科）期恰值初霜来临时，以便获得品质优良的天然冻干草。

　　物候的观测应有100m² 的样区，并固定10～100株植物进行观察，每5d观察一次，但在抽穗和开花初期，应缩短为1～2d观察一次，因为这两个物候期进入很快而延续时间又很短，观察的间隔时间太长，将错过准确的进入和延续时期。

表 1-11　草地植物物候观察日志表

样地地点：　　　　　　　　　　　　　　　　　　　　　　　　　记载人：

日期 （年、月、日）	物候期	%	高度 （cm）	物候期	%	高度 （cm）	物候期	%	高度 （cm）	备注

表 1-12　一年生和多年生草本植物的物候期特征表

序号	物候期	确定该物候期的特征	
		禾本科及莎草科	豆科及杂类草
		营 养 前 期	
1	播种	—	—
2	种子膨胀	—	—
3	种子开始萌发	出现胚根和胚茎	—
4	开始出苗	第一片真叶或胚芽露出地面	子叶或胚芽露出地面
5	完全出苗	田野泛绿，条播者出现明显行列	真叶出现，条播者出现明显行列
6	分蘖或分枝	分蘖枝形成	侧枝形成
7	拔节，茎形成	开始孕穗	孕穗前茎的发育
		孕 蕾 期	
8	开始抽穗（禾本科）或开始孕穗（豆科）	花序开始从叶鞘中伸出	花序或花蕾开始出现
9	完全抽穗（禾本科）或完全孕蕾（豆科）	花序完全从叶鞘中伸出	大部分花序或花蕾发育成熟，具有颜色，个别花蕾开始开放
		开 花 期	
10	开花初期	花序伸展，在继续完成孕蕾的同时，花蕾开始完全开放	
11	开花盛期	花蕾大部分开放为花朵	
12	开花末期	花朵大部分凋谢，花序上只有个别花蕾和少数花朵	
		结实与种子脱落期	
13	果实开始形成	花被凋谢，子房膨大	
14	果实开始成熟	种子形成，达到乳熟或腊熟	
15	种子完全成熟	果实成熟，种子完熟十分坚硬	
16	果实开始脱落	未成熟或成熟的果实开始脱落	
17	大量落粒	种了由于生殖枝或植株干枯死亡而落种	
		营 养 末 期	
18	叶片开始枯死	叶片颜色开始改变	
19	完全死亡	一年生植物的全部植株或多年生植物的生殖枝和营养枝干枯和死亡	
		多年生植物的补充物候期（生活的第二年和以后）	
20	越冬后开始萌发（春季萌生，营养开始）	越冬后开始生长，绿色组织长达 2mm	
21	第二次分蘖	由分蘖节形成新枝条或在开花与其他营养阶段完成后形成新枝条	

物候观察时应注意植物的几个发育阶段同时出现的现象，例如红豆草（*Onobrychis viciaefalia*）往往有同一株同时进入孕蕾、开花和结实的情况，所以必须对每个发育期作出数量评价；还应计算每个发育期的植株占观察总株数的百分数（也可目测估计）。对于多年生草本应该注意在生长后期出现的第二次分蘖，甚至第二次抽穗、孕蕾、开花和结实等现象。对生长后期出现的这些物候，在观察记载时应注明"二次"或"秋季"字样。在每次观察记载物候时，还应同时测定样株的生殖枝和营养枝的伸直高度，并记入观察日志表。植株高度用分数记载，分子为生殖枝高，分母为营养枝高。日志表每种植物一张，以便多年记载使用。

（二）季相

由于主要层片植物的季节性物候变化，使群落表现出的季节性整体外貌称为季相。季相的有规律更替就是群落的周期性。季相一般按气候的节令和群落外貌的明显变化来划分，例如可以把外貌变化比较多样的草地的季相，划分为前春季、早春季、仲春季、晚春季、早夏季、仲夏季、晚夏季、早秋季、晚秋季、冬季等季相阶段。

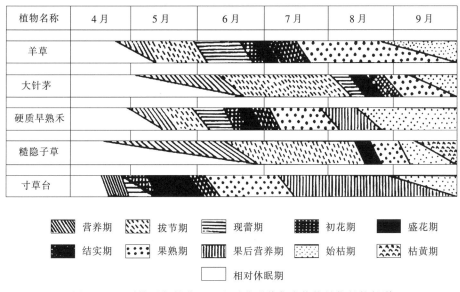

图 1-16　呼伦贝尔羊草＋丛生禾草群落集中优势植物的物候谱

（李博等，1980）

季相的研究方法可以通过对群落中植物种的物候记载，编制物候谱带；把各种植物的物候谱带编在一起，就是这个群落的物候总谱，这是群落季相变化的真实记录。物候谱带的长度要与所观察记载的月份长度相当，谱带的宽度可以根据该种植物在群落中的相对盖度或相对多度而定，以体现某种植物在形成季相中的数量作用。

季相的研究也可用文字描述的方法，例如《中国植被》对线叶菊（*Filifolium sibiricum*）草原季相的文字描述："当5月中旬大地刚刚解冻时，群落中的早春植物，如白头翁、鸢尾、委陵菜等相继开花，银白色、蓝紫色和金黄色的花朵，迎来了生长季的开端。6月上旬，……绝大部分植物展开新叶，草原形成了绿色背景，家畜也能饱青，……7~8月，是草原上的黄金季节，多数植物开花结实。在线叶菊金黄色花序的背景上，夹杂着黄芩、沙参、桔梗的蓝紫色花朵以及山萝卜（淡蓝色）地榆（暗紫色）的花穗，这时已到收割干草的大忙季节。9月上旬，多数植物已完成了自己的生活周期，……线叶菊叶色转红，与相邻的枯黄色的禾草草原形成显明的对照。从9月下旬至翌年5月初将近8个月的时间处于休眠状态"。

（三）演替

演替就是某一地段在时间上顺序出现不同群落的过程。演替也可认为是年际的群落时间结构特征，而物候与季相是年内的群落时间结构特征。

1. 原生演替与次生演替　　原生演替是过去没有植被的原生裸地上发生的群落更替现象，它顺序地发生一系列群落，并在演替过程中逐渐改变基质的性质，改变生境条件，向当地典型中生化的植物群落发展，达到与当地气候平衡的状态。例如，在黄土堆积地、河滩地、岩屑坡等原生裸地，在不受人的干扰下，先锋植物首先进入，构成群落，之后又被其他种植物所排挤，如此继续，直至一个相对稳定的植物群落出现，维持较长的时期。在演替过程中，顺序发生的一系列群落（演替阶段）组成一个原生演替系列。

次生演替是原生植被受到自然或人为的破坏成为次生裸地，由先锋群落开始，发生群落的不断更替，直到产生相对稳定的群落，并构成一个次生演替系列。草地群落的演替大部分属于次生演替。

在演替系列中，先锋阶段与相对稳定阶段的群落它们的比较特征可概括如下：

先锋阶段	相对稳定阶段
1. 种属很少，有时只有一种	1. 种属较多
2. 结构简单，只一层	2. 具有数个层片及小群落
3. 群落是种的偶然组合	3. 有一定的种属组成及数量关系
4. 形成纯群落或斑点状群落，分布不均匀，地面有裸露	4. 植物均匀，扩散地分布
5. 种的竞争水平低，但侵占性强	5. 种间斗争激烈，竞争能力和忍耐能力强的种多

2. 进展演替与退行演替　　群落的演替和发展，当趋向于群落能更安全、更充分地利用环境条件时，就认为是进步的和完善的，如果相反，则是退步的和不完善的。基于这样的认识，可以将草地群落的演替分为进展阶段和退行阶段，它们的比较特征可概括如下：

进展阶段	退行阶段
1. 群落结构复杂化	1. 群落结构简单化
2. 地面和空间利用充分	2. 地面和空间利用不充分
3. 群落的生产力提高	3. 群落的生产的降低
4. 群落中生化，稳定性加大	4. 群落旱生化、湿生化或盐生化，稳定性降低
5. 能充分利用环境条件，对外界环境有强烈的改造	5. 不能充分利用环境条件，对外界环境只有轻微的改造
6. 存在新兴特有现象	6. 存在残遗特有现象

3. 草地在不同的利用方式下的演替阶段特征

（1）放牧演替。家畜在草地上放牧，它们的采食、选食、践踏、排粪、排尿和传播种子等，不可避免地对植物和土壤有所影响，因而引起植被的变化和演替。草地的放牧演替速度及其外貌表现与放牧强度有直接关系，可以根据放牧强度确定其演替的阶段。

放牧长期过轻阶段：草地有倒伏的经年宿茎存在，土壤有机质增加，土壤生草化甚或沼泽化。当土壤呈酸性时，有柳属灌木出现，高大杂草逐渐取得优势。

放牧适度阶段：群落维持正常状态，盖度正常，产量或略有增加，没有畜蹄践踏痕迹。

放牧稍形过重阶段：植被成分和盖度没有明显变化，但原来的优势植物和上繁草受到抑制，产量有所减少，践踏形成的沟纹在山坡明显出现，在平地也普遍可见，水土流失严重，有些地方表土已全部丧失。

放牧严重过重阶段：原来的优势植物已少见，一年生植物和深根植物也只稀疏生长，毒草、不食草大量生存、盖度、产量极度下降，践踏形成的沟纹在山坡上密如鱼鳞，平地上也很密集，水土流失严重，成土母质常常裸露，群落已被破坏。

在研究具体草地的放牧演替时，各演替阶段可用其优势种命名。

（2）割草演替。草地割草，由于消耗植物贮藏的营养物质，损害其生机和降低营养繁殖的能力；生产上要求在结实前刈割，因而牧草不能进行有性繁殖；枯枝落叶大为减少，土表裸露、旱化；牧草移出，营养元素不能归还，土壤肥力因而迅速降低。这些综合的割草影响因素使割草地群落发生变化，在一年内多次刈割和连年多刈、低刈的情况下，变化速度更快，使群落发生明显的演替。割草地的演替可以分为下列 4 个主要阶段。

相对稳定阶段：草地不刈割或轻刈，群落在较长时期内维持原来面貌。

旱化阶段：地被物减少。土壤水分含量子力学降低。中生种减少，旱生种增加，盖度和产量略有降低。原来的优势种受到抑制，但群落保持原来外貌。

轻度退化阶段：地被物明显减少。土壤板结明显，含水量显著降低。中生种明显减少，旱生丛状禾草和杂类草增加，原来的优势种密度、盖度、产量和群落的总盖度、总产量明显降低。群落的种属组成和外貌有明显改变。

重度退化阶段：地面基本无地被物。土壤板结，有裸地出现，土壤含水量进一步降低。旱生杂类草、丛状禾草和一年生草占优势，植物高度、密度大大降低，不能或几乎不能割草。群落的种属组成和外貌发生根本的改变。

（3）撂荒演替。草地被开垦为农田或饲料地，经过一定时期的耕作和栽培，原生群落完全消失，如弃耕撂荒，天然群落立即出现，向原生群落的方向恢复、发展，并形成不同的阶段，例如典型草原撂荒演替在自然条件下主要有下列阶段。

一年生杂草阶段：持续时期为 1～2 年。主要植物为矮小的一年生杂草，如旱雀麦（*Bromus tectorus*）、猪毛菜（*Salsola collina*）、白藜（*Chenopodium alba*）等，有一定的产量，可放牧或可割草。

多年生杂草阶段：持续 3～4 年。主要是轴根型或根蘖型田间杂草，植株高大，产量很高，可以割草。

根茎禾草阶段：持续 8～15 年。主要是根茎禾草，植株较大，产量不高。

丛状禾草阶段：持续 3～6 年。由于土壤逐渐紧实，根茎禾草被丛状禾草取代，植株较小，产量进一步降低。

相对稳定阶段：植被成分、产量和经济意义均已恢复到开垦前的状况，并能长期维持相对的稳定。

4. 草地群落演替的观察研究 研究草地群落的演替，除了可在同一类型的草地上寻找不同放牧强度、不同刈割强度和不同撂荒年代的地段进行比较性的调查研究，测定群落和土壤的各项特征以判断演替的阶段外，还可专设样地样地进行更为细致和深入的研究。

（1）放牧与不放牧比较法。用围栏设置2至数个样区，一为对照，另外为不同放牧强度的放牧样区，放入相应数量的家畜放牧采食，连续数年，观察研究各区群落和土壤的变化及其过程，并定点照相记录。

（2）样方刈割比较法：设置一组样方，按不同刈割时间、不同刈割次数和不同刈割高度设计处理，连续数年试验，观察研究草地植物和土壤的变化情况，并在各样方定点照相记录。

（3）撂荒地定点观测法。选择或人为制造一块典型撂荒样地，分为两区，一区用围栏保护，一区不保护，连续数年至数十年观测研究在保护和放牧利用下的植物和土壤的变化过程，并定点照相记录。

上述三种研究方法均应记载种的个体特征、群落的数量特征、结构特征、结构特征及土地状况，可使用表1-2和表1-13进行登记。

表1-13 草地演替土地状况观察登记表

草地类型：　　　　　　　　　　　　　　　　　　　样地地点：
演替类型：　　　　　　　　　　　　　　　　　　　登记时间：
演替阶段：　　　　　　　　　　　　　　　　　　　登 记 人：

1. 样地周围条件：

2. 土壤基质及类型：

3. 土壤地被物：

4. 耕垡状况：

5. 有机质含量：

6. 生草层状况：

7. 放牧沟纹状况：

8. 风蚀状况：

9. 水蚀状况

10. 利用状况：

11. 培育状况：

12. 其他：

13. 备注：

五、草地植被的综合特征

草地植被的综合特征是用以确定、分析特征相似的草地是否确定属于同一类型，以及决定它们彼此之间差别程度大小的一些种或群落的特征。为了进行准确的对比研究，需要尽可能多的和同样大小取样单位的草地群落的资料，并且研究的草地群落是相对成熟和稳定的。把在野外初步划分为同一类型的草地群落资料汇总成一张综合表，然后将各草地类型的综合表加以比较，即可求得各项综合特征，如种的存在度、恒有度、确限度以及群落的相似系数、多样性系数等。

（一）存在度

在同一型的各个草地群落中，某一种植物所存在的群落数就是存在度，它可分为5级：

存在度1：该种植物存在于20％的群落中。

存在度2：该种植物存在于21％～40％的群落中。

存在度3：该种植物存在于41％～60％的群落中。

存在度4：该种植物存在于61％～80％的群落中。

存在度5：该种植物存在于81％～100％的群落中。

由于种属组成是群落各项特征的基础，种属组成相近的各个群落，必定有相近的性质，因此，存在度大的植物种越多，则各草地的相似程度就越大，并且这一草地型的种属组成更为均匀一致。

（二）恒有度

把每个草地群落按一定的面积（形状不拘）把植物种按存在度列成名单时，所得的数值称为恒有度，也可以说恒有度就是种在一定面积以内的存在度。存在度和恒有度都是用来说明同一草地型的植物群落种属组成的一致性程度，恒有度可避免取样面积不等而造成的参差不齐。它们与频度的区别是后者只限于应用在一个草地群落中（图1-17）。

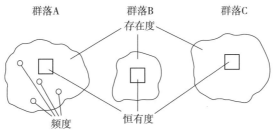

图1-17　频度、存在度和恒有度概念的比较

（姜汉侨，1983）

（三）确限度

用以表示一个种局限于某一草地型的程度指标称为确限度。Braun-Blanquet 根据植物种类对群落类型的确限程度，将植物种归并为5个确限度级。

确限度5：确限种，只见于或者几乎只见于某一植物群丛中的植物种。

确限度4：偏宜种，最常见于某一植物群丛，但也可偶然见于其他植物群丛的植物种。

确限度3：适宜种，在若干植物群丛中能或多或少地茂盛生长，但在某一一定的群丛中占优势或生长最旺盛的种。

确限度 2：伴随种，不固定在某一一定植物群丛内的植物种。

确限度 1：少见以及偶尔从别的植物群丛侵入进来的种，或者从过去的群丛中残遗下来的植物种。

确限度 3～5 级的种称为特征种，它能作为一定草地型的标志。确限度越大的种，其生态幅越小。植物确限度的确定应在一定自然区域内将所有的群落都加以详细调查，并通过不同群落类型间的对比后，才能肯定哪些是特征种，但在小范围内进行的上述工作，可以在本范围内应用，具有地方性的价值。

（四）群落相似系数（群落系数）

把特征相似的群落资料归并在一起，可用植地间植物种类的相同性程度来说明草地型的相似性。相似性的数学表达式称为群落相似系数。

1. Jaccard 相似系数 根据两样地间面积相同的样方共有种数与全部种数之比来表达，计算公式为：

$$IS_j(\%) = \frac{c}{a+b-c} \times 100 \qquad (35)$$

式中：IS_j——Jaccard 相似系数（%）；

a——样方 A 中种的总数；

b——样方 B 中种的总数；

c——样方 A 和 B 中共有种数。

2. Spatz 相似系数 根据生物量百分率或频度、相对盖度等数据计算，公式为：

$$IS_{Sp} = \frac{\sum M_w/M_q}{a+b+c} \times \frac{M_c}{M_a+M_b+M_c} \times 100\% \qquad (36)$$

式中：a、b、c——同上述 Jaccard 相似系数公式中的含意；

M_w——比较样地 A 和 B 中共有种的较小定量值；

M_q——样地 A 和 B 中共有种的较大定量值；

M_c——样地 A 和 B 中共有种的定量值总和；

M_a——样地 A 中独有种的定量值总和；

M_b——样地 B 中独有种的定量值总和。

3. Sorenson 相似系数 这也是根据根据上样地各数的情况计算的相似系数，但在同样的情况下比公式 1～35 算出的为大，比较接近实际情况。计算公式为：

$$IS_S = \frac{2c}{A+B} \times 100\% \qquad (37)$$

式中：IS_S——Sorenson 相似系数（%）；

A——样地 A 种的总数；

B——样地 B 种的总数；

C——样地 A 和 B 中共有种数。

4. Motyka 相似系数 这是根据 Sorenson 相似系数公式利用种的生物量百分数、频度或相对盖度计算的相似系数。计算公式为：

$$IS_{mo} = \frac{2\sum M_w}{M_a + M_b} \times 100\%$$ (38)

式中：IS_{mo}——Motyka 相似系数；

M_w——样地 A 和 B 中共有种的较小定量值；

M_a——样地 A 中全部种的定量值总和；

M_b——样地 B 中全部种的定量值总和。

两个群落的相似程度除了与它们的共有种的种数有关外，还与共有种的个体多少或其数量因素有关。Jaccard 相似系数和 Sorenson 相似系数只计算了种数而未考虑种的数量因素，Spatz 相似系数和 Motyka 相似系数考虑到了这一点，因此在实践上更有用一些。

计算了两个群落之间的相似系数 IS 之后，不言而喻，相似系数的反义——相异系数 ID＝1－IS。

如果要比较几个群落之间的相似系数，可先算出每两个群落之间的相似系数，然后把这些相似系数加以半矩阵排列，就可以比较它们之间相似程度的大小。

（五）群落多样性系数

群落的种及其个体数量的多少可以表明一个群落在种的结构上的复杂程度，这种复杂程度的数学表达式称为多样性系数。由于环境质量的好坏、群落的饲用价值、群落演替的进展性与稳定性大体上与群落的多样性呈正相关，因此在实践中可用它作为评价环境质量和比较资源丰富与否的指标，也可用作测定群落演替阶段中演替方向、速度和稳定程度的指标。测定和计算多样性的方法有好几种，在调查了群落的种及其个体数量后，可选用下列不同的公式计算多样性系数。

1. Simpson 多样性系数　这是计算多样性系数的一个基础公式，目前使用比较广泛，其计算公式为：

$$D_{si} \frac{1 - \sum_{i=1}^{S} n_i - (n_i - 1)}{N(N-1)}$$ (39)

式中：D_{si}——Simpson 多样性系数；

n_i——第 i 个种的个体数；

S——种数；

N——所有种的个体总数。

2. Margalef 多样性系数　这是一个计算较简单的多样性系数，公式为：

$$D_{ma} = \frac{S-1}{\ln N}$$ (40)

式中：D_{ma}——Margalef 多样性系数；

S——种数；

N——种的个体总数。

ln——自然对数。

3. Menhiniek 多样性系数　这个多样性系数的计算较公式（40）更为简单，其公式为：

$$D_{me} = \frac{S}{\sqrt{N}} \tag{41}$$

式中：D_{me}——Menhiniek 多样性系数；

S 和 N 的含意同公式（40）。

4. Shannon——Weaver 多样性系数或信息指数　上述三个公式计算的多样性系数只表明群落在单位面积上种类数量丰富的程度，Shannon 和 Weaver 为了将种类数量上的丰富程度与一个或多个种的数量集中程度结合起来表述群落的多样性，在计算公式中采用了种的重要值（优势度）作为参数。这个公式因计算中需要计算重要值，故计算过程较为复杂，如将重要值改为种的个体数，则其计算结果与 Simpson 公式相近。这个多样性计算公式为：

$$H = -\sum P_i \ln P_i \tag{42}$$

$$= \ln N - \frac{1}{N}\sum_{i=1}^{s} n_i \ln n_i \tag{43}$$

$$= 33\ 219\left(\lg N - \frac{1}{N}\sum_{i=1}^{S} n_i \lg n_i\right) \tag{44}$$

式中：H——Shannon-Weaver 多样性指数；

n_i——第 n_i 个种的重要值；

N——所有种的重要值总和；

P_i——第 n_i 个种的可能重要性即 $P_i = n_i/N$；

S——种数；

ln——自然对数；

lg——对数。

（六）群落均匀性系数

为了说明群落中种及其个体按比例分布的均匀程度，即一个种或几个种的优势集中的程度（亦称坡度），可选用下列的公式计算。

1. Simpson 均匀性系数　计算公式：

$$E_{si} = \sum_{i=1}^{s} (n_i/N)^2 \tag{45}$$

式中：E_{si}——Simpson 均匀性系数；

n_i——第 n_i 个种的个体数；

N——所有种的个体总数；

S——种数。

2. Pielou 均匀性系数　计算公式：

$$E_{pi} = \frac{H}{\ln S} \tag{46}$$

式中：E_{pi}——Pielou 均均性系数；

　　H——Shannon-Weaver 多样性系数；

　　S——种数；

　　In——自然对数。

参 考 文 献

甘肃农业大学主编，1985. 草原调查与规划 ［M］. 北京：农业出版社 .

内蒙古大学生物系，1986. 植物生态学实验 ［M］. 北京：高等教育出版社 .

林鹏，1986. 植物群落学 ［M］. 上海：上海科学技术出版社 .

查普曼（阳含熙等译），1980. 植物生态学的方法 ［M］. 北京：科学出版社 .

奥德姆（孙儒泳等译），1981. 生态学基础 ［M］. 北京：人民教育出版社 .

米勒-唐布依斯，埃伦伯格（鲍显诚等译），1986. 植被生态学的目的和方法 ［M］. 北京：科学出版社 .

韦恩等主编（许志信等译），1990. 草地研究：基本问题和技术 ［M］. 陕西杨凌：天则出版社 .

祝廷成、钟章成、李建东，1988. 植物生态学 ［M］. 北京：高等教育出版社 .

第二章　草地改良利用

一、草地水分平衡的研究方法

水分是牧草生长发育和刈割、放牧后再生长所必需的物质，是其生理生化活动的介质及参与者。水分及其与热量的关系一定程度上决定了地球上草地的类型和分布，也是限制草地畜牧业生产的主要因素，对草地的改良和利用具有重要影响。草地水分平衡涉及气候、土壤、牧草品种、水文地质等诸多因素，其研究方法主要分为四个方面：①土壤含水量的测定，②土壤含水量相关参数的测定，③牧草水分利用效率的测定，④牧草生理指标的测定。

（一）土壤含水量测定（Soil Moisture）

土壤中所含水分的数量。100g 烘干土中含有水分的重量，也称土壤含水率或土壤绝对含水量。

土壤含水量可用称重法和仪器法（张力计法、中子法、驻波比法等）等测定。

1. 称重法（Gravimetric）　称重法是测定土壤水分最普遍、最基础的方法，是目前国际标准方法，又称为烘干法。

使用土钻取样，迅速放入已知重量的铝盒以防水分蒸发，有土壤样品的铝盒重量用天平称取，得到土样的湿重 m_i，将铝盒放在烘箱内 105℃将土样烘至恒重，得到土样的干重 m_s。

根据 $\theta_m = (m_i - m_s)/m_s \times 100\%$；$\theta_m$ 表示土样质量含水率，又称质量含水量。

草地土壤的取样要有代表性，数量根据样地的地形、面积、形状等确定。样地面积小，方正，植被均匀，可采用对角线取样法；样地面积较大、方正，但植被不均匀，可采用方格取样法（棋盘法）；样地面积较大，形状复杂，植被不均匀，多采用蛇形取样法（折线取样法）。

草地土壤常分层取样，一般每 10cm 一层，也可根据研究的具体需要确定土壤分层。表层土壤含水量至少需 3 次重复，下层 2 次以上重复。

此法虽准确，却繁琐，费时、费工，所需设备不利于草地野外作业时携带。为此，人们发明了一些简便的方法，但仍然需要用称重法建立回归方程。

2. 张力计法（Tensiometer）　为了更好地研究土壤水分对牧草的供水及运动，不仅仅需要土壤水分数量的概念，还必须考虑到土壤水分能量的存在，即土壤水势的概念（刘思春等，2002）。土壤水势，是指土壤中的水受到土壤颗粒的吸附力、重力和溶质渗透力作用而产生的势能总和。张力计法也称负压计法，它测量的是土壤水吸力。

张力计的结构由陶土管、集气管和负压表组成。陶土头能透过水及溶质，但不能透过土粒及空气，其"透气值"一般 1 巴以上。充满无气水的张力计，密封之后放入土壤中，土壤水与陶土管内的水接触，一定时间交换后土壤水与张力计的水处于水势平衡，此刻陶土头处土壤水的吸力值，是基质势去掉重力势后的值，为张力计读到的数值。其原理为：土壤干燥时，陶土头周围的土壤将张力计中的水吸出，集气管产生一定的负压力，当与土壤吸力平衡时，负压表读出土壤吸力的值；反之，当土壤重新湿润后，土壤吸力小，与张力计已有的负压力不平衡，土壤中的水经陶土头进入张力计中，其负压力下降，两者平衡时，负压表指示土壤吸力值。土壤水分饱和时，张力计的负压力为零，即土壤吸力值为零。然后，依据土壤水特征曲线即基质势与土壤含水率之间的关系能够得出土壤含水率（刘蓓，2014）。

测定步骤。首先在草地选择样地，在样地中布点（可参考土壤含水量测定），依据测量的长度使用张力计钻在测量区域用土钻打孔，把深度处埋设的土壤搅成泥浆状态，加入到钻孔内，在钻孔中放入张力计，确保土壤与陶瓷头表面接触，将无气蒸馏水加入张力计，密闭状态24h后即可测定。一般上午定时测定，以避免气温波动对测定的影响。集气管处气泡在土壤比较干燥时呈现增多趋势，当集气管气泡充满60％以上时，将橡皮塞打开，注入无气蒸馏水，排出空气，同时通过集气管顶部将塑料管内气泡排出。土壤加水软化后再取出负压计主杆，使用铁铲松动周围土壤，勿用大力拔起，以防损坏陶土头（刘思春等，2002）。张力计易为冰损坏，不宜低温下使用。

3. 中子仪法（Neutron Scattering）　中子仪包含：一个慢中子检测器和一个快中子源构成的探头，测试用铝管，测定土壤散射的慢中子通量的屏蔽匣和计数器等。当探头放入测管时，中子源不间断地发射快中子，快中子因为与土壤中各种原子和离子碰撞而消耗能量，变为慢中子。快种子与氢原子碰撞能量损失巨大，形成的慢中子云密度与氢元素含量成正比。土壤中绝大部分氢原子都存在于水分子中，因此土壤水分含量越高，氢元素含量越高，慢中子云的密度越大，可作为土壤含水量的定量表征（吴非洋和胡春泉，1998）。

中子仪安装在草地设定的样区，从深度20cm地表以下处测定，每20cm为一层。每隔数十秒时间，使用中子法测量不同深度的土壤含水量时，从中子仪读取土壤水分数据，连续记录三次，算出平均值。测定前，用称重法测定土壤含水量，并建立其与土壤热中子密度分布的线性方程，把中子仪读数带入方程得出该土壤土层深度的含水量（王晓雷，2009；徐春燕，2012；姚莉，2012；杨德志等，2014）。

4. 近红外线法（Infrared Technology）　一种在大的空间尺度上运用遥感技术测量土壤含水量的方法。通常使用 $1.94\mu m$ 和 $1.43\mu m$ 作为测量波长，这两种波长下，红外线被水分子强烈吸收，土壤的含水量可以通过辐射的衰减定量（王晓雷，2009；徐春燕，2012）。根据比尔定律，光被吸收的量正比于光程中产生光吸收的分子数目：$I_m = I_0 e^{-aW}$；式中，I_0 和 I_m 分别是水分吸收前和吸收后的红外线强度，W 为含水量，a 是吸收系数，为1％土壤含水量对该波段入射光所吸收的光强与该波段入射光总强度的比值。

5. 驻波比法（Standing Wave Ratio，SWR）　介电法的一种。一般认为，绝缘体均可以作为电介质，土壤是气相、液相和固相三类物质混合组成的电介质，水溶液是主要的土壤液相物质。常温下，空气的介电常数为1，土壤固相物质的介电常数为3～5，水的介电常数约为80，土壤的介电常数主要依赖于含水量。驻波比法利用土壤中水和气固相介质的介电常数之间巨大的差异性，以及土壤介电常数与含水量相关等性质来测定土壤含水量。驻波比法的测量仪包含由土壤探针、传输线、高频信号发生器、精密检波电路等组成。高频信号由高频信号源产生，由传输线传导至土壤探针；由于传输线阻抗与探针阻抗不匹配，一部分高频信号继续沿土壤探针传播，另一部分信号沿传输线反射回来。传输线上反射波与入射波叠加变为驻波，使电压幅值在传输线上各点存在变化；土壤的介电特性大部分取决于土壤水含量，探针的阻抗取决于土壤介质的表观介电常数；据此建立输出电压与土壤含水量的数学关系，从而通过测定传输线上的电压测得土壤含水量（吴涛等，2007；于永堂，2015）。

驻波比法的步骤：在草地上选定样点，人工挖凿土坑；修复土壤垂直剖面，按照试验设计的测点，在原状土壤剖面中水平插入探针式土壤水分含量传感器，维持探针间的平行；测得数据。当原状土壤剖面较深时，传感器水平插入后，原状土仅仅回填在传感器水平通道；当原状土壤剖面较浅时，传感器水平插入较为容易，用原状土全部回填（贾志峰等，2015）。

6. 时域反射法（Time Domain Reflectrometry，TDR）　一种通过测定土壤介电常数来获得土壤水含量的方法。原理是传输导线中电磁波沿非磁性介质传递，速度 $V=c/\varepsilon$，传输线的已知长度为 L，$V=L/t$，得出 $\varepsilon=(ct/L)2$，t 是电磁波在导线中的传输时间，ε 是非磁性介质的介电常数，c 是光在真空中的传播速度。电磁波到达导线终点时，导线反射其中一部分电磁波回来，这样反射与入射形成了一个时间差 T。通过测定埋入土壤中的导线的电磁波反射入射时间差 T 得出土壤的介电常数，因此求出土壤的水分含量。

TDR 由两部分构成。一是探头或探针，由两根或三根金属棒固定在绝缘材料手柄上，与同轴电缆相连接而成。二是信号监测仪，包括示波器和电子函数发生器，配有多通道配置和数据采集器。探针分可埋式和便携式。可埋式即可定位埋入土壤测定土壤水分。可埋式探针分为两种，一种是多段探针，测量深度可达 120cm，一个探针能提供多至 5 层的水分数据；另一种是单段探针，一个探针只能给出一段土层的土壤含水率数据。定位监测土壤剖面水分，将探针按设计埋入土壤，可以是竖埋式、横埋式、斜埋式或任意放置。便携式探针可以任意时间插入土壤测定，通常长度为 15cm。若要求对表层测定，将探针临时插入土壤要求位置便可（王改兰和黄学芳，1999）。

时域反射法简单易行，可以不用破坏土壤结构，同一样点能够连续多次测定。

（二）土壤水分相关参数的测定

主要包括土壤容重、田间持水量、饱和持水量、土壤有效水最大含量及凋萎系数的测量。

1. 土壤容重（Soil Bulk Density）　在自然状态下，单位体积土壤的干重，单位为 g/cm^3。土壤容重可以直接表现出土壤的结构状况和松紧程度等，是计算土壤体积含水量、碳氮密度等的必需参数。并且对于土壤的入渗性能、溶质迁移特征、透气性、抗侵蚀能力以及土壤的持水能力有一定影响。

土壤容重的测定用环刀法，在草地中，用一定量容积的环刀切割土壤，使其中充满土样，称重后计算单位体积的烘干土重量。

准备工作：准备一定数量的铝盒，每个铝盒编号并称取铝盒重量（精确到 0.01g），

记为 G_0，同时在环刀内壁用少量凡士林薄薄地涂抹一层。

步骤：选择草地采样点，挖掘土壤剖面，自下而上在每个土层中部平稳打入环刀，等待环刀完整打入土壤后，拿出环刀，小心取出位于环刀上端的环刀托，用削土刀削平环刀两端的土壤，不要扰动环刀内的土壤。若环刀内土壤松动或亏缺，则丢弃土样，用环刀重新取样。将环刀内的土壤样品全部小心地放入铝盒内，称取鲜土壤样品和铝盒的重量，记作 G_1。详细记录采样地点、土壤层次、环刀号、采样时间、采样人等。把铝盒和土壤样品带回实验室，置入烘箱 105℃烘至恒重，称量烘干土壤样及铝盒重量，记作 G_2。土壤表层容重需 5 次重复，底层 3 次。

计算公式：
$$土壤容重(dv) = \frac{(G_1 - G_0) \times 100}{V(100 + \theta_m)}$$
$$环刀容积(V) = \pi R^2 H$$

公式中 θ_m 指土壤水分含量（计算过程见称重法测定土壤含水率）；G_1：表示湿土及铝盒的重量；G_0：表示铝盒的重量；R：表示环刀有刃口一端的内半径；V：表示环刀的容积；H：表示环刀高度。

2. 田间持水量（Field Moisture Capacity）　田间持水量是指地下水不与毛管水相连接情况下，地下水位较低，土壤能最大量保持的毛管悬着水，理论上是牧草可利用土壤水的最大值，是衡量草地土壤保水性能的重要指标。它是土壤中所能保持悬着水的最大量，即土壤能够稳定保持的最高土壤含水量为田间持水量，被认为是一个常数，常用来计算草地灌水定额的指标和灌溉上限。

野外用围框淹灌法（小区灌水法）测定，优点是不破坏草地。在草地中选择有代表性的地段设置样地，划定 2m×2m 的小区，地面平整，四周用土埂或其他材料围严实，中间楔入 1m×1m 的铁框或其他材质的框，框内为测试区，周围为保护区。小区充分灌水，灌水量事先根据土层现存贮水量和深度估算，灌水前在测试区和保护区各插一根厘米尺，先在保护区灌水，再向测试地块灌水，地表保持 5cm 厚的水层，直到灌完为止。小区灌水后遮盖，以防蒸发和降水，等待排去剩余的重力水后，测量土壤保持的最大悬着水量。开始测定的时间因土壤不同有差异，砂性土在灌水后 1～2d，壤性土为 2～3d，黏性土为3～4d。测定时，每天在测试区内每 10cm 厚土层或按土壤发生层次分层取土，一般取 3个重复，用称重法测定土壤水含量；前后两天测定的土壤含水量差值不超过 1.5%～2.0%时，选择后一次测定数值作为田间持水量。

室内用土壤容重钻或环刀法测定。在草地上设置样地，使用环刀在土壤剖面上采集特定土层的原状土，环刀下部有孔盖、顶部有无孔盖，同时在相同土层采集散状土，带回室内。将装有土样的环刀置于平底容器中，有孔盖一面向下，无孔盖一面向上，向容器中缓慢加水，保持水面比环刀上缘低 1～2mm，静置一昼夜。散状土经风干或烘干，碾碎，过1mm 孔径土筛，装入无孔底盖的环刀，轻拍、压实，保持土壤表面平整并高出环刀边缘1～2mm。打开装有原状土的环刀盖子，与滤纸同时置于装散状土的环刀上。吸水 8h 后，从原状土的环刀中取 15～20g 土样，称重法测含水量。重复多次测定，得到相同土层水分含量的平均值，即为该土层的田间持水量。

野外也可用土柱法（整段标本法）。在草地设置样地，取最小横截面积为 15cm×

15cm 的完整土柱，深度超过待测土柱的 1 倍。在土柱四周浇一层松脂，用木板或其他板材密封，木板上端高出土柱以方便灌水。在下端固定 0.5mm 孔径的网，并安装一个漏斗接水，将电极插入土样的每一土层边缘，当定额水量全部渗透进入土柱后，将数层滤纸覆盖其表面以保湿。使用电极测量土壤导电度，以观察水的运动，当水停止向下移动时，打开土柱一边的壁，逐层取土样，用称重法测含水率，即为该土层的田间持水量（丛立双，2010）。

3. 饱和持水量（Saturated Water Content）　又称最大持水量、全蓄水量，是土壤所能容纳的最大持（含）水量，即土壤全部孔隙充满水时所保持的水量，包括吸湿水、膜状水、毛管水和重力水。土壤达到饱和持水量时，因土壤空气不足，一般对牧草不利，然而，在沼泽或草甸，牧草对缺氧土壤有适应性结构。

用饱和泥浆法测定（Dahiya 等，1990）：在草地的样点中挖取特定土层的土样，风干，碾碎，过 2mm 筛；称取土样 250g，放入烧杯中，将蒸馏水逐渐滴加土样上，搅拌，使土、水混合紧实；水分饱和时，泥浆会反射光，且烧杯倾斜时，泥浆会慢慢流动，放置 1h 后，重新检查泥浆的饱和状况，如果泥浆变硬或不再反光，重新加水混合。土壤接近田间持水量时，易粘闭，要加入足够的水分，迅速使其接近饱和；称取重量，得到所加的水重。土壤饱和持水量＝100×（总水重/烘干土重）＝100×［（所加水重＋风干土重－烘干土重）/烘干土重］。

或用比重瓶法测土壤密度，然后计算土壤饱和含水量。草地中取得土样，过 2mm 筛，风干；千分之一天平称取 10g 土样两份，一份放入 50mL 的比重瓶内，另一份测定吸湿水含量，得到比重瓶内土样的重量（m_s）；向比重瓶中加入蒸馏水，并不断摇动比重瓶，使土样与水均匀混合，排出其中的空气；加热比重瓶，保持沸腾 1h，防止土液溅出，期间摇动比重瓶，排出土壤中的空气；比重瓶稍冷却后，加入预先煮沸排除空气的蒸馏水，至水面略低于瓶颈为止；待比重瓶内悬液澄清且温度稳定后，加满排除空气并冷却的蒸馏水，同时用温度计测定瓶内的水温，准确到 0.1℃；塞好瓶塞，多余的水自瓶塞的毛细管溢出，用滤纸擦干，称重得到 t_1 时 m_1（比重瓶＋水质量＋土样质量）；将比重瓶中的土液倾出，洗净比重瓶，注满冷却、排出空气的蒸馏水，测量瓶内水温 t_2；加水至瓶口，塞上毛细管塞，擦干瓶外壁，称取 t_2 时 m_2（比重瓶＋水质量）。真空抽气可代替煮沸法排除土壤中的空气，可以避免土液溅出，节约时间；抽气时间 0.5h 以上，经常摇动比重瓶，直至无气泡逸出，抽气后在干燥器中静置 15min 以上。可用容量瓶代替比重瓶法。含可溶性盐及活性胶体较多的土样，用煤油、石油等惰性液体代替蒸馏水，液体经真空除气，用烘干土而非风干土。土壤密度＝$\rho_1 \times m_s / (m_s + m_2 - m_1)$；$\rho_1$ 为 t_1 时蒸馏水的密度，可查表得到；当 $t_1 \neq t_2$，将 t_2 时的瓶、水合重校正至 t_1 时。土壤孔隙度＝（1－土壤容重/土壤密度）×100，土壤饱和含水量＝土壤孔隙度/土壤容重。

4. 凋萎系数（Wilting Coefficient）　草类植物开始发生永久凋萎时的土壤含水率，也称凋萎含水率或萎蔫点。牧草经历干旱后，土壤含水量下降导致叶片因吸水不足，不能补偿蒸腾作用而萎蔫，此时土壤水势基本等于萎蔫叶片的水势，土壤含水量称为凋萎系数，牧草在该情况下称为永久萎蔫。凋萎系数与土壤中盐分浓度、土壤质地和牧草种类有关。一般，凋萎系数与田间持水量之间的土壤水属于有效水分。

土壤凋萎含水量可根据最大吸湿水含量计算：凋萎含水量（％）＝最大吸湿水（％）×1.5。最大吸湿量是干土在接近饱和的湿空气中吸收水汽分子达最大数量时的土壤湿度，土壤颗粒愈细，比表面积越大，吸湿性愈强，土壤腐殖质含量越高，吸湿量也越大；低于最大吸湿量的土壤水分不能被牧草利用，故最大吸湿量又称为致死水量。

用生物法测定。在草地上设置样地，安装遮雨装置，测定开始时，遮雨，但不影响光照等，灌溉草地要停止灌水，直至牧草永久萎蔫，测定土壤含水量，即得凋萎系数。或在盆中种植牧草，开始测定时停止浇水，直至牧草因缺水而永久凋萎，测定土壤含水量。

5. 土壤有效水最大含量（Maximun of Soil Available Water）　是指田间持水量和萎蔫系数的差值，其中田间持水量是土壤有效水的上限，萎蔫系数是下限。土壤有效水很大程度上取决于土壤水吸力和根吸力之间的平衡，当土壤水吸力大于或等于根吸力时土壤水为无效水，反之为有效水；黏土的田间持水量高，但水分有效性差；沙土的田间持水量低，然而有效性高；壤土的有效水最大。

6. 土壤水势（soil water potential）　土壤水所具有的势能。作用于土壤水的力主要有重力、土壤颗粒的吸力、土壤水所含溶质的渗透力，土壤的水势为这些分势的总和，一般表示为负的压力，也称为土壤水分张力。土壤水势绝对值在土壤水分饱和时小，土壤含水量低时大，反映了土壤水分运动和植物吸水的难易程度。重力势通过与参照面的高度差而定，参照面常设在土壤剖面的某处，重力势为正或零值，在非饱和土壤中常略而不计。土壤基质对水的吸附力在不饱和土壤中较小，土粒间形成的毛管作用对土壤颗粒的吸力有影响。渗透势，是土壤水由于溶质的存在而产生的化学势能，亦称溶质势，这些溶质影响土壤水的水汽压等热力学性质；渗透势对水的流动作用不显著，但是当存在由渗透膜导致的扩散障碍时，渗透势即起作用，在植物根与土壤的相互作用中以及土壤水的气态扩散过程中起重要作用。

一般是先测出各个分势，再综合为土壤水势。基质势可用张力计、沙芯漏斗或压力室等方法测定。压力势用压力表、测压管。渗透势与渗透压的绝对值相同，或根据土壤水盐分组成及其浓度计算渗透势。重力势取决于待测土层与参照面之间的垂直距离。

或用土壤水势仪测定。

（三）牧草水分利用效率的测定

水分利用效率（Water Use Efficiency）　生产中指牧草每消耗单位水分生产干物质的量，牧草生理指牧草每消耗单位水分同化二氧化碳的量。

生产中，牧草水分利用效率（WUE）计算公式为：$WUE＝Y/(P＋I＋SG－SW'＋SW)$。Y 为产草量或牧草种子产量（kg/ha），P 为一年生牧草播种或多年生牧草返青时与测定时（一般为牧草刈割或种子收获时间）期间的降水量（mm），I 为灌水量（mm），SG 为地下水利用量（mm），SW' 和 SW 分别为测定时与播种或返青时土壤的体积含水量（mm）。若地下水位较深，且草地无灌溉，$WUE＝Y/(P－SW'＋SW)$（周少平等，2008；成慧等，2013）。

或用光合仪测得净光合速率和蒸腾速率，二者的比值为水分利用效率（侯扶江等，1998）。

牧草耗水量（Forage Water Consumption） 也称之为**田间最大蒸散量（Field Maximum Evapotranspiration）**（ET_m），指牧草在适宜的土壤水肥条件下，生长发育正常，收获或放牧利用时，植株体蒸腾和株间土壤蒸发的水量之和（段晓凤等，2011）。气候条件、土壤水分状况、牧草种类及生长阶段、农业技术措施等都会影响牧草耗水量。

牧草田间耗水量由水量平衡公式计算得到：$ET_m = K_C \times PET$。其中，PET 为潜在蒸散量，K_C 为牧草系数，因牧草的生长阶段而不同，苗期低、生长旺盛期最大，与风速和气温也有关。

相对而言，植株体内的绝对含水量很少，一般牧草需水量等于植株蒸腾量、蒸发量之和。

生产中，牧草的需水量可用牧草的生物产量乘以蒸腾系数。蒸腾系数（transpiration coefficient）是牧草形成 1g 干物质所消耗的水分克数，又称需水量，一般野生牧草的蒸腾系数是 125～1 000，大部分栽培牧草的蒸腾系数是 500～700。实验室中，一般测定牧草所散失的水分，或测定一定时间内封闭牧草—土壤系统减少的重量，可测定蒸腾系数。

棵间蒸发（Soil Evaporation） 即牧草植株之间土壤的蒸发。棵间蒸发产生于土壤—牧草界面（孙仕军等，2014）。牧草的生长过程不参与棵间蒸发，长期以来人们认为属于牧草水分的无效散失；但是，蒸发改变了土壤条件和冠层微气候，有利于牧草的生理生态。

棵间蒸发一般采用直接法测定，通常使用大型蒸渗仪、小型换土蒸发器、蒸发表等。大型蒸渗仪是一种装满土壤的大型仪器，可安装在草地中或温室内。大型蒸渗仪中放置从草地中整体取出的土体或种植牧草，可测定裸土的蒸发量或牧草的深层渗漏量、潜在腾散量。蒸渗仪主要有两种：非称重式（排水式）和称重式。通过控制地下水位，非称重式蒸渗仪测定补偿水量，造价低，安装简易。称重式蒸渗仪精度高，能测定短时段的腾发量，但是造价较高，可分为电子称重式、机械式、液压式等（姜峻等，2008）。

（四）牧草相关生理指标的测定

牧草组织的含水量（Forage Tissue Water Content） 直接影响牧草的生长、生理状况及牧草产量，也是牧草加工、贮藏和品质检定的重要标准之一。

牧草组织含水量的表示方法通常有鲜重、干重、相对含水量（又称饱和含水量）。其中相对含水量可推算需水程度、评价牧草保水能力。分别测定牧草组织的鲜重 W_f，干重 W_d，饱和鲜重 W_t，可计算牧草组织的鲜重含水量、干重含水量和相对含水量。鲜重一般在草样离体后立刻用天平称量，干重是把草样烘至恒重而测得（多在 105℃ 杀青）。草样称过鲜重后浸入水中，一定时间后取出，用吸水纸吸干表面水分，立即称重，重复此过程，直到两次称重基本相等，最后的结果即为饱和鲜重；若已知草样达到水分饱和的时间，则可一次测得饱和鲜重。

$$鲜重含水量 = \frac{鲜重\,W_f - 干重\,W_d}{鲜重\,W_f}$$

$$干重含水量 = \frac{鲜重\,W_f - 干重\,W_d}{饱和鲜重\,W_t - 鲜重\,W_f}$$

$$相对含水量 = \frac{鲜重\,W_f - 干重\,W_d}{干重\,W_d}$$

牧草组织水势（Forage Tissue Water Potential）　在牧草生理学上，水势定义为单位摩尔体积水的化学势（即自由能），是牧草水分能量状况的基本度量单位。由于水势的绝对值不易测得，一般以同样温度和大气压下纯水的水势作为零点，其他溶液与纯水相比而测得其相对水势（李谦，2012）。

草类植物细胞水势（ψw）＝$\psi m + \psi s + \psi p$。ψm 为衬质势，由于细胞胶体物质亲水性和毛细管对自由水的束缚而引起的水势降低值，只占水势的微小部分，通常忽略不计。ψ_s 为渗透势，由于溶质的存在而使水势降低的值。ψ_p 为压力势，细胞吸水膨胀时原生质对细胞壁产生膨压，而细胞壁向内产生的反作用力，称之为壁压，它使细胞内的水分向外移动，等同于增加了细胞水势，一般为正值；细胞失水时，细胞膨压降低，原生质体收缩，压力势为负值；刚发生质壁分离的细胞压力势为零。

液体交换法。牧草的水势决定着其与外界环境之间水分交换，若牧草组织的水势低于土壤的渗透势（溶质势，即溶液的水势），组织吸水；若牧草组织的水势高于或等于土壤的渗透势，牧草无法从土壤中吸收水分。将牧草组织放在一系列浓度递增的溶液中，若某一浓度的溶液在放入牧草组织前后的比重不变，则认为其与牧草组织之间水分保持动态平衡，该溶液的渗透势等于牧草组织的水势。已知溶液的浓度，可计算渗透压，其负值即为溶液的渗透势（ψ_π），代表牧草的水势（ψ_w，MPa）。公式为：$\psi_w = \psi_\pi = -i\mathrm{CRT}$（MPa），$i$—解离系数（蔗糖 ＝ 1；$CaCl_2$ ＝ 2.60），C—等渗浓度（$mol \cdot L^{-1}$），R—气体常数（$0.008\,3\,L \cdot MPa \cdot mol^{-1} \cdot K^{-1}$），$T$—热力学温度（$273 + t\,℃$）。

压力室法（pressure chamber）。可快速测定枝条、完整叶水势。将牧草枝条或叶片切下，原先导管中连续的水柱断裂，从切口向内部收缩；将切下的样品密封于压力室中，枝条的切割端或叶柄伸出压力室；向压力室通压缩空气（或氮气），直至小水柱恰好重新回到切面上为止，从压力表上读出所加的压力，其负值即为该水柱的压力势；由于木质部的溶质势很小，可用压力势近似地代表水势。植物水势仪多用此原理。

压力探针法。可测定单个细胞渗透势。压力探针刺入细胞，与针头相通的注射器和放置压力传感器的小室内充满了油（常用硅油），油难以压缩，易与细胞液区分；针尖到达液泡时，由于细胞内的膨压较高，细胞液进入毛细管；转动测微计上旋钮，推动金属活塞，使油与细胞的界面回到针头尖端，并保持平衡，经压力传感器，可从仪表上读取压力值，为细胞的压力势。然后，用压力探针吸取该细胞的一小滴细胞液，并注入到半导体致冷器金属板上的油滴里，由于细胞液的比重大，沉在油里，其中的水分不蒸发；半导体致冷器致冷，当油的温度下降至某一零下温度时，细胞液凝固，此即水的冰点下降值（ΔTf）；根据冰点下降值与溶液质量摩尔浓度（C）的关系求出细胞液的质量摩尔浓度 $C = \Delta Tf / 1.86$（1.86 为水的冰点下降常数），即渗透浓度；将 C 代入公式，就可求出细胞液的溶质势，即细胞的渗透势，$\psi_s = -\mathrm{CRT}$。将压力势和渗透势带入公式，算得水势。

蒸腾强度（Transpiration Intensity）　也称蒸腾速率。指牧草单位叶面积在一定时间内蒸腾的水量，反映了牧草代谢的强弱。

钴纸法。浸有氯化钴的纸干燥时为蓝色，吸水后为粉红，根据变色时间的长短或钴纸吸水量计算牧草的蒸腾强度。滤纸剪成 20cm×0.8cm 的条，置入 5％氯化钴溶液中，完全浸湿后取出，去除滤纸上多余的溶液后平铺在洁净的玻璃板上，放入 80℃烘箱中烘至恒重，贮存于有塞的试管中，试管置于干燥器中，备用。钴纸标准化，测量钴纸由蓝色转变成粉红色所需的水量，将 1～2 片钴纸置于万分之一天平上，记录开始时间，每隔 1min 称重一次，当蓝色钴纸全部转变为粉红色时，记录时间和重量，重复数次，得到钴纸的吸水量。准备两片玻片，一只弹簧夹，取一小块橡皮（或其他柔软、密封性好的材质），固定在一块玻片中心，橡皮中间开 1cm² 的小孔，将钴纸置于玻片上的橡皮小孔中，放在待测牧草叶子的背面，另一玻片放在牧草叶片正面的对应位置，用夹子夹紧，记录时间，钴纸全部转变为粉红色时，记下时间。计算该牧草叶片的蒸腾强度。此法简单，成本低，但精确度差。

容积法。取牧草带叶片枝条；将枝条放入一段乳胶管，并密封；乳胶管另一端与滴定管相连，管内充满水，组成一个简易蒸腾计；一定时间后（t），从滴定管刻度读出蒸腾失水的容积，换算成重量，即为蒸腾的水量（m）；重量法或叶面积仪测定叶的面积（s）；计算蒸腾速率，$Q=m/（ts）$。此法简单，但粗糙，尤其适于灌木等木本牧草。

称重法。取牧草叶片；称重后，平展地放置玻璃片上；一定时间后，再次称重；测定叶片面积；两次称重的差值与叶面积之比为蒸腾强度。

上述方法精确度差，除用于理解蒸腾作用的原理外，已基本不用。现在普遍用光合仪或蒸腾仪测定。

二、草地植物群落生产结构的研究方法

植物群落生产结构（Productive structure）从植物物质生产的观点来看，把植物群落中的同化器官和非同化器官的垂直分布状况，称为生产结构，是由 Monsi 和 Saeki（1953）所提出的一个术语，用分层割取法得到垂直分布，把所得结果与相对照度的垂直分布一起用图来表示时，称为生产结构图。门司正三等认为还可进一步包括已生产的物质在群落中的分配，此时称为物质再生产结构。一般是把生物的个体、种群和群落作为生物生产的主体观点，有时也指个体的形态、种群体的组成以及群落中的生物的各种关系而言。

（一）群落生产结构的测定方法

1. 经典测定方法：分层割取法　该法是了解形成群落植物体的光合器官和非光合器官的主体（多数是垂直的）位置关系的基本方法，所谓光合器官（通常指叶片），非光合器官指叶柄、茎、生殖器官等。但禾本科草类的叶鞘、豆科或十字花科植物的荚也可看作光合器官。

分层割取法按照下面的顺序进行：①割取先前在草地群落内选定的具有代表性的样方；②在样方区的 4 个角插入大铁钉和铁棍，拉上白线，以区别样方内外的植物；③与样方区连接的外侧植物，齐地面割取，不要遗漏；④在各个样方区的 4 个角树立以 10cm 为单位刻度的杆子，以测定群落的高度。然后自群落最上部（以 10cm 或 20cm 的倍数设立，以地面为 0cm）10cm（高度在 1m 以下时）或 20cm（在 1m 以上时）处拉线，按水平方向用剪刀等工具割取。按这个间距割取下去，一直进行到地面。在割取时，要注意保持开始时枝叶的位置关系（叶的倾斜和上下关系）；⑤把植物体装入写着各层编号的塑料袋中，带回实验室，按种、属或科分开，再将它们分成光合器官和非光合器官，并测定各自的鲜重，然后进行干燥，求出干重，如能求得叶面积更好；⑥最后以⑤的数据为基础，做出群落结构图。图的横轴通常以其右侧表示非光合系统的量（F），左侧表示光合系统的量（C），纵轴表示距地面的高度（图 2-1）。

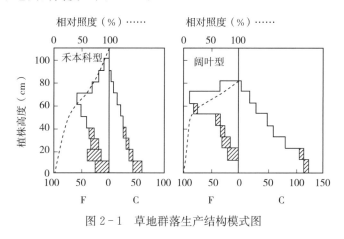

图 2-1　草地群落生产结构模式图

2. 基于群落吸光系数、透光率和光分布的测定方法　投射到植物群落上光的衰减程度，收到叶和茎的倾斜角度，在垂直方向上的排列、单位面积内的数量、每个叶片的大小和厚度的影响。而且，它和透过半透明均匀物质中的光线的衰减状态相似，用皮尔—兰勃脱（Beer-Lambert）公式可得到近似值。也就是说，在群落内部某一高度处的水平照度（相对照度 I）与从群落最上部到该高度的叶群面积（累计面积指数 F）有一定关系，可表示为：

$$I = I_0 e^{-KF}$$

式中：I_0——群落表面的入射光强度（相对照度 100%）；

　　　e——自然对数的底；

　　　K——群体固有的吸光系数。

如将上式的两端取对数，可求出 K：

$$\ln I = \ln I_0 - KF$$

$$\therefore \quad K = \frac{1}{F} \times \ln \frac{I_0}{I}$$

一般用单位对数坐标图，相对照度在对数刻度一侧，累计叶面积指数在普通刻度一侧，这样做图就得到直接关系。把对某一相对照度的累计叶面积指数和当时的照度代入上式，便可得到 K 值。

像禾草那样的叶片倾斜面小的例子，分布在群体中的 K 值小至 0.3～0.5，而具有水平的阔叶型草本群落，K 值可大至 0.7～1。同时，只要在分层割取时求出各层的叶面积就能很容易地求出累计叶面积指数。

这里要测定群落各层的光强度，以群落表面的值为100%，用相对数值表示的值就是透光率。测定时通常用照度计进行。但在早晨的弱光或者半阴天等散射光较多的条件下，可取同一水平面几个点的平均值。测定分层割取之前的群落时，其结果要记载在生产结构图上（图2-2）。

3. 快速调查法 ［干重排列方法（Dry-weight-rank Method）］

（1）植物学组成测定。该方法的结果只是以比值来表示，不能量化每一物种的真实生物量。根据"出现相对重要比例"估计干重，确定样方内所有物种前三种优势物种并累积排序，如果一个物种具有绝对优势（如大于样方干重的85%）可以同时占据第一

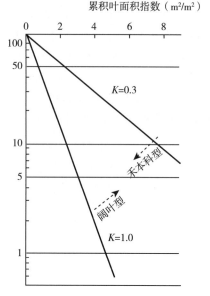

累积叶面积指数（m²/m²）

图2-2　相对照度和累计叶面积指数之间的关系

和第二两个序列。如果物种间具有相似的干重可以"捆绑"，当该类物种捆绑后，该排序中各物种平均分配，如两个物种捆绑为第一序列，则两物种各占0.5。样方的尺寸主要考虑的条件为足够涵盖至少3个在所有样方中占优势的品种，同时要足够小以便观察者能够快速准确的分配级别。通常，样方内除了所有鲜草之外，死亡的干草也在估算之列。植物在各自样方中的排一、二及三的次数被表示为每一种植物总数的比例。

（2）生物量测定。在生物学组成的基础上，通过校准样方可以实现生物量的估测。首先在测定物种组成时直接估计生物量（通常以 kgDM/ha 为单位），该值通过已经完成的估测值和实际完成的齐地面刈割样方进行校正。每个收获的校准样方需和估计值和实测生物量值及鲜草百分比相关。鲜草和枯草的生物量同样通过校准样方加以估测。

（3）校准样方。每一个收获的校准样方需利用已经完成的估测值和实测的生物量值及鲜草比例。通常如果草地组成复杂且生物量较大时需采用30样方为校准样方，而草地物种组成较为单一且生物量较低时10个样方可以完成校准系数的测定。在校准样方取样时，观察者需要检查各个处理并估测生物量的取值范围。当多于一名观测者时，校准样方需要各自单独完成，保证3～5个样方在生物量高的区域，同时又有3～5个样方可以代表低生物量的样区，以确保涵盖预测生物量的范围。校准样方需要齐地面刈割，阴凉地方储存，在不烘干的条件下带回实验室进行进一步的处理：将样品分离为鲜草和枯草，分别在80℃烘干后称重。

（4）校准曲线/方程。利用生物量实际值和估计值进行线性回归分析（R^2 需大于0.7）。基于干重估测每一个物种在所取样方中所占的干重比例（即物种 A 为 DWA%，the estimated dry-weight percentage of A）分别为第一（A1%），第二（A2%），第三是（A3%）序列。这些比例乘以各自的经验系数（0.702、0.211 和 0.087）后得到方程：

DWA% = 0.702（A1%）+0.211（A2%）+0.087（A3%）。

4. 叶片投影盖度法

（1）测量装置。植物群落 FPC（Foliage Projective Cover）定义为叶片对地表覆盖的百分率，单位面积地表的植物群落 FPC 用叶片覆盖地表的面积来估计，它与叶片的垂直重叠量无关，而直接受限于大气的蒸发动力。FPC 技术由 Ashton（1976）从中点四分法发展而来，而中点四分法最早由 Levy 和 Madden（1933）提出用于观察新西兰草地的结构。

图 2-3 所示为简易 FPC 测量装置。采用内径 15cm，长度 30cm 的 PVC 管，在距管体底部 1cm 处 4 等分圆周的部位打 4 个小孔，小孔的直径以能穿过细铁丝为准。然后将细铁丝按图 2-3 所示固定好，铁丝要呈十字形，互相垂直。铁丝的直径不要太细，以免观察时不易看清，同时亦不能过粗，以免影响精度。同理在管体的上部亦固定好相应的铁丝，注意管体上、下部的十字丝要互相平行，上、下部的十字丝相应的铁丝亦应在同一平面上。当从筒体自上而下垂直观察时，上、下的十字丝要很好地重叠，十字丝交叉点亦应重叠。最后在筒体外面垂直装上手柄，便于观察。观察群落上层时，如果采用相同的观察装置，则需要从管体的下部垂直仰望，长时间观察非常不便，因此，在管体下部装上反光镜，镜子的角度保证上下两层的十字交叉点在同一直线上，同时与地面垂直。

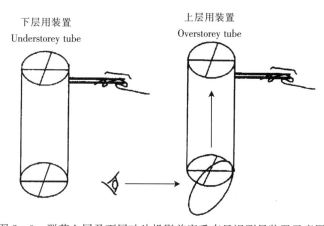

图 2-3 群落上层及下层叶片投影盖度垂直目视测量装置示意图

（2）野外测量方法。野外观察时，选取代表性的观察样地，根据群落类型用测量尺设置 30cm 或 50cm 的样线，一般森林群落以 50cm 为宜，灌木丛或草地以 30cm 为宜。为满足统计要求，每一植物群落设置 3～5 条重复样线。每隔 0.5cm 设置 1 个观察点，采用简易 FPC 测量仪从 0cm 处到最后一点逐点观察，记录测点处测量仪十字丝对叶片的截取情况。为便于测量，FPC 分两层来估计（如果存在）：上层 E 中层以及下层。如果观察点处植物属于下层，用下层观察筒测量；反之则用上层观察筒测量；如上下层均存在，则分别用上下层观察筒观察。以对下层观察为例，使用下层观察装置，上、下十字丝与观察点呈一直线，并垂直于地面，然后记录十字丝的截取情况（图 2-4）。对具体一个点来讲，如果十字丝截取为空，则 FPC 为 0；如果截取到叶片，则 FPC 为 1。不管十字线截取到什么，根据下面提供的符号进行记录。如果是对下层进行测量，则选项为：裸地（F）、枯枝（G）、枯叶（H）、绿色叶片（I）。如果对上层测量，则选项为：天空（S）、绿色叶片（I）、枝（F）等。如枝位于叶片的下方则记为叶片（G）。

对所有点测量完成后，就可以计算该地的FPC了。以下层为例，统计所有测点出现G的次数，除以总的测点数，就得到下层的FPC值。除计算FPC外，为对群落特性有一个准确的了解，同时计算其他项目的值。下层计算项目包括绿叶、裸地、枯枝、枯叶出现的比率。上层则为天空、绿叶、枝出现的比率。

图 2-4　FPC 测量仪截取十字丝的说明

野外测量时应注意上、下层的概念是相对的。如在森林群落中，草本层及苔藓层都属于下层，而在草本群落中，则最高一层的草本层则可以称为上层。实际观察时，群落高度低于胸高的就用下层测量装置进行观察，高于胸高的用上层测量装置进行观察。由此可见，FPC 的测量可以适用于从森林、灌丛到草地的所有植物群落。根据研究目的的不同，亦可以记录十字丝截取到的植物种类，这样就可以得到每个植物种的 FPC。中点四分法在森林植物群落野外调查中的应用早已为我国学者熟悉并大量应用，同时相对于传统的野外调查可以大大提高工作效率，并得到与传统方法十分相近的结果。FPC 方法由中点四分法发展而来，除继承了中点四分法的优点外，还可适用于所有植物群落类型 FPC 的野外调查。

5. 摄影定位法　在草地群落中，选择地表平坦（避免中心投影因地形起伏过大而产生植物株丛生点位置偏差及微地形引起的微生境变异）、群落外貌均匀且具有代表性的 10m×10m 群落片段，用竹筷制成的竹签将其分割成 400 个 50cm×50cm 的亚样方（竹签为亚样方的顶点），用红色油漆把竹签顶端染红。从 10m×10m 群落片段的左下角（东北方向）即第一行开始去除凋落物和立枯物（去除枯落物的过程应十分仔细，尽可能伸活的植物个体不被去除或折断而使工作量较大），露出土壤表面，以便在拍摄的影像上准确地识别植物物种以及准确地给每株植物定位。第一行清除完毕，把数码相机（600 万有效像素）镜头竖直向下架在三脚架横向支撑的云台上，固定好，相机距地面垂直高度 1.75m，镜头焦距固定在 30mm 处，焦平面与地面平行。从第一行左端第一个亚样方开始，把取景器中心对准亚样方中心（通过对角线找到亚样方中心，用红色竹筷给亚样方中心定位，将取景器中心对准红色竹筷顶端），让亚样方的 4 个顶点（即 4 根竹签）进入取景器，拍摄下亚样方中的全部植物。第一行拍完，清除第二行的凋落物和立枯物，拍摄第二行，以此类推，拍完 10m×10m 的群落片段。将拍完的具有一定顺序的 400 幅 50cm×50cm 的亚样方数字影像导入计算机，并按行列进行编号，以便室内处理。

将已经编号的 10m×10m 群落片段的 400 幅亚样方数字影像在 R2V 软件下通过输入控制点坐标（分别以每个亚样方的 4 个顶点即 4 个竹签的基部为控制点）将其统一到同一坐标系中，按不同的植物种建立不同的图层，对每种植物（如羊草）的每株丛进行坐标定位即数字化（为避免中心投影所引起的植物个体位置的偏差，在对每株丛植物进行定位时，应贴近植物株丛基部）。然后借助地理信息系统软件，对每种植物的图层进行数据格式转化，从而得到每种植物的属性表即植物个体的坐标，最后将每种植物的坐标转入到

Excel 软件中，此后便可以将数据应用于种群格局分析中。

6. β-二项分布模型分析　　首先，根据试验区的草地地形和植物生长状况，选择植物长势较均匀的区域展开调查，以保证试验具有代表性。研究区域内坡度较小，可以忽略海拔高度对植物多样性的影响。然后，在两种草地上分别设置一条 50m 长的样线，顺着样线依次摆放 100 个铁制样方框，规格为 50cm×50cm，称为"L-样方"，再将 L-样方均等地分割为 4 个小样方（25cm×25cm）即"S-样方"。最后，采用二值出现次数法统计样方内的所有植物种数目。即：如果某种植物在 L-样方内的 4 个 S-样方中均未出现，那么将其出现次数记为 0；若在任意 1 个 S-样方内出现，则记为 1，依此类推，若该植物在 4 个 S-样方内都出现，那么将其出现次数记为 4。根据出现频度，计算各物种的出现频率。

野外调查的样线、样方示意图如图 2-5 所示：

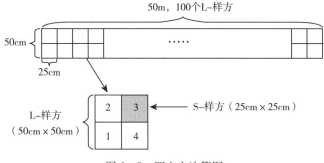

图 2-5　调查方法简图

β-二项分布模型，是指在植物种 A 存在的场所 B 内，放置一定规格的多个样方框，再将每个样方等分为 n 个小样方，假设物种 A 在 B 内分布处于不均一状态，即异质性分布，则植物种 A 在一定面积内所占据的小样方数 i 是符合 β-二项分布模型的。设植物种 A 所占据的 i 个小样方的概率为 p_i，用下式表示：

$$p_i = {}_nC_i \frac{B(\alpha+i, \beta+n-i)}{B(\alpha, \beta)}$$

其中：

$$B(\alpha, \beta) = \frac{\Gamma(\alpha)\Gamma(\beta)}{\Gamma(\alpha+\beta)}; \Gamma(\alpha) = (\alpha-1)!$$

$B(\alpha, \beta)$ 为含有参数 α、β 的 β 函数（α，$\beta > 0$），其中，参数 α、β 决定了 β-二项分布的形状。β 函数表示为：

$$B(\alpha, \beta) = \int_0^1 x^{\alpha-1}(1-x)^{\beta-1}dx$$

设植物种 A 存在于 L-样方内的第 0，1，2，…，i，…，n 个 S-样方内的概率为 p_0，p_1，p_2，…，p_i，…，p_n，则：

$$p_0 = \beta(\beta+1)\cdots(\beta+n-1)/\{(\alpha+\beta)(\alpha+\beta+1)\cdots(\alpha+\beta+n-1)\},$$
$$p_1 = p_0 n\alpha/(\beta+n-1)$$
$$\cdots$$
$$p_i = p_{(i-1)}(n-i+1)(\alpha+i-1)/\{(\beta+n-i)i\} \quad (i=1,2,3,\cdots,n)$$

式中，p 表示出现植物种 A 的 S-样方数占调查区所有 S-样方总数的比例；n 表示 L-样方中的 S-样方数，本研究中 $n=4$；μ 为 L-样方内出现次数的平均数；σ^2 为方差，σ^2、μ 与 α、β 存在以下关系。

$$\alpha = \frac{\mu^2(n-\mu)-\mu\sigma^2}{n\sigma^2-n\mu+\mu^2}, \beta = \frac{\mu(n-\mu)^2-(n-\mu)\sigma^2}{n\sigma^2-n\mu+\mu^2}$$

7. 株型的测定方法 所谓株型就是植物种或品种特有的"空间结构形式"，它决定于叶、茎、花器官，生长点的分布和数量，因此，草地植物的株丛类型（分蘖型）对草地植物群落对光能的利用及其草地群落的利用特性有极密切的关系。构成草地植物群落的多年生草类的株丛可分为如下 7 类：

根茎状草类：这类草有两种枝条，即直立的和地表以下并与地面平行的两种茎，后者叶、根茎分布在距地表 5～10cm 处。根茎上有节和节间，在根茎的节上可长出垂直的枝条，垂直枝条长出地面，并形成茎和叶。

疏丛状草类：这类草具短的茎节，位于地表下 1～5cm 处，枝条以锐角的形式伸出地面，形成株丛，这类草新枝条的形成，年年是开始于株丛的边缘，故年代长久的植株中部常积累有大量的枯死残余物。

密丛状草类：其分蘖节位于地表上面，节间非常短，由节上长出的枝条几乎垂直地向上生长，枝条彼此紧贴，因而形成稠密的株丛。

匍匐茎草类：该类草从根茎上长出匍匐于地面的匍匐枝，匍匐枝的节外形成叶簇和不定根，匍匐茎的特点是茎十分细，而节间长。

轴根型草类：这类草具有垂直和粗壮的主根，由主根上长出许多粗细不一的侧根。茎的底部加粗部分与根相融合在一起的地方叫根颈，其上部具更新芽，由芽上长出枝条。放牧或刈割后，从根颈的芽和枝条的芽上可长出新的枝条。

根蘖型草类：这类草具垂直的短根上又长出水平根，水平根上有更新芽，由这些芽形成地上枝条。

粗状须根草类：该类草的根系在外形上与禾草的根系相似，但比较粗些。这类草具有短根茎和数量多的，分枝的根。

高位芽植物：芽或顶端嫩枝位于离地面 25cm 以上较高处的枝条上。

地上芽植物：芽或顶端嫩枝位于地表或接近地表处，一般不高出土表 20～30cm。

地面芽植物：在不利季节，只有地上部分死亡，地下部分仍然活着，并在地面处有芽。

地下芽植物：又称隐芽植物，休眠芽埋在土表以下，或位于水体中。

8. 植物功能组的划分 植物功能型（Plant Functional Group）是具有确定的植物功能特征的一系列植物的组合，是研究植被随环境动态变化的基本单元。植物功能群可以看作是对环境有相同响应和对主要生态系统过程有相似作用的组合。植物功能群的分类要考虑结构、功能特点和重要的限制因子，并与分类学是相互联系的。世界上各地区优势植物的水分、光合作用等功能特性与环境因素的关系资料缺乏，影响从纯功能角度划分 PFGs。植物功能群的划分一般来说有几点依据：进化历史、结构、资源利用、干扰响应、恢复能力、在生态系统中的角色等（表 2-1）。

表 2-1　根据植物功能和结构划分植物功能组

划分依据		功　能　组
植物分类系统		豆科牧草，禾本科牧草，其他牧草
生育特性	寿命	一年生牧草，二年生牧草，多年生牧草
	再生性	放牧型牧草，刈割型牧草，刈割兼用型牧草
	分蘖型	根茎型牧草，疏丛型牧草，根茎-疏丛型牧草，密丛型牧草，轴根型禾草，根蘖型禾草，匍匐型禾草
	茎叶发育情况	上繁草，下繁草，莲座状草
	株型	直立型牧草，斜生型牧草，缠绕性牧草

也可以从放牧行为影响来划分植物功能群，食草动物的采食是放牧影响草地植物特性最直接和最主要的途径之一，同时植物对食草动物的采食也采取多样化的抵抗机制，例如，在空间和时间上逃避食草动物的采食，或采食后启动放牧忍耐策略（增加光合速率和分蘖）等。这些过程中，植物各方面的特性都受到食草动物的影响，其中一些和放牧密切相关的植物特性（表 2-2）。

表 2-2　植物受放牧影响显著的功能特性及其功能划分

（引自 van Wieren SE 和 Bakker JP 2 008）

Trait	Function
Thorns/spines	Defence
Trichomes (e. g., hairs)	Defence
Chemicals (e. g., tannins, alkaloids, silicate)	Defence
Low stature (height/biomass)	Escape
Lower reproductive potential (<flowers, seeds)	Escape
Prostrate growth form	Escape
More rosettes	Escape
Increased tillerin	Tolerance
Increased photosysthetic rate	Tolerance

9. Canoco 软件的应用

（1）软件功能。Canoco 软件是生态学应用软件中用于约束与非约束排序的最流行工具。Canoco 整合了排序、回归和排列方法学，以便得到健全的生态数据统计模型，包括线性和曲线单峰方法。使用 Canoco for Windows 进行排序，能够洞察生物群落结构、植物与动物群落以及它们的环境之间的联系、一个对环境和（或）其生物群落的假设冲击所能造成的影响、在生物群落上进行的复杂生态学和生态毒理学实验的相关处理所能造成的影响等方面。一个排序被计算出来后，排序图可以立即显示在显示器上。Canoco 具体独特的能力，可以说明用协变量表示的背景变异，而用它的扩展工具来进行排列测试，包括测试的互动效果。这些独特的特性使得 Canoco for windows 能特别有效地解决应用研究方面的问题。

（2）软件模块。Canoco 软件包主要包含以下几个模块：

- Canoco：软件包的核心，用来指定要分析的数据和排序模型，排序方法以及分析结果的查看等基本操作命令均被集中在该模块的对话框中。
- WcanoImp：将以电子表格形式（Excel 等）保存的外部数据转化为 Canoco 识别的形式。
- CanoDraw 4.0 for Windows：用来绘制各种类型的排序图，同时也可以生成多种等值线和回归模型图，并进一步深层次发掘排序结果，该模块可以直接从主程序界面工具栏激活。
- CanoMerge：合并 Canoco 识别的 dta 类型数据文件，并可以将数据文件以带制表分隔符的文本形式输出（基本常用统计软件均兼容该类型文件），同时该模块具有滤掉低频率物种的功能。
- PrCoord：对特定数据集进行主坐标分析以及冗余分析。

（3）统计方法。主要分析方法有以下四大类型：

A. 非约束型排序方法（Unconstrained ordination methods）。主要包括主成分分析（Principal components analysis，PCA）、对应分析（Correspondence analysis，CA）、降趋对应分析（去趋势对应分析）（Detrended correspondence analysis，DCA）、主坐标分析（Principal coordinates analysis，PCoA 或 PCO）4 部分。

B. 约束性排序方法（Constrained ordination methods）。主要包括冗余分析（Redundancy analysis，RDA）、典型对应分析（典范对应分析）（Canonical correspondence analysis，CCA）、降趋典范对应分析（Detrended canonical correspondence analysis，DCCA）、典型变量分析（Canonical variate analysis，CVA）4 部分。

C. 非约束性偏分析法（Partial methods of unconstrained ordination）。主要包括 partial PCA、partial CA、partial DCA 3 各部分。

D. 约束性偏分析法（Partial methods of constrained ordination）。主要包括 partial RDA、partial CCA、partial DCCA、partial CVA 4 各部分。

（二）生物量的测定方法

1. 地上生物量

（1）收割法。这种方法定期地把所测植物收割下来并对它们进行称重（干重），烘成恒重后，该重量便可代表单位时间内的净初级生产量。此法主要适合于中等高度的植物群落，如一年生植物。主要优点是简单易行，无须价昂而又复杂的仪器。因此对现存量至少要进行两次测定，一次在生长季开始时，一次在生长季结束时，测定工作可在生长季的不同时间用采样方法进行，草本植物的取样方法通常是割取样方内的全部地上部分，同时应仔细收集植物已枯死的部分和落叶。

样方法是以一定面积的样地作为整个研究区域的代表。样方形状不一定是正方形的，其他形状同样有效，而且有时效率更高。如调查低矮植物群落时，样圆更有效。有人还发现，长方形样方比正方形更能反映群落更多的变异情况。样方面积的大小，主要由群落性质决定。植被调查时，一般情况下，生长致密的草原（森林草甸，草原草甸，高寒草甸等）仅需 0.25m²，稀疏的草原（典型草原，荒漠草原）需 1m² 或 4m²，草原化荒漠，荒漠需 16m²，森林通常采用 100m²，岩面苔藓或地衣，可能只需 100cm²。

（2）二氧化碳同化法（图 2-6）。在草地生态系统中，植物在光合作用中所吸收的二氧化碳和呼吸过程中所释放的二氧化碳可在已知面积或体积的透光容器内，用红外气体分析仪测定二氧化碳进入和离开这个密封容器的数量。假定容器内气体中所含二氧化碳的减少都是被植物用来合成有机物质，那么所减少的二氧化碳量就能代表光合作用量和光合作用率。如果设置一个不透光的容器作比较，该容器内只有植物的呼吸过程而没有光合作用，因此在一定时期内所释放出来的二氧化碳量可作为植物呼吸量或呼吸率的一个测度。此值加上在透光容器内所测得的值就可以大体代表该系统的总初级生产量。

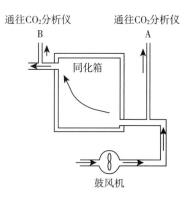

图 2-6 二氧化碳同化法示意图

比密封室更先进一点的方法是空气动力法（aerodynamic method）。这种方法是不改变群落的环境条件，在生态系统的垂直方向按一定间隔安置若干二氧化碳检测器，这些检测器可定期对不同层次上的二氧化碳浓度进行检测，这种方法在一个自养生物层内（有光合作用）的二氧化碳浓度与自养生物层以上（无光合作用）二氧化碳浓度便是净初级生产量的一个测度。假定自养层于二氧化碳的减少量与净光合量相等，而二氧化碳的扩散取决于二氧化碳的梯度和风速，用空气动力学方法的结果必须校正，校正空气流动、扩散、热传导等的影响。这种方法已成功地用于测定农田、草原和森林生态系统的光合作用率，有时还可把这种方法与密封室结合起来使用。

（3）放射性同位素测定法。在光合作用过程中使用放射性同位素示踪剂测定初级生产量不仅可以获得精确的结果，而且有极高的敏感性。同位素如^{32}P已得到应用，但沉积物吸收 P 的速度往往比生物同化的更快，因此，这种方法不准确，应用^{32}P研究能流的方向比定量估计能量固定更为有用。放射性的^{14}C应用效果最佳。

（4）叶绿素测定法。叶绿素测定法主要是依据植物的叶绿素含量与光合作用量和光合作用率之间的密切相关关系。测定的具体程序是：对植物进行定期取样，并在适当的有机溶剂中提取其中的叶绿素，然后用分光光度计测定叶绿素的浓度。假定每单位叶绿素光合作用率是一定的，依据所测数据就可以计算出取样面积内的初级生产量。叶绿素法优于其他方法之处是：取样品无需再装入透光和不透光的容器内，它的适应性较广。叶绿素法缺点是：叶绿素量因外界条件和本身生理状态而有很大变化。

（5）遥感法。遥感技术通过航空航天摄影获取地物光谱反射信息和地面调查测定草地植被、土壤、地貌、气候等因子的信息，经过图像处理，建立光谱信息与地物信息的相关关系，来了解草地牧草的长势。估测草地植物生物量。利用遥感技术测量植被覆盖度的方法主要用于研究大尺度范围上的绿色植被。这种遥感技术方法来估算草地植被地上生物量大致可分为两类即：经验模型法和植被指数转化法。经过近 20 年的研究，人们已经提出了 20 多种植被指数，主要包括两种类型：一类以斜率为基础，如垂直植被指数（PVⅠ）；另一类以距离为基础，最常用的为归一化差值植被指数（NDVⅠ）。

表 2-3　主要植被指数一览表

名　　称	简写	作者及年代
比值植被指数	RVⅠ	Pearson 等（1972）
转换型植被指数	TVⅠ	Rouse 等（1974）
绿度植被指数	GVⅠ	Kauth 等（1976）
土壤亮度指数	SBⅠ	Kauth 等（1976）
黄度植被指数	YVⅠ	Kauth 等（1976）
土壤背景线指数	SBL	Richardson 等（1977）
差值植被指数	DVⅠ	Richardson 等（1977）
Misra 土壤亮度指数	MSBⅠ	Misra 等（1977）
Misra 绿度植被指数	MGVⅠ	Misra 等（1977）
Misra 黄度植被指数	MYVⅠ	Misra 等（1977）
Misra 典范植被指数	MNSⅠ	Misra 等（1977）
垂直植被指数	PVⅠ	Richardson（1977）
农业植被指数	AVⅠ	Ashburn（1978）
裸土植被指数	GRABS	Hay 等（1978）
多时相植被指数	MTVⅠ	Yazdani 等（1981）
绿度土壤植被指数	GVSB	Badhwar 等（1981）
调整土壤亮度植被指数	ASBⅠ	Jackson 等（1983）
调整绿度植被指数	AGVⅠ	Jackson 等（1983）
归一化差异绿度指数	NDGⅠ	Chamadn 等（1991）
红色植被指数	RⅠ	Escadafal 等（1991）
归一化差异指数	NDⅠ	McNairn 等（1993）
归一化差异植被指数	NDVⅠ	Rouse 等（1974）
垂直植被指数	PVⅠ	Jackson 等（1980）
土壤调整植被指数	SAVⅠ	Huete 等（1988）
改进转换型土壤调整植被指数	TSAVⅠ	Baret 等（1989）
大气阻抗植被指数	ARVⅠ	Kanfman 等（1992）
全球环境监测指数	GEMⅠ	Pinty 等（1992）
修改型土壤调整植被指数	MSAVⅠ	Qi 等（1994）
角度植被指数	AVⅠ	Plumme 等（1994）
导数植被指数	DVⅠ	Demetriades 等（1990）
生理反射植被指数	PRⅠ	Gamom 等（1992）

2. 地下生物量

（1）直接收获法。根据操作方法的不同，又可以分为挖掘收获法、钻土芯法和内生长土芯法。

①挖掘收获法。挖掘收获法包括传统挖掘法（excavation methods）和挖土块法（monolith methods）。传统挖掘法一般是在所选择植株的周围挖沟，去除土壤，露出整个根系，观测根的形态和生物量，它是植物根系研究中常用的最古老方法。挖土块法是在传统挖掘法的基础上发展起来的，主要是通过挖掘一定体积土块，然后将含有根系的土壤全部收集到一定容器内，放入孔筛或尼龙网袋中用水冲洗，将冲洗出来的根进行分离、烘干、称重，从而获得一定土体的根系生物量。挖土块法几乎适用于所有的研究，因为它能同时获得植物的粗根和细根，只要条件允许就可以挖掘到任何想要的土样。该方法广泛适合于农田、草地、森林等多类生态系统，但土块大小需要随生态系统或物种的不同进行实时调整。挖土块法如果取样点选择科学，并有足够的重复数，可以获得可靠的直接观测数据。同时，该法操作简单，不需要专门仪器，是目前草地生态系统研究中使用最多的方法。但该方法存在以下缺点：土块的挖掘和处理需要大量的人力；对土块的挖掘及输出会对土壤和植被造成严重破坏；在实际操作中易受土壤体积和土表面积的限制，同时由于工作量的制约，往往很难达到理想的采样重复数，使测定结果达不到该方法应有的可信度；由于是破坏性取样，故不适合做时间上的动态观测研究。挖掘收获法的共同特点是：实地测定，数据相对可靠，但是测定过程中需要高强度的劳动，且对实验地的破坏很大。

②钻土芯法（auger methods）。20世纪60年代土钻被正式开始使用进行植物地下生物量的测定，这类方法被称为钻土芯法。该法是利用土钻采集土样，从而达到对植物地下生物量的测定。土样的处理过程同挖土块法。此法最主要的工具是土钻，通常采用的土钻有两种：一种为荷兰型根系手钻，另一种为阿尔布雷特（Albercht）手钻。土钻的直径和取样重复数，根据植物根分布特点、异质性及取样频度和要求精度等具体实验情况进行选择。适宜钻径的选择对实验成功十分重要，目前，对于土钻适宜直径的选择和各直径下对应的取样次数的确定还没有统一的标准，在不同类型生态系统中使用的变换参数也缺乏明确的规定，一般情况下大多采用7～10cm的钻径且每个取样点取样不得低于4钻。钻土芯法继承了挖土块法的优点，同时较挖土块法取样迅速、简便、容易、覆盖面积大，由此减少了环境异质性误差，测定结果更为精确，对土壤和植被的破坏也轻于挖土块法，是研究森林生态系统细根及草地、农田等生态系统地下部分的较好方法。

③内生长土芯法（Ingrowth Cores Methods）。内生长土芯法也称尼龙网袋法（ingrowthbags），是将装满过筛无根土的网袋土芯放入事先挖好的土坑中，周围再用无根土填满；也可以将土壤模子放入事先挖好的土坑中，再放入网袋，然后用无根土将网袋填满成土芯，周围缝隙也用无根土填满，最后将模子抽出。土芯埋入后，以一定时间间隔从土壤中取出，过筛分离、测定根生物量，取出前要切断土芯与周围根的连接。内生长土芯法通常和钻土芯法配合使用，适合于均质性较强的生态系统地下生物量的研究。

（2）模型估算法。模型估算法是一种间接的测定方法，是通过已建立的数学模型来间接估测地下生物量及其空间分布规律的一种方法。建立模型的方法很多，应用较多的有：

根冠比法、同位素法、元素平衡法等。

①根冠比法（root/shoot ratio methods）。根冠比法是通过已建立的地上与地下生物量的比例关系模型来估测地下生物量的一种方法，该法简单易行，估测迅速，可广泛应用于大尺度地下生物量的估算。

②同位素法（isotopes methods）。植物地下生物量估算中通常被使用的同位素为^{14}C，该法又可细划为^{14}C稀释法和^{14}C周转法。^{14}C稀释法首先是用^{14}C标记植物，然后建立$^{14}C/^{12}C$比率，并通过检测比率变化来估算地下生物量。这个方法要求必须在^{14}C完全进入植物体组织中才可以取样。

③元素平衡法（element balance methods）。元素平衡法主要是利用对植物生长有限制作用的矿质元素在系统各个部分中输入、输出的平衡比例，确定其分配到根中的量，再通过根中该元素的含量来计算出根的生物量。在这一方面，C和N通常被认为是比较合适的元素，因为C、N在许多生态系统中是一个起限制作用的营养元素，因此用土壤C、N平衡来计算根的生物量是比较理想的选择。

A. C平衡法（carbon balance methods）。C平衡法是利用土壤中C的平衡来计算土壤细根的年生物量。根的总C含量模型为：

$$TRCA \approx R_s - P_a + E + \Delta Cr - \Delta Cs$$

式中，$TRCA$为根的总C量；R_s为土壤呼吸量，P_a为地上枯落物中的C含量；E为渗漏或侵蚀流失的C量；ΔCr是根C库的变化量（粗根＋细根）；ΔCs是土壤C库的变化量。另外，Raich和Nadlehoffer建立发展了一个统计学模型，认为对一个稳态或接近稳态的生态系统而言，土壤中C的获得主要依靠两个来源，一是地上部分的凋落物，二是地下部分的细根。生态系统中土壤C的丢失，主要是通过土壤有机质分解并释放CO_2来进行，其他途径土壤C的输入输出都很小，估测中可以忽略。因此，对于处在总有机C贮量稳定的土壤，土壤中地上和地下部分有机C的输入就可以近似为土壤中有机质分解的年呼吸量，即：

$$R_h \approx P_a + P_b$$

式中，R_h为土壤异养呼吸量；P_b为地下枯落物的C含量。

因为土壤呼吸是由异养呼吸和活根呼吸组成的，所以有：

$$P_b + R_r \approx R_s - P_a$$

式中，P_a和R_s在很多生态系统中都已被测定过，Raich和Nadlehoffer报道了它们之间以及$TRCA$和P_a之间的显著回归关系（$R^2 = 0.71$和$R^2 = 0.52$），最后它们的统计模型变为：$TRCA = 1.92P_a - 130$，利用这个公式只需要测定地上枯落物就可以估算出地下生物量。

B. N平衡法（nitrogen balance methods）。土壤N平衡法的原理与土壤C平衡法相似。

（3）数字图像法。数字图像法是指利用计算机、摄像机等现代化数字图像设备对植物根系的生长动态、呼吸速率和生物量变化情况实施观测的一种方法，该类方法中目前主要有微根窗法、核磁共振成像法、X-光扫描分析系统。

①微根窗法（minirhizotron methods）。微根窗法是一种新型先进的根系研究方法，它在生态系统中的使用是最近几十年的事。该法能对根的分枝、伸长速率、根的长度和死亡情况等进行长时间定量监测，能将根系生物量研究的最小目标缩小到每一个具体的根的

分枝，这是直接收获法和模型估算法所无法比拟的。微根窗法需要使用摄像机和计算机等数字化图像设备，同时还需要数根透明的观察管埋置于地下，管的长度和直径依不同的生态系统类型而异，一般以长 250mm、外径 22mm 为基准。实验时将它们随机布置在不同的样点上，其上部的 36mm 露出地面，并将其与地面成 45°～60°角埋入土壤中。管中放入摄像机探头探测根生长的情况，然后通过数据信号线将根部的图像传输到监视器上进行实时观察，并用计算机自动控制探头的姿态和运动方向。此法最重要的是图像分析，可以从图像分析的过程中提取大量有用的信息，如根的生物量、长度、死亡和分解的动态过程等。开始时图像分析由人工进行，比较费时且劳动强度大，还会因处理图像的人的素质差异而导致结果产生偏差。但随着计算机运算能力的增强，现在计算机已直接介入图像分析当中，图像处理的精度和速度大大提高。1992 年，Hendrick 和 Pregitzer 专门为图像分析开发了一个软件，取名为 "ROOTS"，软件可以对根的图像进行直接处理。1998 年，Fitter 和 Graves 利用微根窗法将根的瞬时生长速率精确到了单位 "根·桢$^{-1}$·天$^{-1}$"。即通过所拍摄图像中根的变化速率来反映根的生长速率，这与传统收获法相比精度有了很大提高。

②核磁共振成像法（nuclear magnetic resonance imaging）。核磁共振成像法就是利用核磁共振成像技术对植物根系进行观测的一种方法，该方法能够在对根无损伤的状态下获取根系长度、根系数量、根系结构以及水分运移动力学等信息。该项技术最初应用于医学诊断，Omasa 与 Bottomley 等首次将此项技术应用于植物根系研究。与其他根系研究方法相比，该法是在无损伤状态下获取根系信息，因此可以就地对根系重复测量，同时与X-射线的成像技术获取二维影响相比，该法可以获取三维影像，从而更加直观、精确地研究根系性状。

③X-光扫描分析系统。X-光扫描分析系统是美国 Phenotype screening 公司在美国能源部创新项目资助下研发成功的一套新型的根测量系统。它是非破坏性的原位分析系统，可以对植物根系进行原位拍摄 X-光照片（可拍摄立体照片），并且可以在植物生长的不同阶段对根系的生长进行长期动态监测。这套系统适合于对盆栽植物的根系进行原位成像分析，可以拍摄到根系的立体 X-光照片。

三、草地草类植物对家畜适口性评定的研究方法

草地草类植物对家畜适口性的高低，是反映草地在放牧利用过程中，草地草类植物组成中不同组分被利用强度高低的重要因素，并给予草地的生产性能和维持年限以重大影响。

草地草类植物的适口性是指草类植物的滋味、香味和质地等特性的综合，是动物在觅食、定位和采食过程中其视觉、嗅觉、触觉和味觉等感觉器官对草类植物的综合反映（任继周，1985）。适口性直接决定着草类植物被动物接收的程度，与动物的采食量密切相关（毛培胜，2015）。

草地草类植物对家畜的适口性决定于草类植物的状态，发育阶段，化学成分，解剖学特征，也与土壤、家畜种类和对该种草类植物的适应性、天气等因素有关（昭和斯图，1998；王德利，2014）。适口性在一个生长期间或同一生长期内亦可发生极其剧烈的变化（黄秀声，2007）。

（一）草地草类植物对家畜适口性的评定标准

草地草类植物对家畜的适口性可做数量和质量的评价，用质量评价草类植物可食性可采用如下分级等级。

0—家畜不食的草类植物；

1—不喜食或偶尔食；

2—只有当最好吃的草类植物采食光了后才吃；

3—经常喜食的草类植物，但不及其他草类植物喜食；

4—经常喜食的草类植物，但不从草群中挑剔它；

5—很好食的草类植物，往往首次被采食。

此外，草类植物还分为"肥育的"，有毒的和有害的。

（二）草地草类植物对家畜适口性的评定方法

草地草类植物适口性的评价，可用间接调查法和直接观察法来确定。

1. 间接调查法　为了得到可靠的材料，应到多个点上调查多个生产管理者（牧工，牧羊人，牧马员，挤奶工等），并查明草地中的何种草类植物，哪种家畜，什么时候，在怎么样的条件下，喜欢食程度如何等，因为一种草类植物往往有几种俗名，因此在调查时应携带草类植物标本或对专门收集的草类植物进行访问，并将结果记入登记表（表2-4）。

表2-4　草地草类植物适口性调查

草类植物名称		草地上各季内草类植物对家畜的适口性							干草中草类植物的适口性	备注
拉丁名	中文名	牛				马	绵羊	其他家畜		
		春	夏	秋	冬					
	冰草	5Λ	3Λ	5Λ	—					
	黑头草	2C	0	0	—					

注：①对马，绵羊和其他家畜也像牛一样进行定期观察。

②表中的阿拉伯数字分别代表草类植物的可食性等级，罗马字母为草地中见到的草类植物的分类，A—优势草类植物，B—常见草类植物，C—其余草类植物。下同。

2. 直接观察法　在草地上直接观察草类植物适口性的方法，可得到比较详细的资料，具体做法是首先选出土壤，草群成分相同的草地地段为观察区。然后对同一地段用多种家畜进行采食情况的几次观察（早晨，正午，午后，傍晚等）。各季节、各放牧周期等都应做观察，观察的资料记入表2-5。

表2-5　草地草类植物适口性观测记载表

草类植物名称		第一次观察，月份，放牧次数				第二次及以后观察（同左栏）	备注
	发育阶段	适口性评价					
		早晨	午休前	午休后	傍晚		
草地羊茅	抽穗初期	5A	5C4B	5A	4A		
紫羊茅	开花初期	5C2B	3C	4C	3C		

注：在备注栏应填入放牧时的天气（雨，阴，刮大风等）。

3. 草地放牧调查法 草地群落中，同一时期不同牧草的适口性，通常以家畜采食的相对口数 Mr 表示。而相对口数受该种牧草在群落中的相对频度（$F1$,）相对现存量（$E1$）的影响且成正比关系，用式（1）表示

$$Mt = f * F1 * E1 \tag{1}$$

式中 f 为适口性系数，用作不同牧草适口性的相对值的比较，式（1）导出

$$Tp = Mr/F * E \tag{2}$$

式（2）表明，当两种牧草在群落中的相对频度和相对采食量同时，家畜对其任一牧草的相对采食口数越多，牧草的相对适口性就越高；当不同牧草具有相同的相对采食口数时，草群中的相对频度和现存量越高，则适口性越低。

适口性系数只能反映某种牧草在被测时期与同期同群落其他牧草的比较迟值。为将某种牧草全年的使用价值通过适口性表征值反映出来，拟采用（3）数学式：

$$P = t/T * \sum f \tag{3}$$

式中：P——适口性；

t——被测牧草在全年中参与组成放牧家畜的时间单位（天，月，季）；

T——全年拟取的时间单位（365d。12个月。四季）；

$\sum f$——被测牧草一年中参与放牧家畜日粮组成的适口性系数之和。

具体测定步骤如下：

选择植被清洁，完整健康均匀，无放牧干扰的草地作为样地。测定并计算各草类植物在群落中的平均相对频度（$F1$）和现存量（$E1$），根据同质相似原则，挑选一批发育良好，营养中上水平的试畜（草食家畜），于归牧前赶入测试样区，跟群观察任一试畜的采食情况，如采食口数、草类植物种类，并在准备好的草类植物名录上用正字号计数，总计数量为 400～1 000 次，然后计算试畜采食各种牧草的相对口数（Mr）。

将上述计算数值分别带入式（2）和式（3），求出每种牧草在测定时间内的适口性和适口性系数，依适口性系数，最后按下列标准对群落中各种牧草的适口性做出评价。

4. 实验观察法 即将牧草刈割后分类固定在木桩或架子上，把家畜固定在木桩或架子周围，让其观察牧草半小时但不能采食牧草，半小时后将放开家畜让其自由采食固定在木桩或架子上的牧草，观察并记录家畜优先采食那种牧草以及采食量的多少，观察结果记录到表 2-6 中。

表 2-6 草地草类植物适口性调查

草类植物名称		草地不同草类植物对家畜的适口性				采食量	备注
拉丁名	中文名	牛	马	绵羊	其他家畜		

5. 注意事项 在植被稀疏的荒漠草原或半荒漠草原上，应该在畜群中抽出 1～2 头家畜做草类植物适口性的观察。草类植物适口性的数量评价是被采食草类植物的数量占目前

草类植物总储量的百分数。为此应利用草地分区轮牧时草地产草量的调查资料。测定草地的产草量时，可以按全部分区或部分分区，在放牧前（储藏量）和放牧后（余草量）测定草地植被的产量。

为测定牧草重量，一般取一束样本做干燥处理，确定牧草青干比和进行草类植物组分分析（表2-7～表2-10）。对每种草类植物应分别称重，并以这个种的剩余总量占全部重量的百分数来表示，已确定在分区内，放牧5～6d的条件下，某种草类植物的适口性指标（%）。在降雨期间，生长草类植物适口性的百分数，最好根据剩余量和该种草类植物采食后的各分期平均储藏量来测定，此分区的储藏量应该在前一分区测定剩余量的同一天测定。

为节省劳力，可以只在第一个放牧周期的第一个分区中间分区和最后一个分区继续研究。

在测定各种草类植物或切割的青草和干草对各种家畜的适应性时，应该接近家畜饲养的生产条件（按标准日粮，饲养时间等），至少要观察三头家畜，试验期不应少于5d。试验时必须指出家畜的种类。畜群性成熟的年龄、营养状况、饲养日粮标准、饲养的草类植物成分（按平均样本）、饲料标准、草类植物的发育阶段、草类植物茎的粗细（对粗茎草类植物）、剩余重量及其成分（种类，草类植物的哪些成分。按试验期剩余饲料的平均样本）。

表2-7 牧草适口性评语表

适口性指数	75	3～5	1～3	0.5～1	0～0.5	0
评语	优	良	中	低	劣	不食

表2-8 牧草适口性测定-相对口数（Mr）记载表（年月日）

地点：_____ 海拔：_____ 样地号：_____

样地面积：_____ 畜种：_____

畜群大小：_____（只）头

测定持续时间：_____时_____分至_____时_____分

草类植物名称	被采食口次数（正号计数）	Mr（%）
采集次数总和		

表2-9 牧草适口性测定-相对频度（Fr）记录表（年月日）

地点：_____ 海拔：_____ 样地号：_____ 样地面积：_____

草类植物名称	计数（正号）	F（%）
投掷样圈总次数		

表 2 - 10　牧草适口性测定-相对现存量（E）测定（年月日）

地点：_____　海拔：_____　样地号：_____　样地面积：_____　样方面积：_____

草类植物名称	重复（g/m³）									E（%）
	1		2		3		平均			
	X 鲜重	风干	鲜重	风干	鲜重	风干	鲜重	含水（%）	风干	

总风干重（g/m³）

研究青草的适口性时，也需要确定青草的新鲜程度或用饲养的饲料与剩余的饲料中的含水百分数来表示，干草应无尘土，不发生霉变。

表 2 - 11　草地主要牧草对放牧家畜的适应性测定（年）

草类植物名称	F%	月日	月日	月日	月日	$P = f * t/T$	备注
		MEF	MEF	MEF	MEF	$\sum ft/TP$	

采食种类相对采食种类（%）

四、草地培育改良

天然草原（rangeland）是一种可持续利用的自然资源，它不仅是发展畜牧业生产的物质基础，而且是人类重要的生态屏障。但是草原也是一个脆弱的生态系统，如果不进行合理利用，将会导致草地生态系统的破坏。因此，要对天然草原进行管理和保护，合理利用，对已退化的天然牧场采取培育措施，进行改良，进一步提高和发展畜牧业生产，使草地生态系统保持良性循环（宋艳华，2011）。

草地培育改良是在不破坏草原原生植被条件下，用生态学基本原理和方法，通过各种农艺措施，改善天然草群赖以生存的环境条件，帮助原生植被，必要时直接引入适宜当地生存的天然草种或驯化种，增加天然草群成分和植被密度，提高草地第一性生产力（马志广和陈敏，1994；德科加和颜红波，2001；佚名，2008；何丹，2009；宝音贺希格等，2011）。

草地是人类利用的主要自然资源，在某些地区甚至是赖以生存的物质基础。因此，退化草地恢复的首要目标是对草地生产能力的恢复与提高；其次，草地本身也作为家畜生产，以及草地周围地区人类生存生活的环境，恢复退化的草地又体现对生态环境的恢复与提高。无论是草地生产力的恢复，或者草地环境的恢复，必须同时基于草地的生物组成（植物、动物或微生物）、植被和土壤结构与功能，包括生物多样性，水平与垂直结构，能量流动、物质循环与信息传递等营养功能的良性改变和发展。

对于退化草地的合理利用与改良是一个复杂的问题，不可能只用一种办法，要贯彻综合治理的思想，采取多种措施。其中值得重视的措施主要有：围栏封育（fencing）、划破草皮（sod cutting）、浅耕翻（shallow plowing）、耙地（harrowing）、补播（reseeding）、施肥（fertilization）、灌溉（irrigation）、清除有毒有害或不良牧草（weeding）等。

1. 围栏封育（fencing）封育就是将退化草地封闭一定时期，禁止放牧或割草，使牧草充分生长，恢复生机，以提高草地生产力，并使牧草有进行结籽或营养繁殖的机会，促进草群自然更新（樊晓东，2009；宋艳华，2011）。这是一种简单易行、投资少、见效快的草地改良措施。

（1）草地封育的方法。封育草地选择：要根据利用目的、植被类型和草场的退化情况而定。一般来说，为了培育打草场，应选择地势平坦、植被生长较好，而且以禾本科牧草为主的草场；若为培育退化草地，应选择退化严重的草地进行封育；为了固沙，可选择流动沙丘或半固定沙丘草地。

封育时间：依据具体情况而定，短则几个月，长则1年或数年，干旱荒漠原封育至少应在2~3年，也可实行季节封育，即春秋封闭，夏冬利用。也可以实行小块草地轮流封育。草地封闭后，牧草的生产力得到一定的恢复，应选择适当时期，进行轻度放牧或割草，以免牧草生长过老，草质变劣，降低适口性。

封育草地保护措施：为了防止家畜进入封育的草地，封育草地应设置保护围栏，围栏应因地制宜，以简便易行、牢固耐用为原则。若草地面积不大时，可就地取材，采用垒石墙、围篱笆等防护措施。若封育大面积草地，则宜采用围栏方法。围栏可用多种材料或设施，可因时因地因需而宜，常用的围栏有：

①网围栏。目前国内外使用较普遍，主要材料是厂家生产的钢丝及固定桩（多为角铁、水泥桩或木桩），围建比较方便，占地少、易搬迁，但成本较高。

②刺铁丝围栏。国内多数地方用这种围栏。刺丝、支撑桩有市售的，也可自行加工。刺铁丝的主线一般用12#（线径2.64cm）铁丝，刺用14#（线径2.02mm）铁丝拧制。两根12#丝合在一起，外边每隔10cm左右拧上刺，多数情况下需拉4~5根刺丝线。支撑桩可用多种材料，如木桩（直径100~150mm，长2m左右）、角铁（3mm×40mm、长1.8m）、钢筋（直径20~25mm，长1.8m）、钢筋混凝土桩（120×120mm，长2m）。安装时，线的走向尽可能要直、拐弯处要加内斜撑或外埋地锚拉线，以便加固。支撑桩必须栽直、填实，埋在土中的深度在50cm以下。上面的刺丝线要拉紧并固定结实。围栏修成后要认真管护、随时维修，使其真正起到围栏的作用。此种围栏成本也较高，但使用年限较长，因其上有刺，对家畜的阻拦效果好。

③草垡墙。在草皮、草根絮结的草地上，可就地挖生草块垒墙，墙底宽100cm、顶宽50cm、高150~160cm。这种方法可就地取材、成本较低，但对草地破坏较大，在潮湿多雨地区使用年限很短。

④石头墙。利用就地石板，石条、石块垒砌成墙，规格与草垡墙相当。如材料方便，垒好了可使用多年。

⑤土墙。气候较干燥、土壤粘结性较好的地方，可打土墙做围栏，土墙底宽 50～80cm，顶宽 30～40cm，高 100～150cm。

⑥开沟。在山脊分水岭或其他不易造成冲蚀的地方，可开挖壕沟对草地起围栏作用。沟深 150～200cm，为防止倒塌，沟的上面应比底部宽些。

⑦生物围栏。在需要围圈的地方栽植带刺或生长致密的灌木或乔灌结合，待充分生长后就会形成"生物墙"或"活围栏"，在风沙地区它还可作防风固沙的屏障，枝叶也可作饲料。在宜林地区建造这种围栏是很有前途的。

⑧电围栏。这是近年来国内外提倡并推广应用的一种新型围栏，电源有的用发电厂的交流电，有的用风力或太阳能发电，也有用干电池的。电围栏栏桩多用木桩，一方面绝缘性能好，同时也便于安装绝缘子。围栏线用光铁丝或刺铁丝均可，移动式围栏最好用光铁丝，便于搬移。

（2）草地封育期内采取的措施。单一的草地封育措施虽然可以收到良好的效果，但若与其他培育措施相结合，其效果会更为显著。单纯的封育措施只是保证了植物的正常生长发育的机会，而植物的生长发育能力还受到土壤透气性、供肥能力、供水能力的限制。因此，要全面地恢复草地的生产力，最好在草地封育期内结合采用综合培育改良措施，如松耙、补播、施肥和灌溉等，以改善土壤的通气状况、水分状况，个别退化严重的草地还应进行草地补播。

此外，有些类型的草地封育以后牧草生长很快，应及时进行轻度放牧或刈割，以免植物变粗老，营养价值降低。

2. 划破草皮（sod cutting） 划破草皮是在不破坏天然草地植被的情况下，对草皮进行划缝的一种草地培育措施。通过划破草皮可以改善草地土壤的通气条件，提高土壤的透水性，改进土壤肥力，提高草地生产能力。划破草皮能使根茎型、根茎疏丛型优良牧草大量繁殖，生长旺盛；划破草皮还有助于牧草的天然播种，有利于草地的自然复壮；还可以调节土壤的酸碱性和减少土壤中有毒、有害物质。

（1）划破草皮的方法。划破草皮机具选择：根据划破面积的大小，选择畜力或拖拉机牵引机具（如旋耕犁、燕尾犁、牛角犁等）划破，作业深度一般 10～15cm，行距 30～60cm。

作业时间：宜掌握在土壤水分适当时节进行，一般多安排在早春或晚秋。早春划破，大地刚解冻时，土壤水分较多，划破作业容易，且有利于牧草生长；秋季划破，可以把牧草种子埋藏起来，有利于来年牧草的生长发育。

划破区域选择：划破草皮最适宜的作业区域为气候寒冷潮湿、海拔 3 000m 左右的高山草甸以及气候温和、土壤水分含量较大、植被以根茎型或根茎疏丛型为主的草地。应选择地势平坦的草地进行。缓坡草地，应沿等高线进行划破，防止水土流失。

（2）划破草皮的适用范围。划破草皮的方法，不是所有的草地都适用，应根据草地的具体情况而定。对那些又干又热的地区，如河西走廊的平地及内蒙古西部某些地区，不可采用划破草皮的方法。因为在这样气候条件下，划破草皮会增加土壤水分蒸发，不利保墒，且破坏牧草的地下部分，反而会使牧草产量降低，甚至造成风蚀。

3. 浅耕翻（shallow plowing） 草地浅耕翻主要选择壤土或沙壤土，植被以根茎型禾草为主的草地。用拖拉机悬挂三铧犁或五铧犁在天然草地上进行带状耕翻，沿等高线作业，深度15～20cm，翻后耙平休闲，待雨季来临后植被可自然恢复（马志广和陈敏，1994；何丹，2009；宝音贺希格，2011；徐闻，2012）。

该法改良草地成功的关键条件在于：

（1）必须选择在以根茎禾草为主的草地上进行，因为退化草地土壤紧实，抑制了根茎的伸长，而浅耕翻草地土壤变疏松，孔隙度增加，通气状况好，土壤微生物活动加强，促进了有机物质分解，土壤有机质、速效养分N、P、K均明显增加；

（2）雨季到来之前作业；

（3）耕翻深度15～20cm，超过这个深度，植物留在土壤中的繁殖体（如根茎、种子、块根块茎等）就会被埋入土壤深层窒息而死。

浅耕翻是改善土壤通透性的草地改良措施。草地耕翻后植被演替规律可分为四个阶段：一二年生杂类草阶段、根茎禾草阶段、丛生禾草阶段和小半灌木阶段。其中，根茎禾草阶段不但草地产量高、草质好，而且利用方便，为优质打草场或放牧场（马志广和陈敏，1994）。我国在半干旱草原区用浅耕翻改良复壮羊草草地取得良好效益；浅耕翻后，羊草草地土壤理化性质得到改善，牧草光能利用率增加，牧草质量及产量提高，经济效益显著（聂素梅等，1991）。

4. 耙地（harrowing） 耙地是改善草地表层土壤空气状况的常用措施，是草地进行营养更新、补播改良和更新复壮的基础作业。

（1）草地耙地改良的方法。

草地松耙机具：主要有深松机、圆盘耙、缺口重耙、旋耕犁等。一般，耙松生草土用带有切土圆盘的中耕机较好，耙后能形成6～8cm厚的松土层。松土深度10～15cm，行距35～40cm。对根茎疏丛成分和纯疏丛成分草层的生草土，利用旋耕犁松耙效果良好。

松耙时间：春、夏、秋三季均可进行，但最好在早春土壤解冻2～3cm时，此时有利于土壤保墒，促进植物分蘖。我国北方，春季多风，气候干旱，此时松耙草地容易加剧草地风蚀，其最佳作业时间宜安排在夏末秋初。

适宜耙地的草地类型：以根茎状或根茎疏丛状草类为主的草地，耙地能获得较好改良效果（分蘖节和根茎在土中位置较深），对丛生禾草和豆科草为主的草地损伤较大，匍匐性草类、一年生草类及浅根的幼株可因耙地而死亡。

（2）耙地改良的优点。退化草地经过耙地改良，可以清楚草地上的枯枝残株，促进草地植被的自我更新；松耙表层土壤，有利于水分和空气的进入，改善土壤的物理性状；耙地可将土壤的毛细管切断，减少地表土壤的蒸发作用，起到松土保墒作用；

5. 补播（reseeding） 草地补播就是用特制的牧草补播机，在不破坏或少破坏草地原有植被前提下，把能适应当地自然条件的优良牧草种子直接播种在植被盖度很低、种类单纯、肥力耗竭、严重退化的草地上；以增加草群中牧草的种类与数量，达到短期内提高草地生产力，改善草群牧草品质的目的（依甫拉音等，2005；樊晓强，2009）。

（1）补播草种的选择。补播的牧草草种要选用经过长期自然选择的牧草，要以当地野生或驯化栽增的牧草为主，引入外地草种，应经过小区试种后再大面积推广。不同草地类型适宜补播草种见表 2-12。

表 2-12　不同草地类型适宜补播草种（孙吉雄，2000）

草地类型	地面补播	飞　播
草甸草原	羊草、冰草、雀麦、看麦娘、偃麦草、山野豌豆、扁蕾豆、胡枝子、差不嘎蒿、草木樨、苜蓿	扁蕾豆、苜蓿、山野豌豆、胡枝子
干草原	羊草、蒙古冰草、柠条、胡枝子、羊柴、老芒麦、披碱草、沙打旺	草木栖状黄芪、柠条、羊柴、沙打旺
荒漠草原	沙生冰草、地肤、驼绒藜、老芒麦、披碱草、柠条、羊柴	羊柴、地肤
荒漠	沙拐枣、黑沙蒿、梭梭、花棒	沙拐枣、黑沙蒿
沙地草原	沙打旺、草木樨、沙蒿、羊柴、花棒、沙生冰草、柠条	沙打旺、柠条、沙蒿
低湿盐碱地	野大麦、肥披碱草、芨芨草、碱茅、偃麦草、草木樨、马蔺	

　　一般，野生或新收获的牧草种子，野生性状比较浓厚，如种皮坚硬、有芒、具翅、休眠等，若种子不进行播前处理，则影响播种质量。目前，常见的几种处理方法为：

　　①机械处理。主要是去芒、脱颖（壳）、碾破种皮等。

　　②光照处理。用自然光或人工光（紫外线、红外线）照射种子，加速种子熟化和种子内容物生理代谢，打破种子休眠。

　　③化学处理。用 1% 的稀硫酸或 0.1% 的硝酸钾溶液浸种。

　　④变温处理。在低温 $-10 \sim -8℃$，高温 $30 \sim 32℃$ 下分别处理种子 $16 \sim 17h$ 和 $7 \sim 8h$。

　　⑤沙埋处理。将种子（例如沙拐枣、山杏等）用湿沙埋藏 $1 \sim 2$ 个月催芽。

　　⑥种子丸衣化处理。用种子丸衣机将肥料等营养（接菌）剂粘着到种子表面，制成丸粒，增加播种质量，提高种子出苗率。

　　（2）草地补播技术。

　　①补播前地面处理。经过地面处理，一方面可以减少或消除原有非理想植被的竞争，另一方面为补播的牧草创造必要的土壤与水分条件。地面处理的方法主要有松耙、划破、穴垦、条垦、带垦、全垦、重牧或畜群宿营、消除灌木与枯枝落叶、烧荒（炼山）等。

　　土壤黏重、原生植被盖度较大的地方，播前的地面处理常常是补播成功的关键。土块多、过于松散的新垦地最好镇压，地面的石块、枯枝树根及妨碍补播和利用的其他杂物要尽可能清除。对于北方山区，如黄土高原地区的山坡地，还可按等高线挖水平沟或反坡台地，中间保留相当于开挖部分 5 倍左右的原坡面，既保留原生植被，又可作为集水区，保证沟、台地处补播植物有相对多的水分，还可截留降水，防止土壤被冲刷，这是干旱与水土流失坡地地面治理的有效方法。在有灌溉条件的干旱地带，要先行灌溉，无法灌溉而冬天有雪的地方应设法积雪，以保证必要的土壤墒情。

　　②补播时期。一般都在春、秋季补播。春季正是积雪融化时，土壤水分状况好，也是

原有草地植被生长最弱时期。从草地植被生长状况和土壤水分状况出发，以初夏补播较适合。因为此时雨季又将来临，水分充足。在大面积的沙漠地区，或土壤基质疏松的草地上，可采用飞机播种。飞机播种速度快，面积大，作业范围广，适合于地势开阔的沙化、退化严重的草地和黄土丘陵，利用飞机补播牧草是建立半人工草地的最好方法。北方地区宜在 5 月雨季来临后到入秋前；南方春季杂草危害严重夏季又常有高温伏旱，故以秋播为好。其时间大体以日均温 10℃ 左右为宜，如 1 800m 以上高海拔地区在 8 月底至 9 月中旬，低海拔地区在 9 月下旬至 10 月上旬，距初霜期约 60d 前后。具体补播时期还要根据当地的气候、土壤和草地类型而定，可采用早春"顶凌播种"、适时"抢墒播种"、初冬"寄子播种"等经验，可因地制宜，合理应用。

③播种量。播种量与牧草种类、用途、土壤、气候等多种因素有关。在一定条件下，主要决定种子的千粒重和单株所需要的营养面积。一般而言，种子由小到大，其每公顷（hm²）播量介于 3.0～15.0kg；平均每平方米（m²）的成苗数在 10～50 株（要保证这样多的株数，每平方米就得有 100～500 粒有发芽力的种子）。因此，应根据牧草的千粒重和每平方米地上所需要的有发芽能力的种子数来计算播种量。其中千粒重是已知的或可实测，每平方米所需有发芽力种子，据我们观测大致为 200～500 粒，据此，每公顷播种量可按下式计算：

$$X = \frac{H \times N \times M}{10^6 \times A}$$

式中：X——播种量（kg/hm²）；

H——千粒重（g）；

N——每 m² 需有发芽力的种子数（粒）；

A——种子用价，是其纯度与发芽率的乘积；

M——10 000m²（即 1hm²）；

10^6——系数。

其中 N，根据实测和大量播种量资料推算，一般牧草都在 200～500 粒/m² 之间。水肥条件好，种子小的计算时可取下限，相反则取上限，中等水平可按 350 粒计算。

例：播种多年生黑麦草，千粒重 H 为 2.15g，每平方米需有发芽力的种子 N 以 400 粒计；种子纯度 90%，发芽率 80%，即种子用价 $A = 90\% \times 80\% = 72\%$　则播种量

$$X = \frac{2.15 \times 400 \times 10\ 000}{10^6 \times 0.72} = 11.9 \ (kg/hm^2)$$

④补播方法。一般多采用撒播和条播两种方法。可以采用飞机、地面机械或家畜携带播种；若面积不大，最简单的方法是人工撒播。

人力撒播：小面积播种地可以徒手撒种，或最好用牧草手播机播种，这样比较均匀，速度也快。

机具补播：用草原松土补播机、圆盘播种机或肥料撒播机，土地条件好，颗粒较大的种子也可用谷物播种机。

畜力补播：有的地方利用羊群补播，即给放牧的羊只脖子上挂上铁皮罐头盒，内装种子，底部打孔，羊边吃草边撒种。羊群中有 1/4 左右的羊只戴罐头盒即可。骆驼，牛等家

畜在放牧时都可用来完成这一工作。

家畜宿营法：在甘肃、新疆、内蒙古等地的草原牧区，总结推广的一种依次搬圈、更换宿营地的畜群"搬圈施肥补播法"。近几年，在云南、贵州发展成为一种叫"家畜宿营法"改良天然草地的有效方法。就是将放牧家畜集中在一个地方过夜或高强度放牧，依靠家畜清除原有劣质植被，排泄的粪便又进行施肥，同时结合补播优良牧草，这是一种十分有效而又廉价的草地植被建植方法。在同一地方滞留宿营的时间因地而异，甘肃甘南高山草原一般8～12夜；新疆的干旱草原5～6夜；内蒙古的半荒漠草原2～3夜；在云贵高原一带，一般为每平方米6～8个羊夜的宿营或放牧强度，这样就可清除原有植被，而后补播优良牧草。

飞机补播：飞机播种是目前国内外普遍使用的补播方法。

⑤补播后期管理。主要是保护幼苗的正常生长和恢复草地生产。覆盖一层枯草或秸秆，以改善补播地段的小气候。有条件的地区，结合补播进行施肥和灌水，是提高产量的有效措施，也有利于补播幼苗当年定居。另外，刚补播的草地幼苗嫩弱，根系浅，经不起牲畜践踏。因此应加强围封管理，当年必须禁牧，第二年以后可以进行秋季割草或冬季放牧。沙地草地补播后，禁放时间应最少在5年以上才能改变流沙地的面貌。

6. 施肥（fertilization）　草地施肥是调节土壤养分，提高牧草质量及产量和改变草地群落组成的一项草地改良的重要措施，详见本章"六、草地施肥试验"。

7. 灌溉（irrigation）　草地灌溉方法：漫灌、沟灌、喷灌等，详见本章"五、草地灌溉试验"。

8. 清除有毒有害或不良牧草（weeding）　在我国辽阔富饶的草原上，不仅生长着家畜非常喜食的优良牧草，而且也混生许多牲畜不喜食，甚至是有毒有害的植物，它们的存在对家畜生产造成严重损害。在天然草地上，这些草地杂草不仅占据着草地面积，消耗土壤中的水分和养分，排挤优良牧草的生长，使草地生产能力和品质下降。如内蒙古草原上的狼毒、醉马豆，青海高寒草原上的醉马草和藜芦，新疆地区的毒麦、黄花棘豆、披针叶黄华、天山假狼毒和苍耳等（艾尼·库尔班，2006），而且当其数量达到一定程度时，对家畜的消化系统、神经系统和呼吸系统造成代射紊乱和失调，严重时死亡，给畜牧业生产带来损失。

据资料统计，分布在山地草地上的有毒植物就达150种以上；在水分条件较好的草甸及森林草原地带有毒植物有160多种；在较干旱的典型草原地带约有90余种；而在荒漠草原和荒漠地带有毒种类仅有40多种。清除有毒有害或不良牧草就是通过物理、生物和化学手段，直接减少或抑制植被的这些不良成分，提高牧草的竞争优势，或清除某些有害植物种，降低对家畜的危险，并间接地提高草地的载畜量。清除或控制这些非理想植物是草地管理和利用中的一项重要任务。目前，防除草地中有毒有害植物较为适用而有效的方法有：

①放牧或刈割控制。采用合理利用方式、轮休制度、划区轮牧制度及围栏封育、草地刈割等措施，为草地优良牧草创造良好的生长发育条件，抑制毒害草的生长，使其从种群中消失。根据甘肃省草原生态研究所在贵州威宁和云南曲靖的试验，对蒿类等杂草，进行多次刈割，能有效控制其蔓延。合理放牧，特别是强度放牧对草地植被有重要控制作用。

如用山羊，让其反复采摘灌木枝条，是一种十分有效的控制灌木生长的办法。而家畜宿营法是控制或清除非理想植物的理想方法。

②生物控制。是利用毒害草的"天敌"生物来除毒害草，而对其他生物无害。如利用昆虫、病原生物、寄生植物等。

③化学除草。据试验，用 0.7％浓度的 2,4-D 丁酯清除白三叶草地上的蒿类，用 2,4-D 丁酯、草甘膦、二甲四氯清除反白柳、中华柳等灌木，效果良好。

④机械除草。是用人工和机具将毒害草铲除的方法。这种方法需费大量劳动力，所以只适用于小面积草地。采用这种方法时必须做到连根铲除，以免再生，必须在毒害草结实前进行，以免种子散落传播。铲除毒害草同时可以与补播优良牧草相结合，效果更好。

⑤火烧和翻晒。有目的地烧荒是消灭毒害草、过多枯草残茬的有效方法之一，是一种经济方便的方法，是草地综合培育的措施之一。烧荒可以改善它们的植被结构，提高草地利用率。烧荒应在晚秋或春季融雪后进行，因为此时对青草生长影响较小。烧荒前必须做好防火准备，应在无风天烧荒，避免风将火种远扬他处，引起别处草原火灾。烧荒后，一定要彻底熄灭余火，以免引起草原火灾。例如，蕨（芒萁）是西南草地上分布极广，对牧草和家畜都十分有害的一种植物，各地对其清除做过许多研究，目前较为经济有效的方法是：枯草期将地上部焚烧，然后将土地翻垦、曝晒，让根部迅速脱水死亡。在这样处理的地上再种早生快发牧草，提高竞争力，就能有效地控制蕨的生长。

五、草地灌溉试验

灌溉是调节土壤水分、满足草类植物对水分的需求，提高牧草产量，改善牧草品质的一项重要草原培育措施。要做到适时、适量、经济有效的灌溉，应当依据欲解决的问题，分别进行不同内容的草地灌溉试验。草地灌溉作为促进牧区经济社会发展和草原生态保护的重要手段，对其灌溉效益和增产效益的正确评价，有利于牧区草地灌溉工程持续、健康发展。

（一）草地灌溉的内容

草地灌溉试验大体包括：草地土壤水理特性（土壤温度、土壤湿度、土壤微生物、持水量、透水性、凋萎湿度和容重等）的测定试验，以便为栽培草地、天然草原和试验小区灌溉提供必要的数据资料；适宜灌溉制度确定试验（灌溉制度的优化决策、调亏灌溉、抗旱灌溉、退化草地灌溉、割草地滴漫灌溉）；灌溉技术试验（漫灌、喷灌、微灌、滴灌和渗灌）；灌溉效果的评价四项内容。

（二）草地灌溉试验方法

1. 试验方法　可分为三种情况。

丰产草地灌溉：在丰产试验的同时，利用简单的量水设备，进行草地含水量测定，观察和记载牧草生育状况和草地管理情况，收集有关气象资料，最后根据记录资料、牧草产量，总结出该草地的丰产灌溉制度。

节水灌溉：综合高产技术和节水节能技术，发展调亏和抗旱灌溉，结合牧草关键灌水期，安排1～2次不同的灌水措施，进行草地灌溉定额和牧草需水量测定，在其他条件一致的前提下，进行比较，以评出优秀的措施。

退化草地生态恢复灌溉：在退化草地区域，以生态恢复为主要目标，根据不同灌水定额，进行退化草地种子库、物种多样性研究，总结出退化草地的灌溉措施。

2. 具体步骤 确定试验内容；写出试验设计；确定试验操作方法；按常规选好供试草地；安装好量水设备和供水设施；正确进行田间观测与记载（灌水量、灌水时间、有效降雨量、牧草生长状况等）。

（三）灌溉效益的评价（以喷灌为例）

1. 增产效益 是最主要的指标，统计方法有两种：

增产绝对值：对喷灌每公顷平均产草量与当地相同条件下，合理地面灌溉每公顷平均产干草量的差来表示，单位为 kg/hm^2。

增产百分率：用喷灌单产比当地相同条件下，地面灌溉平均单产增产的百分数来表示。

$$增产百分数 = \frac{喷灌平均单产 - 地面灌溉单产}{地面灌溉平均单产} \times 100\%$$

2. 灌溉效率 可用四种方法表示单位流量喷灌面积：一般指田间渠（管）道每秒立方米流量所控制的喷灌面积，单位为 $hm^2/m^3 \cdot s$。

对于井灌区，应折算成"标准井"（出水量为 $50m^3/h$ 的井）的喷灌面积，单位为 $hm^2/$标准井。

单位水量的增产量，以 kg/m^3 干草表示。

单位产量的耗水量，以 m^3/kg 干草表示。

单位动力所喷灌的面积：

柴油机指每马力所喷灌的面积：以 $hm^2/$马力表示。

电动机指每千瓦所喷灌的面积：以 hm^2/kW 表示。

3. 土地利用率 喷灌土地利用率用喷灌设备控制总面积与渠系及机行道面积之差比喷灌设备控制总面积来表示。喷灌设备控制总面积其概念是该面积上的牧草各阶段的需水要求完全依靠喷灌设备灌水满足，不允许出现其他的灌水方式。渠系及机行道面积指的是从渠首到农渠的各级输配水渠道及机械行道面积，单位为公顷（hm^2）。

$$喷灌土地利用率 = \frac{喷灌设备控制总面积 - 渠系及机行道面积}{喷灌设备控制总面积} \times 100\%$$

4. 设备折旧年限 固定式、半固定式和移动式管道喷灌系统，以管道更新年限为折旧年限。

移动式喷灌机组，以动力年限为折旧年限。

5. 喷灌投资 喷灌投资用喷灌面积内每公顷的设备与基建综合投资表示（元$/hm^2$）。喷灌各投资包括设备购置、运输、安装等投资；田间渠（管）道工程投资主要包括渠（管）道规划、开渠（或布管）、等与田间渠（管）道工程有关的投资。

$$喷灌投资 = \frac{喷灌的各投资 + 田间渠（管）道工程投资}{喷灌面积}（元/hm^2）$$

6. 田间工程材料消耗　主要指渠（管）道系统的材料消耗，以钢铁、塑料及水泥等为主要材料，以每公顷用量为标准，单位为 kg/hm^2。如果管道喷灌系统是以每公顷铺设管道长度进行统计，以 m/hm^2 为单位。

7. 运行费用（$元/hm^2$）　运行费用以单位灌溉面积内喷灌设备在运作情况下的耗油（电）及渠（管）道维护费用之和来计算，单位（$元/hm^2$）

$$每公顷运行费用 = \frac{耗油（电）及设备和渠道维新折旧费用之总和}{喷灌面积}（元/hm^2）$$

8. 省工率　以全年生长期面积（hm^2）上喷灌使用的工日，与相应的地面灌溉使用工日之比的百分数表示。

9. 抵偿年限　抵偿年限是指一个工程方案通过节约的年管理运行费用来偿还追加投资所需要的年限，我国一般采用的标准抵偿年限为 8～15 年。

$$抵偿年限 = \frac{喷灌设备投资（元）+ 田间渠（管）道工程投资（元）}{每年增产值（元/年）- 每年运行费用（元/年）}（年）$$

（四）灌溉增产效益的评定

灌溉增产效益的测定、分析、记载，试验资料的整理、分析和总结，可视具体情况按常规方法进行。

六、草地施肥试验

草地在放牧或割草利用时，土壤中的养分随着草产品和畜产品的输出被大量带出草地，而土壤—植物系统的内部返还大量减少，这种长期的入不敷出导致了草地土壤肥力逐年下降，土壤营养元素库储量严重亏缺，大量的植物无法摄入足够营养，严重影响了牧草的生长，由此造成天然草原的退化（潘利等，2014；刘勇，2010）。

合理施肥是草地恢复的有效措施之一，施肥能够改善草地土壤理化性质，增加土壤表层土壤肥力，加速牧草繁衍能力，改善草地植物群落结构，大幅度提高牧草产量，恢复其草地生态功能。因此，合理施肥是保护草地资源、维持草原生态系统养分平衡、恢复退化草地、实现草地永续利用的经济而有效的重要管理措施（申小云等，2012；郑华平等，2007；Cop 等，2009）。

（一）肥料的分类及种类

肥料按来源及成分可分为无机肥料、有机肥料、微生物肥料和配方肥料等；按所含的营养元素成分可分为氮肥、磷肥、钾肥、镁肥、硼肥等；按营养成分的种类可分为单质肥料和复混肥料；按肥料中养分的有效性或供应速度可分为速效肥料、缓释肥料和长效肥料；按溶解性可分为水溶肥料、弱酸溶性肥料和难溶性肥料；按肥料的物理状态又可分为气体肥料、固体肥料和液体肥料；按积攒方法则可分为堆肥、沤肥、沼气发酵肥等。此外，根据不同的施用措施肥料又分为基肥、追肥、种肥和叶面肥。各种肥料的种类及特点如下所述（陈易飞，2004；檀倩，2012；王炜宗等，2012；刘鹏等，2013）。

无机肥料（inorganic fertilizer）：也叫化学肥料（chemical fertilizer）或矿物质肥料（mineral fertilizer），是利用化学及物理工业方法制造的无机盐态肥料，主要成分能溶于水，易被植物吸收和利用。常用无机肥料有氮肥（nitrogenous fertilizer）、钾肥（potassium fertilizer）、磷肥（phosphate fertilizer）以及含以上2种或2种以上肥料的复合肥。

有机肥（organic fertilizer）：由动植物废弃物、植物残体加工，经过各种不同分解转化而产生的肥料。富含丰富的有机质，能够促进微生物繁殖，改善土壤理化性质及生物活性，肥效时间长，但养分含量低，显效慢。主要使用的有机肥有饼肥、绿肥、堆肥、窖肥、粪尿肥以及微生物、腐殖质等新型有机肥。

微生物肥料（microorganism manure）：以微生物生命活动的产物来改善植物营养，发挥土壤潜力或刺激植物生长从而提高植物产量的一种肥料。微生物肥料根据其微生物种类分为，根瘤菌肥料类、放线菌肥料、真菌类肥料、藻类肥料以及复合型生物肥料。

（二）施肥时间

天然草原的施肥时间存在地域性差异，有效的施肥季节为植物生长旺盛期，北方地区通常是夏秋季，而南方地区是春夏季（潘利等，2014）。同时，为了提高植物对肥料的利用率，具体施肥时间可以选择在阴天降雨前或晴天的傍晚进行，雨水或次日形成的露水有利于肥料迅速溶解进入土壤，也可减少化肥在阳光下的挥发（杨月娟等，2014）。近几年国内学者对天然草原施肥时间的研究多集中于高寒草甸，马玉寿（2003）等人对小嵩草草地的研究表明，7月上旬是该类草地施肥的理想时期，由于雨热同季促使牧草进入生长旺季，因此草地群落生产力增产最为明显；德科加（2014）的研究结果中，不同的施肥时间处理，高寒草甸地上生物量差异显著，其最优施肥时间为7月10日，这与马玉寿及卡着才让（2015）的实验结果相符。这些研究填补了高寒草甸在肥料利用方面的空白，但不同生长时期草地的需肥规律还需进行深入研究（卡着才让等，2015；德科加等，2014；马玉寿等，2003）。

栽培草地：栽培草地施肥时期和天然草原施肥有许多相似之处，在播种前整地时应施基肥，播种时还可同时施种肥，并在牧草分蘖时进行追肥，刈割草地在刈割后应再次进行施肥。此外，根据李小坤（2008）等人的研究，不同种类的牧草施肥时间也不相同，禾本科牧草在分蘖至拔节这一阶段，通过追肥可显著促进牧草生长；而豆科牧草，施肥主要以有机肥、无机磷和钾肥为主，施肥时间在3片复叶后。这一时期施一定比例的无机磷和钾肥，能促进分枝和形成粗壮肥大的茎叶。栽培草地施肥与天然草原施肥亦有不同之处，对于以天然草原改良为目的建植的栽培草地，其施肥时间可参照天然草原施肥。例如，施建军（2007）等对"黑土型"退化草地人工植被的施肥结果表明，青藏高原玛沁县6月下旬至7月上旬施肥效果显著，6月下旬（拔节后期）效果最好（施建军等，2007）。

不同的肥料施肥时间也不同，未腐熟的厩肥和堆肥，可以秋季翻耕土地时提前施入，腐熟的有机肥料可在播种时连同种子一并施入。迟效化肥（如过磷酸钙）因养分不易流失而常作底肥，速效化肥（硫铵、尿素等）因肥效发生较快，可作为追肥。

（三）施肥方法

草地施肥可以施基肥、种肥和追肥（云南省草地动物科学研究院，2015；李小坤等，2008；纪亚君，2002）。

基肥（basic fertilizer）即底肥，在草地播种前施入土壤，一般都用缓释性肥料如厩肥、堆肥、粪尿等，无机肥的氮、磷、钾肥也可用作基肥。基肥可以为植物的整个生长期提供所需的养分。

种肥（seed manure）一般采取拌种或与种子混播等方式施入土壤，种肥以无机的磷肥、氮肥为主，目的是满足草种生长初期对养分的需要。

追肥（topdressing）是在植物生长期内施用的肥料，以速效无机肥料为主，其目的是供应植物某一生长阶段对养分的大量需求，或补充基肥的不足。天然草原施肥主要施追肥，而栽培草地则需要先施基肥及种肥，后进行追肥，追肥方法是否得当对于肥效的发挥具有重要的意义。

施追肥的方法分为撒施、条施、灌溉施肥和根外追肥等。

撒施/喷施（broadcast/spraying）：栽培草地施肥多用次方法。由人工、机械或者农用飞机将肥料均匀撒布于地表，同时配合灌溉。

条施/穴施（band/hole）：对有特殊要求的草地或者施肥实验，为了集中用肥，防止肥分损失，可采取开沟、挖穴的施肥方法，将肥料施于沟、穴中，上面覆土。此方法不适用于以改良天然草原为目标的施肥。

灌溉（irrigation）施肥：一般适用于水溶性肥料，将肥料溶解于水或者将有机肥的肥液按比例稀释，利用灌溉设施进行漫灌或喷灌。可使施肥与浇水同时进行，一些微量元素或其他叶肥的施用也属于这一类。

根外追肥（top dressing）：又称叶面施肥，是将水溶性肥料或生物性物质的低浓度溶液喷洒在生长中的植物叶片上的一种施肥方法。

1. 天然草原施肥　大面积的草原施肥可采用人工撒施（喷施）、机械施肥、飞机施肥等方法（李玉臣等，1990；谭永恒，1980；吴阿迪等，1988）。其中：①撒施（喷施）采用人工方法时，需要多人同时进行施肥操作，优点是操作简单，不易受气候等因素干扰，但是所需人力多，耗时长，效率往往还很低，适用于作业面积相对较小的区域（10hm² 以内）；②机械施肥主要分为施固态肥和施液态肥两种，其中施固态肥较为普遍，液态肥的研究则较为落后。机械施肥不仅节省了大量的劳力，而且作业面积大，效率高，适用于较大面积（几公顷或几百公顷）的草地施肥。此外由于施肥机械能够将切根、施肥和补播作业一次性完成，减少了农机具作业对草地的碾压与破坏次数，防止了草地的进一步破坏（梁方，2015）；③飞机施肥则有其特有的优势，例如作业速度快，效率高，尤其适合于施肥面积达到 500hm² 以上，地广人稀的牧区。但是机施需要超低空飞行，作业难度较大，飞机对于气象保障要求特别高，因此目前有关机施的研究文献较少，仍处于探索阶段。

草地试验小区由于面积较小，一般采用人工施肥，具体作业可采用以下几种方法：撒施（喷施）、条施（穴施）、灌溉施肥和根外追肥等方法。施肥后可用铁耙松土覆盖化肥，以防止肥料挥发。此外，施肥前可将草地植物的枯落物清理干净，以提高施肥的利用率。

2. 栽培草地施肥　栽培草地施肥，是草地人工管理的重要环节，也是草地集约经营的标志。栽培草地施肥前应进行土壤养分含量变化的定时分析，计算土壤的需养量，确定施肥种类，监测指标包括土壤有机质含量、全氮、全磷、速效氮、pH等。

草地播种前应施基肥，一般每公顷施用有机肥 15 000～37 500kg，过磷酸钙 150～300kg 或钙镁磷肥 300～375kg，氯化钾 120～150kg（薛勇，2005）。对有机质含量低的土壤和施农肥不足的地块，在播种时还应增施尿素（或相应的其他氮肥），以满足幼苗生长需求，种肥可施在播种沟内或穴内，盖在种子上，或用于浸种、拌种。牧草出苗后，在其生长期内，根据牧草长势进行追肥。追肥有化肥尿素、硫酸铵、碳酸铵等，以尿素为好，也有用人粪尿或畜粪尿做追肥的。追肥方法可以撒施、条施、穴施、灌溉施肥或叶面喷肥等。追肥的时间一般在禾本科牧草的分蘖、拔节期，豆科牧草的分枝、现蕾期。需要刈割的草地，刈割一次就要追肥一次，可使牧草保持旺盛的再生能力，确保草地高产、稳产。秋季追肥以磷、钾肥为主，以便牧草能安全越冬（陈敏等，2000）。

不同的牧草种类对肥料的需求也不尽相同。禾本科牧草对氮素的需要较多，因此禾本科牧草追肥以氮肥为主，配施一定量的磷、钾肥。豆科牧草由于根瘤菌共生固氮作用，对氮肥的反应不像禾本科牧草那样敏感，而对磷、钾、钙等营养元素则较为敏感，豆科牧草除苗期追氮肥外，其他时期主要以磷、钾肥为主，可提高豆科草的固氮能力（李昌平，1986；李小坤等，2008；黄勤楼，2008）。

(四) 肥料效应 (Fertilizer Response)

1. 肥料的增产效应　1840 年，李比希（Justus von Liebig）提出植物生长的"最小养分律"理论，即"植物的产量受含量最少的养分所限制，当土壤中缺少植物所需的某种养分时，即使再增加其他养分的含量，植物的产量也不会增加"（Ebelhar等，2008；Gorban等，2011）。此后，欧洲经济学家杜尔哥（Turgot）和安德森（Anderson）提出了报酬递减律（Law of diminishing returns），即"在技术条件不变的情况下，从一定土地上得到的报酬随着投入的劳动和资本量的增大而增加，但随着投入的单位劳动和资本的增加，报酬的增加量却逐渐减少"。这些理论都说明在一定条件下，施肥量并不是越多越好。初始增加施肥量时，植物的生长曲线上升加快，随着施肥量的增加，植物生长量继续增加，但是单位肥料的增产量反而逐渐下降。继续施肥，超过最高产量的用肥量后，则会产生肥料的负效应，从而导致植物减产（Krupenikov等，1993；王春和，1995）。

植物产量与养分之间的关系可以用肥料效益函数表示，通过田间试验和生物统计，回归出施肥量和产量之间的关系模型，所得到的数学模型可以计算出样地的最高施肥量、最佳施肥量和最大利润施肥量等参数。肥料效益函数的是研究肥料经济效益的基础，由于肥料效益的模式不同，所表现出来的施肥量于产量之间的关系也不同。在不同的条件下，需选择不同的肥料效益函数模式，确定施肥于生物量之间的各种数量关系，才能计算出经济最佳施肥量。（王黎，1985；杨熙仁，1982；陈伦寿，1982；褚清河等，2011）

2. 肥料效应模型　肥料效应模型经历了漫长的发展，从经验模型发展到机理模型。但由于机理模型复杂的动态过程以及对数据的大量需求，因而限制该类模型的广泛应用。目前，国内外普遍应用的肥料模型仍然以经验模型为主，该类模型以大量的田间试验为基础，通过客观的生物统计确定植物经济最佳施肥量的回归模型，是国内外定量化施肥的主要方法。经济最佳施肥量则是指单位面积获得的最高利润（总增产值－施肥总成本）的施肥量（王黎，1985；李仁岗，1983）。

实际的施肥中，通常需要同时施加多种不同的肥料，以提高植物的生物量。因此，为了能够更好地反应出肥料效应中施肥量与生物量之间的关系，我们需要准确配置肥料效应的函数模型。常用的肥料效应函数模型中，一元线性模型、米氏方程和斯皮尔曼方程适用于土壤肥力较低和施肥量不大的肥料效应模式，而二次多项式模型的应用则更为广泛，能较好地反映生物量和施肥量之间的数量关系（关宁，2012；曹文藻，1984；章明清等，2016）。由于每种模型都有地域局限性，因此，不同的地区、不同的土壤条件、气候条件下，使用何种模型应根据实际需求而定。

在过去的几十年里，肥料效应函数模型是我国测土配方施肥技术的主要决策依据。而"3414"肥料效应试验是农业部推荐的试验设计方案。"3414"肥效试验中，"3"是指氮、磷、钾3个因素，"4"即每个因素4个水平，14个处理。4个水平中：0水平为不施肥，2水平指当地常规施肥量，1水平＝2水平×0.5，3水平＝2水平×1.5（该水平为过量施肥水平）（宋朝玉等，2012；吴志勇等，2008；安靖，2008；李璠等，2014）。"3414"肥料效应试验是目前国内外应用较为广泛的肥料效应田间试验方案，下文中的草地施肥试验设计也参考了这一方案。通过该试验科研人员可以快速确定草地土壤养分测试值与植物生长量的关系，建立施肥模型，指导农牧民科学施肥。

（五）草地施肥量计算

草地施肥量的计算是草地施肥试验的基础和主要内容，常规方法有：①长期野外肥料实验法；②土壤化学分析法；③植物化学分析法。其中，植物化学分析法较为准确也是常用的一种方法。此外，由于土壤类型和气象等条件的不同，不同的地区应根据草地基础确定具体的施肥种类及用量。

具体实施方法如下：

1. 进行土壤测试，确定试验地土壤的供养能力。

2. 利用植物化学分析法确定草地需要的养分种类和数量（表2－13）。

表2－13　不同产量草地的需养量

草地种类	从土壤中吸收三要素的平均数量（kg）		
	氮（N）	五氧化二磷（P_2O_5）	氧化钾（K_2O）
100kg割草地干草	3.00	1.25	2.50
施肥割草地干草产量（kg/hm²）	150	62.5	125
100kg放牧地干草	0.60	0.25	0.50
施肥放牧地青草产量（kg/hm²）	240	100	200

3. 根据施肥试验，确定肥料的利用率　肥料利用率是衡量施肥合理性的一项重要指标。科学施肥，提高肥料利用率可以提高草地生产力，减少过度施肥带来的土壤退化、环境污染等一系列问题。目前关于肥料利用率的研究大多都是根据田间试验的结果汇总而

来，而不同的植物种类、土壤肥力、气候条件和管理措施等因素导致了试验结果差异较大，因此我们仍需进行大量的实验研究来提高肥料利用率的准确性。肥料利用率的测量有以下几种方法（史天昊等，2015；吕甚悟等，2003；闫湘等，2008）：

（1）同位素标记法。将一定丰度的同位素标记肥料施入土壤，到成熟期分析植物所吸收利用的标记元素量。

（2）差值法。用施肥区植物养分吸收量减去缺素区植物养分吸收量，再除以所施肥料中该养分总量。

$$肥料利用率 = \frac{施肥区植物吸收的养分量 - 不施肥区植物吸收的养分量}{肥料使用量 \times 肥料养分含量} \times 100$$

4. 施肥量计算　试验所施肥料中总氮含量、有效磷含量以及硫酸钾含量具体由所施肥料的种类决定（表2-14）。根据肥料的化学成分分析，确定肥料的有效成分含量，并计算计划施肥量。

$$草地施肥量（kg/hm^2） = \frac{草地需要某养分量 - 土壤可供养分量（kg/hm^2）}{肥料某养分含量（\%） \times 该肥料养分利用率（\%）}$$

$$草地需要某养分量（kg） = 草地目标生物量（kg） \times 单位生物量所需养分量（kg）$$

$$有机肥最低用量 = \frac{土壤供氮量}{有机肥氮含量\% \times （1 - 有机肥氮利用率\%）}$$

表2-14　几种主要肥料的利用率范围

肥料种类	化学氮肥	过磷酸钙	钙镁磷肥	硫酸锌	草木灰
平均利用率范围（%）	60	20～30	20～30	50	30～40

（六）施肥试验案例分析

以高山蒿草草甸为试验对象，通过对天然草原围封后进行施肥改良研究，确定该类草地适宜的施肥量和改良技术规范。

1. 试验流程

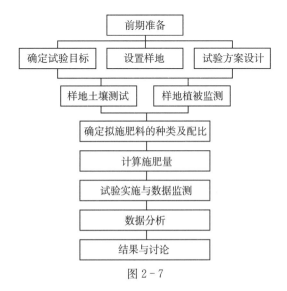

图2-7

2. 方案设计　该实验方案参考了"3414"肥料效应试验设计（关于"3414"方案的介绍见前文肥料效应模型）。该方案除可应用 14 个处理进行氮、磷、钾三元二次效应方程的拟合以外，还可分别进行氮、磷、钾中任意二元或一元效应方程的拟合。（权国玲等，2016；战秀梅等，2009；蒋文兰等，2002）。

施肥处理：从 2012 年开始，每年 6 月施肥，每年 8 月进行草地群落结构及生物量的调查。施钙镁磷肥含量 0、90、180、270kg/hm²，氯化钾肥量 9、50、100、150kg/hm²，尿素量 0、500、1 000、1 500kg/hm²。

小区设计：试验采用随机区组设计，共设置小区共 42 个。每个试验小区面积 15m×15m，各小区间设置 1m 的缓冲区，缓冲区不做施肥处理，每个处理设 3 次重复。

3. 监测内容

①试验样地的土壤水分、土壤理化性质等，于施肥前测定（表 2 - 15）。

表 2 - 15　土壤水分及理化性质

土壤深度（cm）	含水量（%）	pH	有机质（g·kg⁻¹）	全氮（g·kg⁻¹）	全磷（g·kg⁻¹）	全钾（g·kg⁻¹）	速效氮（mg·kg⁻¹）	速效磷（mg·kg⁻¹）	速效钾（mg·kg⁻¹）
0～10									
10～20									
20～30									
30～40									
40～50									

②试验样地牧草物候期记录（表 2 - 16）。

表 2 - 16　牧草物候期观察记录表

区号	分蘖		拔节		孕蕾		开花		乳熟		蜡熟			收割	气象因子		备注
	初	盛	初	盛	初	盛	初	盛	初	盛	初	盛	终		积温	降水	
1																	
2																	
⋮																	

③不同施肥处理对试验样地植物群落数量特征（盖度、高度、生物量、群落构成等）的影响（表 2 - 17）

表 2 - 17　不同施肥处理下植物群落数量特征记录

指标	处理	2012 年	2013 年	2014 年	2015 年	备注
群落高度 cm	1					
	2					
	3					
	4					
	5					

（续）

指标	处理	2012 年	2013 年	2014 年	2015 年	备注
群落盖度%	1					
	2					
	3					
	4					
	5					
总生物量 g/m²	1					
	2					
	3					
	4					
	5					

参 考 文 献

艾尼·库尔班，2006. 我区退化草地的治理措施［J］. 新疆畜牧业，（2）：62-64.

安靖，2008. 基于"3414"试验的目标产量法配方施肥参数的建立及影响因素的研究［M］. 内蒙古农业大学.

宝音贺希格，高福光，姚继明，等，2011. 内蒙古退化草地的不同改良措施［J］. 畜牧与饲料科学，32（3）：38-41.

曹文藻，1984. 肥料效应方程及其在确定经济合理施肥量中的应用［J］. 耕作与栽培：53-57.

陈伦寿，1982. 报酬递减律与合理施肥［J］. 北京农业大学学报，69-76.

陈敏，宝音陶格涛，孟慧君，何俊海，2000. 人工草地施肥试验研究［J］. 中国草地，21-26.

陈易飞，2004. 常用肥料类型与绿色食品生产［J］. 苏南科技开发，42-43.

成慧，侯扶江，常生华，陈先江，2013. 黄土高原秋播时间对 3 种小谷物牧草生产性能的影响［J］. 草地学报，21（6）：1162-1168.

程荣香等，2007. 牧区水利标准化关键技术研究［J］. 水利技术监督，13-14.

褚清河，强彦珍，2011. 经济学与肥料学中报酬递减律的同一性及其问题［J］. 山西农业科学，33-37.

丛立双，2010. 内蒙古荒漠生物结皮中细菌群落分析［D］. 内蒙古农业大学.

德科加，颜红波，2001. 天然草地培育改良方法及进展［J］. 青海草业，10（3）：54-55.

德科加，张德罡，王伟，徐成体，等，2014. 施肥对高寒草甸植物及土壤 N，P，K 的影响［J］. 草地学报，299-305.

段晓凤，钱华，李剑萍，等，2011.4 种播期下西吉马铃薯气候生产潜力稳定性分析［J］. 干旱地区农业研究，29（2）：266-271.

樊晓东，2009. 牧草生长调控的意义和途径［J］. 农业科技与信息，（1）：52-53.

高天明等，2015. 不同灌溉量对退化草地的生态恢复作用［J］. 中国水利，20-23.

关宁，2012. 多元肥料效应函数模型研究［M］. 吉林农业大学.

郭克贞，2001. 发展节水灌溉草业，促进牧区可持续发展［J］. 中国水利学会 2001 学术年会论文集，439-442.

何丹，2009. 改良措施对天然草原植被及土壤的影响［D］. 中国农业科学院.

侯扶江，贾桂英，颜景义，韩发，师生波，魏捷，1998. 田间增加紫外线（UV）辐射对大豆幼苗生长和

光合作用的影响 [J]. 植物生态学报，22（3）：256-261.

黄勤楼，2008. 禾本科牧草良种选育、对氮肥的响应及其在畜牧上的利用研究 [M]. 福建农林大学.

黄秀声，唐龙飞，冯德庆，陈钟佃，郑仲登，2007. 山地夏季人工草场山羊放牧适口性研究 [J]. 家畜生态学报，3（28）：71-74.

纪亚君，2002. 青海高寒草地施肥的研究概况 [J]. 草业科学，14-18.

贾志峰，朱红艳，王建莹，等，2015. 基于介电法原理的传感器技术在土壤水分监测领域应用探究 [J]. 中国农学通报，31（32）：246-252.

姜峻，都全胜，赵军，等，2008. 称重式蒸渗仪系统改进及在农田蒸散研究中的应用 [J]. 水土保持通报，28（6）：67-72.

姜联合，王建中，郑元润，2004. 叶片投影盖度——描述植物群落结构的有效方法 [J]. 云南植物研究，26（2）：166-172.

蒋文兰，文亦芾，张宁，张文明，2002. 云贵高原红壤人工草地定植期经济合理施肥量的确定 [J]. 草业学报，91-94.

卡着才让，德科加，徐成体，2015. 不同施肥时间及施氮水平对高寒草甸生物量和土壤养分的影响 [J]. 草地学报，726-732.

李昌平，1986. 草地施肥的理论与实践 [J]. 中国草原与牧草，53-57.

李璠，周国英，杨路存，徐文华，等，2014. 生长末期施肥对青藏高原高寒草原地上生物量的影响 [J]. 草地学报，998-1006.

李玲等，2012. 灌溉管理技术经济评估指标及分析方法 [J]. 现代农业科技，（11）：207.

李谦，2012. "微型水库"泽天下上善若水利万物——专访中国地质大学（武汉）材料与化学学院范力仁教授 [J]. 科学中国人，（3）：64-67.

李仁岗，1983. 根据肥料效应函数确定经济合理施肥量 [J]. 土壤通报，24-29.

李小坤，鲁剑巍，陈防，2008. 牧草施肥研究进展 [J]. 草业学报，136-142.

李玉臣，王贵满，孟和，龙锦芬，等，1990. 草地飞机叶面施肥试验 [J]. 中国草地，23-26.

李志军，胡笑涛，张富仓，2013. 节水灌溉试验技术实验教学实践与探索 [J]. 高校实验室工作研究，（1）：24-25.

梁方，2015. 草地切根施肥补播复式改良机械的优化设计与试验研究 [M]. 中国农业大学.

刘蓓，2014. 土壤含盐量和温度对 FDR 土壤水分传感器检测模型的影响研究 [D]. 西北农林科技大学.

刘鹏，刘训理，2013. 中国微生物肥料的研究现状及前景展望 [J]. 农学学报，26-31.

刘思春，王国栋，朱建楚，等，2002. 负压式土壤张力计测定法改进及应用 [J]. 西北农业学报，11（2）：29-33.

刘勇，2010. 不同割草制度下施用尿素对大针茅群落结构及草地质量的影响 [M]. 内蒙古大学.

吕杰.2011. 不同草地植被群落结构特征的研究 [M]. 陕西：西北农林科技大学.

吕甚悟，张勇军，2003. 对磷钾肥利用率和需用量计算探讨 [J]. 土壤通报，198-201.

马玉寿，郎百宁，李青云，施建军，等，2003. 施氮量与施氮时间对小嵩草草甸草地的影响 [J]. 草业科学，47-50.

马志广，陈敏，1994. 草地改良理论——方法与趋势 [J]. 中国草地学报，（4）：63-66.

门司正三，佐伯敏郎，1953. 植物群体中光的因素及其对植物生产的作用. 光合作用与作物生产译丛，2：1-24.

聂素梅，王育青，1991. 浅耕翻改良退化草场的技术 [J]. 中国草地，（4）：31-34.

潘利，张玉娟，阎子盟，等，2014. 国内外草地施肥研究进展 [J]. 10578-10580.

权国玲，仝宗永，李向林，何峰，等，2016.NPK 配施对羊草草原草产量、土壤肥力及物种多样性的影

响 [J]. 中国农学通报，105-110.

任继周，2008. 草业大辞典 [M]. 北京：中国农业出版社.

申小云，蒋会梅，苑荣，贾志海，2012. 草地施肥对牧草和放牧贵州半细毛羊的影响 [J]. 草业学报，275-280.

施建军，马玉寿，董全民，王柳英，等，2007. "黑土型"退化草地人工植被施肥试验研究 [J]. 草业学报，25-31.

史天昊，段英华，王小利，徐明岗，等，2015. 我国典型农田长期施肥的氮肥真实利用率及其演变特征 [J]. 植物营养与肥料学报，1496-1505.

宋朝玉，宫明波，李振清，王圣健，等，2012. "3414"肥料试验结果统计方法的讨论与分析 [J]. 天津农业科学，38-42.

宋艳华，2011. 退化草地的恢复及其改良措施 [J]. 养殖技术顾问，(12)：237-237.

孙吉雄，2000. 草地培育学 [M]. 北京：中国农业出版社.

孙仕军，樊玉苗，刘彦平，等，2014. 土壤棵间蒸发的测定及其影响因素 [J]. 节水灌溉，(4)：79-82.

谭永恒，1980. 努力做好飞机施肥、撒种的气象保障 [J]. 广西气象，21.

檀倩，2012. 测土配方施肥中常用肥料的施用方法 [J]. 农技服务，1236-1237.

王春和，1995. 用科学施肥原理指导化肥生产和使用 [J]. 化学工程师，43-45.

王德利，王岭，2014. 放牧生态学与草地管理的相关概念：Ⅰ.偏食性 [J]. 草地学报，3（22）：433-438.

王改兰，黄学芳，1999. 时域反射仪及其在节水农业研究中的应用 [J]. 山西大学学报（自然科学版），22（1）：87-90.

王黎，1985. 施肥的经济效益浅析 [J]. 土壤肥料，2-7.

王小军等，2006. 张掖黑河灌区苜蓿高效灌溉模式研究 [J]. 草业科学，23（7）：54-59.

王晓雷，2009. 附加电阻法高频电容土壤水分测试技术研究 [D]. 河南农业大学.

王鑫厅，王炜，刘佳慧，梁存柱，张韬，2006. 植物种群空间分布格局测定的新方法：摄影定位法 [J]. 植物生态学报，(4).

王正兴，刘闯，HUETE Alfredo，2003. 植被指数研究进展：从 AVHRR-NDVI 到 MODIS-EVI [N]. 生态学报，23（5）：979-987.

吴阿迪，王志远，1988. 人工草地飞机施肥初报 [J]. 中国草业科学，62-64+18.

吴非洋，胡春泉，1998. 使用中子仪测定土壤水分 [J]. 河南农业科学，(2)：40.

吴涛，张荣标，冯友兵，等，2007. 土壤水分含量测定方法研究 [J]. 农机化研究，(12)：213-217.

吴志勇，闫静，施维新，曾胜河，2008. "3414"肥料效应试验的设计与统计分析 [J]. 新疆农业科学，135-141.

徐春燕，2012. 泾惠渠灌区土壤水分动态变化研究综述 [J]. 地下水，34（2）：6-8.

徐闻，2012. 山丹马场草地改良对策 [J]. 畜牧与饲料科学，33（8）：37-38.

薛勇，2005. 牧草营养需求特性与施肥技术 [J]. 湖北畜牧兽医，56.

闫湘，金继运，何萍，梁鸣早，2008. 提高肥料利用率技术研究进展 [J]. 中国农业科学，450-459.

杨德志，李琳琳，杨武，等，2014. 中子法测定土壤含水量分析 [J]. 节水灌溉，(3)：14-15.

杨熙仁，1982. 肥料的增产效应与经济合理施肥 [J]. 土壤通报，29-31+42.

杨月娟，周华坤，叶鑫，姚步青，等，2014. 青藏高原高寒草甸植物群落结构和功能对氮、磷、钾添加的短期响应 [J]. 西北植物学报，2317-2323.

杨泽新，蔡维湘，1995. 灌丛草地放牧山羊的牧草适口性与嗜食性及山羊采食率研究 [J]. 草业科学，2（12）：17-24.

姚莉，2012. 太阳能自动灌溉控制器新型材料土壤干湿感应探头的研究 [D]. 广州大学.

依甫拉音，张洪江，马丽，等，2005. 植被恢复与草地建植技术 [J]. 新疆畜牧业，(1)：59-61.

佚名，2008. 草地改良与利用 [J]. 湖北畜牧兽医，(6)：35-36.

于永堂，张继文，郑建国，等，2015. 驻波比法测定黄土含水量的标定试验研究 [J]. 岩石力学与工程学报，(7)：1462-1469.

云南省草地动物科学研究院，2015. 草地施肥技术 [J]. 25-26.

战秀梅，韩晓日，王帅，杨劲峰，等，2009. 应用"3414"肥料试验模型求解春玉米施肥参数的研究 [J]. 河南农业科学，51-54+63.

章明清，李娟，孔庆波，严芳，2016. 作物肥料效应函数模型研究进展与展望 [J]. 土壤学报，1343-1356.

昭和斯图，图门吉日嘎拉，1998. 蒙古国草地及饲用植物的适口性 [J]. 内蒙古草业，2 (3)：23-29.

赵钢，崔泽仁，1990. 家畜的选择性采食对草地植物的反应 [J]. 中国草地，1，62-67.

赵世昌等，2012. 西藏高寒牧区草地灌溉工程综合效益评价初步研究 [J]. 节水灌溉，(9)：63-66.

郑华平，陈子萱，王生荣，牛俊义，2007. 施肥对玛曲高寒沙化草地植物多样性和生产力的影响 [J]. 草业学报，34-39.

周少平，谭广洋，沈禹颖，等，2008. 保护性耕作下陇东春玉米—冬小麦—夏大豆轮作系统土壤水分动态及水分利用效率 [J]. 草业科学，25 (7)：69-76.

Ashton，D. H，1976. The development of even-aged stands of Eucalyptus regnans F. Muell. in central Victoria [J]. Australian Journal of Botany，24 (3)，397-414.

Bottomley PA，Rogers HH，Foster TH，1986. NMR imaging shows water distribution and transport in plant root systems in situ [J]. Proc Natl AcadSci USA 83：87-89.

COP J，VIDRIH M，HACIN J，2009. Influence of cutting regime and fertilizer application on the botanical composition，yield and nutritive value of herbage of wet grasslands in Central Europe [J]. Grass and Forage Science，64：454-465.

Dahiya IS，孙耀邦，冯延茹，李志国，1990. 根据土壤饱和含水率测定其田间持水量、凋萎点和有效持水量的统计方程 [J]. 土壤学进展，(6)：47-49.

EBELHAR S A，CHESWORTH W，PARIS Q，2008. Law of the Minimum [M] //W. CHESWORTH，Encyclopedia of Soil Science. Springer Netherlands；Dordrecht：431-437.

Fitter，A. H.，Graves，J. D.，Self，G. K.，Brown，T. K.，Bogie，D. S.，& Taylor，K，1998. Root production，turnover and respiration under two grassland types along an altitudinal gradient：influence of temperature and solar radiation [J]. Oecologia，114 (1)，20-30.

GORBAN A N，POKIDYSHEVA L I，SMIRNOVA E V，TYUKINA T A，2011. Law of the Minimum Paradoxes [J]. Bulletin of Mathematical Biology，73：2013-2044.

G. Russell，B. Marshall，and P. G. Jarvis，1989. Plant Canopies：their Growth，Form and Function [M]. Cambridge University Press，Cambridge.

Hirose. T，2005. Development of the Monsi-Saeki theory on canopy structure and function [J]. *Ann Bot* 95：pp. 483-494.

J Lepš，PŠmilauer，2003. Multivariate Analysis of Ecological Data Using CANOCO [M]. New York：Cambridge University Press.

KRUPENIKOV I A，TEDROW J C F，1993. History of soil science：from its inception to the present [J]. Soil Science，158：301.

Levy，E. B.，& Madden，E. A，1933. The point method of pasture analysis [J]. New Zealand Journal of Agriculture，46 (5)，267-179.

Mannetje, L. T, 1963. The dry-weight-rank method for the botanical analysis of pasture [J]. Grass and Forage Science, 18 (4), 268 – 275.

N. Owen-Smith & S. M. Cooper, 1988. Plant palatability assessment and its implications for plant-herbivore relations [J]. Journal of the Grassland Society of Southern Africa Volume 5, Issue 2.

Omasa K, Onoe M, 1984. Measurement of stomatal aperture by digital image processing [J]. Plant Cell Physiol 25: 1379 – 1388.

Raich, J. W. , &Nadelhoffer, K. J, 1989. Belowground carbon allocation in forest ecosystems: global trends [J]. Ecology, 70 (5), 1346 – 1354.

Smith, T. M. , Shugart, H. H. , Woodward, F. I. , & Burton, P. J, 1993. Plant functional types. In Vegetation Dynamics & Global Change (pp. 272 – 292) [M]. Springer US.

Steven C. Pennings et al. Latitudinal differences in plant palatability in atlantic coast salt marshes [J]. Ecology 82: 1344 – 1359.

Van Wieren, S. E. , & Bakker, J. P, 2008. The impact of browsing and grazing herbivores on biodiversity [J]. In The ecology of browsing and grazing (pp. 263 – 292) . Springer Berlin Heidelberg.

第三章　人工草地、轮作

一、混播草地的设计

（一）混播草地设计原则

1. 植物学成分　牧草混种一般应包括豆科牧草、禾本科牧草各一种以上，才能发挥牧草混种的优越性。在缺乏适宜的豆科牧草或禾本科牧草时，也可用两种豆科牧草或两种禾本科牧草混种，避免气候变化的影响和损失，达到丰产的目的。混播的禾本科草地，在荷兰、英国有较大面积，产生这种草地的原因是除了气候、土壤条件适合于禾本科牧草生长外，主要是由于这些国家化肥工业发达，生产氮肥量多，禾本科草对氮肥敏感，近几十年来，特别是随着人工干燥牧草、干草粉及配合饲料的发展，单播的豆科牧草草地的播种面积有逐年扩大的趋势。

2. 混播牧草的种数　以前认为利用年限愈长，混种牧草种类应愈多，特别在长期利用的草地上必须有 10～20 种牧草，种类数量多时，所包括的生长学类群愈复杂，因而能在任何情况下保证高额而稳定的产量。现已证明种类过多并不一定获得高产，种类成分选择适宜时，种数不多，也可达到上述目的。一般以 4～6 种组成为好。而在同一种中包括早熟及晚熟的品种，以延长草地的利用时期。目前 2～3 年的利用草地多采用 2～3 种，利用 4～6 年的 3～5 种，而长期利用的草地也不超过 5～6 种牧草。

3. 利用目的　刈草用混播草地，利用年限 4～7 年，这种草地以中寿上繁疏丛禾草和轴根型豆科牧草为主，还包括少量短寿牧草和根茎型上繁禾草。刈牧兼用草地，为满足刈草和放牧两方面需要，除采用中寿和短寿牧草外，还需包括长寿的放牧型牧草。因此，这种混播草地应包括上繁豆科、下繁豆科、上繁疏丛、上繁根茎禾草以及下繁禾草 5 个生物学类群。放牧用混播草地，利用年限 7 年或更长，牧草类群应包括上繁豆科、下繁豆科，上繁疏丛根茎及下繁禾草，其中下繁草占较大比重。

4. 利用年限　大田轮作中，混播牧草的利用通常为 2～3 年。混播牧草成员应采用在第一二年内能形成高产的短寿牧草，主要是上繁疏丛禾草和上繁轴根型豆科牧草。饲料轮作中，牧草利用年限一般 4～7 年或更长，除混种多年生牧草外，应加入发育速度快的一二年生牧草，使杂草难生并在最初几年内即有较多的产量。

5. 混播成员的选择　牧草种类不同，其植物学特征、生物学特性各异，即生长发育和对气候土壤的要求不同，因此，在混播牧草中选择成员时，必须选择在当地气候、土壤条件下生长发育发育好的牧草种或品种。在组成混播时，各个生物学类群中可以选择一种，也可以选用 2 种以上的牧草，选用的种类愈多，混播牧草的组成成分愈复杂。

（二）混播草地研究方法

人工草地生态学的方法，就群体水平而言，主要是以草地农学的常规方法为基础兼及生态学，其中主要是牧草种群和群落实验生态学的方法而形成研究框架。

20多年来，随着植物种群生态学的迅速发展和日趋成熟，关于混合种群的研究方法不断得到发展。

1. deWit 模型　这是最早（1960）提出来的研究混合种群的经典方法，以后的许多方法由此派生，而它本身至今仍是最基础的方法。

deWit 模型方法的核心，是在植物总密度保持不变的前提下，变化2个种的比例（种子输入比例），并以单种栽培作为对照。这是一个排除了对密度效应混合干扰的仅留下物种比例效应的试验。这在研究一年生二组分混合种群间相互作用方面是第一流的，它从生态学角度定量解释种群在混生时的表现（生产力及群落稳定性），而这些表现，在它的单种栽培中是无法预见的。deWit 的不足在于它没有考虑植物种类密度和组分比例随时间的变化，并且也难于对多组分草地进行分析。

2. 混合双向试验　这是 Trenbath（1974）提出来的研究混播试验的又一种方法，以后为许多人采用。在这一方法中，组分种群以所有可能的组合方式进行两两均衡搭配，并以各组分种群的单种栽培作为对照；各混播组合的植物总密度相等，每一组合中二组分比例为1∶1。这种方法可以在一种比例下对不同的混播组合进行横向比较，从而对草地工作者更具吸引力，但这种方法仍然没有考虑混合种群生产力和种间关系在时间序列上的不同因素作用下的变化，并且，仅限于二组分草地。

3. 种群动态法　该法为 Torssell 和 Nicholls 于1976年提出，它可用于多年生多组分草地的种群动态研究，它将年循环划分为不同的发展阶段，每一个阶段中种群动态的变化，以用于描述全部生活周期的主要生物量为指标，用年相对生产率 α 的模拟量（阶段相对生产率）来表示，然后以 α 和 a 作为驱动函数，模拟长期种群动态。

4. 综合因子法　该法是蒋文兰在草地农学研究方法的基础上，吸收了 deWit, Trenbath、Torssell 和 Micholls 三种方法中的有关部分，从引起植被变化的3个因子入手，设计的以混播组合试验、施肥试验、放牧强度试验为主体的彼此独立又相互联系的试验系列，纵向了解种间干扰、环境压力、人为活动3个因素对人工群落稳定性和生产力的影响及一定程度上的迭加作用，横向比较在某一因素不同水平上的处理效应。

混播组合试验，根据需要可设计刈草型、放牧型、刈牧兼用型三大类和简单组合（二组分）与复杂组合（多组分）；豆科、禾本科两大类群之间的比例为1∶2～3，而豆科或禾本科类群内部不同组分种群间比为1∶1；单种栽培作为对照。

施肥试验，其处理包括氮、磷、钾肥不同水平的单施用及其配合施用。

人工草地对人为干扰活动，主要指对刈牧管理的反应或在刈牧管理作用下的演替。

（三）混播草地播种量计算方法

1. 按单播量计算混播牧草播种量　混播中不可能使每粒牧草种子彼此间距离完全等同，种子的播种深度也不可能严格相等，这就是说，不可能使所有的种子都处在相同的生境条件下。所以，播种时还要在所计算实际播种量的基础上予以附加。其附加量要依据具体情况而定。一般情况下，2 种牧草混播时，每种牧草的播种量，各按其单播量的 70%～80% 计算，3 种牧草混播时，则 2 种同种的各用其单播量的 35%～40%，另一种不同种的播种量仍为其单播量的 70%～80%。如果 4 种牧草混播，则 2 种豆科和 2 种禾本科各用其单播量的 35%～40%。这种方法在选用草种千粒重近似下较适用。由于机械的规定每种牧草应占的比重，而忽视其生长习性和栽培利用特点，往往难以获得满意的效果。较好的办法是预先确定每一种牧草在混播牧草中的比例，然后按下列公式计算混播牧草中每一种牧草的播种量。

$$K=\frac{HT}{X}$$

式中：K——每一混播成员的播种量（kg/hm²）；

H——该种牧草种子利用价值为 100% 时的单播量（kg/hm²）；

T——该种牧草在混播时比例（%）；

X——该种牧草种子的实际利用价值（%，即该草种的纯净度×发芽率）。

考虑到各混播成员生长期内彼此的竞争，对竞争性弱的牧草实际播种量，可根据草地利用年限的短长增加 25%～50%，以至 100%。

2. 根据营养面积计算混播牧草播种量 这种方法是按 1cm² 面积上播 1 粒牧草种子，1hm² 土地上需播 10 000 万粒种子，再按每粒牧草种子所需营养面积等，按下列公式计算其播种量。

$$X=\frac{100\,000\times P\times K}{M\times D}$$

式中：X——混播牧草中某一种牧草的播种量（kg/hm²）；

P——种子千粒重（g）；

K——某种牧草在混播牧草中所占比例（%）；

M——某一种牧草每粒种子所需的营养面积（cm²）；

D——种子利用价值。

依据每一草种所需营养面积计算播种量，是正确而精确的方法，但这种面积常因草种的生物学和生态学特性不一致而异。因而，利用营养面积计算混种播种量时，必须有当地参混各种牧草每粒种子所需的营养面积指标（如无芒雀为 12cm²、草地狐茅 8cm²、小糠草 2cm²、看麦娘 8cm²、鸡脚草 8cm²、猫尾草 4cm²、草地早熟禾 2cm²、高燕麦草 8cm²、红三叶 10cm²、白三叶 6cm²、杂三叶 8cm²），由于这些指标目前很不齐全，某一种牧草在混合牧草中所占比例有待制定，因此，该法的应用受到限制。

（四）不同类型人工草地适种草种

1. 热带人工草地 这是由喜热不耐冷的热带牧草建植的草地，热带有禾本科牧草 7 000～10 000 种，这些种主要来自暖季草族，如须芒草族（Andropogneae）、黍族（Paniceae）和虎尾草族（Chlorideae 和 Feagrosteae）的种。生产上利用的热带禾本科牧草主要有雀稗属（*Paspalum*）、臂形草属（*Brachiaria*）、狼尾草属（*Pannisetum*）、黍属

（*Panicum*）、狗尾草属（*Setaria*）、蒺藜草属（*Cenchrus*）、虎尾草属（*Cholris*）、马唐属（*Digitaria*）、须芒草属（*Andropogon*）、双花草属（*Dichanthium*）、稗属（*Echinochloa*）等。热带栽培豆科牧草种主要是槐兰族（Indigofereae）、田皂角族（Aeschynomeneae）、山蚂蝗族（Desmodieae）和菜豆族（Phaseoleae）。生产上利用的主要豆科牧草种有柱花草属（*Stylosanthes*）、山蚂蝗属（*Desmodium*）、威氏大豆（*Glycinewightii*）、大翼豆属（*Macroptilium*）、银合欢（*Leucaena*）、距瓣豆属（*Centrosema*）、毛蔓豆（*Calopogonium mucunoides*）、美洲田皂角（*Aeschynomena Americana*）、荚豆（*Alysicarpus vaginalis*）、紫扁豆（*Lablabpurpureus*）、三裂叶葛藤（*Pueraria phaseoloides*）、罗顿豆（*Lotononis bainesii*）、黄豇豆（*Vigna luteola*）等。

2. 亚热带人工草地　建植亚热带人工草地的草种，在靠近热带的一侧多使用热带草种，在靠近温带的一侧多使用温带草种。亚热带人工草地的牧草既要耐受夏季的高温，又要抗御冬季的霜冻，因此混播牧草尤其是豆科牧草的抗寒越冬能力，是建植人工草地需要考虑的最主要因素之一。热带牧草中抗寒性强，适于亚热带栽培的草种有杂色黍（*Panicumcoloratum*）、毛花雀稗（*Paspalum dilatatum*）、宽花雀稗（*P. notatum*）、隐花狼尾草（*Pennisetum chandestinum*）、象草（*P. purpureum*）、罗顿豆、大翼豆（*Macro ptilium atropurpureum*）、圭亚那柱花草（*Stylosanthes guianensis*）、银合欢（*Leucaena leucocephala*）、紫扁豆及几种山蚂蝗等。

3. 温带人工草地　温带一年生人工草地的牧草冬季死亡，多年生人工草地则有一个长短不等的冬眠期，因此，该类草地牧草具一定的耐寒性和越冬性。如果说热带、亚热带人工草地必须是禾本科—豆科混播草地的话，那么由于温带豆科牧草的竞争力较强，禾本科牧草的可食性和消化率较高，除了两者的混播草地外，豆科或禾本科的单播草地十分普遍，如紫花苜蓿、多年生黑麦草草地等以及一年生的毛苕子草地、燕麦草地等。主要的禾本科栽培牧草有早熟禾属（*Poa*）、剪股颖属（*Agrostis*）、雀麦属（*Bromus*）、虉草属（*Phalaris*）、猫尾草属（*Phleum*）、鸡脚草属（*Pactylis*）、羊茅属（*Festuca*）、黑麦草属（*Lolium*）、狗牙根属（*Cynodon*）、看麦娘属（*Alopecurus*）、燕麦属（*Avena*）、高粱属（*Sorghum*）的种和品种。主要的豆科栽培牧草有苜蓿属（*Medicago*）、三叶草属（*Trifolium*）、百脉根属（*Lotus*）、胡枝子属（*Lespedeza*）、小冠花属（*Coromilla*）、紫云英属（*Astragalus*）、红豆草属（*Onobrychis*）、草木樨属（*Melilotus*）、野豌豆属（*Vicia*）、羽扇豆属（*Lupinus*）、山黧豆属（*Lathyrus*）、豌豆属（*Pisum*）的种和品种。

4. 寒温带人工草地　寒温带是温带和寒带的过渡地段。气候特点是冬季漫长，十分寒冷，极端最低温度可在-35℃以下；相反，夏季日照很长，虽然≥22℃以上的典型夏季气温不超过一个月，但≥10℃的时期可达70~110d，极端最高温度也可达35℃以上。年降水量一般在150~550mm，但由于气温低，蒸发小，表现较为湿润。在这种气候，尤其是这种热量条件下，典型的温带牧草如紫花苜蓿、红豆草、二年生草木樨以及多年生黑麦草等难以越冬，而喜冷和耐寒的牧草如无芒雀麦（*Bromus inermis*）、猫尾草（*Pleum pretense*）、伏生冰草（*Agropyron repens*）、草地早熟禾（*Poa pratensis*）以及寒带和高山带人工草地使用的一些种可以很好地生长。

5. 寒带和高山带人工草地　寒带夏季短暂，冬季漫长寒冷，且有强风；一年内辐射变化很大，夏季长昼，冬季长夜；降水量 200～400mm。高山带气候条件大致与寒带相同，但辐射很强，日照长度取决于其所处的纬度，不一定是寒带的长昼和长夜。降水量差异很大，土壤湿度可从极干到极湿。土壤酸度不似寒带的呈强酸性，可以从酸性到碱性。在寒带和高山带的上述生境条件下，栽培牧草的生长期很短，并在冬季来临时，生长会陡然中止。较厚的雪被层对牧草的越冬和翌年生长有重要的作用。夏季的长日照在一定程度上弥补了生长期短的缺陷。寒带和高山带的栽培牧草以禾本科为主，主要的有草地早熟禾、羊茅（*Festuca ovina*）、紫羊茅（*F. rubra*）、极地剪股颖（*Arctagrostis lalifolia*）、苇状极地剪股颖（*A. arundinacea*）、Arctophila fulva、猫尾草（*Phleum pretense Engmo*）、无芒雀麦（*Bromus inermis Polar*）、彭披雀麦（*B. pumpellianus*）、偃麦草（*Elytrigia repens*）、加拿大拂子茅（*Calamagrotis Canadensis*）、极地冰草（*Agropyron macrourum*）。在高山带还可用老芒麦（*Elymus sibiricus*）、垂穗披碱草（*E. nutans*）、星星草（*Puccinellia tenuiflora*）等。真正适宜于寒带和高山带的多年生豆科牧草尚未培育出来，但在寒带的南部——森林冻原带和亚高山带的某些地区，冬季有积雪层时，可以栽培红三叶、白三叶、杂三叶（*Trifolium hybridum*）、百脉根、黄花苜蓿（*Medicago falcata*）以及一年生的箭筈豌豆和豌豆等。

（五）混播草地生产性能测定方法

1. 产草量测定——MS-1型牧草生长仪

（1）工作原理。牧草生长仪（草量计）是根据平行线间的电容量，其主要决定于线间距离和线间作用长度的原理而制成。仪器的探头电极和植物体分别作为两种导体，电测量线路测定出它们之间的电容量。探头电极是固定不变的，随着植物体的密度（与探头距离靠近多）和植物体的高度（与探头作用长度加长）增加，这都使探头与植物体间电容量增加。这样，求得植物体的增长与电容量的增加线性（或函数）关系，即可测定植物生长特性以及植物的产量。

（2）用途及结构特征。

用途：测定牧草活体（不刈割）各生长期的绝对生长量（如重量）和相对生长率；测定草地单位面积产量；测算大面积草地牧草收获量；进行草地资源调查；鉴定草地等级等草原科学研究项目。也适用于其他植物生长量的各种测定。

测定范围：

面积：$0.8m \times 0.5m = 0.00004hm^2$。

高度：60cm

草量：$9\,000～12\,000kg/hm^2$。

电容量：0—100—200PF。

探头体积：$83cm \times 33cm \times 60cm = 1.643m^3$。

主体体积：$27cm \times 26cm \times 13cm = 0.913m^3$ 防尘密封壳体。

电路：微电容量测量原理线路，采用低功耗，高稳定性集成电路，备有自校准电路。保证准确、可靠、稳定工作。

供电：两节 9V 迭层式电池供电，可使用数月。

仪器配备：主机，探头手提箱，便于携带。备有各种配件，组装工具以及供各种计算使用的袖珍函数电子计算器等。

（3）主要技术指标。

主机基本误差：±2%。

工作环境：温度 0～40℃，相对湿度 80%。

耐气候影响：温度 −40～55℃，相对湿度 90%。

耐机械作用：允许一般振动、冲击及运输振动。

供电：正负 9V 直流供电，电压在 7.6～10V 范围内正常工作。

（4）仪器特性。

土壤水分和植物体着水的影响：从地面灌水对仪器测量没有影响。即土壤水分多少与测定无关；使植物体茎叶着水前后测定仪器指示电容值有所不同，并与着水多少有关，但数分钟后，水分散失后又恢复到原测定值。

植物体电阻对测定的影响：植物体在不同的生长期和不同植物品种的电阻值是有所不同的。这反映到仪器上电容量也有所不同。植物体电阻较大时，电容量较稳定（植物体电阻的影响不太大），但干枯死体植物将测不出电容量值。

植物群体密度分布的影响：植物体靠近电极电容量猛增，为克服此现象，在探头电极外加保护绝缘管，这样使植物体与电极保持一定距离以减少此影响。

（5）使用方法。

探头组装：该系列仪器探头属于较大型测量探头，为便于运输、拆装，绝大部分是通用件，用简单螺丝钉组装。按图 3-1 所示组装。

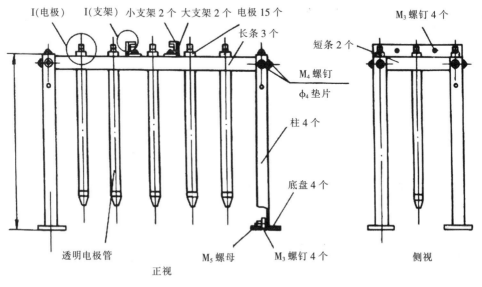

图 3-1 探头组装图

整机组装：按图 3-2 所示组装。

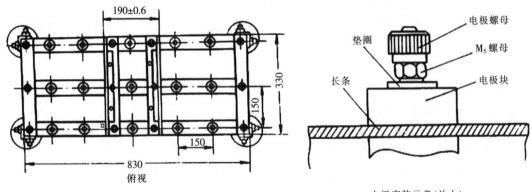

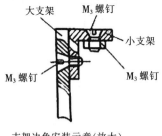

支架边角安装示意(放大)

图 3-2　整机组装图

（6）操作方法。仪器正面各部名称，见图 3-3。

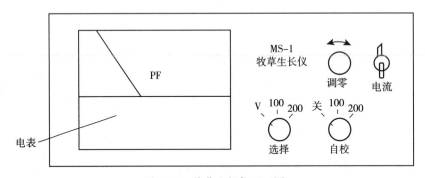

图 3-3　牧草生长仪正面图

安装电池：在主机后面有电池盒，将两节 9V、$6F_{22}$ 迭层电池装进去。

检查电源电压：打开电源开关指"开"，"自校"钮置于"关"，"选择"钮置于"V"，电表指针应在红色区内。

检查主机特性："自校"钮和"选择"钮同时置于"100"或"200"，电表指针都应指示在绿色区内。

组装说明：

①用 M_4 螺钉和 ϕ_4 垫片先组装长条、短条和大小支架。要四角整齐，无突出部分，然后将螺钉拧紧。

②用 M_5 螺钉、螺母将底盘装到柱上后，再将柱装到长、短条上（M_4 螺钉和 ϕ_4 垫片）。柱都有上孔、下孔，用上孔装则将使电极端距地面高，用下孔装，电极将接近地面。这要根据使用需要而定。

③以上探头架装好后，就可将 15 根电极装到架上 15 个大圆孔上，即：拧下电极螺母，取下电极块等件，将电极穿入长条上大圆孔后再将电极块等件放上，拧紧 M_5 螺母，装上电极螺母即可。

④组装后适当调整一下螺钉，使架体端正、电极垂直、整齐。

（7）测定。

仪器调零：在无植物的平地上，将接地电极插入地下 $4\sim5cm$，将"电源"钮置于"开"，"自校"钮置于"关"，"选择"钮置于"100"，调整"调零"钮，使电表指针指示在"0"位。然后关闭电源，此后不准碰"调零"钮，拔出接地电极。

将整机探头放到要测定的植物群体内，再将接地电极插入地下。

打开电源，"自校"钮置于"关"，"选择"钮置于"100"，观察电表所指示的在 100P 刻度线上的值，即是测定的电容值。若电表指针已超过 100P，可将"选择"钮换置于"200"，此时所读值为 200P 刻度线内值。

（8）应用举例。

测定相对生长率 r（％）：

$$r=\frac{c_2-c_1}{c_1}\times100\%$$

式中：c_1——前一次测得的电容量值（ρ）；

　　　　c_2——后一次测得的电容量值（ρ）。

测定绝对生长率 β（kg）：

$$\beta=K(c_2-c_1)$$

式中：K——系数（某植物体先测得的。仪器指示值——电容量与植物重量关系曲线上得到的系数，kg/ρ）；

　　　　c_1——前一次测得的电容值（ρ）；

　　　　c_2——后一次测得的电容值（ρ）。

测定植物产量 G（kg）：见图 3-4。

不同植物（牧草）、不同生育期，K 值不同，如果事先系统试验，得到各种植物（牧草）及其各生育期的 K 值曲线，则以后测定就不再刈割植物，而能直接测得绝对生长量和植物（牧草）产量。测定相对生长率不必用 K 值。

2. 产草量测定——牧草圆盘计法

（1）原理。牧草光合产量与牧草体积和高度之间呈强烈正相关，其 r^2 值在 0.70～0.90 之间。牧草圆盘计是根据测定牧草高度和体积进而预测光合产草量的原理设计制造的。

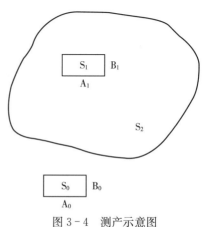

图 3-4　测产示意图

（2）构造。牧草圆盘计是由具一定质量、光透性、耐用性和易加工的丙烯腈塑料制成。盘径50cm，厚5mm，盘中央开一个直径3.8cm的孔，供安装圆盘计操作手柄用。手柄是一根长15cm，壁厚3mm的空心塑料管，装在圆盘孔内。盘底与柄底平齐用胶粘在一起，为了加固手柄，可取一块边长5.5cm，厚6mm，中间亦开有3.8cm孔径的方形塑料套在手柄上，并用胶粘在圆盘上。制作好的圆盘计，面积0.2m²，重1.1kg。由于所选材料的比重不同，目前使用的有每平方米5.9kg、5kg和4.6kg规格的圆盘计。

（3）测定方法。牧草高度的测定，取一根米尺插入圆盘计手柄管中，当圆盘计沿米尺降落至植冠顶部相接触时，从米尺上读取的圆盘高度即为牧草高度。测定牧草体积时先将圆盘计提起使手柄顶端与米尺末端平齐，然后松开圆盘计让其自由下落，待圆盘停下后读出其高度，根据圆柱体积公式即可求得牧草体积。为方便计，可从手柄上方而不从圆盘下方读值。但读数要作相应的调整，即读数中要减去5mm的圆盘厚度。对牧草圆盘计可以采用刈割测定样点内牧草产量的方法进行校正。用最小二乘法分别求出刈草量与牧草体积和高度之间的回归式，并应用所建立的回归式来预测牧草光合产量。

对于草层高度过低或地表面存在着微地形差异的草地，均不宜使用牧草圆盘计。

3. 牧草高度测定——测高杖法

测高杖是一种简单的测量牧草自然高度的工具。由英国山地农业研究机构的Bircham和Barthram设计。最突出的优点是消除了测高时主观判断的误差。这种工具由一根位于中央的、其上有刻度的照尺和一根套在其上的柱形管子组成，套管下端固定一透明塑料做成的舌突，套管可自由滑动。照尺上的刻度应符合以下要求，即当套管塑料舌突的最下面与照尺底端平齐时，套管最上缘相对的照尺上的刻度应为零。

在使用时，先将测高杖插入草层，同时手持套管使其自然上移，待测高杖立直立稳后，再使套管下移，止塑料舌突的下面接触叶片或茎秆时握紧套管，仔细读计套管上缘所对应的照尺上的刻度，即为草层的自然高度。

在实际测量中，测高次数应随实验要求而定。例如用这种工具测量牛、羊等草食家畜采食的小区牧草时，可随机抽测50次，此时牧草的高度范围在2～6cm，变异系数（cv）为25%～75%，平均为34%（图3-5）。

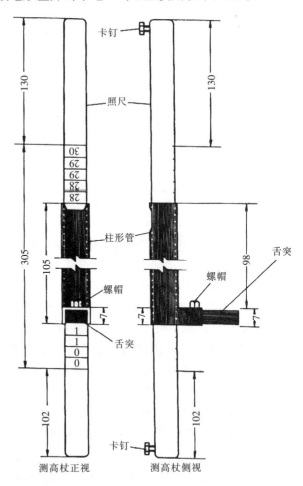

图3-5　测高杖（单位：cm）

4. 草地结构测定——针刺法

（1）简介。针刺法是指采用固定在针刺架上的刺针，穿行植被层时的触点数、触点内容及触点高度等指标来研究牧草植被特征的方法。

支架上通常装有单只或按一定距离排列的多只刺针（5～10 只），每只刺针可通过支架上的引导槽上下运动。支架、引导槽和刺针上有时具有刻度，刺针尖端锐利。当刺针沿引导槽穿刺通过植被层时，记录针尖接触牧草的次数（触点数）、接触牧草茎叶等组织的部位（触点内容）和接触这些部位时针尖距地表的距离（触点高度）。对上述数据进行统计分析，可获得评价牧草植被特征的一系列指标，例如叶片角度、叶面积系数、牧草的种类组成、各种牧草的形态结构及其在植被层次中的分布等等。

（2）针刺法在草地植被研究中的应用。叶片角度、叶片密度及叶面积系数，如果采用垂直（90°）和平行（0°）两种形式的针刺法，则叶片角度可用下式计算：

$$叶片角度(\alpha) = \pi f_0 / 2 f_{90}$$

式中：f——触点频率（刺针穿行某一深度时的平均触点数）；

f_0，f_{90}——分别是刺针平行和垂直地面时的触点频率。

当然，这个公式可用来计算出整个草层或某一限度深度内草层的平均叶片角度。

除了测算叶片角度外，叶片密度（即单位空间里叶片的面积）的测量也同样重要。叶片密度或面积的比较精确的估测可采用两种倾角的针刺架来完成。当倾角分别为 13°和 52°时，估测误差可控制在 1.5％～2.5％。因此，当同时需要测量叶片角度和密度时，垂直倾斜和平等针刺法应结合使用。

平均叶片角度并没有说明单一层片内叶片的变化情况，为此，Philip（1965）提出了一种计算叶片密度和角度的方法——叶片密度函数。以该函数作纵坐标，以叶片角度作横坐标，可得到估算上述变化关系的图形，如图 3-6 所示。

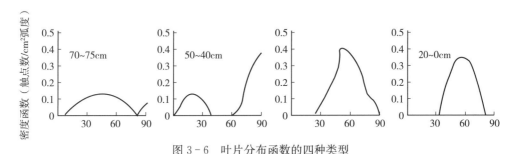

图 3-6　叶片分布函数的四种类型

采用上述方法也可以测量茎秆的角度（即茎秆或茎秆轴线与地表的夹角）。

由针刺法观测得来的结果，被叙述为叶片密度（F），是指单位体积中叶片的面积，用来描述不同水平层次内植物组织的数量。相应叶片的数量可用单位面积为基础来描述，即单位面积中叶片面积的数量，称为叶面积系数（LAI）。

采用倾角为 32.5°的针刺法，观测叶片密度和叶面积系数比较适当。作为进一步的改进，用倾角为 13°和 52°的针刺法所测叶片密度的结果，非常接近 f_{13} 和 f_{52} 的函数之和，因此：

$$F \doteq 0.23 f_{13} + 0.78 f_{52}$$
$$LAI \doteq 0.23 \phi_{13} + 0.78 \phi_{52}$$

式中：F——叶片密度 (d)；

LAI——叶面积系数。

f_β 是在角度为 β 时的触点频率（平均触点数），β 为实际测量中所选用的角度。LAI 和 ϕ_β 分别为 F 和 f_β 在整个草层或某一水平层次内每厘米草层中触点数之和，因此，ϕ_β 是每个穿刺中总的触点数。

利用以上两式估测 F 及 LAI 的误差为 $1.5\%\sim2.5\%$。若需进一步缩小误差，如将 F 的误差限制在 1% 以下，则计算为：$F=0.089f_8+0.462\,f_{32.5}+0.453\,f_{65}$。

当一个触点碰到卷曲或折叠叶片时，从理论上讲，刺针接触了这片叶子的 2 个部位，在这种情况下，如果要估测整体叶面积时，必须记录 2 个触点。相反，如果只需测算叶片一面的面积时，只记录一次触点。类似的，当一个触点同时触及叶鞘或茎秆时，应记录 2 个触点。从前人较为复杂的研究中得出了计算茎秆密度的较为精确的关系式：$F_{茎秆}=0.29f_o+1.49f_{32.5}+0.22\,f_{90}$，其估计值的最大误差为 1.5%。

当采用 2 个或 2 个以上倾角时，必须注意消除由于地表不平而产生的误差。对叶面积系数为 6~8 的草地而言，每人每天可做 500 个触点的观测，而对叶面积系数为 3 的草地，仅可做 250 个触点。因此，测量常需要几个人合作进行，观测者需要确认目标，记录下真正的触点。

在实际观测上述指标时，应注意以下几点：

①刺针尖端必锐利，并只统计针尖的触点，不包括针尖边缘与植物的接触，只有这样，才可能将误差控制在最小。

②在坡地或不平坦地表观测时，最简单的方法是把倾斜地表视为水平面，这样做或许使叶片角度更趋不同，但平均叶片角度将仍属正常。地表不平坦可以使刺针角度改变，导致观测误差，可采用叉开针刺架支脚或附加水平调节装置的办法来加以限制。

③刺针方向的改变可导致观测误差，因此应尽量有规律地移动针刺架，使刺针的穿行趋于同一方向。在实际工作中，比较有效的方法是每 4 次或 6 次移动为一组，每次对针刺架的移动角度分别为 90°或 60°，对平行针刺法而言，针刺架的移动角度应为 180°。

针刺法在进行上述观测时存在一定的局限性。在致密草丛中进行低层观测是很困难的；植被随风摆动是另一重要的误差来源。因此，条件许可时应避免在刮风天气中进行观测，或设置屏障。另外，改进针刺架的设计，以减少刺针摆动，并使其平滑移动也是重要的途径。

实验中取多少触点才合适，这要根据研究目的和经验而定。一般而言，在触点频率不稳定时，需要的触点总数要高一些。触点的分布将因植被类型而异。

此外，针刺法比较耗时，所以应该考虑观察期间植被结构的变化情况。

植被盖度、种类组成及垂直分布；

测量规程：首先解释下面几个定义；

盖度：每 100 次穿刺中针尖接触植物的次数为盖度。

相对频度：某种植物在 100 次穿刺中被刺中的触点数，为该种植物的相对频度。

种的百分比：单个种类的触点数占所有种类总触点数的百分比，为草地中种的百分比。

当统计整个草层的所有触点时，最重要的是注明穿刺次数，以便用所获资料分析以上指标。如果在记录时注明每种植物及其形态学的结构，也可用这些资料计算各种植物的叶面积系数。

触点高度的记录：针刺法最有用的改进是能够在穿刺过程中将触点的高度记录下来。这种改进了的仪器如图 3-7 所示。其刺针固定在一根照尺上，照尺横断面为正方形，可沿尺槽滑动，尺槽固定在可折叠的支架上，可固定成垂直（90°）和倾斜两种方式。照尺的一面为厘米刻度，供刺针在垂直状态时采用，另一面为校准过的刻度，供刺针位于 32.5°时用，用它可直接读出触点至地表的高度。刺针从照尺中伸出的长度可以调整，以便当刺针在垂直或倾斜位置状态下，选择适当的读数为零的刻度。照尺上的刻度扩展到零刻度以下 5cm，以允许修正在不平坦地带使用时产生的误差。

采用这种改进了的针刺架，可收集草地结构和植物学及形态学组成的详细资料。这类资料在家畜的放牧模式研究中十分重要，由此也

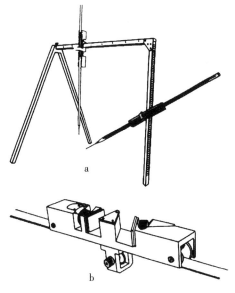

图 3-7　改进型的针刺架

能很方便的从事家畜对牧草选择性采食和采食量的研究。这种资料以百分比和面积为基础，可直接比较家畜选择性采食和食道漏管的有关资料。

穿刺数量：穿刺量的计算有两种方式，其一是以针刺架移动的次数为基础，其二是以一定数量的触点为基础。在用随机针刺法估计盖度时，要把标准误控制在 10%，那么对盖度占总面积一半的种类而言，所需的穿刺数为 100 次；对盖度占总面积 1/10 的种类，穿刺数为 900 次，而对盖度占总面积 1/100 的种类，穿刺数则为 9 900 次。

（3）针刺法的优缺点。用针刺法进行草地组分分析的主要优点是，在植物生长状态很容易辨别种类和形态，由此可获取许多资料，尤其是当记录了触点高度的时候是这样。该方法相对而言节省开支，仪器轻便，容易携带。一旦获得了田间记录，无需再花费时间进行样品的实验室处理。虽说数据处理需花费较多时间，但时间总耗仍低于其他相应的方法。不足之处是，在密集杂乱的草丛中进行低层次观测不太容易，野外工作易受天气的影响。

5. 混播草地中混播牧草比例的测定方法　在牧草栽培和草地改良研究中，常涉及豆科牧草和禾本科牧草混播问题。人们常常希望知道不同的草种在草地所占的比例。因为该比例是牧草产量和质量的重要决定因素。已用来估测混播草地中豆科牧草与禾本科牧草比例的方法有：

（1）目测法。在混播草地内随机取 $1m^2$ 样地，进行目测估计该样地中豆科牧草与禾本科牧草各占的重量百分比。该法快速，但不甚准确，可通过计算目测值与人工分离所得值之间的回归校正其偏差。

（2）人工分离样品法。即用手工将豆科牧草与禾本科牧草分别挑拣称重，计算其所占比例（重量百分比或数量百分比）。该法准确但费时。

（3）成分差别法。用豆科牧草与禾本科牧草之间的水分差异来估计组成时，实际值与估计值间的相关系数为 0.96。但是干物质的百分比必须迅速的测定，测定值由于天气的

变化和副样的水分损失，易产生相当大的误差。用来估计种类成分的理想化学成分应该是：豆科牧草组与禾本科牧草组之间显著不同的成分，特别是应不受大多数管理措施影响时的成分，Cooper 等人（1957）提出以中性洗涤纤维百分比作为标准成分，估计混播草地中豆科牧草与禾本科牧草比例的化学成分法，即所有样品在实验室分析测定中性洗涤纤维（NDF）百分比（Goering 和 Vansoest，1970）。禾本科牧草与豆科牧草比率的估算用下面的关系式计算：

$$(NDF_g \times G) + (NDF_1 \times L) = NDF_m \quad G + L = 1.0$$

式中：G——禾本科牧草在混合牧草中的比例（％）；

$\quad L$——豆科牧草在混合牧草中的比例（％）

NDF_g——禾本科牧草组分中性洗涤纤维百分比；

NDF_1——豆科牧草组分中性洗涤纤维百分比；

NDF_m——混合牧草中性洗涤纤维百分比。

上式整理如下：

$$L = (NDF_m - NDF_g) / (NDF_1 - NDF_g)$$

在实验室中测定 NDF_m、NDF_g 和 NDF_1 的值，并且计算出 L 和 G 的值。每个混合样品都这样处理，把从以上方程解得的豆科牧草与禾本科牧草各自在混合牧草中的比例估测值，同已知比例作比较，作回归分析，计算每一种豆科牧草—禾本科牧草组合的标准误。

6. 草地产量的程序设计法 人工草地产量的程序设计就是为牧草生长发育创造适宜条件提供规范方案。它是以牧草生活因素的同等重要与不可代替律、最小养分率、以及土壤矿物质养分数量有限性及物质循环的动态平衡等规律为依据，确切地核定影响牧草产量的各种因素对产量的影响，忽略任何一个因素，都会引起相反的结果。

牧草产量的程度设计，是根据当地可能提供的光、热、水、肥等主要农业资源生产力的计算，并以此为基础制订综合栽培措施，保证种植的牧草、饲料在各个发育阶段达到规定的田间群体指标，以实现预期的设计产量。实行按程序设计产量种植牧草，还必须定时定点观测植物和土壤养分动态，以便在生产过程中按规划程序调节产量形成过程。

原苏联按程序设计产量的步骤是：根据当地光、热、水条件计算可能达到的产量，然后根据设计产量补充水、肥条件，制订科学耕作栽培措施，并结合田间定点、定时地对牧草植株、土壤和田间产量构成指标，进行测定分析，及时调整水、肥供应，并改善土壤等田间环境状况，使牧草在人工控制条件下正常生长发育，保证计划产量的实现。

（1）根据光合有效辐射计算潜在产量，公式如下：

$$Y = \frac{Q\phi AP \times K\phi AP}{100 \times q}$$

式中：Y——按光合有效辐射计算的产量值（q/hm²）。

$Q\phi AP$——牧草生育期间光合有效辐射量（451MJ/ hm²）。

$k\phi AP$——牧草生育期间光合有效辐射利用率（％）；

$\quad q$——生产每单位生物产量所需热能（MJ）（以每生产 1kg 干重生物量需 16 744MJ计算）。

（2）根据水分供应状况设计产量——旱地草地设计产量指标，公式如下：

$$Y = \frac{\Pi_B \times 100}{K_B \times (100 - C) \times \varepsilon_0}$$

式中：Y——根据供水计算的种子产量（q/hm²）；

$\quad\Pi_B$——有效降水量（mm）；

$\quad K_B$——需水量系数（m³/q）；

$\quad C$——种子含水量（%）；

$\quad\varepsilon_0$——粒秆比积值（谷类作物 1：1.5，即 2.5）。

（3）根据设计产量计算需水量和人工补给水量：首先确定设计产量的需水量，公式：

$$E = 0.1 \times K_B \times Y$$

式中：E——设计产量的需水量（m³/hm²）；

$\quad Y$——生物产量（q/hm²）；

$\quad K_B$——需水量系数（m³/q）。

确定灌水量，公式：

$$M = E - P - A$$

式中：M——灌水量（m³/hm²）；

$\quad E$——需水量（m³/hm²）；

$\quad P$——生育期间有效降水量（m³/hm²）；

$\quad A$——根系可利用水量（m³/hm²）。

（4）根据设计产量计算施肥量。在光、热、水都不是限制因素的灌溉地上，只有养分才能成为限制因素，根据设计产量计算施肥量、方能获得预期的产量。计算施肥量通常采用平衡法，是以设计产量需要的营养物质与土壤可供给量之间的差距，通过施肥使养料供需平衡。公式如下：

$$Д = \frac{B - (\Pi - K_\Pi)}{K_y \times C}$$

式中：$Д$——施肥量（kg/hm²）；

$\quad B$——计划产量的养分即吸收量（kg/hm²）；

$\quad\Pi$——耕层土壤该元素的含有量（kg/hm²）；

$\quad K_\Pi$——土壤中该元素的可利用率（%）；

$\quad K_y$——施用肥料的养分可利用率（%）；

$\quad C$——施用肥料中该元素的含有量（%）。

若所施肥料以厩肥等农家肥为主，该元素所不足的部分需以化肥补加时，则化肥施用量用下式求得：

$$Д = \frac{B - (\Pi \times K_\Pi) - (\Pi_0 \times C_0 \times K_0)}{K_y \times C}$$

式中：$Д$、B、Π、K_Π、C 同上式；

$\quad\Pi_0$——施用的有机肥料量（t/hm²）；

$\quad C_0$——有机肥含有养分量（kg/t）；

$\quad K_0$——有机肥所含养分利用率（%）。

上述按程序设计产量的步骤和方法，在实际应用时还要配合相应的综合栽培措施和相应的产量结构，定期、定点对牧草和土壤进行诊断，根据设计产量要求，务使田间群体在各生育阶段达到一定指标。发现牧草生长发育达不到指标时，要采用适时、适量灌溉、施肥，使用生长素以促进牧草的生长发育。进行这一套工作，需要精确的田间观测工作和准确的计算。

二、草地饲料轮作

（一）研究饲料轮作的要求

1. 提供科学依据　为了给草地饲料轮作提供科学依据，必须考虑各地带的农牧业组织、经济与土壤、气候特点以及农牧业生产发展远景。研究和分析当地最一般的与典型的饲料轮作。考虑本地带范围内具有特别表现的条件。轮作研究应以规定的施肥制与土壤耕作制为基础。

2. 后备试验小区应有补充方案　在安排大田轮作试验留有后备试验小区时，在情况允许的条件下，最好包括有补充的方案，大田试验重复进行 2～4 次，这取决于土壤肥力的一致性、地形等条件。轮作小区需安排在同一地带上。轮作试验中，个别因素试验的小区应不小于 $200m^2$，如果进行放牧试验时，则应不小于 $0.15hm^2$。以保证所研究的轮作有最大限度的可比较性。

3. 轮作鉴定指标　轮作的鉴定应从多项指标进行。最重要的指标是饲草料的产量，在一个循环中草产品的总产量和单位面积产量。为鉴定轮作对土壤肥力的影响，在安排试验之前应编写出土壤—农业的特点，然后定期测定土壤养分与土壤性质，如腐殖质的含量、总氮、总磷，重要物理性质（容重、比重、孔隙度）、土壤水分状况和吸收性能。最好还能进行饲草的化学分析。此外，也应考虑到土壤微生物的活动过程以及田间杂草和牧草病虫害对轮作的影响。

4. 确定大田和草地时期　为了深入研究草地饲料轮作的基本体系，必须确定大田时期和草地时期；大田时期作物的种类；草地时期混播牧草的组成；大田时期的作物倒茬与多年生牧草的土地利用方式；草地时期牧草利用方法（刈草、放牧及其持续时间与次序、时期等）。

在深入研究草地饲料轮作时，多年生牧草的播种面积应占轮作区的一半或一半以上；轮作地段的自然条件和经济条件应一致，如生境类型、开垦历史和历史相似等；在不同生境类型的土地上，研究草地快速育成的方法；为缩短研究时间，安排研究大田时期和草地时期两个平行的轮作。

（二）轮作基本成分的研究

在草地饲料轮作中，为保证优良牧草天然下种，应在现有各阶段范围内实行刈割期间的年度轮换或缩短收获时期。为此必须研究在长期的草地利用时期，保证牧草高产优质的正确割草日期，为使优良牧草天然下种和使牧草积累贮藏物质进行定期的休息，为了清除杂草而进行定期的早期刈割。

由于刈草地的混播牧草常由多种不同特性的牧草种（品种）组成，其开花期和种子成熟期不同，生长期内牧草营养价值的变化、贮存物质供给的动态和营养繁殖的方法都不同等。在1至数年期间，加之放牧、施肥等的人为影响，可以将一个草地类型改变为另一个类型。因此，一定的休闲时期可根据刈草地类型、利用管理制度的不同而异。此外，定期休闲也由于优势植物在不同年份的变换以及植物种子生产力的巨大变化是可以改变的。所以，对定期休闲作深入的研究是很有意义的。早期系统割草时，使草地产量降低的原因；优良牧草与杂草贮藏物质供给的动态；牧草的种子繁殖；确定第二次割草时种子繁殖的可能性，以及在生长期内主要优良牧草种子的变化等，都是特别重要的。

在系统的早刈情况下，尤其是早刈结合进行2次割草利用，必须在施氮、磷、钾基肥或不施基肥的基础上进行不同割草期试验，或者刈草地轮作方案中加入许多"早期割草"处理、"每年施用氮、磷、钾肥的早期割草"处理。这些问题可按下列试验方案进行研究：抽穗盛期刈割；开花盛期刈割；种子成熟期刈割；抽穗盛期刈割＋$N_{60}P_{60}K_{60}$；开花盛期刈割＋$N_6P_{60}K_{60}$；种子成熟期刈割＋$N_{60}P_{60}K_{60}$。

（三）草地饲料轮作的典型试验方案

①抽穗期刈割。

②开花期刈割。

③种子成熟期刈割。

④种子开始成熟期刈割，但不使其天然下种。

观察种子繁殖时，避免种子落到小区中。这个试验也可和前面关于施肥作用的试验结合进行，但还需补充下列处理，即种子成熟期刈割，但不让其脱落；种子成熟期刈割＋氮、磷、钾基肥。

割草时期决定于优势种（或种群），若再生草生长良好，也可进行第二次刈割（对于"抽穗期"、"开花期"割草处理一定要注意这一点）。

在编制轮作方案时，必须考虑草群的植物成分、管理方式，其中包括施肥的可能性，刈草利用配合放牧利用的优越性。除了草群中应该大大减少的植物种子，一般植物种或种群的数量不应该减少或者应该增加。

根据物候期的来临日期，优良牧草至少要有"早期"和"晚期"的两个类型群合起来。割草期的研究安排在重要的物候期上，如在抽穗（或孕穗）盛期、开花期、种子成熟期等。在具有两个植物类群（早期类群和晚期类群）时，刈割时期的数目不应少于4个。如果晚期类群的抽穗期和开花期与早熟类群的开花期和种子成熟期在时间上相重合，那么就在抽穗期、开花前期、种子成熟前期和种子成熟后期刈割。在这种情况下当有必要用早刈来清除杂草时，如早刈的时间与早期类群植物的抽穗期刈割不符合，则还可加一个处理，通常早期类群植物并不包含抽穗期进行刈割的意思，因为该时期产量很低。大部分牧草在开花期就含有充足的营养物质。因此，延迟刈割期是不合适的。定期的天然下种决定于：牧草营养繁殖的表现和种子繁殖对牧草的意义，牧草的寿命，土壤中存在的活种子的多少等。据此，必须保证使每一种牧草定期进行天然下种，至少3～4年一次。

按草群的成分不同，在刈草地轮作中，一般有3～6个割草期进行逐年轮换。在草群中有1种或几种牧草，但其生长节律相似的刈草地上，实行3个割草期——抽（孕）穗期，开花期和种子成熟期。对于以长期进行营养繁殖并且生产量很高的牧草为主要成分的草群，可以采用2个割草期（抽穗或始花期和开花期）轮换。当草群是由物候期不同的2种或3种牧草组成，或者是由物候期不同的2个或3个植物类群组成，以及如果为了借助于早刈来减少杂草数量时，那么刈草地割草期轮换的数目就须多些，例如：粗茎杂草孕蕾期；第一类群优良牧草抽穗期；第一类群牧草开花期；第一类群牧草种子成熟期；第二类群牧草种子成熟期；第三类群牧草种子成熟期。

预定使第二类群牧草的抽穗期和初花期要和第一类群牧草的开花期和种子成熟期相一致，往往在为了清除杂草进行早刈时，优良牧草在第二次刈割时大部分开花和结实，这时再划分第一或那一类群植物种子成熟期的处理，就失去了意义，在刈草地轮作研究中，安排3~4个刈草期最合适。在试验方案设计中，应包含每年在一定时期刈草的处理。对于安排有3~4个刈草时期轮作的刈草地轮作的研究，可以采用下面的典型方案：

第一方案：

Ⅰ.每年在抽穗期刈割；Ⅱ.每年在开花期刈割；Ⅲ.每年在种子成熟期刈割；Ⅳ、Ⅴ、Ⅵ：上述Ⅰ.Ⅱ.Ⅲ处理的割草期逐年进行轮换（表3-1）。

表3-1 Ⅳ、Ⅴ、Ⅵ处理的割草期逐年轮换方案

年份 ＼ 试验处理	Ⅳ	Ⅴ	Ⅵ
第一年	抽 穗 期	开 花 期	种子成熟期
第二年	开 花 期	种子成熟期	抽 穗 期
第三年	种子成熟期	抽 穗 期	开 花 期
第四年	抽 穗	开 花 期	种子成熟期

第二方案：

Ⅰ.每年在第一类群牧草抽穗期刈割；Ⅱ.每年在第一类群牧草开花期刈割；Ⅲ.每年在第一类群牧草种子成熟期刈割；Ⅳ.每年在第二类群牧草种子成熟期刈割；Ⅴ、Ⅵ、Ⅶ、Ⅷ.在Ⅰ、Ⅱ、Ⅲ处理上割草期进行逐年轮换（表3-2）。

表3-2 Ⅴ、Ⅵ、Ⅶ、Ⅷ处理的割草期逐年轮换方案

年份 ＼ 试验处理	Ⅴ	Ⅵ	Ⅶ	Ⅷ
第一年	第一类群牧草抽穗期	第一类群牧草开花期	第一类群牧草种子成熟期	第二类群牧草种子成熟期
第二年	第一类群牧草开花期	第一类群牧草种子成熟期	第二类群牧草种子成熟期	第一类群牧草抽穗期
第三年	第一类群牧草种子成熟期	第二类群牧草种子成熟期	第一类群牧草抽穗期	第一类群牧草开花期
第四年	第二类群牧草种子成熟期	第一类群牧草抽穗期	第一类群牧草开花期	第一类群牧草种子成熟期
第五年	第一类群牧草抽穗期	第一类群牧草开花期	第一类群牧草种子成熟期	第二类群牧草种子成熟期

　　当逐年进行轮换的割草期数目较多（5～6）时，可编制如上述的试验方案。刈草轮作方案详细的研究，必须将迟刈的地段下一年进行旱刈，以便于保证由于晚刈时落到土表的种子实生苗有较高的成活率。由于每年的刈割期、气象条件、种子生产率等不同，对草群中不同牧草种是不一样的。

　　因此，根据刈草地轮作的完整方案，同时展开试验是非常必要的，有时为了使牧草在5～6年内仅天然下种一次时，割草期的逐年轮换可作如下安排：第一年抽穗期，第二年开花期，第三年抽穗期，第四年开花期，第五年抽穗期（或开花期），第六年种子成熟期。在这种情况下，试验方案中应包括逐年进行轮换的割草期5个或6个。例如：①每年在抽穗期刈割；②每年在开花期刈割；③每年在种子成熟期刈割。刈草期的逐年轮换安排为：抽穗期—开花期—抽穗期—开花期—种子成熟期。进行第二次刈割的可能性则决定于牧草群类型、生境条件和当年的气象条件。当再生草生长不良时，在方案中（在延迟刈割和当年再生草生长不良的处理上）建议不进行第二次刈草。刈草地上的再生草可用来放牧的那些地方在较迟刈割的处理上，根据再生草的情况，可规定用来放牧或者模拟放牧进行割草。

参 考 文 献

甘肃农业大学草原系编，1991. 草原学与牧草学实验指导书［M］. 兰州：甘肃科学技术出版社.

胡自治，1995. 世界人工草地及其分类现状［J］. 国外畜牧学——草原与牧草（2）：1-8.

李锋瑞译，1985. 一种测定牧草高度与体积的简易装置——牧草圆盘计［J］. 国外畜牧学——草原与牧草，（2）：39.

西北农业大学主编，1989. 耕作学（西北本）［M］. 银川：宁夏人民出版社.

J. HOOGson，R. D. BAKER et al，1981. SWARD MEASVREME NT HANDBOOK. Published by：The British Grassland Society.

Hodgson J，Baker R D，Davies A，et al，1981. Sward measurement hardbook［M］. The Brifish Grassland Society.

第四章　牧草育种

一、牧草育种技术

（一）牧草染色体检查及制片技术

多以根尖和花药为材料，采用压片法和涂抹法进行染色体检查。

1. 根尖压片法　介绍铁矾—苏木精染色法，这是在染色体计数上较好的一种方法，对大多数植物材料染色良好，其制片过程为：

（1）取材。种子在 20℃左右温度下发芽，待根长 1～1.5cm 时，选生长良好、粗壮无干缩的根尖切下约 0.5cm，进行预处理。

（2）预处理。较好的预处理方法有：0.05％秋水仙素水溶液处理 2～3h，对二氯苯饱和水溶液处理 3～4h，0～3℃低温处理 24h。

（3）固定。预处理后的根尖，在卡诺氏固定液中固定 0.5～24h，进入下一步或换入 70％乙醇中保存。

（4）水解。在恒温箱或水浴锅中 60℃用 1mol 盐酸水解 15～20min，然后用蒸馏水反复冲洗干净进入媒染。

（5）媒染。在 2％铁矾（硫酸铁铵）水溶液中 20～40℃下媒染 2h 以上，先用自来水后用蒸馏水反复洗净，根尖呈浅黄色。

（6）染色。在 0.5％苏木精染液中过度染色 12h 以上。滴入苏木精染液后若出现黑色沉淀，说明媒染液未洗干净，应重新冲洗再染色，否则制出的片子比较脏。

（7）分色。用 45％醋酸在室温下分色，分色时间以染色时间长短而异，凭经验掌握。染色时间长，分色时间相对也长，材料软化，细胞胀大，制出的片子较好。分色是否适宜，应以根尖延长部颜色变浅，呈半透明灰色为准。一般在苏木精染液中过夜的材料，需分色 0.5h 左右。分色是苏木精染色中的一个关键，分色不足或过分，都很难制出好的片子。分色适宜的材料，倒掉醋酸，换入蒸馏水备用。

（8）压片。取一根尖置载玻片上，切下根尖无端约 2mm，双手用解剖针分成细小碎块，滴一小滴 45％醋酸进行压片。须注意的是，应将这些材料适当分散，太集中时往往压不开，细胞成堆；太分散时虽然压片容易，但在镜头下不便于观察寻找。另外，醋酸滴得多了，容易使材料随液体流到盖片外，所以一小滴即可。压片时左手食指、中指戴上橡皮指套，按住盖片两对角。无指套时，手下可衬两块小橡皮，以免醋酸腐蚀指尖。注意勿使盖玻片移动，以防擦坏材料。然后用钝的铅笔尖对准材料轻敲盖玻片，使细胞散开，成为灰色雾状的一层。一边敲一边在镜下观察，直到染色体分散良好的中期分裂相较多出现为止。这时再用铅笔橡皮平头均匀地敲压一下，最后再用吸水纸覆在玻片上，用手按压一下，以吸取多余的醋酸，并使染色体处在一个平面上，以便观察照相。

（9）脱水与透明。片子置普通冰箱顶层冷冻 10min 左右，俟盖玻片上有一层白霜时取出，迅速用双面刀片撬开盖玻片。注意冰冻前压片中醋酸等液体不可过多，否则不易冻住，撬片时会损坏材料。盖玻片和载玻片分开后将盖玻片放在小十字架上和载玻片在染色缸中分别按下列程序进行脱水与透明。

15％→35％→50％→70％→83％→95％→100％乙醇→1/2 二甲苯、1/2 纯乙醇→二甲苯。

为了避免材料在乙醇中剧烈收缩，脱水过程应逐级依次进行。又为避免脱水透明过程中材料脱落，各个步骤的时间应尽量缩短，在含水的乙醇中每级只停留 10～30s，在无水乙醇和二甲苯中停留 2min 左右；同时动作要轻，事先将要使用的盖玻片，载玻片洗得非常洁净。

（10）封藏。将载玻片从二甲苯中取出，滴 1 小滴树胶，盖上盖玻片，平置晾干，贴上标签即成永久制片。

有时为了暂时研究需要，也可制成临时压片。即不经过脱水透明和树胶封藏两步骤，将压好的片子四周醋酸吸干后，用毛笔将熔融的石蜡迅速涂在盖玻片四周，封固后即临时制片，在冰箱中可保存 1～2 周。

用苏木精染色法制成的片子颜色呈蓝黑色，进行显微照相效果很好。

2. 花药涂片法　介绍醋酸地衣红（或醋酸洋红）法：这个方法将杀生、固定和染色联合在一起同时进行，简单方便、容易掌握。多用于制备的小花药、观察减数分裂的压片。由于花药中的花粉母细胞在减数分裂中期，其染色体数目只是体细胞的一半，故进行染色体计数比较容易。其制片步骤为：

（1）取材。制作花粉母细胞减数分裂过程的片子，所采集的花粉都有时间上的限制，过早或过迟就很难观察到。如燕麦、大麦、黑麦在大田开始孕穗时，当剑叶已从顶端抽出，且距下面一叶达 2～5cm 时取样为合适。在孕穗盛期，则以剑叶刚刚抽出与下一片叶靠近时为宜，花药颜色为绿色。

（2）固定。将剪下来的穗子剥去苞叶、整穗进行固定，以便按小穗顺序取花药进行压片容易找到较多的中期分裂相。新鲜花药也可不必经过固定。

（3）染色和压片。将固定的花药或新鲜花药取出，放在载玻片上，吸去多余的残液，滴上 1 小滴醋酸地衣红液，然后用解剖针或尖头镊子将花药纵向划开，压挤出花药中的花粉母细胞，弃去花药壁等杂质，盖上盖玻片。然后放在酒精灯上迅速来回轻烤几次。片子放显微镜下观察，若染色不足，可在盖玻片一侧滴 1 滴染液，放置片刻，再边烤边染。此后再在盖玻片一侧加 1 滴 45％醋酸，进行脱色。同时在其对侧用吸水纸将染液吸掉，代之以无色的醋酸，使视野清晰。

用吸水纸在片子上按压，吸去多余醋酸，待盖玻片四周晾干后，可用石蜡将盖玻片四周封起来，即成暂时压片。

如欲制成永久制片，则须除去石蜡，脱盖玻片，脱水透明，最后封藏。

附：药品配制的方法。

①卡诺氏固定液　无水乙醇（或 95％乙醇）3 份、冰醋酸 1 份。

②0.5％苏木精　将苏木精溶解于纯酒精，作成 10％基液长期保存，需用时再稀释到 0.5％，即 5mL 基液加 95mL 蒸馏水即可。

③醋酸地衣红花　将 45mL 冰醋加入 55mL 蒸馏水煮沸，移去火焰立刻加入地衣红

1g，再倒入烧瓶，接上回施冷凝器，继续加热 2h 以上，冷却过滤后装入滴瓶备用。

④醋酸洋红　基本同上，只是在冷却后要加在 1～2 滴醋酸铁溶液，再过滤分装。

⑤脱盖玻片液　45％醋酸 1 份、95％乙醇 1 份。

（二）多倍体的诱发和鉴定技术

1. 多倍体的人工诱发　目前以化学诱变效果最好，常用药物为秋水仙素，适用范围广，效果确实。此外，还有萘嵌戊烷、三氯乙醛、颠茄碱、富民隆等。

秋水仙素处理有液滴法、浸泡法、琼脂法、喷雾法、注射法等。有时需添加一些媒介质如羊毛脂、琼脂、甘油等。处理时间和浓度，随不同的植物种属和处理部位而异。处理浓度通常在 0.01％～1％之间，处理时间短的只需浸湿为止，长的可到 24h 左右。在禾谷类牧草中常采用发芽种子的生长点处理法：

（1）种子消毒后，用水冲洗，在培养皿中预先置放的湿润滤纸上整齐排放，在温箱 28℃ 黑暗条件下发芽。

（2）幼芽伸长约 0.5cm 左右，用双面刀片从芽的顶部纵切到基部，在切口处夹放一张边长 0.3～0.4cm 四方形的滤纸片。然后在花盆中间隔种植，细土覆盖根部。

（3）用注射器把 0.05％的秋水仙素水溶液滴在所夹的小滤纸片上，每片 1～2 滴。

（4）用玻璃小指管（长 3.5cm，内径 1.5cm）倒盖在幼芽上，防止药液蒸发。指管基部拥以细土，然后用细孔喷壶洒水，保持根部湿润。

（5）24～48h 后，去掉指管和纸片。处理后的种芽，不久开始肥厚、生育延迟。一俟生长势恢复，便可移到大田定植。

2. 多倍体的鉴定　一般情况下，经秋水仙素处理过的种子或幼苗表现幼根尖端膨大，幼苗生长缓慢，节间变短，叶片变厚。拔节后生长迅速，茎变粗，叶片宽大，色深绿，叶缘有皱褶，花大，籽粒增大，气孔和花粉粒增大。这些变异可作为初步判定多倍体的依据。但最准确的鉴定还是从处理过的植株上搜集种子将其发芽后进行根尖压片检查染色体数目或在开花前检查花粉母细胞的染色体数目。

（1）叶表皮整体制片。观察气孔和保卫细胞的大小。

从叶片背面划一切口，用尖头镊子夹住切口部分，撕下一薄层叶子下表皮，放在载玻片水滴里，铺平后盖上盖玻片，制成表皮装片，用同样方法制作未用秋水仙素处理过的对照植株的叶表皮装片，置于两台同样倍数的显微镜下观察，比较气孔和保卫细胞的大小，注意所取的叶子应为同样发育时期，同样部位的叶子，否则会影响实验的标准性。

为了精确测量，需要进行染色，操作过程如下：

撕下表皮$\xrightarrow{}$70％酒精中固定$\xrightarrow{15min}$50％酒精$\xrightarrow{15min}$15％酒精$\xrightarrow{15min}$蒸馏水$\xrightarrow{冲几次}$2％铁矾媒染$\xrightarrow{15min}$水洗$\xrightarrow{5min换水}$0.5％苏木精染色$\xrightarrow{15～30min}$水洗$\xrightarrow{冲几次}$饱和苦味酸中脱色$\xrightarrow{5～10min}$水洗$\xrightarrow{30min彻底洗净}$1％氨水分色$\xrightarrow{1min}$蒸馏水$\xrightarrow{5min}$各级酒精中脱水（15％、35％、50％、70％、83％、95％）$\xrightarrow{各2min}$100％酒精$\xrightarrow{5min}$1/2 纯酒精、1/2 二甲苯$\xrightarrow{5min}$二甲苯$\xrightarrow{5min}$树胶封藏。

这样制成的固定片子、细胞壁染成蓝色，细胞质淡蓝色，保卫细胞中的叶绿体和核边蓝色，很漂亮，便于用测微尺测量实际大小，也可用来显微照相。

（2）制作花粉粒涂片。比较花粉粒的大小。

在用秋水仙素处理和未处理过的植株上，在开花期分别采集小花已开放或即将开放但尚未散粉的成熟花粉，浸在45％醋酸里，然后移到载玻片上，加1滴1％碘—碘化钾溶液，稍停片刻，盖上盖玻片，花粉粒即被染成红棕色或深红色。分别置两架位数相同的显微镜下进行观察，比较处理与未处理过的植株的花粉粒大小，并用测微尺进行测量。

（3）根尖染色体检查。详见本章根尖压片法。

（三）单倍体培育方法

单倍体植物一般表现不育，生长瘦弱，本身价值不大。但使其染色体加倍后，得到的二倍体个体遗传上是纯合体，能大大缩短育成一个稳定品种所需的时间。这是一种高效的育种方法。单倍体的人工诱导方法有种间杂交、花药培养、辐射处理、胞核置换等，以花药培养为最常用。

花药培养有两种途径：一是由花粉粒直接经胚状体分化成幼苗；二是由花粉粒脱分化形成愈伤组织，再进一步分化出幼苗。其培养方法主要有以下步骤：

1. 培养基配制

（1）母液的配制。在配制培养基时，应根据所选用的培养基配方先将各成分配成为培养基浓度20～200倍的母液，应用时按比例吸取，这样比较方便。吸取量可以按下面公式计算：

$$吸取量 = 母液体积 \times \frac{需配培养基的体积(L)}{称量扩大的倍数}$$

如硝酸钾扩大20倍称量，母液体积1 000mL需配1L培养基。其吸取量为1 000mL×1/20＝50mL。配2L增养基所需的量为1 000mL×2/20＝100mL

母液都需用二重蒸馏水配制，用容量瓶定容。

有些药品不易溶解于水，配制时如激动素（KT）和6-苄基氨基嘌呤（6-BA）需先溶解于少量1mol盐酸中再加上水定容；α萘乙酸需溶于热水中；吲哚乙酸、2,4-D、吲哚丁酸、赤霉素类先溶于水少量95％酒精中，再加水定容；叶酸先溶于少量稀氨水中，再加水定容。

（2）移液和定容。配培养基时，将各药品的母液按所配培养基配方中的顺序依次排好，然后移液。吸取母液在10mL以下的用吸管，其他用量筒，依次量取所需的体积，放入有刻度大烧杯中，加入固体蔗糖，再加入煮溶的琼脂（为了使琼脂较易溶化，可先放入温水中浸泡一些时候，再加热煮沸很快溶化）和沸水定容至刻度。

（3）调整pH和分装：将煮好定容的培养基用1mol氢氧化钠和1mol盐酸调整pH，可用精密pH试纸检查，然后趁热分装试管或三角瓶，培养基每试管装10～15mL，约为试管的1/5～1/4。塞上棉花塞，用牛皮纸和线绳包扎好瓶口，准备进行消毒。

（4）灭菌消毒。组织培养一定要在无菌条件下进行，而且无菌技术的严格与否，常常是工作成败的因素之一。故须严格操作。

培养基一般在高压灭菌锅中，压力1.0～1.1kg/cm²，灭菌20～30min，接种用的玻璃器皿、器皿、棉花塞、无菌水、纱布、接种纸等也可以随损消毒灭菌。经高压灭菌后放到无菌室备用。

接种用的针、镊子、小剪刀，可提前泡在70％的酒精中，用时在酒精灯上烧去酒精。

无菌室和接种箱等也要严格消毒，一般用5％来苏儿喷洒或乙二醇溶液熏蒸，有条件时也可以用紫外灯照射30min至1h。接种人员的手要仔细洗净并用酒精擦洗消毒。

2. 花药接种培养

（1）接种用具的准备。常用的接种用具有镊子、手术剪刀、接种环、接种纸、培养皿、小烧杯、纱布和酒精灯、培养基等，均需严格消毒灭菌，置于接种室。

（2）选花序。苜蓿、红豆草、百脉根和无芒雀麦花粉最适培养时期是单核中期。用45％醋酸洋红染色压片镜检以确定花粉发育时期，如时期合适，即选取外部形态、颜色与之相同的蕾期花序，在−2～3℃下低温处理24～30h，可提高出愈率。

（3）花序的消毒。通过抽样镜检，将选好的花序用70％酒精浸泡1min，再用0.1％升汞水（或10％漂白粉溶液）浸泡8～10min，再用无菌水冲洗3次，将花序用消毒纱布包住备用。

（4）花药接种。将消毒好的花序放到超静工作台上接种，或将消毒纱布铺在无菌接种室操作台上，再将所有接种用的用具、培养基和花序放在纱布上以免污染。然后镊子从花蕾中取出花药放在对折的接种纸上，到一定数量迅速倒入盛有培养基的试管内。一般每只试管接种10～20个花药，用接种环拨匀，再包扎好管口，放在18～26℃，相对湿度36％～60％的培养架上培养。光照时间8～12h，光强度540～2 000lx，散射光亦可。

（5）花粉愈伤组织的诱导。苜蓿、红豆草和百脉根花药接种后，其颜色逐渐由淡黄色变褐色至深褐色，10～20d长出球状淡黄色愈伤组织。

愈伤组织诱导频率=愈伤组织块数/接种花药数×100％

（6）愈伤组织分化成苗。苜蓿、红豆草和百脉根花粉愈伤组织在其出现后的10～20d转移到分化培养基（在基本培养基上加0.2～0.5mg/L的IAA和1mg/L的KT）上培养，每天光照9～12h，光强度2 000lx左右。一般生长快的2周左右就能分化出芽，然后分化根。绿苗分化率=绿苗棵数/愈伤组织块数×100％。

（7）壮苗。新分化成的幼苗，生长比较细弱，根系不太发达，待幼苗长到2～3cm时，移到壮苗培养基（基本培养基加0.2～0.5L的IAA）上而后生根，茎叶逐渐健壮。

（8）单倍体加倍方法。苜蓿可以自然加倍恢复成二倍体。也可用0.04％～0.1％秋水仙素浸泡新生植株根基部，在20～25℃下处理1～4d，然后洗净药液移入土中，精心管理。

（四）茎尖培养和胚培养

1. 茎尖培养　茎尖培养可包括小至十几微米的茎尖分生组织（生长点）和十至几十毫米的茎尖或更大的芽培养。通常利用茎尖培养的方法进行试管内的快速无性繁殖。在实践上常采用生长点培养罹病植株去病毒，以达到挽救优良品种，提高产量和质量的目的。

取供试材料嫩茎顶芽或腋芽长5～10cm，将上述大小的顶芽或腋芽去除老叶，保留新叶。使芽的长度维持在3～5cm。把芽浸泡在5％～10％漂白粉溶液中10～15min，用灭菌水冲洗芽。

在双目解剖镜上，用灭菌过的小解剖刀和解剖针剥取生长点部位，去除叶片使生长点裸出，注意切时勿使生长点受伤。将带有叶原基的生长点 0.5～0.8mm 切离下来，将上述生长点接种于含有培养基的试管或三角瓶中，使生长点的基部接触培养基表面，顶端向上。在 20～28℃室温中静置培养，光强度 1 000～4 000lx，每天光照 12h 左右。当试管内小植株的上部长至 2cm 根系较发达时，移植土中盆栽。土壤需预先灭菌，最好使用含有蛭石的混合土，土与蛭石比例为 3∶4。

如果是去病毒培养，则需去病毒植株的鉴定，将试管苗的叶和茎研磨成汁液，然后将汁液接种到豇豆、曼陀罗、黄花烟等植物上，如果在植株体上出现了病症、该试管苗就应立即淘汰，也可用抗血清法测定。

2. 胚培养　在进行远缘杂交时，有时杂种种子不能正常萌发，原因是胚没有得到充分发育，或提供营养来源的胚乳不能正常发育，以致幼胚在种子中败育。应用杂种胚的培养，不仅能使早期可能败育的杂种后代正常发育，而且还可能缩短育种周期。测定各种休眠种子的萌发率，在探测器官发生的许多问题中也常需要用胚培养的方法。

选取 30～40d 胚龄的种间杂交荚果，在无菌条件下剖荚取出种子，放到 5％～10％漂白粉溶液或 0.1％升汞溶液中消毒 8～15min，再用无菌水冲洗 3 次，在解剖镜下剥出胚，选用分化较好，平均大小相似的杂种胚，长 4～7mm 宽 1～2mm，接种于盛培养基的三角瓶或试管中。培养条件同花药培养。接种后 12～24h 就可看出胚根生长，2～3d 幼茎即长离培养基表面，成为小植株。2 周左右小植株高达 4～6cm 即可移栽。

（五）花粉生活力测定

花粉生活力测定方法主要有染色法（生化法）、花粉离体萌发试验和花粉在柱头上的萌发试验，后者在远缘杂交育种中尤为重要。现简要介绍一法和三法。

1. 染色法　常用的有过氧化氢酶测定法、琥珀酸脱氢酶测定法、碘—碘化钾染色法等。下面过氧化氢（H_2O_2）游离出活性氧，使联苯胺被氧化后呈蓝色，α-萘酚被氧化后呈红色，若两者同时被氧化则呈紫红色。因此，按照本方法凡被染成红色、紫红色的花粉粒都具有生活力，不具有生活力的花粉仍为无色或黄绿色。

（1）试剂的配制。

①将 0.2g 联苯胺溶于 100mL 的 50％酒精中，置于棕色瓶中保存。

②将 0.15gα-萘酚溶于 100mL50％酒精中，置棕色瓶中保存。

③将 0.25g 碳酸钠溶于 100mL 蒸馏水中。

④使用前配制 0.3％的过氧化氢溶液。

使用前将①②③三种溶液少量等体积地混合起来（此种混合液不稳定，必须在使用时方能混合），④号溶液也必须在使用前才能配制和稀释。

（2）观察方法。

①用镊子于花粉贮藏瓶中取少量花粉（或新鲜花粉）分别置于载玻片上。

②在花粉上滴 1 小滴上述 3 种溶液的混合液和 1 小滴 0.3％过氧化氢溶液。

③用小玻棒将花粉与液滴仔细混合，盖上盖玻片。

④经 3～5min 后在显微镜下用低倍镜观察。

⑤凡有生活力的花粉被染成红色或玫瑰色，而不具生活力者为黄色或无色。在显微镜

下数不同颜色花粉数，用手持计数器计数结果记入记录表中。每一片子至少数 10 个视野（愈多愈准确），最后计算出有生活力花粉的平均数及百分数）。

2. 花粉在柱头上萌发的试验

（1）实验前的准备。

①培养基：蔗糖 10g，0.1％硼酸数滴，加水至 100mL，再加 1g 琼脂、加热溶融，分装在培养皿中。

②乳酚棉蓝染色剂：乳酸、苯酚、甘油、水等量混合，在以上溶液中加 0.1％的棉蓝。

（2）操作方法和步骤。

①授粉：在牧草开花期选择健壮无病的植株，用镊子夹掉花序下部已开放的小花和上部发育不全的小花。只保留旗瓣未张开，花药尚未弹出的几朵小花。用骨勺按一下父本小花的龙骨瓣基部，花丝管下弯，花药弹出，在勺上留下一小堆花粉。用同样方法按压母本小花，使其柱头接触勺上的花粉，授粉即已完成。然后套袋隔离，在标签上写明授粉的确切时间。

②取材固定：授粉后头 1 小时内，每隔 10min 取样；从第二小时起每隔 1h 取样。用镊子将已授粉小花放入小瓶内用卡诺氏液固定 30min，再换以 70％酒精中保存备用。

实习时为了方便，也可将已授粉的小花剪下，放入糖浓度为 10％的固定培养基上，随时取下柱头进行观察。也可将授粉的小花置于空的培养皿中，皿内滴几滴水，盖住防止柱头干枯。然后每隔一定时间取材进行观察。

③染色制片：采用乳酚棉蓝染色法。先将小花置于载玻片上，去掉花萼、花冠。左手用镊子压住基部花托，右手用尖的解剖针轻轻划破花丝管，并将子房和花托剥离，用镊子去掉花丝管，取出雌蕊，置载玻片中央，滴 1 滴乳酚棉蓝染色液，静置几分钟。然后盖上盖玻片，上衬吸水纸用手轻轻往下压，使柱头、花柱和子房展平。用吸水纸吸去多余染液。

④镜检：将做好的片子放在低倍镜下进行观察，可以看到：柱头、花柱和败育花粉几乎透明，而有生活力的花粉粒和花粉管被染成天蓝色。

注意观察花粉粒和畸形花粉粒数目，计算败育花粉率的比率。

通过观察，阐明花粉在柱并没有上萌发的最初时间，即授粉后多长时间花粉开始萌发。统计萌发率（柱头周围的花粉总数与已萌发花粉粒的比率）。同时要观察花粉管是否伸进花柱，授粉后不同时间内花粉伸长的程度以及花粉管何时到达胚囊。

（六）杂种优势的预测

1. 同工酶的测定 同工酶是指催化同一反应而分子结构不同的几种酶蛋白。它常由几个多肽亚单位构成。各种同工酶在最适 pH、最适底物浓度和等电点等条件下，所携电荷数及在场中移动速度不同，因此通过电泳法可将它们彼此分离开。同工酶的分析已广泛运用于植物种属间亲缘关系的测定，杂交育种中杂种优势的预测等。兹介绍采用聚丙烯酰胺凝胶电泳法之一的过氧化物同工酶酶谱分析法。

（1）试剂及其配制。

①三羟甲基氨基甲烷（Tris）缓冲液的配制：称取 Tris6.0g、甘氨酸 28.8g 溶于 1L 水中即为 pH 8.3 的甘氨酸缓冲液。

②染色液的配制：称联苯胺 2g 加在 18mL 冰醋酸中微热溶解后再加入 72mL 蒸馏水

配成联苯胺母液。染色液含有维生素 C 70.4mg，联苯胺母液 20mL，0.6％过氧化氢 20mL，蒸馏水 60mL。

③三羟甲基氨基甲烷盐酸（Tris-HCl）缓冲液（pH 8.0）的配制：称 12.1g 的 Tris 加无离子水 1L，再用 1mol 盐酸调至 pH 8.0。

④凝胶溶液的配制：

A 液：1mol 盐酸 48mL 加 Tris 36.6g，再加 N、N、N、N-四甲基乙二胺（TEMEI）0.23mL，最后用蒸馏水稀释至 100mL，pH 8.9。

B 液：1mol 盐酸 4.8mL，加 Tris 5.98g 和 TEMED 0.46mL，用蒸馏水稀释至 100mL，即为 pH 6.7 的溶液。

C 液：称 28.0g 丙烯酰胺（Acr）溶于 50mL 蒸馏水中，再加 0.735g N、N-甲叉双丙烯酰胺（BiS）待溶解后用蒸馏水稀释至 100mL。

D 液：称 Acr 10g 溶于 50mL 蒸馏水中，加 2.5g 的 BiS，溶解后用蒸馏水定容至 100mL。

E 液：称 4mg 核黄素，溶于 100mL 蒸馏水中。

F 液：40g 蔗糖溶于 100mL 蒸馏水中。

以上溶液均贮于棕色试剂瓶中，并保存于 4℃冰箱中。

（2）样品的制备。

①取同龄同一部位的牧草材料（最好是幼嫩部分）5～10g，放入预先在冰箱中冷冻的研钵中或固定 1h。

②加 Tris-HCl 缓冲液 10mL 于研钵中，再加 10％甘油 10mL，研成匀浆。

③用四层纱布过滤，溶液放入离心管中，在 3 000r/min 的离心机中离心 30min。

④将上清液放入小瓶中，保存在 0～4℃冰箱中，以备电泳分析用。

（3）凝胶柱的制备。

①分离胶：将所需凝胶溶液从冰箱中取出放置到室温。按 A∶C∶水∶E＝1∶2∶4.6∶0.4（V/V）将分离胶溶液轻轻混合（如有气泡可抽出）。在已准备好的橡皮帽中加 F 液 1～2 滴，并插上内径 5mm，长 70mm 的玻璃管，安放在试管架上，将混合好的胶液装入上述长玻管中，表面用进样器慢慢加入少量蒸馏水层覆盖，以压平分离胶的凹面，用日光灯照 20min，胶液凝聚后，吸去表面水分。

②浓缩胶（又称成层胶）：在一灯泡瓶中，按 B∶D∶E∶水＝1∶2∶0.5∶4.5（V/V）比例加入成层胶贮液，混合后抽气，加到长玻璃管中分离胶上面，高度约为 1cm，表面覆盖一层水，光照 50min，凝聚（成层胶变成乳白色即聚合完成）后及去表面水分。

（4）加样加电泳。用微量进样器取 5～100mL 待测样品提取液沿长玻管加在成层胶上面，拔去长玻管下端橡皮帽，用少量甘氨酸缓冲液轻轻冲洗凝胶底部，在凝胶管下端充满缓冲液（以排除空气）。插入盛有甘氨酸缓冲液（约 500mL）的电泳槽的下槽内。将凝胶玻管上端用少量甘氨酸缓冲液覆盖，滴入 0.01％溴酚蓝指示剂，上槽充以甘氨酸缓冲液（约 500mL）上层为阴极，下层为阳极，通电，每管电流为 3mA，当指示剂进入分离胶时电流增至每管 5mA。待指示剂移至凝胶下端时（2～3h），切断电源，取出玻管。

（5）剥胶。用注射器吸取蒸馏水，将针头紧靠玻管内壁插至凝胶与管壁之间，慢慢注入蒸馏水，并沿管壁转动一周，使凝胶将与管壁分离。完全分离后用洗耳球插至管口，小心凝胶挤出。

（6）染色。将凝胶柱放入苯胺染色液中，全部浸泡。在 $30\sim32℃$ 恒温箱中，浸染 20min，过氧化物同工酶即出现棕色的酶谱，然后再浸于 7%醋酸液中脱色（至背景色脱尽）或保存。

分离区带的泳动速度以相对泳动率表示

$$相对泳动率＝\frac{蛋白质区带移动的距离×染色前凝胶长度}{染料迁移的距离×脱色后凝胶的长度}$$

2. 配合力测定　玉米等植物采用自交系配制杂种 F_1 时，仅通过目测选择，效果不明显。有些表现型理想的自交系杂交后，杂种优势不一定强。而有些表现平平的自交系杂交后，杂种后代优势很强。自交系的这种表现生产力的遗传能力称之为配合力。

配合力分为一般配合力和特殊配合力，一般配合力是指某自交系与品种或综合种杂交时，F_1 代的产量表现，由于一般品种是一个混杂的群体，个体间遗传差异大，一次杂交相当于这个自交系与许多自交系杂交的平均结果。所以它是该自交系配合的一般表现。它也可以由该自交系与另外一些自交系杂交，F_1 的平均产量来计算。

特殊配合力是指一个自交系与另一自交系或单交种杂交，其 F_1 的产量表现。

配合力的测定，通过测验杂交而表现。测定一般配合力时所用的品种叫测验种，它本身的配合力不能太高，具有中下等水平即可，不然的话被测自交系的配合力被遮盖而表现不出来。但在测特殊配合力时，测验种应选一般配合力较高和各方面较好的自交系，以期产生出优良的杂交组合供生产上利用。配合力测定有早代测验与晚代测验之分。现在多采用折中的办法，在 $S_2\sim S_3$ 代进行。

（七）等位酶电泳分析技术

等位酶指由同一个基因位点的不同等位基因所编码的同一种酶的不同形式，属同工酶中的一部分。等位酶是有机体 DNA 转录和翻译的直接产物，通过等位酶分析，可以获得有价值的、不可替代的分子水平的遗传学资料。"水平切片淀粉凝胶电泳等位酶分析"方法，已被遗传学、医学、动物学、植物学、林业、农业、园艺、水产业、保护生物学等许多生物学工作者，尤其是生物遗传多样性、居群遗传学、系统与进化植物学、生态遗传学、植物繁育系统以及遗传资源保护方面的研究者广泛使用，而且越来越趋于成熟。

水平切片淀粉凝胶电泳的操作过程如下：

1. 酶与缓冲液系统的选配　因研究不同种间或同种内不同居群的遗传学结构、遗传相似度或遗传距离，需要用等位基因的频率作为基本数据。从理论上讲，检查的位点越多越好，但对一个特定的样品来说，往往有的酶活性强，表现稳定，酶谱容易分析；有的酶活性弱，表现不稳定，酶谱不容易分析。加上各种条件的限制，不可能检查所有的酶。再则，随机抽样作出的计算通常可以代表整体情况，所以可选用十几种酶谱容易分析的酶，最后获得 20 个左右位点的资料即可。

选择检测酶种类的原则：第一，酶的 4 级结构要清楚，否则结果无法进行遗传学解释；第二，尽量选单体酶和二聚体酶，以便结果容易进行遗传学分析；第三，选择每个样品都有的、常见的、必不可少的酶，以便于比较；第四，根据自己的实验条件和化学药品获得难易情况选定。

提取缓冲液（或称研磨缓冲液）、电泳缓冲液及染色液的选配，参照前一节和《植物等位酶分析》一书。

2. 采样　活材料是同工酶电泳研究的基础，植物的叶、嫩枝、芽（休眠等）、根、花冠、花药、发芽或未发芽的种子、胚乳、胚芽鞘等都可以用。进行比较研究时，取材部位最好要相同，以免某些酶（如过氧化物酶）在不同发育时期活性不同。嫩组织常表现出最高的酶活性。新鲜材料可以用冰镇或放在冰箱中保存几天或几星期，只要叶子不变黑不腐烂就可以使用。

在一般情况下，每个居群取 20～50 个个体进行分析即可。取样个体之间应有足够的距离，取样的居群数目要尽可能跨越该种的整个分布区、各种生态环境（温度、湿度、地形、土壤和植被类型等）和不同海拔。

3. 制胶　等位酶电泳常用的是"部分水解马铃薯淀粉"凝胶。由于淀粉无毒，水解马铃薯淀粉凝胶中的孔径大小和蛋白质分子接近，因此它提供了一个很好的分子筛，还可以被水平割成许多薄片，每片胶可以用来染不同的酶，因此为等位酶电泳所常用。在性能稳定性方面，美国 Sigma 公司的水解马铃薯淀粉最好、也最常用，但价钱较贵。王中仁（1995）试验，用"复合淀粉"（Compound starch）制胶可以获得较理想的结果。用 5∶3 化学试剂马铃薯淀粉和可溶性淀粉作为制胶淀粉，称取 8%～10% 浓度的这种混合淀粉，让它起相当于水解马铃薯的分子筛作用；加入 1% 的琼脂粉，让它起凝胶作用；再加入 2%～4% 的蔗糖，以提高分辨率。制出的凝胶强度和韧性很好，可以很容易地被切片和提起来操作，并能漂亮地染出 PGM、COT、PGI、MDH、6PGD、SKD、IDH 和 ME 等酶，酶谱上带的浓度和分辨率完全合格，性能和水解马铃薯淀粉接近，而费用不到进口水解马铃薯淀粉的几十分之一。

应当注意的是，所用淀粉无论是水解马铃薯淀粉、化学试剂马铃薯淀粉，还是可溶性淀粉都要尽量新鲜，规格要稳定，以便作对比或重复实验。

电泳凝胶要求导电性能均匀一致，强度和硬度便于操作，所以胶中不能有气泡或团块，硬度要合适。制胶的步骤：煮胶→抽气→注胶→覆盖。一般必须在跑胶的前一天下午煮胶、注胶，待盖上玻璃板或塑料膜后，在室温下过夜，使其有足够的时间冷凝，形成凝胶，第二天早上使用。

4. 研磨　电泳前必须把样品材料进行机械研磨，使其成组织匀浆，目的是使得酶从细胞和细胞器的膜中释放出来，为了保持酶的活性，要用适当的提取缓冲液并在研磨过程中保持低温。最好使用白色陶瓷比色盘和玻璃试管进行研磨（王中仁，1996）。陶瓷比色盘易于冰镇降温，易清洗，坑小节省样品材料和研磨缓冲液，省力，固定的坑位有利于保持材料的顺序。

提取缓冲液和材料要有合适的比例，一般 0.5～2cm² 的薄叶片加 3～10 滴提取缓冲液即可。也可以按材料/提取液的比例为：100mg/0.5mL，或 250mg/0.75mL 进行研磨。研磨时自始至终都要保持冷却，研磨用的瓷比色盘或研钵、试管或杵等预先都应该放入冰箱冷却，研磨时要用冰砖或在碎冰盘中冰镇瓷比色盘或研钵。

研磨后粗制的提取液沉淀片刻后，就可以直接放入纸沁子浸泡，只要没有明显的大碎片粘在沁子上，电泳效果一般不会受到影响。

研磨好的提取液最好马上使用，若需贮存提取液或浸有提取液的沁子，最好放入-70℃以下的低温冷冻箱里贮存，酶的活性可保持2年至几年。在普通冰箱中临时贮存1～2d，大多数酶的活性也不会受到很大的影响。

5. 上样 如何放置纸沁子，也会影响到最后跑出的酶谱的样式和质量。无论是使用新研磨的提取液浸湿的沁子，还是用冷冻的沁子，操作过程都要尽量保持冷的状态。

把降温后的凝胶从冰箱中取出后，先用扁平尖头手术刀沿四周把胶和边框要离，除去四周干缩的或溢出的胶条，用整个前手掌压住胶平移，使其与胶模的边框分离，再用两只手的前手掌压住胶上下平移，使胶的底部和胶模分离，可以移动，在距离底边约2.5cm处用尺子和扁平尖头手术刀切一条缝，把底部的一小条胶小心取出放在胶上面，然后把沁子按顺序从左至右贴在胶的底面上。把沁子从提取液中取出后要先放在吸水纸或滤纸上吸掉多余的提取液，以防沁子贴在胶上以后液体流下来互相融合污染，沁子之间要留出2～3mm的距离。插贴沁子时，沁子下端要接触胶模盘，以保证底层割片的质量。沁子放完后，把底部切下来的凝胶条小心复原放回去，使其与贴有沁子的大块胶底部密切吻合，中间不能有气泡。然后用整个手掌压住胶，使其向夹有沁子的切缝移动压紧，并在胶顶端或底端与边框之间放置一条压胶棒（有机玻璃条），以维持一定的压力，使沁子和胶之间保持有紧密的接触。

6. 跑胶 跑胶前在2只电泳槽内倒入适量的电泳缓冲液（大约束力/3），放入冰箱，以便让缓冲液预先降温。

在放置好沁子的胶上覆盖一片长方形的醋酸纤维素膜（可用投影胶片），面积大约为20cm×13.5cm，横盖在凝胶表面中部。盖膜时应从中间向两边，以防压入气泡。然后，把凝胶盘搭放在2只电泳缓剖液槽之间上面。把有样品的一端搭在有负极插座（黑色）的电泳缓冲液槽上。

在凝胶和电泳缓冲液之间用耐酸碱的海绵布作为连接盐桥，用2至数层干净的滤纸或纱布作为电极盐桥也可以。盐桥搭好后，盖上一块玻璃，它的附加重量有助于压紧海绵布（或滤纸）与凝胶的接触，以保证导电均匀，玻璃板还起着绝缘的作用。当一切都放好后，再插上电源插头。注意，一定把阴极（黑色）插头插在接放样品一端的电泳缓冲液槽的插座（黑色）上。然后，打开稳压稳流器（电泳仪）的电源开关，调至所需的电压或电流强度。注意，通电后不允许再用手接触海绵布（盐桥）、缓冲液或凝胶，以防触电。

跑胶时，对于所介绍的250mL凝胶来说，如果稳压，一般应在80～400V，常用的是200～250V，如果稳流应在15～75mA，常用的是30～35mA，功率在7～17W范围之内。

凝胶通电后，或多或少会发热，所以最好放在2～5℃的玻璃门冰箱中跑胶。如果有条件，也可以在冷房中跑胶，以保证在电泳过程中酶的低温条件和便于观察。胶跑好以后，要立即切掉电源，拔掉电泳槽上的插头，再取开海绵布，把凝胶盘从电泳槽上取下来，脱离电流回路后，尽快割片染色，以免跑好的酶在胶上扩散。如果染色液还没有准备好，不能马上切片染色，凝胶最好先不要胶离电泳，可以在前锋线路到终点以前，降低电泳速度，用低电流和低电压维持电泳状态。这对避免酶扩散有好处。

7. 切片 跑完电泳的胶要尽快染色，染色前要先把一块厚胶切割成数个薄片，250mL

缓冲液做成的胶通常 6～7mm 厚，用 1.5mm 或 1.2mm 的割胶导盘，可以切割成 3～4 片。

割片前，先在夹沁子的胶缝上面 1mm 处切一条缝，同阴极端的胶条、沁子一起取出扔掉。在胶的阳极一端，电极桥（海棉布或滤纸）压的部分，约 2cm 宽也没有用，用尺方和手术刀切一条缝，取出扔掉，留下中间一块凝胶供染色用。

把修好的厚胶小心提起，并放在割胶导盘上的两条轨道之间，横档之上，用模盘的平的一面压住胶，左手压住模盘，右手用割胶弓从上端向下端割，割时弓弦要向下压紧割胶盘的轨道，以使弓弦绷紧，移动过程中用力要平稳均匀，以保证割片的平整。割完后，连同割胶盘和模盘把胶翻过来，揭掉割胶导盘，掀起胶切片的右端，翻过来放在左手的 4 指上，小心提起来，右手的 4 指托起另一端，把胶切片从中间向两端平铺在染色盒中，要从中间开始向两端铺平，切片下面不能有气泡。把割胶导盘扣在剩余的厚胶上，连同底下的模盘翻过来再割下一片。每割一片胶后，都要立即用柔软的纸擦干净割胶弓弦。

8. 染色　割好的胶切片应该立即移入染色盒里，在 10～20min 内尽快染色。

9. 酶谱的记录　酶谱是进行遗传学解释和分析的基础，是需要永久保存的原始资料。主要有以下几种方法。

（1）绘酶谱记录。用铅笔和直尺在酶谱记录纸上绘出带谱的相对位置和浓度，或把胶用塑料膜包起来描绘。

（2）照相记录。

（3）用数码或缩写字母记录。

如果进行大量样品的已知等位基因的统计，可以把凝胶照片或描绘下来的已知酶谱编成一个代码系统，以后胶上的表现型可以参照每块胶上放的标准，样品带的位置用数码记录。对于同一个居群或类群的样品，如果已知其位点和等位基因的情况，只是为了统计频率多少，这样记录既省事又快。但是，对于未跑过电泳的类群来说，位点和等位基因的数目及位置未知，需要先了解位点和等位基因的情况，照相或描绘出所有的带谱进行记录最为安全。

（4）酶带谱的命名。文献中对酶谱上的酶带的命名通常有三种方法：

①快慢命名法：用带在胶上跑得快慢表示。快的用英文 Fast 的词头大写字母 F 表示，慢的用其所长 Slow 的字头 S 表示，跑在中间的用 FS 表示。例如在二倍体中，一个杂合二聚体酶的 3 条带可以表示为 FF、FS 和 SS。

②迁移率（Rf）命名法：以在胶上出现频率最高的带或溴酚蓝标记（为了便于确定前锋线的位置，上样时在面向可观察一侧的胶的边缘插入一个蘸有 1% 溴酚蓝钠盐水溶液的沁子和其他蘸有正式样品材料的沁子一起跑，作为前锋线位置的标记）为标准带，把它们的迁移距离定为 100，别的带用它们跑的距离和标准带相比的百分数来表示。如标准带 A_{100}，其他带为 A_{90} 和 A_{110} 等。

③基因构成命名法：在二倍体植物中，对于一个给定的酶来说，表达的同工酶位点的数目在不同类群中是高度保守的，如果背离了预期的位点数目，可能意味着重复位点、多倍体或技术上存在问题。在植物中，每种酶通常可以见到一组带或两组带，在有两带的情况下，它们通常是由 2 个基因位点编码，分别在细胞溶质和叶绿体 2 个亚细胞分室中表达，也就是齐头并进，这 2 个"亚细胞分室"的酶蛋白质的合成是分别独立进行的，这 2 个基因位点产生的多肽链之间不能自由组合。因此，对于二聚体或其他多聚人丁 酶来说，

在这两个位点的等位基因之间不形成杂合二聚体或其他杂合多聚体的酶表现型。在酶谱上通常表现为二组带。

为了便于解释，用小写英文字母 a、b、c……，表示不同的基因位点，小写英文字母后面的数字代表不同的等位基因，如：a 位点的等位基因为 a_1、a_2、a_3，……；b 位点的等位基因为 b_1、b_2，……，用它们的组合表示基因型（genotype），如二倍体 $a_1 a_1$、$a_2 a_2$，四倍体的 $a_1 a_1 a_2 a_2$，……。用相应的大写字母 A_1、A_2、A_3，B_1、B_2、B_3，……，表示等位基因所编码的多肽链（亚基）的情况，字母的数目表示组成酶的亚基的数目，在酶谱的表现型（phenotype）中，单体酶表示为 A_1，二聚体酶表示为 $A_1 A_1$，四聚体酶表示为 $A_1 A_1 A_1 A_1$，以此类推。这里称这种表示酶蛋白质的肽链组成的公式为"酶型（zymotype）"（王中仁，1994c，d）。可以用酶型来表示一条带（一种同工酶）的构成，如：A_1、$A_1 A_1$、$A_1 A_1 A_1$ 等；也可以把所有带的亚基构成用"＋"号连接起来，并把每条带浓度比的数字放在该带的亚基构成的前面，表示一个样品个体的指定酶的酶型。例如：具有二倍体杂合基因型 a_1、a_2 的样品个体，其二聚体酶的酶型可表示为 $1 A_1 A_1 + 2 A_1 A_2 + 1 A_2 A_2$。

需要强调的是，这里所说的"纯合的（homozygous）"或"杂合的（heterozygous）"是指特定的酶基因位点（locus）的等位基因组成情况，而不是指整个基因或染色体组（genome 或 genom）。在一个个体中，无论其来源于父本和母本的两个基因组（或染色体组）是纯合的还是杂合的，只要编码一种酶的指定位点上的等位基因完全一样，就说明这个"酶基因位点"是纯合的，否则是杂合位点。

各种酶的亚基数目不同，电泳以后它们在酶谱上的表现型——带型（banding pattern）也不同；即使是同一种酶，由于各种植物的倍性不同，它们在酶谱上的表现也会不同。

如在一株二倍体植物个体中，如果编码一种单体酶的一个指定位点是纯合的，基因型表示为：$a_1 a_1$，其两个等位基因完全一样，都是 a_1，在制作酶蛋白时，它们各自编码一条多肽链，都是 A_1，完全相同，这两条肽链都能分别形成有活性的酶；该孢子体减数分裂后形成的配子的基因型都是 a_1，编码的肽链也是 A_1。所以，这个二倍体表现出的酶谱是一条带，酶型是 A_1，它的配子体 a_1 也表现出同样位置的 1 条带，酶型也是 A_1。

在一株二倍体植物个体中，如果编码一种单体酶的一个指定位点是杂合的，基因型为 $a_1 a_2$。因为两个等位基因有差异，它们所编码出来的多肽链也有差异，分别为 A_1 和 A_2，电泳时 A_1 和 A_2 在电泳中的移动性有所不同，两种多肽链都能单独形成有活性的酶，酶型分别为 A_1 和 A_2，所以在酶谱上表现出两条带（图 4 - 1）。

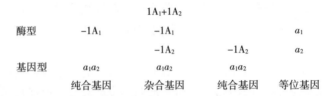

图 4 - 1 单体酶在一个具有 2 个等位基因的二倍体植物种群的带型模式图

这个杂合的二倍体植物所产生的配子体由于减数分裂的分离，每个配子体只具有单个基因 a_1 或 a_2，不同基因型配子出现的比率是 1∶1，每个配子体电泳后只表现出孢子体酶谱中的两条带中的 1 条，酶型分别为 A_1 或 A_2，出现的比率也是 1∶1。如果没有外来配子参加交配，进行自交。配子经过自由组合 $(a_1+a_2)^2$ 形成合子，基因型在子代的不同个体中则表现出 3 种情况，a_1a_2、a_1a_2 和 a_2a_2，比率是 1：2：1。这些子代个体在酶谱上，具基因型 a_1a_2 的个体表现为一条带 A_1，具基因型、a_1a_2 的个体则表现为两条带 $1A_1+1A_2$，具基因型 a_2a_2 的个体表现为另一条带 A_2，表现出不同酶谱的个体数比率和基因型一样，即 $1A_1$：$2(1A_1+1A_2)$：$1A_2$。

常用酶在不同的倍性和不同基因型个体中预期的带的数目和浓度比见表 4-1。

表 4-1　常用酶在不同的倍性和不同基因型个体中预期的带的数目和浓度比

酶 enzyme		单聚体 monomer		二聚体 dimer		三聚体 Trimer		四聚体 tetramer	
倍性 ploidy	基因型 (等位基因)	数目 No	浓度比 ratio	数目 No	浓度比 ratio	数目 No	浓度比 ratio	数目 No	浓度比 ratio
2X	*aa*	1	1	1	1	1	1	1	1
	ab	2	1：1	3	1：2：1	4	1：3：3：1	5	1：4：6：4：1
3X	*aaa*	1	1	1	1	1	1	1	1
	aab	2	2：1	3	4：4：1	4	8：12：6：1	5	16：32：24：8：1
	abc	3	1：1：1	6	1：2：1：2：2：1	10	1：3：3：3：6：1：3：3：3：3	15	1：4：4：6：12：1：4：4：6：12：1：4：4：6：12
4X	*aaaa*	1	1	1	1	1	1	1	1
	aaab	2	3：1	3	9：6：1	4	27：27：9：1	5	81：108：54：12：1
	aabb	2	1：1	3	1：2：1	4	1：3：3：1	5	1：4：6：4：1
	aabc	3	2：1：1	6	4：4：1：4：2：1	10	1：12：6：12：1：12：3：6：3：1	15	16：32：24：32：8：48：24：24：24：8：1：4：6：4：1
6X	*aaaaaa*	1	1	1	1	1	1	1	1
	aaaaab	2	5：1	3	25：10：1	4	125：75：15：1	5	
	aaaabb	2	2：1	3	4：4：1	4		5	
	aaabbb	2	1：1	3	1：2：1	4	（略）	5	（略）
	aaaabc	3	4：1：1	6	16：8：8：1：2：1	10		15	
	aaabbc	3	3：2：1	6	9：12：4：6：1	10		15	
	aabbcc	3	1：1：1	6	1：2：1：2：2：1	10		15	
	aaabcd	4		10		20		35	
	（略）								

注：摘自王中仁（1996 年《植物等位酶分析》）。

（八）牧草有性杂交技术

1. 禾本科牧草杂交技术

（1）选株。在预先确定好的杂交组合的母本群体中，选择健壮无病、具有本品种典型性状植株，正处于孕穗后期，小穗刚刚从叶鞘抽出，剥开颖壳后雌蕊柱头已成羽状，花药由绿变成黄绿色，这样的穗子去雄最好。

（2）整穗。从叶鞘中剥出整个花序，剪去下部发育不全的小穗和上部已授粉的小穗，每个花序只保留中上部的5～10个小穗。然后在每个小穗中，只保留基部较大的1～2个小花，其余的全部剪掉。因为这些花发育较迟，开花较晚，而且不结实的居多。经过整穗后，每个花序保留10～20个的小花。

（3）去雄。整好穗后，立即进行去雄。去雄时用左手大拇指和中指轻轻捏住小穗下部，用食指轻压小穗顶部，使2个护颖张开，再用手捏住。右手用镊子轻压小穗顶部，使第一个小花和第二个小花分开，再用左手将第二个小花分开，然后用镊子小心把内外稃拨开，轻轻地把3个雄蕊去掉。注意不要夹破花药。更不要用力损伤内外稃和雌蕊。如果发现花药破裂，让小花恢复原状，随即将此拔除。并将镊子用酒精消毒，以杀死镊子上残留的花粉粒。去雄后，让小花恢复原状，再做下一个小花。去雄应当在上午进行，这时天然杂交的机会少。去雄完毕后，套上隔离袋用回形针别住，挂上标签，写明父母本的名称和去雄日期，去雄者以备杂交。

（4）授粉。授粉之前先要采粉，也要选择父本品种的健壮无病的典型植株，挑选花药已变黄成熟但尚未破裂的小花。采集足够数量的花药置于小瓶中，搅碎后再进行授粉。在母本去雄后的第二天下午，进行采集花粉和授粉为宜。授粉时先把穗部套的隔离袋取下来，按照去雄的方法把内外稃打开，再用毛笔蘸少量花粉置于羽状柱头上，并轻轻擦抹。然后闭合内外稃，使其恢复原状，再用隔离袋把穗子套起来，以防其他花粉传入，最后在标签上注明授粉日期，整个杂交过程就算结束。授粉一周后，即可去掉隔离袋，以利于杂交种子的生长发育。种子成熟后，按组合分别收获保存，供下年种植。

下面介绍一种改进的杂交技术方法——剪颖法。

普通的去雄并人工授粉的杂交方法比较麻烦，结实率也不高，新方法是在整穗后，将母本花颖剪去三分之一，然后夹出3个花药去雄即已完成。为了便于散粉，将父本花颖剪短二分之一，再将它们共同置于隔离袋，花粉散下，即可授粉。这种杂交法形成的种子较瘪瘦，颖壳不完全，但不影响发芽率，而且能使结实率成倍地提高。

2. 豆科牧草杂交技术（以苜蓿为例）

（1）苜蓿的花器构造和开花习性。苜蓿为总状花序，蝶形花，两性花，有旗瓣1枚，翼瓣2枚，龙骨瓣1枚，雌蕊1个，雄蕊10个呈9合1离，9个雄蕊的花丝聚合成花丝管。苜蓿为无限花序，全株开花的顺序是自下而上。在一天中，5～17h均有开花，但开花最盛时期是午前9～12h，小花的开放时间可持续到2～3d。苜蓿为虫媒花，自花授粉是高度不孕的。

（2）有性杂交技术。杂交最好在晴天上午进行，6～9去雄，10～12h进行授粉。

①去雄杂交：选取位于主茎上的花序来作杂交，在准备杂交时，用剪刀剪去花序上已开放的全部小花和上部发育不全的花蕾，只留花冠比花萼长1部，花药为黄绿色呈球状一团的小花进行去雄。去雄时用尖头镊子把遮盖着龙骨瓣的旗瓣和翼瓣向一旁折转，把龙骨瓣轻轻地剥向旁边折转，或直接用注射针头或大头针将花蕾沿龙骨瓣脊部划开，并轻轻地向两旁折转，即见到雄蕊，小心地用镊子夹去花药。

授粉，从父本植株上采集花粉，一般选旗瓣和翼瓣已开，只有龙骨瓣未开的发育良好的花序，用牛角勺或木制小匙伸到父本的花中，在小勺压迫龙骨瓣基部的情况下龙骨瓣解钩花便开放，雄蕊和雌蕊有力地弹出，把一堆花粉留在小匙上。每杂交1朵花或1个组合时，用70％酒精棉球擦镊子和牛角勺等用具。去雄和授粉后套上隔离袋（用蜡纸糊制长9cm，宽4cm）或用棉花或纱布包裹花序，并挂上标签。

②不去雄杂交：因为苜蓿自花授粉高度不孕，很容易异花授粉（柱头具有选择性），因此育种实践上多数采用不去雄杂交法，即母本不去雄，直接授以父本的花粉，进行这种杂交方法时，父、母本的花朵应该选择旗瓣和翼瓣已经张开，但龙骨瓣未张开，雄蕊管未弹出的花朵进行杂交。先用牛角勺伸到父本的花中，在牛角勺压迫龙骨瓣基部时，龙骨瓣解钩开放，雄蕊和雌蕊有力的弹出，把花粉留在牛角勺上，然后再用带有花粉的牛角勺在母本花中进行同样的手续，要使雌蕊柱头刚好碰到从父本取来的那堆花粉。每杂交1朵花或1个组合时，用70％酒精棉球擦牛角勺以杀死残留花粉。

（九）牧草的无性繁殖技术

有分根、扦插、叶插、鳞茎、块茎、块根、根茎的营养繁殖以及分球、木子繁殖、珠芽繁殖、茎尖培养等，现以苜蓿为例说明茎的扦插繁殖技术，对多数豆科牧草都是适用的。

1. 苗床的准备　在花盆扦插的，将花盆内的土取出，装入肥力较好的细土，浇足水，等水渗下即可扦插。在苗床扦插的，要先把苗床内的土翻松，拣去石块，使土壤精细平整，然后充分灌水以待扦插，为了今后移栽方便，最好采用营养钵育苗，可用纸袋或塑料筒（信封大小）装上后，整齐排列在苗床中，然后充分灌水以待扦插。

2. 剪取插条　由母株基部剪取的枝条，需要整修后再扦插。每个插条要求在其顶端保留1个叶节。插条的长度不限，视品种的节间长短而定。因此每个插条应从叶节上的上部靠近节的地方剪取，这样可以册时剪掉分枝和小叶而只保留托叶内的腋芽。一般1个插条约有5cm长，个别的可达10cm，短的2～3cm也可以成活。这样剪法，1个母株可繁殖几十株甚至上百株。

苜蓿扦插最适宜的时期是孕蕾期，这时扦插成活率很高，而且能繁殖较多的数量。开花以后扦插，成活率逐渐降低。从生长时期来说春季萌发后植株高度达30cm左右即可扦插。甘肃武威市是5月上旬，这个时期扦插还可以在当年收到种子。

3. 扦插　准备好的插条，根据扦插的不同目的，可按不同的间隔距离插入泥中。在花盆中以能用烧杯覆盖为限，株距2～5cm，10株左右即可，扦插时叶节向上，节部露出地面1cm左右，太低易被土埋没，过高则易增加水分散失而干枯。插好后再灌少量水分，以使茎与土壤紧密接触。扦插在苗床的需覆盖塑料薄膜以保持湿度。

4. 苗床管理　覆盖塑料薄膜可以保持湿度，提高温度；但又易造成高温灼苗，应因时而宜地使用。春秋季使用有促使生长发育，提高成活率的良好效果，但在高温季节不宜使用，新塑料薄膜透光性好，透气性差，尤应防止温度过高。扦插后要注意管理，每天给苗床浇水一次，保持覆盖物内的饱和湿度状态。在生长季中光和温度无需特殊调节，自然状态即可满足需要。

扦插试验中的观察记载，灌水、除草等事宜，均宜在早晨进行，这时苗床内外的温、湿度相差不大，影响最小。切忌在中午打开塑料薄膜，这时苗床内高温高湿，扦插叶上气孔全部开放，乍一揭开，湿度骤降，插条叶内水分急剧逸出，很快造成插条萎蔫，叶片青干。

在气温较高的天气，即使在日落以后打开塑料棚，常常也会发生这种情况，造成扦插失败。有时温度过高，为避免烧苗，可将苗床四周的薄膜卷起，露出少许空隙通风，以缓降温度。

扦插4周后，根系已经开始形成，地上部分可达10～15cm，植株可开始锻炼以逐步由覆盖过渡到无覆盖。锻炼开始时每天下午7h左右去掉覆盖物，第二天上午10h前再盖上，如遇阴雨天，则全天不覆盖。锻炼持续1周就可以完全取掉棚膜，开始独立生活。

在大田扦插时，进行覆盖比较麻烦，也可以不用覆盖，将插条插入湿土中后，立即灌水，以后每隔3～5d灌水一次，使大田始终保持湿润，这样，经过4～5次灌水后就可以逐渐加大灌水间隔以至恢复正常。使用这种方法时，为了避免插条被土埋没，插条可适当剪长一些，可用2个叶节或更多叶节的插条扦插。大田扦插不需移栽，比较方便，但用水量大，不易管理。苗床扦插，管理和观测都很丛，扦插后4～5周再移栽到大田，只要及时浇水可保证全苗，带土移栽或用营养钵移栽效果更好。苗床温湿度易于控制，春秋季节用塑料薄膜覆盖以增温保湿，插条的生长发育显著优于大田扦插的插条。

二、主要育种方法和规程

（一）系谱法（单株选择法、系统育种法）

是国内外在自花授粉植物和常异花授粉植物育种中的最常用方法，主要用于常规育种、远缘杂交，辐射育种后代的选择，以及对自然变异材料的选择。它的主要特点：自杂种的第一个分离世代开始选株；下午分别种植成株行。以后各代都继续选择优良株行和单株，继续种成株系和株行；直至选择成优良一致的系统时，便不再选择，升入品种系鉴定和品种比较试验。在选择过程中，各世代都予以系统的编号，以便于查找株系历史与亲缘关系，故称系谱法。其育种程序以杂交育种为例如下所示：

P　杂交；

F_1　选择好的组合；

F_2　在好的组合中选择优良单株，单收单打，下年种成株行；

F_3　在优良株行中选择优良单株，下年种成株系；

$F_{4～5}$　在株系中继续选择优良株系和单株，优良一致的株系升级，下年进入品系鉴定；

F_6　继续选择；优良株系升级进行品系鉴定；

F_7　品种比较试验；初步繁殖种子；

$F_{8～9}$　区域试验；生产试验，繁殖种子。

大田推广。

（二）混合选择法（群体选择法）

一开始也是从原始品种或杂交后代中选出优良的单株（穗），但不是分株单收，株系单种，而是把这些入选的单株或单穗混合收种，第二年混合种植在一个小区，再经过比较鉴定，选育新品种的方法。这样经过1次混合选择的，称一次混合选择法；经过2次或2次以上的称多次混合选择法。该方法简单易行，适应于异花授粉及自花授粉牧草，亦可用于良种繁育过程。其育种程序如下：

原始混杂群体或杂交后代中选择优良单株，混合脱粒，下年混合种植；

第二次选择优良单株，混合脱粒，下年混合种植；

继续选择优良单株，混合脱粒，下年混合种植；

如此连续几代，直到混合群体符合要求；

品种比较试验、区域试验、生产试验等；

大田推广。

（三）集团选择法

在一个混杂群体或杂交后代中，根据经济性状、特征特性，分别选择各种类型的优良单株，最后将属于同一类型的植株混合脱粒，组成几个集团。以后每年在各个集团内根据要求进行混合选择，直到集团定型为止。再进行集团比较试验，选出好的集团进行品种比较试验。集团选择法适用于各种牧草，尤以异花授粉牧草较为常用，也是远缘杂交后代选择的主要方法。其育种程序如下：

在原始群体或杂交后代中选择不同类型的优良单株，按照不同类型混合成几个集团，第二年分集团种植。

各集团在隔离条件下单独种植，在集团内进行混合选择，连选2～3代。

选出较好的集团，进行比较试验。

淘汰较差的集团，好的集团升级进入品种比较试验等。

（四）回交育种法

两亲本杂交后，将亲本之一与子1代回交，再以该亲本与回交后代中所选优良单株回交，如此进行若干代（一般2～4代），然后将所选单株经数代（2～3代）自交，选育出新品种，这种方式称回交。回交育种法主要用于改良某一推广品种的个别不良性状，常用于自交系改良，不育系和恢复系的转育，抗病育种，远缘杂种后代不育性的恢复等。

回交育种程序如表4-2（以抗病育种为例）所示。

表4-2　回交育种法程序

年代	回交程序	工作内容
1	甲×乙 ↓	杂交甲为轮回亲本
2	F₁×甲 ↓	以杂种一代为母本，以品种为父本回交
3	B₁F₁×甲 ↓	从回交一代中选抗病株为母本，以甲为父本回交
4	B₂F₁×甲 ↓	从回交二代杂种中选抗病株为母本，甲为父本回交
5	B₃F₁ ↓⊗	回交三代杂种自交，选择优良的抗病植株
6	B₃F₂ ↓⊗	以当选抗病植株继续自交，从中继续选择优良的抗病单株
7	B₃F₃	继续选择，直到选出稳定的优良抗病品种

（五）杂种一代育种法（杂种优势利用，经济杂交）

生产上仅利用 F_1，自花授粉作物和异花授粉作物均可采用。自花授粉作物主要采用品种间杂，即利用优良纯系间杂交形成杂种1代。异交作物则通过多代自交或近交，选择优良自交系（近交系），通过配合力测定，再配制杂交组合，育成杂种1代用于生产。杂种1代利用的主要有单交种（A×B），双交种（A×B）（C×D），三交种（A×B）×C，测交种（A×品种），姊妹系杂交种（A_1×A_2）×B、（A_1×A_2）（B_1×B_2）等，回交种（A×B）×A、（A×B）×A×（C×D）×C，自交第一代杂种（A×B）S_1×（C×D）S_1 等，综合种（A×B×C×D×E×F×，……）等，其育种程序有：

自交系的选育：每代自交选择，连续4～5代，选出优良自交系。

自交系配合力测定：选出性状优良且经配合力测定后配合力好的自交系。

配制杂交组合：利用人工去雄、化学杀雄、自交不亲和系、雄性不育系制种。三种配套在隔离区内制种。

经过品种比较试验，选出优良的杂交品种再经过生产试验、区域试验等，用于大田生产。

（六）多元杂交法（多系杂交法）

是目前国外对具有营养繁殖能力的异花授粉的多年生牧草培育综合品种的最常用、最重要的方法。首先从单株种植的穴播田中选择优良单株扦插成无性繁殖系，再从中选择优良的无性系，将其扦插在多元杂交圃里进行开放传粉。按系收种，对其后代进行产量比较。再淘汰掉一些配合力不好的无性系。把当选的无性系在隔离区内开放传粉，混合收种，进行鉴定、比较，最后形成综合品种。

育种程序如下：

第1年：穴播数千株至万株左右。

第2～3年：从穴播区选择1/10左右的优良单株，建成无性繁殖系区，每系扦插10株左右，当年和次年评选出10%～20%的优良的无性繁殖系。

第4年：将当选的无性系扦插于多元杂交圃，开放传粉，按系收种，下年进行配合力测验。

第5～7年：按系播种，进行产量比较，测定各个无性系的一般配合力。

第8年：在多元杂交圃根据配合力淘汰低产无性系，当选的优良无性系（一般5～20个左右）开放传粉，全部混合收种。

第9～10年：进行产量比较试验等。

（七）母系选择法

和多元杂交法相似，也是培育无性繁殖系合成的综合品种。但是不进行配合力测验。首先从原始混杂群体中或杂交后代中选择植株扦插成无性繁殖系，再从中选择优良的无性系，在隔离区自由传粉，按母系收种，下年按母系穴播或稀条条播，再选择优良母系，并从中挑选优良单株，在隔离区内开放传粉，混合收种，形成综合种。再进行鉴定、比较，最终育成新品种，其适用范围和多元杂交法相同，也常用于块根茎类饲料作物的育种。

母系选择法育种程序如下：

第一年：单株穴播，选择优良单株。

第二到三年：优良单株扦插成无性系，从中选择优良无性系。

第四年：优良无性系在多元杂交隔离区开放传粉，按母系收种。

第五到六年：按母系种植，选择最优良的母系和单株，开放传粉。混合收种，形成育成系统。

第七到九年：进行产量比较，区域试验，生产试验等，大田推广。

（八）轮回选择法

也是选育综合品种的一种方法。头一年播种原始品种或杂交后代的一个群体，选株自交，即 S_0 植株。再播种一个测交种，与 S_0 植株测交（玉米用自交系和品种顶交，苜蓿等用无性繁殖系多元杂交）。第二到三年进行测交种比较试验，分株播种，淘汰一般配合力差的植株，评选出约10%的优良组合。第四年将中选植株的 S_1（或 S_2）在隔离区开放传粉，混合收种。收下的种子用于生产或进入第二个轮回，每一轮回都是在前一个轮回的基础上进行的，经过 3～4 个轮回，就可以看到很好的效果。轮回选择适用于异花授粉的多年生牧草，可以进一步提高一个品种的目标性状，效果可靠，多用于抗病育种等。

轮回选择育种程序如图 4-2 所示。

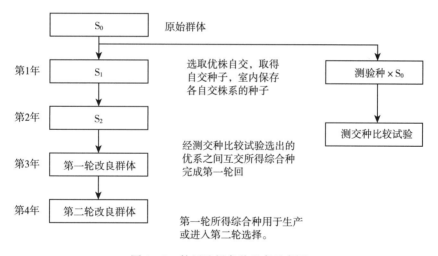

图 4-2 轮回选择育种程序示意图

主要育种方法和规程说明：

1. 各育种方法和程序中，从品系鉴定起，包括品种比较试验、区域试验、生产试验等，都必须有对照品种（有些情况下也应有原始品种）参加试验。

2. 育种程序中所列年限，为仅供参考之年限，在实际工作中，因材料、人力、设施等而异，可能缩短或延长。

3. 异花授粉牧草、饲料作物在育种各个阶段，都必须注意隔离，以免串粉造成失误。

三、生理生态特性的鉴定

（一）抗盐碱性鉴定

首先进行土壤调查，分析盐碱的成分及酸碱度，确定是盐害还是碱害，或兼而有之。甘肃河西走廊盐碱土主要成分是硫酸盐（如硫酸钠等）和氯化物（氯化钠等），前者占总量60%以上，pH一般在7.5～8.5。可以认为以盐害为主。一般草地中含量1%时尚不致严重危害，而致害的土壤中则含1.2%～1.5%，过多时寸草不长，因此，抗盐碱鉴定时应采用1.2%～1.5%的全盐量为鉴定标准。

鉴定牧草抗盐碱性的步骤：

1. 取土 在农田不同地点，取耕层20cm以内的土壤约400kg，打碎混合，过筛。

2. 提制盐碱 在当地重盐碱地，刮取土壤表层之盐类约7.5kg，加水搅拌，用白布滤出盐碱液，烘干备用。

3. 取砾石 用0.5cm和1cm孔径的两种筛子，筛取0.5～1cm的砾石12.5kg左右。

4. 分析土壤水分及全盐量 取土50g，称重，烘干再称重，求出土壤含水量，再将此烘干土壤置烧杯中加蒸馏水5倍充分振荡，然后过滤于三角瓶中，取滤液10mL至蒸发皿（已称重）中置烘箱烘干，称重，根据蒸馏水加入量和蒸发皿中滤液量和干盐量，求出土样的含盐量和土壤含盐量百分率，重复3次取其平均值。

5. 装盆 取洁净的育苗瓦盆，堵塞漏水孔，盆底铺砾石300g，砾石上盖纱布两层，称土6.5kg装入盆内，压紧，另备细土0.5kg，准备播种后覆盖种子用。

6. 土壤含盐量的配制及灌水 盆内土壤含盐碱量须达到当地盐碱土为害的浓度，应根据土样分析结果，再补充提制的盐碱至规定的浓度。盆内水分亦应补充至一般农业土壤播种前的含水量。如农业土壤播前含水量为16%，而盆土的为5%，则需增加11%的水分。盆中土壤含盐量为0.5%而要求的含盐量为1.2%时，则需初充自然复合盐碱类0.7%。

7. 播种 试验盆按次序编号，每个盆埋入土中2/3，上面留出1/3。参加鉴定的品种和对照品种，分别种于不加盐碱的、含盐碱1.2%、含盐碱1.5%的三种处理各3盆中。

选择完整饱满的牧草种子30粒，摆匀在盆内湿土上，用0.5kg细土撒埋，记载播种期及处理过程。

8. 抗盐碱性评定

（1）出苗期的评定。出苗后幼苗真叶开始出现时，统计各盆出苗率及受害植株百分率。

（2）拔节期的评定。当灌过第1次水后，盐碱上升，牧草进一步受害，再统计各盆成苗率和受害植株百分率。

（3）成熟期评定。在成熟期观察各品种生长的优劣，统计成穗数及各盆收获的籽实重量。

依照上述三项结果，把品种排列成等级，表示各品种对盐碱耐受能力的强弱。

9. 盆栽的管理 本试验暂定灌水6次左右，每隔半月1次，灌第1次、第3次、第5

次水时，每盆追施硝铵5g。其他栽培管理技术尽量要求与大田生产一致；并且各盆力求均匀一致。

(二) 抗旱性鉴定

干旱分土壤干旱和大气干旱，在某些情况下可能两种作用同时发生。土壤干旱表现为植株萎蔫，叶子变黄或脱落，这些现象由下往上发展。大气干旱，叶的萎蔫由顶部开始向下发展。

1. 目测法和盆栽法　大田条件下，常用目测法估计干旱发生的程度，一般可分为五级，植株完全没有萎蔫现象为5分，植株上个别叶子发生不严重的萎蔫为4分，植株上约半数叶子萎蔫为3分，大部分叶子萎蔫为2分，全部萎蔫为1分。除判断干旱的等级进行记录外，每天早晚要记录植株的各部分变化，以及恢复萎蔫的状况，如果能及时恢复者仍可以为有抗旱能力。在发生干旱时，应测定空气温度和相对湿度，同时测定土壤水分（用酒精烧土法）以了解各品种在同一条件下的不同抗旱力。

盆栽法能够测定植株对土壤干旱的抵达抗能力，将待测牧草各品种分别种于花盆，每一品种3~4盆，当盆栽植株发育到一定阶段时，停止给盆内浇水，待到植株发生萎蔫，测定盆内土壤湿度即为该品种植株的抗旱临界湿度。最后采用评分制，以植株存活率和产量来评价牧草的抗旱性。

盆栽法具体操作多采用反复干旱法，适合于苗期抗旱性鉴定。在瓦盆内装上并灌水到田间持水量，然后用小薄板将瓦盆隔成若干个小框，每框内种一个种或品种30粒种子，当幼苗到3叶期或4叶期时，开始干旱处理。处理时间视大部分试验材料的植株叶片达到永久萎蔫，土壤含水量6%左右为止。此时浇第1次水，水量为田间持水量，浇水后2d记录各品种的成活率。以后进行第2次、第3次、第4次干旱处理，每次浇水间隔时间仍需依大部分植株叶片处于永久萎蔫，土壤含水量4%~6%，同样浇水后2d调查幼苗成活率。根据幼苗成活率，划分不同的干旱等级。

2. 脯氨酸测定法　研究表明，干旱胁迫下，植物体内发生脯氨酸量的变化。一般说来，抗旱性强的植物脯氨酸维持积累时间长，积累量大，数量的变化平缓；抗旱性弱的植物积累迅速，但维持积累时间短，维持积累量也小，数量的变化剧烈。据此可以鉴定出抗旱性。

测定方法：精确称取一定量的叶片，剪碎后放入大试管，加入5mL 3%磺基水杨酸溶液，加盖后置沸水浴10min。取出试管，冷却至室温，吸取2mL提取液置另一试管，加入冰醋酸和酸性茚三酮溶液2mL，加塞煮沸0.5h，冷却后加入4mL甲苯，充分振荡，然后静置数分钟，待溶液分层后吸出有机相（红色），放入比色杯中，用721型分光光度计，以520nm波长比色，记录消光值，重复3次。

$$PRO（\mu g/g 鲜重）= \frac{磺基水杨酸的毫升数×测定液中脯氨酸的浓度（\mu g/mL）}{样品鲜重（g）}$$

(三) 抗寒性及越冬性鉴定

抗寒性是指植物对低温的抵抗能力；越冬性是指植物在冬春季节对外界综合的不良条

件的抵抗能力，除冷害这一主要因素外，尚包括霜冻、雪害、冬季病害、湿害及春季地表昼消夜冻造成的机械损伤等。

测定方法有田间抗寒性测定、越冬率测定、幼苗冷冻法、黄化苗生长量测定法、人工气候室耐冷性鉴定、电导法测定细胞耐冻性、根系可溶性糖浓度测定等等。

1. 越冬率测定　入冬土壤结冻前，选择当年播种的试验圃，每小区选择 2～3 个 50cm×50cm 的样方，四周钉以木桩，作好标记，查明株数。如系条播的可分别选择 2～3 个样段，每段行长 1m，查明株数，钉上木桩以标记。

当春季来临，土壤解冻，牧草开始返青前后，即可到田间检查。在选好的样段或样方上，用铁锹或小铲取掉植株周围的土露出根部，并使各植株之间彼此分离以便于计数。例如在样方上原有 150 株，返青后只存活 120 株，则其越冬率为 80%。其计算式为：越冬率＝存活总株数/植株总数×100%。

统计苜蓿越冬率时，将那些长出绿叶、新芽或幼芽突起，以及虽然没有萌发芽，但根颈部颜色正常、无枯黄变色、根皮细嫩光滑的归于存活植株一类中去。将根颈腐烂发黑、无新芽萌发的归于死亡植株。

2. 黄化苗生长量测定法　是一种间接测定牧草根部越冬期营养物质储存量的方法。以苜蓿为例：

（1）土壤封冻前，挖取同年播种的不同品种苜蓿的根，每个品种取 5～10 株，根长 25cm 左右，择均匀一致、重量相当的根用于试验。每一株为 1 次重复，视品种多少设 5～10 次重复。

（2）挖下的根洗净泥土，揩干，剪去残枝，置天平上称其称其鲜重，记录。

（3）把称重后的鲜根埋在小木箱内，每一重复为一行，填充蛭石，记录其排列顺序位置，挂上标签为识别。然后浇足水分，置于温暖黑暗的室内或保温箱内任其生长。

（4）每隔 20～25d 剪下各根上的黄化苗，称其鲜重；烘干后称其干重，记录。如此测定数次，直至黄化苗不再长出为止。

（5）统计各株根系的黄化苗生长总量，并换算出每单位重鲜根的黄化苗生长量（烘干重）。

（6）比较各个品种每克鲜重黄化苗的生长量。由于黄化苗生长是在完全黑暗中进行，无光合作用，全靠消耗根内储存的营养物质。故黄化苗生长量的多少反映出该品种越冬前根系营养物质储存量的多少，亦间接反映出其越冬能力。

3. 细胞耐冻性测定　用电导法。以黑麦草为例，供试材料进行盆栽，从基部向上 3.5cm 处剪取叶片，称重后用蒸馏水洗净，再用滤纸除去水滴，在 −10℃ 恒温中放置 24h，取出后放在苯乙烯制的容器中，加重蒸馏水 50mL 进行浸渍处理，再用浸渍液测电导率。

（曹致中　毕玉芬　编）

第五章　牧草种子质量评定

牧草种子质量评定，是应用科学的方法与技术，对种子质量进行分析、检验、评定，以判断种子真实性及质量优劣。

种子质量评定的目的是测定种子的用价，为牧草种子的生产、调运、贮藏、交换和管理等提供重要的质量依据。同时，通过对已知来源、背景的种子质量的测定，可以分析种子质量与种子生产、管理、加工、贮藏、运输等条件的关系，对提高种子质量和确定种子生态学特性等具有重要意义。

种子质量评定的项目，由种子质量所包含的多重性所决定，通常包括种子净度、发芽力、生活力、重量、健康、纯度和活力等重要项目。

一、种子常项质量评定

常项质量，是指国际种子质量检验与评定中通常采用的一些传统技术，包括净度、发芽、重量、水分、健康和生活力四唑测定等。由于这些技术一般为放大草原科技人员所了解，且参考书较多，故本章重点介绍这些方法的技术要点及其最新内容。

（一）净度分析

净度分析的目的是测定样品中的净种子和其他混杂物的含量，鉴别样品中所含其他植物种子种类和杂质的类别，从而推测种子批的组成。

净度分析结果主要可用于：

第一、为生产中计算种子用价和播种量提供重要指标。因为：

$$种子用价 = 净度 \times 发芽率，而实际播种量 = \frac{100\%用价时的播量}{种子用价}$$

第二、根据种子混杂程度，可分析出种子净度低的因素，从而提出提高种子质量的种子生产、管理和清选等措施。

第三、绝大多数项目的检验须用净种子作为试样，因此净度分析可为其他项检验提供基础种样。

1. 基本方法　净度分析的基本方法是将试样（规定不少于 2 500 粒）分为净种子、其他植物种子和杂质三种成分。分析时既可采用全试样，也可采用半试样进行重复分析。结果以各成分重量占各成分重量总和的百分比表示，取一位小数。另外，需鉴别出其他植物种子的种类及杂质的类别。

净度分析结果是否正确，关键在于能否准确地掌握各种成分即净种子、其他植物种子和杂质的划分标准。以下介绍国际种子检验协会（ISTA，1993），在最新修订的《国际种子检验规程》（《International Rules for Seed Testing》）对上述成分的划分标准。

2. 净种子 净种子是指报检者所叙述的种，或在检验时所发现的主要种，并包括该种的全部植物学变种和栽培品种。包括：

（1）除明显转变成菌核、黑穗病孢子团和虫瘿以外的种子（甚至包括属于所分析种的未成熟的、瘦小的、皱缩的、有病的或已萌发的种子）构造。

①完整的种子单位：通常指易分离的种子单位即瘦果和类似的果实、分果、小花等。有关属和种均有专门规定（ISTA，1993）。

禾本科包括含1枚明显具胚乳腺颖果的小花簇和单独的裸粒颖果。

②破损种子大小超过原来一半者。

（2）除上述主要原则之外，对某些属或种有如下规定：

①豆科和十字花科种子：全部脱落种皮者，或无论胚轴和（或）大小一半以上的种皮是否存在，但子叶分离的种子皆列为杂质。

②禾本科种子：黑麦草属（*Lolium*）、羊茅属（*Festuca*）、杂交羊茅黑麦草属（*Festulolium*）、伏枝冰草（*Agropyronrepens*）等的颖果长度达到或超过1/3内稃（自小穗轴基部计）的种子为净种子，而小于1/3者作为杂质。其他属或种的禾本科牧草凡颖果含有1枚胚乳的种子均列为净种子。

格兰马草属（*Bouteloua*）、虎尾草属（*Chloris*）、蒺藜草属（*Cenchrus*）的小花或小穗不含颖果者亦属净种子。

草地早熟禾、早熟禾和鸭茅可用吹风法进行净度分析，对用吹风法获得的净种子有专门定义（ISTA，1993）。

某些种的复合小花全部划为净种子部分（ISTA，1993）。

燕麦草属（*Arrhenatherum*）、燕麦属（*Avena*）、虎属草属、鸭茅属（*Dactylis*）、羊茅属、杂交羊茅黑麦草属、绒毛草属（*Holcus*）、黑麦草属、早熟禾属和高粱属（*Sorghum*）的种子所附不孕小花亦属净种子。

3. 其他种子 指除净种子以外的任何植物种子及类似种子的构造。区别净种子所提出的标准一般同样适应于区别共他种子。

4. 杂质 除净种子和其他种子以外的所有其他物质。

目前，净度分析主要靠徒手分样，费工、费时。虽有些小粒禾本科牧草可采用吹风法，但我国目前尚缺乏可满足要求的吹风机。

（二）发芽试验

发芽试验的目的是测定种子发芽力，以了解种子的田间播种用价和比较不同种批的质量，为生产播种、调种、种子收购和贮藏等提供重要的质量指标。发芽试验亦是草原学研究的常用技术之一，通过发芽试验可以了解种子的生活适应性和抗逆性，如种子对温度、光照、水分等的反应，以助记词种子的抗寒性、抗旱性和耐盐碱性等。

种子发芽力是指供试种子在最适宜条件下，能够发芽并长成正常植株的能力，通常用发芽势和发芽率表示。发芽势是指种子在发芽试验初期（规定的初次统计），正常发芽种子数占供试种子数的百分率，一般表明出苗速度及苗壮程度。发芽率是指种子在发芽试验终期（规定的末次统计），全部正常发芽种子数占供试种子数的百分率，可用于反映有生活力种子的数量。

1. 基本方法　发芽试验的基本方法是将供试种子（净种子）置于适宜发芽床上，在规定（检验）或设计（研究）的发芽条件下萌发。按规定日期进行初、末次统计，初次仅统计正常幼苗数，末次除统计全部正常幼苗外，还应统计不正常幼苗和未发芽种子数。未发芽种子又进一步分为硬实、新鲜未发芽和死种子 3 类。结果以各类幼苗或种子占供试种的百分率表示，取整数。

确定适宜萌发条件以及准确区分正常与不正常幼苗，是发芽试验技术的关键。

2. 幼苗评定

（1）正常幼苗。指在良好的土壤和适宜的温度、水分和光照条件下，具有进一步发育成良好植株潜力的幼苗。包括下列任何一种：

①完整幼苗：基本构造完整、匀称、健康、发育良好的幼苗。

②轻微缺陷幼苗：幼苗的主要构造受到轻微伤害，但各部位发育良好和平衡，与同试验中正常幼苗的发育相当。

③次生侵染幼苗：可明显看出幼苗曾属于上述①或②类幼苗，但只是在试验期间受到并非来源于母体种子本身的真菌或细菌的侵染。

（2）不正常幼苗。指在适宜条件下不具备进一步发育成良好植株潜力的幼苗。包括下列任何一种：

①损伤幼苗：幼苗的主要构造缺失或者严重损伤，以至于不能均衡发育。

②畸形幼苗：幼苗发育细弱，或受到生理抑制，或者主要构造畸形，或生长不成比例。

③腐烂幼苗：由于初次（即来源于母体种子）受病原侵染，幼苗任何主要构造发病或腐烂，以致于正常发育受阻。

有关正常幼苗与不正常幼苗的详细描述参见国际种子检验规程（ISTA，1993）。

3. 发芽条件　种子检验中发芽试验最适宜条件的确定，主要指对水分、氧气、温度、光照条件的选择，也涉及对发芽床种类，休眠处理措施以及初、末次统计时间等的确定。常见牧草种子发芽试验的技术条件规定见表 5-1。

（1）水分和氧气。各种植物的发芽最低需水量（即种子开始萌发时吸收水分的重量占种子重量的百分率）不同，一般以淀粉为主的种子，发芽时的最低需水量较低，为 $22.5\% \sim 60\%$；以蛋白质为主的豆类种子，发芽时的最低需水量较高，为 $126\% \sim 186\%$；油料作物种子最低需水量居中，为 $40\% \sim 60\%$。种子大不相同，发芽时的绝对需水量也不同。所以应根据种子需水量多少，确定适宜种类和大小的发芽床（见以下关于发芽床的介绍）。在种子萌发过程中，要始终保持发芽床的湿润，并使发芽箱内的相对湿度保持在 $90\% \sim 95\%$。

发芽试验用水清洁，不含酸、碱、有机质或其他杂质，水的适宜酸碱度为 pH 6~7.5。

种子发芽过程中随呼吸作用的增强，需氧量也增加，但水分过多往往容易造成氧气不足。同时，种子呼吸时产生较多的二氧化碳，会抑制发芽。因此发芽箱和培养皿要经常打开，及时通风换气，以利种子正常发芽。

（2）温度。不同植物种要求的发芽温度不同，一般温带牧草种子发芽温度较低，为

20℃恒温；热带牧草种子发芽温度较高，为25℃或30℃恒温，或者用20~30℃变温。大部分豆科牧草种子规定用20℃或25℃恒温。大部分禾本科牧草要求变温发芽，变温幅度因草种不同而异，大致15~25℃、15~30℃、20~30℃、20~25℃及10~15℃等数种。变温通常指一天24h中，在较低的温度保持16h，在较高的温度保持8h。

（3）光照。大部分牧草种子发芽时对光照要求不严，即有无光照均发芽良好。但有些禾本科牧草为喜光种子，必须加光照才可破其休眠和发芽。这类喜光种子发芽可采用白炽灯照射，每天光照8h，光照强度为750~1 250lx。采用变温发芽的种子，光照最好在高温期间供给。有少数豆科牧草如地三叶需在黑暗中发芽。

（4）发芽床。发芽床是提供水分的衬垫物，其种类较多，主要有纸床和砂床两类。也有土壤、纱布、毛巾、海绵和脱脂棉等。任何发芽床应具备保水良好，无毒、无病菌的基本要求。

一般而言，小粒种子应采用滤纸或纱布作发芽床，可将其浸入水中，吸湿后沥去多余的水。大粒种子可用砂床或毛巾作为发芽床，砂中加水为饱和含水量的80%；毛巾则浸湿后沥去多余的水即可。中粒种子则采用纸床和砂床，但砂中加水为饱和含水量的60%。任何发芽床加水都应避免过湿，以不使种子周围产生一层水膜为原则。

检验中，根据种子置床方式不同，可划分为纸上（TP）、纸间（BP）、纸卷（RP）、折纸（PP）、砂上（TS）和砂中（S）等置床方法。常见牧草种子的发芽床见表5-1。

纸上法：种子摆在两层湿纸上，纸放置于培养皿或发芽盒中，种子置床后盖上皿（盒）盖。

纸间法：与上法的唯一不同是在种子上又盖一层湿纸。

纸卷法：种子摆在两层湿纸上，在种子上盖一层湿纸。然后将纸底边折住，再沿左右一端将纸卷成松松的筒状，将上端用橡皮筋缚住。竖立着发芽。

折纸法：将纸床以等距离上、下折成若干小折，种子置于折间。

砂上法：类似于纸上法，种子摆在湿润的砂上。

砂中法：种子摆在湿润的砂上后，其上再覆盖一层湿砂。

4. 统计时间　初次统计时间过早或过迟，都将影响发芽势所应指示的意义，一般可定为当50%或50%以上的发芽种子长成正常幼苗时的最早天数。末次统计时间应定为当供试种不再继续萌发的最早天数，在检验中为计时方便和统一起见，ISTA除对少数种例外，一般采用了不再继续萌发时的整周日数表示，例如根据植物种不同有7d、14d、21d和28d等（表5-1）。

5. 种子休眠　具有生活力的种子在适宜的发芽条件下不萌发，这种现象称作种子休眠。豆科硬实是休眠的一种特殊形式。由于休眠的种子会对种子萌发带来困难，所以在进行发芽试验和有时田间播种前，必须进行适当的休眠处理。种子休眠有生理性休眠、硬实种子和抑制物质等多种类型，因此解除休眠的就地民是多种多样。一般生理性休眠可采用干燥贮藏法、预冷冻、预加热、双氧水处理、赤霉酸浸床、硝酸钾浸床、塑料袋密封、光或暗处理等解除休眠的方法；抑制物质则需用洗涤法、机械处理法和酸处理法等。下面介绍用于牧草种子的数种常用方法。其余方法参见孙致良、杨国枝等《实用种子检验技术》（1993），毕辛华《种子检验》（1986）和ISTA（1993）等。

表 5－1　常见牧草种子发芽条件

种　名	发芽床	温度（℃）	初次统计	末次统计	休眠处理
1. 冰草 (Agropyron cristatum)	纸上	20~30; 15~25	5	14	预先冷冻; KNO₃
2. 沙生冰草 (A. desertorum)	纸上	20~30; 15~25	5	14	预先冷冻; KNO₃
3. 小糠草* (Agrostis alba)	纸上	20~30; 15~25	5	28	预先冷冻; KNO₃
4. 匍匐剪股颖 (A. stolonifera)	纸上	20~30; 15~25; 10~30	7	28	预先冷冻; KNO₃
5. 草原看麦娘 (Alopecurus pratensis)	纸上	20~30; 15~25; 10~30	7	14	预先冷冻; KNO₃
6. 羊草* (Aneurolepidium chinense)	纸上	20~30	6	14	
7. 黄花茅 (Anthoxanthum odoratum)	纸上	20~30	6	14	
8. 冷蒿* (Atemisia fragida)	纸上	20~30	4	12	光
9. 白沙蒿 (A. sphacrocephala)	纸上	20	4	10	
10. 沙打旺 (Astragalus adsurgens)	纸上	20	4	14	
11. 燕麦 (Avena sativa)	纸间; 砂中	20	5	10	预加热 (20~35℃); 预先冷冻; GA₃
12. 扁穗雀麦 (Bromus catharticus)	纸上	20~30	7	28	预先冷冻; KNO₃
13. 无芒雀麦 (B. inermis)	纸上	20~30; 15~25	7	14	预先冷冻; KNO₃
14. 无芒虎尾草 (Chloris gayana)	纸上	20~30; 15~35	7	14	预先冷冻; KNO₃; 光
15. 鹰嘴豆 (Cicer orietinum)	纸间; 砂中	20~30; 20	5	8	
16. 小冠花 (Coronilla varia)	纸上; 纸间	20	7	14	
17. 菽麻 (Crotalaria juncea)	纸间; 砂中	20~30	4	10	
18. 狗牙根 (Cynodon dactylon)	纸上	20~30; 15~35	7	21	预先冷冻; KNO₃; 光
19. 鸭茅草 (Dactylis glomerata)	纸上	20~30; 15~25	7	21	预先冷冻; KNO₃
20. 野麦草 (Elymus juncens)	纸上	20~30	5	14	预先冷冻
21. 苇状羊茅 (Festuca arundinacea)	纸上	20~30; 15~25	7	14	预先冷冻; KNO₃
22. 羊茅 (F. ovina)	纸上	20~30; 15~25	7	21	预先冷冻; KNO₃
23. 紫羊茅 (F. rubra)	纸上	20~30; 15~25	7	21	预先冷冻; KNO₃
24. 冠状岩黄芪 (Hedysarum coronarium)	纸上; 纸间	20~30; 20	7	14	预先冷冻; KNO₃
25. 绒毛草 (Holcus lanatus)	纸上	20~30	6	14	预先冷冻; KNO₃
26. 山黧豆 (Lathyrus sativus)	纸间; 砂中	20	5	14	
27. 兵豆 (Lens culinaris)	纸间; 砂中	20	5	10	预先冷冻
28. 尖叶铁扫帚 (Lespedeza juncea)	纸间	20~30	7	21	预先冷冻

（续）

种　名	发芽床	温度（℃）	初次统计	末次统计	休眠处理
29. 铁扫帚（L. striata）	纸间	20~35	7	14	
30. 一年生黑麦草（Lolium multiflorum）	纸上	20~30；15~25；20	5	14	预先冷冻；KNO₃
31. 多年生黑麦草（L. preme）	纸上	20~30；15~25；20	5	12	预先冷冻；KNO₃
32. 百脉根（Lotus corniculatus）	纸上；纸间	20~30；20	4	10	预先冷冻
33. 白羽扇豆（Lupinus albus）	纸上；砂中	20	5	10	预先冷冻
34. 大翼豆（Macroptilium atropurpureum）	纸上	25	4	10	H₂SO₄
35. 天蓝苜蓿（Medicago lupulina）	纸上；纸间	20	4	10	预先冷冻
36. 圆形苜蓿（M. orbicularis）	纸上；纸间	20	4	10	预先冷冻
37. 黄花苜蓿（M. polymorpha）	纸上；纸间	20	4	14	
38. 紫花苜蓿（M. sativa）	纸上；纸间	20	4	10	预先冷冻
39. 白花草木樨（Melilotus alba）	纸上；纸间	20	4	7	预先冷冻
40. 黄花草木樨（M. officinalis）	纸上；纸间	20	4	7	预先冷冻
41. 红豆草（Onobrychis viciifolia）	纸上；纸间	20~30；20	4	10	预先冷冻
42. 大黍（Panicum maximum）	纸上	15~35；20~30	10	28	预先冷冻；KNO₃
43. 草芦（Phalaris arundinacea）	纸上	20~30	7	21	预先冷冻；KNO₃
44. 梯牧草（Phleum pretense）	纸上	15~25；20~30	7	10	预先冷冻；KNO₃
45. 草地早熟禾（Poa pretense）	纸上	15~25；20~30；10~30	10	28	预先冷冻；KNO₃
46. 普通早熟禾（P. trivialis）	纸上	15~25；20~30	7	21	预先冷冻；KNO₃
47. 碱茅草**（Puccinellia spp）	纸上	10~25	7	21	
48. 苏丹草（Sorghum sudanense）	纸上；纸间	20~30	4	10	预先冷冻
49. 柱花草（Stylosanthes guianensis）	纸上	20~35；20~30	4	10	硫酸 H₂SO₄
50. 矮柱花草（S. humilis）	纸上	10~35；20~35	4	10	切干种子
51. 红三叶（Trifolium pretense）	纸上；纸间	20	4	10	预先冷冻
52. 白三叶（T. repens）	纸上；纸间	20	4	10	预先冷冻
53. 地三叶（T. subterraneum）	纸上；纸间	20；15	4	14	黑暗
54. 春箭筈豌豆（Vicia sativa）	纸间；砂中	20	5	14	预先冷冻
55. 冬箭筈豌豆（V. Villosa）	纸间；砂中	20	5	14	预先冷冻

注：*：国家标准局（1982）；**：孙建华，王彦荣（1988），其余种：ISTA（1993）。

（1）预先冷冻。种子先放在湿润的发芽床上，在5～10℃条件下低温处理7d，然后再移到正常温度条件下发芽。预冷的温度和时间往往因种或休眠程度而异。

（2）预先干燥。种子预先在30～35℃及通风良好的条件下干燥7d，然后再置于正常温度条件下发芽。但种子湿度过高时不宜采用此法。

（3）硝酸钾（KNO_3）处理：在试验开始时，用0.2%的硝酸钾溶液浸润发芽床，再将种子置床。但试验期间如湿度不够时，则需加水湿润发芽床。0.2%硝酸钾的配制方法是将2g硝酸钾溶解于1L水中。

（4）赤霉酸（GA_3）处理：方法同硝酸钾，但浓度通常为0.05%，系将500mg赤霉酸溶解于1L水中。但休眠程度低的种子可采用0.02%的浓度，而休眠程度高者可采用0.1%的浓度。如果采用高于0.08%赤霉酸时，建议将赤霉酸溶于磷酸盐缓冲液中，而不是溶于水中。其缓冲液的配制方法是将1.779 9g二水磷酸氢二钠和1.378 8g磷酸二氢钠溶解于1L水中。

（5）硫酸（H_2SO_4）处理。可有用1.8比重的浓硫酸浸种，浸种时间决定于硬实率。一般要求：

硬实率（%）：	15～20	30～50	50以上
浸种时间（min）	5～8	10～12	12～15

处理后应用水冲洗种子，再进行发芽试验。

（6）机械处理。采用针刺、砂擦或利用破皮机处理种皮，然后再进行发芽试验。处理的最佳种子部位是靠近胚部的种皮，但切勿损伤种胚。

（三）生活力四唑测定

种子生活力是指种子的潜在发芽能力或种胚所具有的生命力。四唑测定可快速了解种子的生活力，便于休眠种子检验、种子收购和管理过程中的初步检验以及种子变质原因的分析等。

四唑测定的原理是所用试剂2,3,5-三苯基氯化（或溴化物）四唑是一种可被种子吸收的无色溶液，它在种子组织里参与活细胞的还原过程。从脱氢酶接受氢，经过氢化作用，在活细胞中产生红色稳定的不扩散物质——三苯基甲月替，这样就能区别种子红色的有生命部分和无色的死亡部分。除完全染色的有生活力种子和完全不染色的无生活力种子外，还可能出现部分染色的种子，这些种子在其不同部位存在着大小不同的坏死组织。种子生活力的有无，不仅决定于是否染色，而且还决定于胚和（或）胚乳坏死组织的部位和面积的大小。

1. 试剂准备　采用2,3,5-三苯四唑氯（或溴化物）配成0.1%、0.5%或1%的四唑盐类溶液。溶液的酸碱度以pH 6.5～7为宜。如果水的酸碱度不在中性范围内，则四唑盐应该溶解在磷酸盐缓冲溶液中，其缓冲液的配制法是先准备以下两种溶液即A和B。

溶液A：在100mL水中溶解9.078g磷酸二氢钾（KH_2PO_4）。

溶液B：在100mL水中溶解11.876g二水磷酸氢二钠（$Na_2HPO_4 \cdot 2H_2O$）。

取溶液A 400mL和溶液B 600mL混合即成1 000mL缓冲液。取10g（若配制0.1%四唑液时取1g；配制0.5%时取5g）四唑盐溶解于1 000mL缓冲液即成pH7.0的1%的四唑溶液。

2. 种样准备 每个种样的测定应不少于 200 粒净种子。一般种子在水中浸 3～10h，使组织稍变松软。根据不同种子特点进行纵切或横切以及刺破种皮的（表 5-2）。

3. 染色 准备好的种子，放在小玻璃容器里再往容器中加入四唑溶液浸泡、染色。一般禾本科纵切的种子用 0.1％溶液，豆科及其他整粒种子用 0.5％或 1％溶液染色。染色时间因牧草种和温度而不同。通常在染色温度范围内，增加 5℃，可相应减少一半染色时间。常见牧草种子的染色方法见表 5-2。

4. 鉴定 到达规定时间后取出种子，用清水冲洗，然后用放大镜或双目解剖镜逐粒观察、鉴定（表 5-2）。

小粒禾本科牧草种子和小粒豆科种子，因有颖壳或种皮包住，不易观察到内部染色情况，可在种子洗涤后吸取表面水分，再滴上乳酸苯酚溶液（用 20 份乳酸、20 份苯酚、40 份甘油和 40 份水配制而成），使颖壳或种皮透明，再于解剖镜下鉴定。

禾本科牧草种子：种胚全部染成红色的为有生活力种子，芽鞘、根鞘、胚根尖端、盾片上下端不染色而其他部分染色的也是有生活力的种子；种胚全部不染色或浅红色，或盾片中部、胚根、胚轴、胚芽等其中之一不染色的为无生活力种子。

豆科等双子叶种子：种胚全部染色的为有生活力的种子，胚根尖端不染色或子叶有 1/3 以下不染色也是有生活力的种子；种胚全部不染色或胚根、胚轴、子叶 1/3 以上不染色的为无生活力的种子。

（四）水分测定

种子水分也称种子含水量，是指种子中所含水分（自由水和束缚水）重量占种子样品重量的百分率。种子水分过高，影响种子的安全贮藏和运输，加速种子老化和降低播种质量，因此水分是种子质量评定的主要指标之一。

种子水分测定方法很多，如烘干法、蒸馏法和各种电子仪器速测法等。目前用于牧草种子检验的规定方法为高恒温烘干法（也称高恒温烘箱法或高恒温法）。该法是将种样在 130℃烘箱内烘 1h，使种子的水分成为水气排出，而后根据失水重量计算种子含水量。有关种子水分测定方法详见毕辛华《种子检验》（1986），国家标准总局（1982），ISTA（1993）。

（五）千粒重测定

种子千粒重是指自然干燥状态的 1 000 粒种子的重量。一般千粒重大的种子，贮藏的营养物质丰富，萌发时可以供给更多的能量，有利于种子发芽、出苗及幼苗生长发育。千粒重也是计算种子播量的主要参数。种子千粒重是种子饱满、充实、粒大的衡量标准，也是种子检验的必要项目之一。

千粒重测定的基本方法是自净种子中随机数取若干份试样，通常取 2 份，每份 1 000 粒（中小种子）或 500 粒（大粒种子）；国际检验规程规定数取 8 份，每份 100 粒；分别称取各份样品的重量，计算平均重量和折算成 1 000 粒种子的重量，以克为单位，结果计算至一位小数。数种方法一般采用人工数种，也可借助百粒板或数粒仪进行数种。

测定某个种或品种的标准千粒重时，应收集不同地点、田块和不同年份采收的样品，进行称重和计算，以使千粒重具有广泛的代表性。

表 5-2　常见牧草种子四唑测定方法*

牧草名称	预湿 方式	预湿 时间(h)	染色前的准备	于30℃染色 浓度(%)	于30℃染色 时间(h)	鉴定的准备	鉴定 不染色的最大面积	备注
冰草属	BP, TP	6~18	① 自胚和3/4胚乳处纵切 ② 在胚附近横切	0.5 1.0	4~6	① 观察切面 ② 去外稃露胚	自胚根尖起1/3胚根	
剪股颖属	BP, TP	6~18	在胚附近横切	0.5~1.0	18~24	去外稃露胚	自胚根尖起1/3胚根	
看麦娘属	BP, TP	6~18	在胚附近横切	1.0	20~24	去外稃露胚	自胚根尖起1/3胚根	
黄花茅	BP, TP	18	在胚附近横切	1.0	20~24	去外稃露胚	自胚根尖起1/3胚根	
燕麦草	BP, TP	6~18	① 去颖自胚和3/4胚乳纵切 ② 在胚附近横切	0.5 1.0	4~6 20~2	① 观察切面 ② 去外稃露胚	除2个根原始体以外的胚根; 1/3盾片末端	盾片中央不染色组织
燕麦	BP, W	6~18	① 自胚和3/4胚乳处纵切 ② 在胚部附近横切	0.1~0.5 1.0	2 20~24	① 沿胚纵切 ② 去外稃露胚	自胚根尖起1/3胚根	表面受热损伤
雀麦属	BP, W	6~18	① 自胚和3/4胚乳处纵切 ② 在胚部附近横切	0.5 1.0	4~6 20~24	① 观察切面 ② 去外稃露胚	自胚根尖起1/3胚根	
洋狗尾草	BP, W	6~18	① 自胚和3/4胚乳处纵切 ② 在胚附近横切	0.5 1.0	6~24 16~24	① 观察切面 ② 去颖壳露胚	自胚根尖起1/3胚根	
鸭茅	BP, W	6~18	在胚附近横切	1.0	16~24	去外稃露胚	自胚根尖起1/3胚根	
羊茅属	BP, W	6~18	① 自胚和3/4胚乳处纵切 ② 在胚部附近横切	0.5 1.0	4~6 16~24	① 观察切面 ② 去外稃露胚	自胚根尖起1/3胚根	
绒毛草	BP, W	6~18	① 自胚和3/4胚乳处纵切 ② 在胚部附近横切	0.5 1.0	4~6 16~24	① 观察切面 ② 去外稃露胚	自胚根尖起1/3胚根	

（续）

牧草名称	预湿		染色前的准备	在30℃染色		鉴定的准备	鉴定 不染色的最大面积	备注
	方式	时间(h)		浓度(%)	时间(h)			
黑麦草属	BP, W	6~18	①自胚和3/4胚乳处纵切 ②在胚部附近横切	0.5 1.0	3~6 16~24	①观察切面 ②去胚部露胚	自胚根尖起1/3胚根	
百脉根属	W	22	种子保持完整	0.5~1.0	6~24	去种皮露胚	自胚根尖起1/3胚根；1/3子叶末端，如在表面则为1/2	如不测定硬实率，浸种前可将子叶末端种皮切开
苜蓿属	W	22	种子保持完整	0.5~1.0	6~24	去种皮露胚	自胚根尖起1/3胚根；1/3子叶末端，如在表面则为1/2	如不测定硬实率，浸种前可将子叶末端种皮切开
草木樨属	W	22	种子保持完整	0.5~1.0	6~24	去种皮露胚	自胚根尖起1/3胚根；1/3子叶末端，如在表面则为1/2	如不测定硬实率，浸种前可将子叶末端种皮切开
红豆草	W	22	种子保持完整	0.5~1.0	6~24	去种皮露胚	自胚根尖起1/3胚根；1/3子叶末端，如在表面则为1/2	如不测定硬实率，浸种前可将子叶末端种皮切开
黍属	BP, W	6~18	①在胚附近横切 ②沿胚乳尖端纵切1/2	0.5~1.0 0.5~1.0	6~24 6~24	露胚	自胚根尖起2/3胚根	
草芦属	BP, W	6~18	①在胚附近横切 ②沿尖端纵切成半展开露还	0.5~1.0 0.5~1.0	6~24 6~24	①切开露胚 ②去外释露胚	自胚根尖起2/3胚根	
梯牧草属	BP, W	6~18	在胚附近横切	0.5~1.0	6~24	去外释露胚	自胚根尖起1/3胚根	
旱熟禾属	BP, W	6~18	在胚附近横切	0.5~1.0	16~24	去种皮露胚	自胚根尖起1/3胚根	种子可能包含几个未成熟的胚；主要发育的胚必须染色
三叶草属	W	22	种子保持完整	0.5~1.0	4~24	去种皮露胚	自胚根尖起1/3胚根；1/3子叶末端，如在表面则为1/2	如不测定硬实率，浸种前可将子叶末端种皮切开

*：ISTA (1993)，BP：纸间，TP：纸上，W：水中。

（六）健康测定

种子健康测定的目的是为了解种子带病虫的种类和为害程度，为确定适当的处理方法和决定被检种批的利用价值提供依据。

健康测定方法很多，各种方法的精确度、检测对象和重演性不同，对设备和人员素质的要求亦有差异。选择方法可根据病虫害类型及其危害程度、植物种类、研究条件和检测目的等确定。如检验混杂于种子间的菌核、菌瘿、虫瘿或害虫，可用肉眼或放大镜观察或采用过筛法。对于侵入种子内部的病原可采用培养法、发芽法和隔离带种植等方法，而虫害检验则有解剖法、染色法、比重法和软 X 射线技术等。指示植物法和抗体技术对病毒或细菌病原检测极为有益。另外，DNA 探针技术近年来也日益广泛地用于病原菌检测。

各种测定方法详见孙致良、杨国枝等《实用种子检验技术》（1993），毕辛华《种子检验》（1986）和颜启传《种子检验的原理和技术》（1992）等。

二、品种纯度测定

品种纯度是测定品种的真实性和品种纯度。品种真实性是指一批种子所属品种、种或属与标签上的标明是否相同、是否名副其实。品种纯度是指供试样品中的种子数（或株穗数）占供试样品总数的百分率。

品种纯度测定根据测定场所不同，分为田间测定和室内测定两大类。田间测定可获得准确的结果，但费工、费时、费地；室内测定快速，有些方法虽然专性强，但可取得较为准确的结果。在此重点介绍用于牧草种子的数种室内测定方法，包括苯酚染色、荧光测定、其他快速化学测定、染色体测定和蛋白质凝胶技术。

（一）苯酚染色法

苯酚（C_6H_5OH）（又称石炭酸）染色的原理是单酚、双酚、多酚在酚酶作用下氧化成为黑素（$C_{77}H_{98}O_{55}N_{14}S$），由于每个种或品种皮壳内的酚酶活性不同，因此在苯酶作用下呈现出深浅不同的颜色，据此可准确区分不同的种或品种。

此法多用于小麦的品种鉴定，但在牧草方面亦有成功用于草地早熟禾、黑麦草品种以及野豌豆种的鉴定。并且这些方法已列入 ISTA 的品种鉴定手册（Handbook of Variety Testing-Rapid Chemical Identification Technique）（Payne，1993）。

1. 早熟禾品种鉴定　　自试样中取种子 2 份，每份 100 粒。分别将每份种子置于培养皿中的滤纸上，加水、盖上皿盖、浸种。浸至 18～24h 后将水倒尽，将种子连同滤纸取出，再置于干燥的培养皿中，注入 1% 浓度的苯酚溶液使滤纸饱和，盖上皿盖，染色。4h 初次观察，24h 末次观察，统计每个颜色的种子数，并与已知标样颜色比较，计算品种纯度。

早熟禾品种通常可分为 3 种颜色即浅褐色、褐色和深褐色。但有丰富经验的鉴定者有时可以分辨出 4～5 种颜色。值得注意的是苯酚气体对人体有害，测定时应特别小心。Luesink 等（1983）（引自 Payne，1993）研究表明，用 1% 浓度的水溶苯邻二酚染色鉴定早熟禾品种，获得了与苯酚染色相同的效果。此法值得采用和对其他种的研究。

2. 大麦、燕麦、黑麦草品种鉴定 大麦、燕麦和黑麦草品种的鉴定程序与早熟禾相同。但具以下不同点。大麦和燕麦采用脱壳种子，染色 16h，4h 后鉴定；黑麦草种子虽仍需染色 24h，但需在空气中干燥 2h 后鉴定。

3. 匈牙利野豌豆种的鉴定 苯酚染色用于匈牙利野豌豆（*Vicia strita*）种的鉴定步骤与上述禾本科牧草的鉴定有所区别。具体为将干种子切为两半，在培养皿中将切开的种子用 2% 的苯酚溶液浸泡 3h；用镊子等将种子自苯酚溶液中移出，使切面朝上放入玻璃器皿内；种子切面在 3min 内变成褐色的为匈牙利野豌豆，而其他种野豌豆种则需很长时间方可变色。

（二）荧光测定

紫外线具有光激发的作用，即紫外线照射物体后，将不可见光转为可见的、较照射波长为长的光。根据被照射物体发光持续时间不同，可分为荧光和磷光两种现象。荧光现象是当紫外线连续照射后物体能够发光，但照射停止后，被激发生成的光也随着停止；而磷光现象则是当照射停止后，激发生成的光在一定时间内能继续发光。种子检验一般是应用荧光现象。由于不同植物种、品种类型的种子结构和化学成分不同，在紫外线照射下发出的荧光也有差异，因此，可以鉴定种子真实性和品种纯度。

荧光法在牧草方面有用于鉴别黑麦草属的不同种或品种、羊茅属的不同种，以及野豌豆属的不同品种等。其中野豌豆采用种子鉴定，而黑麦草和早熟禾采用种苗鉴定。现分述如下：

1. 多年生与一年生黑麦草 将供试种子以一定间距（便于对单个幼苗鉴定为宜）摆在培养皿内，或玻璃板上的湿润滤纸表面，置床后的种子放在 15～25℃ 变温光照条件下发芽，低温 16h 无光照，高温 8h 加光照，光照为 250lx。待种子幼苗根系发育良好时进行鉴定。一般，置床第 7d 鉴定已经发育好的首批幼苗，第 14d 鉴定其余幼苗。鉴定时采用 300～400nm 波长的紫外灯，将种苗连同种床置于紫外灯下 10～15cm 处，在黑暗条件下照射和观察幼苗根系，统计发光、不发光的幼苗数，以及正常与不正常幼苗数，结果以上述各类种子占供试种子的百分数表示。

该法于 1929 年由 Genter 提出，随后多年来一直用于区分多年生与一年生黑麦草，即根系发荧光的鉴定为一年生黑麦草，而根系不发荧光的鉴定为多年生黑麦草。但是 Baekgaard 于 1962 年和 Nyquist 于 1963 年（引自 Payne，1993）的研究，发现有的多年生黑麦草品种中含有一定比率的根系发光幼苗，而且这些发光幼苗可继续发育成正常的多年生黑麦草植株。因此，现行的 ISTA 品种鉴定手册中推荐用荧光法鉴定多年生黑麦草的不同品种，而不是鉴定多年生黑麦草与一年生黑麦草。但是在鉴定品种之前应经过调查和确定特定品种所含发荧光根苗的恒定比例数，以作为鉴定时参照。

2. 紫羊茅和羊茅 通常，紫羊茅和羊茅以批量单独存放时，根据形态很易区分，但当 2 个种混在一起时，便很难根据形态区分，此时可采用如下化学加荧光法识别。

对供试种采用纸卷法发芽，纸卷以为 60°～65° 角的方向立在培养箱内，10～30℃ 或 15～25℃ 的变温光照条件下培养，高温时段加光照，光强应不高于 1 000lx。培养 14d 后，将 0.5% 浓度的氢氧化氨溶液轻轻喷洒在幼苗上，并将幼苗移至紫外灯下照射（方法与黑麦草相同），根据根系对紫外线的反应情况进行鉴定。幼苗根系呈黄绿色的是紫羊茅，根系呈蓝绿色的是羊茅。对萌发 14d 仍尚未发育好的幼苗可继续培养，至第 21d 时鉴定。

3. 食用与饲用豌豆品种 目前，最常用的鉴别程序是将供试干种子直接在 360nm 波长的紫外灯下照射，在此条件下食用豌豆（*Pisum sativum var. sativum*）具荧光，而饲用豌豆（*Pisum sativum var. arvense*）不具荧光。也可根据湿种子或干子叶进行鉴定，采用湿种子鉴定时，将剥去种皮的种子在蒸馏水中浸泡 3h，而后在紫外灯下照射，发紫光的是饲用豌豆，发红色或其他光的为食用豌豆。以子叶区分时，将干种子子叶在紫外灯下照射，子叶呈红光的为饲用豌豆，子叶呈紫光的为食用豌豆。

（三）其他快速化学测定

1. 草木樨硫酸四氨基酸铜鉴定 Elekes 等 1972 年研究发现，可采用硫酸四氨铜浸种的办法鉴别白花草木樨和黄花草木樨。此法快速、准确，优于传统的种子斑纹鉴定法（Payne，1993）。

溶液配制：将 3g 硫酸铜（$CuSO_4$）加入盛有 30mL 的普通氢氧化氮（NH_4OH 含量为 4.8 左右）溶液瓶中，若开始形成沉淀时，则说明溶液已配制好，如瓶中未形成沉淀物，可继续少量加入硫酸铜，直至沉淀物开始产生为止。配制好的溶液低温避光条件下贮存备用。

鉴定时，在盛有供试草木樨种样的培养皿中注入硫酸四氨铜溶液，浸种 20min 后，种皮呈橄榄色或黄绿色的为白花草木樨，种皮呈现深褐色至黑色的为黄花草木樨。

2. 羽扇豆生物碱测定 羽扇豆（*Lupinus*）含有一定量的味苦、有毒的生物碱。生物碱含量低的种称作"甜羽扇豆"如 *Lupinus luteus*、*L. angustifolius* 和 *L. albus*，生物碱含量高的种称作"苦羽扇豆"。二者可采用 Lugol 溶液（一种加碘的碘化物溶液，将在下面介绍），通过对种子或种苗的子叶进行测定而区分。

几种不同鉴定程序（Payne，1993）。

（1）浸种子叶鉴定。将供试种在水中浸泡 18～24h，沿种子胚轴方向切开，使子叶分离。将子叶切面朝上置于玻璃器皿内，随后将配制好的 Lugol 溶液（即将 0.3g 碘和 0.6g 碘化钾溶在 100mL 水中）中浸泡 10s，而后用水冲洗 5s。"苦羽扇豆"种子的子叶切面呈棕色，"甜羽扇豆"的子叶不变色。

（2）干子叶鉴定。将切开的干种子子叶直接在加碘的碘化钾溶液（10g 碘和 20g 碘化钾溶在 1L 水中）中浸泡 10s，而后用水冲洗 5s。"苦羽扇豆"种子的子叶切面呈棕色，"甜羽扇豆"种子的子叶呈黄色。

（3）水煮种子鉴定。将切破种皮的单粒种子放入含 2mL 水的试管中。将试管置于水溶锅中煮沸（*Lupinus lupteus* 和 *L. angustifolia* 煮 2h，*L. albus* 煮 1h），之后将试管冷却至室温。再分别往各试管加入 2 滴碘溶液（30g 碘和 60g 碘化钾溶于 1L 水中）。此时，盛"苦羽扇豆"种子试管的水变混浊，而盛"甜羽扇豆"种子试管的水仍呈清澈。

（四）染色体鉴定

每种植物种及品种，其染色体数目是恒定的。因此，可用染色体计数法鉴定植物种和品种的真实性。尤其随着多倍体品种和人工合成品种的不断增加，该技术的应用显得更为重要。

染色体通常只有在细胞分裂时，才明显可见。在不分裂的细胞中，由于染色体极度伸长变细，不易着色，以致不容易被看到。因此，一般都利用根尖或茎尖分生组织的细胞进行染色体制片观察。

植物种的染色体鉴定方法很多，本节仅以黑麦草和红三叶为例，介绍牧草种子染色体鉴定的一般程序。

1. 黑麦草 幼苗培养及前处理：种子以培养皿纸上法置床，先在5℃黑暗条件下培养3d，然后移至20℃培养箱发芽。当根长出1～2cm时，将种苗浸于0.05%浓度的8-羟基喹啉溶液（0.25g 8-羟基喹啉溶于500mL水中，加热后配制成），5℃条件下处理5～6h。处理过的种苗用自来水淋洗，1mol/L盐酸中浸泡30min，自来水淋洗，而后移入蒸馏水中。此时，可立即染色也可暂时冷冻，待以后染色鉴定。

染色、鉴定：用吸水纸将种苗表面吸干，自每个种苗上切下1～2mm的根尖，分别置于载玻片上，滴1～2滴4%的地衣红（orrein）染色液（2g地衣红晶体溶于50%mL煮沸的醋酸中，再加入50mL蒸馏水）染色。待根尖染色后，盖上盖玻片，将根尖轻轻挤压破碎。在400倍至1 000倍的显微镜下观察计数细胞中的染色体数目。二倍体黑麦草细胞中为14个染色体，四倍体的为28个染色体。

2. 红三叶 幼苗培养及前处理：种子以纸卷法置床，在20℃培养箱内培养10d，从培养第三天起，连续观察和随时自萌发的种苗上取下1cm或较长的根系（包括根毛），放在湿的白滤纸间，在4℃条件下冷处理24h。对硬实种子应通过休眠处理使其萌发。

固定、染色：经冷处理的根系用醋酸酒精液固定（3份95%的酒精加1份冰醋酸），3h后移入洋红溶液中染色，染色的根系可当即鉴定也可先存放起来。洋红溶液的配制方法是：在烧杯中取45%醋酸溶液100mL，加入洋红2g，加热4～6h，冷却后进行过滤。配好的溶液可装在棕色色瓶中存放在冷凉、黑暗处待用。对第10d收取的根系，至少需用洋红液染色3h。

鉴定：将已染色的根系移入45%的醋酸溶液中，在90℃下加热1～2min后放在载玻片上。加上盖玻片压碎根系并使其分散。对分裂中期的细胞在400或更高位数的显微镜下观察鉴定。二倍体和四倍体红三叶细胞中的染色体数目分别为14个和28个。

（五）电泳技术

电泳法的基本原理是利用不同带电质点，在一定电场中迁移速度不同而进行分离。凝胶电泳除电荷效应外，还有分子筛效应，使颗粒小，形态为圆球形的分子移动快，使颗粒大，形状不规则的分子不易通过凝胶孔洞而移动缓慢，因此，不同大小形状的分子就固定在支撑物——凝胶的不同部位上，形成了一定的谱带。由于不同品种或变种的贮藏蛋白分子结构和大小不同，形成的谱带数目与位置不同，因此，可以根据蛋白质电泳后的谱带的差异，鉴别植物种或品种。

电泳鉴定方法很多，有聚丙烯酰胺凝胶电泳（简称PAGE），SDS-聚丙烯酰胺凝胶电泳（简称SDS-PAGE），聚炳烯酰胺梯度凝胶电泳（简称PAPGE），等电聚焦点电泳法

（简称 IEFE）和淀粉凝胶电泳法等种类。这里仅介绍国际上较为普遍用于牧草品种鉴定的 SDS-PAGE 方法（参见 Gardiner 和 Forde，1992）。该法可采用垂直柱型，也可采用垂直板型（以下用垂直板型为例介绍）。

1. 凝胶制备　用预先配制好的贮液配制分离胶和离胶和浓缩胶两种混合胶液（表5-3）。

先用吸管将分离胶混合液小心移入胶膜中。将凝胶加到距玻璃板顶端 2～3cm 处，然后再用注射器加上一层水（3～5mm）除去可能存有的气泡。20～30min 后便可聚合。

待分离胶聚合后，除去上面水层，加入 1～1.5cm 的浓缩胶，然后将样品槽模板（梳子状）插笔浓缩胶液上部。其目的是使胶聚合后留有样品的凹槽，以便加样。

表5-3　贮存液及凝胶溶液的配制

贮　　液			凝胶溶液的配制
名称及成分	pH	贮存条件	
A　聚合胶缓冲液 　　0.75mol/L Tris-PO₄	6.8	4℃	11%分离胶（100mL）
B　分离胶缓冲液 　　1.5mol/L Tris-HCl	8.8	4℃	B 液　37.5mL E 液　1mL
C　聚合胶丙烯酰胺原液 　　20%丙烯酰胺 　　0.8%甲叉双丙烯酰胺		4℃	F 液　50μL D 液　36.6mL 水　　25.9mL G 液　2.5mL
D　分离胶丙烯酰胺原液 　　30%丙烯酰胺 　　0.39%甲叉双丙烯酰胺		4℃	5%浓缩胶（25mL） A 液　6.2mL C 液　6.2mL 水　　12.2mL
E　10%SDS		室温	E 液　0.26mL
F　四甲基乙二胺（TEMED）		室温	F 液　20μL
G　2%过硫酸铵		当日准备	G 液　1mL
电极缓冲液 　　0.038mol/L　Tris 　　0.29mol/L　甘油 　　0.1%SDS		4℃	

引自 Gardiner 和 Forde，1992。

2. 样品制备和加样　至少取 200 粒或相当于 200 粒重量的种子，用研钵或电动咖啡粉碎机捣（粉）碎，种样碎度以通过 1mm 直径的筛孔为宜。种子应是正常收获，质量基本一致。粉碎后的种样在室温条件下存放、备用。对已知仅含一种基因型或自交产生的高纯度品种，也可采用单个种子测定。但应多个重复，以保证种样的代表性。单个种样可用平头钳子夹碎。

粉碎的种样用缓冲提取液提取蛋白质，其配方如下：

$$1mol/L，pH\ 6.8\ Tris\ 盐酸\qquad\qquad 12.5mL$$

蒸馏水	24.0mL
甘油（或 11.5g Ficoll）	20.0mL
十二烷基硫酸钠	4g
溴酚蓝	12mg

样品提取前，将缓冲液与 2-氢硫基乙醇、二甲月替酰胺和水以 3：1.06：1.76：3 的比例混合，而后将混合液加入盛有粉碎种样的 1.5cm 离心试管中（通常 20mg 种样需用 0.25mL 缓冲提取液）。室温下放置 1h 后，用研杵将种子与混合液充分拌匀，并使其靠紧试管，在室温下存放 24h。相继，将处理的样品在涡旋混合器混合，85℃水浴锅中加热 10min 后再行混合。最后，在微型离心机中离心、澄清。

用微量加样器将样品提取液等量加入胶膜样品各凹槽里，以备电泳。

3. 加入电极缓冲液和电泳 分别在上槽和下槽加入电极缓冲液。上槽电极缓冲液要加到淹没短玻璃顶部 3～5cm，但不能漫过长玻璃片，下槽加至长玻璃顶 1～2cm。然后在上槽中滴入溴酚蓝前沿指示剂。

将电泳槽和电泳仪相接，上槽接负极，下槽接正极，通电电泳。

以上过程应将电泳槽移至水浴锅中进行，并采用 4℃左右的冷循环水，以加速电泳时间。当指示剂流至凝胶底部时便可结束电泳（约 4h 左右）。下槽的缓冲液可回收反复利用 4 次，但上槽缓冲液只可利用 1 次。

4. 染色 用长针注射器剥下整个胶板，放入由甲醇、水和醋酸混合液中（体积比为 5：5：1）浸泡 30min，以加速蛋白凝结。而后，将胶板放在染色液中染色。不同蛋白质和酶所用的染色液不同，常用于种子蛋白染色的是一种含有 0.02%考马斯亮蓝 R 的溶液，其溶剂以体积计含 5%乙醇，6%三氯醋酸，25%甲醇，其余为水。染色一般需 1d，最多需 3d。如果第一次染色不理想，往往需采用考马斯亮蓝 G 染色液进行二次染色。二次染色液的配制方法：称取 2g 考马斯亮蓝 G250（Coomassie G250）粉剂加入 1.95L 水中，然后小心加入 54mL 浓硫酸，混均，放置 1d，相继用滤纸过滤。随后，在过滤液中加入氢氧化钾溶液 220mL（123.4g 氢氧化钾加水至 220mL），再加入 300mL 三氯醋酸溶液（300g 三氯醋酸加水至 300mL）。此时便配制出绿蓝色的染色液，在黑暗条件下贮存、备用。

进行二次染色前，胶板需换 2 次水冲洗 1～2h。清晰染色后的胶板可进行照相或制作干胶片等。

5. 鉴定 根据样品的间的电泳图谱特点，或结合参照标准样品的谱带鉴定种或品种。鉴定时主要对比谱带数目和具体谱带的强度。牧草品种由于具高度的遗传变异性，品种间相关密切，通常根据具体谱带的大小或强度进行鉴定。很少是根据谱带的有、无鉴定。

以往研究表明，蛋白质凝胶电泳技术是鉴定牧草品种的一种十分有效和可靠的方法，但是也发现对不同的属间或属内的品种鉴定时难度不一。例如，鉴别羊茅属的品种或生态型比鉴别种容易。因羊茅属的品种或生态型间变异很大，但仅有少量种具专门的谱带。而另一些属，百脉根和 *Ornithopus* 属的种，则比品种易于鉴别。此类情况也发生在相同属内的不同种，例如，红三叶和地三叶的品种比白三叶的品种更易鉴别。

三、种子活力测定

种子活力不同于种子发芽力。它不是一项单一的质量指标，而是描述种子质量若干特性的综合概念。目前国际上较为普遍接受的活力定义有两个，即 ISTA 和北美官方种子检验协会（AOSA）的定义。

ISTA1977 年，采用了 Perry 的定义，即"种子活力是指那些决定种子或种子批在发芽和种苗生长过程中所具有的、内在活性和性能表现的所有特性的总和。凡活性水平高，性能表现优良的种子，为高活力种子，反之为低活力种子。"（Perry，1978）。

ISTA1995 年，在最新修订的活力测定手册（Hampton 和 Tekrong，1995）中对上述定义又能进一步解释为："与种子活力有关的特性表现尤其应包括：

①种子发芽和种苗生长的速度及整齐度；

②田间表现包括出苗速率、整齐度及适应范围，活力的作用有可能持续影响及成熟植株生长，植物整齐度和产量；

③贮藏和运输表现尤其是保持发芽力的能力。

AOSA 于 1980 年，采用了 McDonald 较为简短和直接的定义。即"种子活力是指种子在广泛的田间条件下，能快速整齐出苗及长成正常幼苗的潜在特性的总称。"（ASOA，1983）。

以上两个定义的基本内容相似。可简单地概括为活力就是种子的健壮度，指种子在田间条件下的出苗能力以及在贮藏和运输过程的发芽力。

活力测定的目的在于及时鉴定出种批的种子健壮度，对种用价值作出尽可能切合实际的判断。通过活力测定还可找出种子老化变质的原因，如收获加工造成的机械损伤，烘干引起的热灼伤，不良贮藏条件导致的生理老化及低温造成的冻害等。因为老化原因不同，活力测定时的表现和指标也不同，这对保持和提高种子活力具有重大意义。

为达到活力测定目的，ISTA 对活力测定方法提出以下要求：

①提供较发芽试验更为灵敏的种子质量参数；

②对种批间的潜在表现作出一致的评价；

③具有目的性，快速、简单和经济实用；

④具有重演性和可解释性。

活力测定方法很多，根据其测定时的鲜明特点可划分为：

①种子发芽习性测定；

②种子生理和生化测定；

③复合质量指标的测定。

以上各类测定方法的原理、特点及重要代表方法概括于表 5－4。其内主要介绍那些经过大量研究，认为在一定范围内切实可行，并已列入 ISTA《活力测定手册》（Hampton 和 Tekrong，1995）的方法。包括电导、老化、催腐、冷冻、复合逆境、砖砾、种苗生长和四唑测定等 8 种方法。其中，前 2 种即电导和老化已被 ISTA 活力委员会推荐为将首先列入检验规程的方法，而其余 6 种作为建议采用的方法。

表 5 - 4 活力主要测定方法分类与例举

方法类别	原理、特点	代表方法	参考文献
A 发芽习性	在适宜或逆境条件下测定种子发芽的某项指标，方法简单、重演性好，已被广泛采用	1. 发芽速度 2. 种苗生长与评价 3. 冷冻试验 4. 砖砾法 5. 老化 6. 催腐 7. 高渗发芽法 8. 快速定糖法	AOSA，1983 Hampton and Tekrong，1995 Hampton and Tekrong，1995 Hampton and Tekrong，1995 Hampton and Tekrong，1995 Hampton and Tekrong，1995 郑光华等，1990 毕辛华，1986
B 生理或生化	在种子吸水或发芽过程中测定生理或生化指标，其中，以电导法最为简单、实用、重演强和被广泛采用	1. 电导 2. 四唑 3. ATP 含量 4. 谷氨酸脱羧酶活性 5. 呼吸强度 6. 种子吸水力	AOSA，1983 Hampton and Tekrong，1995 Hampton and Tekrong，1995 AOSA，1983 AOSA，1983 郑光华等，1990 Souza and Marcos-Filho，1993
C 复合指标	根据 2 至多个测定参数计算活力指标	1. 期待出苗数（EFE） 2. 复合逆境法（CSVT）	Scott and Close，1976 Hampton and Tekrong，1995

（一）电导率测定

电导率测定的原理，是干种子浸水时吸水迅速，种子细胞和细胞膜发生变化和调整，并且细胞内含物有不同程度的外渗。低活力的种子由于生理老化或物理损伤等，细胞膜完整性差，渗入水中的可溶性物质或电解质高，因此种子浸泡液的电导率高，而高活力种子则相反。

种子电导率的活力测定，最初由 Matthews 和 Whitbread（1968）用于豌豆种子，目前，已在欧美各国及新西兰等国普遍用于大粒豆科和玉米种子。近年来作者等研究表明，此法亦适合于小粒豆科牧草种子的测定。

1. 大粒豆科种子 豌豆等大粒种子的标准测定程序参见 ISTA（1995）《活力测定方法手册》。

2. 小粒豆科牧草种子 可采用 Wang 和 Hampton（1989）方法测定。

将各种样测 3 次重复，每重复称取净种子 0.05g 左右（称至 2 位小数），将种子加入清洁干燥的 200mL 的三角瓶中，注入 150mL 蒸馏水（或无离子水），充分摇荡使所有种子沉入水中，另设仅加入等量水的三角瓶为对照，用保鲜膜盖封瓶口。将种瓶置于 20℃左右的室温下用电导仪测出浸种液和对照水的电导值。测定时可直接将电极插入浸种液中，但不与种子接触测定，也可将浸种液倒在另一个瓶中测定。采用下式计算各重复的电导率：

$$电导率 = \frac{样品液电导值 - 对照电导值}{样品重复} \times 100\%$$

最终结果以各重复平均数表示，取整数，单位为 Us-cm-g。

电导率测定结果受种子硬实、水分、破损度以及测定温度的影响，在测定时应予以注意。

（二）加速老化

加速老化（也称老化测定），最初由 Delouche（1965）提出，用于不同种批在贮藏过程中相对寿命的研究，以后又扩展为对不同种批田间出苗率及建植率等质量表现的评定。此法可用于各种农作物和牧草种子的活力评定。

加速老化是应用高温高湿条件处理种子，以加速种子老化。凡高活力的种子能抵抗不良环境条件，处理后仍能正常发芽，而低活力的种子处理后，种子死亡或长出不正常幼苗。

1. 处理条件　牧草种子一般用 40℃ 高温和 100% 的相对湿度条件处理 72h。大粒种子可采用更高如 45℃ 或增加处理时间。最适的老化时间可根据经验确定，如要研究老化的最适时间，可选择高、中、低活力（以发芽力确定）不同的若干个种子样品，选好温度和 100% 的相对湿度，设不同的老化时间。在老化处理后，高活力种子仅有少数种子死亡，中活力种子中有相当部分死亡，而低活力种子大多数死亡，则可认为，这种老化时间是供试种子的老化处理的最佳时间（Wang 和 Hampton，1992）。

2. 处理方法　老化容器可以是广口瓶式也可以是盒式，可根据方便自行选用或手工制作。

选密封非常好的广口瓶作为老化容器，容器的构造见图 5-1。容器底部放金属支架，支架上放金属样品网，这两个部件均可移动和取出清洗。种样处理前，在容器中加水，放入金属支架，水面高度距支架顶部 5～8cm。自样品中取 200 余粒种子装入宽松的沙布袋中，将袋平铺在金属样品网上。由于牧草种子粒小，可根据情况和需要在一个网中放入几个样品。交盛种样的样品风放在支架上，盖好容器盖（必须密封不漏气），而后，将老化容器轻轻（确保不使水溅湿金属支架顶部）移置于 40℃ 的培养箱中老化，老化期间不可打开老化容器。到规定时间时立即取出种子。

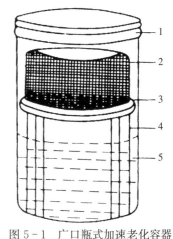

图 5-1　广口瓶式加速老化容器
1. 能密闭的盖　2. 金属样品网
3. 老化处理的种子　4. 金属网架　5. 水层

3. 发芽试验　数取 50 粒、4 次重复的老化种样，按标准发芽试验规定进行发芽试验。发芽末期统计正常幼苗的百分数，作为老化活力的测定结果。测定时以未经老化的种子为对照，利于对老化结果的分析。

值得注意的是杀菌剂处理种子和种子含水量的不同会影响老化结果，所以全部样品无论是否使用杀菌剂处理，在处理和不处理的种子批之间不应进行结果比较。另外，在老化开始时，所用种子批的含水量应该相近。

（三）控制劣变

控制劣变（也有称为催腐或人工变质，英文：Controlled deterioration）方法最早用于预测和评价小粒蔬菜种子批的田间表现（Matthews，1980 等）和贮藏潜力（Powell 和 Matthews，1984），相继的研究表明此法也适用于小粒豆科牧草种批间（Wang 和 Hampton，1989，1991，Wang 等，1994）的活力评定，以及田间出苗率和不同贮藏条件下的质量测定。此法测定的原理与老化法相似，即先将种样置于高温高湿逆境下处理，而后测定发芽力。但较老化法比，此法更为严格地控制处理期间种子的含水量，因为在逆境处理前已将各种样的含水量调整到相同水平。

1. 处理条件 小粒豆科牧草种子用 45±0.5℃高温，18%或 20%的种子含水量处理 24～48h。不同种的适宜含水量和处理温度可参照研究老化最佳时间的办法进行研究确定。数种牧草种子的适宜处理条件见表 5－5。

表 5－5　数种牧草种子的适宜控制劣变条件

种　名	种子所需含水量（%）	催腐时间（h）	催腐温度（℃）
豌豆	20	24	45
红三叶	18	24	45
白三叶	18	24	45
紫花苜蓿	18	24	45
	20	48	40
黑麦草	20	48	40
高羊茅	20	48	40

注：数据引自 Wang 等（1994），王彦荣等（1992）和 ISTA（1995）。

2. 处理方法 计算加水量：首先用标准方法（130℃烘干 1h）测定各种样的最初含水量 M_o（%），然后由下式计算一定重量种样 W（g）调节到所需含水量 M_r（%）时的额外加水量 x（mL）：

$$X=\frac{100-M_o}{100-M_r}\times W-W$$

例如：种子最初含水量（M_o）=11.5%，种子所需含水量（M_r）=18%，种样重量（W）=1.00g，则

$$所需额外加水量\times\frac{100-11.5}{100-18}\times 1.00-1.00=0.079(mL)=79(\mu L)$$

种子和水入袋：小粒种子可称取 1g 种样（每种样应至少有 200 粒种子，装入密封条件极好的小型铝箔袋中，用微量注射器或移液管加入所需水量，然后用加热封口机在距种子上方约 2～3cm 处封袋。轻轻摇晃种袋数分钟，将种袋立置于 20℃培养箱内存放 24h 以使种子充分一致的吸水。

催腐及发芽：将种袋移置于 45±0.5℃生化培养箱内催腐，24h 后立即解袋按标准方法进行发芽，结果以发芽正常幼苗占供试种子的百分数表示。

（四）冷冻测定

许多作物和牧草种子在早春低温下播种，这时种子将受到不同程度的低温以及低温与病原菌的联合胁迫，从而影响种子的田间出苗率，高活力的种子抗低温不良影响能力强，而低活力种子抵抗能力弱，所以冷冻测定便由此应运而生。

　　此法在欧、美等国的冷季地区广泛被用于玉米、水稻、棉花、大豆及豌豆等作物，在我国北方亦有用于玉米种子的报道，但在牧草种子测定方面尚缺乏研究。

　　1. 土壤冷冻法　最早采用的是土壤盒或土壤箱法。为了节省土壤和空间，也有采用土壤纸卷法，详见 ISTA《活力测定手册》第二版（Fiala，1987）；但是尽管上述方法已证明是一种有效地预测特定地区田间出苗率的方法，但是，由于采用的是当地土壤，难以大范围内标准化。

　　2. 纸卷冷冻法　这是 ISTA 推荐采用的冷冻测定方法（ISTA，1995），取净种子 50 粒，4 次重复。按发芽试验纸卷法将种子置床，纸卷竖放在有格的塑料架或容器内，并且塑料袋将容器套上以防水分丧失。随后将容器置于低温下萌发一定时间。萌发温度与时间往往因植物种的萌发特性而定，ISTA 规定棉花在 $18\pm0.05℃$ 下萌发 18d，而后进行种苗评定。种苗评定时，先根据 ISTA 检验规程（1993）区分正常幼苗与不正常幼苗，并进一步量取正常幼苗的胚根长度（自根尖到胚根与子叶的着生点计）和数取胚根等于或大于 4cm 的正常幼苗数，这类幼苗称为壮苗或高活力苗。结果以高活力苗所占供试种数粒数的百分数表示。

（五）砖砾测定

　　砖砾测定由 Hiltner 和 Lhssen（1911）创立，最初用于感染镰刀菌（*Fusarium* spp.）病种子的测定，以后发展为种子活力测定的常用技术。此法的测定原理是活力不同的种子，在出苗时承受砖砾机械阻碍的能力不同，而导致出苗率的差异。

　　此法主要在欧洲一些国家用于测定禾谷类作物及其他农作物种子的活力，在牧草方面仅见用于红三叶种子的测定（Eggehrecht，1949，转引自 Fiala，1987）。研究表明，此法还适用于测定、诊断种子的萌发损伤、热伤、脱粒损伤、冷伤以及化学处理损伤等。如下仅介绍 Hampton 和 Tekrong（1995）建议用于小麦及大麦种子的活力测定程序，以供测定牧草种子时参考。

　　1. 准备发芽床　将砖块压制成砖砾，最大颗粒为 2～3mm，也可选用 2～3mm 粒度的孔雀石（灰化的瓷土、硅酸铝）或粗砂。将基质洗净、消毒，若使用多次，需要检验其化学残留物。

　　每 1 100g 消毒的砖砾中加入 250mL 水，混合好后至少放置 1h，以便基质充分吸水。

　　2. 发芽　将湿砖砾铺在发芽盒底部（盒子大小以可摆入 100 粒用于萌发的种子为宜），厚度为 3cm，将 100 粒净种子排放在砖砾上，互不接触，以防交叉传染，其上覆盖 3～4cm 厚的湿砖砾，盒子加盖或覆盖塑料膜。置于黑暗处，20℃ 条件下培养 14d，出苗后移去盒盖或塑料膜。对可能有休眠的种子可先在 5℃ 下存放 4d，再移置 20℃ 条件下培养。

　　如果是测定镰刀菌等真菌的传染，应将发芽盒置于 10℃ 条件下培养 14d，最多不超过 21d。

　　3. 评价与统计　培养结束时，倒空种盒，小心地自基质中取出种苗，进行评价。评价时除依据规定（ISTA，1993）区分正常与不正常幼苗外，还应统计已穿透覆盖层和未穿透覆盖层的正常幼苗数。结果的表示有以下两种：

　　（1）仅以穿透覆盖层正常幼苗的百分数表示，称作活力值（%）或砖砾值（%）。

（2）以 4 个指标表示，即穿透覆盖层的正常幼苗（%），未穿透覆盖层的正常幼苗（%），不正常幼苗（%）和被真菌侵染幼苗（%）。其中，仍以第一个指标作为活力指数。

砖砾测定局限、费用高，基质的供应、清洗及干燥困难，需要较大的实验场所，花费较长的时间，而且结果变异性很大，使用时应予以考虑。

（六）种苗生长与评价

幼苗生长的速度和健壮程度是种子活力的重要因素，同一品种类型的种子发芽或生长速度快，则田间出苗速度也快；健壮的幼苗，能抵抗田间不良环境，田间质量表现要好，是高活力种子。

该法的基本程序是将供试种子置于规定条件下萌发，而后测定幼苗的生长速度或健壮度，但根据统计和评价方法的不同可分为许多种，下面介绍可适用于牧草种子测定的数种方法。

1. 幼苗生长测定　本法是测定发芽正常幼苗平均根长度，可用于禾本科牧草种子。数取黑麦草净种子 4 份，每份 25 粒，采用类似于纸卷法置床发芽，所不同的是在铺底的两层纸的上层纸上划线，即先在干纸中心沿长轴方向划一条中线，并在其下方每隔 1cm 划平行线（图 5-2），纸张可采用 30cm×25cm。充分湿润纸张，将 25 粒种子均匀地摆在中线上，使每粒种胚朝上，再盖上另一张湿纸。将纸卷成筒状直立于保湿盒或塑料袋中，在规定的 20~30℃ 或 15~25℃ 变温条件下发芽 14d。

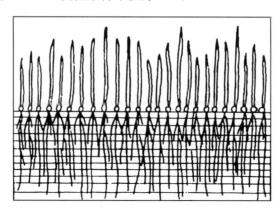

图 5-2　测定幼苗末期生长状态

在规定的试验末期，轻轻打开纸卷按幼苗评定方法鉴别正常幼苗，不正常幼苗和死种子，并将下正常幼苗和死种子自纸上移去，随后统计每对平等线间正常幼苗的胚根尖数，然后根据下式计算各重复正常幼苗的平均根长度。

$$L = \frac{nx_1 + nx_2 + \cdots\cdots + nx_{12}}{25}$$

式中：L——幼苗平均根长度（cm）；
　　　n——每对平行线中间的胚根尖数；
　　　x——中线距平行线的距离（cm）。
结果以 4 个重复的平均数表示。

2. 种苗生长速度测定　此法是测定正常幼苗的平均干重，适合于无休眠的牧草种子。测定时先按纸卷法将 25 料，4 次重复的种子置床，在规定条件（表 5-1）发芽。发芽末期统计正常幼苗数，并自种子或子叶处切下幼苗，将幼苗在 80℃下干燥 24h，称重并计算正常幼苗的平均干重，以此表示种苗的生长速率（SGR）。

结果解释例举：

例 1：正常幼苗总数＝90，种苗重＝5 400mg

SGR＝5 400/90＝60（mg/种苗）

可解释为：被测种批发芽率较高，活力亦高。

例 2：正常幼苗总数＝90，种苗重＝3 600mg

SGR＝3 600/90＝40（mg/种苗）

可解释为：被测种批发芽率较高，但活力低。

3. 发芽指数（GI）测定　此法是先采用纸床在规定的条件下发芽（表 5-1）。种子萌发后每天统计发芽种子数，在试验末期，大多数种子萌发后，结束统计。按下式计算发芽指数。

$$发芽指数(GI) = \sum \frac{Gt}{Dt}$$

式中：Gt——每日发芽数；

Dt——发芽天数；

$\sum$——总数。

上述三种种苗生长与评定方法，均对发芽时的温度、湿度要求较为严格，另外，受休眠或硬实种子的影响，在测定时应予以注意。

（七）复合逆境活力测定

复合逆境活力测定（简称 CSVT）的原理，是模仿种子在田间可能遇到的低温和缺氧环境，在此环境下高活力种子将比低活力种子抗逆性强、出苗率高和幼苗健壮。此法于 1981 年在匈牙利由 Szirtes 和 Barla-Szabo 创立，先用于小麦，而后又用于玉米种子，十年来已在该国广泛采用。Hampton 和 Tekrony，1995 年将 CSVT 法列入 ISTA《活力测定手册》，建议用于玉米和小麦种子的测定。但根据其测定原理，此法也可用于欧洲、北美洲及亚洲温带地区早春播种的牧草种子。

1. 种样预处理　自供试种样中取 200 粒种子，浸于 0.15％（有效成分）的次氯酸钠溶液中，小麦在 20℃、玉米在 25℃条件下浸泡 48h，而后小麦在 2℃、玉米在 5℃下继续浸泡 48h。

2. 发芽与统计　用吸水纸净浸泡后的种子吸干，用纸卷幼苗生长测定法将种子置床，小麦每卷 50 粒，4 次重复，玉米每卷 25 粒，8 次重复。

置床后的小麦在 20℃、玉米在 25℃，黑暗条件下培养，96h 后打开发芽纸卷，按规定的发芽方法评价幼苗和量取正常幼苗长度，并进一步将正常苗分为高活力（Hv）和中活力（Mv）两类：

高活力（Hv）：等于或大于 1/42 个最长幼苗平均长度的正常幼苗百分数。

中活力（Mv）：小于 1/42 个最长幼苗平均长度的正常幼苗百分数。

例如，50 粒种子产生的幼苗中，最长 2 个幼苗的平均长度为 12cm，其 1/4 长度为 3cm。其余幼苗中，大于等于 3cm 的幼苗为 30 个，而小于 3cm 的幼苗为 15 个，那么：

$$Hv=\frac{30}{50}=60\%, \quad Mv=\frac{15}{50}=30\%$$

另，可根据其参数评价种批质量：含 80%～100% 活力（Hv）的种苗，为高活力种批；含 48%～79% 的种苗，为中活力或中、低活力的种批；含 48% 以下活力的种苗，为低活力种批。

（八）四唑染色

四唑染色不仅可以了解种子生活力，还可以了解种子的健全度，因此可以测定种子活力。

此法已用于禾谷类及豆科类作物种子。在牧草方面建议用于较大粒度的种子，因种子小不易操作。

1. 处理与染色 取小麦试样 100 料，4 次重复，置于湿润的纸间或浸于水中 6～18h。

种子泡软后用解剖刀自中心纵向切开胚轴，切开长度约为胚乳长度的 3/4。或者将种胚连同盾片自胚乳上切下。

将切开的种子或切下的胚置于 0.5% 四唑溶液中，在 30℃黑暗条件下浸泡 2～4h。

用蒸馏水或去离子水洗涤种子，然后在显微镜下鉴定。种子在鉴定结束前应保持湿润。

仔细观察种胚染色部位，面积及染色程度，按四唑测定生活力的方法鉴定出有生活力的种子，并进一步将有生活力的种子划分为高活力、中活力和低活力 3 类。

2. 单子叶有生活力种子的分类

高活力：种胚全部染色，染色一致和具光泽，组织坚实。

中活力：种胚全部染色，但是盾片和（或）胚根边缘未染色，盾片和（或）胚根有小部位色深，染色不均，较高活力种子染色略深。

低活力：种胚全部染色，盾片上部和（或）下部边缘未染色，或仅根原基染色。染色深红至紫色，种胚染色，但组织通常松软，乳状。

3. 双子叶有生活力种子的分类

高活力：种胚全部染色，与胚根相对应的子叶末端或背面有少部分未染色。染色均匀、光亮、组织坚实。根尖染色较子叶染色深。如果含胚乳亦染色或在次要部位未染色。

中活力：子叶不同部位有小部分未染色或染色深。胚轴染色不均但颜色不深。胚根尖可能未染色。组织坚硬但染色比高活力种子略深。

低活力：子叶的次要部位有很大面积未染色，根尖至维管束组织尖端未染色。子叶颜色深或具乳白色。组织通常松软。

高活力种子和低活力种子在大多数田间条件下表现良好的潜力，而低活力在田间逆境下难以存活，甚至在适宜田间条件下也难产生高活力的幼苗。

应用四唑法测定种子活力时，有经验的技术人员测定结果与田间出苗率密切相关，而缺乏经验的人测定时误差较大，因为在染色分类上较为困难，主观性较强。

此外，可用四唑糊粉层法测定禾本科植物种子的活力，详见 ISTA《活力测定手册》

（Hampton 和 Tekrong，1995）。

参　考　文　献

毕辛华，1986. 种子检验 [M]. 北京：农业出版社.

国家标准总局，1992.《牧划种子检验规程》(GB 2930-82) [J].

孙建华，王彦荣，等，1988. 碱茅种子室内发芽试验方法探讨 [J]. 中国草业科学，专辑：70-71.

孙致良，杨国枝，等，1993. 实用种子检验技术 [M]. 北京：农业出版社.

王彦荣，余玲，1992. 紫花苜蓿种批标准发芽率、活力及含水量与贮藏力的关系 [J]. 草业科学，9（6）：34-38.

颜启传，1992. 种子检验的原理和技术 [M]. 北京：农业出版社.

郑光华，史忠礼，等，1990. 实用种子生理学 [M]. 北京：农业出版社.

Association of Official Seed Analysts (AOSA)，1983. Seed Vigor Testing Handbook [R]. USA：AOSA Contribution No. 32.

Fiala，F，1987. Handbook of Vigour Test Methods (2nd Edition) [M]. Zurich：International Seed Testing Association (ISTA).

Gardiner，S. E.，Forde M. B，1992. Identification of cultivar of grasses and forage legumes by SDSPAGE of seed proteins. In：Linskens，H. F. and Jackson，J. F.，Seed Analysis [M]. New York：Springer-Verlag Berlin Heidelberg，43-61.

Hampton，J. G.，Tekrony D. M，1995. Handbook of Vigour Test Methods (3rd Edition) [M]. Zurich：ISTA.

ISTA，1993. International Rules for Seed Testing [J]. Seed Science and Technology，21 Supplement，Rules，1-288.

Payne，R. C，1993. Handbook of Variety Testing-Rapid chemical identification techeniques [M]. Zurich：ISTA.

Scott，D. J.，Close，R. C，1976. An assessment of seed factors affecting field emergence of garden pea seed lots [J]. Seed Science and Technology，4：287-300.

Souza，F. H. D.，Marcos-Filho，J，1993. Physiological characteristics associated with water imbibition by *Calopogonium mucunoides* Desv [J]. Seed Science and Technology，21：561-572.

Wang，Y. R.，Hampton，J. G，1989. Red clover (Trifolium pretense L.) seed quality [J]. Proceedings of the Agronomy Society of New Zealand，19：63-68.

Wang，Y. R.，Hampton，J. g，1991. Seed vigour and storage in "Grasslands Rawera" red clover [J]. Plant Variety and Seeds，4：61-66.

Wang，Y. R.，Hampton，J. G，1993. Seed vigour in Lucerne and white clover [C]. Proceedings of the XVⅡ International Grasland Congress：1868-1869.

Wang，Y. R.，Hampton，J. G.，Hill，M. J，1994. Red clover vigour testing-Effects of three test variables [J]. Seed Science and Technology，22：99-105.

（王彦荣　编）

第六章　牧草品质评定

牧草（饲用植物）的品质评价有多种方法，其中较通常使用的有二步法和三元法。三元法是分别以生物学方法、物理学方法和化学方法三者进行评价，并分别得出评价结果。这一评价系统虽然被普遍使用，但略嫌失之复杂，三者之间联系不够紧密，要作出最后的综合判断，往往还需要专家决择。

二步法是先进行牧草的生物学评价，再进一步对牧草的植物—动物相关性作出评价。此法融合了三元法的主要内容，评价系统更为完整、严密，而简洁、易行。

一、牧草的生物学评价

把牧草这一生物体所具有的、与农业生产有关的、特别与动物生产有关的项目加以评价，用来评判它的优劣程度。它包含牧草本身的生存阈限、生物量、生长动态、化学成分等方面的评价，总称为牧草的生物学评价。

（一）生存阈限值的评定

牧草的生存阈限值是指牧草有可能生存的时间、空间的分布广度。牧草生存被约束于生存条件的上限和下限的两条理论轨迹，也就是阈限所规定的范围以内。超越上限或下限轨迹限定的范围，牧草就不能生存。因此，生存阈限范围是它生存必须的最高极限（最高温度）和最低极限（最低温度）这两条阈限所界定的一个理论区域，我们称为阈限值，它是一个"幅度"。

牧草生存的时间阈限值和空间（区域）阈限值，包含两方面的含义：①某种牧草适宜生存的地点和时间的界限；②某种牧草可能生存的地点和时间的界限。实际上后者是前者的外延，后者包含了前者。但我们讨论生存阈限值时，为了生产的需要，不能不明确两者的区别。

牧草的生存时间阈限值的评定　牧草的生存时间阈限值包含两方面的含义：

（1）年度以内（12 个月以内）的生存时间阈限值评价：可以是与日历年度一致的（例如从 1 月 1 日到 12 月 31 日），也可以与日历年度不一致（如从今年 5 月 1 日到明年 4 月 30 日）。它包含 3 项评价指标，即年度内生存期阈限值评价；青绿期阈限值评价；枯黄期阈限值评价。年度内的生存阈限值的评价意义及方法见表 6-1。

$$x = \frac{y}{365} \tag{1}$$

式中：x——该时期在 1 年中占有时间的系数；

y——该时期占有的实际天数；x 值最高为 1。

表 6－1　年度内的生存阈限值评价表

评价项目	评价含义	评价方法
生存期	有生命活动的时间，在此期间牧草正常生长或不能正常生长，但仍维持生命，没有死亡，生存期较长者，利用价值高	从出苗到生长期结束以前，定期仔细观察其植株，特别是根系和分蘖芽，是否保持生命的活态，生长期将近结束时为重点观察期，计算公式（1）
青绿期	牧草地上部分开始生长，可以进行光合作用的绿色部分出现，表示草地进入可以积累有机物质的活动期，青绿期长者为优。	记录牧草地上部分呈现绿色的时期，如以单株计，需选择有代表性地段，生长正常植株 100 株以上，记录从呈现绿色到枯黄的平均值，如以地段为单位，地面 30％以上保持绿色就是处于青绿期，计算公式与生存期同，公式（1）
枯黄期	牧草地上部分停止生长，呈现枯黄时期，可能保持生命或已经死亡，枯黄期短者其利用价值高	记录牧草地上部分呈现枯黄的时期，如以单株计，需选择有代表性的地段，生长正常的草丛（多年生）或植株（灌木、半灌木）100 株以上，记录从呈现枯黄到出现绿色时间的平均值，如以地段为单位，应以 70％呈现枯黄到 30％呈现绿色为止，计算公式（1）

（2）年度间的生存阈限值评价。对于多年生牧草需评定它的寿命的长短，寿命长短的变动幅度，就是年度间的生存阈限值，其评定系统见表 6－2。

表 6－2　牧草年度间的生存阈限值评定表

项　目	评价含义	方　法
一年生	能在同一日历年度内完成生命周期的植物称谓一年生植物；在不同的日历年度内完成生命周期的称为越年生或越年一年生植物，统计其青绿期内的天数或产量，值高者为优	同"年度内评定表"
短寿多年生	可以存活 2～3 年，其各年青绿期或产量积加，值高者为优	按照公式（2）方法计算其青绿期或产量
中寿多年生	可以存活 3～5 年，其各年青绿期或产量值积加，值高者为优	按照公式（2）方法计算其绿期或产量
长寿多年生	可以存活 5 年以上，各年青绿期或产量积加，值高者为优	按照公式（2）方法计算其青绿期或产量

$$x = \sum_{i=1}^{n} \frac{y}{d} \tag{2}$$

式中：x——青绿期天数或产量；

　　　y——各年的青绿期天数或产量；

　　　d——生存年数（数值高者为优）。

（3）牧草生存的空间（区域）阈限值的评定：任何牧草都有其生存的适宜空间（区域），在这一区域之内，含有该品种的发生中心地的生境，称为适生中心生境，也就是最适生长区。从最适生长区向外延伸，是植物的外延生境，外延生境与适生中心生境理论距离越远，其适宜生境的适宜度越低，评价标准见表 6－3。

表6-3　牧草生境适宜度表

适宜度	分　级	生长表现
0.9～1.0	Ⅰ. 最适生长区	生长，繁殖正常
0.7～0.9	Ⅱ. 良好生长区	生长有不适应表现，繁殖正常
0.5～0.7	Ⅲ. 可以生长区	生长有不适应表现，繁殖不正常
0.3～0.5	Ⅳ. 生存边沿区	生长正常，不能繁殖
≤0.3	Ⅴ. 生存禁区	营养体严重不正常，或不能建植

　　生境适宜度的计算，有两个评定系统：①以最适生长区的生境为基础，评定有关各个生长地的适宜度；②以植物为基础评定各个植物的生境适宜度。

　　以植物为基础的评定：应首先明确该种植物最适宜的生长地，多为原产地或经实验、生产实践证明的、对于该种植物最适宜的生境，然后可用公式（3）与公式（4）分别求出其生境K值，再以公式（5）求得该种植物的生境适宜度。

$$K=\frac{r}{0.1\theta} \tag{3}$$

$$K'=\frac{r'}{0.1\theta'} \tag{4}$$

　　当$K=K'$时，其生境适宜度为1，当$K\neq K'$时，以（5）式求算其生境适宜度X。

$$X=\frac{1-|K-K'|^*}{1+|K-K'|} \tag{5}$$

式中：X——该种植物的生境适宜度；

　　　K——最适生长地的草原生境的K值；

　　　K'——拟引入生长地生境的K值；

　　　r——最适生长地的全年降水量（mm）；

　　　r'——拟引入地的全年降水量（mm）；

　　　θ——最适生长地的≤0℃的年积温（℃）；

　　　θ'——拟引入地的≤0℃的年积温（℃）。

　　设拟在A地引入分别来自b、c、d三地的3种植物，a地K值为1.5，b地K值为1.8，c地K值为1.2，d地K值为0.3，求算b、c、d三地的3种植物对于A地的生境适宜度。将以上各个数值分别代入公式（5），可以求得b地的生境适宜度为0.538，c地的生境适宜度也为0.538，d地的生境适宜度为0.160。可见b、c两地的植物对于a地的生境适宜度是相等的，也就是它们对于a地有相同的适应性，生存阈限值都属于第三级，而d地植物对于a地的适应性最差，生存阈限值属于第五级，在a地难以生存。三者生境适宜度的比较：b=c，两者适宜度相等，b和c大于d。

$$X_b=\frac{1-|1.5-1.8|}{1+|1.5-1.8|}=0.538$$

$$X_c=\frac{1-|1.5-1.2|}{1+|1.5-1.2|}=0.538$$

$$X_d=\frac{1-|1.5-0.3|}{1+|1.5-0.3|}=0.160$$

　　以生长地为基础的生境适宜度的评定：如将 a 地生境的 K 值［计算见公式（3）］定义为适生指数"1"，将其他各地生境的 K' 值与 a 地 K 值比较，较接近于 1 者，其生境适宜度为优。设 a 地 K 值为 1.2，为最适生长区，b 地 K 值为 1.0，c 地 K 值为 0.5，d 地 K 值为 0.9，将 b、c、d 三地的 K 值以公式（3）、（4）求算，分别与 a 地 K 值比［公式（5）］，求得生境适宜度 X。它们分别为：b 地的生境适宜度 X 值为 0.66，属生存阈限值第三级，可以生存，但非良好环境；c 地的生境适宜度为 0.18，属于生存阈限值最后一级（第五级），即 c 地植物移入 a 地难以存活；d 地的适生指数为 0.54，也属于第三级，与 b 地植物应有相似的适应能力，但略差；以上计算结果说明各地的生境对于 a 地的生境适宜度排序为：b 地优于 d 地，d 地优于 c 地。

$$X_b = \frac{1-|\ 1.2-1.0\ |}{1+|\ 1.2-1.0\ |} = 0.66$$

$$X_c = \frac{1-|\ 1.2-0.5\ |}{1+|\ 1.2-0.5\ |} = 0.18$$

$$X_b = \frac{1-|\ 1.2-0.9\ |}{1+|\ 1.2-0.9\ |} = 0.54$$

（二）生物量的评价

　　牧草生产的有机物质的重量称谓生物量。是多种测定的基础向量，如生长强度（以及由生长速度换算而来的生长强度），生长动态，地上、地下比、株体比等多用生物量作为衡量单位，应以干重（DM，dry matter）计，如用鲜重需特别注明。

　　1. 经济产量的测定　草本植物经济产量的一般测定：见第十章二之（一）——不同内含的牧草经济产量。

　　灌木经济产量的测定：见第十章二之（三）——灌木可食部分的产量测定和第一章之一——草地植被分析的取样。

　　藤本植物经济产量的测定：测定其单位面积上可以采食的部分。舍饲者为人力可以采集到的部分，放牧者为放牧家畜可以采食到的部分。方法与灌木测定同。

　　小乔木饲用植物经济产量的测定：同灌木植物经济产量的测定方法。

　　2. 从生长速度间接评定生物量　植物在单位时间内株体生长的高度（长度）称谓生长速度。可以根据经验公式，从生长高度求算生物量。

　　单株生长速度的测定：选定健康植株 10 株，根据实验设计，按时测定其小时、天或某一生长阶段生长的长度。

　　草群生长速度的测定：选择有代表性的地段，在草丛的一侧，立一垂直标杆，上有水平横向游标杆，眼睛距横向游标杆约 20cm 处，移动标杆上的横向游标杆，使游标杆与草丛上层透明层相吻合，可从标杆上读出草层高度 a，间隔实验设计所规定的时间段，再做第二次观察 b，两次记录之差 $b-a$，就是这一时间段内的生长速度。然后依据草丛高度，算出单位面积上的生物量。

　　3. 生长强度的测定　植物在单位时间内株体生长的重量称谓生长强度。

　　单株生长强度的测定：选定健康植株，其数目相当实验设计测定次数 $X \times 100$ 株以上。如实验设计应测定 5 次，选定植株数目为 5×100。根据实验设计，测定其小时、日或某一生长阶段的生长强度。相邻两次测定，设前一次测定重量为 a，第二次测定重量为 b，则 $b-a$ 就是该时段的生长量，然后可按公式（6）求得生长强度。

$$d=\frac{b-a}{t} \qquad (6)$$

式中：d——该时段的生长强度（g/天）；

a——第一次测定重量（g）；

b——第二次测定重量（g）；

t——两次测定间隔时间（g/天）。

群体生长强度的测定：选定样方（样方设置见第一章之一——草地植被分析的取样），按照实验设计，定时测定牧草重量，设前一次测定重量为 a，第二次测定重量为 b，经过 t 时段，则其群体生长强度 d 为 $d=(b-a)/t$。

4. 生物量动态的评定 方法见第十章三之（五）——净营养物质产量的计算，以及第十章三之（六）——植物量动态的模型分析。

5. 株体比例的测定 选择有代表性的草丛，齐地面割下，捆扎成束，每束重量以 500g 左右为宜，每隔 2cm 剪断，将叶、茎、花序等分别称取，记录其重量，重复不少于 5 次。填入表 6-4。

表 6-4 株体比例测定表

样本号	总重	叶	茎	花序	其他
01					
02					
03					
04					
05					
06					
07					
08					
09					
10					
平均					

6. 地上、地下比的测定 测定植株地上部分的现存量［见第十章三之（二）——地上净初级产量的估测］设为 a，再测定植株的地下生物量［见第十章三之（三）——地下净初级产量的估测］设为 b，a/b 即为地上、地下比。

同类牧草，其地上部分比值较大者，表示其生境较好，草地生产力较高。

同类牧草，其地下部分比值较大者，表示其生境较严酷，牧草抗逆性（如耐旱）较强。

7. 牧草生物量的季节分配 牧草现存量的季节分配格局，可表示饲料年度供应平衡状况。

单种牧草的季节生物量动态：选定有代表性的植株，数量为测定次数的 100 倍。在生长季内，每 5～15d（其时间间隔根据实验设计精度要求而定），取 10～20 株测定其重量。然后根据测定结果，作出全年牧草产量季节分配图。

草丛牧草的季节动态分配格局：选定样方（样方选择、大小及样方数目见第一章之一——草地植被分析的取样），测定时间与单种牧草的季节生物量动态测定同。

牧草产量季节分配的评定：

分季度测定草地上的现存干物质：样方设置见一章之一——草地植被分析的取样，以储草量最高季度为 100%，其他季度与它逐一相比，差距较小者为好。

分月份测定草地上的现存干物质：样方没置见第一章之一——草地植被分析的取样，以月贮草量最高月为 100%，其他月份逐一与它相比，差距较小者为好。

具体计算方法参阅本章的二之（三）——均衡价的评定。

（三）牧草的化学成分评定

牧草的化学成分评定内容甚多，具体方法见动物营养及有关分析方法专著。此处只列举其分析项目，利用现成分析结果，来评定牧草质量及其所含的意义（表 6-5）。

1. 牧草成分评定项目及其意义　饲用植物化学成分评定项目甚多，各有其特殊意义。大体可以分为有机物和无机物两大类。在无机物分析中又可以分为常量元素（也有人将常量元素又分为大量元素和常量元素两类）和微量元素（也有人将微量元素分为痕量元素和微量元素两类）两类。

表 6-5　牧草化学成分评定项目及其意义

项　目	评定的意义	含量正常范围
粗蛋白质	了解其可供应动物营养需要的蛋白质，多为从分析所得无机氮×6.25 所得，用以判断植物生产水平的重要指标	10%～16%（DM）
有机质	植物生物量的主要构成部分，是了解植物生产的生物量的多少，尤其是热能积累的多少，为判断植物生产水平的重要指标	草中 25%～33%（DM）；土中 1%～12%
纯蛋白质	作为饲料分析植物化学成分很少使用，因草食动物、尤其是反刍动物，有利用非蛋白氮合成动物蛋白的能力	植物体内营养价值较高的部分；动物体内广泛分布
氨基酸	为蛋白质构成的基本物质，饲料中所含必需氨基酸齐全者称为全价蛋白质，饲料分析项目为天门冬氨酸、苏氨酸、丝氨酸、谷氨酸、脯氨酸、甘氨酸、丙氨酸、缬氨酸、异亮氨酸、亮氨酸、酪氨酸、苯丙氨酸、赖氨酸、组氨酸、精氨酸、胱氨酸、蛋氨酸	存在于所有蛋白质中
维生素	优良牧草应含有丰富的维生素或维生素的原生物，如胡萝卜素	动植物体内含量极微，但必不可少
氮（N）	构成粗蛋白的必要成分，对于牧草应换算为粗蛋白后再作评定，对于土壤氮元素可作为肥力的评定指标	草中 8%～16%（占植物干物质的）；土中 0.03%（漠土）～0.25%（黑土）
磷（P）	植物化学成分的重要指标，植物、动物体内磷钙代谢平衡所必需，尤为骨骼、神经构成的重要元素，骨组织中磷占 80%，中国大部地区土壤缺磷，往往成为植物生长的限制因子	草中 0.03%～0.09%（盐渍土生境 0.10%～0.25%）（DM），土中 0.04%～0.25%

（续）

项　目	评定的意义	含量正常范围
钾（K）	维持植物正常代谢与繁殖能力，施钾肥可使牧草株体及种子增产	草中 1.0%～1.5%；土中 1.3%～3.3%
钙（Ca）	维持植物代谢，构成植物体组织重要成分，评定植物营养价值的必要项目	草中 0.3%～5.5%（DM）；土中 1.5%～25.0%
钠（Na）	维持植物、动物正常代谢，适量的钠可促进动物食欲，提高牧草适口性。如含量过高，会伤害植物组织，降低土壤肥力；如动物食入钠过多，而又进水不足，可导致中毒	草中 0.5%～6.0%，大部分为 2%～4%；土中 0.2%～0.7%，盐土 1%～20%
铜（Cu）*	与植物光合作用及动物造血功能有关，施铜肥可使植物增产，集约经营农场应予以注意	草中 6～12mg/kg；土中 20～25mg/kg
镁（Mg）*	对叶绿素形成，植物、动物代谢有重要意义，常见缺镁病	草中 0.2～0.4%；土中 0.6～4 200.0mg/100g
钼（Mo）*	根瘤菌固氮作用所必需，缺钼有黄化现象，过多过少都引起动、植物的代谢紊乱，应予注意	草中 5～15mg/kg；土中 0.2～5.0mg/kg
硒（Se）*	中国大部分地区缺硒，可发生缺硒病，土壤中含硒量过多可引起动物中毒，是微量元素中应给予特别注意的项目	草中≤5mg/kg；土中 2.0～5.0mg/kg，<0.3mg/kg 可能发生缺硒病
锌（Zn）*	对植物生长、酶的活性、叶绿素形成、动物繁殖有密切关系，是丰产的必要元素，集约经营的农场应给予适当注意	草中 20～35mg/kg；土中 0.1～0.3mg/kg

注：* 微量元素。

2. 评价项目及标准　在常规分析（方法见一般动物营养分析方法参考书）化学成分中，通常把粗蛋白质、粗纤维与维生素（以胡萝卜素为代表）作为饲用植物评价营养价值的指标（表6-6，表6-7）。

表6-6　化学成分等级表

等级	得分	粗蛋白（DM%）	粗纤维（DM%）	胡萝卜素（mg/kg）
上	3	≥16%	≤28%	≥45mg/kg
中	2	10%～15%	27%～34%	35～44mg/kg
下	1	≤10%	≥34%	≤34

表6-7　牧草化学成分评定标准表

牧草名称	a. 粗蛋白（DM）	B. 粗纤维（DM）	c. 维生素（DM）	v. 总评

$$V=a\times b\times c$$

式中：v——总评分数（较高者为优）；

　　　　a——粗蛋白等级数；

　　b——粗纤维等级数；

　　c——维生素等级数。

当化学分析项目不全时，也可以其中的一种或两种成分作出评价，但其中必须包含蛋白质。

二、植物——动物生产的相关性评价

本项评定的目的在于了解动物对于植物的依赖行为（方式、程度、难易等）与植物对于动物采食的反应行为两者之间互作的表现和后果，一般可以分为取食价、营养价、均衡价、持久价等四个方面。

（一）取食价的评定

取食价是指植物对于动物采食的适应程度，可以分为适口性、嗜食性、难易程度。

1. 适口性评定　适口性——植物对于草食动物采食倾向的影响程度（表6-8）。

表6-8　适口性评定表

分级	评级涵义	方　　法*
5，优	特别喜食的植物，在草丛中首先挑食	①将供测牧草若干种放在实验动物面前，令动物自由选择；②访问有经验的专家、牧民；③现场观察
4，良	喜食植物，但不从草丛中挑食	
3，中	经常采食，但爱食程度不如前两类	
2，可	不喜食，采食不多，前三种植物缺乏时才被采食	
1，劣	不愿采食，只在不得已情况下才采食	
0，不食	根本不食，不能吃的植物	

注：* 因牧草种类繁多，仅用某一种方法不易全面了解各种牧草，三种方法可以结合使用。

适口性访问记录可以填入表6-9。

表6-9　适口性访问记载表

被访问人姓名、职业：

访问日期：　　　　　　　　　　　　　　　　　　　　　访问地点：

访问人：

序号	科名	种名	在草群中的参与度*	羊	马	牛	其他

注：* 该种草的盖度在草丛总盖度中所占的％。

计算"适口性指数"(I_p):

$$I_p = \frac{M_p}{M_t} \times 100 \qquad (7)$$

式中:I_p——某种植物的适口性指数(%);

M_p——供试植物的适口性初步评分值(%)[通过公式(8)可得];

M_t——群落中各种植物初步评分值的总和。

$$M_p = \frac{GR_i}{SDR_i} \times 100 \qquad (8)$$

式中:GR_i——第 i 种植物的相对采食口数[通过公式(9)可得];

SDR_i——第 i 种植物的优势度。

$$GR_i = \frac{NG_i}{SG} \times 100 \qquad (9)$$

式中:NG_i——在实验时间内动物采食第 i 种植物的口数;

SG——实验时间内采食各种植物的总口数。

2. 嗜食性　动物对于食物喜好的程度称为嗜食性。它是适口性的异位同义语,即以植物为主体来说,是适口性;而以动物为主体来说,是嗜食性。测定方法与适口性大体相同,但以动物为主体,调查结果以表 6 - 10 表示。

表 6 - 10　草食动物嗜食性调查表

1. 动物	2. 性别	3. 年龄	4. 头数	5. 放牧地	6. 观测季节	7. 禾草或其他	8. 杂类草或其他	9. 灌木或其他	10. 备注

填表说明:

栏 1,填写所观察的动物,原始记录可每只动物填写一栏,经验较多、工作熟练者也可以 2～3 只动物填写一栏。当作资料汇总时,可以另外填写同一种表。

栏 2,填写动物性别,因为性别不同,嗜食性可能有差别。

栏 3,年龄可填写幼年(幼犊、幼羔)、青年(育成)、成年、老年等级别,也可以只简单地分为幼年(犊、羔)、青年、成年三个等级。根据研究者需要来定。

栏 4,数目,为观察的实际头数,最好不少于 3 头。有时稀有野生动物,只能观察到 1 头或 2 头,也是难得的记录,不可轻易放弃。

栏 5,放牧地状况对动物采食有一定影响,应记载平坦、丘陵、沙地、沼泽、坡度、坡向、地面状况(如多石、崎岖不平、多树桩)等。

栏 6,观测季节对于动物采食有明显影响,尤其以气候状况和植物生长发育阶段作用巨大,后者影响尤为显著。

栏 7、8、9,可以填写禾草、杂类草、灌木等,也可以根据观察者的需要,填写具体植物名称。

3. 易食性　植物对于草食动物采食行为所表现的难易程度,即牧草可食部分易被家畜采食的程度,称为易食性。

饲用植物的易食性,可以表现于:可食部分的位置、株丛的密集程度、株丛的质地三个方面。其品质评定见表 6 - 11。

表 6 - 11　牧草易食性的评定

科名	种名	位点*	株丛*	质地*	总评*

位点：植物的可食部分所在位置被动物采食的难易程度，如可食部分分布过高，动物不易采食；株本过低，动物难以取食。根据其难易程度，可分别给以上（3分）、中（2分）、下（1分）。

株丛：枝条过密，如许多灌木、小乔木、粗大草本植物等，夹在枝条中间的可食部分不易被采食，根据其难易程度可分别给以上（3分）、中（2分）、下（1分）。

质地：有些植物粗硬、多刺、多刚毛，不易采食，根据其难易程度，分别给以优（3分）、中（2分）、劣（1分）。

总评以公式（10）加以计算，值大者为优。

$$v = \frac{p+s+q}{3} \tag{10}$$

式中：v——总评得分；

　　　p——位点得分；

　　　s——株丛状态得分；

　　　q——质地得分。

（二）营养价的评定

营养价值是指植物体内含有可以为草食动物利用的营养物质的品质与数量，可分为化学成分，（见本章一之（三）——牧草的化学成分）、消化率、生物学效率等三个方面。

1. 牧草消化率的评定　牧草消化率——牧草被动物采食以后，它的营养物质在动物消化道内被动物吸收利用的部分与未经动物利用、排出体外部分的比值。

上（3）消化率，≥60%；

中（2）消化率，50%～60%；

下（1）消化率，≤40%。

具体方法见第八章——放牧牛羊采食量研究。

2. 牧草的生物学效益的评定　牧草的农业效益有两层意义：第一，生物学效率，即饲料被动物采食以后，转化为动物产品的效率。化学成分及消化率只能表示牧草被动物吸收的情况，这些被吸收的营养物质，能够变成多少动物产品，则因动物种类、品系、饲养管理条件等而有差别，应该进一步计算其生物学效益，即投入、产出比。其计算基本公式为：

$$E = \frac{p_i}{X_i} \tag{11}$$

式中：E——生物学效益；

　　　p_i——多种产出；

　　　X_i——与 p_i 相应的多种投入。

因此，它们的效益可能包含多种含义（表 6 - 12）。

表 6 - 12　生物学效益的评价项目及其含义

生产层	投入，下列项目任何一种	产出，下列项目任何一种	效益含义
前植物生产层	管理、修建、货币等	景观，不妨碍景观前提下的植物副产品	生态效益，货币
植物生产层	管理、肥料、水、土地、劳力、畜力、动力、药械、运输、仓贮、设备、货币等	牧草、饲用植物、林木、果品、作物等	总效益或各个产品与相应投入项目的比值
动物生产层	管理、饲料（全部或其中的某一成分，如能量投入）、保健、运输、仓贮、设备、货币等	动物、动物产品（如畜力、肉、蛋、奶、毛、皮等）	总效益或各个产品与相应投入的效益
外生物生产层	管理、运输、设备、劳务、仓贮	加工产品	总效益，各个产品与相应投入的效益

如投入为货币，其生物学效益表示方式就是货币。

投入为饲料，产出为畜产品，其生物学效益就是畜产品的饲料转化率。

也可以计算投入的某一成分，如碳水化合物、蛋白质等与畜产品之比，以得出该投入的生产效率。

投入为肥料，产出为饲料，其生物学效率就是肥料与饲料的投入产出比；所投入的肥料所换得的饲料还可以转化为肉等畜产品，也可以进一步计算其肥料与肉的转化效率。

投入货币与产品价值之比、与产品数量之比，可以反映货币投入的效率。

以上各项计算以比值高者为优。

从牧草到动物生长量，包含 5 个转化阶（表 6 - 13）。

表 6 - 13　从牧草到动物生长量的转化阶

项　　目	转化率	低产	高产
植物生长量（P_1）			
可食牧草（P_2）	（P_1）×50%～60%	50%	60%
采食牧草（P_3）	（P_2）×30%～80%	15%	48%
消化营养物质（P_4）	（P_3）×30%～80%	10.5%	38.4%
动物生长量（P_5）	（P_4）×（0）60%～85%	0～4%	32%

注：应计算每一个转化阶的实际转化率，以明确其生物学效率。

其中除植物生产层为本章论述主体及外生物生产层与植物生产无直接关系以外，现在谨就前植物生产层和动物生产层两者的生态效益，特别是自然保护区的评价问题加以介绍。

（1）类型典型性（T）：自然保护区应该属于该种类型的典型地区，应对该地区的典型性加以计算，并作出评价。

（2）演替系列指数（X）：自然状态下，在达到顶极群落以前，应包含若干演替阶段组成的演替系列，设全部系列应有 5 个演替阶段，如某自然保护区具备 4 个演替阶段，其演替系列指数为 4/5＝0.8。

（3）可用性（U）：本保护区可供使用的频率（一定时期内使用的次数），使用量（以年人次计）以5级分估测：0.2、0.4、0.6、0.8、1.0。

（4）开发难易（H）：根据开发难易的程度从难到易也以5级分评分，系数同上。

（5）维持难易（M）：自然保护区在自然状态下可永续存在，或需人特殊管理才能维持，根据维持的难易程度，从难到易，5级分评分。

将上述评价结果以公式（12）求算评价。

$$V=\frac{T+X+U+H+M}{5}\times100 \tag{12}$$

表6-14 自然保护A、B、C三地评价举列

项 目	A	B	C
典型性	1.6	1.2	1.4
演替系列	0.8	0.8	0.6
可用性	0.4	0.4	0.6
开发难易	0.4	1.0	0.6
维持难易	1.0	0.6	0.8
总计	4.2	4.0	4.2
评价值	(4.2/5)×100＝84	(4.0/5)×100＝80	(4.2/5)×100＝84
排序*	I	II	III

注：＊评价值A、C两地相等，但典型性A大于C，而典型性对自然保护区来说，为关键项目，故A区排序第一，B地居第三位。

（三）均衡价的评定

牧草的均衡生产，是任何农业生产单位所必须关注的，可以分为时间均衡价、营养均衡价和价格均衡价。

1. 时间均衡价 时间均衡指数（TB）是指示草地贮草量时间分配的变异程度的向量，变异程度较小者，其分配较为均匀，较有利于生产流程，这种变异，可以分季度加以评价，或分年度加以评价，称为时间均衡价。可以公式（13）求得：

$$TB=\frac{\overline{X}}{\sigma} \tag{13}$$

式中：TB——该类草地的时间均衡指数；

σ——该时间段中不同草地贮草量的标准差；

$\overline{X}$——该地不同时间草地贮草量平均值。

可以公式（14）和（15）求得平均数$\overline{X}$和标准差σ。

$$\overline{X}=\frac{1}{n}\sum_{i=1}^{n}X \tag{14}$$

$$\sigma=\sqrt{\frac{1}{n-1}\sum_{i=1}^{n}(X_i-\overline{X})^2} \tag{15}$$

举例1：设某地季节草地贮草量为表6-15所列，如以该型最高贮草量的季节为100％，其他各季与之比较得到各自的贮草量百分数。

・153・

表 6-15　同季节草地贮草量动态表（%）

类型	春	夏	秋	冬
A 型	35.9	70.2	100.0	59.2
B 型	24.4	100.0	67.8	45.7
C 型	45.0	100.0	95.0	61.0
D 型	74.4	77.4	100.0	62.1
E 型	39.3	99.9	100.0	53.8

先以公式（14）算出各个季节的平均值 $\overline{X}$，再以公式（15）求出标准差 σ，代入公式（13），即可求得均衡价 TB（表 6-16）。对各型的均衡价加以比较，可知 D＞C＞A＞E＞B，就季节的均衡价来看，D 型优于 C 型，C 型优于 A 型。A 型优于 E 型，E 型优于 B 型。

表 6-16　不同季度贮草量均衡价计算表

类型	$\overline{X}$	σ	TB	TB 排序
A	66.33	23.051 4	2.49	III
B	59.48	27.980 3	1.84	V
C	75.25	23.025 8	2.83	II
D	78.14	13.686 0	4.96	I
E	73.25	27.187 7	2.34	IV

以同样的方法，先列出各月的贮草量动态（表 6-17），再根据贮草量算出各月的均衡价（表 6-18）。

表 6-17　不同月份草地贮草量动态表（%）

类型	I	II	III	IV	V	VI	VII	VIII	IX	X	XI	XII
A	58.5	55.2	55.2	—	7.7	38.3	70.4	91.4	100.0	64.5	59.3	58.3
B	—	—	—	19.5	39.7	77.9	97.8	100.0	70.2	61.7	45.5	—
C			26.2	43.9	99.7	100.0	74.0	65.1	70.0	57.9	46.0	—
D	—	—	19.9	27.6	61.7	100.0	80.8	80.1	91.0	95.3	45.5	—
E	0	0	19.6	47.4	58.8	62.6	74.5	100.0	75.9	47.0	28.5	8.4

表 6-18　不同月份贮草量的均衡价（示例）计算表

类型	$\overline{X}$	σ	TB	TB 排序
A	54.90	27.78	1.98	I
B	42.63	37.08	1.15	V
C	48.57	34.56	1.41	III
D	50.09	37.78	1.33	IV
E	58.11	40.06	1.41	II

再用公式（12）求算其均衡价。从表 6-17 可以看出，A>E>C>D>B，也就是按月份的均衡价分析，A 型优于 E 型，E 型优于 C 型，C 型优于 D 型，D 型优于 B 型。

2. 营养均衡价　营养均衡价表示牧草营养价值在一个年度中波动的平稳程度。牧草的营养价值可能随着生长发育阶段的变化以及加工、运输方式、贮存时间等而变化，因而形成营养价值的波动或衰减。牧草的营养成分以较为均衡、波动较小者为优（表 6-19）。

从表 6-20 至表 6-24 可以看出，无论豆科还是禾本科，它们的均衡性排序，无论按粗蛋白质或是按粗纤维含量的变异排序都是一致的。因此在计算牧草的均衡性评价时，只要根据粗蛋白质或粗纤维两者之一，加以均衡性排序即可。其中粗蛋白质是正面反映牧草营养价值的指标，应优先使用。个别饲用植物也可能出现两者不一致的情况，如遇见这种情况，应以粗蛋白质排序为准。

表 6-19　牧草营养成分均衡价计算表（示例 1）

植物名	发育阶段	粗蛋白质	粗纤维	来　源
紫花苜蓿（Medicago sativa）	<20cm	26.67	17.95	王栋，牧草学各论
	孕蕾期	20.71	23.23	
	盛花期	16.73	31.94	
	结实期	9.73	42.95	
金花菜（M. denticulata）	营养期	27.62	16.95	王栋，牧草学各论
	现蕾期	30.24	19.27	
	盛花期	24.32	21.90	
	结实期	25.97	22.33	
红豆草（Onobrychis viciaefolia）	营养期	24.75	16.10	陈宝书，中国饲用植物志
	现蕾期	14.45	30.28	
	盛花期	15.12	31.50	
	结实期	13.58	35.75	

表 6-20　豆科牧草营养成分（粗蛋白质）均衡价计算表（示例 2）

牧　草	平均值 $\overline{X}$	标准差 σ	评价值 TB	TB 排序
紫花苜蓿（Medicago sativa）	18.370	6.158	2.983	Ⅲ
金花菜（M. denticulata）	27.038	2.186	12.369	Ⅰ
红豆草（Onobrychis viciaefolia）	16.975	4.522	3.754	Ⅱ

表 6-21　豆科牧草营养成分（粗纤维）均衡价计算表（示例 3）

牧　草	平均值 $\overline{X}$	标准差 σ	评价值 TB	排序
紫花苜蓿（Medicago sativa）	29.018	9.469	3.065	Ⅲ
金花菜（M. denticulata）	20.113	2.169	9.273	Ⅰ
红豆草（Onobrychis viciaefolia）	28.408	7.390	3.844	Ⅱ

表 6-22 禾本科牧草营养成分均衡价计算表 (示例 1)

植物名	发育阶段	粗蛋白质	粗纤维	来 源
羊草 (*Leymus chinesis*)	分蘖期	20.35	35.62	内蒙古农牧学院
	拔节期	17.99	47.01	
	抽穗期	14.82	34.93	
	结实期	4.97	33.56	
狼尾草 (*Pennistum alopecuroides*)	分蘖期	11.69	28.94	中国农业科学院
	拔节期	8.14	33.45	兰州畜牧研究所
	抽穗期	6.83	33.29	
	结实期	6.05	35.43	
芨芨草 (*Achnatherum splendens*)	分蘖期	26.62	22.85	中国科学院综合考察委员会
	拔节期	18.53	28.85	
	抽穗期	14.28	29.05	
	结实期	5.43	46.82	
星星草 (*Puccinellia chinampoensis*)	分蘖期	10.45	30.70	中国农业科学院
	拔节期	7.71	36.35	兰州畜牧研究所
	抽穗期	6.17	34.81	
	结实期	7.16	35.88	

表 6-23 禾本科牧草营养成分 (蛋白质) 均衡价计算表 (示例 2)

牧 草	平均值 $\overline{X}$	标准差 σ	评价值 TB	TB 排序
羊 草	14.353	5.930	2.420	III
狼尾草	8.253	2.283	3.615	II
芨芨草	16.215	7.643	2.122	IV
星星草	7.873	1.587	4.961	I

表 6-24 禾本科牧草营养成分 (粗纤维) 均衡价计算表 (示例 3)

牧 草	平均值 $\overline{X}$	标准差 σ	评价值 TB	TB 排序
羊 草	37.780	5.380	7.022	III
狼尾草	32.778	2.370	13.830	II
芨芨草	31.893	8.971	3.555	IV
星星草	34.435	2.227	15.463	I

(四) 营养持久的评定

营养持久价是衡量营养物质在饲用植物上保留时间长短的一种度量。例如一般双子叶植物,枯黄以后,叶片容易脱落,而植物的营养物质大部分含于植株的叶片之中,因而营养物质损失较多；禾本科和类禾本科植物，枯黄以后叶片不易脱落，营养物质损失较少；而灌木保留可食营养物质，尤其是保留蛋白质的能力比草本植物为强。这种营养物质在植株上保留时间的长短，无疑有重要的经济意义。

评价方法与营养均衡价相同，其营养均衡价高者，其营养持久价自然也较高。

参 考 文 献

甘肃农业大学，1985. 草原调查与规划 ［M］. 北京：农业出版社．

C. R. W. 斯佩丁著，贾慎修，孙鸿良，毛雪莹，译，1983. 草地生态学 ［M］. 北京：科学出版社．

甘肃农业大学，1985. 草原生态化学 ［M］. 北京：农业出版社．

任继周，1988. 草原资源的草业评价指标刍议 ［A］. 北京：中国展望出版社．

（任继周　编）

第七章 家畜放牧与轮牧设计试验

一、放牧试验规划

(一) 试验目的

放牧试验从广义上可分为两类，即评价改良或新建植的草地；测定各种管理方式的效果。

在依靠天然草地发展畜牧业的地区，评价改良的或新建植的草地是其基本目的。试验包括对未改良的天然草地和以灌溉、施肥，补播豆科牧草等方式改良的草地进行比较。天然草地也可以同各种播种草地进行比较。在清除灌木或乔木后建植的草地，无天然草地做比较时，可以在不同的改良草地之间进行比较，这些草地可以在施用不同剂量的肥料即氮、磷或钾控制牧草生产的条件下做比较。此外，还可将禾本科—豆科草地与施用氮肥的禾草草地进行比较。这种比较是以动物生产来体现使用豆科草的优越性。

通常，草地管理可以理解为将农业技术措施应用于草地的生产，这些措施包括播种量、定植方法、施用化肥、饲料保藏、补饲、放牧方法与放牧率等。高产型的草地应当是建植的播种草地。进行管理研究，目的在于优化其利用，也包括畜牧方面如品种、产犊（羔）时间和同防治寄生虫有关的放牧管理问题。所以放牧试验实际是以一个整体的生产系统来考虑的。

放牧地的养分循环与刈草地相比差异很大，所以应根据草地利用的需要施肥。一般地说，放牧地对钾和氮的需要比割草地要少得多，因为这些营养物质通过牲畜的粪和尿有大量的回收。另一方面，放牧家畜的尿中很少有磷被再循环。此外，磷和其他某些矿物质（如硫和钠）除影响草地外，还对家畜性能有着直接的影响。所以，放牧地对这些元素的需要比割草地要多，这是因为家畜的迅速生长或产奶，需要牧草中有高浓度的营养。对大多数改良草地来说，肥料是一项主要投入，所以优化施肥量也是非常重要的。

(二) 处理的选择

处理的选择需依据研究目的而定，它们可以采用单项的比较（如不同的牧草混播），数量的比较（如施肥量、放牧量）或二者结合。与处理密切联系的是管理问题，它因控制家畜的放牧方法、放牧量、家畜种类及肥料计划等而不同。所有这些因素的相互作用均可影响牧草和家畜的生产。

除了管理因素（即各项处理）之外，其他因素都应当是均匀一致地应用于所有的处理，以避免混淆试验的结果及其说明，目的是为了在改进现有草地生产如采用新的牧草混播或管理技术时，通常应把原系统作为一项处理纳入试验计划，为新的技术设立一个比较的基础。例如一项表明四区轮牧优于六区轮牧的试验，如果没有连续放牧的处理，则四区轮牧系统的实际优越性就不能充分体现。又如保留牧草的生长作干草比制作青贮要好些，但是如果没有无任何保留的处理作为对照，则保留生长的真实价值也不准确。

当进行施肥量或混播牧草的比较时，对照处理也是必要的，但不必作零处理。当然，如果试验的草地在没有肥料的情况下也能建植和维持，那么设一个不施肥的处理也是合适的。不过为了维持草地，施用少量肥料还是需要的，但作为对照处理的施肥水平应当仔细考虑，它可以是这个地区的一般施用量，也可能是以前已证明够用的剂量。这样，处理的数目就可以此为基础，在对照以上或以下设置若干剂量，目的是找出最佳施肥量。如果已知草地在缺乏某种肥料的情况下不能较好地建植，那么就不需要评定零水平的施肥。

某些试验包含有补饲如谷物、蛋白质精料或尿素—糖浆混合物，试验人员应当知道补饲量与牧草采食量之间的相互影响，经常给予补饲的家畜，其牧草采食量会减少；所以，不能把食入的补饲量加到牧草采食量中。无论试验的目的怎样，在放牧试验中包含一系列放牧率的处理是最基本的。因为放牧率对不论以每头或每单位面积的动物生产均具有决定性影响。从理论上讲，两种牧草可以有效地进行比较，只要每一种都是以其最佳放牧率放牧的。但是，所谓"最佳"在任何情况下都依评定生产的基础而变化，如每头家畜的产量、每单位面积的产量或是每单位劳动或肥料或投资的产量等。此外，最佳量实际上各年均因气候而不尽相同。所以，实践中通常采用一系列的放牧率，从而可计算出最佳。这样就可以对牧草和家畜的生产潜力进行估测，也可以为草地对过牧或轻牧的反应作出评判。

对任何一种草地，放牧率处理的选择主要决定于试验人员的知识和试验对象。一般是采用一个较宽的幅度以确定最佳放牧率。如果这个最佳（适）放牧率是已知或近似的，则应当使各个放牧率处理与"最佳"联系起来。有些试验采用相同的放牧率，例如对几种播种草地或放牧方法进行的比较评定。但是当比较的草地或管理方法可能导致生产水平发生巨大差异时，对所有处理采用相同的放牧率就不合适。再如对未改良的天然草地与改良草地的比较，或对禾本科/豆科草地与施用氮肥的禾本科草地的比较等。在比较的这两种情况下，第一种草地的最佳放牧率必然要比第二种草地低得多（见表 7-1）。当放牧率不能确定时，需设置多个不同的放牧率处理。千万不要以完全不同的放牧率来设置管理处理，例如一项以连续放牧与轮牧作比较的试验，前者用了 2.0 头牛/hm²，后者为 2.5 头牛/hm²。这样因为估计值不同，在试验一开始就造成了偏差。

表 7-1　两种草地的放牧率比较（两个磷水平，年降雨量 1 000mm）

草地处理	肥料处理	放牧率（N/hm²）					
禾本科-豆科草地	P₁	1.0	1.5	2.0			
	P₂		1.5	2.0	2.5		
禾草＋250kgN/hm²·年	P₁				2.5	3.5	4.5
	P₂					3.5	4.5	5.5

获得不同的放牧率处理有两种方式，一种是保持畜群的大小一致而改变围栏小区的面积；另一种是改变畜牧大小而保持小区的面积相等。两者都具有统计意义。因为用第一种方法土地可能有不同的变异性，而第二种则动物可能有不同的变异性。从实践的观点来看，改变小区面积要容易得多，因为放牧率的范围是连续的；而如果小区面积是恒定的，那么放牧率就只能以单个动物为间距而变化。

以高寒草地牦牛放牧率的试验为例，试验动物以牦牛单位（YU）计算，放牧率为6个处理（范围为0.24～1.44YU/hm²），重复2次，进行生长季固定放牧，以评定和测试高寒草地的生产潜力（见表7-2、表7-3和图7-1）。

表7-2 放牧牦牛的单位计算

牦牛年龄	牦牛单位（YU）
1岁母牛（去年产）	0.29
1岁公牛（去年产）	0.29
2岁母牛（前年产）	0.51
2岁公牛（前年产）	0.51
3岁公牛（大前年产）	0.76
合　计	2.36

表7-3 各放牧率处理所需动物数

牦牛年龄	放牧率（YU/10hm²）						合计（头）
	2.4	4.8	7.2	9.6	12.0	14.4	
1岁♂	1	2	3	4	5	6	21
1岁♀	1	2	3	4	5	6	21
2岁♂	1	2	3	4	5	6	21
2岁♀	1	2	3	4	5	6	21
3岁♂	1	2	3	4	5	6	21
合计	5	10	15	20	25	30	105

注：引自陈友康等，1994

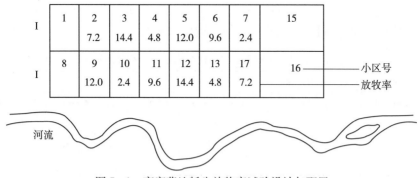

图7-1　高寒草地牦牛放牧率试验设计与配置
（Wiener 等，1992）

（三）动物的选择

为了获得充分的处理效果，试验动物不能有任何遗传缺陷或生理功能障碍。如果用肉畜进行试验，通常用生长迅速、成熟体重大的品种比生长发育慢、体型小的品种能获得更佳的处理差异，通常杂种畜更具优势。

在利用草地进行乳业生产的地区，需要测定动物的生产潜力。许多当地的挤乳牛一般生产水平低而对高质量的饲料有良好的反应。如用当地品种与引进乳用品种的杂交一代，可获得较高的生产能力和必要的抗病虫害的能力。

使用产肉和产毛家畜，有一个选择繁殖家畜或生长家畜的问题。如以增重为目的，用生长幼畜比完全成年的牲畜更理想，因生长幼畜对饲料质量的差异反应更为灵敏。繁殖家畜也能以母畜活重、受胎力及后代断奶性能等提供饲料质量的灵敏尺度。但当饲料质量在全年大部分时间得不到满足时，母畜即通过消耗自身体内贮存继续哺乳，以弥补处理对仔畜的影响，在这种情况下，使用生长幼畜更为准确可靠。

（四）放牧方法

试验人员可以自行安排的变量是动物的数目、在围栏小区内停留时间及各次放牧的间隔时间（非连续放牧）。这些变量的不同组合，产生了如下几种主要放牧方法：

（1）连续固定放牧。以固定的放牧率进行不间断放牧。

（2）连续变化放牧。连续固定放牧，但放牧率是变化的。

（3）轮流固定放牧。草地被细分成许多小区，以固定数目的家畜轮流放牧每一个小区。

（4）轮流变化放牧。草地轮流放牧，但家畜的数目可以变化。

（5）带状放牧。家畜的数目固定或变化，用活动围栏让家畜部分地放牧围栏小区。放牧时，需用活动的断后围栏以防止家畜返回到已放牧过的条带。

（6）延迟放牧。保留一些小区不放牧，或进行补播就地保存其饲草为以后利用；或为焚烧灌木积累燃料。

一种称作"放入取出"（Put and take）的放牧法，已被应用于放牧试验并在新西兰、澳大利亚和西欧等地广泛使用。在这种放牧方式下，草地在整个放牧季或全年以固定数目的"参试者"动物加上数量可变的"放入取出"动物进行连续放牧。后者通常以预先确定的恒定的放牧压有变化地放牧草地。

Evans 和 Hacker（1973）改进这一方法，在施氮肥草地上获得了每公顷和每头家畜增重的良好结果。他们评定的 5 小区围栏草地，先由"先导"组家畜放牧 1 周，任其充分选食牧草。然后由"后续"组放牧 1 周，以获得满意的放牧压力。此后使草地休闲 3 周。"后续"组家畜由数目固定的"参试者"加上数目可变的"放入取出"家畜组成。在冬季或干旱季节，可以将"后续"组全部赶出以保证"先导"组有充足的饲草。这种方法在牧草生长变化剧烈的条件下，依据产量调整牲畜数目较困难，而且有很大的主观性，所以这种方法在生产实践中应用的问题还需要认真总结经验。

（五）放牧试验设计

放牧试验关系到 2 个复杂的生物系统即草地与放牧家畜。试验设计必须保证各项处理及所建议的测定方法能按计划执行，各种结果能进行统计说明，需要考虑的主要问题是：①选择试验项目，进行比较的各项处理及测定各处理效应的诸因素；②无偏误差估计；③获得最大试验效应而不牺牲良好管理；④试验持续期通常最少 3 年，在气候变化大的地区还可更长一些；⑤成本与利润计算；⑥与其他试验的协调性等。

1. 克服变异性　放牧试验中的变异性来自草地、家畜和取样。草地的变异性可能由现场因素如坡度、排水或土壤肥力以及不平整的草地建植、不均匀施肥或试验前的不同管理所造成。场地的变异性可用以下措施来克服：①使所有小区覆盖同一类型的土壤；②采用包括水分、肥力和坡度等所有差异在内的各区组；③有足够的重复。场地类型的检验可借助航空摄影或进行植被土壤调查，也可用肉眼方法如观察树的密度、土壤的颜色及排水方式等。

家畜的变异性取决于畜群本身的一致性、每项处理的牲畜头数及它们参试的时间等。增加每个小区的家畜数目可减少家畜变异性，但必将增加小区面积，导致新的变异。所以最好折中。在肉牛放牧的增重试验中，每个处理的畜群为 3 头以上（新西兰）或 7 头以上（英国），重复 2～3 次。在可能条件下，使用同卵双生或半同血家畜进行试验，这是减少动物之间遗传变异性的一种手段，但获得这种动物的困难和成本是相当大的，也不能真正代表生产中的同类型家畜。

2. 无重复试验　在草地培育的早期阶段，通常采用一些简单的试验，以表明改良草地对动物生产的价值。例如在差异明显的天然草地与改良草地之间进行比较时，这种试验的作用是巨大的。但这种比较不能采用相同放牧率，这样将会出现要么天然草地放牧过重，要么改良草地放牧过轻。比较可行的办法是依据牧草产量放牧每一块草地。但必须明确每公顷增重的增加是由于改良草地还是由于采用了较高的放牧率。如果改良草地也获得了较高的个体增重，就可以认为效果不单是放牧率造成的。

多年的连续无重复试验能增加处理措施的有效性，但这不构成真正的重复。Petersen 等（1960）估计，每一草地误差（C）可随年份（Y）而减少，达到 C/Y。另一种增加这种试验结果价值的方法，是在每项处理中增加家畜的头数，一般不少于 10 头。另外，有时为了调查的目的，要获得某一个新环境中放牧率的近似值，也可以进行无重复试验。

无重复试验的另一种形式是利用自给小农场。在小型农场范围内对一系列处理进行比较，要受到许多无重复观察的限制，其生产也会受到实验人员管理能力的影响，但这种试验如果进行良好，可获得许多有价值的信息，并被认为是研究农业系统的唯一实用的方法。

在所有无重复设计中，需特别注意严格随机地布置各个处理，并尽可能使小区的场地差异相等，以减少偏倚。

3. 重复设计　由于土地、牲畜或设施的限制，常常只允许研究较少的处理，设计也不得不非常简单。因此，常规的试验设计就可以测定草地或管理之间的差异。

随机化区组设计：通常用于克服试验地土壤肥力的差异，但当这些差异很大时，仍会有问题。例如在肥力低或水分条件差的地段上重复，可能会造成过牧；但如以相同放牧率在各项条件都优越的地段上重复，又可能放牧过轻。在这种情况下，最好把试验场地也作为处理的一项内容包括到析因设计中。在地段变异性不能以划分区组分出时，完全随机化的设计就更为有效。当处理数目增加时，也可采用不完全的区组设计。

裂区设计：当某项试验已经执行而又要增加额外的处理因素，如希望补加另一种肥料或施肥量时，可以采用裂区设计。重要的一点是，在小区放牧的畜群中需使用偶数的家畜，如 4 头或 6 头，从而各小区可以进行等分，以设置该项处理，这样在分出的每一半小区之间，肥力和土壤特征的差异可降到最低。

双向设计：当动物的个体性能出现不可控制的变异（如产奶量受不同的泌乳期或遗传类型的影响）时，双向设计可增加试验的准确性，在双向设计中，一般认为肉牛的反应太慢，且因肠道内容物变化大，易使误差增大。但 Stobbs 等（1966 年）曾以很小的误差测定了热带草地的肉牛生产。他们的试验包括 2 周的标准化（预试），接着是 8 周的试验测定。如果短期测定在整体生产系统中有意义，则这一种方法是非常有效的。

析因设计：可以测定各处理间的相互作用并有内部重复等优点，在放牧评定中被广泛使用。一个规划良好的析因试验，通常比用相同处理的一系列简单试验更有效。如果检测的水平多，析因设计可以测定反应面，有助于更好地了解所得的各种反应，并提供有特殊价值的经济学方面的信息。

4. 缩小试验规模的方法　放牧试验哪怕很简单也需要较大的面积。如果以三种放牧率（0.5 头/hm²，0.75 头/hm² 和 1.0 头/hm²）比较两种牧草地，每个畜群为 3 头牛，则 1 次重复所需草地面积就是 26hm²。而最低的误差自由度需要 3 次重复，总面积就是 78hm²。规模相当可观。

在草地资源不足以进行一项理想的放牧试验的地方，有几种减少面积的方式可供选择：①减少处理的数目；②缩小畜群；③减少重复；④去掉不切实际的处理或用单个畜群轮回放牧每个处理重复。以上第一项把试验改变了，其他各项降低了试验准确性。虽然把畜群大小减到每小区 3 头以下是不妥的，但在集约放牧的改良草地上，即使用 1 头家畜也有获得试验成功的例子。不过在这种情况下，小区面积必定很小，几头家畜之间应能相互看见，以使其行为方式不受太大干扰，而且必须使用温驯安静的动物。

如果受合适的土地所限，重复数目可以减少。如使用三种以上的放牧率，则草地和各项管理处理之间的比较也可以不设重复。一般认为评定 4 种无重复的混播牧草比评定一种有 4 次重复的更为重要。这种设计是建立在每头家畜增重与放牧率（即每公顷家畜头数）之间存在强负相关的基础之上的。采用这种方法须注意：①处理需随机地配置在整个区域；②尽量使各围栏小区之间的土壤肥力和水分影响减少到最低。

在特殊情况下，仅用单个畜群轮流放牧一个处理的各个重复，可使试验规模减少到 $1/n$（n 为重复数）。但因为没有动物组的重复，动物组间的比较就受到统计的限制。

二、测定项目与方法

（一）牧草测定

1. 干物质产量　干物质数量是测定牧草特性最常用的方法，它是计算其他特性如青草产量、单个种的数量和营养物质总量所需要的基础。还可用干物质总量计算放牧压力，即每头牲畜可利用的干物质总量。此外，它还可指示放牧量对草地的影响。干物质产量的估测，对测定牧草生长、草地的利用与退化也是必不可少的。但是干物质总量对预报某一时间牲畜的增重并无实际意义，尤其当草地放牧不足或其植物学成分不同时更是如此。而绿色物质的总量与牲畜活重的变化相关更密切。

为了详细研究牧草特性与动物生产之间的关系，必须在整个生长季内定期进行牧草取样，但是如果只是为了取得一些动物生产方向的辅助性资料（如放牧率对牧草生产的影响），那么在生长季的开始和末期取样就足够了。如果是频繁地取样，则每次割草的比例均不应超过 2%，以免影响到饲草量的供应。

2. 植物学成分 进行放牧试验需要草地植物学成分方面的丰富知识和对各处理之间的变化及其变化规律的深刻认识。即使是单播型草地，常常也含有一些其他植物种。不论是单个的种或栽培品系，都可能在饲用价值、有害物质含量及其对环境和管理因素的反应等方面有所不同。在禾本科/豆科混播草地中，豆科所占比例对整个系统的氮平衡是至关重要的。动物生产常与植物学成分特别是与豆科植物的多少有关。

植物成分的测定包括：各成分植物种的产量、频率、现有植株数及不同植物种的覆盖面积。第一种测定与动物生产直接有关，因其代表饲料可利用性。其他指标只是间接地与动物生产有关，因为产量与频度、植株数目或覆盖面积之间的关系在各个种之间是不同的，它们的作用主要是对草地植物的种群进行描述和数量化。

3. 持久性 无论是临时草地的几年或是永久草地的几十年，持久性都是牧草品种或混播草地的一个十分重要的特性。因此，为了了解持久性的趋，需要连续若干年测定产量与植物学成分，其中种群变化的测定尤为重要。可以预料的是各植物种与管理之间的相互作用（如放牧率或肥料效应）将随着时间而变得明显，同时随着草地的老化在植物学成分上常有许多变化。

禾本科-豆科草地的变化是随着豆科的比例变化而发生的，并与供氮的变化有关。通常的做法是，让豆科草有一段时间占据优势以获得有效氮的供给，由此可导致禾本科草在一段时间居优势；这就反过来造成有效氮的供应下降，于是就要创造有利于豆科草在另一时间占据优势的良好条件。因为这种周期的植物学变化非常普遍，所以不要轻易地根据一些短期变化来做结论。

4. 化学成分与饲用价值 草地的化学成分受着土壤肥力、牧草种的成分以及诸如温度和土壤水分等因素的影响。它可作为以蛋白质、矿物质成分表示的草地质量的一个有价值的指标，也是说明动物生产在一年的各个季节中变化的依据。在有长期潮湿和干旱季节的地区，草地的化学成分波动很大，必须全年频繁地取样，从而可得到说明动物体重变化的有意义的结果。可以利用这些样品评定植物的营养状态，如果这些样本是动物正在采食的植物代表，它们可能表明存在影响动物健康的某种营养缺乏，采集草样的方法（如取整株植物或叶片，或枝条末端）均可显著地影响结果。

除化学成分外，牧草样品的体外（in-vitro）消化率可很好地表明草地的饲用价值，特别是从食道瘘管动物采集的样品更好。没有瘘管动物时，就用手采集样品，并尽可能距离动物采食的植物部分远些。再者，全年不同季节各处理之间的比较更有意义。

放牧家畜采食量的测定对详细比较各种牧草和处理更为理想。遗憾的是在估计排粪量和采食牧草消化率方面有较大的取样误差。每天 1 次或 2 次给动物灌服标记物，需用大量劳动处理家畜，因此更多地用乳牛测定采食量而较少用肉牛。

采食牧草数量和质量相结合的方法是利用饲养标准根据动物生产量进行估算。用这种方法进行草地生产能力的比较，仅仅是在放牧压力均匀一致的情况下才是实际有效的，也是采用"放入取出"方式的目的，某一等级重量的家畜对维持和生产的需要（以淀粉当量或总可消化营养物质计）可从营养标准查得，然后对不同处理进行计算。如果饲养标准不够完善、而准确的标准还没有完成，采用这种方法时，其结果可用普通的饲料单位，结合以"放入取出"法放牧的家畜的维持与生产需要来表示。但实际上，这种计算只是将家畜增重乘以一定系数就可以了。系数是从一套饲养标准中得出的。

5. 土壤肥力　草地的各项处理通过有机物、pH 和矿物质含量的变化影响土壤肥力，这在短期草地之后栽种作物的情况下非常重要。当研究土壤肥力变化时，必须在各项处理开始前和末尾，最好也在试验进行期间采集土壤样品，除对土样本身进行分析外，还可在牧草试验之后播种测试作物。

（二）动物测定

1. 载牧量　牧草生产力的粗略估计可用总计一年中每项草地处理的放牧家畜头日数而获得，家畜的大小或类型通常要校正为一个标准，如成年干奶畜当量。校正主要是体重。因为载牧量没有计入各处理间动物生产的个体差异，所以用载牧量作为衡量草地生产的唯一指标是不够的，它也不能作为牧草质量的指标，在采用"放入取出"法放牧的情况下，如果要计算草地的整体生产力，就有必要用到载牧量数字，同时还必须保持每个围栏小区中牲畜的准确记录。

2. 活增重　测定活重的变化是放牧试验评定家畜性能的最普通的方法，它可反映某一时间里采食饲料的数量和质量，也是胴体重增加的良好指标；也可以说明牧草对繁殖家畜和产毛家畜性能的影响。

虽然对评定某一段时期的草地生产只要有初体重和终体重就可以了，但家畜仍需要定期（常常每 2 周或 4 周）称重，这样做是为了找出体重变化与牧草产量之间的关系，而且也是检测家畜健壮生长的一种指标，也可以确定季节内或各季节之间的生长模式。

为了提高活重测定的可靠性，必须使称重方法标准化，以减少肠胃内容物造成的变异，通常采用两种方法：第一种是称取禁食体重（fasted weight），即将家畜围圈过夜 12～16h 禁食禁水，这样可以减少胃肠内容物总量，也可减少活重的变异性。第二种方法是在一个标准时间即日出后 2～4h 称重，这种方法是以牛在一天的牧食有一个规律的模式为基础的，且在完成黎明牧食之后体重的变化最小。

两种方法的选择取决于试验的类型，对在短时间内很快完成称重的小型试验，或禁食被认为有害的时候哺乳家畜，可以在草地直接称重（围栏外），对于大型的放牧试验，将牲畜集群并赶到称重场地称重。在"早称重"和"晚称重"的牲畜间可造成较大的"空腹"差异，在这种情况下最好采用禁食。不论采用哪种方法，应当在同一天以随机顺序称完一个试验或一项处理的所有动物。而且称重应当在尽可能短的时间内完成。

几天（通常连续 3d）称完体重是提高称重精确性的一种手段。但在实际中称重本身和对动物的骚扰可能抵消精确度的轻微提高，特别在炎热情况下对产奶家畜更是如此。

称重用台式圆盘秤比用杆秤要快得多，建议使用台秤。称重前需仔细检查能否准确称取动物全程的重量，方法是采用一套标准测重码，或用已知重量的操作员体重或化肥袋检测衡器。称重当中经常需要校正零位，因为称重过程中会积累土和粪。活重剩余误差的平均变异系数是比较恒定的（约 1.5%）。大型动物（200～300kg）体重可只称准到 1kg，而小型动物如绵羊、犊牛的体重应当精确到 0.1kg。

3. 体尺与体况评分　在无称牛体重设施的情况下，常常通过测定胸围来估测体重，如 Young（1972）在肯尼亚对 5 个品种的 3 500 头草原牛进行试验，提出一组线性方程。当然这些方程只符合特定年龄—性别组的家畜，回归方程的平均标准偏差约为平均活重的 9%。

体况的评分是评价牲畜生长状况的一种主观方程，将牲畜分为瘦、不瘦、稍肥和肥四等，每一等都以数字表示，这种体况评分除获得活重的信息外，其他作用很小；但对繁殖母牛比较有用。

4. 胴体质量　胴体重量是指除去头、蹄、皮、尾、消化系统、心和肺以后的重量，以热屠体重减去其 3% 即凉屠体重（CDW）来表示，屠宰率以凉屠体重占宰前活重的百分数表示。

一种可变的客观的胴体质量评定方法，是在特定的年龄—性别组内，根据有脂肪覆盖的体重与胴体成分的关系，在第 12 肋骨眼肌（EM）上，即从眼肌外缘距脊柱 4cm 处测量脂肪覆盖（背脂厚度）。这种方法快捷易行，特别是用游标卡尺时更快。

一种体内（in vivo）法可应用于牛的躯体成分的测定，它是依据注射氚气水估测躯体内水分，但因为持续时间较长，难以在放牧试验中作常规应用。

活体家畜的脂肪覆盖可以直接用探针或用超声扫描仪测定，但如果牲畜在试验期末进行屠宰，这种测定就没有必要了。

5. 产乳量　测定乳牛的奶产量和成分比较容易，但肉牛产奶量的估算比较困难，通常母牛之间的相关差异是依据犊牛生长率来评定的，因为犊牛耗奶量的大小可引起生长率的巨大变化，通过犊牛吃奶前后的称重，注射催产素以后挤奶（人工的或机器的）或使用经过训练的牛均可进行产奶量的测定。

6. 繁殖性能　繁殖性能的全面测定包括怀孕、产犊、犊牛和母牛的体重及产犊间隔期等，每头配种母牛所产犊牛的断奶体重，可综合地体现这些数值。受孕可在配种 6～8 周后进行直肠检查得知，在一个进行的试验中，最好由同一个有资格的人观察所有母牛，产犊期间需每天观察和记录新生犊牛（包括出生存活的和将要出生的）并进行称重。存活的犊牛都应有鉴别标记，产犊率与受孕率的差异可能是流产，如果对母牛进行定期称重，流产的信息可从母牛体重突然下降得到。

称犊牛初生重可在围栏小区进行，用一种安装在卡车上的弹簧吊床秤。另一种方法是有浴室秤测得工作人员的体重，然后称取工作人员怀抱犊牛的重量。两种方法的秤应精确到 ±0.5kg，母畜及断奶仔畜的体重变化（尽管仔畜仍在吃奶）均是草地营养水平的指示，应每隔 2～6 周称重一次。

因为所有处理中，公母犊牛的数目不尽相同，而且公犊牛的初生重常比母犊牛大，增重也比母犊快约 20% 左右，所以有必要校正因性别产生的体重差异。校正值可由 $1/2（W_f+W_m）$ 公式计算，W_f 为母犊平均值，W_m 为公犊平均值，断奶体重也因出生日期的差异必须校正，方法是以出生至断奶整个期间，所有犊牛的平均日增重乘以从出生至断奶的平均天数，再加上平均出生重。

用繁殖家畜进行试验，其结果只有在多年使用同一母牛群时才有实践意义，这是因为有一种携带的（carry-over）处理效应，当年产犊的母牛下一年可能不再产犊；而在一个生长季干奶的母牛可能在下一个生长季产犊。因为不哺乳，就可以改善其自身的状况。

为了便于对草地或管理处理的比较，繁殖家畜的配种期应限制在 3 个月以内。

三、划区轮牧设计

（一）季节牧场的划分

按草原的季节适宜性划分出适于家畜在不同季节放牧的地段，叫季节牧场。季节牧场主要是依据草地的自然条件，如地形地势，植被状况，水源条件等划分的，其目的是为了达到各季节供给的平衡。

（二）轮牧单元

根据畜群大小和类型在季节放牧场内划分出若干轮牧单元，一个轮牧单元可使一群家畜放牧一个完整的周期，通常 30d 左右。放牧单元要分配给具体的畜群。不同的家畜类型，其生活条件、采食习性各不相同，即使同种家畜，由于年龄、性别、强弱不同，采食习性和管理方式也不相同，因此必须合理分群。此外为了充分利用草地，也可适当地组织更替放牧或混合放牧。

（三）轮牧小区

在轮牧单元内，将草地划分成该群家畜能放牧 6d 的小区，即为轮牧小区，一般几个到几十个轮牧小区构成一个轮牧单元。

1. 轮牧周期　同一块草地两次放牧间隔的时间即为轮牧周期。轮牧周期的长短取决于再生草生长的速度，一般再生草生长到 8～20cm 时就可以再次进行放牧。而再生草生长的速度又因雨量多少、气温高低，土壤肥瘠和植物种类不同而异，因此轮牧周期也随着这些因素而变。在西北地区正常年景下各类草原的放牧周期为森林草原 25d；湿润草原 30d；高山草原 10～40d；荒漠、半荒漠草原的主要影响因素是水分，在雨水少的年份，有时一个放牧季只能放牧一次，这些放牧就是一个放牧季或一年。

2. 放牧频率　一年内各小区上能够放牧的次数就是放牧频率，一般牧草再生速度快，轮牧周期短，放牧频率就高，反之，亦然。各草原类型适宜的放牧频率如下：森林草原 3～5 次；湿润草原 3～4 次；干旱草原 2～3 次；高山草原 2～3 次；亚高山草原 3～4 次；高产人工草地 4～5 次。

3. 小区数目和小区面积　当第一个轮牧周期确定后就可以确定小区数目了，它们之间的关系是：

$$小区数目＝轮牧周期÷小区内放牧的天数$$

每一小区内放牧的天数一般不应超过 6d，在非生长季节或干旱地区则不受 6d 的限制。在第一轮牧周期内，由于牧草产量较低，前几个小区的牧草往往不能满足家畜 6d 的需要，因而放牧天数应缩短，往后逐渐延长至 6d。

补充小区是用于割草或休闲的区数。

一般适宜的小区数目为：森林草原 12～24 个；湿润草原 18～30 个；干旱半荒漠漠草

原30～33个；高山草原34～50个。

$$小区面积（hm^2）=\frac{家畜头数×日食量×放牧天数}{可食牧草产量×小区数目}$$

家畜日食量一般规定每只绵羊每天需干草2kg，或按家畜体重的4%计算。

4. 确定放牧密度　放牧密度是指单位草地面积上，在同一时间内放牧家畜头数。放牧密度过大，会使家畜相互干扰；密度过小又会使家畜游走太多，家畜体力消耗过多，牧草浪费也较大。一般每公顷放牧奶牛30～60头，绵羊150～300只。

5. 轮牧小区的形状　小区的形状最好为长方形（2∶1或3∶1），宽度以家畜横队前进采食不发生拥挤为宜，长度大家畜应小于1km，小家畜不超过500m。

划区轮牧举例：

设有幼龄绵羊群400只，在森林草原梁坡地禾本科—杂类草草地上放牧，可食牧草产量1 200kg/hm²（干草重量）。每只羊平均30kg，根据营养标准，每天需草1.25kg，那么全群每天需草500kg。如放牧期为150d，第一个放牧周期为30d，放牧频率为4，第一次放牧可食牧草为全年总产量的35%，第二次为30%，第三次20%，第四次15%。折合干草产量，则分别为420kg/hm²、360kg/hm²、240kg/hm²、188kg/hm²。其划区轮牧规划如下：

第一次放牧持续期30d，牧草需要量为500×30＝15 000kg，而这时的产量为420kg/hm²，因此需草地面积为15 000÷420＝35.7hm²，需要分成7.5个轮牧小区（30÷4＝7.5），每个小区面积为37.5÷7.5＝4.7hm²。

在上述35.7hm²草地上，第二次放牧时，产量为365×35.7＝12 852kg，可供羊群采食26d（12 825÷500）；第二次再生草为240×35.7＝8 568kg，可供第三次放牧17d（8 568÷500）；第三次再生草为180×35.7＝6 426kg，可放牧13d（6 425÷500）。这样400只绵羊在35.7hm²草地上总的放牧日数为30＋26＋17＋13＝86d。

应该放牧150d，而实际上只能供给86d的牧草，尚缺64d，折合牧草500×64＝32 000kg，需要刈草地再生草或其他来源加以补充。根据刈草地的再生草产量占总产量的一半，也就是600kg，因而需要面积为32 000÷600＝53.4hm²。每一轮牧分区面积，如前所述是4.7hm²，于是补充小区为：53.4÷4.7＝11.4个。

这样，轮牧分区的总数应为19个（7.5＋11.4＝18.9），其总面积为53.5＋35.7＝89hm²。

如果将89hm²草地分为19个轮牧分区，其利用方式为：第一放牧周期（30d）利用1～8区，另外9～19区，当禾本科牧草抽穗时加以刈割，往后的放牧周期可利用全部的再生草，轮牧规划见表7－4。

表7－4　森林草原划区轮牧规划表

草地组别 轮牧次序	第一组 （1～8）	第二组 （9～11）	第三组 （12～15）	第四组 （16～19）
1	放牧	休闲	割草	割草
2	放牧	放牧	割草	割草
3	放牧	休闲	放牧	割草
4	放牧	休闲	割草	放牧

（四）牧场轮换

牧场轮换是划区轮牧中一个不可缺少的组成部分。它包括 4 个基本环节，即延迟放牧、较迟放牧、割草和休闲。通过牧场轮换可以避免连年在同一时间、以同样方式利用同一块草地，以保持和提高草地生产。如果在划区轮牧中没有牧场轮换这一环节，由于每一小区的利用都按一定的顺序严格进行，必然会形成每一小区每年于同一时期以同样方式反复利用。这样生长良好的优良牧草或正处于危机时期的牧草首先被淘汰，而品质较差的杂草和毒害草反而日益旺盛。同样，我们可以把牧场轮换作为一种措施通过改变利用时间来清除品质不良或有毒有害的植物。

在划区轮牧中，季节牧场间（如果条件允许），轮牧单元间和轮牧小区间都可进行轮换（表 7-5、表 7-6、表 7-7）。

表 7-5 季节牧场的四季轮换方案

利用年限	利用顺序
1	春→夏→秋→冬
2	夏→秋→冬→春
3	秋→冬→春→夏
4	冬→春→夏→秋

表 7-6 轮牧单元间牧场轮换方案

轮牧单元	区号	第一年	第二年	第三年	每四年
1	1～8	正规牧场	第一补充牧场	第二补充牧场	第三补充牧场
2	9～16	第三补充牧场	正规牧场	第一补充牧场	第二补充牧场
3	17～24	第二补充牧场	第三补充牧场	正规牧场	第一补充牧场
4	25～32	第一补充牧场	第二补充牧场	第三补充牧场	正规牧场

表 7-7 干旱草原轮牧小区间轮换换方案

利用年限	小区号及轮换顺序							
	Ⅰ	Ⅱ	Ⅲ	Ⅳ	Ⅴ	Ⅵ	Ⅶ	Ⅷ
1	1	2	3	4	5	6	△	×
2	2	3	4	5	6	△	×	1
3	3	4	5	6	△	×	1	2
4	4	5	6	△	×	1	2	3
5	5	6	△	×	1	2	3	4
6	6	△	×	1	2	3	4	5
7	△	×	1	2	3	4	5	6
8	×	1	2	3	4	5	6	△

注：△延迟放牧区；×休闲区；1，2……，6 放牧季开始后的利用顺序。

四、草地放牧系统模拟

（一）目的

在全面测定组成整个放牧系统的各项因素包括气候、土壤、牧草、放牧家畜及管理方法等的基础上，综合分析其相互作用，根据对这些过程的了解，构建某个放牧系统的整体框架模型，作为进一步的研究，以协助进行农场条件下的规划和管理决策，并为全面评价草地生产能力提供依据。

放牧系统的计算机模拟包括草地的牧草生产和动物生产二个生物生产过程及其相互作用。这里以放牧多年生黑麦草的羯羊放牧模型为例，对放牧系统模拟程序作一次概述。

（二）牧草生长

牧草生长的模拟可用现有牧草干物质总量及其消化率来描述。由这两个参数来表述的牧草数量和质量的变化就是牧草生长速率、消化率，放牧家畜消耗及牧草死亡分解损失的函数。

在整个生长季，牧草的净生长量可分为两个阶段。第一个阶段几乎呈直线增加，接着第二阶段则呈同样的直线减少。通常以牧草的净生长量乘以系数 1.4 来估算牧草的潜在总产量，然后减去由于采食、缺水和缺氮所减少的生长，以估算某一天牧草的实际生长量。

在采摘的情况下，牧草生长表现为：①恢复生长；②潜在生长；③最大积累三个阶段。模拟家畜采食影响的方式可参考本书第八章。

恢复阶段参数：截距 a 取决于采食强度，可假定它和放牧后剩余牧草的比率成正比，比例常数 C 可根据草地完全恢复之前的状况选定（图 7-2）。

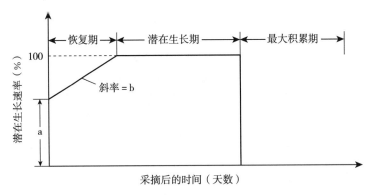

图 7-2 采摘对潜在生长量的影响

$$C = \begin{cases} 1 & \text{（未放牧的草地）} \\ \min(1, a_0 + b_0 + t_0) & \text{（放牧过的草地）} \end{cases}$$

这里 a_0 和 b_0 是放牧过的草地恢复生长的参数值。t_0 是上次采食后的时间。当牧草总积累未达到一定程度以前，牧草潜在生长将继续进行。模拟牧草的潜在生长量，应考虑生长期的进程和氮的肥力水平。

　　模型根据有效根系区的深度（m）、田间持水量（cm/m）和萎蔫点（cm/m）描述土壤有效水分状况。根系区土壤有效水分由于蒸腾作用而逐渐减少。以日照时数乘以适当的日蒸腾率即求得某一天的潜在蒸腾量。当土壤含水量达到田间持水量时，即可获得潜在生产水平；低于萎蔫点时，生长即停止；达到田间持水量的1/3时，蒸腾率呈直线下降（见图7-3）。

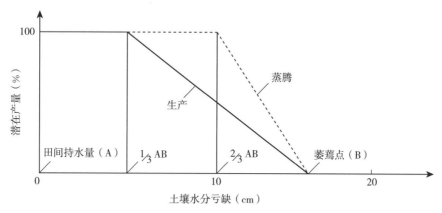

图7-3　土壤水分亏缺与草地生产及蒸腾间的关系

　　实验表明，土壤有效氮增至450kg/hm² · 年时，多年生黑麦草草地的干物质产量几乎呈线性增加。供氮量超过这一水平时，增产效果不明显。因此，可以用简单斜率函数来说明有效氮对牧草潜在生长的影响。建模时可考虑三种氮源：①土壤释放的氮。根据土壤类型和管理方式人为地确定；②归还给草地的排泄氮。通过载牧量计算，如用育肥羯羊做试验，年有效氮排泄量约为7kg/羊；③氮肥供给。在整个生长季按一定数量施入。

　　牧草品质的变化在模型中按时间的进程来处理。消化率高的牧草具有相对稳定性，衰老较慢；消化率低的牧草衰老较快，且有较高的分解率。可以设想消化率 D 和下降率 dD/dt 之间存在负的线性关系，即：

$$\frac{dD}{dt} = -(\alpha - \beta D) \tag{1}$$

　　实验结果表明，当 $D \approx 83\%$ 时，$dD/dt \approx 0.2\% \cdot$ 天，当 $D \approx 73\%$ 时，$dD/dt \approx 0.5\% \cdot$ 天；常数 α、β 即由此而定。模型中，对方程（1）积分即可得到 t 天全部消化率。即：

$$D = (\alpha + \gamma EXP(\beta t))/\beta \tag{2}$$

　　式中 γ 为积分常数，根据 $t = 0$，$D = 85\%$ 来确定。

（三）放牧机制

　　模型中，草地牧草可按消化率划分若干等级。如青绿（消化率＞65%）、暗绿（55%～65%）、棕色（40%～55%）。绵羊喜食青绿牧草比例高的草地，这类青绿牧草产量高于"临界产量"。

　　假定模型开始运行时，草地只有一个小区 S_1，羊群第一天放牧只需要小区的一部分，这样就从 S_1 中分出 S_2。因此第一天放牧后产生两个小区 S_1 和 S_2。接着第二天放牧也需

要 S_1 的一部分，于是从 S_1 中又分出 S_a，因此第二天放牧结束时有三个草地亚区 S_1、S_2 和 S_a，每次放牧剩余草地的一部分形成一个新的草地亚区。这样，在 n 天放牧结束之后，草地则由 n+1 个草地亚区组成。模型中可以允许有 100 个这样的子系统（亚区）。

（四）采食量

动物对牧草的潜在采食量与被摄食的牧草消化率之间几近线性相关。实际的采食量则受牧草数量与家畜体重所限制。牧草产量低于某一临界水平（比如说 3～3.5t/hm²），断奶羔羊的采食量将会急速下降。建模前，需确定一个适宜的牧草临界水平。牧草数量对潜在采食量的影响可用一个简单的斜坡函数来表示（图 7-4）。

试验表明，当羯羊体重（或膘情）达到一定程度时，食欲就会下降。如达到成年体重的 $1\frac{1}{3}$ 时，食量开始下降；达到 $1\frac{2}{3}$ 时，采食量则呈直线下降，约为潜在采食量的 40%，然后即保持常数（图 7-5）。

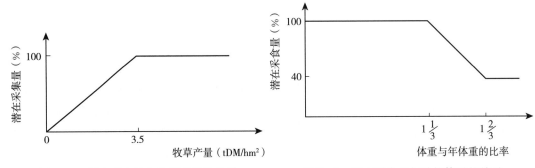

图 7-4　潜在采食量与牧草产量的关系　　　　图 7-5　潜在采食量与动物体重的关系

放牧家畜选择采食的结果，使大量可食牧草从草地转移出去。转移出去的牧草总量可通过计算牧草的平均消化率而得到。利用图 7-5 中的关系可确定绵羊的需草量（kg DM/天）累加每只羊的日采食量，乘以剩余的放牧天数可得出羊群的总采食量。如果现存可食牧草超过总需要量，则牧草盈余；如果总需量要量大于可食牧草现存量，则全部可食牧草从草地亚区转移出去。这时需要调整每天放牧比（需要量/采食量）。

（五）动物生产

放牧模型的动物生产部分是代谢能系统。它假定家畜的采食量总是能满足它们对蛋白质和矿物质营养的需要。

模拟系统中所用的动物应具有相同的初体重和体况。在 j 天从第 i 小区草地上采食的牧草用 X_{ij}（kgDM）表示，用 D_{ij}（%）表示平均干物质消化率。干物质消化率 D（%）可以转换成干物质中有机物的消化率 D^*，公式为：

$$D^* = 0.98D - 4.8 \tag{3}$$

放牧率为 n 时，每头家畜在 j 天内摄食的可消化有机物质为：

$$\frac{1}{100n}\sum_i (0.98D_{ij} - 4.8) \times X_{ij} \text{（kg）} \tag{4}$$

根据资料，1kg 可消化有机物质含有大约 16MJ 代谢能。因此 j 天内每只羯羊从采食牧草中得到的有效代谢能为：

$$M = \frac{0.16}{n} \sum_i (0.98D_{ij} - 4.8X_{ij}) \ (\text{MJ}) \qquad (5)$$

这种饲粮的代谢能浓度 $\hat{m}$ 为：

$$\hat{m} = M / \left\{ \frac{1}{n} \sum_i X_{ij} \right\} \ (\text{MJ/kg DM}) \qquad (6)$$

一只羯羊每天维持需要的代谢能为：

$$m_{(m)} = 0.48W^{0.73} \ (\text{MJ}) \qquad (7)$$

式中 W 为羯羊体重（kg）。羯羊体重的变化与采食的代谢能及维持需要的代谢能之差有关：

$$m_{(g)} = M - m_{(m)} \qquad (8)$$

当 $m_{(g)} > 0$ 时，羯羊体重增加；$m_{(g)} = 0$ 时，体重无变化；$m_{(g)} < 0$ 时，体重下降。

（六）模型预测值与实测值的比较

将建立的模型用计算机语言编成程序，输入计算机进行运算和模拟试验。模拟结果最后要用试验所得观测值进行比较，并作统计检验，验证模型的可靠性。

五、放牧家畜的行为观测

（一）意义

放牧家畜的行为包括行为状态与牧食习性两个方面，它在不同种类家畜或同种家畜的不同个体乃至同一个体的不同年龄，均表现出既有区别又难以截然分开的关系。

行为状态主要指放牧家畜在一昼夜里的采食、卧息、游走、站立等活动时间的持续状态。牧食习性系指放牧家畜的嗜食（如啃食牧草的种类、部位、高草、低草等的习性）、采食方式（如猪拱食；马、羊啃食与摘食；牛用舌头揽食或舔食，或用角顶倒障有碍物和高大灌木的觅食方式）和采食范围的大小及地形高低等特性（如山羊喜欢在崎岖的山顶和悬崖采食，且活动范围大；马喜欢在平坦草地上采食，活动范围较大；绵羊和牛喜欢在宽阔河谷、平坦阶地和缓坡草地采食，活动范围次于马；猪则喜欢在水渠两旁、潮湿低洼草地拱食，活动范围最小）。

家畜的嗜食性，采食方式，采食范围等牧食习性和它们的能走，善跑，好动等与种类遗传，环境适应及体型、年龄等密切相关。例如山羊和马能走、善跑，行动灵活，嗜食性强，采食范围广；绵羊和牛行动缓慢，嗜食性弱，采食范围小。也说明了家畜行为与牧食习性的区别与联系。

放牧家畜的行为，受季节、地形、气候、草地植被等因素的影响。有学者观察了成年母牛的放牧行为。在倾斜山地下部（坡度为 20°），植被以芒草为主，中部（坡度 30°）为芒草灌木混生，上部（坡度为 40°）为灌木区，在这个倾斜的山地设置放牧试验区（面积 1hm²）将 13 头具有放牧经验的母牛连续放牧 25d，其行为表现为：牛群的一半首先在山地下部的缓坡处采食，随着可食牧草的消失，遂向山地中部、上部转移，但随着坡度加大及植被恶化，有 10 头牛停止了采食，另外有 3 头牛从放牧开始，行动涉及整个放牧区。当可食牧草以及灌木的 1.2~1.4m 以下的树叶皆无时，它们用角顶倒灌木采食 1.4m 以上的树叶。直至放牧结束时，其营养状况没有下降。

又据徐怀南（1988）对绵羊放牧行为和各行为状态下能量消耗的研究表明，8 月份（青草季）放牧绵羊每天的采食时间占昼夜 24h 的 30.6%，卧息和反刍占 55.8%，站立占 10.1%，缓步运动 18km，占 3.5%；11 月（枯草季）采食时间占昼夜 24h 的 31.8%，卧息与反刍占 60.4%，站立占 5.2%，运动占 2.6%。8 月份采食消耗能量占总产热能的 37.8%，休息占 45.2%，站立占 13.5%，运动占 3.6%；11 月份采食占总产热能的 36.0%，休息占 56.8%，站立占 4.8%，运动占 2.4%。

综上所述，放牧家畜的行为受生态环境因子的制约，行为状态又影响家畜的能量消耗。因此，放牧行为观测，可对草地与家畜的管理、畜群配置、人工草地建立、草地系统能量平衡提供依据。

（二）试验准备

1. 试验地选择　选取植被均匀一致的草地，用铁丝网围栏 5m×3m、3m×20m 的放牧小区各一个，在畜舍内设置好饲槽备用。

2. 样方设置　用作放牧的试验小区（分两个组），用对角线法设置固定样方供观测用（用铁丝或钢筋固定在土壤中，避免家畜踩踏移位）。在自由放牧区，可用挖小沟标记法设置样方 15~20 个。

3. 实验动物分组　将年龄相同、大小相近的个体随机分成三组，用红油漆标号，一组自由放牧，二组小区放牧，三组舍饲。

4. 放牧家畜预试训练　在选择和围建试验地的同时，将各组供试动牧放入另行设置的预试小区和畜舍饲喂，以进行预试训练。预试期一般要求 6~10d。

5. 正试前取样　在正式试验开始前一天，在正试区内用 $1/4m^2$ 样方剪草，剪下的牧草分种（每种不得少于 20 株）称重。然后置于烘箱内测其绝对干物质重量；在各固定样方内观测相应牧草种类和株数。给舍饲组羊也刈割同样种类牧草，另外，按重量以 1∶1 混合后添于饲槽内（总量每羊每天按 3~4kg 鲜草计）。

（三）人工观测

1. 牧食习性　每 4~5h 观察统计样方内被采食牧草种类（包括事先未选定的其他草种）、株数、留茬高度等。在一天放牧结束后，用牧前牧后差额法剪测各样方内剩余牧草和选定牧草的残茬，置于烘箱测定干物质重。观测结果记于表 7-8 中。

2. 牧食行为

（1）采食及游走距离测定。一条鞭放牧时的连续测定法：以 4 人组成一个观测组，其中 2 人为观察员，2 人为测量员。开始记录前，观察员需同时把观察目标认准，并同时观察羊只游走和采食情况。一人喊口令：游走时喊"走"，采食时喊"吃"，停止游走、采食时喊"停"。当继续观察同一家畜有困难时喊"换"，另一人向测量人员指示目标并随时准备替换前者。两个测量员，一人兼记采食时间和距离，另一人兼记游走时间和距离。记录在格式如表 7-9。

表 7-8　放牧家畜牧食习性观察

草原类型：_____　　　植被类型：_____
地理位置：_____　　　家畜种类：_____

时　段	牧草名称	牧草株数		牧草产量		备　注
		原有（株）	采食（株）	牧前（g/m²）	牧后（g/m²）	
4.0～6.0						
8.0～10.0						
12.0～15.0						

表 7-9　家畜采食及游走距离测定表

第一次放牧					第二次放牧					第三次放牧					第四次放牧				
畜号	起	止	秒	米	畜号	起	止	秒	米	畜号	起	止	秒	米	畜号	起	止	秒	米

记录时，首先要对被观察家畜编号，两个测量员需随时核对家畜号码，查看所记录的游走和采食的家畜是否为同一个体。在理想情况下，更换家畜越少越好，最好能始终观察同一头家畜。测量距离可用皮尺、测绳或步度。

一次放牧中如果观察几头家畜，统计时应先将每一头家畜的采食时间（t）和采食距离（d）分别累加起来，即（$T = t_1 + t_2 +，\ldots\ldots，+ t_n$）；（$D = d_1 + d_2 +，\ldots\ldots，+ d_n$），然后计算家畜采食前进的速度（$R = D/T$）。

满天星放牧时的坐标测量法：事先在放牧地上以石块或其他标记物，按纵横坐标等距离布点，使显出方形分布。然后一人计时，另一人持贴有坐标纸的笔记本，以铅笔描画被观察家畜的前进路程。每画一条线编一个号码，并需与记员的观测号相符。然后将坐标纸上的路程依照一定比例换算成实际距离，并将距离与时间登记在记录表中，计算方法同上。

（2）采食、卧息、游走及反刍时间观测。采食状态：指家畜自如地啃食牧草和在采食中有目的的短距离内寻找牧草的时间，以及抬头稍停又继续采食的时间。这种间断一般均不超过 5s。

卧息状态：指家畜安静地停止采食活动或躺卧休息。

反刍状态：指家畜静立或卧下并不断反刍，往往容易与卧息相混淆。作粗略观察时，此项作为卧息时间记录。

游走状态：指家畜为了采食的目的而作的漫游，可能缓步，也可能疾奔，以及在游走中短暂的静立时间，这种间断的一般不超过5s。

观察时，每4人一组，其中1人为观察员，在离畜群30～50m处，或持望远镜在更远处观察，以免惊扰畜群。如果与牧工同行，即可就近观察，更为方便，观察员的任务是观察家畜的各种动作并数其采食口数，发出口令。记录开始喊"开始"，结束时喊"完毕"。采食时喊"吃"，游走时喊"走"，然后立即报告采食口数，如"走，50"；采食之后接着是卧息，则喊"卧，50"。当观察同一家畜有困难时即喊"换"。

另外三人均为记录员，应在距观察员较远处，如在下风方向，须在50m以外；在上风方向时可以稍近，以能听清楚观察员的口令为宜。其中，第一记录员负责记录卧息时间，记录格式如表7-10。每当换一只观察的家畜时，第一记录员应喊出该家畜号码，其他两名记录员与之核对，3人所用号码必须一致。第二记录员负责记录采食时间。闻观察员喊"吃"或"走"或"反刍"或"卧"时，即将采食时间与采食口数记入表7-11。第三记录员负责记录反刍时间。闻口令"反"时，将时间记入表7-12的第二栏，闻"卧"或"走"及其他口令时，将时间记入第三栏。同一家畜各次反刍时间之和，即为该家畜总的反刍时间。

表7-10　家畜卧息时间记录

畜　号	卧　息			备　注
	开　始	结　束	总　时	

注：＊站立时间记入备注栏

表7-11　家畜采食时间及采食口数登记

畜　号	采　食			备　注
	开　始	结　束	采食总时	

注：＊游走时间和采食口数记于备注栏内

表7-12　家畜反刍时间记录

畜　号	反　刍			备　注
	开　始	结　束	总　时	

观察完毕后，即将以上三个表格的资料加以总结并记入表7-13。当各项观测不是同时进行，家畜编号不是同一号时，可将畜号改为观察头数。

表7-13　牧食行为分类统计

畜号	卧息		反刍		采食		站立		游走	
	时间	%	时间	%	时间	%	时间	%	时间	%

(四) 仪器观测

1. 振荡记录仪　通常大多数有关牧食行为的研究是通过用肉眼观察完成的。规模小，受天气影响大。然而，一种靠旋紧发条计时的仪器——振荡记录器（vibracorder），可用于自动记录1～7d牛的牧食时间和牧食时段（图7-6）。

图7-6　安装有振荡记录器的牛

反刍时间及牧草采食量与牧草的纤维素性质有关。根据自动描记的记录可以统计出动物24h的采食与反刍时间，变幅为4～8h。

振荡记录仪也可分别记数放牧中牛的采食口数（当头低下时）和反刍加咀嚼口数（当头伸直时）（图7-7）。

2. 闭路电视系统　本系统由高光敏度照相机（组），连接在照相机上的变速录相仪、电视屏幕及直接连在计算机输入系统上的电子读数装置等组成。

表7-14 牛的牧食行为

行　　为	数　值
牧食	
牧食时间（h）	4～9
咬啃的总数（次）	24 000
牧食率（口/min）	50～80
单口采食量（g）	5～10
牧草采食量（kg）	6～13
牧食距离（km）	3.2～4.8
反刍	
反刍时间（h）	4～9
反刍周期数（次）	15～20
逆呕的食团数（个）	360
每一食团咀嚼的次数	48
饮水	
每天饮水次数	1～4
卧息	
躺下的时间（h）	9～12
休闲的时间（h）	8～9

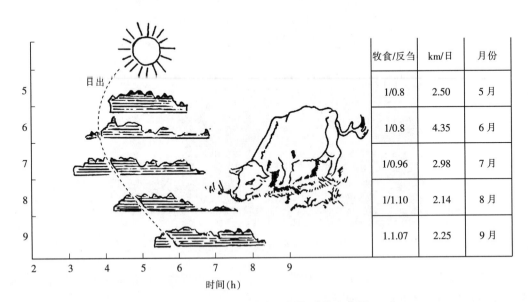

图7-7 牛首次牧食时间的季节变化图

　　例如，日本有的牧场主在开发建设山地牧场中，采用闭路电视监视系统。牧场建在山坡上（坡度在15°以上），整个牧场由管理室、放牧区、休息区和蓄水池等部分组成。除管理室外，均有围栏。放牧草地按肉牛头数、放牧时间及产草量，用围栏分成若干小区。

在放牧区培育牧草，进行灌溉、施肥。管理室在放牧区的下方，室内装有电视录像传送器和电视机，管理人员通过荧光屏可以监视全场肉牛群的活动。

电视录像和扬声器设在通往休息区的路上。饲喂时间到了，扬声器发出电铃声，牛群便通过放牧小区的控制门，再经过放牧区围栏自动门，进入休息区进食。整个设置如图7-8。

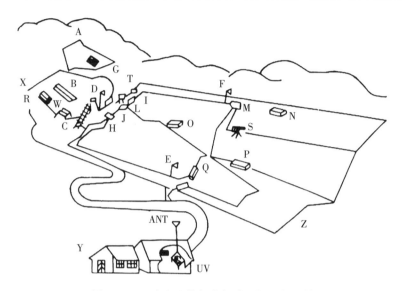

图7-8　日本山地牧场的闭路电视监视系统

A. 蓄水池　B. 自动饲槽　C. 饮料传送器　D、E、F. 扬声器　G. 围栏、自动门

H、I、J、K、L、M. 控制门　H、O、P、Q、R. 自动饮水器　S、T. 电视录像机

U. 监管电视机　V. 电视录像传送器　W. 食盐器　X. 休息区　Y. 管理区　Z. 放牧区

(吴建，1982)

使用闭路电视的优点：

（1）节省工时和人力。采用电视系统，1名技术人员可完成人工条件下6个人的工作。

（2）高光敏度照相机需要的亮度低，可进行夜间观测。

（3）变速录像仪可以灵活地选择记录那些最需要的行为活动，提高观测速度。

（4）1台录像仪可以连接多部照相机，从而提高观测质量，而且还可以在上同电视屏幕上先后同时进行观察。

（5）把电子读数器直接连在计算机输入系统上，可使磁带检查自动化。也可记录较大的畜群的活动。

（6）录像带可以反复使用，长期保存。在记录动作或观测动物的识别上遇到疑难时，录像带就允许作多次观察。

这种录像系统的缺点：

（1）投资较大，特别是需要光敏度极高、有自动控制光圈的照相机等。

（2）照相机镜头影响观测效果。标准镜头的视野比人的视野窄，而广角镜头又会使离中心点较远的观测对象缩小；旋转式或摆动式照相机又会遗漏部分视野。

（3）靠近照相机的动物会遮蔽对其他动物的观察。

3. 无线电遥测技术　这套装置由一个活动探测器和发射机两部分组成。它们作为一个整体悬挂在每头受测牛的颈上。从活动探测器发出的信号被多道接收机接受，并由活动记录器和十进位的计数器记下，这种仪器能够分别记录来自 18 头牛的信息。

这种仪器的优点是：

（1）可以较少的工作时间，长期连续记录某些特殊行为活动。

（2）不致改变试验动物所处的环境条件，对动物的自由行动没有影响。

（3）短时间内即可提供许多有价值的信息。

（4）这种仪器的应用范围广泛。它可以定量地确定家畜活动的程度与饲料转化成熟能需要之间的关系，评价动物的适应能力及对各种有益或有害刺激的反应。

这种仪器的应用范围广泛。它可以定量地确定家畜活动程度与饲料转化成熟能需要之间的关系，评价动物的适应能力及对各种有益或有害刺激的反应。

一般说来，这种遥测仪不会发生较大的性能上的故障，但使用时要注意来自其他具有相同波长的发射机的干扰；另外要定期更换发射机内的电池组。如果能使用优质电池或在晶体管探测器上安装节能电池，则可延长使用期。正常每调换一次，可使用一年。

参 考 文 献

甘肃农业大学，1961. 草原学 ［M］. 北京：农业出版社 .

甘肃农业大学草原系，1991. 草原学与牧草学实习实验指导书 ［M］. 甘肃兰州：甘肃科学技术出版社 .

刘敏雄，王柱三，1984. 家畜行为学 ［M］. 北京：农业出版社 .

弗雷译，A. F，1985. 家畜行为学，翻译组译，家畜行为学 ［M］. 上海：上海科技文献出版社 .

符义坤，孙吉雄，1986. 草地改良与利用 ［M］. 甘肃兰州：甘肃科学技术出版社 .

Christian，T. R，1984. Role of modelling in grazing systems ［M］. grazing systems.

Raymond，A. E. et al，1965. Techniques in use at the Grassland Research Institute ［M］. CAB.

Shaw，N. H.，Bryan，W. W，1976. Tropical pasture research ［M］. CAB.

France，J.，Brockington，N. R.，1981. Nrwton：Modelling grazed grassland systems：wether sheep grazing perennial ryegrass ［J］. Applied Geography，1.

（符义坤　编）

第八章 放牧牛羊采食量研究

一、模 拟 法

（一）原理

放牧家畜每天牧草消耗量（I），等于三个变量的乘积，即放牧时间（T）、采食速度（R）、单口采食量（S）。故：

$$I = T \times R \times S \tag{1}$$

由放牧观察得知，全天放牧时间（T），应分为三个放牧时段，每个时段的采食时间占总采食时间的百分率为：初牧（$T_1\%$）、定牧（$T_2\%$）和归牧（$T_3\%$）。分别测定各时段的采食时间、采食速度和单口采食量，可按公式（2）计算采食量。

$$I = T \times T_1\% \times R_1 \times S_1 + T \times T_2\% \times R_2 \times S_2 + T \times T_3\% \times R_3 \times S_3 \tag{2}$$

式中：R_1，R_1，R_3——分别表示初牧、定牧、归牧时的采食速度（口/min）；

S_1，S_2，S_3——分别表示初牧、定牧和归牧时段的单口采食量（g/口）。

（二）人工观察法

1. 设备 秒表，皮尺，台称（1%感量），望远镜。

2. 方法

（1）牧地选择。选择大片、平坦、植被略稀疏的矮草天然草地为放牧地。

（2）放牧活动。家畜一天内的放牧活动，可分为采食、反刍和休息几种状态的交替。这些活动又受一天的放牧管理和天气的影响。因此，应分初牧、定牧和归牧三时段测定，其结果记入记录表内。

（3）羊群选择。选择 100 只左右的放牧羊群，在群内选出 6 只健康、食性近似的观察羊。在其羊的头、背、臀用不同颜色标记，便于观察。

（4）采食时间测定。观察记载个体羊的全天总采食时间，并分段测定初牧、定牧、归牧的分段采食时间，计算出占总采食时间的百分数。

（5）采食速度测定。对观察的个体羊，分别在初牧、定牧和归牧三时段内，测定其每分钟的采食口数，每时段连续测定 10～15min。再模拟绵羊采食的牧草种类与株体部位（在其采食点附近），用手撷取相似的牧草种类、高度和数量，称重后得出单口采食量，再测定牧草水分，计算出单口采食的牧草鲜量与干物质量。

（三）仪器法

1. 自动记录仪器装置 目前国外已有自动记录仪；国内也试制了放牧羊的遥测记录装置（郭书军、崔用侠，1996），其设备部位包括：

（1）设置在家畜头部的感应器组件。

（2）装置在头或背部的记录系统。

（3）传递设备及其在畜体背部装设的鞍具部件。

这些设备的最大重量，绵羊为1kg，牛为10kg。

2. 测定内容

（1）测定家畜头部运动。咬断一束紧夹在嘴中的牧草归为头部运动，把低头和抬头作为采食和不采食的依据。它是通过家畜啃食牧草时，装在家畜头部的振摆记录器的摆垂移动而测出采食时间。该法对不同草地、不同家畜的测定均有差别。用于牛与绵羊最理想。Jones 和 Cowper（1975）发现，振荡记录器与肉眼观察相比较，前者所得采食时间高18.3%。

（2）测定颌运动。其目的在于区分采食、反刍和游息的时间。采食颌运动的频率和幅度上升高而快，反刍颌运动低而均匀一致。"头向下"的颌运动记作采食；"头向上"的颌运动记作反刍。大多数测定颌运动的装置是利用装在颌下的气球，当颌张开时，气压发生变化，或利用由颌运动控制的开关来测定。Penning利用三氯甲烷浸渍并装有碳粒的硅胶管作笼头传感器，使其电压成比例的变化用以测定颌运动。再用小型四道盒式记录仪计量传感器送来的信息，并接联电示波器显示的数据处理系统，将采食、游息、反刍的时间做到了高度自动记录与数据处理，节约了劳动量。

（3）测定家畜的头位置。头位置是假定家畜站立时，嘴靠近地面就认作啃食。借助头位的测定用以决定家畜采食（低头）或不采食（抬头）的时间。通常采用倾斜式水银开关记录家畜低头和抬头时间。也有水银开关与加速传感器联用等多种型号。

振荡记录器的误差达18%。当家畜头部处于竖直方位时，采食口数中平均有20%（14%~22%）的咀嚼口数，往往过高地估计了反刍时间。值得注意的是，Penning发明用于绵羊的传感装置、记录系统、重牧区别系统和数据处理程序，可伸一致性（直接肉眼观察与计算机判读波形比较）达到95%。这是一种传感、记录、数据处理的完整系统，可自动测量、记录和分析家畜采食、反刍和游息较准确时间。关于放牧家畜采食量的测定仪器，目前仍在进一步改进之中。

（四）注意事项

（1）人工观察法和仪器法测定采食量，均受动物个体变异的影响。消除组内动物个体变异差异的方法，只能采用加大试验动物数量和延长测定天数。为此建议试畜的数量是：牛最少用4头，绵羊不得少于6只。

（2）天气条件引起动物行为变化导致采食量和牧食行为偏估。为减小这种误差，建议连续作7d以上的观测试验。

（3）为不干扰家畜的放牧活动，观测者与动物之间应保持合适距离。肉眼观测距离（人与家畜之距离）以60~100m为宜；借助望远镜观测以200~250m为适宜。最好选用7×50倍的双筒望远镜。望远镜以轻便、灵活、易于调节合适的放大倍数，倍数较高增加影相晃动；倍数低观察不清楚。

（4）为了便于识别畜群中的被观察家畜，须在观察畜体作醒目标记。可用鲜艳的颜色涂写号码；或在头部粘贴不同色别的塑料块；或用大型不同色彩的耳标，最好采用醒目不同色彩的 8cm×8cm 棱柱管绑在畜体肩部。

（5）采食时间通常采用每次观测 10min、休息 5min 的循环测定方式。采食速度与总放牧时间、放牧时段同时进行，在初牧、定牧和归牧三期中的每一阶段内，测定 3～4 个 10min 的采食速度，并以每分钟的采食口数计算。比较方便的方法是，以采食预定的口数记录所需时间，通常以 20 口为一个计量时间单元，计算出每分钟的采食口数。

（6）单口采食量也可采用食道瘘管羊，收集 20～30min 的食团计算。牛、羊食道瘘管的规格和安装技术参阅《现代反刍动物营养研究方法和技术》（卢德勋等，1991，农业出版社，8～11）。

（7）测定结果举例。见表 8-1。

表 8-1 牛与绵羊的采食量测定值

项　　目	绵羊[①]	牛[②]
采食时间（h/天）	9.1～12.3	5.8～10.1
采食速度（口数/min）	31～49	21～66
日总采食口数（10^3）[③]	17～34	8～36
单口采食量（OM，mg）[④]	11～400	70～1 610
单口采食量（OM，mg/kg 活重）	0.6～1.5	0.3～4.1
采食速率（OM，mg/min）	33～54	13～204

注：OM——有机物质；
　　①断奶羔羊；
　　②断奶犊牛与哺乳母牛；
　　③采食速度×时间；
　　④牛从食道瘘管收集，羊以日采食量和全天采食口数计算。

二、三结合法

三结合法即食道瘘管采样、离体消化法测定牧草消化率、三氧化二铬外指示剂估测排粪量。

（一）原理

此法所依据的基本原理，是根据测定消化率的公式推算出采食量。已知：

$$干物质的消化率（DMD）=\frac{干物质采食量（DMI）-排粪干物质量（FDM）}{干物质采食量（DMI）}\times100\%$$

$$（3）$$

故，

$$干物质采食量（DMI）=\frac{FDM}{1-DMD}$$

$$（4）$$

式中：FDM——排粪干物质量（g/天）；

　　　DMD——牧草干物质消化率（%）。

由上式得知，只要获得代表真实采食的牧草样品、采食牧草的干物质消化率、测得日排粪干物质量，即能推算出放牧采食量。

运用食道瘘管采样，可获得放牧家畜实际采食的标准代表牧草样品。它比模拟法和刈割法准确，避免了主观性（吴天星、杨诗兴，1992）。

用两级离体消化法，测定采食牧草养分（如干物质）的消化率。由于食道瘘管收集的采食样量较少，不足常规法测消化率用量，故需用样量较少的 Tilley 和 Terry（1963）首创的两级离体消化法，测定其采食牧草消化率较为理想。又因两级离体消化法与体内法的消化率有高度相关（$r=0.86-0.88$，$p<0.01$）（吴天星、杨诗兴等，1992），故采用两级离体消化法测定采食牧草干物质的消化率比较理想。

用三氧化二铬外源指示剂，估测放牧畜的日总排粪量。由于三氧化二铬的回收率好，高者达 99.1%，低者为 98.6%，同时节省了收全粪量的劳苦。故三氧化二铬为最佳的外源指示剂。

食道瘘管采样，两级离体消化法测消化率，三氧化二铬估测全粪量，三结合方法为吴天星（1989）将三者组装结合后，用于测定新疆细毛母羊的放牧采食量，获得了理想的结果。

（二）器材和试剂

1. 器材 瘘管羊，集粪袋，样本磨，样本烘干设备，分光光度计，恒温水浴（温差≤0.5℃），100mL 试管，抽滤装置，离心机，培养液分装装置。

2. 试剂

（1）缓冲营养液。用 A 液 100mL 和 B 液 20mL 混合备用。

A 液组成（g/L）：磷酸二氢钾（KH_2PO_4）10g；硫酸镁（$MgSO_4 \cdot 7H_2O$）0.5g；氯化钠（NaCl）0.5g；氯化钙（$CaCl_2 \cdot 2H_2O$）0.1g 配成。

B 液组成（g/100mL）：碳酸钠（Na_2CO_3）15.0g；硫化钠（$Na_2S \cdot 9H_2O$）1.0g 配成。

（2）胃蛋白酶。选用郑州生长制药厂生产的 1：10 000 规格的胃蛋白酶，即指一个酶分子在 1min 内能催化 10 000 个底物分子。

（3）消化剂。将 10g 钼酸钠（$Na_2MoO_4 \cdot 2H_2O$）溶入 100mL 蒸馏水中，加入 150mL 浓硫酸（H_2SO_4）和 200mL70% 的高氯酸（$HClO_4$）即成。

（三）操作方法

1. 食道瘘管羊与食道瘘管技术和牧草样品采集 选择品种相同，体重近似（活重差异不超过平均体重±10%），健康的成年羯羊 3 只，作为食道瘘管安装羊。

食道瘘管安装术：在绵羊颈部左侧离气管 2cm 处，用外科手术法沿静脉纵向作 6～8cm 切口，安装直径 2cm 的食道瘘管塞。瘘管塞为中间剖半的"T"形橡皮塞，塞的直径 25mm，塞长 32mm。食道瘘管安装的详细技术参阅参考文献 14。术后羊 1 周内饲喂拌湿精料，2～3 周后随群放牧。

牧草样品采集：食道瘘管羊放牧训练结束后，开始通过食道瘘管采集实际的放牧牧草标样。采样应以夏、秋、春三季放牧取得代表标准样，在每季中，每隔一天分别采集 5～7d，每天分上午、下午的采食高峰期取下瘘管塞子，带上较轻便的皮革制的集样袋，每次采 30～60min 后取掉集样袋。将每天上、下午采集的牧草样品混合均匀，作为全天的放牧采食标样，自然风干后，置入 50℃烘箱 24h 后，粉碎过 40 目筛为测消化率用样品。

2. 三氧化二铬外源指示剂测定放牧羊的排粪量

（1）收粪放牧羊的数量与要求。收粪羊的要求与食道瘘管羊相同，数量最少 6 只，10 只比较理想。试验期保持每季节收粪 12d，其中预试期 5d，收粪期 7d。收粪羊随群放牧。

（2）三氧化二铬（Cr_2O_3）的投喂量与投喂方法。由于用集粪袋收集全粪量时，母羊易受尿液污染，公羊和羯羊易丢失粪便，收全粪量的操作劳动量大，故多采用三氧化二铬外指示剂法估测排粪量。三氧化二铬的投喂量为每羊每天 4g，每天早晨出牧前与晚间归牧后分 2 次投喂，用胶囊投喂，每个胶囊含三氧化二铬 2g。共投喂 12d（预试期 5d，收粪期 7d）。投喂方法，建议采用董国忠、杨诗兴（1988）等设计的投饲管，该投饲管由两部分组成：

①外管：长度 40cm，内径 10mm 的软塑料管，进口端磨钝。

②内推细棒：长 50cm，横断面积 20mm² 的塑料外壳的铜质电线充当。内推棒应长于外管供作手柄部用。将三氧化二铬胶囊装入外管进口端，保定羊头部，使投饲管从口腔推入食道，然后推动内推细棒，即将含 2.000g 的三氧化二铬胶囊准确的送进试羊食道。采用此种投喂法，能保障 2.000g 三氧化二铬完全进入胃内，不会造成三氧化二铬的遗漏或黏附在口腔。这里需要强调的是，三氧化二铬必须在万分之一的分析天平称准至 2.000g，且要无损失的装入胶囊，以保障其估测排粪量的准确性。

（3）粪便样采集和处理。从收粪期开始（即正试期），每天早晚，分别从每只羊的直肠，用带乳胶手套的手指掏取粪样约 50g，将 7d 内所采集的粪样混合（注意！是指单只羊 7d 的粪样混合，绝不能将全部试羊粪混合在一起），在 70℃下烘干，制样，待分析三氧化二铬含量和干物质用。

（4）三氧化二铬含量测定。准确称取粉碎粪样（即第（3）项粪样）1g，置入 100mL 的凯氏瓶内，加入 5mL 消化剂，置电炉上温火加热 10min，直至消化液呈橙色，取下凯氏瓶冷却，然后定容至 100mL。在波长 440nm 下用分光光度计测定光密度，利用三氧化二铬标准曲线，确定粪中三氧化二铬的含量。

三氧化二铬标准曲线制作：准确称取分析纯三氧化二铬粉末 0.1g，入 100mL 凯氏烧瓶，加消化剂 10mL，按上述方法消化好后，定容至 200mL。此液即为三氧化二铬浓度 500mg/kg 的标准溶液。各取该液 1，2，3，4，5，6，7mL，分别置入 50mL 的容量瓶内，加蒸馏水至刻度。按上述方法测定光密度后，以三氧化二铬浓度为横坐标，光密度为纵坐标，绘制标准曲线。以公式（5）计算粪中三氧化二铬的百分含量。

$$粪中三氧化二铬的含量(以绝干重为基础) = \frac{C \times V}{10^{-6} \times W(1-M\%)} \times 100\%$$

（5）

式中：C——在标曲线上按光密度查出的三氧化二铬浓度（mg/kg）；

V——粪样消化、定容后的容积（mL）；

W——风干粪样重（g）；

M——风干粪样吸附水含量（%）。

全放牧条件下，绵羊日排粪量（F）可以公式（6）计算：

$$F (DM, g/天) = \frac{三氧化二铬的投喂量（g/天）}{粪中三氧化二铬的含量（\%，绝干基础）\times 0.97} \quad (6)$$

3. 牧草离体消化率测定 采用两级离体消化法（Tilley，Terry，1963；吴天星等，1991）测定采集的牧草消化率（即食道瘘管收集的牧草样品）。两级离体消化，主要包括瘤胃液消化和酸性胃蛋白酶消化两个阶段。

（1）离体消化的条件。模拟活体消化瘤胃环境要求，离体消化需满足瘤胃微生物环境条件：

①厌氧条件：利用瘤胃液的微生物消化的全过程中，人工通入二氧化碳（CO_2）取代空气，造成厌氧环境。

②适宜的温度：微生物和酶的活动均需要38～39℃的温度条件。在培养过程中，需将消化培养液置于38℃的培养箱中。

③恒定的pH：瘤胃液消化阶段，pH保持在6.7～6.9；胃蛋白酶消化阶段，pH保持至1.5。前者用碳酸钠（Na_2CO_3）调节pH，后者加酸调节pH。

（2）瘤胃瘘管羊。利用瘤胃瘘管羊的目的，在于稳定保质供应离体消化的菌种，模拟瘤胃环境，达到体外测定牧草消化率。选择2～3只成年羯羊，在瘤胃部装置永久性瘤胃瘘管，供取得瘤胃液用。此瘤胃液是第一阶段消化的接种菌源。其质量必须具备典型性与稳定性。为此，瘤胃瘘管羊要健康，消化力强，饲喂苜蓿干草。通常在早饲前取瘤胃液，将取出的瘤胃液装入已用二氧化碳排除掉空气的保温瓶内，然后用双层纱布过滤于三角瓶内，再向三角瓶内通入二氧化碳厌氧，在38～39℃的热水浴中培养保存瘤胃液备用。瘤胃瘘管的规格与安装术，参阅《现代反刍动物营养研究方法和技术》第一章第四节（12～17页）。

（3）标准牧草样品消化率测定。由于牛、羊不同时段瘤胃微生物的种类和数量的差异，招致其所测牧草干物质消化率有悬殊差异。因此，需设置标准牧草作对比，用以校正因瘤胃液的差异所造成的被测牧草消化率的误差。一般选用苜蓿干草粉作为标准牧草样品，将其所得的干物质消化率作为校正系数，校正被测牧草（即食道瘘管采集样品）的干物质消化率（谢坚中，1986；吴天星，1991）。通常采用2～3只瘤胃瘘管羊所取得的瘤胃液混合均匀，通过10次左右的离体消化，取得苜蓿干草粉的消化率，同时测定由食道瘘管所采集的放牧草的消化率（4个重复）。将前者作为校正系数，校正系数值（f）由公式（7）求得：

$$f = \frac{DMDS}{DMDX} \quad (7)$$

式中：DMDS——全试期内苜蓿干草粉干物质消化率平均值（%）；

DMDX——试期内某次苜蓿干草粉干物质的消化率（%）。

（4）离体消化率的测定方法。

瘤胃液的准备：每天早晨出牧前半小时，从3只瘤胃瘘管羊的瘤胃瘘管中提出瘤胃液，混合均匀，通过 2～4 层纱布过滤，将滤液置入已充入二氧化碳的保温瓶内，带回室内，快速转移至三角瓶中，通入二氧化碳，置入 38～39℃ 的恒温箱中保存备用。

牧草样品的准备：将食道瘘管所得的放牧牧草样品，和苜蓿干草标准样品，均通过 65℃ 烘干处理恒重，并通过 40 目筛磨碎的两种样品，各称取 5 份，每份 500mg（精确到 0.000 1g），装入 50mL 的玻璃离心管内。每批设置 4 个空白样品管。再向每个培养管内加入 30mL 缓冲营养液后，置入 39℃ 的水浴锅上预热，等待加入瘤胃液消化用。

微生物消化阶段：于上述预热后的培养管中，加入 10mL 已保存的瘤胃液（即上述准备好的瘤胃液）。同时向离心培养管液面吹入二氧化碳气体后，盖上橡皮塞，置入 39℃ 的培养箱中培养 48h。在培养期中的 2，4，6，8，10 和 24h，轻轻摇动培养管，促使样品颗粒浸渍到消化液中。消化阶段培养结束后，从培养箱中取出离心培养管，加入氯化汞（$HgCl_2$）1mL、碳酸钠（Na_2CO_3）2mL，抑制微生物活动。然后在 1℃ 条件下，离心 15min，倾去上清液。此时瘤胃微生物消化阶段宣告结束。

胃蛋白酶消化阶段：向上述各培养管内分别加入 3mL 酸性胃蛋白酶（每 100mL 3mol/L 盐酸溶解 10g 胃蛋白酶），将其酸化，调节 pH 为 1.2～1.5 范围内。将离心培养管再置入 38～39℃ 的培养箱中，培养 48h，在其 2，4，6，8，10 和 24h 各摇动离心培养管一次。经 48h 胃蛋白酶培养后的培养管中，加入 5% 的氯化汞溶液 1mL，停止胃蛋白酶消化。将培养离心管在 3 500r/min 的离心机上离心 10min，倾去上层清液后，加蒸馏水 30mL，以同样速度和时间再离心，倾去上层清液，置培养管于 105℃ 的烘箱内，烘至恒重。至此两级离体消化宣告完成。以公式（8）计算样品干物质的消化率（IVDMD）：

$$IVDMD = 100 - \frac{(W_3 - W_1) - W_2}{W_0 \times DM} \times 100\% \tag{8}$$

式中：W_0——样品重（g）；

W_1——离心管 105℃ 恒重（g）；

W_2——空白管残渣干重（g）；

W_3——离心管＋残渣 105℃ 恒重（g）；

DM——样品干物质含量（%）。

（四）放牧采食量测定的实施

由于天然草地牧草生育季节的差异，导致牧草干物质、粗蛋白质、粗纤维含量和采食率以及消化率的不同，放牧家畜的采食量有明显的季节性差异。因此，放牧畜的采食量应分季节测定。通常采用牧草生长初期的 6 月，生长盛期的 8～9 月的黄草期的 11～12 月测定（朱兴运，1975；吴天星，1991；皮南林，1987）采食量，北方草地区，也有在枯草期的 2 月再测采食量一次（朱兴运，1975）。

为了获得重要营养物质的采食量，应增加食道瘘管羊的数量及采样次数，通常采用 3～4 只，以获得较多的牧草采样，供其他营养成分分析和测消化率和消化能用，以求得除干物质之外的其他营养的采食量。也需增加三氧化二铬收粪羊的只数，通常为 6 只以上。取得较多量的样品后，加测干物质、蛋白质、有机物质、消化能和代谢能的消化率，即能获得其相应地采食量。

拟定完满的放牧方案和实施方案，训练技术人员，准备好一切试验设备和条件，方能获得良好结果。

(五) 采食量计算

1. 放牧绵羊的牧草干物质采食量　依据前述所求得的每只羊每天的排粪干物质量、牧草干物质消化率数据，可推求出干物质采食量，计算式 (9) 为：

$$DMI = \frac{FDM}{1-DMD} \tag{9}$$

式中：DMI——放牧绵羊的牧草干物质采食量 (g/天)；

FDM——每只绵羊每天排粪干物质量 (g/天)；

DMD——采食牧草干物质消化率 (%)。

2. 放牧绵羊的有机物质采食量　依据食道瘘管采集到的牧草样本中的灰分含量和牧草干物质含量，可推算出绵羊有机物质日采食量 (式10)：

$$OMI = OM \times DMI \tag{10}$$

式中：OMI——每只绵羊每天有机物质采食量 (g/天·头)；

OM——牧草有机物质含量 (%)；

DMI——干物质采食量 (g/天·头)。

3. 放牧绵羊粗蛋白质和可消化蛋白质采食量　放牧绵羊的粗蛋白质采食量：根据放牧绵羊每日采食的牧草干物质量，食道瘘管采集的牧草干物质中粗蛋白质含量，即可推算出放牧绵羊的粗蛋白质采食量。推算式 (11) 如下：

$$CPI = DMI \times CP \tag{11}$$

式中：CPI——放牧绵羊粗蛋白质采食量 (g/天·头)；

DMI——绵羊的牧草干物质采食量 (g/天·头)；

CP——所采食的牧草干物质中粗蛋白质含量 (%)。

放牧绵羊的可消化蛋白质采食量：先以试羊日采食的牧草粗蛋白质量 (由 (11) 式中得知)，和每天排粪中测得的粗蛋白质量，计算出粗蛋白质的表观消化率 (式 12)，再推算出可消化蛋白质的采食量 (式 13)，即：

$$\frac{牧草粗蛋白质}{表观消化率} = \frac{采食牧草粗蛋白质量 (g/天·头) \times 粪中粗蛋白质量 (g/天·头)}{采食牧草粗蛋白质量 (g/天·头)} \times 100\% \tag{12}$$

$$\frac{可消化粗蛋白质}{采食量 (g/天·头)} = \frac{牧草粗蛋白质}{采食量 (g/天·头)} \times \frac{牧草粗蛋白质表观}{消化率 (\%)} \tag{13}$$

4. 放牧绵羊消化能 (DE) 和代谢能 (ME) 采食量　根据放牧绵羊日采食干物质量和牧草干物质中总能含量及总能消化率，可推算出放牧绵羊的总能 (GE) 采食量、消化能 (DM) 采食量、代谢能 (ME) 采食量。其推算公式分别如下 (GE14 式，DE16 式，ME17 式)：

$$\frac{放牧绵羊总能}{采食量 (MJ/天·头)} = \frac{牧草干物质}{采食量 (g/天·头)} \times \frac{牧草干物质中}{总能含量 (MJ/g)} \tag{14}$$

$$\frac{牧草总能}{消化率} = \frac{牧草总能采食量 (MJ/天) - 粪总能排泄量 (MJ/天)}{牧草总能采食量 (MJ/天)} \times 100\% \tag{15}$$

$$\frac{绵羊消化能}{采食量（MJ/天·头）} = \frac{牧草总能}{采食量（MJ/天·头）} \times 总能消化率（\%） \quad (16)$$

$$\frac{绵羊代谢能}{采食量（MJ/天·头）} = \frac{绵羊对牧草消化能}{采食量（MJ/天·头）} \times 0.82^* \quad (17)$$

（六）评价及注意事项

1. 食道瘘管采样，离体消化法测定牧草消化率，三氧化二铬估测日排粪量结合起来，较好的解决了放牧采食量测定难题

（1）"三结合法"所得放牧采食量较准确。长期以来，一直无科学、准确的测定方法，主要原因是收集的牧草样本，不能代表放牧家畜实际采食的牧草种类与部位，即人工采样不能反映家畜挑选和择食的矛盾。通过食道瘘管羊的放牧采样，虽不能采集到全天的采食样本，但可获得放牧 1d 内不同采食时段的样本，而且可加长采样天数、增加采样次数和食道瘘管羊的数量等措施，求得代表性甚佳的采食样品。通过投喂三氧化二铬估测放牧羊日排粪量的方法，不仅节约了常规法收全粪的劳动量，而且三氧化二铬的回收率平均高达98%，估测的日全排粪量是准确的，还可从羊直肠直接取粪，克服了母羊排粪不受尿液污染之弊。两级离体消化法，可在较少量牧草样本的条件下，获得当时实际动物采食的混合牧草的消化率，不仅克服了常规体内法的大量工作量，而且与体内法所得消化率差虽无几。两级离体消化可认为是目前较成熟、与体内法很接近的方法。瘤胃微生物区系、数量，因绵羊个体、日粮类型和采集期有变动，影响到所得牧草消化率有差别。为使其有共同比较基础，除瘤胃瘘管羊用优质苜蓿干草饲料外，尚应设置标准苜蓿干草粉消化率测定（用两级离体消化法测定），将其作为校正系数，用于校正同期采食牧草干物质消化率，使其达到相对共同基础，消除不同批次试验结果误差。虽然"三结合法"尚未成为公认的标准方法，但属现在较完善、准确的方法。杨诗兴、彭大惠、吴天星先生巧妙成功的应用于放牧绵羊的试验中（吴天星，1989）。

（2）本方法的优点。一是能获得草地牧草主要营养物质——干物质、有机物质、粗蛋白质、可消化蛋白质、总能、消化能和代谢能等多项放牧羊的采食量；二是将草地营养的研究深化，为精细的草畜转化提供了手段和方法。

2. 注意事项

（1）本方法的基础是需要作好三个实验。一是做好食道瘘管的安装和采样；二是做好三氧化二铬估测日全排粪量试验；三是运用两级离体消化法做好牧草消化率的测定工作。由此三项数据。可推算出绵羊的各营养物质的采食量，但其基础是干物质采食量，因此，要获得准确的干物质数据是重要的。

（2）本方法适用于设备条件较好的研究单位和精确采食量用。要求较高的操作技术，并需设计科学的放牧方案，在放牧实施地点，尚应具备样品预处理的实验条件。

---

　*　①0.82 为反刍动物将 DE 换算为 ME 的系数；

　　②为求得 GE、DE 和 ME 的采食量，需要对食道瘘管采集的牧草样本、三氧化二铬法求得的绵羊日排粪，均以风干物为基础，利用热量计（称风干样 500mg）测定 GE 含量后，再换算为全干物中含量，利用上式可获得 DE、ME 的采食量。热值测定方法请参阅常规营养分析的有关资料。

（七）绵羊采食量测定结果举例

据吴天星、彭大惠等人，利用此法所得新疆细毛羊的放牧采食量见表8-2。

表8-2 放牧母绵羊营养物质和能量采食量

（吴天星，彭大惠等，1990）

年度与季节	干物质采食量 (g/d) (g/W^0.75, kg)	有机物质采食量 (g/W^0.75, kg)	粗蛋白质采食量 (g/d·头)	可消化蛋白质采食量 (g/d·头)	消化能采食量 (MJ/d·头)	代谢能采食量 (MJ/d·头)
1987年：						
夏季	1 532.64 96.02	82.22	234.98	140.03	14.36	11.76
秋季	1 456.66 75.41	63.55	152.05	80.86	10.30	8.46
1988年：						8.33
春季	1 282.72 74.90	58.44	224.48	141.31	10.80	12.02
夏季	1 685.10 92.72	78.36	284.33	155.34	14.65	

三、离体消化率的测定与使用三氧化二铬指示剂结合法

（一）原理

此法所依据的基本原理，是根据测定消化率的公式（18）推导而得，已知：

$$牧草消化率(D) = \frac{采食量(I) - 排粪量(F)}{采食量(I)} \times 100\% \tag{18}$$

则

$$采食量(I) = \frac{F}{(1-D)} \tag{19}$$

由上述得知，只要测得日排粪量（F）和牧草消化率（D）两组数据，即可推算出采食量（19式）。

测定排粪量。通常采用投喂三氧化二铬估测排粪量（母羊），如果用羯羊和公羊，也可直接用集粪袋收集全粪量。研究者发现，三氧化二铬的回收率达到96.9±3.52%（奥德等，1987；董国忠，杨诗兴，1988），用其估测的全粪量是准确的。

测定牧草消化率。本法建议用离体法测得牧草的消化率，最好采用两级离体消化法。它与体内消化法有高度相关（Tilley等，1963，$r=0.86-0.88$；谢坚中，1986，$r=0.88$），故认为是可靠的方法。

（二）器材和试剂

器材：瘤胃瘘管羊；样本烘干设备；样本磨；分光光度计；集粪袋；围栏与采样设备。
试剂：分析纯三氧化二铬（Cr_2O_3）；
消化剂：将10g钼酸钠（$Na_2MoO_4 \cdot 2H_2O$）溶于100mL蒸馏水中，加入150mL浓硫酸（H_2SO_4）和200mL70%高氯酸（$HClO_4$）即成。

（三）操作方法

1. 试验羊选择　选择 6 只品种相同、体重一致（组内活重差异不得超过平均体重的 $\pm10\%$）的绵羊。试验羊应健康，无内外寄生虫感染，采食习性相似。如条件允许，尽量使用食道瘘管羊。

2. 围栏放牧与啃食牧草样本采集与处理　如无食道瘘管羊采样条件，可采用围栏放牧刈割样方法采样。

用活动围栏将草地划分为 10～14 个放牧单元，6 只试羊每放牧 2d 为 1 个单元。每个放牧单元的面积，依据其当时的产草量、羊只数量和占活重 3.5%～4.0% 进食量水平估计。在每个放牧单元内，放牧前设 0.5m×0.5m 面积的采样方 5～7 个。牧前以留茬 20cm 的高度刈割其牧草（毒害草不刈割）。如此获得 5～7 批的采集牧草样本量。放牧单元内以对角线法布设样方。根据研究，这种小区放牧、刈割采样也有较好的代表性（朱兴运，1976—1979）。

样本处理。分别对 5～7 批所取得的牧草鲜样（采样的当日），剪短至 5cm，混合均匀，用四分法取 500g 鲜样，置 65～70℃烘箱制成风干样。放牧和取样结束后，将 5～7 批风干样再度混合均匀，用四分法取 300～500g 混合风干样。粉碎，过 40 目筛保存备用。此样留待供离体法测消化率用。

3. 绵羊粪样采集与处理　粪样采集有两种方法。

（1）投喂三氧化二铬法。此法适用于母羊。用投喂的三氧化二铬估测日全排粪。在试验期的 10～14d 内，每天早晨出牧前和晚间归牧后，每羊各投喂含 2g 三氧化二铬胶囊 1 粒（每羊每天喂量 4g）。投喂方法，可采用将胶囊送至羊的咽部，用长颈酒瓶灌水送下，或用投饲管投喂（参阅"三结合"法）。三氧化二铬的投喂量、投喂方法、采粪方法、采粪量、粪样处理和三氧化二铬的测定及计算日排粪量方法，均与"三结合法"相同（参阅本章的"三结合法"，即第二种采食量测定法）。

（2）收集全粪量法。用带在羊体上的集粪袋收集全部排粪量。每天早晨出牧前，带上已知重量的空粪袋，晚间归牧后取下集粪袋，换上空粪袋，称出袋＋羊粪重量，获知每天排粪鲜重总量（第一天夜间与第二天排粪量早晨称重后，加入到第一天的排粪量内）。将每只羊每昼夜的鲜粪混合均匀，取 1/10 的粪样入瓷盘，称出抽样粪重量，每只羊分别每天累计叠加后置入冰箱或置入 65℃烘箱中的烘烤。待 8～10d 试验结束后，分别将每只羊 8～10d 的抽样粪量置入 65～70℃的烘箱、恒重，求出风干重。将风干样经磨碎、过 40 目筛、称 2g（称准至小数后 3 位），于 105℃烘至恒重，测出绝干重，即可得知每只试羊的全干每天排粪量和 8～10d 试期的每只羊全干总粪量。

4. 牧草消化率的测定

（1）两级离体法测定牧草消化率。具体操作方法参阅本书第八章的"三结合法"的有关内容。

（2）两级离体消化法测定补饲混合精料的消化率。操作方法同于"三结合法"，只需加测混合精料样品的消化率即可。它适用于冬春枯草季节，求测放牧加补饲的采食量。

（四）放牧绵羊牧草采食量计算

1. 全放牧牧草采食量　求测母羊日采食量时，需用三氧化二铬估测全粪量。故先应计算母羊的日排粪量（F，DM/日），即式（20）：

$$F(g/天) = \frac{Cr_2O_3 投喂量(g/天)}{粪中 Cr_2O_3 的浓度(\%,绝干基础) \times 0.97} \tag{20}$$

羯羊和公羊，如采用集粪袋收集全粪时，可直接得知每天排粪干物质量（F），无需估测排粪量。

离体消化法已获知采食牧草干物质消化率（D），即可获得放牧羊的干物质采食量（I，21 式）。

$$I = \frac{F}{(1-D)} \tag{21}$$

式中：I——绵羊牧草干物质采食量（g/天，DM）；

　　　F——每只羊的日排粪干物质量（g/天，DM）；

　　　D——采食牧草的干物质消化率（%）。

2. 放牧加补饲的采食量　北方草地的冬春季，天寒草枯时常补饲青干草或混合精料。补饲的草、料量为已知数，只需在离体消化中加测精料或干草的消化率后，即可按下式求得放牧＋补饲的干物质日采食量（TDI），（22 式）。

$$TDI = \frac{C(D_c - D_g) + F}{(1-D_g)} \tag{22}$$

式中：TDI——绵羊放牧＋补饲的干物质采食量（g/天·头）；

　　　C——补饲精料或青干草的干物质进食量（g/天·头）；

　　　D_c 及 D_g——分别为补饲精料（或干草）和放牧采食牧草干物质的消化率（%）；

　　　F——试羊排粪干物质量（g/天·头）。

（五）注意事项及讨论

牧草采样问题　啃食牧草的代表性取样仍然是测采食量的焦点之一。此法采样选用放牧单元内的小区刈割集样法，据多次试验，它有如下的优缺点：

（1）放牧面积小，不能完全反映自由放牧条件，它是一种稍有约束的自由采食。既不能算作完全自由采食，又不属于限制采食。但是，在经验丰富时，能获得基本满意的代表样本，使其所得消化率接近真实采食牧草的消化率。其关键是要选择好毒害草很少。植被均匀的中矮型草地的基础上。确定每 2d 放牧单元的面积，既要使其试羊食饱，又要保持留茬 20cm 高度后，食净放牧单元内的草量。根据绵羊体重的 3.5%～4.0%进食量水平和产草量确定的放牧单元面积，能达到这种要求。刈割取样样方的面积以 0.5m×0.5m 为宜；样方数量以每个放牧单元 5～7 个较好；样方的布设以对角线布置较佳；取样留茬高度 20cm 较理想。如果办到上述要求，虽然仍属模仿取样，还是能获得代表放牧采食可靠性略大的牧草样本。但是这种采样方法，不适用于植被甚稀疏的荒漠草地、沙漠化草地、灌丛草地和双子叶植物为主的草地。

（2）冬春枯草季节，最好用食道瘘管采样。

（3）此方法设备简单，适宜于精度要求不特别高的草地规划，计算载畜量和生产单位应用。

四、内外指示剂结合法

（一）原理

该法原理基本与"三结合法"相同。仍然采用三氧化二铬测定排粪量。牧草标样采集仍用食道瘘管法或模拟样方法（第八章第三种方法）收集。所不同者只是牧草消化率（D）的测定方法有区别，内外指示剂结合法测牧草消化率时，不是用两级离体法测定，而是用 4mol/L 盐酸不溶灰分（AIA）含量作为内指示剂测定其牧草消化率。所谓 4mol/L 盐酸不溶灰分，即是将家畜采食的牧草标样烧成灰分，用 4mol/L 盐酸处理后的不溶解残渣。这种 4mol/L 盐酸不溶灰分量，从理论上讲是植物体内普遍存在、又不为家畜消化吸收，可从畜粪中全量回收和易于定量分析的物质，称谓"内指示剂"。因此，利用三氧化二铬测得日排粪量，再测知采食牧草标样和粪中 4mol/L 盐酸不溶灰分含量，即可推导出绵羊日采食量。

从理论上讲，好的外源指示剂和内源指示剂，均应在通过动物消化道时不被消化吸收，应全部从粪便中排出，且无内、外源加入。换言之，回收率应接近或等于 100%。

外源指示剂是投喂给试验动物的（牧草中不含有），用于估测全粪量为目的，免除收全粪，减少试验工作量。常用的外指示剂有三氧化二铬、二氧化硅等，以三氧化二铬的收回率高、稳定、应用较普遍（参见本章有关内容）。

内源指示剂，是存在于植物体内，随家畜采食牧草通过消化道时，不被消化吸收，应从粪便中全部排出，回收率应不低于 95%，不得超过 105% 以上。用于测定采食牧草的消化率为目的，避免其复杂的离体或活体测消化率的繁重工作量。常用的内指示剂有木质素、色源和盐酸不溶灰分等。色源目前已基本不用（不稳定）；木质素的回收率很不理想。天然草地牧草生长期内，木质素的消化率高达 42.9%～49.6%（朱兴运、杨诗兴等，1972—1975），有的报道资料认为，木质素的回收率仅达 58%～92%（斯特尔，1969）。所以木质素作内指示剂也不理想；盐酸不溶灰分内指示剂，近年来国内外应用较普遍。它又分为 2mol/L、4mol/L 盐酸和浓盐酸不溶灰分三种，它们的回收率分别为 96.7%、103.0% 和 95.8%，其中 4mol/L 盐酸不溶灰分的平均回收率达 99.8%（变动范围为 91.2%～108.7%）。目前已经肯定 4mol/L 盐酸不溶灰分最佳。但是在放牧条件下，牛羊采食牧草时，难免食入其草上沾染的泥沙，或直接啃食泥沙，在冬春枯草季放牧时食泥沙问题更为严重，如此造成粪中的盐酸不溶灰分（AIA）量由部分外源性的加入，招致粪中 AIA 的百分含量超过食入牧草内源性 AIA 的百分含量，致使 AIA 的回收率超过 100%。不过，在使用食道瘘管羊采样时，AIA 法仍可用于青草期放牧采食量的测定。

（二）器材和试剂

器材：食道瘘管羊、马福炉、测定 4mol/L 盐酸不溶灰分分析玻璃仪器（参见下述方法部分）、烘箱、样本磨、分析天平等。

（三）操作方法

1. 试验羊选择与管理　羊只数量、放牧管理、Cr_2O_3 投服量、投喂方法、粪中 Cr_2O_3 含量测定、粪样采集与处理等，参阅本章二与三中的有关内容。目的是确定绵羊每天的排粪干物质量。

2. 采食牧草标准样的收集　在放牧条件下，收集绵羊实际采食牧草代表样品，始终是测定消化率的难题。因为得知牧草消化率和排粪量，即能获得较准确的采食量。此法仍然建议用食道瘘管羊采集牧草样品为最理想。运用食道瘘管采集牧草样品时，将双瘘管塞取下，让食糜流入羊颈下集样袋。为使混入牧草中的唾液漏掉，集样袋的底部应用乳酪布为底。每天应以初牧、定牧、归牧三个时段取样，也可以上、下午采食高峰期二时段取样。每时段取样 30min，连续采集 7～8d，也可采用连续取 2d 间隔 1d 的方法取样。将采集的样品用清水洗涤后，置入冷冻箱（-10～-20℃）保存。试验结束后，制成混合风干样，过 40 目筛，供测定盐酸不溶灰分含量用。

如果没有食道瘘管羊的试验条件，可用 2d 为一个放牧单元的围栏放牧及 0.5m×0.5m 的样方刈割取样。取样方法与样品处理参阅本章的（三）之 2 内容。

3. 4mol/L 盐酸不溶灰分含量测定　准确称取 10g 粉碎（过 40 目筛）的牧草（上述采集的采食牧草）和粪样（个体羊粪样）风干样，置入 50mL 三角瓶内，加入 4mol/L 盐酸溶液 100mL。三角瓶上装置冷凝设备，在冷凝条件下，置三角瓶于电热板上徐徐煮沸 30min。煮沸完成后，用新华定量滤纸过滤，反复用热蒸馏水（温度控制在 85～100℃）洗涤残渣，直至无酸性反应为止（用蓝色石蕊试纸检查滤液）。将残渣与滤纸一并移入已知准确重量的 50mL 坩埚中。将坩埚移入 105℃ 的烘箱烘干后，再移入电炉炭化，再置入 650℃ 的马弗炉内灼烧 2～3h，炭化至黑点完全消失变为灰白色或浅灰色（若呈红棕色表示样本中有三氧化二铁（Fe_2O_3）存在）为止。取出坩埚，冷却、称重，再置坩埚于马弗炉内，在相同温度下再灼烧 30min。取出坩埚，冷却、称重，直至恒重（前后两次重量差不超过 0.000 2g）为止。在测定 AIA 的同时，应准确称取 2g 样品（草、粪样各 3 个平行测定），在 105℃ 烘箱测定吸附水分，供计算干物质含量用。

（四）放牧绵羊采食量计算

1. 采食牧草和排粪中 4mol/L 盐酸不溶灰分含量计算（23 式）

$$AIA = \frac{W_f - W_e}{W(1 - M\%)} \tag{23}$$

式中：AIA——4mol/L 盐酸不溶灰分含量（%）；

$\quad\quad W_f$——坩埚＋AIA 的重量（g）；

$\quad\quad W_e$——空坩埚重量（g）；

$\quad\quad W$——样品（牧草或粪样）风干重（g）；

$\quad\quad M$——样品（牧草或粪样）的吸附水含量（%）。

2. 绵羊每天排粪干物质含量计算　如果采用全收粪，绵羊每天排粪干物质量为已知数。本法采用三氧化二铬（Cr_2O_3）投喂估测日排粪量（F）。以下式（24）计算出每天排粪量：

$$F = \frac{\mathrm{Cr_2O_3}\ 投服量(g/\ 天)}{粪中\ \mathrm{Cr_2O_3}\ 含量(\%,绝干为基础)\times 0.97} \tag{24}$$

3. 放牧绵羊干物质采食量（25 式）

$$\mathrm{TDI} = \frac{F \times a}{b} \tag{25}$$

式中：TDI——放牧绵羊牧草干物质采食量（g/天，头）；

　　　　F——试羊每日排出的粪干物质量（g/天，头）；

　　　　a——粪干物质中 AIA 的含量（%）；

　　　　b——采食牧草干物质中 AIA 的含量（%）。

（五）注意事项

本法有设备和测定手续较为简便的特点，适用于草原生产部门应用。

4mol/L 盐酸不溶灰分含量，常因枯草泥土的沾染，招致粪中 AIA 含量高于食入牧草中含量。不适合测定枯草季节放牧畜的采食量。

放牧草代表样品的取得，最好选用食道瘘管采样。如果条件不允许，可用围栏放牧的多样方法取样，设计科学，操作熟练，试验经验丰富时，也能获得较满意结果。

五、差 额 法

（一）原理

差额法又称草地法，属于直接测定放牧采食量之方法。它是根据舍饲家畜的原理而衍生的。即进食量＝供给量－剩余量。单位面积放牧前、后牧草总量之差，就是放牧家畜的表观采食量。由于放牧期内牧草仍在生长，所得采食量需校正；也因枯草期家畜践踏的凋落物也计算在采食内，故称为表观采食量。

测定牧草产量的方法，分为破坏性测定（刈割法）和非破坏性测定（如电容法和目测估产法等）。由于电容法和目测估产法的精度不高，一般多用刈割法。

（二）器材和设备

割草机（草坪割草机，或小型割草机，或剪毛机，或手剪刀），测绳和样方笼罩，台称，烘箱，取样和测定牧草水分设备。

（三）测定方法

1. 试畜选择与管理　挑选品种一致、性别一致、年龄相近（成年或 2 岁羯牛），体形相似，体重接近（个体空腹体重差异不超过组内平均体重的±10%），体质健康，无内外寄生虫感染的绵羊 10 只。试前进行 10d 的围栏放牧训练。昼间在活动围栏内放牧 10h，夜间进圈停牧，不补饲。日饮水 1 次。

2. 试验草地　确定草地类型，选择植被均匀、密度较好的矮草草地，测定牧草经济类群重量百分比后，清除其毒害草有利于测产。在划定地段内，再选植被均匀的草地 10 块，其面积根据产草量与绵羊活重（依绵羊体重的 3.5%～4.0% 估计其鲜草采食量）决定，计算出 10 只羊 2d 的放牧单元面积，共设活动围栏分割的 5～6 个单元的放牧小区。例如甘肃的天祝高山草地（禾草—嵩草型），10 只羊 2d 的放牧面积为 200m²。重要的是，放牧单元小区面积，既要保障绵羊饱食，又要使牧后测产均一，方能获得满意结果。在牧草生长季，放牧天数在 3d 以上时，在小区边的相似草地段设测产样方 5 个（1m²/个），用以校正牧草生长量。

3. 采食量测定　分两阶段，第一阶段为预试训练期，目的是训练绵羊习惯于小区放牧，并检查放牧小区面积是否合适（草量过剩或不足），观察样方取样的代表性（特别注意牧后样方的均一性）。一般需经 7～10d 的预试即能满足要求。第二阶段进入采食量测定的正试期，将绵羊（10 只）放牧于准备好的小区内（五中的（三）之 2 准备好的草地小区），每 2d 更换小区牧地一次，每次牧前、牧后测产。

4. 牧前、牧后草量测定

（1）牧前上午，依据植被稀疏和高矮，测 0.25m² 的样方 5～7 个，以放牧小区的对角线排列样方点，齐地面剪割取样，计算出牧前产草量。放牧 2d 以后的下午，在牧前样方附近地段，仍以对角线排设样方点，测定 0.25m² 的样方 5～7 个（留茬高度与牧前相同，齐地面刈割），求得小区牧后剩余牧草量。将牧前、牧后草样分别剪断至 5cm，牧前与牧后样分别混合均匀后，用四分法各取样 3 份，每样鲜重 250g，在 65℃ 测定初水分后，供分析干物质用。

（2）若放牧期在 3d 以上，则需测定牧草积累量。可用笼罩或围栏设置保护区。笼罩大小无严格规范，一般宽 1.2m，长 4.2m。由于笼内外小气候差异，可能导致牧草积累量差异，笼的网格不能过密；也可用围栏保护法，栏内再设若干样方。放牧地的牧草积累量往往低于不放牧的牧草积累量。因此，放牧地牧草积累量＝牧草积累系数（g）×保护地牧草积累量。对放牧地牧草积累量经过校正后，获得牧草消耗量。计算式（26）如下：

$$C = M + M^f + g \times \Delta M^c \tag{26}$$

式中：C——牧草消耗量（g/m²）；

　　　M——放牧前的草地牧草量（g/m²）；

　　　M^f——放牧后的草地牧草剩余量（g/m²）；

　　　ΔM^c——保护的未放牧草地在放牧期间的牧草积累量（g/m²）；

　　　g——牧草积累系数（Bosch，1956，测定为 0.56；Meijs，1980，求得为 0.68）。

求牧草积累系数（g）的计算式（27）为：

$$g = \frac{(M - M^f)\log\left(\dfrac{M + \Delta M^c}{M}\right)}{\Delta M^c \log \dfrac{M}{M^f}} \tag{27}$$

式中：计算符号意义同（26）式。

Walters（1979）发现，对于干旱草地，校正的采食量比未校正者只高 3%；Meijs（1980）研究结论认为，如果放牧 3～4d 以上，牧草积累量占采食量的 17%。如果放牧 5d 以上，要求采食量的绝对偏差又不超过 4% 时，必须作牧草积累系数的测定；如果放牧期在 2d 或 3d，要求近似采食量时不必测积累系数；如果要求采食量绝对准确值时，也应进行采食量积累系数的校正。

5. 牧草干物质测定　将前述的牧前、牧后风干磨碎样，准确称取 2g，置于 105℃ 的烘箱烘至恒重，计算出干物质百分含量，供计算干物质采食量用。

(四) 放牧绵羊采食量计算

1. 牧前、牧后牧草初水分含量［以新鲜样为基础，(28) 式］

$$\beta = \frac{W - W_2}{W - W_1} \times 100\% \tag{28}$$

式中：β——牧草初水分含量（%）；

　　　W——瓷盘重＋新鲜样重（g）；

　　　W_1——空瓷盘重（g）；

　　　W_2——瓷盘重＋风干样重（g）。

2. 牧前、牧后牧草吸附水含量［以风干样为基础，(29) 式］

$$r = \frac{A - A_2}{A - A_1} \times 100\% \tag{29}$$

式中：r——牧草吸附水的百分含量（%）；

　　　A——铝盒＋风干样重（g）；

　　　A_1——空铝盒重（g）；

　　　A_2——铝盒＋烘干样重（g）。

3. 牧草干物质含量（以风干样为基础，(30) 式）

$$D = \frac{A_2 - A_1}{A - A_1} \times 100\% \tag{30}$$

式中：符号意义同 (29) 式。

4. 群体绵羊平均日采食量计算

(1) 鲜草平均日采食量（g/头·天）

$$= \frac{放牧面积中牧前鲜草总产量（kg）－牧后剩余鲜草总量（kg）}{10 \times 2} \tag{31}$$

(2) 牧草干物质平均日采食量

$$= \frac{放牧面积中牧前干物质总量（kg）－牧后剩余牧草干物质总量（kg）}{10 \times 2}$$

$$\tag{32}$$

式中：10——为放牧绵羊只数；

　　　2——每小区放牧 2d；

　　　牧前草与牧后草的干物质量——根据 (30) 式干物质的百分含量计算求得。

(五) 注意事项

1. 差额法的准确性取决于测产取样面积的大小　取样面积大，变异率低，牧后变异率大于牧前。此法较简易迅速，特别在植被较均匀的草地上，小区面积合适，放牧采食率维持在 70％ 的情况下，可得到理想的结果。该法的缺点是仅能得到群体采食量。

2. 差额法的先决条件是放牧期较短（建议 2d，国外多用 5d） 绵羊对牧草采食率高（70％ 以上，但应使其饱食），并用围栏放牧，采样面积合适而多点（建议 0.25m² ）的样方采样，牧前、牧后各取 5～7 个样方，牧前后留茬高度一致时，其结果准确。如果放牧期在 3d 以上，又是牧草的生长期，必须测定牧草积累量。

3. 差额法的精确性 与取样面积、取样方法、样方形状和采集工具有关。

（1）简单随机取样。它的特点是从取样单位总体中随机抽取几个取样单位。样本单位测定值的平均值用于草地牧草量的估计值；样本标准差作为总体标准差的估计值。

（2）分类随机取样。先将群体分成若干类，然后由每类中随机取出若干样本，不同类的所有样本，加权平均数作为草地牧草量的估测；不同类样本的标准差加权平均数的平方根，作为草地牧草标准差值。

（3）系统取样。按预先确定的位置取样，其牧草量和标准差的计算方法同简单随机取样。

取样面积的大小根据草原类型和产量高低而定。建议小区 0.25m² 5～7 个重复取样面积。样方形状应保证总体变异最小，采用正方形最好。取样方法建议用配对法，一个供牧前测产取样，相邻另一个供牧后取样。

（六）举例

差额法所测采食量结果见表 8-3。

表 8-3 放牧前后产草量和采食量

资料来源	密杰斯（Mijs，1981）	沃尔特斯（Walters，1979）和艾凡（Evans，1979）
刈割工具	电动割草机，草坪割草机	剪毛机剪刀
测定家畜	泌乳母牛	绵羊
草地类型	永久草地，多年生黑麦草占 80％	鸡脚草
取样类型	系统取样	分类随机取样
样本成对数	1 3 10	1 3 10
放牧前的草地牧草量（kg/hm²）	2 596	2 687
放牧前样方产量标准误	180 104 57	242 140 77
放牧前相邻两个样本单位牧草量之间的相关系数	0.7	—
放牧后的草地牧草剩余量（kg/hm²）	1 107	1 263
放牧后的样方产量标准误	174 100 55	172 99 54
相邻两个样本牧草量的相关系数（一为放牧开始，一为放牧结束）	0.5	0.5
牧草总消耗量（kg/hm²）	1 489	1 423
日采食量（g/天，每千克代谢体重）	113.7	65.3
采食量标准误	20.0 11.5 6.3	12.8 7.4 4.0
变异系数（％）	17.6 10.1 5.6	19.6 11.3 6.2

六、根据家畜生产性能估测牧草干物质采食量

(一) 原理

该法是根据家畜维持代谢能与生产代谢能总需要量之和，被牧草干物质中所含代谢能去除，即得干物质采食量，计算式（33）如下：

$$HI = \frac{E_{m+p}}{E_h} \tag{33}$$

式中：HI——每天牧草采食量（DM，kg/天·头）；

E_{m+p}——家畜维持代谢能与生产代谢能的总需要量（MJ/天·头）；

E_h——牧草能量的含量（即 M/D，为每千克牧草干物质中代谢能的含量，牧草为 11MJ/kg）。

(二) 计算数据来源和计算方法

1. 有效能的选择　可供选择的有消化能（DE）、代谢能（ME）和净能（NE）。一般选用 ME 较好。

2. 维持需要与生产需要代谢能的参数　由于家畜种类和生理阶段的差异，其维持和生产的代谢能需要量是不同的，例举如下：

（1）乳牛和肉牛。

①维持代谢能（E_m）供给量计算（MJ/天·头）；

$$E_m = 8.3 + 0.091W \tag{34}$$

W 为活重（kg），通过称重求得。应于前一天下午 6h 停牧，次日早晨空腹称重。称重头数不得少于 30 头。

②生产（产乳）代谢能供给量计算（MJ/天·头）：在测得日产乳量的基础上换算为标准产乳量，求出乳中能产量后，计算出生产代谢能（产乳）供给量。计算式（35 和 36）如下：

乳中能含量　　$$EV_L = 0.038\,6BF + 0.020\,5SNF - 0.236 \tag{35}$$
生产（产乳）代谢能供给量

$$E_L = 4.94Y，或利用 \quad E_L = \frac{EV_L \times Y}{K_L} \tag{36}$$

计算，

式中：EV_L——乳中能含量（MJ/kg）；

BF——乳中脂肪含量（%）；

SNF——乳中无脂固形物（%）；

E_L——生产代谢能供给量（乳，MJ/天）；

Y——标准乳量（kg/天）；

K_L——供产乳的能量利用率，一般为 0.62。

③妊娠牛的 ME（Ege）供给量（MJ/天）；

$$Ege = 1.13e^{0.010\,6t} \tag{37}$$

式中：t——妊娠天数；

e——自然对数底。

④增重代谢能供给量（38 式）

$$E_g = +34 \text{MJ/kg 增重} \tag{38}$$

⑤失重代谢能供给量（39 式）

$$E_g = -28 \text{MJ/kg 增重} \tag{39}$$

一般家畜失重应扣除 5% 的安全系数。放牧牛的失重采食量值以每千克活重为 26.5MJ 扣除。

（2）生长牛。

维持 ME 供给量（40 式）

$$E_m \text{（MJ/天）} = 8.3 + 0.091W \tag{40}$$

式中：W——活重（kg/头）。

生长 ME 供给量（41 式）

$$M_g \text{（MJ/天）} = \frac{E_g}{K_f} \tag{41}$$

$$E_g = 1.05 \frac{LWG(6.28 + 0.018\,8W)}{1 - 0.3LWG} \tag{42}$$

$$K_f = 0.041\,4 \times \frac{M}{D} \tag{43}$$

式中：M_g——用于生长的 ME（MJ/天）；

E_g——沉积净能（MJ/天）；

K_f——ME 用于增重的效率（%）；

LWG——日增重（kg）；

M/D——每千克牧草干物质中代谢能含量（MJ/kg）；

W——活重（kg）。

（3）母羊。

①维持代谢能（E_m）供给量（MJ/天）

$$E_m = 1.8 + 0.1W \tag{44}$$

式中：W——活重（kg）。

②产乳代谢能（E_L）供给量（MJ/天）

$$E_L = 7.8Y \tag{45}$$

式中：Y——产乳量（kg/天）。

③维持和妊娠需要的代谢能量（E_{m+p}；MJ/天）

$$\text{怀单羔母羊} \quad E_{m+p} = (1.2 + 1.05W)\,e^{0.007\,2t} \tag{46}$$

$$\text{怀双羔母羊} \quad E_{m+p} = (0.8 + 0.04W)\,e^{0.010\,5t} \tag{47}$$

式中：t——妊娠天数；

W——活重（kg）；

e——自然对数底。

④增重的代谢能（E_g）供给量（MJ/kg）

$$E_g = +42MJ/kg \qquad (48)$$

⑤失重的代谢能（E_g）供给量（MJ/kg）

$$E_g = -33MJ/kg \qquad (49)$$

（4）生长绵羊。

①维持代谢能（E_m）供给量（MJ/天）

$$E_m = 1.4 + 0.15W \qquad (50)$$

式中：W——活重（kg）

②生长代谢能（M_g）供给量（MJ/天）

$$M_g = \frac{E_g}{K_f} \qquad (51)$$

$$E_g = antilog \left[1.11\log_{10} LWG + 0.004w - 2.10 \right] \qquad (52)$$

式中：K_f——$0.043\ 5\dfrac{M}{D}$。

其余符号意义同前。

（5）补饲草料的扣除。

①哺乳幼畜乳能的扣除：估测哺乳幼畜的采食量时，必须扣除所耗乳量。每千克平均含能量牛奶为 2.92MJ，羊奶为 4.60MJ。奶的平均消化率为 98%，乳的代谢能含量应为 97%×DE（消化能），故由乳供给的代谢能量：

$$牛 = 0.98 \times 0.97 \times 2.92MJ/kg，乳$$
$$羊 = 0.98 \times 0.97 \times 4.60MJ/kg，乳$$

②补饲精料能量的扣除：一般精料的代谢能含量为 11.5MJ/kg；粗料和青干草可查阅饲料牧草营养价值表获得。

（三）举例

1. 妊娠牛的放牧采食量计算　在不同妊娠阶段（未妊娠、妊娠 90d 和 180d），每天的产奶量分别为 25kg，17kg 和 12kg，体重为 600kg 的母牛 3 组，A 组获得 2kg 补饲精料，则计算的采食量录入表 8－4。

表 8－4　妊娠牛的放牧采食量计算结果

项　目	组　别		
	A	B	C
产乳量（kg/天）	25	17	12
活重增减变化（kg/天）	−0.25	0	+0.25
妊娠天数（天）	0	90	180
维持（8.3+0.091×600）（MJ/天）	62.9	62.9	62.9
失重（0.25×26.5）（MJ/天）	−6.6	0	0
增重（0.25×34.0）（MJ/天）	—	—	8.5
妊娠（$1.13e^{0.010\ 6t}$）（MJ/天）	—	2.9	7.6

（续）

项　目	组　别		
	A	B	C
生产能（乳）（4.94×Y）（MJ/天）	123.5	84.0	59.3
总需要（MJ/天）	179.8	149.8	138.3
A组补精料2kg，（每千克精料含能11.5MJ）	−23.0	—	—
所获能量总和（MJ/天）	156.8	149.8	138.3
推算的采食量（kg，DM/天）	14.3	13.6	12.6

2. 生长牛采食量计算　生长牛活重200kg，日增重0.9kg，计算未得到补饲料的A组和得到7kg奶的B组阉牛的采食量（表8-5）。

3. 泌乳母羊的采食量计算　1头日产乳2kg，日增重50g，体重60kg母羊的采食量（表8-6）。

表8-5　生长牛的采食量计算值

项　目	A组	B组
维持（8.3+0.91×200）（MJ/天）	26.5	26.5
增重： $M_g = \dfrac{1.05 \times 0.9(6.28 + 0.018\,8 \times 200)}{1 - 0.3 \times 0.9} \div K_f (MJ/天)$ 牧草$\dfrac{M}{D}=11$，故$K_f=0.041\,4 \times 11 = 0.455$ 混合料的$\dfrac{M}{D}=14$，故$K_f=0.041\,4 \times 14 = 0.580$	28.6 （用0.580）	22.4 （用0.455）
乳供给量7×2.78（MJ/天）	—	19.5
总需要量（MJ/天）	55.1	29.4
牧草采食量（kg，DM/天） （牧草M/D=11）	5.0	2.7

表8-6　泌乳母羊的采食量计算值

项　目	结　果
维持（1.8+0.1×60）（MJ/天）	7.8
生产乳（2×7.8）（MJ/天）	15.6
增重为 $M_g(MJ/天) = [antilog(1.11\log_{10}50 + 0.004 \times 60 - 2.10) \div K_f$ $K_f=0.043\,5 \times 11 = 0.479 \left(牧草\dfrac{M}{D}=11\right)$	2.2
总需要量（MJ/天）	25.6
推算的采食量（kg，DM/天）	2.33
$\left(牧草\dfrac{M}{D}=11\right)$	

4. 羔羊的采食量计算　体重 30kg，日增重 200g，计算出获得 750g/天乳的羔羊采食量（表 8 - 7）。

表 8 - 7　羔羊采食量计算值

项　　目	结　　果
维持 (1.4＋0.15×30)（MJ/天）	5.9
增重	
M_g(MJ/天)＝[antilog(11.1log$_{10}$200＋0.004×30－2.10)÷K_f	6.3
饲料的 $\frac{M}{D}$＝13.6，故 K_f＝0.592	
乳补给能 (0.7×4.37)；（MJ/天）	－3.3
总需要量（MJ/天）	8.9
牧草采食量（g，DM/天）	809.1
$\left(牧草\frac{M}{D}＝11\right)$	

（四）有关的计算参数

1. 维持需要量　维持需要量与活重的 0.75 次方成比例，即与代谢体重（$W^{0.75}$）成比例。代谢体重与家畜的活动程度、活动量有关。在某些情况下，维持每需要量与饥饿代谢相等；在另外一些情况下，维持量中需加上活动增耗。放牧家畜与舍饲家畜之间的维持需要量是不一致的。牛与绵羊水平移动的能量消耗为每千克活重每移动 1m 分别为 2.0J 与 2.6J（ARC，1980），而相应地垂直移动的能量消耗，牛与羊是一致的，每千克活重每登高 1m 应增加 28J。NRC 建议，放牧牛的维持需要量，在丰茂草地上放牧牛比舍饲牛增加 10%；在稀疏贫瘠草地放牧比舍饲牛应增加 20%。舍饲绵羊的维持需要量为 0.596MJ/$W^{0.75}$，依据放牧草地的状况按上述比例增加。

2. 生产需要（产乳）量　乳牛产乳净能量（EV_L）的估算，除用前述的计算式之外，也可用下式计算：

$$EV_L(MJ/kg) ＝ 0.0384BF＋0.02226P＋0.01992L－0.1081 \qquad (53)$$

式中：BF——乳脂含量（g/kg）；

$\quad\quad P$——乳中蛋白质量（g/kg）；

$\quad\quad L$——乳糖含量（g/kg）。

哺乳母羊产乳的净能需要量（EV_L），也可按下式（54）计算：

$$EV_L(MJ/kg) ＝ 0.0328BF＋0.025D＋2.203 \qquad (54)$$

式中：BF——乳脂含量（g/kg）；

$\quad\quad D$——产羔后的天数。

3. 妊娠需要量　所有的饲养标准均对妊娠需要量作了详细规定，可直接查阅计算。英国的 MAFF 和法国的饲养标准规定，妊娠最后 6 周，60kg 活重怀单羔和双羔母羊的妊娠需要量分别为维持量的 1.3 倍和 1.5 倍；NRC 规定分别为 1.5 倍和 2.0 倍；ARC 为

1.5 倍和 1.8 倍。我国对某些品种妊娠母羊的需要量也有了标准（杨诗兴等，1990）。

4. 增重和失重需要量 增重需要量主要受增重速度、家畜生产水平和饲料能含量的影响。饲养标准中均列出了家畜的生产水平（为维持的几倍）和饲料能值，可算出增重和失重净能（NE_{m+p}），通常用代谢能转变为维持净能的利用率（K_m）表示，牛和绵羊的 K_m 分别为 0.72 与 0.70，如果饲料的能含量在 $8 \sim 14M/D$ 范围内，NRC 中规定牛和绵羊的 K_m 为 0.58 和 0.69；增重的代谢能用于增重的效率（K_f），可依据品种、性别、营养状况，查阅 NRC 或 ARC 饲养标准，计算出代谢能需要量。失重的需要量计算是：产乳牛失重的 K_m 为 0.82，饲料供作产奶的效率系数为 0.62，则失重的饲料代谢能为 26.5MJ/kg。绵羊失重的饲料代谢能为 34MJ/kg。

5. 牧草能值 牧草能值可从牧草营养成分表中查知，对于精度要求高的研究，可采集牧草标样测定，牧草标样收集可用食道瘘管法或其他方法收集，也可采用（55）和（56）方程式计算：

$$DE = 0.123\ 3cp + 0.170\ 5D + 0.285 \qquad (55)$$
$$ME = 0.815 \times DE \qquad (56)$$

式中：DE——消化能（MJ/kg，DM）；

CP——粗蛋白质（g/kg，DM）；

D——可消化有机物质（g/kg，DM）；

ME——代谢能（MJ/kg，DM）。

6. 家畜生产能力测定 乳牛主要测定产乳量和乳的品质，方法是记录产乳量，每周取乳样 $1 \sim 2d$，每次挤奶时取等分乳样作乳的品质分析。

对于绵羊和肉牛的产乳量测定方法。

（1）在多次连续哺乳前后称量仔畜体重；

（2）测定 $4 \sim 8h$ 内的泌乳速率；

（3）依据仔畜增重和乳成分间的回归方程计算。

活重称量：估测活重变化甚为重要，它决定着增重家畜或失重家畜所得采食量的准确性。为达此目的需要较长期的活重记录，一般需 $4 \sim 6$ 周的连续称重记载。妊娠家畜的增重，可采用 ARC（1980）推荐的推算方程计算求出。

根据家畜的维持需要量、生产需要量和活动增耗及其这些过程的转化效率、牧草分析数据、家畜生产性能，可计算出家畜的采食量。除家畜生产性能直接求测外，其他数据均可参阅 INAR（1978）、ARC（1980）和 NRC（1981）的汇编资料或我国的牛、羊饲养标准资料计算。重要的是对资料来源和条件要区别清楚，要符合试验要求，否则所推算的采食量将会产生重大误差。

（五）注意事项

1. 利用家畜生产性能估算采食量具独特优点 它只需称量活重、测定生产性能，记录和运算，在设备和劳力有限的条件下，可替代牧草测定、排粪量测定、消化率测定等繁杂手续，具有简单、方便、省时、节约之效。适合于要求精度不十分严格的草原生产管理中应用。

2. 此法的误差，主要来源于需要量（维持、生产和活动）**及牧草种类与其相应的能值变异**　在干旱贫瘠的草地上，家畜放牧活动量增大的情况下，不能应用此法估算采食量；专门性的科学研究或特殊目的试验也不能采用此法。它只能求得近似粗略的采食量，在草地规划、管理生产中具有快速作用。

七、放牧牛羊采食量测定方法讨论及总结

（一）影响放牧家畜采食量的因素讨论

有三方面因素影响放牧采食量，即动物本身、植物因素和管理条件。研究放牧采食量时，应了解其影响因素是必要的，也是重要的。其影响因素见图 8-1。

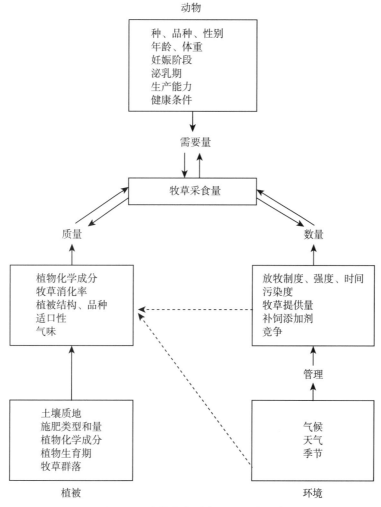

图 8-1　放牧家畜采食量的影响因素

1. 动物影响因素

（1）动物的年龄与体重。动物的活重与其体积有关，体积与消化道容积有高度相关。

在舍饲时奶牛的活重与进食量呈弱相关（$r=0.44$），活重每增加 100kg，干物质进食量增加 $0.8\sim1.0$kg（总饲料量）；奶牛活重与粗饲料进食量相关较高（$r=0.79$），每增加活重 100kg，粗饲料进食量增加 1.7kg（Bines，1976）。

家畜的年龄和活重对进食量有较强的影响。体重 98kg 的 5 岁羯羊的采食量是体重 39kg4 月龄羔羊的 $1.2\sim1.4$ 倍（Holmes，1961）。

（2）妊娠。妊娠阶段对采食量有明显影响。干乳绵羊，在妊娠早期采食量增加（Forbes，1970）；奶牛在妊娠的最后 6 周，采食量下降 13%（Bines，1971、1976）。

（3）泌乳。泌乳家畜的采食量高于干乳畜。在相同的牧地放牧时，产乳母牛的采食量比干乳牛高 28%；产犊后 100d 的乳牛的干物质采食量最大（Tulloh，1966），50d 时的干物质日采食量比 100d 时低 1kg。分娩后 $100\sim200$d，干物质日采食量减少 1kg，$200\sim300$d，减少 2kg（Tulloh，1996）。

（4）产奶量、动物体成分（肥胖型与瘦型）、不同品种、群体与个体的采食量均有差异；因此，采食量测定时要求品种一致、生理阶段相同等等原因如此。

2. 植物影响因素

（1）消化率。饲养方式不同采食量与消化率均有差别，如放牧绵羊对天然草地牧草的采食量比舍饲羊高 20%～25%；同时丰盛草地与贫瘠草地，同处于放牧条件时，前者的采食量高于后者；豆科禾本科混合草地的采食量高于禾草地，这是适口性，牧草品质和消化率的差异所致。

舍饲青干草：舍饲绵羊对青干草的采食量与消化率相关不显著，绵羊对铡短干草的消化率变动于 51%至 69%之间。但是具有相同消化率的不同青干草，其采食量略有差别。主要是舍饲羊的采食量受干草干物质消化率所制约。

舍饲鲜牧草：绵羊在饲喂鲜牧草时，其牧草有机物质的消化率与干物质采食量呈线性相关。

放牧采食鲜牧草：牧草的体外消化率与犊牛的采食量呈高度相关。

（2）草地植被群落、牧草生育期（成熟度）、草地氮肥施量。均不仅影响牧草群落的空间变化，也招致采食量的差异。如在 6 月，高山禾草—嵩草型草地的幼嫩期牧草，绵羊采食干物质量低于 9 月牧草生长盛期，但高于 12 月的枯草期（朱兴运等，1978）。

（3）牧草品种、适口性和气味对采食量的影响。如草木樨作为鲜草适口性差，采食量低，作为干草则采食量增加。

（4）牧草的化学成分。所有牧草均是有机物质和无机元素两部分构成。在有机物质中，又由细胞内容物和细胞壁组成，随着牧草成熟度的增加，细胞壁的成分增加，消化率降低，采食量相应略低，牧草的无机元素中，已证实所含的钙、镁、钾、钠不影响牛的采食量，只有含磷量对采食量有显著影响（Kirchgessner 等，1972b）。

3. 管理因素对采食量的影响　牧草投喂量、补饲干草（长、短草或草粉）或精料或添加剂，放牧制度（放牧＋补饲、全放牧、自由放牧、轮牧），放牧季节与天气（夏秋牧场与冬春牧场的温度、降雨、大雪、酷热、严寒等），放牧群体与个体数量等，均对采食量有重大影响。

讨论采食量影响因素的目的，在于告知放牧采食量影响因素众多，研究时应考虑到复杂性，试验设计需完善科学，可比性要强，尽量克服差异因素，加大试畜数量，增加试验样方面积与采样量，提高所得采食量的精度。测得采食量的结果，应注明草地类型、测定季节、管理条件、试畜数量和研究方法等，有助于对资料的判别和利用。

（二）采食量测定方法讨论

1. 概况　在草原学的草地研究和生产中，放牧家畜采食量是放牧畜营养的基础，也是草地营养价值评价的基础，还是草地生产能力和草地管理的基本研究。

当前国内外测定放牧牛羊采食量的方法大致有以下几种：

（1）手工采集放牧牧草样本的模拟法（任继周，1956；Lesperance，1974）。

（2）刈割样方采集牧草样本法（Theurer 等，1976，朱兴运，1979）。

（3）盐酸不溶灰分法或木质素比例内指示剂法（木质素法，Cook 和 Harris，1951，杨诗兴和朱兴运，1976；AIA 法，Kenlen，1977）。

（4）内外指示剂结合法（朱兴运和卢德勋，1991）。

（5）食道瘘管采样，三氧化二铬外指示剂估测排粪量和两级离体消化率法测定牧草消化率的"三结合法"（吴天星，1989）。

（6）类氮指数法（Lancaster，1949；Holmes 等，1961）。

（7）反刍时间指数法。

（8）称重法（包括口罩法）（沈南英，1967）。

（9）自动仪器装置直接测定法（Lones，1975；Penning，1979；崔用侠等，1994）。

（10）根据家畜生产性能计算法等。

上述 10 种方法并非全部方法，各方法均有其优缺点。归纳起来为三类，即直接测定法、间接测定法和利用大部分已有数据计算。到目前为止，虽已有许多方法可供使用，但仍缺乏满意、准确又简单易行的方法，原因在于放牧家畜的择食造成比舍饲条件的异常困难和影响因素众多。对放牧家畜采食量的测定，我国最早（20 世纪 50 年代）是草原科学家率先进行的（任继周，沈南英、朱兴运、周寿荣等），以评价草原生产能力和草地管理为目标。进入 80 年代之后，家畜营养科学家开展了研究，在使用内外指示剂和食道瘘管技术方面迈出新步，形成了适合我国国情的测定方法（冯宗慈和奥德，1987；吴天星和彭大惠、杨诗兴、卢德勋、谢崇文等，1990）。因此本章中介绍了一类是适合于特殊研究目的较准确的方法（如内外指示剂结合法、三结合法）；另一类是供草原生产单位应用的直接测定法（如模拟法和差额法、仪器法等）；第三类是无需仪器设备的计算法（如根据家畜生产性能估算），此法适用于大面积草地规划载畜量计算之用。

2. 放牧家畜采食量研究中的主要困难　简接法测定采食量，需得知 3 个要素，不仅要求准确性高，而且要求准确的个体测定数据。三方面的数据是：

（1）代表放牧畜日采食牧草样本的收集。由于放牧畜选食牧草种类、部位的千差万别，特别是羊；又因天然草地牧草的种类、季节也差别甚大。我国草地畜牧业又是以放牧为主，所以要采集到放牧畜日采食到的牧草种类、部位（叶片、花、果实、茎秆的那一段）的代表标准样本难上加难，更无法直接得知准确进食量。再好的模拟能手，用手撷法也只能得到近似的牧草种类和部位，而且需要多人配合跟群辛苦采样。因此，许多科学家在这方面可说是费尽心计，利用食道瘘管动物采样解决了此项难题。Bernard（1855）首先将食道瘘管用于马的研究，Goldman（1939）又用于牛，Toreell（1954）发展了食道瘘管术，近几十年来，我国将食道瘘管术应用于放牧家畜采食量测定中的牧草采样（冯宗慈和奥德，1987；谢崇文、吴天星和彭大惠、杨诗兴等1990）。虽然利用食道瘘管羊采样每天只能采集2次（每次30min），采样时间如过长创口收缩，再次安装瘘管困难之弊，但毕竟能采集代表放牧的所谓标准样品。

（2）放牧条件下绵羊日排粪全量的求得。求得日排粪干物质可采用全收粪法或投喂三氧化二铬估测全粪量法（母羊）。

（3）牧草干物质消化率求得。求得试验当时牧草干物质消化率后，方能推算出采食量。由食道瘘管采集的牧草样本量少，决定其只能采用离体消化法，根据资料，两级离体消化法与体内法有高度相关。为保障离体消化中瘤胃液的品质和稳定，需要瘤胃瘘管羊（采集瘤胃液），同时尚需测定标准饲草样品2种，一为高消化率饲草，一为低消化率饲草。通过10次以上测定（2级离体法），取得平均消化率，求出校正系数，以消除试验期间由于瘤胃液质量变化所造成的误差。

由上述得知，要求精度高的采食量，需采得真实的代表牧草样本，用2级离体法求得牧草干物质消化率，再得知日排粪干物质量，即可推算出采食量。本章所介绍的6种方法，各具特点，供不同研究目的选用。

（三）国内外对牛羊采食测定结果

国内外的研究者，对牛羊采食量取得了丰富的结果，杨诗兴教授已作了综述。为使测定结果对比方便，摘录了各研究者的部分结果如表8-8。

表 8-8　采食量结果*

畜　种	草　地	测定成分	采食量（g/w$^{0.75}$，kg）
2岁阉牛	冬季沙漠草地	干物质	57.1～88.2
	夏季干旱草地	干物质	43.3～58.0
	人工苜蓿草地	干物质	26.0
	夏季一年生草地	干物质	64.0～78.2
成年阉牛	沙化—灌丛放牧草地	干物质	46.7～89.8
海福特阉牛	沙漠草地	干物质	48.0～64.9
青年母牛	沙漠草地	有机物质	75.4～151.0
牛	黑麦草＋三叶草地	干物质	46.7
阉牛	亚热带天然草地	有机物质	82.3～95.2
阉牛	矮草草地	干物质	60.1～75.9
阉牛	天然草地	干物质	97.1～121.0
绵羊	一年生草地	有机物质	39.7～78.3
母羊	猫尾草＋三叶草地	有机物质	48.5～109.2
绵羊	天然草地	有机物质	63.3～78.6

（续）

畜 种	草 地	测定成分	采食量（g/w$^{0.75}$，kg）
绵羊	一年生草地	可消化有机物质	53.2~62.9
绵羊	天然草地	可消化有机物质	24.3~94.5
2 岁羯羊	沙漠草地	可消化有机物质	17.5~34.7
新疆细毛成年羯羊和	夏季天然草地	干物质	96.2±7.41
成年母羊	秋季天然草地	干物质	75.41±5.80
	春季天然草地	干物质	74.90±17.63
	夏季天然草地	有机物质	82.22~78.36
	秋季天然草地	有机物质	63.55
	春季天然草地	有机物质	58.44
新疆细毛成年母羊	夏季天然草地	粗蛋白质采食量（g/天·头）	234.9~284.3
	秋季天然草地	粗蛋白质采食量（g/天·头）	152.1±10.8
	春季天然草地	粗蛋白质采食量（g/天·头）	224.5±57.5
2 岁甘肃细毛羯羊	6 月高山天然草地	干物质采食量（g/天·头）	1 309.2
	9 月高山黄草期草地	干物质采食量（g/天·头）	1 300.9
	12 月高山黄草期草地	干物质采食量（g/天·头）	1 113.3
	次年 4 月高山枯草期草地	干物质采食量（g/天·头）	860.6
成年蒙古母羊	天然草地	自然风干草采食量（g/天·头）	1 800
成年蒙古羯羊	天然草地	自然风干草采食量（g/天·头）	2 100
1 岁蒙古羊	天然草地	自然风干草采食量（g/天·头）	1 300
西藏成年羯羊	天然草地	自然风干草采食量（g/天·头）	2 000
滩羊成年母羊	天然草地	风干草采食量（g/天·头）	1 700
成年母山羊	天然牧地	风干草采食量（g/天·头）	1 600
青年母牦牛	高山草地	风干草采食量（g/天·头）	5 800
带犊母牦牛	高山草地	风干草采食量（g/天·头）	10.0

注：＊限于篇幅，上述的采食量测定结果中，均未列出资料来源与作者，其中牛的采食量（牦牛除外）全系国外作者，参阅参考文献［5］［6］等；绵羊的采食量数据多取自任继周、沈南英、周寿荣、杨诗兴、彭大惠、吴天星、奥德、冯宗慈、卢德勋、谢崇文、王钦、朱兴运等人的有关论文。特此致谢。

　　汇总采食量资料的目的有三：①放牧采食量的影响因素众多，动物方面的种与品种、生理阶段、体重等；植被生产系统和管理体系均对采食量有其重要影响。测定采食量时，需充分考虑到影响要素，控制试验条件；②不同的研究试验方法，获取的采食量结果差别甚大。它既反映出和牧采食量的测定难度，又表明其有些方法的准确性问题，也表明即是要同方法在不同草地结果也不竟一致。根据研究目的选择其测定方法，其原则应避免和减少其主观性；③获取采食量的目的之一，在于实际评价草地，科学有效地管理草地。采食量在放牧家畜营养研究与草地鉴测中均为基础性研究。所以草地科学与动物营养科学均为其测定方法作了大量的工作，获得了较丰富的采食量资料。汇总其测定方法与采食量结果，对学科发展和草地生产均有现实意义。

参 考 文 献

谭安鸣译（Margaert M.，Wanyoike，Holmes W.），1983. 间接测定家畜放牧采食量方法的比较 [J].
国外畜牧学——草原与牧草，(3)：44-47.

石定燧译（Chambers A. R. M），1983. 绵羊和牛摄食行为自动记录装置的发展和和使用 [J]. 国外畜
牧学——草原与牧草，(5)，38-42.

杜修贵译（Penning P. D.），1984. 自动记录放牧绵羊采食和反刍行为某些方面的一项技术 [J]. 国外畜
牧学——草原与牧草，(2)：43-48.

朱兴运，王钦，1980. 放牧绵羊采食量测定及其测定方法的比较研究 [J]. 中国草原，(3)：45-51.

杨诗兴，1987. 测量放牧牛羊牧草采食量及其消化率方法综述 [J]. 国外畜牧学——草食家畜，(5)：38-41.

杨诗兴，1987. 绵羊食道瘘管的安装技术及其应用的综述 [J]. 国外畜牧学——草食家畜，(6)：38-40.

董国忠，杨诗兴，彭大惠，1988. 应用食道投饲管投饲 Cr_2O_3 提高其收回率的研究 [J]. 中国畜牧杂志，
(1)：7-10.

吴天星，彭大惠，张文远，等，1990. 测定中国美利奴母羊放牧采食量的研究 [J]. 草与畜杂志（增
刊），205-208.

奥德，冯宗慈，敖明，等，1990. 借助两级离体消化法估测种公羊放牧条件下的采食量 [J]. 草与畜杂
志（增刊），209-214.

奥德，冯宗慈，1990. 影响放牧绵羊采食量的主要因素 [J]. 草与畜杂志（增刊），222-227.

吴天星，汝应俊，杨诗兴，等，1990. 食道瘘管法和人工法采集牧草标样养分的比较 [J]. 草与畜杂志
（增刊），228-229.

冯宗慈，奥德，等，1990. 影响三氧化二铬在绵羊粪中回收率的因素 [J]. 草与畜杂志（增刊），
232-234.

杨诗兴，1070. 饲料营养价值评定方法 [M]. 甘肃兰州：甘肃人民出版社.

卢德勋，谢崇文，等，1991. 现代反雏动物营养研究方法和技术 [J]. 北京：农业出版社.

刘丽娟，谢坚中，杨诗兴，等，1990. 两级离体消化法在中国美利奴羊常用饲料干物质消化率和消化能
值测定中的应用 [J]. 草与畜杂志（增刊），235-242.

吴天星，中国农业科学院研究生院，1989. 应用食道瘘管采样，两级离体消化试验及外指示剂三结合法
测定放牧母羊采食量研究 [D].

Leaver, R. J. Ed, 1981：Herbage intake hand book [M]. British Grassland Society publication.

（朱兴运　编）

第九章　草地牧草可消化营养物质和消化能的估算

一、草地牧草消化率的意义

（一）草地牧草营养物质的消化率

草地牧草消化率（D）是家畜采食牧草后，经其消化道消化吸收的牧草中营养物质（N_a）占食入营养物质（N_o）的百分比，即：

$$D = \frac{N_a}{N_o} \times 100\% \tag{1}$$

若按干物质（DM）或有机物质（OM）计，则（1）式为：

$$DDM = \frac{DM_a}{DM_o} \times 100\% \tag{2}$$

或

$$DOM = \frac{OM_a}{OM_o} \times 100\% \tag{3}$$

如按牧草中所含营养物质如粗蛋白质（CP）、粗脂肪（EE）、粗纤维（CF）和无氮浸出物（NFE）计，则各营养物质的消化率分别是：

$$DCP = \frac{CP_a}{CP_o} \times 100\% \tag{4}$$

$$DEE = \frac{EE_a}{EE_o} \times 100\% \tag{5}$$

$$DCF = \frac{CF_a}{CF_o} \times 100\% \tag{6}$$

$$DNFE = \frac{NFE_a}{NFE_o} \times 100\% \tag{7}$$

但是被畜体消化吸收的营养物质的准确数量（N_a）是无法测到的。因为消化试验是以食入营养物质数量（N_o）减去排泄的未消化吸收的营养物质数量（N_o）之差来表示被畜体消化吸收的营养物质数量（N_a），其排泄物中包含有肠道死亡细胞及其分泌物。因此，草地牧草的消化率应是一个表征消化率（D_a）即：

$$D_S = \frac{N_o - N_U}{N_o} \times 100\% \tag{8}$$

那么粗蛋白质的表征消化率（DCP_s）应是：

$$DCP_S = \frac{CP_O - CP_U}{CP_O} \times 100\% \tag{9}$$

草地牧草的消化率（Ds）是评价草地生产力高低的一个中间指标，可用家畜活体或体外消化试验来测定（见第八章采食量研究）。

（二）草地牧草能量（E）的消化率

能量指标是评价饲草品质优劣的另一系统。能量是牧草营养物质的基本属性，营养物质可以转化为能量，而能量以营养物质形式贮存于生物有机体内。一般植物有机物质的总能量（GE）可直接用测热器测得，而饲草中的消化能（DE）是根据纯营养物质（CP，EE，CF，NFE）的总能（GE）及其消化率（D_a）按（10）式求得：

$$DE = \sum_{j=1}^{n} C_j GE_j D_{sj} \quad (j = 1, 2, \cdots 4) \tag{10}$$

式中：C——第 j 种营养物质的含量（%）；

GE——第 j 种营养物质的总能量（MJ/kg）；

D_s——第 j 种营养物质的消化率（%）；

上述 4 个营养物质的总能量（燃烧值）常数如下：

粗蛋白质（CP）	23.864 MJ/kg
粗脂肪（EE）	39.355 MJ/kg
粗纤维（CF）	17.584 MJ/kg
无氮浸出物（NFE）	17.584 MJ/kg

若已知苜蓿干草的营养成分及对牛、绵羊和马的消化率（表 9-1），便可由（10）式直接计算出其消化能（DE）。将表 9-1 数据代入（10），计算过程如下：

表 9-1　苜蓿干草的营养成分及对牛、绵、羊和马的消化率

含量及消化率（%） ＼ 营养物质	CP	EE	CF	NFE
含量	17	1.9	30.9	40.6
牛的消化率	66	36	42	70
绵羊的消化率	70	42	47	69
马的消化率	72	2	38	65

$$
\begin{aligned}
CPDE（牛） &= C_1 GE_1 D_{s1} \\
&= 17\% \times 10\text{‰}^* \times 23.684\text{MJ/kg} \times 66\% \\
&= 2.678\text{MJ/kg}
\end{aligned}
$$

$$
\begin{aligned}
EEDE（牛） &= C_2 GE_2 D_{s2} \\
&= 1.9\% \times 10\text{‰} \times 39.355\text{MJ/kg} \times 36\% \\
&= 2.69\text{MJ/kg}
\end{aligned}
$$

$$
\begin{aligned}
CFDE（牛） &= C_3 GE_3 D_{s3} \\
&= 30.9\% \times 10\text{‰} \times 17.584\text{MJ/kg} \times 42\% \\
&= 2.282\text{MJ/kg}
\end{aligned}
$$

　＊　用于百分率的单位转换，即 1kg 苜蓿干草中含有 0.17kg 粗蛋白质，以下同。

$$NFEDE（牛）=C_4GE_4D_{s4}$$
$$=40.6\%\times10‰\times17.584MJ/kg\times70\%$$
$$=4.977MJ/kg$$
$$DE（苜蓿干草、牛）=CP_{DE}+EE_{DE}+CF_{DE}+NFE_{DE}$$
$$=2.678+2.690+2.282+4.977$$
$$=10.226\ MJ/kg$$

同样可算得 DE（苜蓿、绵羊）和 DE（苜蓿、马）的结果如表 9-2。马对粗脂肪和粗纤维的消化能力低，而对蛋白质则较牛、羊为高。

表 9-2　1kg 苜蓿干草对牛、绵羊和马的消化能值（MJ/kg）

家畜 ＼ 消化能	DE_{CP}	DE_{EE}	DE_{CF}	DE_{NFE}	合计
牛	2.678	2.690	2.282	4.977	10.226
绵羊	2.840	0.314	2.554	4.926	10.634
马	2.921	0.015	2.065	4.640	9.641

另根据美国 Schueider 的修正公式，也可估计牧草的消化能（MJ/kg）：

$$DE=\left(\frac{TDN\%}{100\times1\ 000}\times4\ 409\right)\times41\ 840 \qquad (11)$$

式中：TDN——可消化总养分（kg）；

4 409——Schueider 修正参数；

4.184 0——1cal＝4.180J。

$$TDN=D_{CP}+2.25\ D_{EE}+D_{CP}+D_{NFE} \qquad (12)$$

（12）式中 $D_{EE}\times2.25$ 系按 Afwater 的试验修正的。

由于粗脂（EE）在牧草植株内（营养体）的含量较低，而且消化困难。因而用（11）式计算结果（表 9-3）与（10）式之差异不大（表 9-4）。

表 9-3　1kg 苜蓿干草的 TDN 及总的可消化能量（DE）

家畜	TDN（kg）	DE（MJ/kg）
牛	0.54	9.968
绵羊	0.56	10.337
马	0.50	9.230

表 9-4　（10）式（11）式计算消化能（DE）与 NRC 的资料数据的比较

家畜	NRC 数据*	（10）式结果		（11）式结果	
		DE	误差（%）	DE	误差（%）
牛	9.923	10.226	+3.65	9.968	+0.45
绵羊	10.425	10.634	+2.00	10.337	-0.84
马	9.169	9.641	+5.15	9.230	+0.67

注：＊系 Atle of natitional data on united states and Canada 之简称。

由表 9-4 可见，除了马的消化能（DE）估计误差大于 5% 外，其余均在允许误差范围内。因为系数 2.25 是粗脂肪的含能量与其他营养物质所含能量之比值，但实际上总能量的含量与消化能含量不成正比，即粗脂肪的总能量含量高，但消化率低。由于世界各国在生产上已习惯使用 TDN 这一指标，而且都用（11）式进行估算。

二、影响草地牧草消化率的因素

（一）影响草地牧草消化率的动物因素

不同种类的家畜具有不同结构和功能的消化器官，因而对牧草有不同的消化能力。例如牛和马虽然都是草食动物，牛是有 4 个胃的反刍动物，饲草中粗纤维的消化主要由瘤胃发酵完成，而马系单胃动物，纤维素消化在盲肠进行。所以草地牧草的消化率是多种草食家畜对牧草的平均消化率，即：

$$\overline{D}_S = \frac{1}{n} \sum_{i=1}^{n} D_{si} \tag{13}$$

式中：$\overline{D}_s$——是第 i 种家畜对牧草的表征消化率（%）；

n——家畜种类数目。

不同种类家畜对同一饲草具有不同的消化率，因而评价草地牧草的消化率时应求加权平均值，即：

$$\overline{D}_S = \frac{1}{n} \sum d_i D_{si} \tag{14}$$

式中：$d(i=1、2，\cdots，n)$——家畜之间对牧草消化率差异的权重，且 $0 < d_i \leqslant 1$，$\sum_{i=1}^{n} d_i = 1$。α 值可依据草地的畜群组合（%）或重要程度加以确定。

同种家畜因个体差异，其消化能力也不尽相同，即使同一个体也因畜体生理功能变化和测试技术误差，常常使消化率发生不稳定。因此，我们测得的草地牧草消化率（D_s）是由多种家畜（A_i）和不同个体（B_i）获得的一组随机变量（ζ），因而具有统计学上的特征：

$$\overline{X} = \frac{1}{n} \sum_{i=1}^{n} X_i \tag{15}$$

$$S^2 = \frac{1}{n} \sum_{i=1}^{n} (X_i - \overline{X})^2 \tag{16}$$

$$S = \sqrt{\frac{1}{n} \sum_{i=1}^{n} (X_i - \overline{X})^2} \tag{17}$$

$$\Delta(\overline{X}) = \frac{taS}{\sqrt{n-1}} \tag{18}$$

$$P_c(\overline{X}) = 1 - \frac{\Delta(\overline{X})}{\overline{X}} \tag{19}$$

式中：$\overline{X}$——消化率的平均值（%）；

S^2——消化率的方差（%）；

S——消化率的标准差（%）;

$\Delta(\overline{X})$——消化率的误差限（±%）;

$P_c(\overline{X})$——消化率的估计精度（%）。

现用 5 只羯羊，每日早晚取粪样 2 次，连续测定 7d，获得某草地混合样干物质的消化率如表 9 - 5。

将表 9 - 5 中数据代入（15）式至（19）式，便得该草地牧草干物质的平均消化率（$\overline{D}_s$），方差（S^2）、标准差（S），误差限 $[\Delta(\overline{D}_s)]$ 和精度 $[P_C(\overline{D}_S)]$ 为：

表 9 - 5　绵羊消化试验（全粪法）记录的干物质（DM）的消化率（%）

采样时间（第 i 天）	1号羊		2号羊		3号羊		4号羊		5号羊	
	早	晚	早	晚	早	晚	早	晚	早	晚
1	61	63	67	65	64	62	66	67	70	68
2	64	60	60	63	66	67	68	65	68	69
3	62	61	64	67	63	68	63	66	61	65
4	66	61	64	67	63	69	66	63	62	64
5	59	63	60	58	60	59	61	62	64	68
6	61	60	65	62	63	60	65	61	65	68
7	67	68	64	64	61	62	63	65	60	60

$$\overline{D}_s = \frac{1}{nm}\sum_{i=1}^{7}\sum_{j=1}^{5} D_{ij} = 63.67\%$$

$$S^2 = 7.27\%$$

$$S = 2.70\%$$

$$t\alpha = 2.021$$

$$\Delta(\overline{D}_s) = 0.66$$

$$P_c(\overline{D}_s) = 1 - \frac{\Delta(\overline{D}_s)}{\overline{D}_s} = 0.989\ 7$$

该草地牧草干物质的平均消化率为 63.67%±0.66%。估计精度为 98.97%，所以，家畜的不同个体对同一饲草的消化率是一个遵从正态分布的一组随机变量集合，在等概率重复试验下，其统计量（D_s）可以代表该草地牧草消化率的特征值。消化试验是以成年健康的家畜个体为对象，因而影响草地牧草消化率的动物因素主要为家畜种类（A_i）和个体（B_i），这种影响可表述为：

$$D_s = f(A_i, B_i) \tag{20}$$

或

$$D_s = \frac{1}{nm}\sum_{i=1}^{n}\sum_{j=1}^{m} A_i B_i \tag{21}$$

目前供消化试验的家畜多用管理方便的绵羊、山羊和家兔。而对牛、马等体格大的家畜多用体外消化或尼龙网袋法来进牧草营养物质的消化率评价。

用牧草养鱼是草业科学的新领域，草食鱼类对牧草的消化率目前研究甚少，有待今后开展这方面的研究。

（二）影响草地牧草消化率的植物因素

1. 植物种类和草地类—萌动地牧草消化率的影响　不同种类的牧草和草地类型含有不同数量的营养成分，因而有不同的可被消化营养物质。而且同种营养物质在不同的草种（植物体内）具有不同的消化率。表 9-6 是几种牧草的营养物质含量及其对绵羊的消化率。禾草中粗蛋白质含量为 4.5%～9.1%，而消化率则为 58%～79%。豆科牧草中粗蛋白质含量 4.2%～15%，相应的消化率为 57%～78%。有机物质的消化率，禾草为 80%～89%，豆科则为 63%～80%。通常豆科牧草的粗蛋白质含较禾草高 5%～8%，而粗纤维的含量要较禾草低 3%～5%。禾草中因牧草种类差异，其有机物质和能量的消化率差异甚大。对 1 009 个禾草分析样测试数据抽取 94 种禾草，按下式计算其有机物质（OM）和能量（GE）的消化率：

表 9-6　几种牧草的营养物含量及其对绵羊的消化率

含量及消化率（%）　　　牧草名称	DM		OM		CP		EE		CF		NFF	
	含量	消化率	含量	消化率	含量	消化率	含量	消化率	含量	消化率	含量	消化率
早熟禾	89.0	85	83.0	89	9.1	58	3.0	50	26.7	67	44.2	64
雀麦	87.7	77	34.5	80	4.5	79	1.2	69	10.6	83	48.3	83
披碱草	90.7	76	83.2	81	7.7	55	1.9	63	27.9	52	45.7	57
苜蓿	95.9	77	94.7	80	5.7	77	1.1	42	5.5	59	11.3	79
红豆草	89.0	63	83.0	65	14	67	2.5	45	33.0	46	41.0	70
红三叶	22.7	74	19.3	78	4.2	67	1.0	67	5.0	52	10.5	71
白三叶	17.7	65	15.6	70	5.0	57	0.6	67	2.8	59	7.2	71
草木樨	91.3	62	83.3	64	15.0	71	2.2	32	27.4	42	38.6	65
箭筈豌豆	85.4	66	78.2	68	14.9	78	1.7	70	24.0	50	37.6	72
胡枝子	27.6	57	24.5	63	4.2	74	0.6	68	10.0	65	9.7	70

$$DOM = \frac{TDN}{DM-CA} \times 100\% \qquad (22)$$

式中：DM——干物质（kg）；

　　　CA——粗灰分（kg）；

　　　TDN——可消化总养分（kg）（由（12）式可得）。

能量的消化率（P_E）为：

$$P_E = \frac{DE}{GE} \times 100\% \qquad (23)$$

式中：P_E——能量消化率（%）；

DE——能量的消化量（MJ/kg）；

GE——总能（MJ/kg）。

统计结果如表9-7。禾草有机物质的消化率变动在60.50%～68.46%之间，能量的消化率为54.35%～61.07%。其中消化率最低的禾草均分布在热带和亚热带草地，如产于海南省的光孔颖草（*Bothriochloa glabra*（Roxb.）*A. Camus*），其有机物质的消化率仅28.49%，能量消化率为26.52%。有机物质和能量消化率最高的牧草为内蒙古苏尼特左旗的虎尾草（*Chloris Virgata Swahtz*），其有机物质的消化率和能量消化率分别是85.09%和78.16%。豆科草中苜蓿干草有机物质的消化率可达87.60%，红豆草鲜草有机物质的消化率为75.67±1.07%。

表9-7　94年禾草的有机物质和能量消化率（%）

统计量	有机物质消化率	能量消化率
$\bar{X}$	64.68	57.71
$\delta \bar{X}$	14.68	12.71
$\Delta \bar{X}$	3.98	3.36
$P_c(\bar{X})$	0.938 2	0.941 8

2. 牧草中营养物质含量水平对其消化率的影响　试验证明当饲料中蛋白质含量低于某一水平，会造成反刍动物瘤胃中氮源不足，致使瘤胃内微生物的数量与活力下降，导致对营养物质的消化能力降低。例如饲喂饲料中的蛋白质含量由15%降至8%时，其干物质的消化率便由83.50%下降至47.96%。相反，红豆草的粗纤维由15.57%增加到37.56%时，其干物质的消化率由75.55%±1.07%降到57.12%±1.99%，所以草地牧草的消化率与其营养物质含量有着如下关系：

$$D_s = A \pm BNL \tag{24}$$

或

$$D_s = a + b\ln NL \tag{25}$$

式中：D_s——牧草营养物质的消化率（%）；

NL——牧草营养物质含量（%）。

表9-8　苜蓿鲜草的粗纤维含量和干物质消化率（%）

生育期	粗纤维含量（x_i）	干物质消化率（y_i）
分枝期	17.95	68.72
现蕾期	23.23	60.61
开花初期	31.94	59.32
开花盛期	42.95	46.64
结实期	51.40	38.17
枯草期	50.28	39.20

如对方程（25）式用最小二乘法拟合，其拟合系数为：

$$b = \frac{\sum_i (\ln x_i) y_i - \frac{1}{n} \left(\sum_i \ln x_i \right) \left(\sum_i y_i \right)}{\sum_i (\ln x_i)^2 - \frac{1}{n} \left(\sum_i \ln x_i \right)^2} \tag{26}$$

$$a = \frac{1}{n} \sum_i y_i - \frac{b}{n} \sum_i \ln x_i \tag{27}$$

将表 9-8 数据代入（26）式和（27）式，求得 $a=139.02$，$b=-24.19$。所以苜蓿粗纤维含量水平（x）与其干物质消化率（D_s）的反应曲线方程为：

$$D_s = 139.02 - 24.19\ln x$$

牧草中各种营养物质的含量水平对其消化率的交互影响，目前尚未作深入研究，但在饲料科学中为满足家畜生产对营养物质的多种需要，对各种饲料配方已作了广泛研究。

3. 牧草营养物质消化率变化的时间动态 草地牧草由于生育期和生长季节影响，其消化率变化常常是时间的函数，即：

$$D_s = f(t) \tag{28}$$

这种随时间变化的动态过程可用多种数字表达式来描述。例如表 9-8 苜蓿干物质的消化率随生育期变化的动态过程可用双曲线方程来表示，即：

$$D_s = a + b/t \tag{29}$$

对于放牧的天然草地，由于植物种群演替和牧后再生，草地牧草的消化率变化是一个随时间波动起伏变化，因此可用多项式表示：

$$D_s = a_0 + a_1 t_1 + a_2 t_2 + \cdots\cdots + a_n t_n \tag{30}$$

或用逻辑斯蒂（Logistic）方程描述：

$$\frac{dD_s}{dt} = rD_s \left(1 - \frac{D_s}{K} \right) \tag{31}$$

或函数方程表示：

$$D_s = \frac{K}{1 + e^{a+bt}} \tag{32}$$

式中：$D_s = D_s(t)$，表示某个时刻的消化率。K——消化率的渐近值（极大值），可用下式求得：

$$K = \frac{2N_1 N_2 N_3 - N_2(N_1 + N_3)}{N_1 N_3 - N_2} \tag{33}$$

式中：N_1，N_2，N_3 分别为数据起始点，中点，终点之数据。现以表 9-8 中粗纤维含量为例：$N_1=17.95$，$N_2=(31.94+42.95)/2=37.45$，$N_3=50.28$。代入（33）式得：$K=121.09$。

若牧草粗纤维含量的变化是遵从 Logistic 方程的双曲线变化，便可以用（32）式来表示这一动态过程。现仍以表 9-8 中粗纤维变化为例，进行计算：

（1）用下式将 x_i 进行数据变换：

$$\hat{X}_i = \ln \frac{K - X_i}{X_i} \tag{34}$$

（2）将表 9-8 的 x_i 用式（34）计算变为如下形式：

t_i	$\hat{X}_i$
1	1.75
2	1.44
3	1.03
4	0.60
5	0.30
6	0.31

（3）求方程（32）中的系数 a，b，

$$\hat{X}=a+bt$$

$$N_a+b\sum_i t_i = \sum_i \hat{X}_i$$

$$a\sum_i t_i + b\sum_i t_i^2 = \sum_i t_i\hat{x}_i \tag{35}$$

将数据代入，解出方程（35）得：$a=2.146$，$b=-0.374$，故方程（32）的反应曲线为：

$$\hat{x}=\frac{121.09}{1+e^{2.146-0.374t}}$$

式中：x——苜蓿鲜草的粗纤维含量（%）；

　　　　t——苜蓿生育期（1 表示分枝期，2 表示现蕾期，…）。

对拟合值与原数据进行比较如表 9-9：

表 9-9　拟合值与原数据的比较

t_i	x_i	$\hat{X}_i$	偏差（δ_i）
1	17.95	17.59	−0.36
2	23.23	23.99	+0.76
3	31.94	31.99	+0.05
4	42.95	41.53	−1.42
5	51.40	52.24	+0.84
6	50.28	52.85	+0.57

偏差（δ_i）有平方根 $\sqrt{\sum \delta_i^2}=1.852\,4$，表示曲线方程反应的苜蓿鲜草粗纤维含量随生育期变化模拟良好。

植物体的营养物质含量和消化率是随时间变化的动态过程，评价草地生产力时需要研究这种动态变化。就草地而言，牧草幼嫩时营养物质浓度大，消化率相对较高。但是单位草地面积上生产的有效营养物质数量少，因而需要一个综合评价指标。

三、用消化率评价草地生产力的综合指标

（一）消化率评定草地生产力的指标体系

根据影响草地牧草消化率的因素及其内在联系，评价指标系统及层次关系可用图 9-1 表示。

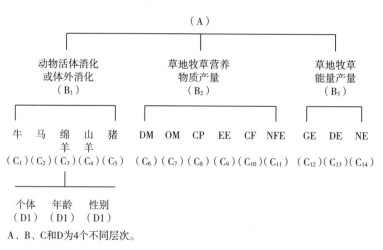

A、B、C和D为4个不同层次。

图9-1　草地牧草消化率评定草地生产力的指标体系

草地生产力——中间指标（TDN，DE）。

由图9-1可见，评价草地生产力的可消化营养物质产量（kg/hm²）有三个系统（B_1、B_2、B_3）。家畜活体消化或体外消化是衡量牧草营养物质可消化的尺度，但是用哪种家畜作标准，选用什么标准的个体来测定牧草营养物质的消化率，都有待研究。草地牧草营养物质的组成和数量是决定可消化营养物质或消化能的基础，干物质和有机物质的数量亦可直接反映草地生产能力的高低。牧草能量产量及其消化率是表示草地生产力的另一指标体系。

草地牧草的营养物质产量和总能产量可用常规分析获得，但是消化率却要通过家畜活体或者以其瘤胃微生物培养测定营养物的消失率，它受动物本身消化能力差异的影响。所以需将多种动物及其个体、年龄、性别造成的消化能力差异进行综合，求出一个科学合理的消化能力指标，再用消化能力指标直接与营养物质或能量的产量相乘，便可得到可消化营养物质或可消能量的产量，即可消化营养物质（TDN）产量（kg/hm²）或消化能（DE）产量（MJ/hm²）。

（二）计算家畜平均消化能力的方法

1. 算术平均法　首先将畜群按图9-1方式分解成不同层次，用分层抽样法估计畜群的平均消化能力。即将不同种类、年龄、性别和个体的消化能力按下式来求平均值：

$$D_s = \frac{1}{NMLP}\Big[\sum_{i=1}^{n} A_i \sum_{j=1}^{m} F_i \sum_{k=1}^{l} O_i \sum_{p=1}^{r} B_i\Big] \tag{36}$$

式中：A——第 i 种家畜（牛、绵羊、山羊和马等）；

　　　F——家畜性别（公、母、去势）；

　　　O——第 i 个年龄段（幼年、青年、成年、老龄等）；

　　　B——在某年龄段内的第 p 个个体。

现用不同性别和年龄的黄牛群，每类牛各选3头测定了草地有机物质的消化率（表9-10）。

表 9-10　不同性别和年龄的黄牛对草地有机物质的消化率（%）

个体 年龄	性别	公牛（F_1）	母牛（F_2）	去势牛（F_3）
成年	B_1	66	64	64
	B_2	68	60	65
	B_3	65	62	68
青年	B_1	52	54	48
	B_2	49	52	49
	B_3	51	50	47

将表中数据代入（36）式得：

$$\overline{D}_s = 62.81（\%）$$

这个数值一是反映了草地牧草的营养价值，另一方面表示的是黄牛群的平均消化能力。若用其他家畜来放牧，其可消营养物质的数量会有差异，因为畜群间的消化能力总会有不同。

2. 加权平均法　如果某地区的畜群组合为：牛 31%，绵羊 45%，山羊 15%，马为 9%，它们各自的消化能力分别为 62.81%，64.25%，66.17% 和 59.83%，那么整个畜群的平均消化能力（对草地牧草的消化率）应为：

$$D_{SA} = \frac{1}{4} \sum_{j=1}^{4} a_j D_{sj} \times 100\%$$

$$= \frac{1}{4}(0.31 \times 0.628\,1 + 0.45 \times 0.642\,5 + 0.15 \times 0.661\,7 + 0.09 \times 0.598\,3) \times 100\%$$

$$= 58.79\%$$

这是反映本地区各类家畜对草地具有的潜在消化能力。如草地的营养物质产量（P）为 750kg/hm²，总能量为 1 350MJ/hm²，可消化总养分（TDN）产量应为：

$$TDN = PD_{SA} = 750\text{kg/hm}^2 \times 58.79\% = 440.93\text{kg/hm}^2$$

草地消化能的产量（D_E）为：

$$D_E = 1\,350\text{MJ/hm}^2 \times 58.79\% = 793.665\text{MJ/hm}^2$$

用家畜活体进行消化试验，虽然能反应家畜真实消化能力，但由于家畜种类、性别、年龄和个体的差异，不能用统一尺度衡量各类草地和牧草的消化性。因此应尽量用体外消化法，其可比性和重复性远比用活体直接测定高，或者用标准动物如 50~60kg 活重的羯羊、以尼龙袋法测定草地牧草的消化率作为统计基础，即用标准消化能力去评定各类草地牧草的消化性，以评定草地的可消化营养物质或消化能的产量。

（三）草地牧草消化率的综合指标

家畜机体具有的消化能力和牧草的可消化性是有本质差别的两种属性，因而可分解为两个系统来加以处理。例如有 4 种家畜（黄牛、绵羊、山羊和马）对苜蓿草中各种营养物质的平均消化率如表 9-11。欲求其平均消化率，便要考虑牧草中各种营养物质对家畜有机体的营养作用，又要注意不同种类家畜间在消化力的差异。因而要研究牧草所含不同营养物质之间的相对重要性，才能计算其平均消化率。

表 9-11　几种放牧家畜对苜蓿中营养物质的平均消化率（％）

营养物质 家畜	DM	OM	CP	EE	CF	MFE
黄牛	57	58	65	52	43	72
绵羊	59	61	66	51	51	69
山羊	61	63	72	51	56	70
马	52	54	68	42	39	66

1. 用层次分析（AHP）法确定不同营养物质间的加权系数　根据营养物间的属性关系可分解成 3 个层次。主层次为干物质（DM），第二层为有机物质（OM）和粗灰分（CA），第三层为粗蛋白质（CP）、粗脂肪（EE）、粗纤维（CF）和无氮浸出物（NFE），（图 9-2）。

由于营养物质的功能差异，因而它们之间的加权系数（W_j）可用 AHP 计算。6 种营养物质的标度及排序值如表 9-12。

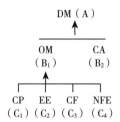

图 9-2　牧草中营养物质的属性关系

用平方根法* 求得 $W_1 = 0.15$，$W_2 = 0.18$，$W_3 = 0.25$，$W_4 = 0.15$，$W_5 = 0.10$，$W_6 = 0.17$。

表 9-12　6 种营养物质的判断矩阵

A	B_1	B_2	C_1	C_2	C_3	C_4
B_1	1	3	5	3	6	7
B_2	1/3	1	2	5	3	5
C_1	1/5	1/2	1	7	5	1/7
C_2	1/3	1/5	1/7	1	1/2	1/5
C_3	1/6	1/3	1/5	2	1	7
C_4	1/7	1/5	7	5	1/7	1

再将表 9-10 写成关系矩阵 R：

$$R = \begin{Bmatrix} 0.57 & 0.58 & 0.65 & 0.52 & 0.43 & 0.72 \\ 0.59 & 0.61 & 0.60 & 0.51 & 0.51 & 0.69 \\ 0.61 & 0.63 & 0.72 & 0.51 & 0.56 & 0.70 \\ 0.52 & 0.54 & 0.68 & 0.42 & 0.39 & 0.66 \end{Bmatrix}$$

---

*　计算方法见牟新待主编：草原系统工程，中国农业出版社，1997。

于是各种家畜的平均消化能力应为

$$D_{Ai} = W_j R$$

$$= (0.15 \quad 0.18 \quad 0.25 \quad 0.15 \quad 0.10 \quad 0.17) \begin{Bmatrix} 0.57 & 0.58 & \cdots & 0.72 \\ \vdots & \vdots & & \vdots \\ \vdots & \vdots & & \vdots \\ 0.52 & 0.54 & \cdots & 0.66 \end{Bmatrix}$$

$$= \begin{Bmatrix} 0.60 \\ 0.59 \\ 0.64 \\ 0.56 \end{Bmatrix}$$

D_{A1}——牛的消化率 60%；D_{A2}——绵羊的消化率（59%）；D_{A3}——山羊的消化率（64%）；D_{A4}——马的消化率（56%）。这是 4 种家畜对苜蓿中多种营养物质的平均消化能力。

2. 求家畜种类间的加权系数（d_j）　由于草地类型不同，放牧畜群的组合是多种多样的，各种家畜对营养环境有其固有的适应性，它们的消化能力各不相同。畜群的平均消化能力可用畜群组合和结构求得。如某地区放牧家畜由牦牛、绵羊、山羊和马组成，用羊单位计算得其组合比（D_j）为：牦牛（d_1）＝0.31），绵羊（d_2＝0.45），山羊（d_3＝0.15），马（d_4＝0.09）。则畜群的平均消化能力与草地牧草的可消化性之综合指标——消化势（D_p）为：

$$D_p = D_j D_{Ai} (i,j = 1,2,\cdots,4)$$

$$= (0.31 \quad 0.45 \quad 0.15 \quad 0.09) \begin{bmatrix} 0.60 \\ 0.59 \\ 0.64 \\ 0.56 \end{bmatrix}$$

于是求得 4 种放牧家畜对苜蓿中各种营养物质的平均消化势为 59.79%。这种计算过程在现代计算机上是很容易实现的。

（牟新待　编）

第十章　草原生产能力的估测

一、概　　念

草原生产是一个复杂的系列生产过程，即牧草→家畜→畜产品的生产过程，因而它的产品形态有牧草、家畜和畜产品三大类。根据产品的性质，可以从概念和层次上将草原生产能力分为三种：①牧草生产能力——基础生产力；②载畜能力——中间生产能力；③畜产品生产能力——最终生产能力。但正像英国草地学之父 W. 戴维斯（Davies，1960）所指出的"衡量草地生产的唯一尺度是某种形态的畜产品"，草原生产能力应当是畜产品的生产能力，即单位面积的草原于一定时期内实际收获的可用畜产品（奶、肉、毛、皮、役畜、役力等）的数量。

二、牧草经济产量的估测

牧草的经济产量是单位面积的草原，在单位时间内生产的可供家畜牧食，或刈割的牧草重量，可用鲜草、干草、干物质或有机物质等指标表示。

（一）不同内含的牧草经济产量

牧草生长发育有明显的季节性，按时间特性来归纳，有下列三种经济产量的估测。

1. 适宜利用时期产量　这是在牧草适宜利用的成熟时期测定的产量。对割草地是禾本科牧草抽穗、豆科牧草 1/3 开花的时期；对放牧地是禾本科牧草分蘖——拔节，豆科牧草分枝——孕蕾的时期。在第一次产量测定之后，当牧草再次生长到适宜利用的时期和高度时，测定再生草的产量。再生草产量可测定一至多次，各次产量相加，就是全年的适宜利用时期产量。

2. 实际产量（利用前产量）　这是在草原的利用中实际利用时期的牧草产量。在低草和中草地，在放牧前 5 日内测定；对高草草地，在利用前 3 日内测定。各次测定的产量之和就是全年的实际产量。

3. 动态产量　这是按照设计建立系列测产样方，在不同时期测定的一组牧草产量。测定的时期可以是不同的生长发育期，也可以是一定的间隔时期，如每 10d、15d、1 个月、1 个季度。动态产量的资料主要用于了解牧草产量随时间的变化，和比较分析不同时期的利用对草地产量和其他方面的影响。

（二）取样、剪草及留茬高度

牧草的产量是通过测定样方产量计算出来的，产量计算的准确与否，与样方的大小、形态和重复次数有直接的关系，有关这方面的科学知识请参阅第一章有关部分的叙述。

在设置好的样方或样地内，将牧草按种或按经济类群剪下，分别装入袋内称重，登记鲜重后备用（表10-1）。

剪草时需根据该草原放牧家畜牧食的特性决定留茬高度。对于绵羊、山羊、马和牦牛的放牧地，留茬高度2cm，牛的放牧地留茬4～5cm。割草地留茬5～7cm。对于高草草地，留茬高度决于利用的茎秆高度，一般不低于8cm。对于再生草的留茬高度，放牧地同上，割草地取上限。

表10-1　草地草本经济产量测定登记表

草地型：　　　　　　　　　　　　　　　　　　　留茬高度：　　　cm
样方面积：　　m×　　m=　　m²　　　　　　　　测定日期：
样方/样方号：　　　　　　　　　　　　　　　　　登 记 人：

牧草种名或经济类群	袋号	青重	风干重	烘干重	备注
1.					
2.					
3.					
4.					
⋮					
⋮					
合　计					

表10-2　草地灌木经济产量测定登记表

草地型：　　　　　　　　　平均高度：　　cm　　　　测定日期：
样方/地号：　　　　　　　　密　　度：　　　　　　　登 记 人：
样方/地面积：　　m×　　m=　　m²　　总郁闭度：

植物种名	可食与否	等级	株丛高（cm）		丛径（cm）		密度		平均每丛重（g）		每hm²产量（kg）	
			平均	最高	平均	最大	丛/m²	丛/hm²	鲜重	风干重	鲜重	风干重
		大										
		中										
		小										
		大										
		中										
		小										
		大										
		中										
		小										
		大										
		中										
		小										

（三）灌木可食部分的产量测定

草地上的灌木或灌丛草地的灌木，其可食嫩枝叶的产量测定方法不同于草本，其程序是（表10-2）：①在大样方或样地中记载每种灌木丛的数目，并按大、中、小三类分别统计。②在每一类灌木丛中选择3～5丛作为标准丛，在这些标准丛上剪取直径2～3mm以下的嫩枝。对于羊的放牧地，1.2m以上高度的嫩枝因采食不到可以弃去不剪；对于骆驼的放牧地，3m以上的不剪，剪下的嫩枝叶装袋称青重后备用。③根据丛数和每丛的产量推算单位面积的可食嫩枝产量。④灌丛间的草本仍按前述方法设小样方测定。样方或样地的灌木和草本的总产量按下列公式计算。

$$Y_t = Y_a + Y_h + C_h \tag{1}$$

式中：Y_t——灌木和草本总产量（g/m²）；

　　　Y_a——灌木产量（g/m²）；

　　　Y_h——草本产量（g/m²）；

　　　C_h——草本产量（%）。

（四）样本处理

将登记了青重的牧草和灌木样本，在布袋或纸袋内阴干后登记风干重（干草重）。再取小样要在100～105℃下烘干至恒重登记干物质重。如有必要，再取干物质样本2～3g，在茂福炉内灰化，称灰分重，干物质重减去灰分重即为有机物质重，亦称去灰分物质重。

三、草地生物学产量的估测

（一）概念

草地的生物学产量是指单位面积的草地，在一定时间内积累的地上、地下或全群落（地上＋地下）的净初级产量，也称为净初级生产力。牧草通过光合作用生产的植物有机物称为总初级产量（P_g）。牧草在进行初级生产的同时还通过呼吸消耗掉一部分有机物（R），剩余的部分就是以牧草组织或贮藏的营养物质表现的净初级产量（P_n），因此 $P_g = R + P_n$。净初级产量才是有效的产量。根据国际生物学计划（IBP）的规定，测定和计算草地地上净初级产量所需的基本参数是：时间 t_1 和 t_2 时草地群落的现存量 B_1 和 B_2；草地群落在时间 t_1 至 t_2 期间现存量的增量 ΔB，即 $B_2 - B_1$；群落在 t_1 至 t_2 期间由于死亡和脱落损失的死植物量 L，它包括立枯物量和凋落物量；在 t_1 至 t_2 期间被动物采食的植物量 G。如果很好地测定了 ΔB、L 和 G，则草地地上部分的净初级产量可用下式算出。

$$P_n = \Delta B + L + B \tag{2}$$

根据上述公式的原理，需要在一定时期内两次测定以上的植物量，才能计算出这一期间的净初级产量。对于地下部分的净初级产量的测定，其根据也是这一公式表达的意义。

牧草经济产量和生物学产量的测定方法表明，牧草的经济产量和生物学产量在概念上是有区别的。经济产量是指草原牧草可供家畜牧食或刈割后饲喂家畜的那部分产量，它既不是净初级产量的全部，却也可能包括了一定时期以前的立枯物和凋落物产量。前者多用于生产管理，后者多用于草地群落学和生态学试验研究。

（二）地上净初级产量的估测

1. 现存量的测定　现存量是某一时刻单位面积上的活植物体重量。将样方内的牧草植物齐地面剪下（不留茬），拣出死亡的立枯物，称重登记青重后，在实验室进一步测定干物质重和去灰分物质重。

2. 立枯物量的测定　立枯物量为死亡后仍直立或未脱离活的株体的死植物体重量。对于十分低矮的草地或以坐垫植物、莲座丛植物为主的草地，立枯物难以和凋落物区分，可将两者合并称重和统计。

3. 凋落物量的测定　凋落物是死亡并脱落到地面的植物体重量。对于高大草本和灌木，测定凋落物量需用专门的收集器，将其在到达地面前截留并保存下来。此外，还必须防止破碎、溶解和分解等造成的损失。对于一般的草地，可在较长的间隔时期，例如一个月一次在样方中直接收集凋落物。直接收集还需考虑凋落物在草地上放置过久因分解而造成的损失（在湿热条件下这种损失很大），因此需要测定凋落物的平均消失率（r）以校正凋落物量。

凋落物平均消失率的测定方法是，在一定间隔的开始日，将 6～10 个尼龙网袋（5cm×20cm 大小，1mm 的网眼）随机排列在试验草地上，然后收集尼龙袋附近的 5cm×20cm 面积上的凋落物，称鲜重后装入尼龙袋，将袋置于地面并用铁钉或针固定。与此同时，在袋周围再采 20～50g 凋落物样品带回试验室，测定其水分含量，计算袋中凋落物的干物质重。经过一定时间，到规定的间隔期结束日，收集草地上所有的尼龙袋，将袋中剩余的凋落物烘干后称重，即可根据下式计算消失率。

$$r = \frac{\ln(l_1/l_2)}{t_2 - t_1} \tag{3}$$

式中：r——消失率（g/g，天）；

l_1——t_1 时袋中凋落物干重（g）；

l_2——t_2 时袋中凋落物干重（g）；

ln——自然对数；

t_1——间隔期开始日期；

t_2——间隔期结束日期；

然后根据下式计算一定间隔期（$t_1 \sim t_2$）样方中的凋落物量（L）。

$$L = L_2 - L_1 + \frac{L_1 + L_2}{2} \cdot r \cdot (t_2 - t_1) \tag{4}$$

式中：L_1——t_1 时样方中凋落物量（g）；

L_2——t_2 时样方中凋落物（g）。

4. 动物采食量的估测　动物的采食量包括家畜、野生草食兽和植食性昆虫的采食量。一般情况下昆虫的采食量不超过净初级产量的 1%～2%，故可略去不计。家畜的采食量可根据放牧家畜头数、家畜体重、放牧时间、家畜的增重和畜产品数量，按照家畜营养物质需要表逆算为牧草干物质量；也可按家畜体重或家畜平均放牧采食量与放牧时间估算。

野生草食兽的采食量按其数量和采食时间，参照本章四、（四）7 的资料估算。如果测产的样地和样方用围栏保护，没有家畜和野生草食兽的采食，则公式（2）简化为下列公式（5），测定和计算变简。

$$P_n = \Delta B + L \tag{5}$$

（三）地下净初级产量的估测

地下净初级产量的估测也根据公式（2）的原理进行。对于地下部分，式中的 ΔB 为 $t_1 \sim t_2$ 期间现存量（活根）的增量，L 为死植物量（死根）的增量，G 为土壤动物对活根和死根的采食量。由于死根的分解和土壤动物的采食量目前无法准确测定而略去，故地下净初级产量近似为活根的增量与死根增量之和，也就是一定时期最大总根量与最小总根量之差。

1. 地下部分取样方法

壕沟法：先在供试草地上挖一壕沟，然后按一定的取样面积修成土柱，再按一定层次（自然层次或人为划分）分层取样，带回实验室冲洗，冲洗干净的根样进一步区分为活根和死根后烘干称干物质量。取样面积视具体草地的情况而有不同，牧草低矮、密度大、分布均匀的天然草地，取样面积 20cm×20cm，重复 3 次；牧草较高大、密度小、分布不太均匀的天然草地和栽培的人工草地，取样面积需加大到 50cm×50cm，重复 3 次。取样深度依供试草地的牧草种类而异。对于须根系牧草的草地，由于根系入土浅，50～60cm 的深度即可。对于轴根型牧草的草地，由于根系入土较深，取样深度应达 1m 或更深。用壕沟法取样的优点是除了能获得较准确的根量外，还能获得根的分布、根体积、根表面积、根长等的较准确数据，但取样及洗根的工作量大，破坏草地甚多是其缺点。

土钻法：一般使用的土钻钻孔直径为 3.5～7cm，最大 10cm。3.5cm 的土钻在植被较均匀的草地上，重复 10～15 次；7cm 的土钻重复 5～7 次；10cm 的土钻重复 3～5 次。土钻法的优点是省时省工，还可用机械代替人工取样；另外破坏的草地面积很小，即使离钻孔很近的植物也能继续生长，但缺点是准确度较壕沟法为差。

2. 根系处理技术

干选法：是用小刀、针、镊子、刷子等工具直接将根从土壤中挑选出来的方法，也可将土壤—根系样品放入斜置的网筛上干筛。干选法适宜于生长的沙壤土或沙土上的牧草根量的研究，比湿洗法省时省工，但细根损失较多。

湿洗法：是用水冲洗将根从土壤中分离出来的方法，过程较为繁杂。

土壤分散剂：土壤分散剂是促进土壤分散的药剂，常用的有焦磷酸盐（0.27%）、六偏磷酸钠（1%）、氯化钠（0.5%）、次氯酸钠（0.8%）、草酸（1%）、过氧化氢（3%～5%）等。用加入过氧化氢的水浸泡根系数小时后，能使黑色的根氧化为浅色，影响区分老根与新根的精度。对于富含碳酸钙的黏土，用 3%～5% 的盐酸也能取得良好的效果。

冲洗过程：首先将土壤—根系样品在容器里浸泡 12～24h，必要时加入土壤分散剂。检出粗的明显的根和非根物质后，再用双层纱布包住土壤—根系样品在流水中冲洗。但必须注意不能过多地隔纱布挤压、搓揉样品，以免有些细根粘在纱布上不易取下而影响测定结果。此外也可直接在筛子用喷头或喷水器进行冲洗。初步冲洗干净的根样用网筛过滤，一般筛孔为 0.5mm，如果根十分细小，则可用 0.2mm 筛孔的网筛。更好的方法是将网筛从大到小重叠起来使用。第一层的筛孔为 1mm，分离粗大的根、硬土粒和石块等；第二层为 0.5mm，以分离较细的根和大的砂粒；第三层为 0.25mm，主要阻拦大量的细根；第四层为 0.15mm，用以收集非常细小的根。根系样品中与根不易分离的沙粒可以用焚烧法测定。

土壤—根系样品的保存：在取样很多、不可能立即冲洗、分离完毕时，在 15～25℃ 的条件下，浸泡的根 2～3d 便开始腐烂，因此就出了样品的保存问题。一般可用 10% 的酒精或 4% 的福尔马林稀释液保存，也可在 0～−2℃ 的条件下冷冻保存，不得已时风干保存，但风干后影响根的分离精度。

3. 死活根的辨别和分离

肉眼辨别法：这是根据根的形态解剖特征，用肉眼从外表上主观判断的方法。一般活根呈白色、乳白色，或表皮为褐色，但根的截面仍为白色或浅色；而死根颜色变深，多萎缩、干枯。这一方法较费时，只有经验丰富的人才能做出比较准确的结果。

比重法：由于死根和半分解状态的死根的水分大部分失去，比重较小，应用这一特点在实践中可用悬浮分离法区别死根与活根。将检出了明显的较大的活根和死根的剩余根样，放入盛水容器中加以搅拌，静置数分钟，漂浮在水面的根为死根，悬浮在水中和沉在容器底部的为活根，沉在容器底部的黑褐色屑状物是半分解的死根。这一方法简单易行，但准确性也较差。

染色法：常用的药剂为 2,3,5-氯化三苯基四氮唑，简称 TTC。TTC 的染色程度受温度、pH 值、溶液浓度和处理时间的影响。温度 30～35℃ 为宜，pH6.5～7.5 最适，浓度一般为 0.3%～1.0%，处理时间 8～24h。具体方法是先将冲洗干净的根样剪成 2cm 的小段，然后每 10g 鲜重作为一个样本，放入培养皿中，加入 80mL 已知浓度的 TTC 溶液，放入 30℃ 的恒温箱中，在黑暗条件下染色约 12h。样品取出后，用蒸馏水将药液冲洗干净，用镊子分离着色与不着色两部分，着色的部分即为活根，不着色部分为死根。

（四）全群落净初级产量的估测

草地全群落净初级产量即地上部分＋地下部分的净初级产量。估测全群落的净初级产量，应同时在地上和地下取样，以全群落的最大植物量和最小植物量之差为基础进行计算，因为在生长期，营养物质不断地在地上和地下部分之间相互转移，地上部分的最大和最小植物量并不一定相应地与地下部分的最大和最小植物量同时出现（一年生草地有可能相应地同时出现），所以不能简单地用不同步采样测定的地上与地下净初级产量之和来估算。

（五）净营养物质产量的计算

净营养物质产量是单位面积的草地在一定时期以内各种营养物质（粗蛋白质、粗脂肪、粗纤维、无氮浸出物、粗灰分、钙、磷等）的净产量，也可称净营养物质生产力。在各次植物量测定的同时，取样分析牧草的各种营养成分含量，并计算其产量，某种营养物质的最大产量和最小产量之差即为其净产量，最大产量的出现日期，即为这种营养物质净产量的出现日期。

（六）植物量动态的模型分析

1. 图表模型　图表模型就是将不同时期测定的植物量绘制成时间的折线图，直观反映出植物量的动态，这是植物量动态模型分析中最简单和最常用的方法。

2. 数学模型　数学模型就是将不同时期测定的植物量归结成一套反映其数量关系的数学公式和具体算法，用以描述植物量的运动规律。用数学模型表述植物量动态，不但可以预测，而且便于对生长过程进行细致的分析，揭示植物量累积过程中的内在规律及其与其他因素的关系。用于表述植物量积累及其动态的数学模型主要有 Logistic 生长方程、Gompertz 生长方程和多项式生长方程。

Logistic 生长方程和 Gompertz 生长方程的一般式分别为公式（6）和（7）。

$$B=\frac{B_{ss}}{1+ae^{-kt}} \tag{6}$$

$$B=B_{ss}e^{-ae^{-kt}} \tag{7}$$

式中：B——植物量（g/m^2）；

　　　B_{ss}——积累的最大植物量（g/m^2）；

　　　t——生长天数（自返青或开始生长之日起计算）；

　a，k——系数；

　　　e——自然常数。

以上两个方程都是描述最大植物量出现前植物量积累的生长方程。Logistic 方程的基本假设是任一时刻的生长率与该时的重量成正比，同样与将出现的最大重量相关的函数成正比。Gompertz 方程表示的植物量在前期增加较快，而 Logistic 方程表示的则较慢，后期两者趋于一致。生长速度最快时的植物量，Gompertz 方程为 $B=B_{ss}/e$，而 Logistic 方程为 $B=B_{ss}/2$。

多项式生长方程的一般形式如式（8）：

$$Y=b_0+b_1X+b_2X^2+\cdots+b_nX^n \tag{8}$$

式中：Y——某一时刻的植物量（g/m^2）；

　　　X——生长天数；

b_0、b_1、b_2、b_n——系数。

多项式生长方程可以模拟植物的整个生长过程，地上、地下植物量的季节动态均可用它来拟合，而 Logistic 方程和 Gompertz 方程只能模拟最大植物量出现前植物量积累的过程。用多项式生长方程模拟牧草生长过程时，应特别注意规定适当的生长初始时间，最好从返青后的 0 生长时开始，否则会出现生长早期的负生长的不合理现象。

四、载牧量（载畜量）的估测

（一）概念

载牧量（grazing capacity）也称载畜量（carrying capacity），是评定草原中间生长能力的一种指标，其含义是：以一定的草原面积，在放牧季内以放牧为基本利用方式（也可以适当配合割草），在放牧适度的原则下，能够使家畜良好的生长及正常繁殖的放牧时间及放牧头数。

（二）载牧量的表示方法

根据载牧量的含义，它所表述的生产能力由家畜头数、放牧时间和草原面积三项要素构成，在这三项要素中只要有两项不变，一项为变数，即可表示载牧量。因此，载牧量可以有三种表示方法。

1. 家畜单位法　在一定的时间内，一定面积草原可以放牧的家畜单位数。世界上多数国家采用牛单位，中国和新西兰等国采用羊单位。

2. 时间单位法　在一定的草原面积上，可供一个家畜单位放牧的天数或月数，即家畜单位天，家畜单位月等。

3. 面积单位法　在一定的时间内，放牧一个家畜单位所需要的草原面积。英国的草地面积单位含义是：在放牧期间能供给一头体重533.4kg，日产奶9L的奶牛所需牧草，而不必加喂其他饲料的草地面积。中国的草地面积单位（王栋，1955）是：在放牧期间能供给一头体重40kg的母绵羊及其哺乳羔羊所需的牧草，而不必加喂其他饲料的草地面积。

（三）估测方法

根据不同的管理条件和研究水平，可用下列不同的方法进行估测。

1. 根据牧草产量估测　这是最常用的方法，估测时需要草原面积（hm², A）、放牧季的牧草产量（包括再生草，kg/hm², Y）、草原的利用率（%，U）、放牧家畜的牧草日食量（kg/羊单位天，I）、放牧时间（天数，D）等参数。在具体应用时间时可按下列公式估算不同表示方法的载牧量。

$$家畜单位（羊单位）= \frac{Y \cdot U}{I \cdot D} \tag{9}$$

$$时间单位（羊单位天）= \frac{Y \cdot U}{I} \tag{10}$$

$$面积单位（hm²/羊单位）= \frac{A \cdot I \cdot D}{Y \cdot U} \tag{11}$$

2. 根据可利用营养物质产量估测　原理和前一方法相同，只是参数中牧草产量用可利用能量，日食量用家畜营养需要规定的标准，因此计算的结果较前法更接近实际和准确。

3. 根据放牧试验估测　在一定的草原面积上进行放牧试验，根据放牧天数、家畜头数、家畜体重及生产的畜产品数量，用动物营养学的原理，逆求家畜采食的可利用能量，再换算为可利用牧草产量的总量，用此参数即可算得更为实际的载牧量。

（四）家畜单位及其换算系数

1. 概念　为了换算的目的，根据某一特定家畜的放牧压当量或饲料消耗量所确定的标准家畜叫做家畜单位，也称动物单位。世界上的大多数国家和地区以牛作为标准单位，称为牛单位。例如，美国草原管理学会（1974，1989）规定的家畜单位含义是：1头体重454kg的成年母牛或与此相当的家畜，平均每天消耗牧草干物质12kg。非洲撒哈拉地区的热带家畜单位的含义是：相当于1头250kg重的牛对草地牧草需要量的家畜。中国以绵羊作为标准单位，称为绵羊单位或羊单位。王栋（1955）规定的中国绵羊单位的含义是：1头体重40kg的母羊及其哺乳羔羊，每天约需牧食青草5～7.5kg。新西兰的羊单位含义是：1头体重55kg的繁殖母羊及其一个哺乳羔羊，一年约消耗520kg的优良干草。

为了便于按家畜单位统计各种和不同大小的家畜，许多国家和地区制定了不同的换算标准，下面举出一些有代表性的换算标准系列。

2. 中国牧区和半牧区适用的家畜单位换算系数

家畜种类	家畜单位
绵羊：	
繁殖母羊及其哺乳羔羊	1.0
成年公羊及羯羊	1.0
1岁育成羊	0.5
山羊：	
繁殖母羊及其哺乳羔羊	0.9
成年公羊及羯羊	0.9
1岁育成羊	0.4
猪（放牧条件下）：	
混合群平均	1.0
牛：	
奶牛，日产奶7.5kg	5.0
役牛，中役	5.0
肥育的肉用阉牛	5.0
6～12月龄育成牛	2.5
12～18月龄育成牛	3.5
18～24月龄育成牛	4.5
牦牛：	
繁殖母牛及其哺乳犊牛	4.0
混合群平均	3.0
马和骡：	
成年马和骡，中役	5.0
繁殖母马及其哺乳幼驹	5.0
1岁育成马和骡	2.5
2岁育成马和骡	3.5
3岁育成马和骡	4.5
驴	
成年驴，中役	3.5

| | | 3.5 |

    繁殖母驴及其哺乳幼驹　　　　　　　　　　　　　　　3.5
    3 岁育成驴　　　　　　　　　　　　　　　　　　　　3.0
骆驼：
    成年驼　　　　　　　　　　　　　　　　　　　　　　7.0

3. 美国草原家畜单位换算系数

家畜种类	家畜单位
牛：	
成年母牛（带犊或不带犊）和阉牛	1.00
断奶犊牛及 1 岁犊牛	0.50
2 岁及 2 岁以上公牛	1.30
马：	
1 岁驹	0.75
2 岁驹	1.00
3 岁以上	1.25
绵羊和山羊：	
断奶羔羊及 1 岁羔	0.12
繁殖母羊（带羔或不带羔）	0.20
公羊	0.26

4. 前苏联家畜单位换算系数

家畜种类	家畜单位
牛：	
混合群平均	0.7~0.8
母牛及其犊牛	1.0
公牛及役牛	1.0~1.2
1 岁牛	0.5~0.7
1 岁以下犊	0.15~0.25
绵羊和山羊：	
混合群平均	0.14
成年绵羊和山羊	0.13~0.14
马：	
混合群平均	0.8
役马	1.0~1.1

5. 德国家畜单位换算系数

家畜种类	体重（kg）	家畜单位
马：		
成年马	600	1.2
驹	250	0.5

牛：

公牛	600	1.2
奶牛	600	1.2
犊牛	200	0.4

猪：

去势猪	200	0.4
带仔母猪	175	0.35
肥育猪	125	0.25
育成公猪	50	0.10

绵羊和山羊：

成年绵羊	50	0.10
成年山羊	50	0.10
羔羊	25	0.05

鹅	10	0.02
火鸡	10	0.02
鸭	5	0.01
鸡	2	0.004
兔	3	0.006

6. 非洲撒哈拉地区热带家畜单位换算系数

家畜种类	家畜单位
成年牛、马和骆驼（单峰驼）	1.0
牛、马、骆驼的幼畜和驴	0.5
成年山羊和绵羊	0.1

7. 野生草食动物对家畜单位的换算系数

牛（*Bos taurus*）	1.00
非洲野牛（*Syncerus caffer*）	1.11
美洲野牛（*Bison bison*）、大角斑羚（*Taurotragus oryx*）	1.00
美洲赤鹿（*Cervus Canadensis*）、白氏斑马（*Equus burchelli*）	0.66
水羚（*Kobus ellipsiprymnus*）、斑纹角马（*Connochaetes taurinus*）、牛羚（*C. gnou*）	0.50
麋羚（*Alcelaphus* spp.）、非洲羚牛（*Damaliscus korrigum*）、弯角羚（*D. lunatus*）	0.40
黑尾鹿（*Odocoileus hemionus*）	0.25
黑斑羚（*Aepyceros melampus*）	0.20
叉角羚（*Antilocapra Americana*）	0.15
汤姆森瞪羚（*Gazella thomsonii*）	0.10
犬羚（*Rhynchotragus* spp.）	0.03
黑尾兔（*Lepus californicus*）	0.02

五、草原畜产品单位的估算

（一）概念

畜产品单位是根据可用畜产品的产量评定草原最终生产能力的一种指标。1 个畜产品单位规定相当于中等营养状况的放牧肥育肉牛 1kg 的增重；其畜产品形态为 1kg 中等肥度的牛、羊胴体；其平均能量消耗相当于 110.88MJ 消化能，或 94.14MJ 代谢能，或 58.15MJ 增重净能。

（二）畜产品的质量标准

为了将草原生产的各种畜产品折算为统一的畜产品单位，可将各种畜产品根据其在草原放牧或以放牧为主的饲养条件下，生产单位重量的畜产品消耗的能量，与生产 1 个畜产品单位消耗的能量之比，确定其折算比率。各种可用畜产品在折算时其质量标准规定为：①肉为牛、羊等肉畜中上等肥度的胴体，每千克含热能约 10.5MJ；②奶为含脂率 4%、非脂固形物 8.9% 的校正奶，每千克含热能 3.14MJ；③毛为各类净毛，每千克含热能约 20.9MJ；④商品役畜为正常育成年龄、中等体重的出场畜；⑤役用工作为轻役；⑥羔皮为羔皮品种羊所产，符合一般要求的羔羊皮；⑦裘皮为裘皮品种羊所产，符合一般要求的裘皮。

（三）畜产品单位的折算系数

根据主要可用畜产品折算为畜产品单位的基本比率，结合中国牧区、半牧区中上肥度的牛、羊平均活重及屠后各部分的百分率衍生出的一些折算比率，共同综合为中国草原牧区、半牧区各类畜产品的畜产品单位折算表（表 10-3）。

（四）畜产品单位的统计方法

表 10-3　各类畜产品的畜产品单位折算表

畜产品	畜产品单位
1kg 肥育牛增重	1.0
1 个活重 50kg 羊的胴体	22.5（屠宰率 45%）
1 个活重 280kg 牛的胴体	140.0（屠宰率 50%）
1kg 可食内脏	1.0
1kg 含脂率 4% 的标准奶	0.1
1kg 各类净毛	13.0
1 匹 3 岁出场役用马	500.0
1 头 3 岁出场役用牛	400.0
1 峰 4 岁出场役用骆驼	750.0
1 头 3 岁出场役用驴	200.0

（续）

畜产品	畜产品单位
1 匹役马工作一年	200.0
1 头役牛工作一年	160.0
1 峰役驼工作一年	300.0
1 头役驴工作一年	80.0
1 张羔皮（羔皮羊品种）	13.0
1 张裘皮（裘皮羊品种）	15.0
1 张牛皮	20.0（或以活重 7%计）
1 张马皮	15.0（或以活重 5%计）
1 张羊皮	4.5（或以活重 9%计）
1 头淘汰的中上肥度的菜羊（活重 50kg）	34.5（或以活重 69%计）
1 头淘汰的中上肥度的菜牛（活重 280kg）	196.0（或以活重 70%计）

按日历年度或生产年度统计一定面积的草原生产的各类可用畜产品，折算和汇总为畜产品单位总数，再计算为单位面积的畜产品单位数，即可确定和比较不同草原或同一草原在不同年份生产不同畜产品时的草原生产能力的大小。对于基础产品的牧草，中间产品的维持饲养、幼畜等，均通过统计的畜产品来处理，不和畜产品并列或单独列项统计。此外，为了准确计算本生产单位的草原生产能力，将出售或买进的牧草和其他饲料，按本单位的实际饲养管理水平折算畜产品单位数，而不规定统一的折算比率。

畜产品单位是评定草原生产能力的一个新概念和新尺度。它较反映草原基础生产能力的牧草产量指标更为直接，因为牧草产量的多少，不能直接表明能获得多少畜产品。更进一步，它较反映草原中间生产能力的载牧量（载畜量）指标更为真实，因为家畜既可作为生产资料，也可作为生产的产品，这种双重属性容易使载牧量指标反映的草原生产能力出现假象。使用畜产品单位作指标评定草原生产能力，一方面可以将作为生产资料的家畜与作为畜产品的家畜从属性上严格区别开来，另一方面可以反映草原可用畜产品生产的真实情况。

参 考 文 献

甘肃农业大学，1985. 草原调查与规划 [M]. 北京：农业出版社.

木村允，著. 姜恕，陈乃全，焦振家，译，1981. 陆地植物群落生产量测定法 [M]. 北京：科学出版社.

Milner, C., Hughes, R. E. 著. 杨福囤，罗泽甫，译，1982. 草地第一性生产量的测定 [M]. 北京：科学出版社.

迪维诺，著. 李耶波，译，1987. 生态学概论 [M]. 北京：科学出版社.

里思，惠特克，著. 王业蘧等，译，1985. 生物圈的第一性生产力 [M]. 北京：科学出版社.

沼田真，著. 姜恕，祝廷成，译，1986. 草地调查法手册 [M]. 北京：科学出版社.

安德烈埃，著. 刘西平，虞孝感，吴明其，译，1991. 农业地理学 [M]. 北京：科学出版社.

任继周，1982. 草原第二性生产能力的评定 [J]. 四川草原，No2，1-4.

胡自治，1979. 关于畜产品单位问题的探讨 [J]. 畜牧学文摘，No3，1-11.

胡自治，张自和，孙吉雄，张映生，徐长林，1990. 高山线叶嵩草草地第一性物质生产和能量效率：Ⅱ. 营养物质量动态和净营养物质生产力 [J]. 草业学报，No1，3-10.

李光棣，1986. 辨别死活根的 TTC 染色法 [J]. 中国草原与牧草，No1，34-36.

李光棣，1986. 根系取样方法比较试验 [J]. 中国草原与牧草，No4，46-47.

Heady，H. F.，1975. Rangeland Management [M]. New York etc，McGraw-Hill Book Company.

Head，H. F.，R. D.，1994. child，Rangeland Ecology and Management [M]. Boulder etc，Westview Press.

Ларин，И. В. иФА. Ф，1990. Иванов，Луговодство и Пастъищое Хоэяйство Ленинград [M]. Агропромиэдат.

（胡自治　编）

第十一章　牧草病害的调查与评定

　　牧草病害的调查与评定系指了解某地区全部或某种牧草的病害种类分布，确定病害对牧草品质与产量及畜牧业生产造成的损失，并将病害与损失的关系以量的形式予以表示。

　　牧草病害调查与评定的主要目的是深入认识草地生态系统中病害的作用。为科研单位进一步研究病害的发生、发展及流行规律，为领导机构、管理部门进行病害防治决策，提供基础资料。

　　在发达国家，如英国、加拿大等国，植物病害调查与评定是植物保护工作的重要内容之一。每年投入大量的人力、财力予以实施。而在发展中国家，则多未得到重视。自1971 年以来，在联合国粮农组织的推动下，此项工作在理论与技术上均得到了长足的进展（Chiarappa，1971；1981）。但截至目前，大多数的研究是以一年生作物，特别是禾谷类作物为对象。而且多数侧重于单一病害对作物的影响。仅在近几年，才开始研究 1 种以上病害或 1 个以上因素在整个生态系统内的作用。整个看来，牧草病害的调查与评定，远远逊色于对农作物进行的同类工作。

一、病害调查

（一）调查的类别

　　习惯将病害调查分为普查、专题调查和定点调查。但其间的界限不是绝对的。划分的意义在于明确调查目的及确定相应的调查方法。

　　1. 普查　又称一般调查，是病害调查的基本工作。其目的是了解一个地区牧草病害的种类、分布及为害程度，为病害的防治、检疫和预测预报提供基础资料。

　　对一个地区的病害发生情况缺少基本了解时，应进行普查。普查的面要广，不仅包括栽培牧草，亦应包括野生牧草。调查的病害种类要尽可能多，但对发病率的计算不要求十分精确。

　　我国目前已知真菌种数约为 7 000 种，仅为全国估计真菌种数的 4% 左右（庄剑云，1994）。牧草病害方面的资料更为缺少，在各种牧草上报道的真菌种数仅为全国饲用植物上估计实有真菌总数的 3%（南志标和李春杰，1994），应首先抓紧进行牧草病害普查。

　　2. 专题调查　又称重点调查。是在病害普查的基础上，以牧草或病害为对象，进行的深入调查，如沙打旺（*Astragalus adsurgens*）病害调查，红豆草（*Onobrychis viciifolia*）病害调查，苜蓿（*Medicago sativa*）褐斑病（*Pseudopeziza medicaginis*）调查等。此种调查，次数要多，数据力求准确。调查内容：

　　环境方面：气候：温度，湿度，降水等；土壤：质地，pH 值，肥力等。

　　牧草方面：主要牧草种和品种的分布及经济价值；种子来源，栽培历史，技术及利用制度；发病时的生育阶段和发病器官。

病害方面：各种病害；主要病害；主要病害的分布、发病率和发病史；主要病害发生和消长规律；病害与牧草生育阶段及环境的关系；不同品种牧草受害情况；群众采取的防治措施。

3. 定点调查　定期或不定期地在固定的样地进行病害调查。其优点是能够系统地观察病害的累进变化，研究病害的交替盛衰。

在单播的人工草地上，可采用与调查农作物病害相似的方法，即在有代表性的田块设立观察样点。在天然草原、半人工草地或混播的人工草地上，较为普遍的做法是建立样地，每次以样方取样，统计测定（Mckenzie，1971；Latch 和 Mckenzie，1977）。进行定点调查时亦应特别注意气象资料的观察记载和收集。

（二）调查前的准备

无论哪一种病害调查，其成功与否，在很大程度上取决于调查前的准备工作。调查中经常发生下述情况：调查地点无代表性，结果不能反映当地现时情况；资料不完全，事前无规定，事后发现已太迟；观察记载标准不统一，难以进行比较分析等。而周密的准备则可减少或避免类似失误。

1. 草原、农业部门的配合　与调查区域内的草原、农业部门取得联系，详细了解当地自然、地理、生产以及调查对象的有关资料，并应尽力争取当地草原、农业专业人员参加。

2. 生统人员的配合　调查一般耗费大量资金，搜集到的资料亦很多。为合理使用资料、充分利用调查结果，应就调查精确度及不同抽样方法的开支、资料的加工、统计分析处理、计算机的应用等问题，征求生物统计专业人员或熟悉生统人员的意见，使之进一步完善。

3. 调查人员的训练　训练调查人员掌握调查中需要的专业技能。如病害分级，应使调查人员熟悉使用分级标准，保证所有人员均可用同一标准对样品分级。调查人员还应掌握调查牧草在不同生长阶段、不同环境条件下的形态特征及植株各部分生长发育过程，以正确判别病害与正常的衰老。

4. 实验性调查　进行实验性调查，从而确定调查大纲，完善调查内容及方法，删除任何不需要的部分，将野外工作量降到最低限度，并准备好表格等。

（三）取样方法

取样包括：第一，在调查范围内所有的草地中，确定调查取样的地块，即取样地；第二，在取样地中确定若干采集样品的地点，即取样点；第三，在第一取样点上，采集统计测定用的牧草，即样本。

取样地、取样点的数目以及样本的大小，不但对调查精度有直接影响，而且与经费开支、工作量有密切联系，应统筹兼顾，合理安排。

1. 取样地　取样地用抽样的方法予以确定。抽样方法：

（1）随机取样。采用抽签法或随机数字法抽选地块，调查范围内任一地块被抽取不受主观因素的影响，每个地块被抽取的机会均等，因此，正确的误差估计成为可能。随机抽样又分为简单随机抽样、分层随机抽样、整群抽样、两级或多级抽样、双重抽样等。

（2）典型抽样。按调查目的从所有地块中有意识、有目的地选择有代表性的典型地块。要求所选取的地块能代表绝大多数，如果选择合适，可获得可靠结果。但由于其完全依赖调查者的经验和技能，不符合随机原理，无法估计抽样误差。

（3）顺序抽样。按某种预定的顺序抽取地块。目前调查中常用的对角线、棋盘式等均属此类。该法简便易行，有许多优点，而且可得出一个有代表性的平均数。但不是随机抽样，无法估计抽样误差。在实际应用中，可将顺序抽样与整群抽样或两级抽样相配合，既可计算出顺序抽样的抽样误差，同时，设计也比较简单。

关于每种抽样方法的详细介绍，可参考有关生物统计书籍。在病害调查中，应根据调查的目的，并从经济费用、精确程度、总体编号的难易以及实际运用等方面综合考虑，确定抽样方法。

2. 取样点　人工草地上取样点至少距地边 5～10 步。天然草原上，应避免牧道、畜圈及家畜饮水处。为使取样点有代表性，可按棋盘式、双对角线式、单对角线式、Z 形、W 形等取样。

取样点的数目根据调查的允许误差和置信水准，病害种类、性质和环境决定。允许误差越小，置信水准越高，所需样点的数目则越多。气流传播而分布均匀的病害如锈病，样点数目可少。土传病害如根腐病，时常呈斑块分布，样点数目应多。一个地块，至少要 4～5 个样点。地块越大，样点数目越需相应加大，结果方可靠。

田间发病率亦是影响取样方式的因素。对紫花苜蓿的褐斑病、匍柄霉叶斑病（*Stemphylium botryosum*）和霜霉病（*Peronospora aestivalis*）的研究发现，当发病率低于 20％或高于 80％时，以样方对角线法最为精确。即用四分法将大田分为 4 份，任取其中 1 份，设立面积为 4 000m² 的样方，在样方内沿 90m 对角线 10 点取样。当发病率介于 20％～80％时，以在整个田间按 W 形 10 点取样，效果较佳。至于如何确定发病率，可进行预备调查或先按大田 W 形开始，数 10 个样点后，若发病率不在 20％～80％之间，则改换样方对角线法（Basu，1977）。

3. 样本　常用的样本计算单位有：

面积单位：1/4m² 或 1m² 的样方。适用于调查草地中数种病害混合发生。

长度单位：以每几行或几行的一定长度为一个样本。适用于调查分布较为均匀的病害。

植物器官单位：根据病害的特点，以株、穗、枝、叶、花、果等为单位。如叶部病害以叶片为单位，茎斑病以茎秆为单位等。是采用最广的一个样本计算单位。

此外，当病发率高，病株密集，呈镶嵌状分布，用上述方法难以调查时，可采用草原调查中的样线法（南志标和员宝华，1994）。

样本大小应和取样地点数目同时考虑。通常穗部病害如禾本科牧草黑穗病，每点采集，统计 200～300 个穗或茎秆，或是 1m² 或是 1～2m 长。全株病害 100～200 株，叶片病害 20～50 片叶。叶片病害的取样比较复杂，有以下方法：①自田间随机摘取叶片若干，分别记载，求得平均数；②从植株的一定部位摘取叶片，以此叶片代表植株的整个发病情况；③摘取植株上每张成熟叶片，统计记载求得平均数。前一种方法省事省时，用得最多，但精确性不及后两种方法。

（四）病害的野外初步鉴定及标本的采集

进行牧草病害调查时，对病害应尽可能详细观察记载并努力进行初步鉴定。但病害最后的确切诊断必须有赖于实验室对病原物的详细鉴定。

1. 鉴定受害牧草（寄主）　明确受害牧草是首要条件。有些病害如黑粉病和锈病等，若不能确定寄主的属和种，便很难对病原物做出确切鉴定，特别是在天然草原及混播人工草地上，应仔细观察确定受害牧草仅一种还是几种，品种间有无差异。

2. 观察病害在草地中的分布特征　整个草地中，病害分布特征如何，均匀散布、斑块状分布，还是仅出现在低湿处、遮阴处，或靠近围栏、灌丛等处，斑块大而不规则还是小而圆，症状分布与使用除草剂、杀菌剂、化肥、灌溉等有无联系。

3. 观察病害症状　观察牧草植株的发病部位，病部外貌特征，病草凋萎、黄化、矮化、死亡还是仅产生病斑，可容易拔起还是固着坚固，根系及根茎是否腐烂或变色，叶或茎部病斑形状、颜色等。然后用手持放大镜对病部进一步观察，是否有病原真菌子实体、虫卵等。

4. 初步诊断　经过上述观察，便可将病害与虫害、非生物因素引致的病害，如缺素病或是除草剂等引致的伤害区别开来。一些具典型症状的常见病害，如锈病、黑粉病、白粉病、霜霉病、苜蓿褐斑病等便可初步判定。但有些病害，如猝倒、凋萎、根腐等，不鉴定病原物，很难确定。有时，虫伤的部位常常伴生腐生或弱寄生菌，给诊断带来困难。因此，便需采集标本送请有关专家鉴定。

5. 标本的采集　采集牧草病害标本与采集普通植物标本所需的工具基本相似，不必专门准备。通常需标本夹、标本纸、纸袋、塑料袋和采集铲等。病害诊断成功率的高低，很大程度上取决于标本的质量及采集记录的详尽程度（可参考表 11-1）。采集的标本应具有典型性，真菌病害标本经放大镜检查，有真菌孢子实体。现场不能确定寄主名称的，要采集包括根、茎、叶、花、果实在内的全株，以便鉴定。黑粉病和锈病标本，由于病原菌孢子极易散落，需用纸袋分装或用纸包好，以免混杂。叶、茎部的真菌病害标本，最好随采随压，以防皱缩，然后用制植物标本的方法干燥，要注意经常换纸。天气不好时可夹在吸水纸中用熨斗熨干，使其快速干燥，保持原有色泽。幼嫩多汁的标本，如花和幼苗等，可夹在脱脂棉中压制。水分过高者，可在 $30\sim40℃$ 下烘干。每种标本至少采集 5 份。

草坪草及其他牧草的根部病害或凋萎等系统性病害，最好连同土壤一起，挖取 $10cm\times10cm\times10cm$（长×宽×深）的草坪。亦可取直径与深各 10cm 的圆柱体，作为送检标本。豆科牧草为主时，深度以 20cm 为宜。挖取的样本不可浸水，并避免阳光照射及热源，用几层纸（禁用塑料布）包好，紧紧装入纸盒内，连同采集记录一起尽快送邮至鉴定处。干的叶、茎标本，可夹在硬纸板或薄木板之间，捆好送邮。邮寄标本时，经常发生损坏，须特别注意。

表 11-1 牧草病害标本采集记录

地点＿＿＿＿＿＿＿＿ 日期＿＿＿＿＿＿＿年＿＿＿月＿＿＿日
生境＿＿＿＿＿＿＿ 海拔＿＿＿＿＿＿＿

| 草地类别 | 天然 | 半人工 | 人工 | 草地年龄 |
| 草地利用状况 | 放牧 | 刈割 | 收种 | 兼用 |

寄主俗名＿＿＿＿＿＿＿＿＿＿＿ 寄主学名＿＿＿＿＿＿＿＿＿＿＿
生育阶段＿＿＿＿＿＿＿＿＿＿＿ 受害部位＿＿＿＿＿＿＿＿＿＿＿
症状描述＿＿＿＿＿＿＿＿＿＿＿＿＿＿＿＿＿＿＿＿＿＿＿＿＿＿＿
＿＿＿＿＿＿＿＿＿＿＿＿＿＿＿＿＿＿＿＿＿＿＿＿＿＿＿＿＿＿＿
分布特征＿＿＿＿＿＿＿＿＿＿＿＿＿＿＿＿＿＿＿＿＿＿＿＿＿＿＿
采集人＿＿＿＿＿＿＿＿＿＿＿ 采集号＿＿＿＿＿＿＿＿＿＿＿
病害名称＿＿＿＿＿＿＿＿＿＿＿＿＿＿＿＿＿＿＿＿＿＿＿＿＿＿＿
病原菌＿＿＿＿＿＿＿＿＿＿＿＿＿＿＿＿＿＿＿＿＿＿＿＿＿＿＿＿
鉴定人＿＿＿＿＿＿＿＿＿＿＿ 标本号＿＿＿＿＿＿＿＿＿＿＿
附注＿＿＿＿＿＿＿＿＿＿＿＿＿＿＿＿＿＿＿＿＿＿＿＿＿＿＿＿＿

二、病害的测定与统计

病害的测定与统计是获得病害发展数量化资料的过程，它在任何病害调查与评定中都是最重要的部分。病害的测定与统计在杀菌剂的筛选，植物品种比较，防治措施可行性评价及抗病育种等工作中亦有十分重要的作用，并可为流行病学等理论研究提供大量素材。因此，在病害调查与评定或其他研究开始前，应确定评定方法，明确统计项目，并使之标准化。

（一）病害测定的方法

病害测定的方法，必须满足两个基本条件，第一，不同的调查者应用此法评定样品，可得到一致的结果并符合实际情况。第二，应用简单，迅速。进行大范围的病害调查与评定时，后者尤为重要。病害测定方法一般分为直接测定法和间接测定法。

1. 直接测定法 即直接测定植株上的病害。日常广为采用的发病率、严重度、反应型等均属此类。

2. 间接测定法 即测定病株上的病原菌群体数量，以数量的差异表示病害的不同水平。如黑麦草（*Lolium perenne*）冠锈病（*Puccinia coronata*）和鸭茅（*Dactylis glomerata*）秆锈病（*P. graminis*），可用孢子计数法测定牧草上锈菌孢子的数量，以每克干草含有孢子数量表示。与直接法比，间接法耗时、费力，与病害的相关性亦不如直接法。当发病率较低，病害分布不均匀时，上述缺点更为明显。因此，该法不及直接法应用普遍，本节主要介绍直接法。

（二）主要测定统计项目

1. 发病率 又称普遍率，是衡量病害发生普遍性和一致性的指标，定义为染病植株或器官数占调查植株或器官总数的百分比。

$$发病率 = \frac{病株或病器官数}{调查总株数或总器官数} \times 100\%$$

2. 严重度　又称严重率，是衡量植株受害程度的指标，定义为病株器官（如叶片、茎秆、果实等）受病害侵染的面积占器官总面积的百分比。

$$严重度 = \frac{器官染病面积}{器官总面积} \times 100$$

某些病害发生早期，发病率与严重度同时增长，病害的发展可用发病率表示。但当所有植株均被侵染，发病率100％时，病害的发展便仅能用严重度表示，实际应用中，多将严重度划分为若干级别，以进一步区分植株的受害。

3. 反应型　又称感染型。是衡量植物染病后，产生症状反应的指标，定义为寄主植物对病原物侵染所表现的反应类型。多以寄主染病后产生的病斑类型而划分为若干级别，是抗病育种工作中常用的指标之一。

4. 病情指数　又称感染指数，是将发病率与严重度两者结合在一起，用一个数值衡量发病程度的指标，定义为根据一定数目的植株（或器官），按各病级核计发病株（器官）数，所得的表示平均发病程度的数值。

$$病情指数 = \frac{\sum 病害级数 \times 该级株（器官）数}{株（器官）数总和 \times 发病最重级的代表数值} \times 100$$

如将苜蓿褐斑病的严重度分为0，1，2，3，4，5等6个级别。自草地上共采得200片叶片，各级叶片数分别为22，33，46，37，39，23。

$$病情指数 = \frac{0 \times 22 + 1 \times 33 + 2 \times 46 + 3 \times 37 + 4 \times 49 + 5 \times 23}{200 \times 5} \times 100$$
$$= 50.7$$

100代表发病最重，0表示所有个体均无病，利于分析调查与实验结果，在实际工作中广为应用。但其关键是分级标准和确定各级的代表数值。常常发生的情况是缺乏统一标准，所得指数不能代表真正的发病程度，且难以相互比较。此外，由于病情指数含有发病率和严重度两方面的因素，有时看不出是发病率不同还是严重度不同。例如，可以有两种情况，一是发病个体少，但发病重；另一种发病率高，但发病轻，二者的病情指数可能相同，但病害发生情况显然不同。因此，对此法要恰当使用。

（三）病害分级方法

进行病害分级的方法有两种，文字描述法与标准图解法。

1. 文字描述法　用文字描述植株的不同病害程度，按照一定的标准，将每一个描述类别分别归入数字、指数、级别或百分率范畴。牧草病理学研究中应用文字描述法进行病害分级者相当普遍，详见本节第五部分。

2. 标准面积图示法　用图或照片表示植株的不同受害程度，可一目了然地评定病害的不同为害。由于该法评定简单、明确，目前采用日多。在田间随机采集一定数目的叶片，与标准对比，便可决定各个叶片的严重度，然后求得平均数、标准误等，除叶片外，果实、根系、茎秆等均可制定分级标准。

（四）制作分级标准的方法

制作分级标准，应尽量与自然发病情况相似。首先自田间采集发病轻重不同的标本，选出每一级的典型代表，然后测定叶斑及叶片（或茎斑与茎秆等）的面积，制成分级标准，测定面积常用以下方法。

1. 坐标纸法　用透明坐标纸，覆盖在选定的标准叶片上，描下整个叶片及病斑的轮廓。根据所占方格，计算叶片及病斑的面积，求得百分率。此法一般可获得相当准确的结果，且不需任何专门仪器，适合基层单位使用。缺点是费时较多。

2. 纸卡法　取质量较好，厚薄均匀的卡片，计算面积并称重，求得单位面积重量。然后在纸卡上分别描出叶片和病斑，剪下分别称重，从而求得各自的面积。此法具有坐标纸法的长处，但较其省时。关键是要有质量均一的纸卡。

3. 求积仪法　以求积仪法分别测定叶片及病斑的面积，较上述两法迅速的多。缺点是测定很小的病斑时，误差较大，若用光电求积仪，则可弥补这一缺陷。

4. 计算机法　以 IBM 鼓形扫描器测定叶片及病斑面积是一种理想方法，其精度达 15 万分之一毫米。10min 便可扫描 60cm×90cm 的范围，并给出面积，快速准确。

（五）牧草常见病害分级标准

1. 禾草白粉病（*Erysiphe graminins*）　见图 11-1。
2. 黑麦草冠锈病（*Puccinia coronata*）　见图 11-2。

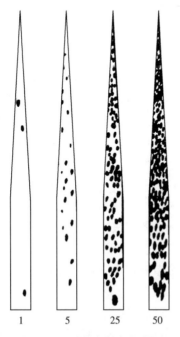 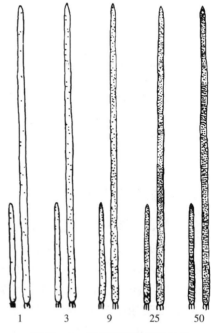

图 11-1　禾草白粉病的分级　　　　　图 11-2　黑麦草冠锈病的分级

（James，1971）　　　　　　　　　　（Latch，1970）

注：图中数字为病斑覆盖叶（或茎秆）面积的百分率，以下同。

3. 禾草秆锈病 （*P. graminis*）　见图 11 - 3。

4. 禾草叶锈病 （*P. recondite*）　见图 11 - 4。

5. 禾草德斯霉叶斑病 （*Drechslrera* spp.）　见图 11 - 5。

6. 禾草云纹病 （*Rhynchosporium secalis*）　见图 11 - 6。

7. 禾草壳针孢斑枯病 （*Septoria* spp.）　见图 11 - 7。

8. 禾草全蚀病 （*Gaeumannomyces graminis*）　以变黑根占根总面积的百分比划分。

0：无病；

1：变黑根≤根总面积的 5%；

2：变黑根占根总面积的 6%～10%；

3：变黑根占根总面积的 11%～25%；

4：变黑根占根总面积的 26%～40%；

5：变黑根占根总面积的 41%～65%；

6：变黑根占根总面积的 66%～100%。

［此为郝祥之等（1982）提出的小麦全蚀病分级标准，仅供参考。］

9. 苏丹草丝黑穗病 （*Sphacelotheca reiliana*）

I. 免疫：无病株；

R. 抗病：病株 1%～10%；

S. 感病：病株 10% 以上（俞大绂，1979）。

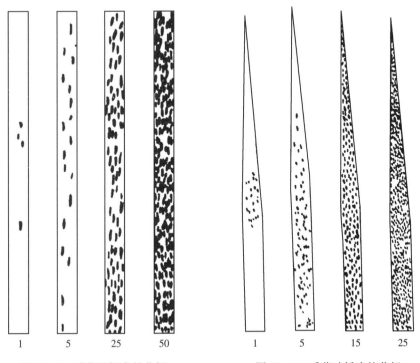

图 11 - 3　禾草秆锈病的分析　　　　图 11 - 4　禾草叶锈病的分级

（James，1971）　　　　　　　　（James，1971）

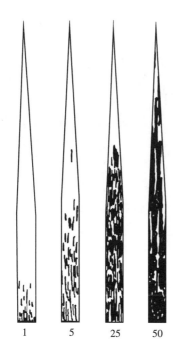

图 11-5 禾草德斯霉叶斑病的分级

(James，1971)

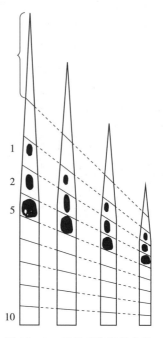

图 11-6 禾草云纹病的分级

(James，1971)

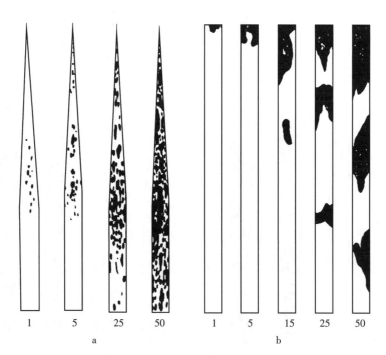

图 11-7 禾草壳针孢斑枯病的分级

a. 叶片分级 b. 茎秆分析

(James，1971)

10. 燕麦冠锈病（*P. coronata*）

严重度：

0：健康；

1：孢子堆占叶面积的 5%；

2：孢子堆占叶面积的 10%；

3：孢子堆占叶面积的 25%；

4：孢子堆占叶面积的 40%；

5：孢子堆占叶面积的 65%；

6：孢子堆占叶面积的 100%；

病害反应型：

0：坏死或黄化，病部无孢子堆；

1：坏死或黄化，病部内有小的夏孢子堆；

2：坏死或黄化，病部内大多数有小到中型的夏孢子堆；

3：黄化病部环绕有大量中型的夏孢子堆，无坏死；

4：无坏死或黄化，夏孢子堆大，数目多（转引自俞大绂，1979）。

11. 苜蓿细菌性凋萎病（*Corynebacterium insidiosum*）

0：主根横切面白色，无症状表现；

1：中柱有明显的黄褐色小斑点；

2：中柱 1/3 被侵染，变为黄褐色；

3：中柱几乎整个变色，但皮层相对白色；

4：中柱完全变色，但植株仍存活；

5：主根严重腐烂，植株死亡（Frosheiser 和 Barnes，1984）。

12. 苜蓿霜霉病（*Peronospora aestivalis*）

1：无症状；

2：仅在 1～2 片叶片上出现小型无孢子囊的病斑；

3：10%～25% 的叶片产生具孢子囊的病斑；

4：整个植株普遍染病（Barneas，1984）。

亦可作为三叶草（*Trifolium* spp.）、红豆草、草木樨、箭筈豌豆（*Vicia* spp.）等牧草霜霉病分级标准。

13. 苜蓿白粉病（*Erysiphe pisi*）

0：无症状表现；

1：菌层覆盖叶面积 <25%；

2：菌层占叶面积 25%～75%；

3：菌层占叶面积 75%～100%（南志标，1988）。

亦可作为三叶草、红豆草、草木樨、沙打旺等牧草白粉病分级。

14. 苜蓿锈病（*Uromyces striatus*）　以孢子堆覆盖叶面积的百分比划分。

0：无症状表现；

1：孢子堆覆盖叶面积 <5%；

2：孢子堆面积占 5%～15%；

3：孢子堆面积占 16%～25%；

4：孢子堆面积占 26%～50%（南志标，1990）。

此标准亦可用于箭筈豌豆锈病（*U. orobi*），红豆草锈病（*U. onobrychidis*），草木樨锈病（*U. baeumlerianus*）等。

反应型分为：

1：无症状表现；

2：叶片褪绿斑为主，并有少量未开裂的疱斑；

3：未开裂的疱斑为主，并有少量褪绿斑及开裂的疱斑；

4：许多表皮开裂的小型疱斑；

5：许多中到大型表皮开裂的疱斑。

其中 1，2 级抗病，5 级感病。（McMurtrey 和 Elgin Jr.，1984）。

15. 苜蓿褐斑病 见图 11-8。

16. 苜蓿黄斑病（*Leptotrochila medicaginis*） 见图 11-9。

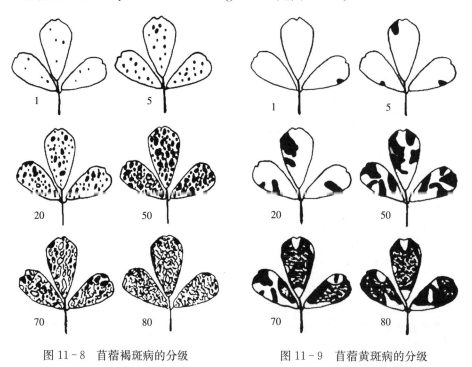

图 11-8 苜蓿褐斑病的分级
(James，1971)

图 11-9 苜蓿黄斑病的分级
(James，1971)

17. 苜蓿轮纹病（*Phoma medicaginis*） 见图 11-10。

18. 苜蓿根茎腐烂病 适用于假单胞杆菌（*Pseudomonas marginalis var. alfalfae*）、镰刀菌（*Fusarium* spp.）等引致的苜蓿根茎腐烂病，亦可作为制定三叶草、红豆草、草木樨、沙打旺等牧草根茎腐烂病分级标准的参考。

19. 三叶草匍柄霉叶斑病（*S. botryosum*，*S. sarcinaeforme*） 见图 11-12。

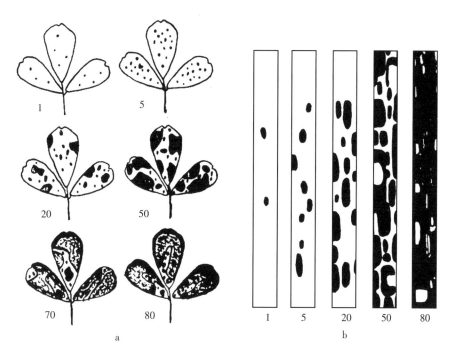

图 11 - 10　苜蓿轮纹病的分级

a. 叶片分级　b. 茎秆分级

(James, 1971)

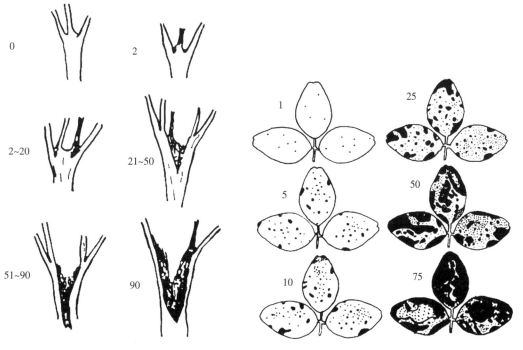

图 11 - 11　苜蓿根茎腐烂的分级

(Turner 和 van Alfen, 1983)

图 11 - 12　三叶草匍柄霉叶斑病的分级

(James, 1971)

20. 苜蓿匍柄霉叶斑病（*Stemphylium botryosum*）

0：无症状表现；

1：病斑占叶面积 5% 以下；

2：病斑面积为叶面积的 6%～20%；

3：病斑面积为叶面积的 21%～50%；

4：病斑面积为叶面积的 50% 以上。

此标准亦可用于红豆草匍柄霉叶斑病（*S. sarcinaeforme*）。

21. 苜蓿炭疽病（*Collectotrichum trifolii*） 反应型分级：

1：无病斑或仅有小型水浸状斑点；

2：病斑狭长形，无或有少数分生孢子盘，但无成熟孢子；

3：病斑长、宽，无环剥，通常具分生孢子盘；

4：病斑大型，相互汇合，含大量分生孢子盘，茎秆最终环剥，死亡；

5：死亡（Ostazeski 和 Elgin，1984）。

22. 苜蓿黄萎病（*Verticillium albo-atrum*）

0：无症状；

1：植株仅下部数个叶片出现症状；

2：植株 1/4 的叶片出现症状；

3：植株 1/2 的叶片出现症状；

4：植株 3/4 的叶片出现症状；

5：植株叶片全部死亡（Flood 和 Isaac，1978）。

23. 苜蓿疫霉根腐病（*Phytophthora megasperma*）

1：根部整洁无病斑，主根上有许多侧根；

2：主根出现小的（2mm）表面病斑，侧根少，病斑多产生在长侧根的部位；

3：主根出现 1 个或数个大病斑，无环剥，1 或数个较大侧根的根尖腐烂；

4：主根出现大量病斑，根颈以下一般腐烂 10cm 以上；

5：主根几乎完全腐烂，但植株仍存活；

6：植株死亡（Frosheiser oxysporum，1984b）。

24. 苜蓿镰刀菌凋萎病（*Fusarium oxysporum*） 主根横切面：

0：无变色；

1：中柱出现黑色小点或细丝；

2：小型，深褐色的环带；

3：大型，深褐色坏死，环带，中柱外层出现部分深褐色环带；

4：中柱整个外层褐变，植株仍存活；

5：植株死亡（Frosheiser 和 Barnes，1984）。

25. 红豆草镰刀菌根和根颈腐烂病（*Fusarium solani*）

1：根及根颈无变色出现；

2：变色部位<1cm；

3：变色部位>1cm；

4：维管束系统广泛坏死；

5：植株死亡（Auld 等，1977）。

26. 三叶草锈病（*U. Trifolii*）　反应型：

0：免疫，无夏孢子堆；

1：过敏性小点，无夏孢子堆；

2：高度抗病，夏孢子堆少，直径约 0.1～0.2mm；

3：中度抗病，夏孢子堆小到中型，直径约 0.3mm；

4：中度感病，夏孢子堆中型，直径约 0.4～0.5mm；

5：高度感病，夏孢子堆大，直径大或等于 0.6mm（转引自俞大绂，1979）。

27. 红三叶草根腐病（*Fusarium* spp，*Clyindrocladium scoparium*，*Trichocladium basicola*，*Verticillium dahliae*）　根颈腐烂分级：

0：无腐烂，内部组织奶油色；

1：腐烂部分≤4mm²；

2：腐烂部分＞4mm²，但无洞腔；

3：内部有洞腔，但外皮层完好；

4：洞腔与外皮层破裂；

5：洞腔扩展至根的中柱。

中柱褐变分级：

0：白色；

1：中柱外层有微量褐色；

2：仅中株外层变褐；

3：整个中柱变褐；

4：整个中柱深褐色。

根腐分级：

0：根白色，无病斑；

1：小型褐色病斑；

2：较小的侧根腐烂和/或主根和大型侧根上的病斑长度＞1mm；

3：主根和大侧根局部腐烂至中柱；

4：整个主根和大侧根大面积深度腐烂；

5：主要根系死亡，仅少量毛根存活（Skipp 和 Christensen，1990）。

三、评定病害损失的试验方法

病害损失估计的研究在病害调查与防治措施评价间起着承前启后的作用，将二者紧密联系，共为牧草病害防治中的重要内容，其间的相互关系可用图 11－13 表示。目前的研究，比较集中于植物收获前的损失估计，关于收获后的类似研究则不很多。因此，本节着重介绍收获前损失估计的方法。

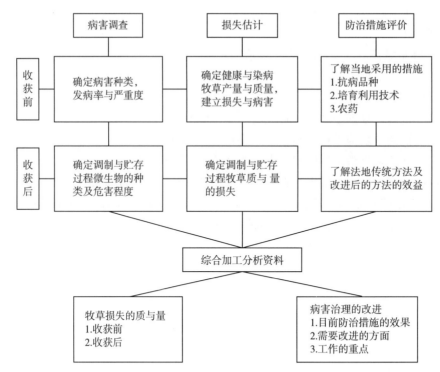

图 11-13 病害损失估计与牧草病害调查和防治措施评价的有机联系

（一）病害损失估计的方法

1. 统计法 根据以往不同年份的病情（发病率、病情指数等）和产量资料，加以统计分析，以估测出当年病害引致的损失。俞大绂（1979）建议，分析时，当年产量应和至少 10 年的平均产量相比较。此法准确性差，应用不多。特别是在草原地区，很难有连续多年的病害与产量资料可供利用。

2. 经验公式法 根据实验结果及长期观察，积累了某种器官的染病程度与产量损失的关系，并拟定出经验公式用以估测损失。如 Housfass（1930）（转引自 Basu 等 1978）提出用叶片侵染率×0.25 估测匍柄霉叶斑病（*Stemphylium saricinii forme*）引致的红三叶草（*Trifolium pratense*）的产量损失。Basu 等（1978）拟定出以落叶率×0.5 估测褐斑病引致的紫花苜蓿产量的损失。此类方法简单方便，适于生产单位使用。但误差较大，不宜用作精度要求较高的研究。

3. 比较法 在田间分别选取健康和感病程度不同的植株，测定比较。要求样本较大，叶片在 200 片以上，样方至少不小于 $1/4m^2$。刘若（1974）曾用比较法测定了白粉病（*Erysiphe graminis*）对早熟禾（*Poa* spp.）产量的影响，南志标（1986，1990）也多次采用此法。由于采用以田间自然发病的植株为供试材料，所得结果有接近生产实际的特点。但仅限于牧草无他种病害交叉感染时使用。

4. 单株分蘖法 此法系 Richardson 等（1975）首创。其具体做法是自田间选择无病与自然发病程度不同的单个茎秆做以标记，收获时每个茎秆作为一个处理单位，单收单打，并作为一个独立重复，参与资料的分析处理，从而求出病害与产量损失的关系。该法的长处是节省劳力及土地。但缺点是不能决定由于病害造成的单位面积上分蘖减少引致的产量损失。自该法问世以来，已获得不少学者的支持，将其用于禾谷作物叶部病害的研究（King，1976；Richardson，1976；Hampton，1980）。但能否代替小区法，目前似有不同意见（Teng 和 Gaunty 1980；James，1983）。

5. 综合分析法 1976年，Pinstrup-Andersen 等人首次提出。系根据对影响产量的病害及其他重要因素的综合分析，确定每种因素各自对产量的影响及由此造成的经济损失。此法是植保学家及农经学家共同创造的一种分析方法，实行步骤如下：

（1）收集资料。选择有代表性的一组农场或村庄，通过定期测定及访问收集一切与产量有关的因素，包括病、虫、草害，土壤状况，耕作制度，降水及灌溉、肥料、种子、农药，劳力及其他投入等。从中确定若干重要因素。

（2）估测产量损失。建立产量与影响产量重要因素的多元回归方程式，计算每单一因素对产量造成的损失及受损失的面积。

（3）估测经济损失。根据市场价格，估算经济损失及克服限制因素后的收益。

此法适用于评定一种以上的病害或其他因素所造成的损失，可估计不同有害因素的相对重要性及其在整个生产系统中的相互关系。但需要对调查地区有透彻的了解，确定主要的限制因素是关键。此外，用此法建立的每种因素与产量的因果关系有一定的局限性。

6. 小区试验法 此为进行病害损失估计最主要的经典方法。其作法是人工接种一些试验小区，使之程度不同地发病，然后与健康小区的产量对比，或是以农药保护一些小区，使之不发病，以其产量与自然发病小区相比，求出损失率，并以数学模型的形式将产量与损失间的关系特征化。在进行大范围损失估计时一般分两步进行：

（1）建立实验网，凡是大量栽培该植物的地点，均建立实验点，使用当时的品种，按当地生产管理水平试验。试验期至少3年，测定病害发病流行特征，建立损失估计模型。

（2）在大范围内调查病害发病率和严重度，并用实验阶段建立的模型确定在质量和产量方面的损失。

因此，小区试验法是大范围内病害损失估计的基础。在本章三之（二）中将详细介绍该法的实施。

7. 微小区试验法 此法系在田间用水泥或瓦管建立与四周隔离，面积为几十平方厘米至几平方米的试验小区，将小区内土壤彻底消毒，而后分别接种不同的病原物。此法尤其适于研究土传病害与虫害的关系（Francl 等，1987）和在相同条件下比较不同病害的危害程度（Nan 等，1991）。由于在田间条件下进行，试验结果更为接近实际。但缺点是建微小区费时费力，且耗资较大。

8. 温室或植物生长箱试验法 此法系在温室或植物生长箱内进行病害损失估计研究，尤其适于确定在植物生长不同阶段，1种或1种以上病害对产量的影响。植物可根据实验要求在特定时期接种，并可在接种后某个时期，将植株移入无病室，用杀菌剂治疗，中止病害的发展。该法亦适用于研究由介体传播病毒引致的病害损失，可很好地防止其他带毒或不带毒介体的干扰。其缺点是所需设备昂贵，而且所得结果不及小区和微小区试验接近生产实际水平。

（二）小区试验法的实验设计

采用小区试验法，常用对比试验和多重处理试验。无论哪种试验，至少应有 1 个处理使植物保持健康无病，其余 1 个或 1 个以上处理保持不同病害水平，以建立产量损失与病害的联系。

1. 对比试验（或称配对试验） 为广泛采用的方法。其基本做法是每个重复两个小区，其中一个健康，另一个染病。试验小区随机排列。最后比较健康和染病小区的产量，用 T 测验判断其差异是否显著。由于该法实行简单，因此可在一个大的地区内，利用当地农民的土地，在农民的参与下多点进行，克服因土壤类型、农业措施等产生的差异，取得较为精确的结果。但此法也有其不可克服的局限性，即仅能测定一种病害在一定的地点和时间对植物造成的损失，而不能反映病害和产量间的消长关系及 1 种以上病害的作用。

2. 多重处理试验 整个试验包括若干处理，每一个处理又分为若干水平，因此每一重复便需要 2 个以上的小区。其可涉及不同病害、植株不同密度、不同杀菌剂与不同气候条件及其他因素的结合等。实施起来较为复杂。如处理组合不多，且各因素同等重要，小区可按随机区组设计。处理组合多，而又有特殊要求时，往往采用裂区设计。采用适宜的选择性杀菌剂，控制一种病害而不影响另一病害，是研究 2 种或 2 种以上病害对同一植物影响时的常用做法。试验中人为地产生不同的病害水平是关键问题，本节第三部分将对此专题介绍。试验资料的处理，亦比配对处理试验复杂，多采用回归及相关分析，建立病害与损失的关系。

3. 小区面积、重复及干扰的排除 小区面积及重复次数取决于实验的精度要求及所研究病害的特点。一般情况下，试验结果有 $10\%\sim15\%$ 的误差是允许的。小区面积多为 $10\sim20\text{m}^2$，但因病而异。有结果表明，研究秆锈病（*Puccinia graminis*）的小区面积不应少于 93.4m^2。亦有人认为，小区面积应为 $2\,000\sim3\,000\text{m}^2$。总的原则是，小区面积大小应以不限制病害发展为宜。

重复次数至少 4 次，以 $5\sim6$ 次为好。

研究气传病害时，为排除病原菌在小区间的相互干扰，应在小区间设置 $3\sim5\text{m}$ 缓冲隔离带。种植比供试植物高大、稠密的其他种保护植物，以阻碍小区间孢子的传播。有的试验，为确保试验的准确，隔离带宽达 $100\sim300\text{m}$（Burleigh，1980）。小区内每侧的 $1\sim2$ 行作为保护行，只统计测定小区中间部分的植株。

（三）产生不同病害流行程度的方法

理想的办法是以自然感病的植株为研究对象。但实际上自然侵染形成不同病害水平的成功率非常低，因此借助人为措施产生不同的病害程度便成为十分普遍的做法。无论采取何种措施，都要求将与病害无关，但可导致植物产量增加或减少的作用降到最低限度，以减少实验误差。

1. 植株和种子接种 气传病害，如锈病等，可对植株接种不同浓度的病原物而达到预期目的。操作时，最好避免对小区直接接种，而代之以对小区周围的植株接种，使病害"自然"地侵入试验小区。

种传病害，如黑穗病等，可直接对种子接种病原物。如 Falloon（1976）曾采用此法对扁穗雀麦（*Bromus catharticus*）的种子接种不同量的雀麦黑粉菌（*Ustilago bullata*），获得发病程度不同的植株。

2. 土壤接种和轮作　在同一试验内，不同的小区产生不同的土传病害水平，常比气传病害要困难得多。较容易的做法是对土壤接种，但由于土壤中其他微生物的作用，此种方式并不总是导致病害侵染率的增加。一个替代的办法，是有意识地用不同的轮作体系来建立土壤中不同病原物的水平，但这往往颇费时间。简捷而可用的方法是在大范围内，保证其他条件一致的前提下，选择因以往的轮作差异而形成的病原物含量不同的地块做试验小区。微小区法是另一种值得采用的方法。

3. 使用杀菌剂　改变使用杀菌剂的剂量或时间而获得不同的病害水平，是广泛采用的方法之一，适用于多种病害。一般而言，专化内吸杀菌剂比保护性杀菌剂更为适宜。如果同时采用 1 种以上的专化性内吸杀菌剂，便可同时研究同一植物 1 种以上的病害。但该法的缺点是，有的杀菌剂中含有诸如铜或锰之类的微量元素，对植物产生抑制或促进作用，影响实验精度。

杀菌剂和接种病原物亦可同时作用。Lancashire 和 Latch（1966；1969）曾用此法，用杀菌剂保护一些小区，作为健康处理。对自然发病的小区辅以人工接种，创造理想的发病水平，成功地测定了秆锈病对鸭茅和冠锈病对多年生黑麦草产量及生长的影响。

4. 使用等基因系或品种　使用除感病性不同，其余性状均相同是的等基因系便可获得不同的病害水平，气传、土传病害均适用。最理想的办法是将抗病和感病的等基因系与杀菌剂结合使用。使用杀菌剂在感病的等基因系上产生不同的病害水平。然后通过在抗病的等基因系上喷与不喷杀菌剂测定其对植物的副作用，显著提高实验的精度。在无等基因系供利用时，可选用一组感病性不同，但产量在无病条件下基本相似的品种进行同类试验。精度虽不及等基因系，但亦可用。Burton 和 Wells（1981）曾用近等基因系群体研究了 3 种叶病对御谷（*Pennistum americamnum*）牧草产量的影响。

5. 模拟　在植物生长的不同阶段，按一定比例移去植株的全株或部分器官，以模拟病害对整个试验小区产量的影响及不同发病时期造成的损失。此法适于在短期内造成植株全株或部分器官死亡的病害。

四、病害损失估计模型

自实验与调查中获得的资料可简单地分为两类：病害资料（自变量）和与病害相应的牧草产量或品质的资料（因变量）。黑穗病或某些种子病害的发病率大体相当于种子减产率。但对大多数病害，则需建立病害损失估计模型，以表示病害与损失的关系，并用来预测病害在大范围内引致的损失。大多数损失估计模型均为经验模型，主要是回归模型，用于牧草病害的常见模型有关键期模型、多期模型和曲线下面积模型等种类。

（一）关键期模型（Critical Point Model，简称 CPM）

关键期模型更准确的名称应是单点模型。它是在病害对损失影响最大的时期，即关键期根据对病害及产量的一次测定所建立的数学模型，模型通式为 $y=f(x)$，其中 y 为产量或产量损失率，x 为关键时期或阶段病害的严重度。如 Large 和 Doling（1962）建立的燕麦（*Avena sativa*）白粉病产量损失估计模型：

$$y=2.5x^{\frac{1}{2}} \tag{1}$$

式中：y——产量损失率（%）；

$\qquad x$——白粉病的严重度。

Bissonnette 等（1994）建立的燕麦冠锈病（*Puccinia f. Sp. Avenae*）产量损失估计模型：

$$y=4\ 019.0-56.7x \tag{2}$$

式中：y——燕麦产量（kg/hm²）；

$\qquad x$——冠锈病的严重度；

$\quad$ 56.7——损失系数。

即冠锈病严重度每增加百分之一，燕麦产量将损失 56.7kg/hm²。以及井泽弘一（1982a；b），南志标（1985；1988）等分别建立的牧草营养成分含量及消化率损失估计模型等。

关键期模型主要用来表示在特定的时期，或牧草特定的生育阶段，牧草产量、营养成分含量或饲用价值等损失的程度。具有建立模型所需输入的资料相对较少，计算过程比较简单等特点，是植物病理学中应用最广，最主要的一种数学模型。但其不足之处是主要适用于植物生长阶段后期流行且发病率相当稳定的病害，即关键期明显的病害。就植物而言，其适且产量在生长季后期，短时期内迅速积累的植物，如禾谷类。同时，关键期模型不能反映病害的发展特征。某些模型具有相当大的地方局限性。

（二）多期模型（Multiplepoint Model，简称 MPM）

根据在植物生长季节内对病害及产量进行多次测定获得的资料建立的数学模型，通式是 $y=f(x_1,\ \cdots\cdots,\ x_n)$，$y$ 为产量或产量损失率，x 为不同时期的病害严重度。多元回归分析是建立多期模型的主要方法。

James 等（1972）根据马铃薯开始发病后连续 9 周对晚疫病（*Phytopthora infestans*）流行情况的测定，建立了晚疫病与马铃薯产量的回归方程式：

$$y=b_1x_1+b_2x_2+\cdots\cdots+b_9x_9 \tag{3}$$

式中：y——产量损失率（%）；

$x_1,\ x_2,\ \cdots\cdots,\ x_9$——第一，第二，……，第九周时病率的增长率（%）；

$b_1,\ b_1,\ \cdots\cdots,\ b_9$——分别为相应的偏回归系数。

将每周发病率增长率（x）乘以相应的系数 b，便是每周的产量损失率（y），每周的测定计算结果可看作一个关键期模型。9 周的总和便是总的损失率，病害流行过程及其对产量的损失一目了然。

多期模型由于对同一病害在不同时期测定多次，因此，它不受关键期模型限制因素的影响。可用于发病率高度变化，病害进展曲线明显不同，且在整个生长季内均流行的病害。就植物而言，其适用于产量积累过程相当长的植物。因此，更适于牧草病害的研究。

与关键期模型相比，多期模型对病害损失反映更为精确。如 Burleigh 等（1972）对小麦叶锈病进行一次测定时，对产量损失仅反映出 64％，而测定增加到 3 次，建立的模型产量损失程度可反映出 79％。

但建立多期模型需要较多的实验数据，相应人力、物力需要量较大，计算过程亦较为复杂，因此不如关键期模型应用普遍。

（三）曲线下面积模型（Area under the disease progress curue Model，简称 AUDPCM）

亦有人称此类模型为流行曲线下面积模型，它是以病害流行曲线下的面积为自变量，与产量或产量损失率建立的模型。通式为：

$$Y = f(x) \qquad (4)$$

式中：y——产量或产量损失率（％）；

x——病害流行曲线下的面积（AUDPC）（cm^2）。

分析资料时，首先建立反映不同时期病害严重度的进展曲线，按测定时期将病害曲线分割为宽度一致，高度不同的近似梯形，以时间（2 次测定的间隔的天数）和在此时期内的病害严重度为参数，计算病害曲线下所有近似梯形的面积，逐一相加，求得曲线下的总面积，最后进行面积与产量或产量损失率的相关及回归分析，建立数学模型。Schneider 等人（1976）建立了豇豆（*Vigna unguiculata*）尾孢叶斑病（*Cercospora cruenta* 和 *C. canescens*）的产量损失估计模型。

$$y=14.95+0.43x \qquad (5)$$

式中：y——产量损失率（％）；

x——病害曲线下的面积（cm^2）。

经验证，与实际产量损失颇为一致。Chakraborty 等（1991）以 AUDPC 为指标，测定了炭疽病（*Colletotrichum gloeosporioides*）在混播与单播的柱花草（*Stylosanthes scabra*）群落中的流行。

AUDPC 模型的特点介于关键期模型与多期模型之间。它与多期模型均需对病害及产量测定多次。结果较精确，并且可区别在关键期病害严重度相同但病害进展曲线下面积不同的两种病害，是其较关键期模型的先进之处。但它不具备多期模型反映不同时期病害侵染对产量影响的功能，适用范围与关键期模型相似。

其他更为复杂的病害损失估计模型还有多因子模型（Pinstrup-Andersen，1976）和系统模型等（曾士迈和杨演，1986）。

实际应用中，建立不同的模型需要投入的时间、费用、人力等相当不同。因此，必须根据研究目的及精确度要求，确定需建何种模型，以用最小的代价获取最有价值的结果。

参 考 文 献

刘若，1974. 早熟禾白粉病的初步调查 [J]. 甘肃农业大学学报，1：69-71.

庄剑云，1994. 菌物的种类多样 [J]. 生物多样性，2（2）：108-112.

郝祥之，等，1982. 小麦全蚀病及其防治 [J]. 上海科技出版社.

南志标，1985. 锈病对紫花苜蓿营养成分的影响 [J]. 中国草原与牧草，2 (3)：33-36.

南志标，1986. 混播治理牧草病害的研究 [J]. 中国草原与牧草，3 (5)：40-45.

南志标，1988. 蓼白粉菌对草木樨营养成分的影响的测定 [J]. 甘肃畜牧兽医，1：1-2.

南志标，1990. 锈菌对豆科牧草生长和营养成分的影响 [J]. 草业学报，1 (1)：83-87.

南志标，员宝华，1994. 新疆阿勒泰地区苜蓿病害 [J]. 草业科学，11 (4)：14-18.

南志标，李春杰，1994. 中国牧草真菌病害名录 [J]. 草业科学，增刊1-160.

俞大绂，1979. 植物病理学和真菌学技术汇编 [M]. 人民教育出版社，(2)：p543-680.

曾士迈，杨演，1986. 植物病害流行学 [M]. 北京：农业出版社，197-205.

Auld D. L. et. al., 1977. Screening sainfoin for resistance to root and crown rot caused by Fusarium solani (Mart.) [J]. Appel and Wr, Crop Sci., 17, 69-73.

Barnes D. K., 1984. Downy mildew, field resistance [M]. In USDA: Standard tests to characterize pest resistance in alfalfa cultivars., 24.

Basu P. K. et. al., 1977. Comparison of sampling methods for surveying alfalfa foliage disease [J]. Can J. Plant Sci., 57: 1091-1095.

Basu P. k. et. al., 1978. A comparison of two methods for estimating common leaf spot severity and yield loss of alfalfa [J]. Plant Dis. Reptr. 62: 1002-1005.

Bissonnette S. M., D'Arcy C. J., Pederson W. L., 1994. Yield loss in two spring oat cultivars due to Puccinia coronata f. sp. avenae in the presence or absence of barley yellow dwarf virus [J]. Phytopathology., 84: 363-371.

Burleigh J. R. et. al., 1972. Estimating damage to wheat caused by Puccinia recondite tritici [J]. Phytopathology., 62: 944-946.

Burleigh J. R., 1980. Experimental designs for quantifying disease effect on crop yield [J]. Crop Loss Assessment., 50-62.

Burton G. N., Wells H. D., 1981. Use of near-isogenic host populations to estimate the effect of three foliage diseases on pearl millet forage yield [J]. Phytopathology., 71: 331-333.

Chakraborty S., Pettitt A. N., Cameron D. F., Irwin J. A. G., Davis R. D., 1991. Anthracnose development in pure and mixed stands of the pasture legume Stylosanthes scabra [J]. Phytopathology, 81: 788-793.

Chiarppa L., 1971. Crop loss assessment methods [J]. Commonwealth Agricultural Bureaux, Farnham Royal, UK.

Chiarappa L., 1981. Crop Loss assessment methodssupplement 3 [J]. Commonwealth Agricultural Bureaux, Farnham Royal, UK.

Duthie J. A., Campbell C. L., Nelson L. A., 1991. Efficiency of multistage sampling for estimation of intensity of leaf spot diseases of alfalfa in field experiments [J]. Phytopathology., 81: 959-964.

Falloon R. E., 1976. Effect of infection by Ustilago bullata on vegetative growth of Bromus catharticus [J]. N. Z. J. Agr. Res, 19: 249-254.

Flood J., Isaac I., 1978. Reactions of some cultivars of Lucerne to various isolates of Vertiillium alboatrum [J]. Plant Path., 27: 166-169.

Francl L. J. et. al., 1987. Potato yield loss predication and discrimination using preplant population densities [J]. Phytopathology., 77: 579-584.

Frosheiser F. L., Barnes D. K., 1984. Bacterial wilt resistanc, Fusarium wilt resistance [J]. In USDA: Standard tests to characterize pest resistance in alfalfa cultivars., p20, p24-25.

Frosheiser F. L. , Barnes D. K. , 1984. Phytophthora rootrot resistance [J]. In USDA: Standard tests to characterize pest resistance in alfalfa cultivars. , p25.

Hampton J. G. , 1981. Use of single tiller assessments for determing the relationship between yield loss in spring barley and severity of net blotch infection [J]. Proc. Of workshop held at Qdeloide.

Isaw K. , 1982. Deterioration in the chemical composition and nutritive value of forge crops by foliar disease I. chemical composition and nutritive value of forage crops infected with rust fungi [J]. Bull. Natl. Grassl. Inst. , 21: 30 – 52.

Isawa K. , 1982. Deterioration in the chemical composition and nutritive value of vorge crops by foliar disease II [J]. Chemical composition and nutritive value of forage crops infected with powdery. Mildew Bull. Natl. Grassl. Inst. , 21: 30 – 52.

James W. C. , 1971. An illustrated series of assessment keys for plant diseases, their preparation and usage [J]. Can. Plant Dis. Surv. 51: 39 – 65.

James W. C. et. al. , 1972. The quantitative relationship between late blight of potato and loss in tuber yield [J]. Phytopathology, 62: 92 – 96.

James W. C, 1983, Crop loss assessment [J]. In Johnston & Booth (ed.) Plant Pathologist's Pocketbook (2nd ed.) CAB. p137 – 145.

King J. E. 1976. Relationship between yield loss and severity of yellow rust recorded on a large number of single stems of winter wheat [J]. Plant Pathol. 25: 172 – 177.

Lancashire J. A. , Latch G. C. M. 1966. Some effects of crown rust (Puccinia coronata Corda) on the growth of two ryegrass varieties in New Zealand [J]. N. Z. J. Agr. Res. 9: 628 – 640.

Lancashire J. A. , Latch G. C. M. 1969. Some effects of stem rust (Puccinia graminis Pers) on the growth of cocksfoot (Dactylis glomerata L. ' Grasslands Apanui') [J]. N. Z. J. Agr. Res. 12: 697 – 702.

Large E. C , Doling D. A. , 1962. The measurement of cereal mildew and its effect on yield [J]. Plant Path, 11: 47 – 57

Latch G. C. M. , Lancashire J. A, 1970, The importance of some effects of fungal diseases on pasture yield and composition [J]. Proc. XI International Grassl. Cong. 688 – 691

Latch G. C. M , Mckenzie E. H. C, 1977, Fungal flora of ryegrass swards in Wales [J]. Trans. Br. Mycol. Soc. 68: 181 – 184

Mckenzie E. H. C. , 1971. Seasonal changes in fungal spore numbers in ryegrass-white clover pasture, and the effects of benomyl on pasture fungi [J]. N. Z. J. Agr. Res. 14: 379 – 392.

McMurtrey III J. E. , Elgin J. H. Jr, 1984. Rust resistance [J]. In USDA: Standard tests to characterize pest resistance in alfalfa cultivars.

Nan Z. B. et. al. , 1991. Effect of several root pathogenic fungi on growth of red clover under field conditions [J]. N. Z. J. Agr. Res. 34: 263 – 269.

Ostazeski S. A , Elgin J H. Jr, 1984. Anthracnose resistanc [J]. In USDA: Standard tests to characterize pest resistance in alfalfa cultivars.

Pinstrup-Anderson P. et. al. , 1976. A suggested procedure for estimating yield and production losses in crops [J]. PANS. 22: 359 – 365.

Richardson M. J. et. al. , 1975. Assessment of loss caused by barley mildew using single tillers [J]. Plant Path. 24: 21 – 26.

Richardson M. J. et. al. , 1976. Yield-loss relationships in cereals [J]. Plant Path. 25: 21 – 30.

Schneiden R. W. et. al., 1976. Cercospora leaf spot of cowpea: models for estimating yield loss [J]. Phytopathology. 66: 384-388.

Skipp R. A., Christensen M. J., 1990. Selection for persistence in red clover: influence of root disease and stem nematode [J]. N. Z. J. Agr. Res. 33: 319-333.

Teng P. S., Gaunt R. E., 1980. Modeling systems of disease and yield loss in cereals [J]. Agr. Systems. 6: 131-154.

Turner V., van Alfen N. K., 1983. Crow rot of alfalfa in Uta [J]. Phytopathologry. 73: 1333-1337.

（南志标　编）

第十二章 鼠害调查防治方法

一、啮齿动物外形与头骨测量法

外形与头骨（主要是颅骨）各部分的量度既是分类鉴定的重要依据之一，也是形态描述中必不可少的重要内容。外形测量要求精度不高，可用一般的米尺来完成。大型种多以厘米、小型种多以毫米为单位，不计小数。头骨测量则需要有较高的精度，因此，必须用机械工业用的游标卡尺来进行测量，量度以毫米为单位，计一位小数。

（一）外形测量（图 12 - 1）

体长：自吻端至肛门。

尾长：自肛门至尾端，不计尾端毛。

后足长：自踵部（足跟）至最长趾的趾头，不计爪。

耳长：自耳基至耳端，不计耳端毛束。

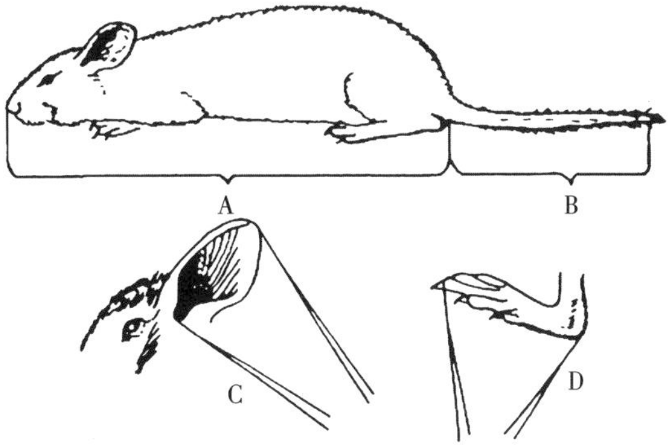

（二）头骨测量（图 12 - 2）

颅全长：自颅骨前方最突出点（门齿唇面，前颌骨最前端，或鼻骨前缘）至颅骨后部最突出点。

图 12 - 1 外形测量
A. 体长 B. 尾长 C. 耳长 D. 后足长

颅基长：自前颌骨最突出点至枕髁最后端。

枕鼻长：自鼻骨前缘至枕骨后部最突出点。

腭桥长：有两种测法：①自上颌骨腭突之棘突前端至腭前后缘突出点之间最大距离；②自上颌骨腭前缘（不计棘突）至腭骨后缘之最短距离。

腭长：自门齿齿槽后缘至腭骨后缘（不包括棘突）的距离。

鼻骨长：自鼻骨前缘至鼻骨后缘。

鼻骨中部宽：两鼻骨中部连线之高度。

眶间宽：左右眼眶间之最小距离。

眶后宽：眶上突起后方额骨的最小宽度。

颧宽：两颧弓外缘间之最大距离。

翼内窝宽：紧贴腭骨后方的翼内窝宽度。

听泡长：听泡前后缘之间最大长度。

听泡宽：听泡左右隆突部之间最大距离。

后头宽：后头部（脑颅）两侧最突出点（听泡、听孔、或人字脊）之间的距离。

颅骨高：自听泡下方突出点至颅顶最高点之距离。

后头高：自基枕骨突出点至此区内颅顶最高点之距离。

上臼齿列长：自最前面的臼齿（或前臼齿）前缘至最后一枚臼齿后缘之间的长度。

上齿隙长：自门齿后缘至最前面的臼齿（或前臼齿）前缘之间的长度。

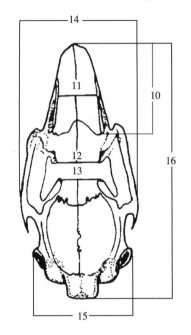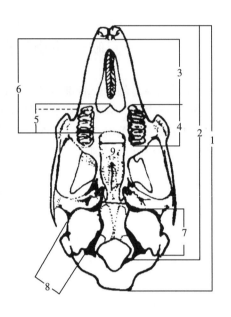

图 12-2　头骨测量

1. 颅全长　2. 颅基长　3. 上齿隙长　4. 上臼齿列长　5. 腭桥长　6. 腭长　7. 听泡长　8. 听泡宽　9. 翼内窝宽
10. 鼻骨长　11. 鼻骨中部宽　12. 眶间宽　13. 眶后宽　14. 颧宽　15. 后头宽　16. 枕鼻长

二、灭鼠试验方法

灭鼠试验是草业科学试验的内容之一，其任务是研究各种灭鼠手段对害鼠个体或种群的影响，揭示各种灭鼠条件与灭鼠效果的关系，探索控制鼠害发生发展的方法，为保护农田、草原和森林提供了科学依据。

（一）致死中量的测定

测定致死中量的方法很多，其中，概率单位法使用较普遍。

1. 试验动物　最好选用杀灭对象，也可以采用小鼠和大鼠等。野鼠捕获后，应在笼中饲养 5d 左右，除去孕鼠、幼鼠和伤残病鼠，而后随机分组，每组 5～10 只，雌雄尽量各占一半，各组之间的体重差别不应过大（对小白鼠等要求可以严一些）。

2. 分组与测量　本法要求各组剂量呈等比级数增加。对于新药，可先设 1mg/kg、10mg/kg 和 100mg/kg 三组，以求致死中量的大致范围，再根据初试结果设组。已有致死量记载的药物，按 0.25、1.0 和 4.0 三个致死中量设组，视试验中死亡情况再考虑加组和插组。当得到死亡率接近于 0 和 100％（最高组不低于 80％，最低组不高于 20％）的 4 组以上的结果时，试验操作即告一段落，可以开始计算。加组就是按原有剂量比向上或向下加组。插组时，须进行计算新的剂量比，再利用新剂量比乘原低剂量组的剂量，即得到插组的剂量；其计算方法如下。

若相邻两组间欲插入 C 组，X 为原剂量比，则新剂量比 Z 为：

$$Z = \sqrt[C+1]{X}$$

例：拟在 10mg/kg 组和 20mg/kg 组之间加一组，求新剂量比和插入组剂量，

$$X = \frac{20}{10} = 2 \qquad Z = \sqrt[1+1]{2} = 1.414$$

插入组的剂量为：

$$10mg/kg \times 1.414 = 14.14mg/kg$$

3. 药品稀释和投药量计算　由于鼠类体重很小，每只鼠给的药物很少，不仅称量很不方便，在投药工具上沾附的比例也大，这样就不可能把误差降低到最低限度，所以必须要对药物加以稀释。一般粉状药物常用灌粉法给药，稀释剂可用滑石粉或可溶性淀粉。吸潮药物和液态药物常用灌液法给药，可以加水稀释或溶解。药物稀释后的浓度有一定的限度，以免应给的总药量过大，造成鼠口或鼠胃容纳不下。配药时，应按操作规程进行。应用分析天平准确称量。稀释药粉时，如果稀释倍数较大，为了混合均匀，可分阶段逐次稀释，配制溶液时最好用容量瓶。

表 12-1　常用剂量比例表

剂量比	各组剂量（mg/kg）								
	1	2	3	4	5	6	7	8	9
1∶1.260	1.000	1.260	1.588	2.000	2.520	3.176	4.000	5.040	6.352
1∶1.414	1.000	1.414	2.000	2.828	4.000	5.656	8.000	11.312	16.000
1∶1.442	1.000	1.442	2.080	3.000	4.326	6.240	9.000	12.978	18.720
1∶1.732	1.000	1.732	3.000	5.196	9.000	15.588	27.000	46.764	81.000

经验证明，鼠每重 10g，口腔可容纳药粉 2mg，胃内可灌入药液 0.1～0.2mL。这是一个很简单的比例，如果在投药时固定运用这个比例，以改变药品稀释后浓度的办法来凑合它，可以大大减轻投药时的繁琐计算，便于消除许多人为的误差。因此，

灌粉时：

一只鼠应给药粉总量（mg）＝200×鼠体重（kg）或
＝0.2×鼠体重（g）

灌液时：

一只鼠应给药液总量（mg）＝20（或 10）×鼠体重（kg）或
＝0.020（或 0.01）×鼠体重（g）

当然，药物稀释后的浓度应与上述比例相适应。其计算方法如下：

灌粉时：

$$\text{稀释后的浓度} = \frac{\text{本组剂量 (mg/kg)}}{200} \times 100\%$$

$$\text{稀释后的浓度} = \frac{\text{本组剂量 (mg/kg)}}{20\,000} \times 100\%$$

例：在剂量为 1.0mg/kg 的剂量组中，体重为 55g 和 48g 的沙鼠应给何种浓度药粉若干？

解：先决定稀释后的浓度：

$$\text{浓度} = \frac{1.0}{200} \times 100\% = 0.5$$

50g 沙鼠应给药剂量 $= 0.2 \times 55 = 11$（mg）；

48g 沙鼠应给药剂量 $= 0.2 \times 48 = 9.6$（mg）。

4. 投药

灌粉：将试鼠装入布袋后紧捏袋口，待鼠头伸至袋口附近时用手按住，随即捏牢颈背皮肤，翻开口袋，露出鼠头，用布袋裹住鼠的前肢和躯干，然后用镊子从齿隙处塞入鼠口，压住舌头，将口撑开，另一个人站在对面，一手固定鼠的前肢，另一手将药（用 3cm×3cm 的绘图纸对折一缝，药粉放在缝中）倒入鼠口咽喉即可。

灌液：用 1mL 的注射器，配上头端磨钝的腰柱穿刺针头，一般左手拿鼠（野鼠放入布袋），中指顶住鼠的腰背部，使其食道尽可能伸直，右手持注射器，缓缓将针头插入食道，先向背侧靠紧，随即稍向腹侧挑起，即可伸入胃中，将药液注入。若注射过程中鼻孔冒泡，表示误入气管，灌粉失败，这只鼠应予废弃。

投药后照常饲养，观察 5d（抗凝血剂应观察 10d 以上）。记载投药及死亡情况，并记录。

5. 计算 当反应基本符合常态，即死亡率（P）低于 50% 和高于 50% 的组数大致相等，而且可参与计算的组数（N）不少于 4h，可按下列公式计算：

若死亡率包括 0 和 100%，则

$$LD_{50} = \log^{-1}\left[X_m - i\left(\sum P - 0.5\right)\right] \tag{1}$$

式中：X——剂量的对数；

X_m——最高剂量的对数；

i——相邻两剂量比值的对数。

若最高死亡率（P_m）在 0.80～0.99 之间，或最低死亡率（P_n）在 0.01～0.20 之间，则：

$$LD_{50} = \log^{-1}\left[X_m - i\left(\sum P - \frac{3 - P_m - P_n}{4}\right)\right] \tag{2}$$

其标准误（S_{50}）和 95% 可信限（d_{50}）为：

$$S_{50} = i \cdot \sqrt{\frac{\sum P - \sum P^2}{n-1}} \tag{3}$$

$$d_{50} = \pm 4.5 LD_{50} \cdot S_{50} \tag{4}$$

式中：n——每组动物数（只）；

　　P^2——死亡率的平方数。

　　此法还可以作为剂量对数与死亡概率单位（Y）的回归方程，因此，要先计算回归系数（b）：

$$b = \frac{Y_h - Y_1}{i(N - H)} \tag{5}$$

　　式中：H——组数的一半（当 N 为偶数时，$H = N/Z$；N 为奇数时，$H = N - 1/2$）；

　　　　　Y_h——剂量较高的 H 组死亡率概率单位平均值；

　　　　　Y_1——剂量较低的 H 组死亡率概率单位平均值；

$$Y = 5 + b(X - \log LD_{50}) \tag{6}$$

　　知道了回归系数，很容易求出任意死亡率（P_k）的致死量（LD_k）及其标准误（S_k）和 95％可信限（d_1）

$$LD_K = \log^{-1}\left(\log LD_{50} - \frac{5 - Y_K}{b}\right) \tag{7}$$

$$S_k = \sqrt{S_{50}^2 + \frac{2}{nH(N - H)} \cdot \left(\frac{5 - Y_K}{b^2 \cdot i}\right)^2} \tag{8}$$

$$d_k = 4.5 LD_K \cdot S_K \tag{9}$$

　　式中：Y_k——P_k 的概率单位。

　　从灭鼠药来看，求 LD_{95} 有较大的实际意义，即 K 为 95％。

　　如果要比较两个致死中量（LD_{50} 与 $LD_{50'}$）差别的显著性，可以作 t 测验：

$$t = \frac{|\log LD_{50} - \log LD_{50'}|}{\sqrt{S_{50}^2 + S_{50'}'^2}} \tag{10}$$

　　若 $t < 2$，差别不显著；$3 > t > 2$，差别显著，$t > 3$，差别极显著。

　　如果需测验两个回归系数 b 与 b' 之间的差别显著性，也可进行 t 测验：

　　首先求出各自的平均标准误 S_b 及 S'_{50}

$$S_b = \frac{1}{i} \cdot \sqrt{\frac{12 \sum (Y - Y_e)^2}{(N - 2)(N - 1)N(N + 1)}} \tag{11}$$

　　式中：Y 由表查出，Y_e 由下式求出：

$$Y_e = 5 + b(X - \log LD_{50}) \tag{12}$$

$$t = \frac{|b - b'|}{\sqrt{S_b^2 + S_b'^2}} \tag{13}$$

　　再根据自由度查 t 分布表，查到 $t_{0.05}$ 和 $t_{0.01}$ 的值。自由度为（$N - 2$）+（$N' - 2$）。当 $t > t_{0.05}$ 时，差别显著；$t > t_{0.01}$ 时，差别极显著；$t < t_{0.05}$ 时，差别不显著。

（二）适口性观察

　　适口性：是指鼠类遇见该种药物时的喜食程度。到目前为止，尚无评价适口性的统一标准，只能通过有毒饵与无毒饵、一种毒饵与另一种毒饵的对比试验判断适口性的好坏。试验方法是：每组 15～30 只，将含致死浓度的毒饵和空白对照饵分别置入相同的盛饵容器中，每经 2～3h 将毒饵和空白对照饵的位置对调一次，8h 后根据饵料消耗量及死鼠情况，就可以得出适口性好坏的初步比较结果。如果同一试验重复若干次，以食饵消耗量为指标，算出平均数及标准差，就可以用成对比较法检验毒饵与空白对照饵消耗量为指标，算出平均数及标准差，就可以用成对比较法检验毒饵与空白对照饵适口性的差异，亦可用同法比较两种毒饵的适口性。

（三）再遇拒食情况的观察

指取食毒饵但未死亡，再次遇到同种毒饵时的接受程度。试验方法为：试鼠分 2 组，每组 15～30 只，一组先投亚致死量毒饵（如 0.25 个 LD_{50}），4h 后取去。3d 后 2 组同时投给致死浓度的毒饵，放 3d 后取去，比较 2 组死亡鼠数和毒饵消耗量。

（四）蓄积中毒观察

每组用鼠 20～30 只。每 72h 或 48h 灌给亚致死量（可试用 0.25 个 LD_{50} 的量）药物 1 次，5 次后再灌给 LD_{50} 的药物。观察死亡率。另取同样数量的试鼠，直接投给 LD_{50} 的药物，观察死亡率，最后将 2 组结果加以比较。

（五）耐药性观察

耐药性：是指第一次食入亚致死中量药物后，过一段时间，再次吃进同种药物，致死量提高的特性。试验方法是：用 2 组试鼠，每组 15～30 只，一组先投亚致死量药物，30d 后，两组均给 LD_{50} 药物，比较死亡率。

（六）残效期观察

配制致死浓度的毒饵，内吸性药物可用灭鼠时的用药量喷洒小片草场，每隔一定时间（例如 5d、10d、15d、20d 等），用毒饵或毒饵饲鼠（每组可用 5～4 只），观察死亡情况。

三、灭鼠效果检查

灭鼠效果可以用灭鼠率来衡量，即计算消灭了的害鼠数与灭鼠前的害鼠数之比：

$$灭鼠率 = \frac{被消灭了的鼠数}{原有鼠数} \times 100\%$$

在不同条件下，求灭鼠率的方法不同，为了工作方便，往往用鼠的活动痕迹来代替鼠，以灭洞率和食饵消耗率代表灭鼠率。在草原上常用如下几种方法：

（一）堵洞开洞法

工作程度：灭鼠前后在灭鼠区域随机划出几个样方（面积为 0.25～1hm²），分别统计样方内灭鼠前有效洞口（a）与灭鼠后有效洞口数（b），则：

$$灭洞率 = \frac{a-b}{a} \times 100\%$$

这个方法简单易行，但比较粗糙。由于鼠类数量在灭鼠进行过程中也发生自然变化，以致会影响到灭洞率的准确性，所以常常在灭鼠区外，划出与处理样方条件相似、大小相仿的对照样方，不进行灭鼠，但同样统计灭鼠前有效洞口数（a）和灭鼠后有效洞口数（b），求得自然变异率 d，用 d 去校正灭洞率，得出样正灭洞率。即：

$$d = \frac{b'}{a'}$$

$$校正灭洞率 = \frac{ad - b}{ad} \times 100\%$$

这种方法，适用于洞口明显、鼠与洞的比例比较稳定的种类，其灭洞率或校正灭洞率与面积无关，并不要求固定面积的样方，而以洞口来计算。如准备100双竹筷在灭鼠前分别插在200个掏开的鼠的洞口，灭鼠之后，检查时再堵一遍，灭鼠前后掏开洞口数的比例，即可算出灭鼠效果，对照组也以此法计算。另外，鼢鼠具有封洞习性，如果在鼢鼠洞群中事先挖开一定洞道，把鼢鼠封闭的洞口作为有效洞，本法同样适用。

（二）鼠夹法

1. 工作程度 本法一律设对照区，在灭鼠区和对照区同时按数量调查的夹日法布夹，统计夹日捕获率。统计结果可以登记在灭鼠效果调查表（表12-2）中。当捕获率低于3％或超过40％时，需适当调整布夹密度或增减布夹时间。

2. 计算方法

（1）若灭鼠前捕获率≥3％，应于灭鼠前后各捕鼠一次。

表12-2 夹日法灭鼠效果调查表

地点_____ 生境_____ _____年_____月_____日

	灭鼠总面积	投饵日期	灭鼠前					灭鼠后					灭鼠效果	备注
			气候特点	放夹				气候特点	放夹					
				日/月	夹数（个）	鼠数（只）	捕获率（％）		日/月	夹数（个）	鼠数（只）	捕获率（％）		
投药区														
对照区														

填表人：_____

设：在灭鼠区灭鼠前捕获率为 C，灭鼠后布夹数为 a，捕得鼠数为 b；在对照区灭鼠前捕获率为 d，灭鼠后捕获率为 e；则：

$$校正灭鼠率 = \frac{ac(ad - ae) - b}{ac - (ad - ae)} \times 100\%$$

$$= \frac{a(c - d + e) - b}{a(c - d + e)} \times 100\%$$

（2）若灭鼠前捕获率<3％时，为了避免影响原始鼠数，灭鼠前不必捕鼠。

设：对照区捕获率为 c；灭鼠区布夹数为 a，捕得的鼠数为 b；

$$灭鼠率 = \frac{ac - b}{ac} \times 100\%$$

（三）弓形夹定面积法

工作程序：本法应设空白对照样方，每一样方面积为 0.25～1hm²。灭鼠后，在处理样方和对照样方的有效洞口放弓形夹捕鼠 2d（每隔数小时检查一次，取下被捕的鼠尸，重新支好鼠夹），分别统计灭鼠区样方里面的布夹数和捕获的鼠数。

设：灭鼠区布夹数为 a，获鼠数为 b；对照区布夹数为 a'，获鼠数为 b'；则：

$$对照区样方捕获率 = \frac{b'}{a'}$$

$$灭鼠率 = \frac{ac - b}{ac} \times 100\%$$

除上述三种方法外，检查灭鼠效果的方法尚有直接观察法，撒粉法，食饵消耗法和挖沟埋筒法等。

四、鼠类数量调查方法

因各种啮齿动物的生态习性和栖息环境不同，这里只介绍常用的几种主要方法。

（一）夹日法

一夹日指一个鼠夹放置一昼夜。夹日捕获率通常以 100 米夹日为统计单位，即 100 个夹子在一昼夜所捕获的鼠数。它是害鼠种群密度的相对数量指标，例如，100 夹日捕 10 只鼠，则夹日捕获率为 10%。其计算公式是：

$$P(夹日捕获率) = \frac{n(捕获鼠数)}{N(鼠夹数) \times h(捕获昼夜数)} \times 100\%$$

鼠夹排列方式如下：

1. 一般夹日法　25 个鼠夹为一行，夹距 5m，行距下小于 50m，共排 1～2 行，连捕 2 昼夜，再换样方，即晚上把夹子放上，每日早晚各检查一次，2d 后移动夹子。

为了防止丢失鼠夹，或调查夜间活动的鼠类时，也可晚上放夹，次日早晨收回，所以又叫夹夜法。

2. 定面积夹日法　25 个鼠夹排列成一条直线，夹距 5cm，行距 20cm，并排 4 行；这样 100 个夹子共占地 1hm²，组成一单元。于下午放夹，每天清晨检查一次，连捕 2 昼夜。

在野外放夹时，最好 2 人合作。预先把诱饵固定在鼠夹上，每 5 个鼠夹为一组，共 5 组放在背囊中，放夹时，一人在前边按夹距把鼠夹放在地上，另一人在后边支夹，并放在适宜的地点上（最好不离开其点 50～100cm 的地方），如倒木下或洞口附近等。

每一生境中至少应累计 500 个夹日才有代表意义。

夹日法适用于小型啮齿动物的数量调查，特别是夜行性的鼠类。

（二）统计洞口法

统计一定面积和一定路线上鼠洞口的数量，也是统计鼠类相对密度的一种常用方法。

这种方法，适用于植被稀疏而且低矮，鼠洞洞口比较明显的鼠种。

统计洞口时，必须辨别不同类型的鼠的洞口，辨别的方法是对不同形态的洞口进行捕鼠，观察记录各种鼠洞洞口的特征，然后结合洞群形态（如长爪沙鼠等群居鼠类、跑道、粪便和栖息环境）等特征综合识别。同时，还应识别居住鼠洞和废弃鼠洞。居住鼠洞通常洞口光滑，有鼠的足迹和新鲜粪便，无蛛丝。

根据不同的调查目的，选择有代表性样方。每个样方面积为 0.25～1hm²。

（三）洞口系数调查法

洞口系数是鼠数与洞口数的比例关系，表示每一洞口所占有的鼠数。测得每种鼠不同时期的洞口系数（每种鼠在不同季节内的洞口系数是有变化的）。

洞口系数的调查，必须另选与统计洞口样方相同生境的一块样方，面积为 0.25～1hm²。先在样方内堵塞所有洞口，经过 24h，统计被鼠打开的洞口数，即为有效洞口数。然后在有效洞口置夹捕鼠，直至捕尽为止（一般需要 3d 左右，但要注意迁出和迁入的鼠数）。统计捕到各种鼠的总数，此数与有效洞口数的比值即为洞口系数。

$$洞口系数 = \frac{捕获鼠总数}{洞口数（或有效洞口数）}$$

群居性鼠类洞口系数调查法：在可以分出单独洞群的情况下，可以免去样方调查，直接选取 5～10 个单独的洞群，统计每一沿群的有效洞口数，然后捕鼠，计算洞口系数，即可求出单位面积中实用鼠数。

$$单位面积中鼠数（只）= 洞口系数 × 单位面积内洞口数（或有效洞口数）$$

（四）标志流放法

在调查区内以棋盘式放置活捕机（笼），密度因地、因种而异，一般每 5m 放置 1 个，每天检查，并记录下性别、生殖状况，之后再放回原处。在 5～10d 内每天捕获的鼠中，已标志的个体数逐月增加，而新标个体数逐日减少，甚至几乎无新获个体。根据每日新个体之累积数推断总体数。例如某地区，采用此法捕鼠的记录见表 12-3。

表 12-3　标志流放捕鼠记录

日　期	捕获个体数		总捕数	已标数与总捕数的比值（Y）	新标个体数月积累数（X）
	新标数	已标数			
5月26日	26	0	26	0	0
5月27日	22	9	31	0.29	26
5月28日	11	20	31	0.65	48
5月29日	9	25	34	0.74	59
5月30日	2	17	19	0.90	68

以表中 Y 值为纵坐标，X 值为横坐标，延长坐标线至 Y=1 时（表示已无新标个体）相交，从此点再作垂直线至 X 轴，该交点即为本区所有鼠数（图 12-3）。

此法因捕获后又放回，因此不会影响本地区鼠的密度，但测定时间也不宜过长，一般以 4~5d 内的材料为宜。时间久了，邻近的鼠会侵入混淆密度。

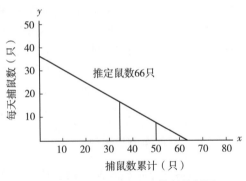

图 12-3 标志流放法计算鼠数例图

(五) 开洞封洞法

开洞封洞法适宜于鼢鼠等地下活动的鼠类。其方法是：在样方内沿洞道每隔 10m（视鼠沿土丘分布情况而定）探索洞道，并挖开洞道口，经 24h 后，检查并统计封洞数，以单位面积内的封洞数表示鼠密度的相对数量。

统计地下活动鼠类的数量时，还可采用样方捕尽法、土丘群系数法和土丘群法。

(六) 样方捕尽法

选取 $0.5hm^2$ 的样方，用弓箭法或置夹法，将样方内的鼢鼠捕尽。捕鼠时，先将鼠的洞道挖开，即可安置捕鼠器，亦可候鼠堵洞，确知洞内有鼠后再置捕鼠器。鼠捕获后，一般不必在原洞道内重复置夹，但在繁殖前或产仔后或其他个别情况下，偶有 2 只鼠同栖一洞时，仍应采用开洞封洞法观测一个时期，防止漏捕。一般上午（或下午）置夹，下午（或次日早晨）检查，至次日凌晨（或次日下午）复查。每次检查相隔半日为宜，捕尽为止。这一方法所得结果，按近绝对数值，但费时费力，大面积使用比较困难。

(七) 土丘群系数法

先在样方内统计土丘群数（土丘群由数量不等的土丘或龟裂纹组成，为了计算方便，亦计作一个土丘群），按土丘群挖开洞道，几封洞的即用捕尽法统计绝对数量，求出土丘群系数。

$$土丘群系数 = \frac{1hm^2\ 捕鼢鼠数}{1hm^2\ 土丘群数}$$

求出土丘群系数后，即可进行大面积调查，统计样方内土丘群数，乘以系数，则为其相对数量。这种方法所得结果与捕尽法所得结果吻合，而且计算简单，便于掌握，适用于统计鼢鼠的数量。

五、害鼠的预测预报

(一) 监测害鼠发生的动态

把监测所得的资料，结合当地的气候和牧草生长发育情况，综合加以分析，对害鼠未来的动态作出正确判断，把结果及时发布出去，为防治做好准备。

预测害鼠数量的变动，即数量、时间和空间的变化规律。首先掌握害鼠发生期和为害期，确定防治的有利时机；其次掌握害鼠发生量，视发生量多少和危害性大小，决定防治与否；还要掌握害鼠发生地和蔓延方向，确定防治区域、对象（草场）及应有的组织和措施。

（二）收集资料

害鼠预测方法很多，各种方法需资料不同，常用的有下列几方面资料：

（1）鼠种类组成及其时空分布；

（2）种群密度及其数量动态；

（3）种群繁殖——繁殖基数、年龄组成、性比、妊娠率、胎数、胎仔数及繁殖季节；

（4）迁移及自然死亡情况；

（5）天敌种类及天敌的数量变化，鼠间疾病流行情况；

（6）栖息地的隐蔽条件及饲料丰欠情况；

（7）气候因子的变化及影响。

（三）确定预测预报指标

害鼠预测预报就是对害鼠在主害期和主害区域的种群数量预测，因此，预测指标应以主害期和主害区域的种群密度为基础，并参考危害程度来确定，为此，下面列示我国农牧区鼠害分级与害鼠密度的关系，以资参考。由于各地害鼠种类和草场类型不同，所以在实践中可逐步明确各地的鼠害分级与密度指标的关系，以便更准确地进行预测和预报。

一级：鼠害不明显，影响产量低于 0.5%。各种害鼠的总捕获率（夹日法）在 25% 以下。穴居洞口明显的鼠类，其盗洞率应低于 15%。$1hm^2$ 面积内居鼠洞群数在 5 个以下，且居鼠洞群中的居鼠洞群率不超过 30%，鼠类密度 3～6 个月不可能明显增加，不用防治。

二级：已表现轻度危害，影响产量 0.5%～3%，害鼠总捕获率 2.6%～10%，盗洞率 16%～20%。$1hm^2$ 面积内居鼠洞群数 6～10 个，居鼠洞群中的居鼠洞群率为 31%～45%。3～6 个月内害鼠数量可以缓慢回升，要做好防治准备。

三级：鼠害比较严重，影响产量 4%～9%，接近减产一成，害鼠总捕获率 11%～30%，盗洞率 21%～30%。$1hm^2$ 面积内居鼠洞群 11～15 个，居鼠洞群率达到 46%～60%。害鼠数量 3 个月内增长很快，必须立即防治。

四级：鼠害特别严重，影响产量 10% 以上，害鼠总捕获率 30% 以上，盗洞率可达 30% 以上。$1hm^2$ 面积内居鼠洞群 16 个以上；居鼠洞群中居鼠洞群率达到 60% 以上。害鼠数量还可能上升，此时防治工作显得太晚，必须进行全面防治。

（四）组建数学模型

（1）首先确定研究系数、结构。选定研究对象和研究模型的目标之后，把涉及研究部分分列为系统，把其余部分作为环境。通常要求只允许环境影响系统，而系统不会改变环境，不会导致环境反过来影响系统的变化。

（2）其次选择系统中的组成成分，进行系统离散化处理，给出系统组成成分关系框图。

（3）依据组成成分关系图，对于系统给予数学分析和数学描绘。

组建数学关系式是依据害鼠、天敌等生物学信息写成数学方程需要用数学知识，对每一组成成分建立一个数学关系式。一般建立离散模型用差分离程，建立连续模型用微分方程，而建立随机模型应用概率方程。应用数学手段建立数学关系式，可采用下列方法：

①对研究对象可组建多处年份同世代生命表，通过生命表分析，找出关键因子，并建立预测式。

②通过鼠情调查积累大量数据，经回归分析建立数学关系。

③依据实测资料进行逻辑演绎法推导。

④可以直接参考或引用类似的数学模型。描述种群动态增长可借助 logistic 方程和 leslie 矩阵等。

⑤通过多变量分析、主成分分析、聚类分析，判别分析等方法建立统一模型。

（五）将各组成成分输入和输出连接起来，确定参数值，组成系统模型

这些组成成分以前一成分的输出连接下一个成分的输入，得到各成分差分方程。

（六）在应用实例中对模型加以验证和调整

当给定初始条件数据后，即可用模型进行模拟了，以实际调查和模拟结果相比较，如果不理想或不符合实际系统；则表示这一关系式的代表性不够确切，或者考虑的因素不周全，就必须对模型进行调查；或者补充一些新参数和关系式，直至模型比较接近害鼠的实际系统。

六、测报实例（新疆地区小家鼠种群数量测报方案）

（一）种群数量指标和数量级的划分

每年 4，6，8，10 和 11 月中旬，分别取玉米、水稻、小麦和胡麻等作物地以及荒地共 4 类代表型生境，用夹日法调查鼠数量，每类生境为 350～400 夹日。按下式计算小家鼠的"各生境平均捕获率"（M_i）作为种群数量指标。

$$M_i = \frac{1}{4} \sum \frac{m_{ij}}{c_{ij}} \times 100\%$$

式中：i——4，6，8，10，11 月份；

j——1，2，3，4，5 生境类型；

c_{ij}——i 月 j 生境的夹日总数（个）；

m_{ij}——该月该生境捕获小家鼠数（只）。

当地小家鼠种群数量季节消长曲线为后峰型，M_4 可代表当年数量最低点，称为"开春基数"；M_{10} 可代表当年数量最高点，称为"年峰量"；$(M_4 + M_6 + M_8 + M_{10}) \div 4 = \overline{M}$，称为"年均量"。按 $\overline{M}$ 和 $\overline{M}_{10}$ 可将种群年数量水平分为 4 级（表 12 - 4）。M_{10} 和同年 $\overline{M}$ 相关极显著，1970～1979 年其相关系数 $r = 0.942 > r_{0.01}$。历年小家鼠为害程度主要取决于 M_{10} 的大小与历期，故以 M_{10} 作为预测目标。

表 12－4　小家鼠种群数量级划分标准和主要特征

种群数量级 名称、级	分级指标			种群特征			实例 （年份）
	$\bar{M}$	M_{10}	10 月聚集地数量	怀孕率（%）		鼠害特点	
				10 月中	11 月中		
高数量年：							
大暴发 A	＞20	≥39.1	＞65	0	0	春夏见害，成片毁灭农作物和室内物资	1967
小暴发 B	≥10.1 (12±1.2)	23.1～39.0 (29.8±0.3)	41～65 (48.2±2.6)	＜30 (20.4±6.3)	0～3 (0.7±0.7)	秋作物受害重，室内夏见害，入冬鼠害重	1972 1974 1980
中数量年 C	5.1～10.0 (7.5±0.4)	13.1～26.0 (16.6±1.1)	24～40 (27.7±1.8)	40～60 (48.3±3.7)	＞10 (18.7±3.8)	秋季禾扎有明显受害，室内冬季见害	1970～1971 1976～1979
低数量年 D	≤5.0 (2.6±0.7)	≤13.0 (7.1±2.2)	≤23 (13.3±4.2)	＞50 (55.5±1.9)	＞15 (24.8±10.2)	全年鼠害轻或无	1968 1969 1973 1975

注：（1）括号内是实际出现过的数量和平均数与标准误差；
（2）"集聚地数量"指水稻田和玉米地的鼠捕获平均值（%）。

（二）种群数量消长的主要调节因子

种群内因方面，相关极显著的有：上年高峰期生殖力指数 f、λ 冬期壮龄比 L 和当年开春基数 M_4；

$$f＝怀孕率×平均胎仔数＝胎仔总数×雌成鼠总数$$

（皆取上年 10 月份捕获鼠的相应数据）。

$$L ＝ Ⅲ/(N － Ⅲ)$$

（皆取上年 11 月份数据，N 为该月捕获的小家鼠总只数，分 4 个年龄组；Ⅲ 为第 3 龄即青壮年组鼠数）。

外因方面，相关较密切的主要是春温、冬雪和夏雨。"春温"以当年 5 月平均气温距平——T 代表（即当年 5 月平均温度与多年 5 月平均温度之差）。1970～1979 年的 10 对 T 与 M_{10} 的相关系数 $r＝0.803＞r_{0.01}$。

（三）数量预测方案

在上述分析基础上，提出"双方程预测"方案，由 4 部分组成：

1. 长期预测方程　由表 12－5 数据建立。

$$M_{10}＝4.75＋1.36f＋5.24L$$

$n＝10，d.f.＝7$，估计标准差 $S_{Y12}＝3.83$，复相关系数 $R＝0.928＞R_{0.01}$；
$$S_{\hat{Y}}^2 ＝ 1.47＋1.03(f－3.06)^2＋2.46(L－1.43)^2－2.37(f－3.06)(L－1.43)$$
M_{10} 的 90% 置信区间为：$\hat{M}_{10}±1.895S_{\hat{Y}}$。

表 12 - 5　第一预测方程的参数和主要统计数

年份	X_1 (f)	X_2 (L)	Y （下年 M_{10}）	回归方程主要统计数		
1967	(0)	(0)	1.4	Gauss 系数：		
1970	4.21	1.33	18.22	$C_{11}=0.070\ 5$，		
1971	(4.23)	(3.40)	30.3	$C_{22}=0.167\ 7$，		
1972	0.74	0.89	7.0	$C_{12}=0.080\ 6$		
1973	4.63	3.32	29.8	偏回归系数：		
1974	1.00	0.29	12.0	$b_{1Y.2}=1.36$　　$b_{2Y.1}=5.24$		
1975	5.34	2.39	20.9	$(t_1=1.340)$　　$(t_2=3.333)$		
1976	3.60	1.36	14.1	估计标准差：		
1977	4.32	0.91	14.0	$S_{Y.12}=3.83$		
1978	2.52	0.45	16.2	复相关系数：		
平均	3.06	1.43	16.4	$R=0.928$		
回归方程之方差分析	变差来源	平方和		自由度	均方	F 值
	总的	$\sum_Y^2 = 740.069$		$n—1 = 9$		$(F_{0.01}=9.55$
	回归	$\sum_{Y^2} = 637.299$		$m—1 = 2$	318.65	21.71
	离差	$\sum_{d^2} = 102.770$		$n—m = 7$	14.68	$(p<0.01)$

注：括号内数据系按相应调查资料推算的参考值。

2. 中期复测方程　由表 12 - 6 数据建立。

表 12 - 6　第二预测方程的参数和主要统计数

年份	X_1（上午 L）	X_2（当年 M_4）	X_3（当年 T）	Y（当年 M_{10}）	回归方程主要统计数		
1970	(1.17)	(1.50)	−0.7	16.1	Gauss 乘数：		
1971	1.33	1.01	−0.9	18.2	$C_{11}=0.965$，$C_{12}=-0.268$，		
1972	(3.40)	4.06	1.8	30.3	$C_{22}=0.171$，$C_{23}=0.075$，		
1973	0.89	0.45	−1.3	7.0	$C_{33}=0.319$，$C_{13}=-0.479$		
1974	3.32	3.48	2.6	29.8	偏回归系数：		
1975	0.29	0.19	−1.7	12.0	$b_{1y.23}=4.47$，$b_{2y.13}=1.49$，		
1976	2.39	0.16	1.7	20.9	$b_{3y.12}=0.032$		
1977	1.36	0.31	0.7	14.1	估计标准差：		
1978	0.91	1.40	0.3	14.0	$S_{y.123}=3.585$		
1979	0.45	0.21	−1.4	16.2	复相关系数：		
平均	1.55	1.28	0.11	17.9	$R=0.919$		
回归方程之方差分析	变差来源	平方和		自由度	均方	F 值	
	总的	$\sum_Y^2 = 493.844$		$n—1=9$		$(F_{0.01}=9.78$	
	回归	$\sum_{Y^2} = 416.719$		$m—1=3$	138.91	10.81	
	离差	$\sum_d^2 = 77.125$		$n—m=6$	12.85	$(p<0.01)$	

$$\hat{M}'_{10}=9.02+4.47f+1.49M_4+0.032T$$

$n=10$，$d.f.=6$，$S_y.123=3.585$，$R=0.919>R_{0.01}$；

$$S'^2_Y=12.85[0.10+0.965(L-1.55)^2+0.171(M_4-1.28)^2+0.319(T-0.11)^2$$
$$-0.536(L-1.55)(M_4-1.28)-0.958(L-1.55)(T-0.11)$$
$$+0.150(M_4-1.28)(T-0.11)]$$

M_{10}复测值的90％置信区间为：$\hat{M}_{10}\pm1.943S'_Y$。

3. 其他因素作用的估计　按表12-7对"冬雪"和"夏雨"的作用以＋、－号权衡，称之"附加影响"。

表 12-7　气候因子"附加影响"估算标准

简称	统计指标	相对距平（％）	附加影响	附　则
冬雪	最寒五旬（12月下~2月上）平均雪深（S_w）	－100~－71	＝	$S_w\geq80$ 开春雪水浸淹计为（0）
		－70~－41	－	
		－40~＋20	0	
		21~60	＋	
		61~100	＋＋	
		≥101	＋＋＋	
夏雨	5~7月各月降水量（R_n）	－100~－81	－	先分月计、再合并，加减号一对一相消
		－81~－61	＋	
		－60~－31	＋＋	
		－30~0	＋	
		1~50	0	
		51~100	－	
		≥101	＝	

算 法 举 例

年份	R_n				S_w	附加影响合计
	5月	6月	7月	∑		
1975	＋＋	0	＋	＋＋＋	＝	＋
1976	0	＋	＋	＋＋	＋	＋＋＋
1977	＋＋	－	0	＋	（0）	＋

注：夏雨用气象预报值。

4. 种群数量预报表（表12-8）　按表12-8利用第一方程可提前11个月对翌年种群年峰量 M_{10} 作出预报；然后，到当年春末利用第二方程可提前5个月作出复测。

表 12-8 小家鼠种群数量预报表

预报依据		数量级预报	防治意见（摘要）
$\hat{M}_{10}$ 或 $\hat{M}'_{10}$	"+"个数		
>39	不论	A	春季作全生境毒鼠法
36~39	≥3	A	
36~39	≤2	[A]	捕获率>10%的地块作毒饵灭鼠；抓紧秋收及场院灭鼠
30~35	≥5	[A]	
30~35	≤4	B	
26~29	不论	B	
23~25	≥2	[B]	抓紧秋收、高密度地块挑治
20~22	≤5	C+/[B]	
20~22	≤4	C+	
18~19	≥2	C+	
18~19	≤1	C/C+	秋冬作物院、室内一般防治
14~17	不论	C	
10~13	≥2	C	
10~13	≤1	D/C−	可免
<9	不论	D	

注：（1）"/"表示"或"；"[ ]"表示"可能到达"该级，"+"为偏高，"−"为偏低。

（2）同时报出"年峰量"$\hat{M}_{10}\pm1.895S\hat{y}$ 或 $\hat{M}_{10}\pm1.943S\hat{y}$

（四）预测预报方案检验

由表 12-9 可见，1968—1979 年理论值和实测值良好吻合；1980—1985 年预报基本准确。

表 12-9 预测方程理论值与历年实测值对照

年份	初测 $\hat{M}\pm1.895S\hat{y}$	复测			实测	
		$\hat{M}\pm1.943S\hat{y}'$	附加	数量级	M_{10}	数量级
1968	4.7±4.6	9.1±17.1	++	D	1.4	D
1970	14.4±2.4	16.5±2.9	=	C	16.1	C
1971	17.4±3.4	16.4±3.7	=	C	18.2	C
1972	28.3±5.0	30.3±5.3	0	B	30.3	B
1973	10.4±4.1	13.6±3.6	+	D/C	7.0	D
1974	28.4±4.5	29.1±4.6	++++	B	29.8	B
1975	7.6±3.5	10.5±3.5	+	D/C−	12.0	D
1976	24.5±3.7	20.0±6.1	+++	C+	20.9	C+
1977	16.8±2.6	15.6±4.0	+	C	14.1	C
1978	15.4±4.4	15.2±5.7	++	C	14.0	C

（续）

年份		初测 $\hat{M}\pm1.895S\hat{y}$	复测			实测	
			$\hat{M}\pm1.943S\hat{y}'$	附加	数量级	M_{10}	数量级
1979		10.5±3.2	11.3±3.2	++++	C	16.2	C
1980		23.4±3.7	24.3±3.2	++	B	29.3	B
附录	1981	11.6±2.7	14.4±8.4		C	18.0	C
	1982	9.3±3.8	13.6±10.7		D/C	11.2（?）	D（C）
	1983	15.6±2.3	15.9±3.7		C	15.8	C
	1985	14.5±2.5	16.7±3.3		C	20.7	C^+

注：附录 4 年资料蒙严志堂提供，1982 年有了生境与历年同期比较，属 C 级。

参 考 文 献

王思博，杨赣源，1983. 新疆啮齿动物志［M］. 乌鲁木齐：新疆人民出版社.

甘肃农业大学，1984. 草原保护学，第一分册，啮齿动物学［M］. 北京：农业出版社.

卢浩泉，1983. 农田鼠害的调查与预测预报［M］. 济南：山东大学出版社.

（刘荣堂　编）

第十三章 虫 害

一、虫害调查的一般原理

虫害调查是进行草地昆虫研究所常用的基本方法。草地害虫种类多、分布广、为害极为严重，已成为阻碍发展生产的主要因素之一。

为了消灭害虫，必须了解虫情，掌握害虫数量变化的唯一方法是进行实地调查。通过对害虫的调查，将所得数据和基本情况进行计算整理与分析比较，便可得到比较可靠的资料，这是进行预测预报和指导防治的主要依据。

（一）调查的主要内容

1. 种类组成的调查　目的是为了解某一草地类型或某种牧草上的害虫和益虫的种类，以及不同种类的数量对比。在此基础上分清害虫和益虫的主次关系，确定主要防治对象和益虫中主要利用的对象。对于检疫对象则首先要求弄清有无分布，作为划定疫区和保护区时的依据。

2. 分布的调查　目的在于查明一种害虫或益虫的地理分布，以及不同分布区的数量对比。以此明确害虫的分布范围和分布趋势以及不同地区的发生程度，而制定防治草地类型及地块、益虫的利用地区及草地等。对于一些重要害虫以及检疫性害虫的分布调查，可以明确害虫的虫源地、猎獗基地和检疫对象的疫源地。

3. 发生消长的调查　为了掌握害虫或益虫发生时期和发生数量及其变动的情况，必须要弄清昆虫的年生活史、发生世代、各代发生期及发生量，越冬虫态及场所，不同时期不同草地生态条件下的数量变化以及有关测报和防治方面的问题。

（二）调查方法

害虫因系种类或虫期不同，为害部位和分布型也有差异。在实际调查中，根据调查的目的、任务与对象，通常采用普查和详细调查相结合。

1. 普查　一般指在草地或牧草田中，选有代表性的路线用目测法边走边调查。调查时除记载害虫发生的生境外，还要着重调查害虫发生的生态因子以及害虫的生物学特性。同时，还必须向当地牧民进行访问，了解草原培育和利用的管理技术水平，虫害发生情况和防治经验等。

2. 详细调查　在普查的基础上，为了进一步查清害虫的种类、发生及其为害情况，选择有代表性的地段，确定调查点，分别对食叶、蛀茎、花和果实以及根部害虫进行详细调查，其内容主要有害虫种类组成调查和害虫数量调查。

（三）取样方法

常用调查取样方法按组织方式的不同，一般可以分为下列几种。

1. 分级取样（或称巢式抽样）　分级取样是一种一级级重复多次的随机取样。首先从集团中取样得样本，然后再从样本里取样得亚样本，依此类类推，可以继续下去取样。例如，若要调查某地为害苜蓿广肩小蜂时，可在各种籽堆、种籽包中选取一定样本的种子，然后将取得的种子混合，划成 4 等分，按对角取 2 份混合，再划分为 4 等份，再取其中 2 份如此分取下去，直到所取种籽数量已较少，便于检查时为止，检查后所得结果即可代表该种子库中苜蓿广肩小蜂发生情况。害虫预测预报工作中，每日分检黑光灯下诱集的害虫，如虫量太多，无法全部数点时，就可采用这种取样方法，选其中的一半或四分之一，然后计算。

2. 双重取样（又称间接取样）　双重取样法一般应用于调查某一种不易观察，或耗费甚大才能观察的性状。如不少钻蛀性螟虫（如玉米螟）不易直接观察到，不得不在作物生长期拔出大量玉米秆剖开进行调查，对于这些对象，可在较小的样本里调查与所掌握的这一性状（如虫口密度）有密切相关的另一简单性状（如玉米的蛀孔数或玉米螟的有卵株率等），借着它们的相互关系，便可对所要掌握的性状作出估计。

双重取样的应用，必须有两个条件：

（1）两个性状必须具有较密切的相关关系。

（2）两个性状中必须有一个性状是比较容易观察到的简单性状，而另一性状也就是所要调查的对象，也是比较难以直接查清的复杂性状。

3. 典型取样（又称主观取样）　即在调查对象的全群中，主观选定一些能够代表全群的作为样本。这种方法带有主观性，但调查者必须相当熟悉全群内的分布规律。此法比较节约人力和时间，切要注意避免人为主观因素带来的误差。

4. 分段取样（或称阶层取样、分层取样）　当调查的全群中某一部分与另一部分有明显差异时通常采用分段取样法，从每一段里分别随机取样或顺次取样。如调查苜蓿害虫种类时，可分为根、茎、叶、花和果实等不同部位进行。

5. 随机取样　随机取样完全不许可参与任何主观性。根据全群的大小，订出了按一定间隔选取一个样本，那就是要严格地执行，不能任意加大一些间隔或减少一点，也不得随意变更取样单位。

实际上，无论是分级取样、双重取样、典型取样、分层取样等，在具体落实到最基本单元时（如一个草地类型、一间仓库、大面积草地中的一个地段等），都要采用随机取样法作最后的抽样调查。

害虫草地调查最常用的随机取样方法有棋盘式、五点式、对角线式、平行线式或"Z"字形式等（图 13-1）。

究竟采用哪种方式才能正确地作出估计，主要根据害虫或其为害牧草的草地的分布型。最常见的有 4 种（图 13-2）。

（1）随机分布型。此型又称做潘松分布（Poisson）。这类昆虫的活动力强，昆虫（或被害牧草）在田间的分布是随机的，即呈比较均匀的状态（图 13-2a）。每个个体之间的

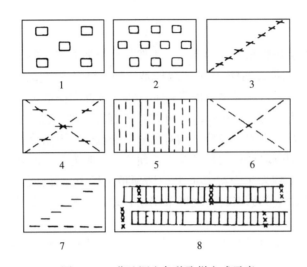

图 13 - 1　草地调查各种取样方式示意

1. 五点式（面积）　2. 棋盘式　3. 单对角线式　4. 五点式（长度）
5. 直行式　6. 双对角线式　7. "Z"字形式　8. 平行线式

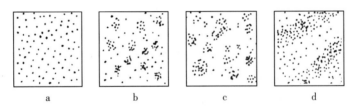

图 13 - 2　昆虫常见 4 种分布型

a. 随机分布　b. 奈蔓核心分布　c. P－E 核心分布　d. 嵌纹分布

分布距离虽不相等，但比较均匀，通常是稀疏的分布。如为害饲料玉米的玉米螟卵块在田间的分布属于这一分布型。可采用随机取样法如五点式、对角线式或棋盘式都适用。

（2）奈蔓核心分布型。这类昆虫的活动力弱，分布呈不均匀的状态，个体形成许多小集团或核心，并且自这些小核心向四周放射扩散蔓延，核心与核心之间是随机分布的，核心内通常是较密集的，核心大小相近似或不等，大小相近似的核心分布称作奈蔓（Neyman）核心分布（图 13 - 2b）；大小不等的称为 P－E 核心分布（图 13 - 2c）。研究结果表明，对于核心分布型的昆虫，以平行线式取样法的估计值比较准确。

（3）嵌纹分布型。亦是一种不随机的分布，昆虫在田间分布成疏密相间，形成密集程度极不均匀的大小集团，故呈嵌纹分布。这种分布型是由很多密集不同的随机分布型混合而成，或由核心分布的几个核心联合而成（图 13 - 2d）。如为害豆科牧草的叶螨类在田间的分布。一般采用"Z"字形式或棋盘式取样法。

在草地害虫的分布型往往不是很典型的上述三种形式，而是这三种基本型的混合型，即随机核心混合型、随机嵌纹混合型及核心嵌纹混合分布型。

通常在草地调查与测定草地昆虫种群空间结构与分布型的步骤如下：

先在草地划定一个较大的面积，按一定的取样单位，逐一地调查在该面积内的全部虫数（或被害状），然后按草地的实际位置相对应地标示在方格纸上，即可绘成实际的田间分布图。某一草地内，无翅大头粪金龟的分布调查实际田间分布图。由这个图可作出此虫在田间的频数分布如表13-1。

表13-1 无翅大头粪金龟在田间的频数分布

每抽样单位中的虫口数（X）	0	1	2	3	4	总计
观察频数（f）	859	95	32	11	3	1 000

利用潘松分布的方差（S^2）等于均数（$\overline{X}$）这一特征，可以通过求"方差的均数比"（$S^2/\overline{X}$），估计出所检查的种群空间分布大致属于何种类型。如果该比值显著地小于1，则表明该种群呈均匀分布。如果该比值于1相差不显著（通常为1.0～1.5左右），则呈随机分布。如果该比值大于1.5，则表明有集聚倾向。就本例论，即：

$$\text{每抽样单位平均数}\ \overline{X} = \frac{\sum f_x}{\sum_x}\frac{204}{1\ 000} = 0.204$$

$$\text{方差}\ S^2 = \frac{\sum f_x^2 - \frac{1}{n}\left(\sum f_x\right)^2}{n-1} = 0.328\ 4$$

$$n = \sum f = 1\ 000$$

$$\text{方差}/\text{均数} = \frac{S^2}{\overline{X}} = \frac{0.328\ 4}{0.204} = 1.64$$

故初步判定为可能呈核心或负二项分布。

（四）取样单位

取样所用单位，随着昆虫的种类，不同虫期活动栖息的方式，以及各类牧草生长情况不同而灵活运用。一般常用的单位有：

1. 长度 常用于调查密集条播饲料作物害虫的调查统计。统计一定长度（如1m）内的害虫数和有虫株数。

2. 面积 常用于调查统计地面害虫（如草地蝗虫）、密集矮生牧草、密植牧草（如苜蓿、红豆草等的害虫），以及体小不甚活跃栖居植株表面的害虫。统计时一般采用1m²的面积，查其虫数、有虫株数。在虫口密度大、不太活动的情况下，面积可缩小至四分之一平方米。

3. 体积（或容积） 用于调查贮粮害虫。

4. 重量 用于调查饲料粮食、种子中的害虫。

5. 时间 用于调查活动性大的害虫。观察统计单位时间内经过、起飞或捕获的虫数。

6. 植株或植株上部分器官或部位 统计虫体小、密度大的蚜虫、蓟马等，常以寄生植物部分如叶片、花蕾、果实等为单位。

7. 器械 根据各种害虫的特性，设计特殊的调查统计器械，如捕虫网捕一定的网数，统计叶蝉、粉虱及蝗虫的百网虫数；灯光诱蛾，以一定光度的灯，在一定时间内诱获的虫数（虫头/台）；糖、酒、醋液诱集地老虎、黄色盘诱集蚜虫和飞虱，以每盘计数（虫头/盘）；谷草把诱卵、杨柳枝把诱蛾等，则以单位面积内设置一定规格的诱集物为单位，如百把卵块数、百把蛾数等。

（五）调查时间

调查工作应根据目的、对象选择适当的方法和时间。调查害虫种类组成时，由于植物不同发育阶段与季节中发生的种类不同，必须在植物的各个发育阶段进行；调查害虫分布时，应选择发生盛期进行，尤其是尽量在易于发现和认识的虫期进行；同样，调查害虫发生期与发生量时，亦应按虫期和生活习性不同而异；损失率的调查多在受害已表现时进行。

二、害虫危害程度预测及产量损失估计

在草地进行实地调查，必须根据调查的目的、要求和具体内容，设计调查统计表格。实地检查，认真记载，获得一系列的数据资料，对所获得的各种材料（应包括标本）要及时登记、整理、计算，以便将调查结果进行比较和综合分析，概括地说明害虫数量和为害程度。资料分析整理中常用的一些统计计算方法如下。

（一）平均数计算法

此种方法是调查统计分析上用得最多，而且很重要的一个数量指标。它集中代表了样本的归纳特征。计算方法是把各个取样单位的数量直接加在一起，除以取样单位的个数所得的商，即为平均数。计算公式如下：

$$\overline{X} = \frac{X_1 + X_2 + X_3 + \cdots\cdots + X_n}{n} = \frac{\sum X}{n}$$

式中：$\overline{X}$——均数；

$\quad\quad n$——取样单位个数；

$\quad\quad x$——变数。

计算平均数时，应注意代表性，变数中有的太大或太小，常影响均数的代表性。为了表示均数中各样本的变异幅度，常附加一个标准差。

标准差的计算公式为：

$$S = \sqrt{\frac{\sum (X - \overline{X})^2}{n-1}}$$

式中：S——标准差；

$(n-1)$——自由度。

上式中，当 $n>30$ 时，则不用 $n-1$，可改用 n 作除数。

例如，在草地上调查地下害虫（如蛴螬、金针虫等）的数量，采用 5 点取法，每样点面积为 $1m^2$。统计虫数分别为 8、5、3、4、2 头，每平方米虫口密度平均数为：

$$\overline{X} = \frac{8+5+3+4+2}{5} = 4.4(头)$$

$$S = \sqrt{\frac{(8-4.4)^2 + (5-4.4)^2 + (3-4.4)^2 + (4-4.4)^2 + (2-4.4)^2}{5-1}}$$

$$= \pm 2.4$$

因此，每平方米虫口密度为 4.4±2.4（头），即在调查的样本中，多数在 2~6.8 头之间。

（二）加权平均

如果在调查资料中变数较多，样本在 20 个以上，相同的数字有 n 个，在计算时，可用乘方代替加法。这种计算平均数的方法，称加权平均，其中数值相同的次数称为权数用 f 代表，用加权计算的平均数叫做加权平均数。公式如下：

$$\overline{X} = \frac{f_1 X_1 + f_2 X_2 + f_3 X_3 + \cdots\cdots + f_n X_n}{\sum f} = \frac{\sum f X}{\sum f}$$

例如：在苜蓿田中，调查苜蓿叶象甲数量，用双对角线取样 20 点，每个样点面积为 $1m^2$，各样点检查虫数结果为：

```
1    3    2    6    5    2    3    3    3    0
4    2    0    2    2    4    2    5    1    2
```

加权平均时，先整理出次数（权数）分布表如下：

表 13 - 2　次数分布表

变数（x）	0	1	2	3	4	5	6
次数（f）	2	2	7	4	2	2	1

代入加权平均公式：

$$\overline{X} = \frac{2 \times 0 + 2 \times 1 + 7 \times 2 + 4 \times 3 + 2 \times 4 + 2 \times 5 + 1 \times 6}{2+2+7+4+2+2+1}$$

$$= 2.6（头）$$

加权平均法对于各变数所占比重不同的资料亦可适用。例如，不同类型草地中害虫发育进度、不同受害程度的虫害率等，都应考虑各类草地中所占面积的比例，即以各类型草地面积百分数为权数，求出加权平均数，才符合实际。

（三）产量损失估计

牧草因害虫为害所造成的损失程度，一般直接决定于害虫数量的多少，但并不完全一致，为了可靠的估计害虫所造成的损失，需进行损失估计调查。

产量损失可以用损失百分率表示，也可用实际损失的数量表示。这种调查往往包括三个方面；调查计算损失系数；调查计算牧草被害株率；计算损失百分率或实际损失数量。

大田抽样调查结果可用被害（或有虫）百分率表示，常用计算公式：

$$P = \frac{n}{N} \times 100$$

式中：P——被害百分率或有虫百分率（%）；

n——被害（或有虫）样本（株或头）；

N——调查样本总数（株）。

单株抽样调查结果可用下列公式：

$$Q=\frac{a-c}{a}\times100$$

式中：Q——损失系数；

$\quad a$——未受害植株的单株平均产量（g）；

$\quad c$——受害植株的单株平均产量（g）。

产量损失百分率计算可用下列公式：

$$C=\frac{Q\cdot P}{100}$$

式中：C——产量损失百分率（%）；

$\quad Q$——损失系数；

$\quad P$——受害株百分率（%）。

单位面积牧草实际损失量：

$$L=\frac{a\cdot M\cdot C}{100}$$

式中：L——单位面积实际损失产量（g/m²）；

$\quad a$——未受害株数单株平均产量（g/株）；

$\quad M$——单位面积总植株数（株/m²）；

$\quad C$——产量损失百分率（%）。

1. 蛀食性害虫造成的损失估计　例如，为害饲料作物的玉米螟，对玉米产量的影响取决于虫口密度及与玉米生育期的吻合程度（表 13-3）。

表 13-3　玉米螟虫量与产量的关系

虫数/株	心叶末期		心叶中期		穗期（灌浆期）	
	产量（g/株）	株数	产量（g/株）	株数	产量（g/株）	株数
1~3	—	—	78.7	27	77.5	36
4~6	67.6	6	72.3	53	88.1	33
7~9	24.2	16	67.1	43	85.9	36
10~12	25.9	12	72.6	32	86.3	25
13~15	36.4	10	51.1	14	68.7	18
16~18	34.8	9	53.8	7	64.1	7
19~21	—	—	—	—	64.5	14
22~24	—	—	—	—	43.0	2
25~27	—	—	—	—	57.3	5
28~30	—	—	—	—	46.8	2
每增加一虫每株减产（g）	—	—	2.7		1.57	
减产（%）	—	—	3.19		1.84	—

北京农业大学还测得夏玉米穗期平均蘩株玉米中幼虫数（x）与百株玉米产量（y）间的回归预测式：

$$\hat{y} = 18.97 - 0.17x \qquad （\hat{y} 的单位为 500g）$$

2. 食叶性害虫造成的损失估计 以黏虫为害小麦的典型实例，借此估计黏虫为害禾本科牧草种子产量的损失（表13-4）。

表13-4 黏虫为害小麦损失率测定

项目 受害程度	测定株数	平均单株粒重（g）	较健株减少（%）	平均千粒重（g）	较健株减少（%）
叶片全部吃光	2 672	0.70	33.42	26.78	18.55
剑叶吃光，下部叶片完好	318	0.82	22.33	28.52	13.26
剑叶受害、下部叶片吃光	568	0.81	22.90	28.73	12.62
上、下部叶片均受害	204	0.88	16.17	29.64	10.43
剑叶完好，下部叶片吃光	1 484	0.95	9.54	30.85	6.17
健株	1 062	1.03	—	32.88	—

3. 刺吸式害虫造成的损失估计 以蚜虫为害小麦实例，借此估计禾本科牧草种子产量损失（表13-5）。

表13-5 小麦穗期蚜虫密度与千粒重关系

每穗蚜虫数（头）		千粒重（g）	
幅度	平均	平均	比对照减少（%）
0	0	29.22	—
11～20	16.0	22.80	21.90
21～50	40.3	19.24	34.00
51～132	80.1	17.60	39.95

三、害虫的预测预报

害虫预测预报的基本内容，就是预测害虫数量的变动，即害虫种群数量在时间上和空间上的变化规律。预测预报的具体内容是：首先掌握害虫的发生期、为害期，确定防治的有利时机；其次是掌握害虫发生量，视害虫发生量的多少和为害性的大小，决定防治与否；还要掌握害虫发生地和扩散蔓延的动向，确定防治区域、对象田及其他相应的组织和措施。

（一）预测预报的类别

1. 预测预报期限 可分为短期、中期和长期测报。

（1）短期测报。一般仅测报几天至十余天的虫期动态。根据害虫的前一虫期推测下一虫期的发生期和数量，作为当前防治措施的依据。例如，从产卵高峰预测孵化盛期；从诱虫灯诱集发蛾量预测为害程度等。

（2）中期测报。一般都是跨世代的，即根据前一代的虫情推测下一代各虫期的发生动态，作为部署下一代的防治依据。期限往往在1个月以上。但视害虫种类不同，期限的长短可有很大差别。一年只发生一代的害虫，一个测报可长达1年；发生周期短的（全年要发生2～5代的种类），可测报半年或1季，有的甚至不到1个月。

（3）长期测报。一般是对2个世代以后的虫情测报，在期限上要达数月，甚至跨年。在发生量预测上，通常由年初展望全年，或对一些生活史、周期性发生的害虫，分析在今后几年内的消长动态，都属于长期趋势测报。

2. 预测预报内容 可分为发生期预测、发生量预测和分布蔓延预测。现以草原蝗虫为例加以说明。

（1）发生期预测。是指昆虫在某一虫态出现时间的预测，也就是预测害虫侵入牧草地的时间，或是害虫某一虫态在牧草地大量出现或猖獗为害的时期。草原蝗虫发生期的预测主要包括以下几个时期。

①预测蝗卵发生期：现借鉴飞蝗资料以供各地调查时作参考，并将实际观察的数据，进行校正后，建立适于本地区蝗虫优势种类的预测推算公式。

方法：分别选择不同草地类型，每一类型内随机取样，挖回蝗卵5～10块，在室内拨虫卵料，取100粒进行检查，其具体方法如下：

将卵粒泡入盛有10%漂白粉液的小玻璃瓶中，经2～3min待卵溶解后，将漂白粉溶液倒出，再用清水漂洗，然后把蝗卵取出放在手电筒灯头上，透过灯光放大镜即可看出胚胎发育期，可粗略地将胚胎分为4个时期（表13-6）。

表13-6 蝗卵胚胎发育的时期

胚胎发育期	原头部	胚转期	显节期	胚熟期
形态特征	胚胎尚未发育，卵壳破后，肉眼不易在卵浆内找到胚胎	胚胎已开始发育，卵壳破后，肉眼可看到约有一小芝麻粒大小的白色物	胚胎已形成，胚体大小近充满整个卵壳、眼点、腹部及足的分节都已明显	胚胎已全发育完成，体呈红褐色至褐色
在正常天气下（20～25℃）到夏蝗孵化所需天数	21～24	15～18	9～12	3～6

根据检查结果，将发育天数相同的蝗卵块并为一组，分别标出各组百分比，然后再根据查卵以后10d内，当地5cm深平均土壤温度，用下列算式推算出蝗卵孵化期。

$$到孵化所需天数 = \frac{210 - (15 \times 已完成发育天数)}{5cm 深平均地温 - 15}$$

式中：210——卵发育天数（天）；

15——蝗卵发育起点温度（℃）。

例如，4 月 10 日在某草地所采的 100 粒蝗卵中，胚胎发良到第七天的有 60 粒（60%），该地气象预报 4 月 11~20 日 5cm 深地温为 20℃，代入上式得：

$$孵化所需天数 = \frac{210 - 15 \times 7}{20 - 15} = 21（天）$$

即在正常情况下，此草地中计有 60% 的蝗卵，将于 5 月 1 日左右孵化出土，其余40% 的蝗卵孵化期，则根据其胚胎发育天数用同一算法算出。

②蝗蝻出土期：调查同一种蝗虫，在不同草地类型内；同一草地类型中，不同种类蝗虫的出土时期。每隔 5d 进行一次，直到各种蝗虫出土完毕结束（表 13 - 7、表 13 - 8）。

表 13 - 7　蝗蝻出土时期的野外调查

调查日期		地形	海拔	坡向
草地类型		植被特征		
指示植物		气候状况		
虫口密度（头/m²）				

表 13 - 8　蝗虫室内分级统计

种类名称	虫口	龄　　期								成虫	
		1		2		3		4……			
	头	头	%	头	%	头	%	头	%	头	%
A											
B											
C											
D											
⋮											
⋮											

注：A、B、C、D……，分别代表蝗虫种名。

龄期：龄期的确定，采用野外调查和室内饲养相结合（表 13 - 9、表 13 - 10）。

③从蝗卵孵化盛期预测 3 龄蝻盛期：蝗蝻各龄发育所经过的天数随气温的变化有所不同。因此，掌握蝗蝻 3 龄的盛期，可根据地面上 30cm 草丛旬平均气温的预报资料（无草丛温度观察的地区，可按下列公式推算：草丛温度＝气温度＋1.6℃），用下列算式推出。

$$达到 3 龄所需天数 = \frac{130}{30cm 草丛旬平均温度 - 18}$$

式中：130——蝗蝻整个发育期的有效积温（℃）；

18——蝗蝻发育起点温度（℃）。

表 13 - 9　蝗虫各龄历期室内饲养观察

龄期		1	2	3	4	……	全蝻期
观察头数							
历期天数	最短						
	最长						
	平均						

例如，某一草地内，蝗蝻孵化盛期为 5 月 10 日左右，该地气象资料预报 5 月中旬，30cm 草丛温度为 25℃，代入上式则得：

$$到达 3 龄所需天数 = \frac{130}{25-18} = 18.6（天）$$

即此地区蝗蝻 3 龄的盛期应在 5 月 28 日左右。

表 13 - 10　蝗虫各龄历期野外调查

草地类型	蝗虫种类	蝻期				
		1 龄	2 龄	3 龄	4 龄	……
		始 盛 末	始 盛 末	始 盛 末	始 盛 末	
Ⅰ	A					
Ⅱ	B					
Ⅲ	C					
⋮	⋮					
⋮	⋮					

现将主要分布在青海、甘肃、新疆、内蒙古等地区山地草原上的宽须蚁蝗各龄主要特征列表 13 - 11 如下，供识别龄期时参考。

表 13 - 11　宽须蚁蝗各龄主要特征表

龄期	1 龄	2 龄	3 龄	4 龄	5 龄
主要形态特征	体较短粗，头大而圆、触角端部略粗，前胸背板侧隆线后方明显向外扩大，后缘中央凹入，翅芽不明显	前胸背板中央微凹，略见翅芽，中胸和后胸背板两侧略向下方突出	翅芽翻向背部靠拢，翅尖开始指向后方，翅芽长约为前胸背板长度的二分之一	翅芽长度与前胸背板相等，其尖端指向后下方	翅芽与前胸背板等长，前胸背板后缘向中央后延伸形成钝角

④羽化：从蝻期预测成虫出现期时，可根据有效积温进行预测。根据当地同时期旬平均气象资料，参考表 13 - 12 中所列各龄有效积温数，即可用下列公式计算：

$$到达各龄所需天数 = \frac{所需有效积温数}{30cm 草丛旬平均温度 - 18}$$

式中：18——蝗蝻发育起点温度（℃）

表 13-12　不同温度下各龄发育所需有效积温数

龄别 温度（℃）	1~2	2~3	3~4	4~5	5至成虫	羽化产卵	总计
30℃时所需有效积温	68.7	61.5	56.9	80.5	137.5	262.7	665.8
35℃以下	58.6	74.5	70.1	88.9	117.0	201.9	621.0
一般变温（25~35℃）	63.6	68.0	63.5	84.7	127.7	232.3	643.4

　　成虫羽化的进度可用始、盛、末三期表示，即成虫出现的百分率，当达到20％时为始期，50％为盛期，80％为末期。可按下列公式计算：

$$羽化百分率 = \frac{成虫数}{成虫数 + 蛹数} \times 100\%$$

　　⑤产卵期：可通过羽化—产卵前的有效积温测得（参表13-12）。另外，还可以检查成虫腹内卵块发育程度，预测成虫产卵期。在成虫交尾初期和盛期分别捕捉雌虫50头，剖腹检查体内蝗卵发育的程度。蝗卵发育的程度可粗略地分为三个阶段，检查后找出各期所占百分数，查对表13-13即可获得达到产卵期所需的天数。

表 13-13　蝗卵发育程度及达到产卵所需天数

卵发育期	初　　期	中　　期	后　　期
卵形态特征	卵块细长、呈白色， 卵粒长度不超过0.2cm	卵块略粗，呈淡黄色， 卵长0.3~0.4cm	卵块粗大，呈鲜黄色，卵粒 长达0.5cm
28~32℃，产卵所需天数	7~10	4~6	1~2

　　⑥成虫消失期：成虫交配产卵后相继死亡，此时在草地上虫口密度逐渐下降，直至全部消失，即为成虫消失期。

　　(2) 发生量预测。草地蝗虫发生量预测一般依据有效基数预测。于早春（4月上、中旬）进行检查越冬后的有效虫源数，预测下一代的发生量。通常用下列公式计算繁殖数：

$$P = P_0 \left[e \cdot \frac{f}{m+f} \cdot (1-M) \right]$$

　　式中：P——繁殖数（头）；

　　　　　P_0——前一代基数（头）；

　　　　　e——每头雌虫平均产卵数（生殖力）（粒）；

　　　　　f——雌虫数（头）；

　　　　　m——雄虫数（头）；

　　　　　$\dfrac{f}{m+f}$——雌虫百分率（％）；

　　　　　M——死亡率（％）；

　　　　$(1-M)$——生存率（％）。

　　①蝗卵越冬死亡率调查：春季（4月上、中旬）蝗虫未孵化出土前进行。在不同草地类型中，随机取样，挖卵块数块（10~20块）带回室内将新鲜卵块与往年已孵化的陈旧

卵块分开，新鲜卵块内均有饱满的新鲜卵粒，而陈旧卵块则常栖藏有某些昆虫幼虫以及蜘蛛等或为土粒砂砾所充满。死亡卵粒常可出现卵粒皱缩、霉烂、僵硬、干瘪等情况。然后分别统计活、死蝗卵数量，由下式进行计算：

$$蝗卵死亡率 = \frac{死亡卵粒数}{死亡卵粒数 + 新鲜卵粒数 + 已孵化卵粒数} \times 100\%$$

②蝗虫虫口密度调查：调查时间以在7～9月间为宜。其目的是为了摸清蝗虫成虫发生地点、种类、密度和面积，以及优势种所占的比例，并调查清楚蝗区的一般情况，作为下年度制订防治计划的主要依据。取样时可采用：

目测法：用目测记数 $1m^2$ 内蝗虫种类、数量以及雌雄比例，可1～2人观测记数报告结果，由另一人记录。

方框取样法：采用方框取样器迅速罩下，将框内蝗虫用手拍死后计数统计〔方框取样器可用木条钉成（或用粗铁丝作成）50cm见方的框子（高50cm），四周用木条或铁丝支撑，可以折叠，四周及上方用纱布或塑料窗纱做成〕。

（3）分布蔓延预测。害虫在分布区内，有一定的发生基地，而且有一定的扩散蔓延和迁移习性。掌握害虫的生活习性，参考害虫的食料和寄主植物的分布，根据当地当时气象要素的具体变化，就能分析找出扩散蔓延的动向，计算出某一时期内可能蔓延到的地区，或是根据面积和距离预测迁移到某地所需的时间，做好防治的准备工作。要掌握害虫的分布蔓延规律，必须要了解种群与物种、群落间的相互关系（表13-14）。

表13-14 阐明种群与物种群落相互关系的示意表

物种＼群落	(1)	(2)	(3)	(4)	(5)	(6)	(7)
A	A_1	A_2	A_3			A_6	A_7
B		B_2	B_3	B_4	B_5	B_6	B_7
C	C_1		C_3	C_4			
D	D_1		D_3		D_5		D_7

注：表中A、B、C、D分别代表不同的物种；(1)、(2)、(3)……，代表不同的群落；$A_1 A_2 A_3$……；$B_1 B_2 B_3$……，表示各该种群在分类上属某一物种，在地域上属某一群落。

表13-14表示，在某一草地类型中计有A、B、C、D 4个物种分布于(1)、(2)、……，(7) 7个不同的群落中。在群落(3)中该4个物种均有代表出现；而群落(1)与(7)则分别有属于3个不同物种的种群所组成；群落(2)、(4)、(5)、(6)均分别具有2个不同的物种的种群。就各个物种而论，物种B的分布较广，它在其中6个群落中均有分布；而物种C，则只在3个群落中出现。此表说明种群在物种及生物群落构成中的地位。同时亦表明各物种在各个群落中出现的相对频率。依上述的情况来了解各种害虫在空间分布蔓延的规律。

（二）预测预报的方法

常用的方法有下列几种：

1. 统计法　根据多年观察积累的资料，探讨某种因素如气候、物候现象等，与害虫某一虫态的发生期、发生量的关系，或害虫种群本身前、后不同的发生期、发生量之间的相关关系，进行相关回归分析，或数理统计计算，组建各种预测式。

2. 实验法　应用实验生物学方法主要求出害虫各虫态的发育速率和有效积温，然后应用当地气象资料预测其发生期。另一方面，用实验方法探讨营养、气候、天敌等因素对害虫生存、繁殖能力的影响，提供发生量预测的依据。

3. 观察法　是指直接观察害虫的发生和牧草物候变化，明确其虫口密度、生活史与牧草生育期的关系，应用物候现象、发育进度、虫口密度和虫态历期等观察资料进行预测。其具体方法如下：

（1）期距法。各虫态出现的时间距离，称为"期距"。即昆虫由前一个虫态发育到后一个虫态，或前一个世代发育到后一个世代经历的时间天数。只要知道这个期距天数，就能根据前一个虫态的发生期，加上期距天数，推算后一个虫态的发生期。也可以根据前一个世代的发生期，加上一个虫态的发生期，推算后一个世代同一虫态的发生期。主要方法有：

诱集法。对于活动能力强不便于田间检查的害虫，可以利用其趋性进行诱测。如用灯光诱集、糖醋诱集及植物诱集等。在害虫发生期间进行诱测，逐日统计算出发生始期、盛世期、末期直至终见。

饲养法。对于田间难以检查的虫期，可通过饲养观察的方法。一般是从草地采集一定数量的卵、幼虫、蛹，在人工饲养下，观察统计其发育变化历期，根据一定数量的个体，求平均发育期，以这样的平均"历期"作为期距，进行期距预测。

田间调查法。一般是在某一虫态出现前开始，每隔3～5d在田间取样调查一次，统计出现数量，计算出发育进度，直至终期为止。下一虫态也是这样，依次类推。根据田间实际检查的资料，可以看出同一个世代中孵化、化蛹、羽化等进度的期距，以及一年中不同世代同一虫态发育进度的期距。

（2）物候预测法。是根据自然界的生物群落中，某些物种对于同一地区内的综合外界环境条件有相同的时间性反应。例如，在草地上蝗虫的某一虫态和牧草在一定生长阶段同时出现，这样就可以依据牧草某一生育期的出现来预测蝗虫的发生期。在草地上一般应选择观察显著易见，分布普遍的多年生植物，尤其是害虫寄主植物或与其有生态亲缘的物种，系统观察其生育情况，如萌芽、出土、现蕾、开花、结果、落叶等过程，或者观察当地季节动物的出没、鸣叫、迁飞等生活规律；与此同时也要观察同一环境中害虫的孵化、化蛹、羽化、交尾、产卵等不同发育阶段出现的一致性。在进行观察时，必须把观察的着重点放在害虫出现以前的物候上，找出其间的期距，分析其与当地害虫的发生期是直接的还是间接的关系（表13-15）。

表13-15　蝗虫物候期观察记录表

时期（日/月）	指示植物（动物）名称及其指示特征	蝗虫种类及其发育阶段

（3）有效积温法。应用有效积温公式：$K=N(T-C)$（K 为有效积温、T 为实际温度，C 为发育起点温度，N 为发育历期日数）时，将其转变为发生期预测的有效积温经验预测式：$N=\dfrac{K}{T-C}$（即 $T=C+KV$），而要求出某种害虫及其各虫态的这个预测式，首先就要测定 C、K 2 个常数。先在不同温度（T）时饲养某种害虫，观察和记录不同温度时发育所经的历期，然后换算为发育速率（$V=1/N$），进而算出 C、K 值。例如，第一种温度 $K=N_1$（T_1-C）……①；第二种温度 $K=N_2$（T_2-C）……②；于是①＝②＝K，则得：

$$N_1(T_1-C)=N_2(T_2-C)$$

$$C=\frac{N_1T_1-N_2T_2}{N_1-N_2}$$

将计算的 C 代入①或②式，可求得 K。

（4）经验指数预测法。常用的经验性预测指数有温雨系数和温湿系数，其公式如下：

$$温雨系数=\frac{S}{T} 或 \frac{P}{T-C}$$

$$温湿系数=\frac{RH}{T} 或 \frac{RH}{T-C}$$

式中：P——月或旬总降水量（mm）；

T——月或旬平均温度（℃）；

C——该虫发育起点温度（℃）；

RH——月或旬平均相对湿度（%）。

东亚飞蝗的发生动态与季节性温度、雨量的变化有一定的关系。在长江下游地区得出了下列经验预测式：

$$\frac{T_S}{21}+\frac{80}{R_{4下-5上}}>2 \text{ 夏蝗可能大发生}$$

$$\frac{T_S}{21}+\frac{80}{R_{4下-5上}}+\frac{240}{R_{7-8}}>3 \text{ 则秋蝗可能大发生}$$

注：T_S、$R_{4下\sim5上}$ 和 $R_{7\sim8}$——各为 4 月下半月和 5 月上半月，7～8 月份日平均气温和总降水量。

预测式表明长江下游地区，5 月份温度高于 21℃，4 月下半月和 5 月上半月雨量低于 80mm，则当年夏蝗可能大发生；如 7～8 月份总雨量低于 240mm，则当年秋蝗可能猖獗。

（5）种群数量估计法——生命表。以昆虫的产卵数或预期产卵数为起点，分别调查由于各种不同原因对种群不同虫期所造成的死亡数，逐项列入表中，最后求出一个世代中所能存活下的数量，再根据雌雄性比及雌虫平均产卵量，求得下一代的发生量。如发生量和起点发生量相似，说明种群数量稳定无增减；如大于或小于起点发生量，表明种群数量将要增加或将趋于下降。生命表中应记载：虫期或虫龄（X），该虫期或虫龄的起始存活数（I_x），在该虫期或虫龄的死亡因素（d_xF）及死亡数（d_x），折合该虫期的死亡率（$100q_x$）。折合成全世代（N_1）的死亡率（$100d_x/N_1$），本世代及下世代的卵数（N_1 及 N_2）。以某虫（每雌产卵力为 100，性比为 50∶50）作生命表为例，如表 13-16。

表 13 - 16　生命表示例

X	Ix	d_xF	d_x	$100q_x$	$100d_x/N_1$
卵（N_1）	100	寄生性天敌	30	30	30
		捕食性天敌	10	10	10
幼虫	60	霜	55	92	55
蛹	5	寄生性天敌	3	60	3
成虫	2				
卵（N_2）	100				

种群消长趋势指数：

$$I=\frac{N_2}{N_1}=1$$

种群消长趋势指数 $I=1$ 时，说明种群数量无增减。从表 13 - 16 中可以看出，幼虫因霜死亡 92%，折合种群起始总量（N_1）的 55%，可以说对该虫种群消长起着关键的作用。幼虫期为影响种群消长的关键虫期，而使这关键虫期致死的主要因素为霜冻，霜冻则称为决定因素，这是数量预测的重要依据。

四、人工草地昆虫群落的研究方法

（一）昆虫对牧草的影响

在牧草的整个生产过程中，与昆虫的活动有密切的关系，特别是有害昆虫是影响牧草生产的重要原因之一。对各种人工草地牧草不同生育期内的调查结果表明，昆虫群落是整个生物群落的组成部分，与植物及其他动物群落相互作用而共同生存。昆虫在人工草地牧草生物学过程中的作用是多种多样的，但对牧草生态系统影响最大、起主导作用的，首先是害虫对牧草的为害；其次是天敌昆虫对害虫大发生的抑制作用；再者是传粉昆虫对牧草种子的结实影响。另外，昆虫还具有传播植物病害、分解有机质以及土壤通气等作用（表 13 - 17）。

表 13 - 17　苜蓿田中不同昆虫类群数量对比

调查寄主	寄主生育期	昆虫类群（%）			
		有害昆虫：叶蝉、盲蝽、蓟马、叶甲、象甲	天敌昆虫：瓢虫、草蛉、食蚜蝇	传粉昆虫：蜜蜂、熊蜂	其他昆虫
苜蓿	现蕾	78.5	10.2	2.6	8.7
	开花	73.1	15.4	4.6	6.9
	结荚	77.9	12.7	2.1	7.3

（二）人工草地昆虫群落的形成及结构

目前在生产上大面积建植的人工草地，绝大多数均属多年生类型。由于连续多年不翻耕，植株生长旺盛，茎叶繁茂，田间温度高、湿度大，小气候有巨大变化，给那些生活在原生物群落中，以近缘的野生植物为食的昆虫种类创造了有利的生存条件，并提供了丰富的食物来源，使之类目剧烈增加。不少昆虫种类由繁殖到休眠的全部生活史，都在这里进行，这样则形成了较为稳定的昆虫群落。而在一年生的人工草地中，由于一年一度的播种、刈割、翻耕等一系列栽培技术措施的进行，就使得植被在短期内急剧更替，这样导致昆虫群落在年内就有剧烈的变动。常常使一些单食性或寡食性种难以生存而被淘汰，故昆虫群落极不稳定。

人工草地昆虫群落具有一定的结构和特征，即具有明显地分层现象。这种现象在各种人工草地上普遍存在。并且一方面依赖于植物的分层状况，另一方面亦受各层生态气候的影响。昆虫群落之所以有分层，主要与食物有关，不同的层次提供了不同食料，还提供了不同的微气候及不同的隐蔽所。所以定居在空间的昆虫群落，每一层在质和量上都有差异。

昆虫群落共分为三层：

1. 地下层 主要是地下部分牧草的根系，包括主根、侧根、根毛及根瘤等。害虫主要有蛴螬、蝼蛄、金针虫、地老虎等。

2. 草地层 主要是地上部分牧草基部的枯枝落叶等。主要害虫有象甲、叶甲、伪步甲及螨类等。

3. 草本层 主要是地上部分牧草基部以上的茎、叶、花、果实及种子等。害虫主要有叶蝉、蜥象、盲蝽象、蚜虫及蓟马等。

草本层是昆虫群落的主体，是许多害虫栖息、生长、繁殖的场所。

（三）人工草地害虫种类的分布及其为害特征

人工草地害虫种类繁多，食性范围很广，依嗜食程度不同可分为：食豆科草类、食禾草类及混合食草类。从分类上说，盲蝽象、象甲、芫菁等主食豆科草类；蝗虫、瘿蚊、秆蝇等主食禾草类；地下害虫、叶蝉、蚜虫等绝大多数则无鲜明的趋向，为混合食草类。害虫在人工草地牧草上的分布，与牧草种类密切相关，在不同的牧草上，害虫种类的组成有很大的差别。但是由于多食性害虫比单食性或寡食害虫在分布上较为广泛，所以在同种牧草上，既有多食性种类，又有单食性或寡食性种类。例如，在豆科牧草上，主要以叶蝉、盲蝽象、蚜虫、象甲及地下害虫为主体，禾本科牧草上，则以叶蝉、蚜虫、蝗虫、瘿蚊、秆蝇及地下害虫为主体。

在大田中，不同的生态小生境，如根、茎、叶、花及果等，各为某些害虫的取食和栖息提供了条件。所以，害虫对牧草的为害特点是，具有分层现象，即在牧草的不同部位，就有不同的专食性害虫，分别有为害地下根系（或根瘤）、茎、叶、花及种子的害虫。例如，有为害豆科牧草根瘤的根瘤象甲，为害叶片的叶象甲、为害茎的茎象甲、为害种子的子象甲等。

（四）人工草地昆虫群落的周期性变动

1. 日周期活动 为害人工草地牧草的地下害虫属夜出性种类，如地老虎幼虫均在夜间活动，而成虫从傍晚开始，至次晨黎明活动，一夜间有 2 次高峰，即在 21～22h 的次晨 4h 左右（图 13 - 3）。

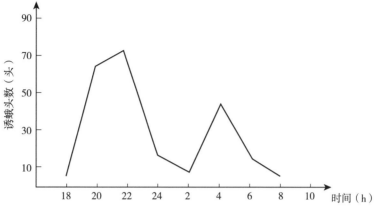

图 13 - 3　苜蓿田中黑光灯诱集地老虎成虫数量消长图

主要豆科牧草（苜蓿、红豆草及三叶草等）的传粉昆虫野蜜蜂是日出性昆虫，全天均能在光照下大量出外活动，但是随着光照而转移，并且种类不同，活动习性亦有差异。例如，在正常气候条件下，黄跗条蜂在红豆草田中呈前峰型，即在 11～13h 有一个高峰，17～18h 有一个小高峰（图 13 - 4）。火胸地蜂在紫苜蓿田中呈中峰，即在 14h 出现高峰（图 13 - 5）。熊蜂在鹰嘴紫云英田中呈双峰型（图 13 - 6）。

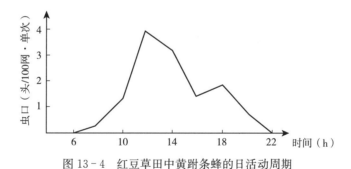

图 13 - 4　红豆草田中黄跗条蜂的日活动周期

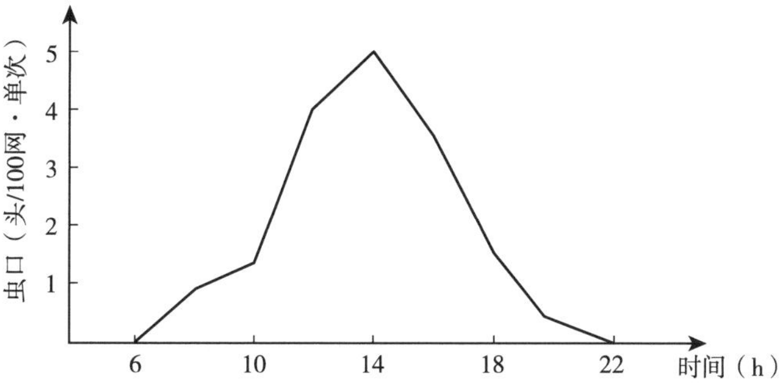

图 13 - 5　紫苜蓿田中火胸地蜂的日活动周期

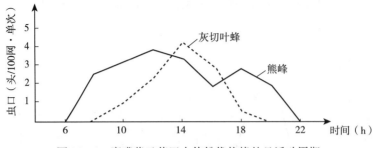

图 13-6　鹰嘴紫云英田中传粉优势蜂的日活动周期

2. 季节性周期　人工草地昆虫的活动，主要依季节的转移而转移，季节的变化明显地影响到昆虫一定时期内的出现及生存密度的消长。昆虫个体的生长、繁殖、群落的结构和组成，以及种群的生存密度，亦随环境的变动和寄主植物各生长阶段的联系而出现季节性的特点。例如，苜蓿田的昆虫群落中，盲蝽象、叶蝉及象甲等，自春到秋都有存在，但种间的季节性密度差异显著，而且随着作物的不同生育期表现得更为突出（图 13-7）。

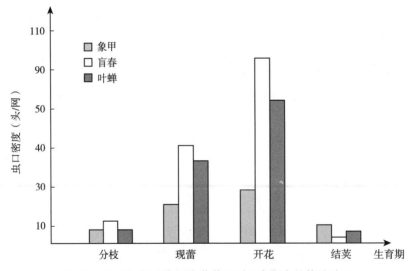

图 13-7　不同昆虫类群在苜蓿不同生育期内的数量对比

由图 13-7 可以看出，不同昆虫类群在苜蓿不同生育期内的数量变化不一致。从分枝期（4 月中、下旬）起，就有各种害虫开始活动，并随着作物的不断生长发育数量递增；现蕾（5 月中、下旬）和开花期内数量最多，且在开花期均出现高峰；结荚期（7 月上、中旬）内种群数量逐渐下降。不同昆虫类群中，盲蝽象和叶蝉的数量变化最大，而象甲数量变化则较小。

（五）栽培技术对昆虫群落的影响

1. 人工草地布局　在某一地区栽培不同作物，自然形成若干交错群落生境，并影响昆虫在整个区域内生存密度的不一致性。如在大田内，大面积种植的农作物（小麦、玉米等）中间，种植一块牧草（苜蓿、燕麦等），其田内牧草受害虫（叶蝉、蓟马及蚜虫）的为害比农作物严重（表 13-18）。

表 13-18　不同作物田内昆虫数量对比

作物		昆虫种类		
名称	生育期	叶蝉 （头/100 网·单次）	蓟马 （头/100 网·单次）	蚜虫 （头/枝）
苜蓿	开花-结荚	87	345	75
小麦	开花-灌浆	14	43	5

由表 13-18 可知，苜蓿田内各种昆虫数量，大大超过了小麦田内的数量。这是因为在小麦与苜蓿田之间形成了交错群落，此生境内的温度、湿度、光、风及其他物理因素和两个接邻群落的特征不同，常使这里所生长的生物种类及栖息密度大幅度的增加，这是交错群落地区的边缘影响结果。

2. 不同多年生豆科牧草间的差异性　在昆虫的生活环境因素中，食料营养的差异和变动，对昆虫生存、生长发叉腰影响很大。植物对昆虫的营养价值，随着种类、品种特性、生长状况而有变化。研究资料表明，人工草地昆虫种类组成，不但在不同科（如豆科和禾本科）中截然不同外，而且在同一科不同种间，在数量上也存在很大的差异。例如，在我国北方各个地区大面积种植的年限很久的苜蓿田内，昆虫已形成了稳定的生物群落。同时还表明，在牧草同一科不同种间，昆虫种类的组成没有明显差异（表 13-19）。

表 13-19　不同多年生豆科牧草间昆虫种群数量对比

作物		昆虫种类（头/100 网·单次）			
名称	生育期	盲蝽象	叶蝉	象甲	蓟马
紫苜蓿	现蕾—开花	83	79	24	231
红豆草	现蕾—开花	74	65	19	189
白花草木樨	现蕾—开花	63	46	6	31
红三叶	现蕾—开花	41	40	3	127
沙打旺	分枝—现蕾	49	52	8	21
鹰嘴紫云英	分枝—现蕾	58	54	7	29

3. 牧草不同的生活年限　在人工草地昆虫群落中，各种昆虫的种群密度，与牧草的生活年限及其生长势密切相关，即在牧草生长的最旺盛时期（一般生活第二三年），则昆虫的种类最多、密度最大（表 13-20）。

4. 刈割　人工草地上的牧草在生长过程中要适期刈割，这样使田间植被在短期内发生急剧的变化，从而影响牧草上随生昆虫群落的外貌和结构，特别对具有迁移性的昆虫影响更为明显。研究资料表明，饲用苜蓿和种用苜蓿田内，当饲用苜蓿刈割后，引起附近种用苜蓿田内各种昆虫种群密度发生猛烈地变化，其数量急剧的增加，从刈割后的第一天起，叶蝉和盲蝽象分别增长 43.2% 和 35.7%，第三天最高，分别为 70.1% 和 88.4%。一般各种昆虫的种群密度要增长 40％ 左右（表 13 - 21）。

表 13 - 20　昆虫在牧草不同生活年限内种群数量动态

牧 草			昆虫种类（头/100 网·单次）		
名称	生活年限	生育期	盲蝽象	叶蝉	象甲
苜蓿	1	开花	24	37	2
	2	开花	139	88	25
	3	开花	42	24	6

表 13 - 21　刈割牧草对留种田内昆虫种群密度的影响

调查时期	叶蝉		盲蝽象	
	密度（头/100 网·单次）	增长（％）	密度（头/100 网·单次）	增长（％）
刈割前	67		84	
刈割后				
1d	96	43.3	114	35.7
2d	108	61.2	139	65.5
3d	114	70.1	158	88.1
4d	107	59.7	131	56.0
5d	91	35.8	116	38.1

五、害虫防治的经济阈值研究

在害虫的防治工作中，若不合理地进行防治，不仅浪费人力、物力、财力，而且还会引起环境污染，害虫产生抗性。因此，确定害虫防治的经济阈值是防治工作的关键。害虫的种群密度对草地牧草的为害程度、防治费用、种群的生殖力与死亡率等均呈函数关系，要确定经济阈值就需要对种群密度的特性进行分析。

（一）农药防治的经济阈值

1. 害虫种群密度与牧草受害程度的关系　害虫对牧草的为害程度与害虫种群密度的高低有关，当害虫的密度在一定水平以下时，对产量影响极少或无损失，随着虫口的上升，产量呈曲线下降，最后当虫口达到一定水平时，产量可全部损失（图 13 - 8）。

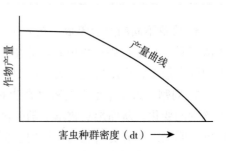

图 13 - 8　种群密度与产量损失曲线
（丁岩钦，1977）

如用数学方程表示，Headley（1971）提出：

$$D_t = bP_t^2 - A$$

式中：D_t——在时间 t 时，牧草的受害程度；

　　　　P_t——在时间 t 时，害虫的种群密度；

　　　　b，A——均为常数，其中 A 为受害能容忍的水平；b 为由于 P_t 的发生而增加的受害程度。

设产量是 D_t 的函数，则

$$Y = N - cD_t$$

式中：Y——产量；

　　　　N，c——均为常数，其中 N 为估计受害产量的一个常数，c 为估计增加产量作用的恒定常数。

这样，种群密度对于产量的影响，可用下式表示：

$$Y = N - c(bP_t^2 - A)$$

2. 防治费用与害虫种群密度的关系　防治费用与害虫种群密度的关系呈指数曲线关系。农药防治害虫的费用系随着害虫的数量增加而减少（图 13-9）。一般的表示式为。

$$O = \frac{L}{P_t}$$

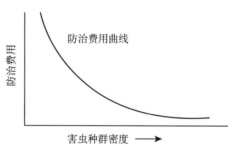

图 13-9　种群密度与防治费用的关系
（丁岩钦，1977）

式中：O——总防治费用；

　　　　L——影响增大费用的容忍度。

利用上述 2 条曲线还可分别计算出不同虫口密度下产量增长率与防治费用增长率。然后，将 2 条曲线合并，即可看出农药防治害虫的经济阈值（图 13-9）。

从图 13-10 中可以标出许多点，其中点 1 是当害虫种群不存在，或损失在统计学上没有意义时，收获的正常产量。点 2 是产量函数的变化率与防治费用变化率的等值点。点 3 是防治费用增长率与产量增长率的等值点。点 4 就是对应于点 2 与点 3 的害虫种群密度，亦即害虫防治的经济阈值。

从图 13-10 可以看出，在应用农药防治害虫时，这种关系表现为：

（1）为害与产量的关系曲线。当害虫的密度在一定水平以下时，对产量无损失，随着虫口的增加，产量呈曲线下降，最后当虫口逞能达一定水平时，产量全部损失。

（2）为经济效应曲线（亦即防治费用曲线）。药剂防治害虫的效果系随着害虫数量的增加，效果亦增加，这条曲

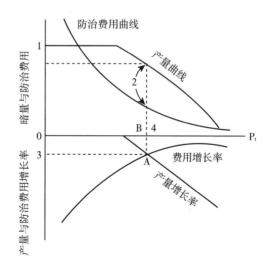

图 13-10　产量、农药费用与害虫种群密度的关系
（Headey，1971）

线呈指数曲线。

（3）为生物效应曲线。种群密度在时间上的增长，表现为对与产量于防治费用的经济关系。即随着种群的数量增加，产量逐渐下降，而防治费用亦逐渐减少。

（4）防治对产量的增长曲线。当虫口密度很高，为害将近使产量全部损失时，这时防治对于保产效果是大的，但损失是严重的，随着虫口的减少，保产效果逐渐下降。

（5）防治费用增长曲线。系随着虫口的减少，防治费用逐步上升，当曲线到达与产量增长曲线的交点时，就是说明在此水平下，产量的增长与防治费用的消耗相等。由这个点与相应的种群密度就是该药剂防治的经济阈值。低于此点，即表现为防治费用大于产量的增长，亦就是"增产不增收"，而超过此点，虽然防治费用小于产量的增长，但却出现了产量受到损失。

（二）生物防治的经济阈值

应用天敌控制害虫的虫口密度时，要注意天敌与害虫的关系。这主要表现为密度制约因素的作用关系。

天敌与害虫两个种群相互制约的密度关系表现为以下几种情况。

1. 天敌寄生率（或捕食率）**与寄主种群密度的关系**　天敌对于寄主的攻击效应，一般表现为随寄主种群的增加而上升，但当寄主种群密度增加到一定数量时，即不再上升，而呈现下降，这就是寄主对天敌的饱和能力（图 13-11）。

2. 天敌寄生率（或捕食率）**与天敌种群密度的关系**　天敌寄生率系随着天敌的数量增加而增加，但天敌的寻找效应的对数值却随着天敌密度对数值的增加而减少。这就出现了由于天敌种群数量的继续增加而种内个体之间的相互干扰现象与过寄生现象均会相继增加，从而使寄生率保持在一定水平上（图 13-12）。

3. 寄主与天敌在空间分布型的变化及其对两者间种群密度变化的关系　当寄主的空间分布呈聚集分布时，它可能严重地遭受到呈聚集分布的天敌对它的攻击，从而使寄生率显著增高，攻击的结果，使寄主的种群数量显著下降。随之，寄主改变了它的分布型为随机分布。由于寄主分布型的改变，天敌亦就减低了攻击效应，因此使寄主密度逐

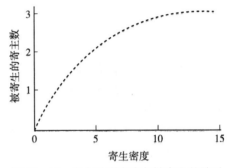

图 13-11　寄主种群密度与被寄生的关系
（丁岩钦，1977）

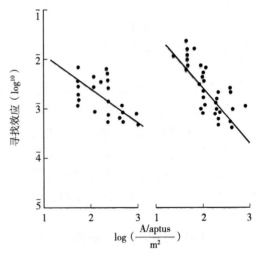

图 13-12　天敌种群密度与寻找效应的关系
（Cheke，1974）

渐得到恢复，直到寄主种群恢复到原来的分布型时，天敌才恢复它的最大的攻击效应。因此，两者间就形成了一个循环的数量变化关系（图 13 - 13）。

由图 13 - 13 即可看出：

（1）由于利用天敌防治害虫的费用较农药防治为低，因此，保产阈值较农药为高。

（2）由于寄主种群密度很高时，有饱和天敌种群的现象存在，天敌种群密度很高时有个体间干扰行为存在，所以应用天敌防治害虫时，存在有使用的上限阈值。即超过此阈值时，防治费用较大，而保产效果不如农药。

（3）当寄主种群密度很低时，可以改变其分布型，从而减低天敌的攻击效应，这说明寄主虫口低于一定水平时，应用天敌防治亦是不经济的。

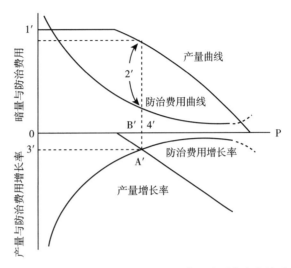

图 13 - 13　产量、生物防治费用与害虫种群密度的关系
（丁岩钦，1977）

若将图 13 - 10 与图 13 - 13 合并，即得图 13 - 14。

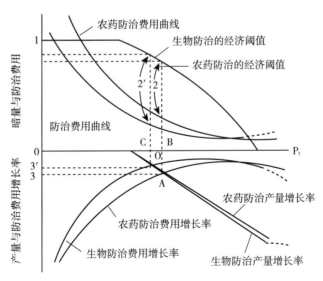

图 13 - 14　农药费用与生物防治费用在防治害虫中经济阈值的比较
（丁岩钦，1977）

由图 13 - 14 即可看出，药剂防治与生物防治的关系：

①两者的经济阈值范围。

②在防治工作中，两者可相互结合。

（三）种群密度的自身调节在害虫防治与益虫利用方面的意义

1. 种群密度与种群生殖力、死亡率的关系　种群的死亡率一般系随种群密度的上升而上升，而种群的生殖力则系随着种群密度的上升而下降（图 13-15）。两个变量与种群密度的曲线在 P′ 点相交，则 P′ 点的相对应值，即指出该种群的生死等值点，P 点为最适点。

2. 种群密度与下代种群密度的关系　图 13-16 说明，当种群密度很低时，下代种群增长很慢，当种群密度增加到一定程度时，如 P′ 点，种群即迅速增长。当种群继续上升到另一点时，如 P 点，种群即呈饱和状态而下降。P 点即为最适水平。

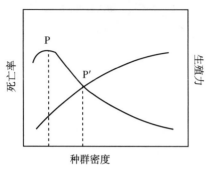

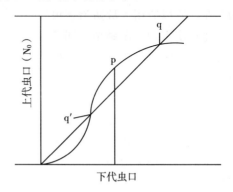

图 13-15　种群密度与死亡率、生殖率的关系　　图 13-16　种群上代与下代之间数量变化关系

（丁岩钦，1977）

上述两个图形，如从害虫控制与益虫利用的角度分析，图中 P 点，对害虫来说，应将害虫虫口控制在 P′ 点以下，使它要增长到 P 点时，需要经过较长的时间，并且留下这样低的害虫种群数量，既对牧草无经济意义，而又可以作为保存天敌虫口的繁殖基数。对于天敌来说，则应设法将天敌虫口数量保持在 P 点附近，使它随时处于最适的增长水平。

（鲁　挺　编）

第十四章　杂草调查与评定

杂草指的是生长在不希望其出现之处，干扰人类活动，对农牧业生产有不良影响的植物。草原上的有毒、有害植物，利用率极低的灌丛等均是杂草，苜蓿种子田中的无芒雀麦，多年生黑麦草种子田中的白三叶等也是杂草。

杂草调查与评定系指全面了解天然草原，人工、半人工草地上杂草的种类、习性、分布；确定其对草地畜牧业生产的危害；并将杂草与损失的关系以量的形式予以表示。

草地杂草调查与评定的主要目的是深入认识杂草在草地生态系统中的作用，为进一步开展杂草研究，制定草地合理培育利用制度，确定有效的杂草防除措施，以及评价杂草防除效果等提供基础资料。

杂草调查与评定是发达国家每年植保工作的重要内容之一。如前苏联，自1975年开始，每年对包括天然草原及人工草地在内的各种农地进行大规模杂草调查。我国经历时十余年的全国草原调查，对天然草原的杂草情况有了大致了解，尚未开展年度监测。对人工草地的杂草则知之不多，仅有零星报道。虽然对杂草的关注与研究源于其危害，但迄今为止，对草害损失估计的研究却远远落后于在杂草防治方面的进展与成就。这种状况在我国尤为突出，亟待改变。

一、杂草普查

杂草普查，又称一般调查，主要目的是提供杂草的种类、分布等基本资料，应逐年进行。当对一个地区杂草情况缺乏基本了解时，普查尤为重要。

（一）调查内容

1. 基本情况

（1）草原及人工草地。草原类型，人工草地种类，总面积及各类面积；

（2）自然条件。土壤状况，气候条件；

（3）生产现状。劳力条件，经济状况，机械水平，草原生产能力。

2. 杂草　不同类型草原及人工草地主要杂草种类与危害（详见测定项目部分）；草原利用制度与耕作技术对杂草的影响；采取草原高产培育措施后，杂草的变化；综合防除杂草的经验。

3. 除草剂应用　试验和使用过的除草剂种类，效果和推广面积；除草费用，包括除草剂，人工及器械等；经济效益；存在问题。

4. 标本采集　若为初次调查，对每种杂草均应尽可能地采集包括根、茎、叶、花、果实等部位在内的完整标本。一次难以采全，以后应争取补齐。每种至少采集5份，并按

表 14 - 1 观察记载。对主要杂草种类，应做更为详尽的观测，并根据其形态特征与生物学特性填写记载表 14 - 2，连同标本，作为资料长期保存。不能给出种名者，应送请有关专家鉴定。以后的调查中，对初次发现的杂草种类，均应照此办理。

表 14 - 1 杂草采集记载表

编号＿＿＿＿＿＿＿＿＿＿＿＿＿＿＿＿＿＿ 标本分号数＿＿＿＿＿＿＿＿＿＿＿＿＿＿

地点＿＿＿＿＿＿＿＿＿＿＿＿＿＿＿＿＿＿＿＿＿＿＿＿＿＿＿＿＿＿＿＿＿＿＿＿＿＿＿

草原（人工草地）类型＿＿＿＿＿＿＿＿＿＿＿＿＿＿＿＿＿＿＿＿＿＿＿＿＿＿＿＿＿＿

生境＿＿＿＿＿＿＿＿＿＿＿＿＿＿＿＿＿＿＿＿＿＿＿＿＿＿＿＿＿＿＿＿＿＿＿＿＿＿＿

生活型：一年生 二年生 多年生 半灌木 灌木

生态型：水生 湿生 中生 旱生 多浆类旱生 盐生 沙生 寄生

生育阶段＿＿＿＿＿＿＿＿＿＿＿＿＿＿ 株高＿＿＿＿＿＿＿＿＿＿＿＿＿＿＿＿

根＿＿＿＿＿＿＿＿＿＿＿＿＿＿＿＿＿＿ 茎＿＿＿＿＿＿＿＿＿＿＿＿＿＿＿＿

叶＿＿＿＿＿＿＿＿＿＿＿＿＿＿＿＿＿＿ 花＿＿＿＿＿＿＿＿＿＿＿＿＿＿＿＿

果＿＿＿＿＿＿＿＿＿＿＿＿＿＿＿＿＿＿ 籽实＿＿＿＿＿＿＿＿＿＿＿＿＿＿＿＿

土名＿＿＿＿＿＿＿＿＿＿＿＿＿＿＿＿＿＿＿＿＿＿＿＿＿＿＿＿＿＿＿＿＿＿＿＿＿＿

学名＿＿＿＿＿＿＿＿＿＿＿＿＿＿＿＿＿＿＿＿＿＿＿＿＿＿＿＿＿＿＿＿＿＿＿＿＿＿

采集人＿＿＿＿＿＿＿＿＿＿＿＿＿＿＿＿ 采集日期＿＿＿＿＿＿＿＿＿＿＿＿＿＿

鉴定人＿＿＿＿＿＿＿＿＿＿＿＿＿＿＿＿＿＿＿＿＿＿＿＿＿＿＿＿＿＿＿＿＿＿＿＿＿

备注＿＿＿＿＿＿＿＿＿＿＿＿＿＿＿＿＿＿＿＿＿＿＿＿＿＿＿＿＿＿＿＿＿＿＿＿＿＿＿

说明：1. 标本分号数指同一编号各期休集号数。
2. 根、茎、叶、花、果、籽实等记载色、形、数等。

表 14 - 2 主要杂草观察记载表

名称＿＿＿＿＿＿＿＿＿＿＿＿＿＿＿＿＿＿＿＿＿＿＿＿＿＿＿＿＿＿＿＿＿＿＿＿＿＿

受害牧草＿＿＿＿＿＿＿＿＿＿＿＿＿＿＿＿＿＿＿＿＿＿＿＿＿＿＿＿＿＿＿＿＿＿＿＿

营养体特征＿＿＿＿＿＿＿＿＿＿＿＿＿＿＿＿＿＿＿＿＿＿＿＿＿＿＿＿＿＿＿＿＿＿＿

成熟植株高度 平均＿＿＿＿＿＿＿＿ 最高＿＿＿＿＿＿＿＿ 最低＿＿＿＿＿＿＿＿

每株分蘖数 平均＿＿＿＿＿＿＿＿ 最高＿＿＿＿＿＿＿＿ 最低＿＿＿＿＿＿＿＿

根系类型＿＿＿＿＿＿＿＿＿＿＿＿＿ 根长＿＿＿＿＿＿＿＿＿＿＿＿＿＿

根系分布特征＿＿＿＿＿＿＿＿＿＿＿＿＿＿＿＿＿＿＿＿＿＿＿＿＿＿＿＿＿＿＿＿＿

植株繁殖特点＿＿＿＿＿＿＿＿＿＿＿＿＿＿＿＿＿＿＿＿＿＿＿＿＿＿＿＿＿＿＿＿＿

种子散布方法＿＿＿＿＿＿＿＿＿＿＿＿＿＿＿＿＿＿＿＿＿＿＿＿＿＿＿＿＿＿＿＿＿

其他＿＿＿＿＿＿＿＿＿＿＿＿＿＿＿＿＿＿＿＿＿＿＿＿＿＿＿＿＿＿＿＿＿＿＿＿＿＿

填表人＿＿＿＿＿＿＿＿＿＿＿＿＿＿＿＿ 填写日期＿＿＿＿＿＿＿＿＿＿＿＿＿＿

说明：株高与分蘖等量化指标至少测定 10 株。

（二）调查方法

进行大面积调查时，采用方法必须简单易行，使每个调查者不需具备丰富的经验，便可独立进行调查。时间宜在牧草收获或利用前，多数杂草种类进入生殖生长阶段，但种子尚未成熟脱落时。

1. 基本步骤 整个调查过程可分为如下步骤：

（1）确定调查范围与调查地块总数。

（2）采取随机抽样技术进行样本分层，将调查范围的草地按草原类型、地形条件、利用特点等分成较为一致的若干部分，即区层。

（3）根据每区层的草地面积占整个调查区草地总面积的百分比，确定每区层内调查地块数。

（4）调查范围较大时，对每一区层进一步分为若干亚区层，并确定相应的地块数。

（5）自每个亚区层（或区层）内，随机抽取相应数量的地块。

（6）对抽取的地块，设立样方进行调查。

2. 取样方法 杂草调查中常用的取样方法有：曲线法、平形法、方形法、五点法等。

（1）曲线法。此为加拿大农业部在萨斯喀其万省（Saskatchewan）进行杂草调查时所用方法（Thomas，1977）。调查者自地块一角开始沿地边步行 100 步，然后拐 90°进入地块，前行 100 步，转 45 度继续前行，每隔 20 步设一样方，样方面积不得少于 0.25m²（50cm×50cm）。每 5 个样方变换一次角度，直到测够 20 个样方止（图 14-1）。由于地形起伏，地块形状不规则，取样线路可做相应调整。

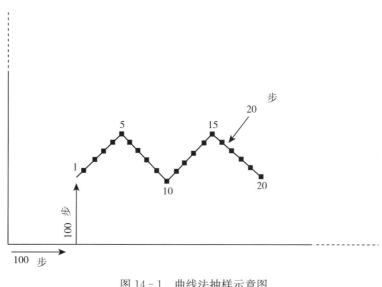

图 14-1 曲线法抽样示意图
■——取样点 ■-■——两点间的距离（20 步）
（Thomas，1977）

（2）平行法。此为英国杂草研究组织（Weed Research Organization，简称 WRO）进行杂草调查时所用方法（Wilson，1981）。每个地块 3 人或 4 人同时调查，彼此间隔 50m 平行穿过整地块，中间者兼任记录。以拖拉机轮胎印迹或其他地物作为指示物，保持互相平行。每隔 50 步，每人设立一面积为 2m² 的样方，进行测定统计。3 个或 4 个样方的平均结果作为一个调查点在图上标出。每块地调查 30～60 个点，因调查地块的面积而异。此法工作时间多消耗在行走之中，一般调查每公顷需 0.5h/人，应同时记载样方外个别分散的杂草植株作为补充。在田间杂草密度非常低时，不太适用。

（3）方形法。1977 年，英国进行全国范围的禾谷类作物田间杂草调查时采用的方法

（Elliott 等，1979）。每个调查者自地块一角沿地边行走 40 步，而后进地行走 3 步后，开始在田间按边长 100 步的正方形调查。第一个边长必须与地边垂直。行走中，统计周围 2m 宽带状内的杂草数。杂草过多时，统计到 75 株时，便记下所行步数，停止该侧的统计，统计另一侧。最后，将步换算成米，计算正方形内的杂草侵染密度。此法与上述两法相比，稍嫌粗糙，更适宜于某种杂草专题调查时采用。

（4）五点法。此为我国进行农田杂草调查时采用的方法（李扬汉，1980）。通过目测选有代表性的田块，分五点随机取样，样方为 1m²，密度高的小株杂草可取 0.25～0.3m²。统计测定，根据取得的数据推算调查区域内主要危害杂草分布的面积。

除上述各法，亦可采用田间取样常用的棋盘式，对角线法，之字形，W 形等。

（三）主要测定项目

1. 频度 频度是指在调查地许多大小相同样中，一个种出现的百分率，而不考虑其数量及大小（Chiarappa，1983）。测定频度时，常用圆形或长方形样方，或是将样方进一步划分为若干亚样方，在调查地随机抛掷一定的次数，记载样方内杂草种类及其出现次数。

样方的大小及形状取决于草地类型、密度及研究目的。在研究建植初期的混播人工草地中杂草侵入时，20cm×20cm 的样方即可满足。而测定条播种子田，则以 20cm×100cm 或更大些的样方较为适宜。必要时，可进一步将样方分为 20 个亚单位（每个 10cm×10cm），使样方与播行平行。抛掷一次样方，便可获得 20 个亚样方内的杂草频度资料，比抛掷 20 次小样方要迅速的多。

频度测定是一种迅速、简单、明确的测定方法，对盖度较低，采用他法难以测定出的杂草种类，其亦可测出。因此十分适宜了解杂草区系组成及分布。但该法的缺点是，若不与盖度或重量等指标结合使用，难以反映出杂草种类的数量化特征。

2. 密度 密度是指单位面积内一个种的个体数目，可目测或实测。

（1）目测。在单播人工草地或杂草种类在草地植被群落中占有较大比重时，目测可取得相当确切可信的资料。但当杂草分布稀疏，草地植被成分复杂或经除草剂处理后，仅凭肉眼估测则不易取得可靠资料。为提高此种情况下准确性，可由 3 个以上的调查者分别估测，取其平均值。减少误差的另一做法是，将调查地块全部编号，随机抽取。无论采用何法，估测结果均应以数字表示，而不宜用描述性方法，以利资料的汇总统计。如对除掉早熟禾（Poaannua）以外的禾本科杂草，可采用以下 7 级制：0 级，无杂草，1 级，仅有数株，2 级，偶有小斑块分布，3 级，杂草已形成大斑块，4 级，田间广泛分布，5 级，杂草稠密，侵染严重，6 级，田间以杂草为主。早熟禾和双子叶杂草在种植作物生长后期难以调查其在田间的详尽分布，故可采用以下较为粗略的 5 级制：0 级，未发现，1 级，偶见散生植株，2 级，广泛但稀疏，3 级，大量，4 级，密集。

目测的长处在于迅速、简单，不需任何设备，可用极少的费用取得大范围内杂草密度资料。缺点是准确性差，易于产生误差，有时难以找到 3 个以上的估测者。

（2）实测。首先要确定的是样方的形状与大小。常用的样方有长方形、圆形及带状，可根据草地植被特点选用。在一定的周长范围内，圆形样方可获得最大的测定面积。用长方形样方测得的单位面积上的杂草数目比较准确。带状样方实际是长度很大的长方形样方，适用于灌丛或稀疏植被。无论何种样方，其框架本身的尺寸必须尽可能小，以减少位于框架中间，难以确定属于样方内或样方外杂草的机会。进行精度要求较高的调查或研究时，最好同时采用几种样方实测。

由于实测杂草数目费时颇多，小面积样方的优越性便十分突出。但样方过小，所测结果差异较大。通常地作法是杂草密度大时，采用小样方；杂草密度低时，采用较大样方。

测定多年生杂草数目时，为取得较为精确的结果，有时需设立固定样方，连续测定数年。若需要在正常放牧或刈割的草地上设立永久样方，可在样地先设立数个木桩，用以标出永久样方带。测定时，将带有刻度的线绳固定在木桩间，根据刻度，每年在同样地点设立样方。既可减少寻找上次样点的时间，又不妨碍草地的正常使用。

密度适于测定非根茎型，且分布相当分散的杂草，尤其适于测定杂草种子田间出苗率及草地建植期杂草侵入情况。但其不宜作为大株丛杂草对草地危害的衡量标准，株体高大的杂草，即使其数目较少，但对草地的危害可能数倍于同样密度的小株体杂草。此法亦不适于统计根茎或匍匐茎杂草（此类杂草的测定见本章之二）。

3. 盖度 盖度指整个植被或某种植物的直投影面积占地表面积的百分数（任继周，1985）。前苏联的杂草科技工作者，将杂草盖度分为4级：1级<10%，2级11%～25%，3级25%～50%，4级>50%。测定杂草盖度的常用方法有线段法、样方点测法及步履点测法。

（1）线段法。适于测定灌木及非常稀疏的杂草。在植被上方拉一条直线，垂直观察并测定杂草在直线上的投影长度，计算直线总长度与杂草投影总长度之比，用百分数表示为覆盖度。

（2）样方点测法。又称针刺法。具体做法可参见本书植被调查部分。该法所得结果准确可靠，尤其适用于植被高度20cm以下的草地。但当用其测定阔叶杂草时，结果往往偏高；测单子叶杂草，结果又易偏低，应注意加以修正。同时，随着杂草的生长发育，盖度迅速增加，若无高度及重量，亦难以反映其危害程度。

（3）步履点测法（Step-point sampling method）。在测定者靴子的拇趾处做一记号，测定者手持一根细长针，沿靴子的记号处垂直刺下，刺中杂草者记为一次。测定位置一般事先确定，如以W型穿过整个调查地块，每隔5步测定一次。通常一块地至少测300～500次。该法特点基本与针刺法相同，但较后者更为迅速和能获取更为广泛的抽样分布。

4. 重量 重量是评定杂草危害最重要的指标，其实际是杂草密度和株体大小的综合体现，干重比鲜重更为准确。测定干重时，应使样品尽快干燥，通常是在85～95℃烘箱内干燥16h或105℃下处理12h。测定重量可采用刈割、称重、估测重量，或生长状态下估测重量等方法。第一种方法最为准确，多用于精度要求较高的杂草研究。但其缺点是部分小区被毁，不能继续用来收集资料，且非常费时，一般仅在处理较少的试验中采用。第二种方法是田间调查和评价大量不同处理小区时的常用方法。应用中，估计者应注意不断与实际重量相比较，以减少估计误差。可能时，应有数人同时估计，取其平均值。第三种方法是不刈割植物，在整个生长季内，定期估测牧草或其他草本植物的方法。具体做法是以植株最长叶片的长度乘以该植株叶片数，用以表示该植株重量。并有试验表明，该值与植株干重显著相关。

杂草植冠层的高度及形状在杂草与牧草竞争中也至关重要。植冠层低的杂草，在重量或盖度相同的条件下，其竞争力比植冠层高者要小。单株重量或高度相似的杂草，植冠层紧实，呈圆锥形者较植冠层开放者对牧草的遮阴效果低。但评定上述因素的适宜方法，尚有待于今后的发展。

5. 草情指数　根据杂草株数或综合指标，如高度、盖度、多度等的综合，指出分级标准，将不同田块的杂草危害归入不同的级别范畴，而后用下式计算草情指数：

$$草情指数 = \frac{\sum 草害级数 \times 该级的田块数}{调查的田块总数 \times 草害最重级的代表数值} \times 100$$

对饲料地的杂草调查，可参考表 14-3 所列农田杂草分级标准（曾士迈，1994）。

表 14-3　农田杂草危害程度的目测分级

（曾士迈，1994）

危害程度	相对高度（%）	相对密度（%）	相对盖度（%）
5级	50～100		＞50
	＞100		30～50
4级	50～100		30～50
	＞100		10～30
	＜50		＞50
3级	50～100		10～30
	＞100		5～10
	＜50		30～50
	＜50	50～100	＜5
2级	50～100		5～10
	＞100		3～5
	＜50		10≥30
	＜50	25≥50	＜5
1级	50≥100		＜5
（无危害）	＞100		＜3
	＜50	＜25	＜10

（四）遥感在杂草调查中的应用

美国、前苏联等国均已成功地应用遥感技术调查田间及草原杂草。如麝香飞廉（*Carduus nutans L.*）是美国肯萨斯州的主要草原杂草，每年造成的损失为 800 万～2 000 万美元。该州立大学空间技术中心采用卫星照片与航空摄影相结合的技术，测定了该杂草在道格拉斯县的分布及年变化动态（Martinko，1982）。

首先，根据卫星多光谱扫描资料确定了麝香飞廉主要在该县草原上的分布。依些，决定航空摄影的路线、范围等。试验结果指出，1∶3 800 的彩虹外照片可鉴定出 4 000m² 范围内该草侵染状况。1∶800 大比例尺照片，适宜进行详尽研究。航空摄影于该草盛花期进行。此时其紫红色的花朵在图片上为明显的黄色，同时参考植株形状、植被等，可准确地判定该草的分布，并根据标准（表 14-4）将其侵染状况分为 5 级，进行地面抽样调查，验证分级结果。最后，计算全县各植被类型中该草侵染百分率。1979 年，该草对全县草原侵染率为 22%，1980 年上升到 29%。

表 14-4　麝香飞廉密度分级标准

(Martinko，1982)

级别	密度（开花株数/hm²）
极轻	1～1 000
轻	1 000～10 000
中等	10 000～50 000
重	50 000～100 000
严重	100 000 以上

二、杂草防除效果调查

（一）植物主要经济类群生育期的划分

1. 禾本科植物

（1）出苗前期。

（2）分蘖期。

①分蘖前期；

②开始分蘖；

③分蘖形成，叶片常扭曲；

④假茎（Pseudo-stem）开始直立，叶鞘开始伸长；

⑤叶片形成的假茎明显直立。

（3）拔节期。

①基部出现第一个节；

②第二个节形成，旗叶下第一叶出现；

③旗叶出现，但仍卷曲，穗部开始膨胀；

④旗叶的叶舌出现；

⑤旗叶的叶鞘完全长出，穗部膨大，但未长出小穗。

（4）抽穗期。

①第一个小穗长出；

②1/4 的小穗长出；

③1/2 的小穗长出；

④3/4 的小穗长出；

⑤穗部完全长出。

（5）花期。

①始花；

②顶部小穗全部开花；

③基部小穗开花；

④全部开花，籽粒水状（watery ripe）。

（6）成熟期。

①乳熟；

②腊熟，籽粒柔软，干燥；

③籽粒变硬，拇指不易挤碎；

④完熟。

仅有当田间至少有50％的植株达到某一阶段的要求时，方可认为已进入该生育阶段。各生育阶段均用2位阿拉伯数字表示，如生育期61，其中6表示成熟期，1代表乳熟期。亦可用文字表示，如乳熟期。以下各类植物生育阶段的表示方法相同。

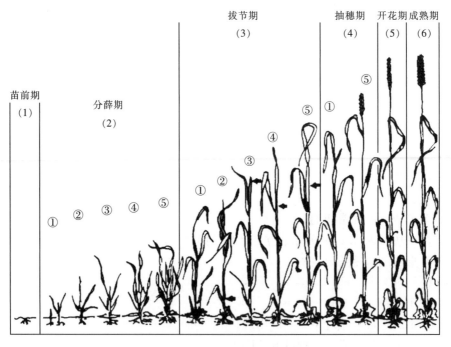

图 14-2　禾本科植物的生长阶段

2. 豆科植物（James，1971）

（1）营养生长期。

①初期，株高 10～15；

②中期，株高 15cm 以上，无任何花蕾；

③晚期，孕蕾前期，少数枝条可能进入孕蕾阶段。

（2）孕蕾期。

①初期，花蕾细小，易误以为是茎尖部分；

②中期，花蕾明显；

③晚期，花蕾膨大，部分花蕾顶部已有颜色。

（3）花期。

①10％开花；

②25％开花；

③50％开花；

④75％开花。

（4）盛花期。

①100％开花；

②花朵凋萎。

（5）结荚期。

①初期，种荚绿色；

②中期，种子变干；

③晚期，种子成熟。

3. 菊科植物　以向日葵（*Helianthus annus*）为例（Chiarappa，1983）。

（1）建植期。自子叶出土到最后一对叶片长出，形成对生叶序。

①子叶出土；

②第一对对生叶长出；

③第二对对生叶长出；

④根据需要设立此期，可定义为第三对对生叶长出。

（2）营养生长期。以开始形成螺旋状叶序到花盘的出现。

①第一个互生叶形成；

②第二个互生叶形成；

③第三个互生叶形成；

④必要时设立此期。

（3）孕蕾期。自花盘的出现到第一个花药成熟。

①花盘长出，但为幼叶紧紧包围；

②花盘突出于叶片之上，少数幼叶与苞片难以区分；

③花盘与叶片完全分离，最后一片营养叶与苞片明显分开；

④花序开始展开，可见舌状小花出现。

（4）花期。自第一个花药出现到最后一个花药形成。

①始花；

②整个边花的外 1/4 开花；

③整个边花的外 1/2 开花，外围的小花，种子开始灌浆；

④整个边花的外 3/4 开花，外围小花继续种子灌浆；

⑤全部开花；灌浆继续。

（5）种子成熟期。从最后一个花药出现，到种子完全成熟。

①种子灌浆，花盘下垂，下部叶片明显枯萎，外圈种子柔软；

②花萼及苞片变黄，幼叶开始枯萎；

③种子变硬，茎、叶变干。

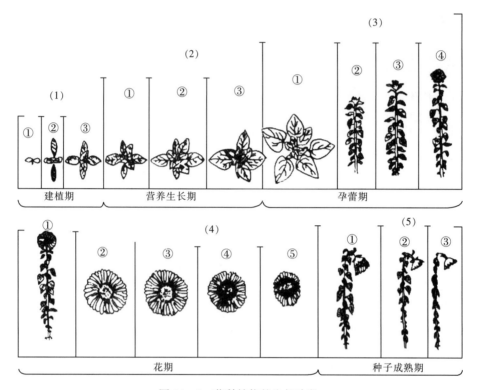

图 14—3 菊科植物的生长阶段

(Chiarappa，1983)

4. 块根类植物 以甜菜（*Beta vulgaris*）为例

（1）种子。

（2）子叶期。

（3）真叶期。

（4）4 叶期。

（5）8 叶期，叶片成莲座状，但尚未与邻形植株相连。

（6）封垄期，块根开始膨大，并露出地面，约 16 片叶。

（7）收获期，新叶仍然长出，许多叶片死亡，根的上部离土。

（二）一年生杂草的测定

1. 使用除草剂前，杂草幼苗的测定 一年生杂草幼苗的密度及分布通常以统计样方内的株数决定，每块草地中随机测定的样方不应少于 10 次，样方的大小依幼苗密度而定。一般而言，每一地块中测定的幼苗总数应在 50 株以上，少数情况下 0.05～0.2m² 的样方

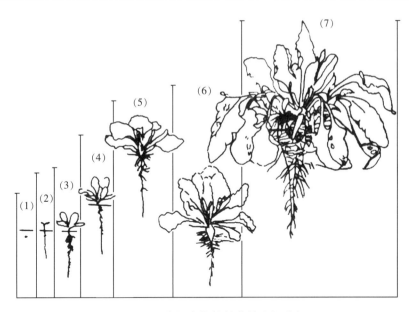

图 14 - 4　块根类植物的营养生长阶段

即可满足。测定时间应在种植作物尚未开始分蘖、覆盖地面，大多数杂草种子已经出苗时进行。最佳时期为种植作物处于 3~4 叶期。应用苗后除草剂时，这种测定有助于安排试验中的重复，将差异均匀地分布在各重复间。由于某些杂草如野燕麦（*Avena fatua*）出苗延续期较长，种植作物 3~4 叶期后其仍有出苗。作为补充可在每块地中设置 1 个或 2 个固定样方继续观察，以了解主要杂草不同时期出苗比例。具体做法为，待欲测杂划幼苗出土后，随即给其套上一个直径 1~2cm 带颜色的塑料环，固定在土表。不同出苗期，用不同颜色的塑料环标记，从而了解后期出苗数量，修正以往的统计，得出整个地块中的杂草苗数，并在秋季测定标记杂草植株的生长发育，进行杂草生物学特性的研究（表 14 - 5）。由于部分幼苗的死亡及塑料环的丢失，秋季不大可能完全找到早春标记的植株。每一标记期应找到不少于 20 株，以利于求得较为准确的资料。

表 14 - 5　野燕麦出苗与生长情况

（Wilson，1981）

出苗期	春季标记植株数	秋季发现植株数	每株的数量		
			茎秆	花序	种子
3 月 22 日（紫）*	28	26	1.38	1.31	55
3 月 29 日（橙）	87	83	1.04	1.04	33
4 月 5 日（黄）	134	129	1.02	0.97	21
4 月 12 日（红）	75	63	1.00	0.97	12
4 月 14 日（蓝）	121	104	1.03	0.90	7
4 月 26 日（绿）	153	113	1.00	0.87	4
5 月 3 日（粉）	69	37	1.00	0.78	2

注：＊标记用塑料环的颜色。

2. 使用除草剂后，杂草幼苗的测定 应用苗前除草剂后，防除效果可通过统计幼苗数衡量，一般以死亡率及密度表示。但苗前除草剂一般不能防治后期出土的幼苗，故在作物生长后期，应再次统计。应用苗后除草剂时，由于其作用缓慢，且防除效果部分地依赖于竞争中作物对杂草的压制，不宜通过统计幼苗数判断防除效果。

3. 成株的测定 多在杂草进入繁殖生长以后进行，常用的有目测法、样方法和统计法。

（1）目测法。一般用 0～100 的分数制表示防除效果，其中 0：杂草最多（即防治效果为0），100：无杂草（即 100% 的防除）。测定者在田间每步行 5 步，对杂草做一目测。一般首先将试验中杂草最多的小区定为 0，然后所有的小区均以此为标准，给出相应的分数。另一种方法是以试验中每一区组为一单位，将区组内杂草最多的小区定为 0，区组内小区相互比较，不考虑区组间的差异。当各重复间差异较大时，此法所得资料准确性不及第一种方法。由于分数制最终给出一个综合指标，即杂草减少平均的百分率，很多测定采用此法。

（2）样方法。精度要求较高的实验，多采用样方。对面积为 20m×3.5m 的小区，一般需要随机设立 6 个面积为 1m×0.25m 的样方。密度较低时，可适当加大样方，如 2m×0.5m 等。样方应轻便，以浮动形式设在种植作物的上部，仅统计杂草花序数。但必须注意垂直向下观察，以免遗漏下部低矮的株穗。此法特别适用于统计野燕麦等高大植株的杂草。

（3）统计法。花序大小差异较大，而且极易受除草剂影响，有的除草剂，如燕麦灵，常常导致大量小花序群体出现。因此，仅统计数目有时难以反应处理间差异，而需要统计单位面积内小穗或种子数，详细参见本章种子测定部分。

（三）根茎型多年生杂草的测定

非根茎型（或匍匐型，下同）多年生杂草可采用一年生杂草测定技术。而根茎型杂草的存活与生长，主要取决于其地下器官的生命力。因此，仅统计株数或是测定地上部分生长，不能获取准确结果，必须采用以根茎为主要调查对象的方法。

1. 根茎重量 常用方法有两种，单位面积重量法与单株重量法。

（1）单位面积重量法。挖取土样，测定单位面积内根茎的总重量。对匍匐冰草（*Agropyron repens*）等，取 20cm×20cm（直径×深度）的土样即可满足。通过定期取样测定，可获得杂草根茎增重动态。此法应用方便，快速，但由于自然生长的杂草群体往往呈镶嵌状分布，需要加大重复次数，一般至少 5 次重复。

（2）单株重量法。多用于精度要求较高的评价除草剂的试验。在计划的试验开始前一年，以不低于 25cm×25cm 的行、株距穴播欲研究的杂草的根茎，使其良好地建植。而后进行预定处理，由于新老根茎较易区别，可用此法测定每株植株根茎的变化。

2. 整株杂草总重量 这实际是单株根茎重量法的补充。测定根茎重量的同时，测定其地上部分重量。此法的长处在于了解植株不同时期地上与地下部分重量比的变化。如英国杂草研究组织用此法研究发现，整个生长季内，匍匐冰草地上与地下部分之比变动颇大。8 月，根茎重仅占总重量的 20%～30%，而在 12 月，根茎重达总重量的 60% 以上。

3. 根茎营养成分含量 多年生植物生活力的强弱可迅速明确地体现在其地下器官可塑性物质的多寡上。测定多年生杂草根茎重量的同时，分析其营养成分含量，已成为评价防除效果的常用方法之一。应用中具体以何法测定哪种糖的含量，目前尚无定论。其中做法之一是用稀酸测定根茎在轻度水解下释放出的游离糖。

4. 根茎芽的生活力　在每一试验小区的固定取样点，挖取 1kg 左右含有杂草根茎、地上部分及土壤的样品，贮藏于 2～5℃ 的低温贮藏室内备用，一般可存 2 个月之久。需要时，将样品混合、冲洗，获取 50g 干净根茎为工作样品。将根茎逐节切开，50g 根茎一般含有 200～400 个根节。然后将根节种于温室 15℃ 的土壤内，约 20 日后，根据节上长出的枝条统计根茎芽的生活力。具有获取结果快、省人力等特点，有助于制定下个季节新的试验。在不同地块中杂草群体差异较大时，此法尤为适用。

5. 杂草地上部分再生能力　这或许是杂草防除效果评定中最常用的方法。多用于统计施用除草剂后新生枝条的数量。不同的研究中，开始统计新生枝条数的时间不同，有的在 5～10 周后开始；有的在秋季使用除草剂后，次年开始统计，并连续统计 4～5 年。

6. 测定方法的选择　上述诸法各有其特点，研究中采用何种方法，仅用一种还是并用，往往与除草剂类型、测定时间、可利用资源等因素有关。

（1）除草剂类型。有的除草剂如敌草快，主要作用是消耗根茎中贮存的营养物质。而有的如草苷磷，主要影响根茎芽的生活力，对营养物质含量无明显影响。因此，使用草苷磷后，适宜的测定项目应为根茎芽的生活力或地上部分的再生力，测定根茎的重量则作用不大。

（2）测定时间。在与作物竞争的条件下，匍匐冰草新生根茎的生长高峰出现在 6 月以后。因此，无论何种试验，春季测定其根茎重量或营养成分含量均无明显效果，以在秋季为宜。试验区内地面枯死物较多，或气候干旱限制了根茎的发育时，对根茎重量至少应连续测 2 年。

（3）可利用资源。可供利用的人力、物力、设备、时间等资源条件是决定测定方法的重要因素之一。如统计一个小区样方内的禾本科杂草株数仅需 5min，测定种子生活力需 90min（表 14-6），而且土钻取样测定根茎，一个中等规模的试验，一般需 10～15 人/天，在石头较多的土壤上更为缓慢。分析营养物质含量同样需要大量时间，且需要化学分析设备。有的方法，如统计再生枝条或根茎芽的生活力，所需人力、设备则相对较少。

表 14-6　不同方法测定试验小区内禾本科杂草群体所需的大致时间*

[以鼠尾看麦娘（*Alpopecurus myosuroldes*）为例]

项　目	方　法	所需时间（min）
株数	10m×0.1m 样方	5
穗数	8m×0.25m 样方	10
穗长	随机取 25 穗并测定	10
种子数/穗	随机取 25 穗并手工统计	60
种子生活力	a. 田间收集 1 次并进行温室试验	30
	b. 田间收集 8 次，并进行温室试验	90
	上述所有测定，总共所需时间	205

注：＊此为英国杂草研究组织所用时间（Moss，1981），我国进行同样测定所需时间可能较此为长。

（四）种子数量的测定

各种防除措施均可影响杂草种子数量，并进而在数年内改变杂草群落的区系组成。测定杂草种子数量变化，是深入进行杂草研究及评价防除效果的重要内容之一。

1. 结种数量 最为准确的办法是在种子未脱落前，采集单位面积内杂草果穗，单独脱粒，统计。但此法费时费力，大规模调查及试验处理较多时，不便采用，而代之以测定与种子数量显著相关的穗重、穗长或种子生活力等性状。

（1）穗重。统计样方或整个小区内杂草穗数，随机采摘 30 个左右的果穗，测得每穗平均干重，进而计算出单位面积内杂草果穗总重，作为种子数量的一个指标，或是在上述的基础上统计每穗的种子数，求得每穗平均种子数，进而计算单位面积内种子总数。实验要求精度较高时，可将果穗分为大、中、小，分别分级统计、计算。

（2）穗长。某些具穗状花序的杂草，如鼠尾看麦娘，其穗部长度可作为表示种子数量的间接指标。统计每样方内穗数，测定每穗长度，计算穗的总长度或是随机采摘一定数量的果穗，求其平均穗长，与总穗数相乘，最后以单位面积内穗长度表示。据 Moss（1981）研究，每次摘取 25 个花序即可取得满意的精度，超过此值，精度并不显著提高（图 14 - 5）。

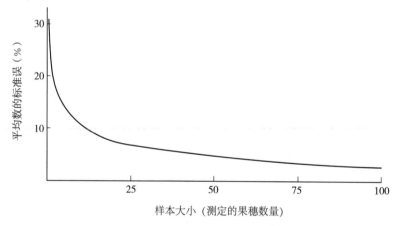

图 14 - 5 抽样数量对测定鼠尾看麦娘穗长的精度影响

（Moss，1981）

（3）种子生活力。种子生活力亦可作为表示种子数量的指标。但许多杂草种子成熟期及萌发期参差不齐，使之难以普遍采用。对某些成熟期较为一致的杂草，其不失为准确的测定方法。

2. 脱落数量 杂草种子脱落数的测定，可分为作物收获前与收获后两部分内容，亦是研究杂草生物学特性与制定防治措施的重要基础资料。

（1）作物收获前，杂草种子脱落数的测定。于种子开始脱落前，在田间标记杂草果穗，定期统计每小穗的芒数（禾本科）作为其结种数，直至种植作物收获为止，从而得出不同杂草种子的脱落过程及百分率。

（2）作物收获后，地面杂草种子数的测定。首先移去样方内地表的枯枝落叶等散落物，然后轻耙地面，收集表土。将收集到的土壤及散落物过筛，捡出种子，将其分为正常、变色、皱缩、萌发过的等类群。对正常种子进行生活力检验。若在整个秋季定期连续测定，便可获得作物收获后留在茬地上的有生活力的种子数量动态。

亦可用此法研究焚烧残茬对野燕种子休眠与生活力的影响。将自地表收集到的野燕麦种子分为两组：剥去颖壳和不剥去颖壳。将剥去颖壳的种子置于湿滤纸上，统计 3～4 周内种子发芽数，即为有生活力的种了总数。同时将带有颖壳的种子置于同样条件下，仅将 14 日内萌发者视为正常萌发。两种测定结果的差异，便是休眠而有生活力的种子数。

3. 土壤内种子数量的测定　该测定的精度在很大程度上取决于土壤中的杂草种子数量。当种子密度每平方米少于 10 粒时，一般不宜采用该法，特殊需要时，应加大取样面积。整个过程包括取样、冲洗过筛、清选和鉴定等步骤。

（1）取样。当研究田间自然侵染杂草的种子数量时，由于其分布变化较大，取样数目需相应加大，每试验小区的取样数不应少于 9 个。取样器械多用直径 7.6cm，10.1cm，15.2cm，或 22cm 的土钻，取样深度 20cm。需要指出的是实际取样的直径应根据田间取样后的样洞直径予以修正，经验表明，后者总是大于前者。英国的杂草研究组织设计了一种边长为 30cm、深度为 23cm，由金属片制成的土壤取样框。样框的一侧可打开，样框内侧标有不同深度。取样时，用铁锤将样框钉入土内至所需深度，而后将样框外可打开一侧的土壤挖开，即可取样。有时为了专门的研究，取样面积可达 1m²，深度为 25cm，将取出的 0.25m² 土样（约重 500kg）全部运回室内，进一步处理。这种方法多用于为研究目的而建植的人工杂草地。而且应在播种杂草种子后立即取样一次，测定在自土壤分检种子过程中，种子的散失率，作为今后测定的校正。

（2）冲洗过筛。壤土或沙壤土取样后可直接冲洗过筛，土壤筛多用二层，孔径分别为 6.4mm 和 1.3mm，对 1.3mm 孔径的土壤筛上留存的物质进行下一步处理。但黏土一般不易冲洗，取样后一般需在水中浸泡 20～24h，然后混合成泥浆，直接过 1.3mm 孔径的土壤筛。对大量的土样可采用类似国外马铃薯分级的设备冲洗过筛，每小时可冲洗 500kg 左右的土壤。

（3）清选。对筛后的物质内含有砂砾、石块、植物根及残体以及杂草种子，手工将种子与其他物质分开。对大样品可采用机械法即先将过筛的物质在烘箱内 100℃下干燥过夜，而后用种子清选机清选。清选 500kg 土壤内的物质约 20min。但该法的不足是烘干后的种子已失去生活力，不能进行萌发测定。此种情况下对禾本科植物种子可根据其完整状况来判定其生活力，一般颖壳完整者即可视为有生活力的种子。

（4）鉴定。鉴定的方法有两种：种子鉴定与植株鉴定。当专门研究某一种杂草时，研究者对其种子较为熟悉，可根据形态特征直接鉴别，采用手工捡出欲测杂草种子。此项工作枯燥乏味，颇为费时，但迄今尚无任何机械可以代替。不达对人工播种杂草测定，土壤中种子捡出率可达 95%，目前仍不失为有用的技术。

当以研究杂草种子区系为目的时，多采用植株鉴定，即将在土壤中清选出的所有种子全部盆栽。根据幼苗或成株的形态学特征确定其分类地位，直至无幼苗长出时为止，整个过程可持续一年之久。该法不似手选种子那样单调，但缺点是所获种子数量不包括那些失去发芽力或成长期休眠的种子。

（五）除草剂造成的作物药害

进行试验及大面积防除杂草时，由于药液雾滴飘移，药液挥发，天气条件的改变，药剂混用不当，或是除草剂降解产物的危害等原因，除草剂对作物产生药害的问题时有发生。了解一些药害症状及评定方法的知识，将有助于评价，分析试验结果及解决实际中的问题。

1. 作物药害症状　根据除草剂的作用机制，一般将其分为激素类，有丝分裂毒剂，光合作用抑制剂和蛋白质合成抑制剂等。作物的药害症状，因除草剂的作用机制而异（苏少泉，1986）。

（1）激素类除草剂。如2,4-D，二甲四氯、灭草威、豆科威等。禾本科植物根肿大，产生次生根。茎弯曲、扭转、节间膨大，地表或地下部生瘤。叶片皱缩，叶缘内卷成筒状。花序不完全，花序分支，小穗对生或轮生，花不孕。

（2）有丝分裂毒剂。如燕麦灵、燕麦畏、灭草猛、火草丹、禾大壮等氨基酸脂与硫代氨基酸酯以及氟乐灵等二硝基苯胺类。茎与叶片生长受抑制。土壤中含有的药剂对禾本科植物第一节间或胚芽鞘伸长，双子叶植物上或下胚轴伸长等产生抑制作用，阻碍幼苗出土。如果出土，则叶与茎严重矮化，叶片皱缩。成株叶缘生长受抑制，部分坏死。

（3）光合作用抑制剂。如西玛津、阿特拉津等均三氮苯类，赛克嗪等三氮苯酮类以及苯达松、脲类等。其药害典型症状是叶尖与叶缘失绿，进而叶肉失绿并坏死，但茎与叶不产生畸形症状。

（4）蛋白质合成抑制剂。如甲胺、异丙甲草胺，毒草胺、丁草胺等。玉米叶鞘不能正常抱卷，大豆叶片中脉及叶片皱缩，呈心脏形，叶粗糙，叶缘生长受抑制，出现杯状叶。

需要指出的是，冻害、热害、虫害、病害、缺素症以及化肥对叶片的灼伤等亦可产生与上述各类除草剂引致的药害相似症状。实际中，必须注意区分。

2. 药害症状评定

（1）褪绿、灼斑等叶片症状。可用评分方法进行评定。也可参照本书第十一章中评定病害严重度的做法，用受害面积占叶面积百分率表示。

（2）畸形症状。可用畸形植株占总株的百分比表示，或是采用等级制，对畸形进行详细的划分、归类。

无论何种症状，均应详尽记载症状发生部位及特点。

三、草害损失评定

杂草对生产造成的损失可归纳为两类。一类是直接的，即由于杂草与作物竞争水分、养料、光照等，降低作物产量或质量。另一类是间接的，即为防除杂草而造成的生产中能量消耗增大，成本增加以及杂草作为病原微生物、害虫等的寄主造成的损失。评定杂草引致的损失时，应逐一确定杂草危害的各个方面及其各自在总的损失中所占比重。限于篇幅，本节仅介绍评定杂草引致直接损失的方法。

（一）试验设计

常用小区试验设计，包括单因素试验与多因素试验两种。当以草地中自然生长的杂草混合群落为研究对象时，多采用单因素试验，而深入探讨单种杂草的危害时，可采用多因素试验。每种试验均可包括多种处理，其中必须有不加任何处理，任杂草自然生长的小区，或是始终保持无杂草的小区作为对照。

1. 基本要求　试验地点应是当地有代表性的土壤、肥力、水分、杂草等状况均匀一致。试验中应采用当地耕作、培育措施，在土壤肥力低时，杂草及作物的生长均受到抑制，施肥对杂草生长的促进作用或许大于对作物的影响。此种条件下评定杂草损失，需对每一试验地点的土壤肥力状况予以描述，必要时应设立施肥与不施肥的平行试验。

2. 小区面积与重复　试验的处理应不超过 8～10 个。对随机区组设计，每排列 4～6 个处理小区，即应有一个对照小区，杂草群体分布愈不均匀，愈需要设立较多的对照小区。有时甚至需要每隔 1 个或 2 个小区便设立一个局部对照小区，这样可以了解杂草在田间的分布趋势，增加试验的精确性。

小区面积和重复次数主要取决于试验目的，可供利用的土地面积，测定作物与杂草的方法等。当测定杂草对除草剂的抗药性时，若能有效地控制药剂扩散，$1m^2$ 的小区即可满足。一般而言，小区面积至少应 $3m \times 10m$，但上述局部对照小区的面积可小于正常小区，4 个重复。每一区组间走道的宽窄应与田间操作所需的器械相适应，取样时，每个小区内至少 2 个重复，每个重复测定面积不应少于 $900cm^2$（$15cm \times 60cm$）。

（二）产生不同侵染程度的方法

田间产生杂草不同侵染程度的常用方法有两种，除草法与种植法。无论采用何种方法，都应创造一个尽量接近植物天然群落的混合体，而将与杂草无关，但可能影响种植作物或牧草产量的因素降低到最低限度。

1. 除草法　该法主要是以种植作物—自然杂草群落对象。每隔一定时间，除去部分小区的全部或部分杂草，最后确定不同除草时期或不同杂草密度对种植作物的影响。下述 9 个处理是研究自然杂草群落对作物影响的基本方法。

（1）不防除杂草（对照）；

（2）当地传统的杂草防除方法；

（3）整个生长季内不断除草；

（4）仅在生长季早期除草；

（5）仅在生长季早期和中期除草；

（6）仅在生长季中期除草；

（7）仅在生长季中期和后期除草；

（8）仅在生长季早期结束时除草一次；

（9）仅在生长季中期结束时除草一次。

仅包括处理（1）（2）（3）的试验是最基本的试验，可满足粗放研究的要求。

对于防除杂草的所有投入，特别是人工应详尽记载。在试验要求防除杂草的时期内，所有杂草在达到株高 5cm 前均应除去，并应在规定除草期结束时最后除一次。手工除草是达到设计要求较差为理想的办法，虽然费工，但对作物几乎不产生副作用。在人力资源有限的条件下，可选用高度选择性的除草剂。但施用除草剂时特别是施用土壤处理剂时，一定要充分考虑其副作用时期，以免在要求的除草期以外，除草剂仍在发挥作用。任何情况下，除草剂处理后残存的杂草必须用手工除去。

2. 种植法 此法多是在多种杂草混合群落危害损失评定的基础上，对当地某种主要杂草造成损失的进一步详尽评定。试验主要是通过土壤熏蒸处理或连续数年的土地休闲，使土壤保持无杂草。然后，根据实验设计，在不同时期播种或移栽欲研究的杂草，人为创造杂草的侵染。根据试验目的，又可分为作物与幼苗共生期测定、作物所需无杂草期测定、不同出苗期杂草竞争力测定和杂草数量阈限的测定等四种方法。

（1）作物与杂草共生期的测定。采用该法的目的是确定在不影响作物产量或质量的前提下，杂草与作物共生的时期或密度。方法与除草法相似，所不同的是以一种杂草为对象，人为地使作物为杂草侵染。

（2）作物所需无杂草期的测定。此法与前述第一种方法相反。首先使作物保持无杂草侵染，而后每隔一定时期对部分小区引进杂草。根据作物产量及杂草生长的时期，确定为不降低作物产量，必须使其田间保持多久的无杂草期，该时期一旦确定，便意味着在试验的条件下，必须在该时期内进行有效的杂草防除。

作物所需无杂草时期因杂草种类而异，对出苗期短的杂草，作物所需无草期亦较短。出苗期延续长的杂草，在相当长的时期内，密度降低较少，作物所需无草期便相对较长。

（3）不同出苗期杂草竞争力的测定。此法是在试验过程中根据设计，仅允许一定时期内出苗的杂草建植生长，将在此时期以前和以后出苗的杂草一律除去。目的在于确定整个生长季节中，哪个时期出苗的杂草对作物最具竞争力。一般杂草在作物之前出苗，比在作物后出苗对产量的影响要大。如白芥（*Brassica hirta*）比豌豆（*Pisum sativum*）早出苗 3d，其后不做除草处理，豌豆植株地上部分鲜重减少 54%。同样条件下，如白芥比豌豆晚出苗 4d，豌豆产量仅减少 17%（Anderson，1983）。

该法主要适用于出苗期持续较长的杂草，虽然随时间的延长，除草过程对作物叶片的干扰逐渐增大，但由于每个小区除去的仅是全部杂草的一部分，且均在杂草苗期进行。因此，该法对土壤的影响很小。

此法的不足之处，是未考虑杂草种内的竞争。杂草密度较大时，种内竞争可能十分重要。出苗早的群体，对出苗晚者将产生抑制作用。为弥补这一不足，可将仅保持某个时期杂草小区的作物产量与完全无杂草或完全不除草小区的产量相比较，以估计不同出苗期杂草间的种内竞争。不同出苗期杂草的统计，可采用前述分期以不同颜色塑料环标记的方法。

（4）作物群体中杂草数量阈限的测定。此法与上述诸法的区别之处在于其将时间参数相对固定，而改变作物群体中杂草数量，探讨不同杂草株数对作物产量的影响，最终确定作物群体中有多少株杂草时，便构成了对作物产量的威胁。由于作物及杂草各自的种内遗传变异，环境的影响以及杂草竞争力的不同，使确定杂草阈限比较困难。

（三）作物产量的测定

用于测定作物产量的面积不应少于 $5m^2$（1m×5m）。小区 4 周至少各有 1m 的保护行，保护行的作物及杂草必须一直生长到开始测定作物产量时。收获作物应采用当地生产中采用的设备。如果当地的收获方式不适合试验小区，而改用手工收获，在计算杂草造成的损失时，必须充分考虑到两种收获方式不同而造成的结果差异。

收获的作物（牧草或种子）和杂草应置于通透性较强的容器，如年皮纸袋或纱布袋内，尽可能迅速地于烘箱内标准条件下烘至干重，每一样袋注意标明取样日期，小区号码，重复数，作物或杂草名称等。

作物产量资料应以单位土地面积上的重量及质量表示，进一步以此决定单位面积的产值（元/ hm^2 等）。进行生物统计，从数量上说明杂草造成的损失。

四、草害损失估计模型

草害损失估计是将草害引致的作物损失予以量化，其实质是杂草—种植作物（饲用植物）混合群落内不同植物种在一定空间和时间条件下，对水分、养料、阳光等的竞争，最终在人类获取的植物产品上的反映，草原上的杂草还可进一步影响动物产品的产量与质量。建立损失估计模型是在田间调查、田间试验、温室试验的基础上对所获数据进一步分析加工的过程。迄今为止，我国已报道的草害损失估计模型均是以杂草对粮食或饲用作物的危害为对象。国际文献中，牧草的草害损失估计模型亦不多见。因此，本节将不限于牧草的草害，而着眼于广义的草害损失估计。根据其用途与目的，草害损失估计模型可分为共生期模型、关键期模型、产量损失模型、生态经济阈限模型等，均属于经验模型的范畴。

（一）共生期模型

共生期模型又称作竞争临界持续期模型（吕德滋，1995）。它是以明确作物与杂草可以共生多久，而不显著降低作物产量为目的而构建的模型。如吕德滋等（1995）建立的升马唐（*Digitaria adscendens*）对玉米（*Zea mays*）的共生期模型为：

$$Y = 54.595\ 6/(1 + 89.796\ 2e^{-0.118\ 4x}) \tag{1}$$

式中：Y——玉米籽粒产量损失率（%）；

　　　X——升马唐和玉米的共生天数（d）。

据此计算，夏播玉米与升马唐共生 10d，玉米减产 1.92%，共生 20d，减产已达 5.8%。由此认为，在试验地区，玉米与升马唐的共生期应不超过 10d。

（二）关键期模型

关键期模型又称为无草期模型。它是以明确为不显著降低作物产量，必须使田间保持多久的无杂草时期为目的而构建的模型。它实际是共生期模型研究的继续深入，因为当田间作物——杂草共生期结束后，便进入竞争关键期，如由振国（1993）建立了夏播大豆

（*Glycine max*）田中保持无草期的模型为：

$$Y = 99.96[1 - \exp[-(0.944 + 0.003\,58X)^{23.9}]] \tag{2}$$

式中：Y——大豆相对产量（%）；

X——大豆播后田间保持无杂草生长的天数（天）。

据此计算，大豆播后 33d 内田间保持无杂草，即可使大豆的相对产量稳定在 99% 以上。根据共生期模型和竞争关键期模型，该作者进一步提出了生态经济阈期的概念，认为在试验地区，在大豆播后 16d（共生期）至 29d 之间，使田间保持无草是控制草害的关键时期。

（三）产量损失模型

产量损失模型是草害损失估计研究中最常见的模型。它是以明确杂草最终对作物产量损失为目的而构建的模型，其中多为单种杂草的损失模型，其中多为单种杂草的损失模型，但也有两种杂草复合群体的损失模型。

1. 单种杂草的产量损失模型　构建此类模型所需资料相对较少，计算过程比较简单，这或许是广泛应用的主要原因之一。如涂鹤龄和同秀莲（1983）建立的野燕麦对青稞（*Hordeum vulgare* var. *nudum*）产量的损失模型为

$$Y = 844.494\,9 - 3.477\,4X \tag{3}$$

式中：Y——青稞籽粒产量（kg/hm²）；

X——野燕麦每公顷的穗数（个）。

据此计算，当野燕麦穗密度在 36 万～2 137.5 万/hm² 范围内，每增加 15 万/hm²，青稞产量减产 26.25kg。

2. 两种杂草复合群体的产量损失模型　两种杂草复合群体的产量损失模型与单种杂草模型相比，增加了一个因变量，实验设计较为复杂，建模所需资料较多，计算过程亦较繁琐。但作物的草害多数是由多种杂草组成的混合群落共同造成的。因此，两种或多种杂草复合群体模型具有更接近生产实际，更可靠的特点，应是今后的主要研究方向之一。郭青云等（1993）建立了野燕麦、遏蓝菜（*Thlaspi arvense*）复合群体对小麦的产量损失估计模型：

$$Y = 20.7 + 6.091\,3X_1 + 3.156\,3X_2 + 4.325\,0X_1X_2 - 2.135\,5X_1^2 + 0.795\,5X_2^2 \tag{4}$$

式中：Y——小麦减产率（%）；

X_1——野燕麦密度（株/m²）；

X_2——遏蓝菜密度（株/m²）。

研究表明：野燕麦密度是影响小麦产量的主要因素，遏蓝菜密度是次要因素，当两种杂草复合群落的密度超过 60 万株/hm² 时，导致小麦产量显著下降。

（四）生态经济阈限模型

生态经济阈限模型是以明确杂草造成的净损失等于预防这种损失所耗成本时的杂草种群大小（高柱平和李孙荣，1989）为目的而构建的模型。换言之，它是试图从经济效益的

角度来明确何时防治杂草经济上有利可图。由于其受多种产品（作物籽实、秸秆、杂草等）及投入（除草剂，劳力等）的价格影响，这类模型具有较大的时间及地域局限性，但对构建模型所需资料来源地而言，其具有很强的实用价值。生态经济阈限模型根据（5）式计算：

$$Y = C/(P.V.E) + F/(P.V) \tag{5}$$

式中：Y——作物产量允许损失率（%）；

　　　C——除草成本（元/hm²）；

　　　P——作物产量（kg/hm²）；

　　　V——作物的产品价格（元/kg）；

　　　E——除草效果（%）；

　　　F——杂草在阈值水平上创造的价值（元）。

在此基础上，结合杂草产量损失模型，便可计算出经济有效地采取防治措施时的杂草密度。如吕德滋等（1995）认为，夏玉米田中的升马唐田间密度超过 6 株/m² 时，进行防除，在经济上才有利可图。高柱平和李孙荣（1989）根据不同的产量水平及防除方式，提出了花生（*Arachis hypogaea*）田中马唐（*Digitaria sp*）的生态经济阈值。

此外，Doyle 等（1984）提出了在黑麦草为主的草地中防酸模（*Rumex obtusifolius*）的经济模型：

$$V_{(y)} = P_G \sum (Y'_G(y,m) - Y_G(y,m)) + P_G \sum (Y'_D(y,m) - y_D(y,m)) - C(y) \tag{6}$$

式中：V——防治酸模的净收入（元/hm²）；

　　　P_G——牧草的价值（元/kg）；

　　　P_D——酸模的价值（元/kg）；

　　　C——除草总成本（元/hm²）；

$Y_G(y,m)$——未使用除草剂时，该年（y）、该月（m）的产草量（kg/hm²）；

$Y'_G(y,m)$——使用除草剂后，该年（y）、该月（m）的产草量（kg/hm²）；

$Y_D(Y,m)$——未使用除草剂时，该年（y）、该月（m）酸模的产量（kg/hm²）；

$Y'_D(Y,m)$——使用除草剂后，该年（y）、该月（m）酸模的产量（kg/hm²）。

据此计算，认为在采取防除措施的第一年，成本大于收益，但从长期估计，如在 10 年之内累计的净收益将大于成本。

参 考 文 献

由振国，1993. 夏大豆田自然单子叶杂草的生态经济防治阈期研究［J］. 植物保护学报，20（2）：179-183.

任继周，1985. 草原调查与规划［M］. 北京：农业出版社.

李扬汉，1980. 田园杂草和草害—识别、防除与检疫［M］. 江苏科技出版社.

吕德滋，白素娥，李香菊，王贵启，1995. 升马唐种群生态及其田间密度调控指标的研究［J］. 植物生态学报，19（1）：55-63.

苏少泉，1986. 除草剂造成的作物药害及其诊断 [J]. 植物保护，12 (1)：23-24.

郭青去，涂鹤龄，邱学林，辛存岳，1993. 野燕麦、遏蓝菜复合群体对小麦产量损失研究 [J]. 植物保护学报，20 (4)：369-374.

高柱平，李孙荣，1989. 夏花生田马唐的生态经济阈值、生态经济除草阈值模型的研究 [J]. 植物保护学报，16 (2)：139-143.

涂鹤龄，同秀莲，1983. 野燕麦田间密度对小麦、青稞产量损失估测与防除策略的研究 [J]. 植物保护学报，10 (3)：197-204.

曾士迈，1994. 植物系统工程导论 [M]. 北京农业大学出版社，73-74.

Anderson W. P. , 1983. Weed Science: Principles (2nd. ed) West Publishing Comp [M]. 33-43.

Chiarappa L. , 1983. Crop Loss Assessment Methods [M]. FAO & CAB.

Doyle C. J. , Oswald A. K. , Haggar R. J. , Kirkham F. W. , 1984. A mathematical modeling approach to the study of the economics of controlling *Rumex obtusifolius* in grassland [J]. Weed Research. 24：183-183.

Elliot J. G. et al. , 1979. Survey of the presence and methods of control wild oat [J]. black grass and couchgrass in cereal crops in the United Kingdom during 1977. J. Agric. Sci，92：617-634.

James W. C. , 1971. An illustrated series of assessment keys for plant diseases: their preparation and usage [J]. Can. Plant Dis. Surv. 51 (2)：39-65.

Martinko A. E. , 1982. Remote sensing and in tegrated pest management: The case of musk thistle [J]. In: Johannsen and Sanders (ed.) Remote sensing for resource management. Soil Conservation Society of America. 173-178.

Moss S. R. , 1981. Techniques for the assessment of Alopecurus myosurides [J]. Proc. Grass Weeds in Cereals in the United Kingdom Conference. 101-108.

Thomas A. G. , 1977. weed survey of cultivated land in Saskatchewan [J]. Agriculture Canada，Research Station，Regina，Sask. 1-94.

Wilson B. J. , 1981. Tehchniques for the assessment of Avena fatua L [M]. Proc Grass Weeds in Cereals in the United Kingdom Conference. 93-100.

（南志标　编）

第十五章　狩　　猎

一、猎区规划

在一个大范围内，如全国或某一猎区，确定总的、原则性的狩猎业发展方向，并在这些原则指导下，确定出猎区各主要生产方面在数量、质量及未来的发展水平，以保证狩猎业发展的整体性。

猎区规划的任务是：

①根据行政区划和自然地理条件的特点，将全国狩猎业用地区划成不同级别的猎区，确定其范围，并从法律和技术方面加以肯定。

②概括了解狩猎业与其他国民经济部门之间的相互关系，相互作用。

③概括了解狩猎动物资源、自然条件，以便编制狩猎业利用方案。

（一）收集资料

1. 狩猎动物资源　最重要的是狩猎动物种类与数量，如前人已做过工作或有资料记载，可直接引用参考，否则就应进行实地考察。这些资料包括：不同地区的不同动物密度；根据经济效益和数量确定的狩猎主要种、次要种、辅助种和不可利用种；狩猎资源的总储量和狩猎用地总面积等。

2. 植被及自然条件　包括植被和植物学的主要特征，各项参数及可作为饲料植物的数量多少等。用表格和文字说明。

自然条件包括气候、水文、地形地貌和土壤等。

3. 社会及历史沿革　针对狩猎业有关的社会情况，包括历史、现状和发展远景。

收集上述资料过程中还要注意了解：过去3~5年间猎产品产量及利用情况，并按鸟兽的主要经济用途分别统计，一般用表格反映；猎具、狩猎方法、猎民装备情况及其今后改进意见和措施；猎民组织、当地狩猎管理及组织机构；狩猎业生产基地的分布，今后狩猎业生产规划，狩猎业在当地国民经济中的地位等。

根据调查，应该得到：猎区略图、狩猎业资源表、植被与饲料条件说明书等。

（二）编制猎区利用总方案

1. 概述部分

（1）简单扼要地概述猎区自然地理、经济、交通情况。

（2）狩猎业在该猎区与其他国民经济部门之间的关系，以及狩猎业在该猎区所处的地位。

（3）猎区面积、狩猎资源、植被等情况。

（4）在猎区的范围内已建立的猎场、禁猎区及自然保护区的情况。

（5）该猎区建立或将要建立的狩猎机构等。

2. 经营规划设计部分

（1）把猎区所设的猎场数量及其主要边界在技术和方法上给予肯定，并且要提出原有猎场的发展水平和每个新建猎场的开发年度、所需劳力、物质技术设备等。

（2）为了保存完整的自然景观以便进行科学研究，要划出自然保护区，并指出范围和规划设计年度。

（3）为保护已利用过度的狩猎资源的繁殖，保证狩猎业不断扩大再生产，要提出建立单项或多项禁猎区的数量范围，并提出建立与开猎的年度。

（4）提出建立该猎区狩猎管理机构的建议。

（5）提出该猎区的经营方针。

（6）提出该猎区狩猎业发展远景及生产水平的设想。

（7）提出图面材料。主要是绘制一份猎区规划图，在图上要标出猎区、猎场、禁猎区和自然保护区的境界线。另外要绘制植被及狩猎资源分布图。

二、猎场区划

为便于查清狩猎业资源和开展各种经营活动，将猎场进行各种地域上的区划。

根据地形、地势、植被、狩猎资源和经济条件，将猎场划分成不同的经营区和调查小区。

（一）经营区

1. 狩猎经营区　狩猎经营区是狩猎场主要的经营区。因此区划时要考虑到把猎地级最高的地区划在该区内。其面积应该是各区中最大的一个，最小不少于全场总面积的3/5。

根据各主要动物的平均猎地级、经营特点、自然条件与猎人的传统习惯，可将该区分为若干个狩猎生产地段，如麂子（*Muntiacus* spp）、松鼠（*Scivrus* spp）生产地段等。

狩猎生产地段，是由若干个狩猎业经营条件及其经营措施相同的小区组成，它是一个独立的生产单位和经营整体。

2. 繁殖区　必须选择具有繁殖对象常年栖息条件，即饲料丰富、保护条件良好和人为干扰少的地方，应使其尽接近场中心，以防繁殖动物外逃。其面积一般为全场的1/5。

3. 多种经营区　选择猎地级较低、人类活动频繁、离场部较近和交通方便的地方，然后根据该区的具体条件因地制宜地发展多种经济，如农业、牧业、药用植物、经济昆虫、渔业及其他土特产。

（二）小区

小区是构成以上三种经营区的基本单位，也是经营条件相同，动、植物分布基本相似的土地类型，是调查统计单位，不是经营单位。

小区区划就是确定小区的境界线。如果进行过大地测量其他专业调查的，可用相应的基本单位代替，否则可用航测照片按地形地势和植被条件等直接勾绘，或者进行实地调查区划。小区编号应自西北向东南由上至下顺序用阿拉伯数字排列。

三、猎场评价及猎地级、猎期、猎取量的确定

用猎场鉴定和分级的方法反映猎场现状，评价猎场；根据猎地级各狩猎强度确定猎场内各处不同容纳量，制定合适猎期和猎取量的方法，为提高狩猎场的管理水平，获取最大产量的猎产品提供依据是本节内容的主要目的。

（一）狩猎场的评价

1. 主要依据

（1）狩猎动物在猎场的密度和质量。种群密度在中等水平以上及动物优良时，猎产品较多，创造的价值也较大，猎场的级别也高。

（2）猎场的生境条件。猎场内动物的食物多，隐蔽条件好，容纳量也会相应提高，猎场的级别也就高。

（3）猎场面积。面积越大，经营的动物种类和数量也就越多，从而级别也就越高。

（4）猎场投产时间早晚。经过调查设计，立即投产的要比经过几年基本建设才能投产的级别高。

2. 猎场分级

（1）按生态密度分四级。

Ⅰ级猎场（优级猎场）：植被覆盖度好，有着充足饲料条件，可猎动物密度高，猎人在该猎场创造生产价值高。

Ⅱ级猎场（良好猎场）：植被覆盖较好，主要饲料常见而丰富，有比较好的栖息条件，可猎动物密度较高，猎人在该场创造的价值较高。

Ⅲ级猎场（中级猎场）：植被覆盖度较差，饲料、栖息条件及猎人在该场创造的价值一般。

Ⅳ级猎场（劣级猎场）：植被覆盖差，饲料缺乏，栖息条件差，只有在上述其他猎场饲料歉收年份，动物才在该场栖息，猎人在该场创造价值低。

（2）按猎场面积大小分五级。

Ⅰ级猎场：$1.0 \times 10^5 \sim 1.5 \times 10^5 \mathrm{hm}^2$

Ⅱ级猎场：$3.5 \times 10^4 \sim 5 \times 10^4 \mathrm{hm}^2$

Ⅲ级猎场：$3.5 \times 5 \mathrm{hm}^2$

Ⅳ级猎场：$5\,000 \sim 3.5 \times 10^3 \mathrm{hm}^2$

Ⅴ级猎场：$3\,000 \sim 5\,000 \mathrm{hm}^2$

（二）猎地级的确定

猎地级指的是一种或几种可猎动物在场内的容纳量级别，它的高低决定着狩猎的生产

任继周文集（第八卷）

量和生产率的高低。

猎地级的确定是通过路线调查和地段质量调查进行的。

1. 猎地级的分级

Ⅰ级：猎地级饲料极为丰富，主要饲料不应少于饲料总数的 50％，保护与巢穴条件很好，能保证某种主要可猎动物稳定的高密度。

Ⅱ级：猎地级饲料条件丰富，主要饲料不应少于饲料总数的 30％～50％，保护和巢穴条件良好，能保证某种主要可猎动物的基本稳定。

Ⅲ级：猎地级饲料条件中等，主要饲料不应少于 20％～30％，保护和巢穴条件中等，但在主要动物密度较高的情况下，饲料就会因此而被食尽，因此，不能保证某种主要动物的基本稳定，而有迁移的现象出现。

Ⅳ级：猎地级饲料条件差，主要饲料少于饲料总数的 20％，保护与巢穴条件不良，主要可猎动物很少在该地繁殖。

Ⅴ级：猎地级饲料条件非常差，缺乏栖息条件，主要狩猎动物在此生活有困难。

2. 平均猎地级的求算　平均猎地级是衡量某一种可猎动物在猎地上容纳量高低的平均指标。也是衡量适于某一可猎动物的猎地质量的平均指标。

平均猎地级可用公式（1）计算：

$$N = \sum_{i=1}^{n} n_i \cdot s_i / s_{总} \tag{1}$$

式中：n——各类猎地级的级数；

　　　s_i——各类猎地级的面积（ha）；

　　　$s_{总}$——各类猎地级面积和；

　　　N——平均猎地级。

（三）猎取量的确定

在集约管理的猎场内，如果已经求出容纳量，那么最合适的猎取量就是保持 k/2 种群基本储存量后，猎取超出 k/2 的那一部分数量。

1. 按可猎动物的储存量确定　前提是：猎场中某种可猎动物的数量只有在超过猎场中基本储存量的条件下，才能制定猎取量，假若某种可猎动物现有储存量低于基本储存量时，则不能猎取。在野外，只要在管理中感觉到狩猎动物的数量明显增多，繁殖的趋势大致稳定或有所上升，且动物资源在外流及偷猎不严重的情况下，可大体认为是满足这一条件的。

求出现有储存量后，则猎取 20％。

2. 按可猎动物的繁殖量确定　前提是：现在储存量必须高于基本储存量才有可能，否则某种可猎动物有绝迹的危迹。在野外，观察到种群繁殖趋势并无明显下降时，就可认为大体满足本条件。

一般猎取繁殖量的 60％。

3. 按动物最大年龄与种群总量的关系确定

（1）求出增殖率（Z％）。

$$Z\% = \frac{N}{A} \times 100\% \tag{2}$$

（2）求出最大猎捕率（$R\%$）。

$$R\% = Z\% - \left[\left(\frac{N}{A} \times 100\% \right) \times 0.2 \right] \tag{3}$$

（3）求平均增殖量（Z）。

$$Z = N \times Z\% \tag{4}$$

（4）求年最大允许猎捕量（R）。

$$R = N \times R\% \tag{5}$$

各式中：N——动物总量（依据调查所得）；

A——该种动物的最大生活年龄（以查资料并访问猎民、专家和专业工作人员确定）；

0.2——安全系数。

需要说明的是，对国家一二级保护动物只计算增殖率与增殖量，不许猎捕，为建立野生动物保护档案提供资料。

4. 按动物的益害程度确定　对有害动物，在其数量较多时应适当增加猎取量，使其处于最小影响的密度水平。对珍贵特产动物应严格控制猎取量，确属需要狩猎，也应尽量活捕。

5. 按年龄性别确定　为获取狩猎剩余。在某种可猎动物老年个体较多时，猎取量可以适当增加；幼体较多时，要适当减少猎取量；性比为 1∶1 时，雌雄猎取量应相等；如果种群具有一雄多雌特性时，雄的要多猎点。

（四）猎期确定

狩猎期的制定，要综合考虑狩猎动物生物学和经济意义。

确定猎级应避开繁殖期。毛皮动物应在其毛足绒厚时期狩猎，多在 10 月中旬至翌年 3 月中旬。肉用动物一般在入秋至初冬季节狩猎。

如果猎场内某种可猎动物实际猎取量低于可能猎取量时，为避免动物自然死亡，可以适当延长猎期，否则，为保持基本储存量，则应适当缩短猎期。

另外，饲料不足，人工补饲有困难时，应提前猎取。疫病流行时，要适当提前或延长猎期，并适当增加猎取量。同时还应根据气候变化，适当提前或延迟狩猎期。

（五）狩猎动物资源评价

1. 经济价值评价

（1）单种动物评价方法。

①以价格做"质"的指标：以当年收购量为"量"的指标，将两指标各分五个等级，以"＋"号表示级的单位，然后将两指标的"＋"号相加，用其数量的多少评价狩猎动物资源的经济价值。

②在质的方面：以 2 元～80 元之间打一分，记"＋"号；80 元以上打二分，记"＋＋"

号。在量方面，用"－"号表示数量稀少，无产值；用"±"表示产量在万头以下；用
"＋"号表示 1 万～10 万；用"＋＋"表示 10 万～50 万；用"＋＋＋"表示 50 万～100 万；
用"＋＋＋＋"号表示 100 万以上等，于是按表 15-1 对单种动物进行经济价值评价。

表 15-1　单种狩猎动物经济价值评价示意

种类	个 体 价 值					产量	总评分	备注
	毛皮	药用	食用	其他	评分			
赤　狐	＋		＋		2	＋	3	
野　猪	＋		＋＋		3	＋	3	
猞　猁	＋		＋		2	±	2	

（2）多种动物的综合评价法——秩次相关法。

①划分产值等级：

＜0.5 元，最低级……1

0.6 元～1 元，低级……2

1.1 元～5 元，中级……3

5.1 元～10 元，高级……4

＞10 元，最高级

此划分仅为参考值，实际中应按地区、时间、动物种类变化而变化。

②划分数量等级：

＜50，最低级……1

51～100，低级……2

101～500，中级……3

501～1 000，高级……4

＞1 000，最高级……5

即得评价中的数量级（表 15-2）。

③求极差（d 及 d²）：这里的极差是指每种动物产值级和数量级之间的级差数。

④求秩次相关系数（Spearman 公式）：

$$S = 1 - \frac{6\sum d^2}{n(n^2-1)} \tag{6}$$

⑤求相关系数：

$$r = 2\sin\left(\frac{\pi s}{6}\right) \qquad (\pi \text{ 为 } 180°) \tag{7}$$

⑥相关显著检验：利用 Fisher 公式，$t = \frac{r\sqrt{n-2}}{\sqrt{1-r^2}}$，可求出实际 t 值，再以自由度 $n-$
2，危险度 α，查 t 分布表，若 t（实验值）＞t（理论值），则说明经济效益大，资源可经
营利用。反之若 t（实）＜t（理），则说明经济效益小，资源应加以保护，不宜利用。

表 15-2　青藏高原某地区鸟兽资源评价表

类别	名　称	产值等级	数量等级	级差 d	d^2
兽类	石貂 （Martes foina）	5	1	4	16
	水獭 （Lutra lutra）	5	1	4	16
	黄鼬 （Mustela sibirica）	3	3	0	0
	香鼬 （Mustela altaica）	3	1	2	4
	艾虎 （Vormela Pergusna）	3	1	2	4
	獾 （Arctonyx collaris）	3	3	0	0
	狼 （Canis lupus）	4	1	3	9
	狐 （Vulpes vulpes）	5	3	2	4
	沙狐 （Vulpes corsac）	3	1	2	4
	猞猁 （Lynr lynx）	4	1	3	9
	金钱豹 （Panthera pardus）	5	2	3	9
	兔狲 （Felis manul）	3	1	2	4
	金丝猴 （Phinopithecus roxellonae）	4	1	3	9
	野驴 （Equus hemionus）	1	1	0	0
	麝 （Moschus berezouskii）	3	3	0	0
	狍 （Copreolus capreolus）	1	1	0	0
	毛冠鹿 （Elaphodus cephalophus）	1	1	0	0
	藏原羚 （Procapra picticaudata）	1	3	2	4
	旱獭 （Marmota himalayana）	2	5	3	9
	灰尾兔 （Lepus oiostolus）	1	5	4	16
合计					117
鸟类	白马鸡 （Crossoptilon crossoptilon Hodgson）	2	3	1	1
	血雉 （Ithaginis cruentus）	1	3	2	4
	黄鸭 （Tadorna ferraginea）	2	3	1	1
	岩鸽 （Colunba rupestris）	2	3	1	11
	黑颈鹤 （Grus nigricollis）	2	2	0	0
合计					17

2. 经营条件评价

（1）目的。一是查明猎场已具备了哪些物质技术条件及目前所能达到的经营管理水平；二是客观地鉴定该猎场在经营管理中所实行的重要措施，以确定其正确程度和实际效果，同时根据经验提出改进今后经营活动的论证。

（2）内容。

①经营沿革：即历年来狩猎动物变动情况，以便分析、判断狩猎业生产的原有基础和最近期间的经营效果。

②过去调查规划工作：查明该猎场是否进行过调查规划工作，详细程度如何，用科学技术最新成就加以评定。

③主要猎产品的利用：了解历年来采用的狩猎方法，狩猎数量和种类，以及对猎产品的利用情况，然后从野生动物保护和产品利用两方面加以评定。

④各种经营措施评定：了解对狩猎动物采取了哪些生物及工程技术措施，引种驯化工作做得如何等。

⑤多种经营措施评定。

⑥基本建设评定。

⑦组织管理评定。

此外，在人员编制方面，要查明工作人员的定额和技术水平，得出劳动生产率现有水平的结论。最后审查整个经营区的收支情况，研究扩大再生产的潜在力量。

四、数量调查

查明猎区、猎场、不同生境、不同栖息地中狩猎动物的数量、密度和季节变化，并依据被查动物的种群数量、年龄、性别组成、食物丰歉程度及其他影响种群数量变化的因子，预测狩猎动物数量发展趋势。

（一）路线法

1. 路线选择 路线选择原则：代表性、随机性、整体性和可行性。样带数量：5～20条为宜。路线长度：步行时 3～10km，行速 3km/h；乘车时 100km，时速 20～30km/h；骑马时 30～50km/h。路线（样带）宽度：林区步行时每侧 25～50m，开阔地 50～100m；在开阔地乘车时 100～250m。如果调查痕迹（非动物实体），带宽为左右各 25m。

2. 调查时间 调查对象可以是动物实体，也可以是动物活动痕迹。

鸟类调查时间以迁来后或迁离前为好，每年 2 次。兽类应在繁殖前进行，一般冬天为好。观测时间应在晴朗无风天，以晨昏为佳。雨过天晴和新雪时调查痕迹较方便。

3. 观测记录 所需用具：统计表、图、笔记本、望远镜、手表、海拔仪、罗盘、计步器等。

统计动物实体时，只记前方和左右两侧的鸟兽。统计痕迹时，避免重、漏、错，只记清晰可辨痕迹。300m 以内的相同高度，相同食物痕迹记 1 只动物。粪便和足迹只记 24h 以内新鲜的。

4. 数据整理 当天晚上由调查组人员共同分析，整理记录，确定在路线上留下痕迹的动物数和动物实体数，并填写调查表（表 15-3）。

5. 内业计算

（1）基本路线法。

①样带密度（观测值）的求法：

$$d_i = \frac{n_i}{2I_s s_i} \tag{8}$$

表 15－3 狩猎动物数量路线调查表

| 地区： | | 猎场： | | 调查员： | | 路线编号： | | |

| 调查时间： | 年 | 月 | 日 | 自 | 时 | 分至 | 时 | 分 |

调查地点：

路线起至点

路线通过环境（地形、草原类型、林分、水系、特点）：

调查时天气和雪被状况

动物名称	足迹数	实体数	粪便	巢穴	食痕	卧迹	尿斑	其他

式中：d_i——第 i 条样带的密度值；

n_i——第 i 条样带上所见动物实体数；

I_i——样带长度；

s_i——样带单侧宽度。

②样带密度均值（样本平均数）的求法：

$$D = \frac{1}{m}\sum_{i=1}^{m} d_i \tag{9}$$

式中：D——样带密度均值（头、只、个/条）；

d_i——观测值；

m——样带总条数（条）。

d_i 的统计方差为：

$$\sigma^2 = \frac{1}{m}\sum_{i=1}^{m} (d_i - D)^2 = \frac{1}{m}\sum_{i=1}^{m} d_1^2 - D^2 \tag{10}$$

式中，D 为样本均值，以它作该地区某种动物密度估计值时，还需求出估计的误差限和可靠性。

③总体密度的估计：以 D 作为总体密度的估计值，则误差限为：

$$\Delta = \frac{t\alpha\sigma}{\sqrt{m-1}} \tag{11}$$

t 是危险度为 a 的 t 分布值（自由度为 $m-1$，查表求得），σ 为标准差，$\sigma = \sqrt{\frac{1}{m}\sum_{i=1}^{m} d_i^2 - D^2}$，$m$ 为样带条数。

估计值最后在（$D\pm\Delta$）的区间，可靠性为 $P=1-a$，精度为 $1-\frac{\Delta}{D}$。

④总数量推算：调查总数量为 $N=D \cdot S$。

或落入 $(D \cdot S - \Delta \cdot S, \ D \cdot S + \Delta \cdot S)$ 区间内。S 为总面积。

（2）变型路线法。

①实体观测垂距法：先求每一观测个体距样带中线的垂直距离 a_j；再求每条样带中 j 个个体垂距平均值 $\left(A_i = \dfrac{1}{n} \sum\limits_{j=1}^{n} a_j \right)$，$n$ 为见到的个体数。以此平均距离代替（8）式中的 S_i，以 A_i 为第 i 条样带的单侧宽度，则：

$$d_i = \frac{n_i}{2I_i \cdot A_i} \tag{12}$$

②截线法（实体观测）：以 A_i 代表修正的"有效宽度"，则（12）式变为：

$$d_i = \frac{n_i}{2I_i \cdot \hat{A}_i} \tag{13}$$

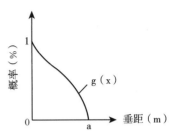

图 15 - 1　动物在样带不同距离
被发现的概率

$\hat{A}_i$ 代表的函数关系应该如图 15 - 1，它应该是探测函数 $g(x)$ 的积分，即 $\hat{A}_i = \displaystyle\int_0^a g(x)dx$。

探测函数有多种，如负指数函数 $\left[g(x) = \lambda e - \lambda^x \right]$，半正态截尾函数 $\left[g(x) = \dfrac{2}{\sigma \sqrt{2\pi}} e^{-\frac{x^2}{2\sigma^2}} \right]$，$B_a t_a$ 函数 $\left[g(x) = \left(1 - \dfrac{x}{W} \right)^a \right]$ 等。

按负指数函数关系求算，样带密度为：

$$d_i = \frac{n_i - 1}{2I_I A_I} \tag{14}$$

其方差是：$V = \dfrac{n}{(2I_i A_i)^2} \left(1 - 2I_i A_i + \dfrac{n}{n+2} \right)$。以（14）式密度值按基本路线法计算，可得该地动物总数量。

与 Gate 法（负指数法）相似的尚有 Eberhardt 法等。直线距离（r）法也较常用。

③活动痕迹推算路线法：先根据足迹链总条数、粪堆、尿迹等求出换算实体的系数，再按基本路线法计算程序计算动物密度和总数。

换算系数是现用现查、现求，不能借用，因为它是一个变量。

④足迹遇见率推算法：

平均遇见率：$\overline{V} = \dfrac{n_1 + n_2 + \cdots\cdots + n_i}{I_1 + I_2 + \cdots\cdots + I_i}$

换算系数：$F = \dfrac{\overline{V'}}{\overline{D'}}$，$\overline{D'}$ 为推算平均密度，$\overline{V'}$ 为推算足迹链平均遇见率。

实际密度：$\overline{D'} = \dfrac{\overline{V'}}{F}$

该地动物总数：$N = \overline{D} \cdot S$

（二）空间分布样方法

研究狩猎动物空间分布格局最有效的方法是样方法。

1. 空间格局

（1）样方划定。研究动物实体时，样方应考虑动物的活动范围而适当大些，如 $1hm^2$、$5hm^2$，乃至数十公顷等。研究巢、穴、粪便、尿迹等痕迹时，样方面积可适当小些，如 $1m^2$、$10m^2$，或数十平方米等。一般在调查前，根据调查对象选择几种大小不同样方试验，待均值和方差均趋稳定时，确定样方大小。

一般样方数大于 50 为大样本抽样，小于 50 为小样本抽样。抽样面积不小于总面积的 1/10。

样方设计常用全面铺开法，分层抽样法和路线成套抽样法。

（2）求出样方频数分布。计数样方中的个体（或其他指标）数量，并将其分组，得出实际的频数分布（表 15-4），并求出均值和方差。

表 15-4　样方频数分布示意

观测数（个体或其他）x_i	0	1	2	……	60	样方平均数	方差
样方数量 f_i	80	20	18	……	1	$\overline{X}$	S^2

找出理论频数分布和实际分布进行拟合，拟合好的理论频数分布就是观测值的真实分布型。

（3）分布型检验。

①判定总的分布趋势：见表 15-5。

表 15-5　判定总分布趋势指标

判定指标	公式	均匀分布	随机分布	聚集分布
扩散系数	$C=\dfrac{S^2}{\overline{X}}$	$C<1$	$C=1$	$C>1$
M' 指数	$I_\delta = N\dfrac{\sum X_1(X_i-1)}{N(N-1)}$	$I_\delta<1$	$I_\delta=1$	$I_\delta>1$
久野指数	$C_A=\dfrac{S^2-\overline{X}}{\overline{X}_2}$	$C_A<$	$C_A=0$	$C_A>0$

②理论分布拟合：见表 15-6。

表 15-6　理论频数与实验频数拟合检验

观测值	0	1	2	……	60	f^2 检验
实际频数	80	20	18	……	1	
理论频数 1	83.2	30.0	20.8	……	0.7	$f^2=\sum\dfrac{(理-实)^2}{f^2 理}$
理论频数 2	80.1	20.3	19.8	……	0.9	f_2^2
……	…	…	…	……	…	
理论频数 f_i	f_0	f_1	f_2	……	f_{60}	f_i^2

X^2 检验时，自由度除 $n-1$ 外，如用样本资料为参数（如 $\bar{X}$、S^2 等）来代入理论值计算时，自由度还应减去使用参数的个数。

2. 利用分布格局求动物数量　根据理论频数求出理论值平均数和方差，这一平均值即我们要找的真正空间分布均值，再将其换算成密度，就是实际中真实的数量，进而推算出整个地区动物数量，或通过换算系数求出该地区的动物数量。

（三）航空统计法

1. 选择调查地区

2. 选择调查季节及日期

3. 选择航调飞机　目前，国内常用的多种用途飞机有"运 5 型""运 11 型""运 12 型""蜜蜂 2 号""蜜蜂 3 号"及直升飞机。其中"运 11 型"飞机的速度在 130～220km/h，航高范围在 5～5 000m，最大续航能力在 6h 以上，回转半径最小只有 500m，后舱有 8 个座位。它是目前比较适合航调的飞机之一。

4. 调查人员及分工　选择对调查对象有较高野外识别能力的人员参加航调。根据驾驶员提供的目测距离资料，在后舱左、右两侧舷窗上做好观测距离标记，用以确定发现目标的准确位置和记录。每侧舷舱至少有一名主调查员和一名辅助调查员。同时应有一名调查员在前舱负责全部调查路线上的情况，并着重观测两侧顾及不到的机身正下方盲区。另有必要配备摄像人员，以便以疑难目标做影像记录分析。

5. 航调速度与高度　航调时，时速以 150km/h 为宜，航高 80m 时，离地面 500m 之内的大型鸟兽极易辨认，1 000m 内也可辨认，对工作经验丰富者 2 000m 内的也可辨认。因此采用这一航高时，每侧控制观测距离为 2 000m，即调查路线宽度可控制 4km。必要时可依具体情况和需要调整航速和航高。

6. 航调飞行方法　航调前，应准备好编号工作图，以 10^{-5} 比例尺为好。图上应标明调查区的地形、地物等。根据掌握的地面资料和特点，分析并确定飞行方法。

目前，常用条带式飞行方法。在种类个体密度较大时，条带宽 100m，即每侧 500m。在鸟兽分布较稀疏区，条带宽 2 000m。盘旋式飞行基本调查路线宽度为 4 000m。

7. 航调记录　调查人员每人一份调查区工作图，与驾驶员手执的作业图一致，比例为 10^{-5}。发现目标时，确认种类、统计数量、标明分布位置，必要时分出成幼、有无巢穴及周围生境描述等。每次作业后，及时作内业整理，记好航调日记（表 15 - 7）。

表 15 - 7　航调日记

日　期	月	日	午	天气		风向	
风　速			气温		气压		
机　号		机长	领航员		驾驶员		
调查人员			登机人员				
	起飞时间	时	分		航测时间	时	分
飞行时间			累计时间			时	分

（续）

日 期	月	日	午	天气	风向
	降落时间 时 分				
飞行任务	图幅号	航线号	航带号		航测长度
	航测面积	航高			航速
	特殊飞行内容*				
调查结果					
备注					

注：* 指遇到密集种类跨越多条航带和需要仔细辨认的特殊种类时改变航高，航速等盘旋飞行。引自赵忠琴等

航调资料多采用直数统计，因此，调查中应尽量消除误差。

（四）遥感技术法

遥感技术又叫距离传感术，它是宇宙空间技术发展后的新兴学科。它在野生动物资源调查中主要是应用"红外"遥感。红外遥感对温度的鉴别能力特佳。它利用红外辐射作为信息的传递手段，将地面上动物的位置及数量记录下来，这就大大减轻了繁重的地面工作。

1. 航天遥感条带统计动物数量 它利用人造卫星运载工具，用传感器在宇宙空间将地球上大范围地区内野生动物电磁波辐射信号接收记录下来，经加工处理，变成人类肉眼可以直接识别的图像或数据，从而快速定期地观测野生动物的数量变化。

2. 航空遥感条带统计动物数量 它用飞机做运载工具，用传感器自空中对野生动物进行探测。工作距离一般为 $10\sim20km$ 的高度为宜。其优点是可以充分利用可见光系统。

用汽车做运载工具，装小型遥感传感器进行野生动物数量统计在现阶段更便于推广。

3. 红外线扫描统计动物数量 在飞机上装上红外线扫描器，可昼夜利用红外线扫描器上的探测仪把野生动物所辐射的红外线变成电能，再经电光转换器把电能变成可见光，最后形成红外辐射图像。当飞机沿一定航向前进时，红外探测仪不断地对地面进行扫描。在感光片上连续地将野生动物拍摄下来，从而对其进行条带式的数量统计。

在浓厚云层及恶劣气候条件下，此法则无法进行。

4. "夜视"望远镜统计动物数量 它包括夜视的红外线变像管技术，微光夜视技术和热成像技术。热成像技术利用内光电效应的探测仪将野生动物所辐射出的红外线转变成可见的光学图像，用"热成像红外线望远镜"便可在夜间全天候地清晰观测野生动物，根据热辐射图像上的动物影像，查明动物数量，进行统计。

五、猎犬训练原理和方法

把一般的犬变成猎犬，须加以严格训练。犬能看庄护院、保护畜群，驯成警犬可协助侦破疑案、送情报、救护伤员、帮助捕鼠和拉雪撬，但是，这些作用均可被现代化的设施所代替，唯有助猎的功能却难以取代。学习猎犬训练原理，掌握猎犬训练方法，发展我国

猎犬训养业，提高狩猎效果，是本练习的主要目的。

（一）训练猎犬的原理

犬有灵敏的嗅觉、视觉和听觉。外界环境的变化，对犬的各种刺激都将引起相应的反映，犬能通过神经系统调节自己与环境变化相适应。犬的神经系统很发达，对环境变化的适应能力很强。我们训练猎犬是以条件反射原理为依据的。

非条件反射是比较稳定的，条件反射是暂时性的。这一原理在驯犬工作中是很重要的，因为我们所训练的各种动物，是条件反射，是暂时性的，经过较长时间，它会忘掉。这就要求我们要定期的进行重复训练，来强化这些动作，使其得到巩固。

引起条件反射的刺激称条件刺激，引起非条件反射的刺激叫非条件刺激。这两种刺激结合使用时，可以使条件反射强化。在训犬工作中，当结合使用条件刺激与非条件刺激时，应注意两种刺激的时间和强度关系，这是决定犬的条件反射建立的快与慢，或是能否建立起来的重要条件。

从两种刺激的作用时间来看，条件刺激先于非条件刺激，则建立条件反射就快，并且也巩固。这就要求我们在训犬时，给犬的口令、手势等条件刺激必须先于扯拉牵引带和按压犬的身体某个部位的非条件刺激。只有这样才能使犬学会所教的动作。如果条件刺激与非条件刺激同时给出，条件反射的建立就比较慢。也就是说口令、手势和扯拉牵引带或按压同时作用于犬。犬学动作要慢，而且不巩固。如果我们把非条件刺激先于条件刺激作用于犬，则我们教给犬的动作就很难学会，即使勉强学会也很不持久。由此可见，条件刺激和非条件刺激作用时间的关系，在整个训犬过程中是很重要的。

再从条件刺激与非条件刺激的强度关系来看，只有当条件刺激的强度弱于非条件刺激的强度，才能建立起来条件反射。

在训犬工作者，经常使用下面一些刺激：

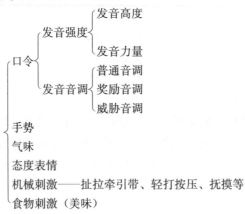

（二）训练猎犬的方法

首先要清楚不是所有的犬都是猎犬。比如特别小的观赏犬就不适合于狩猎。也不是所有狩猎用品种的犬都可成为猎犬，因为虽然犬的品种是属于狩猎用犬，但就某个体来讲，因为它有生理上的缺陷，胆怯或其他怪癖等，即使经过训练也不能狩猎的犬，就不是猎犬。所以一只犬要成为猎犬要经过训练才行。而训犬方法的好与坏都住定着将来训练出来的犬的品质优劣。归纳起来有四种训练猎犬的方法。

1. 机械刺激法　机械刺激法就是利用一定的机械手段迫使猎犬做出一定动作的方法。比如训练用自行车驮犬让犬卧在自行车后座上，为了不使它从车子上跳下来，我们要用手按压它，迫使它不能站起来，从而也就避免它跳下来。我们用手按压这是一个机械刺激，通过机械刺激能使犬安静地卧在自行车后座上。经过反复使用这一刺激可使犬建立起这个条件反射，但是，按压不要太重，否则会使犬感到不舒适。再如当我们外出时，有的犬喜欢在主人前面乱跑，有的落在主人后面，为了把犬控制在自己的身旁，给它带上牵引带。当犬向前挣路时，猎人就向后拉扯牵引带。当犬拖后时，可以向前扯拉牵引带，可使犬赶上来。通过扯拉牵扯引带的机械刺激，可以使犬养成同猎人同行的习惯。

2. 食物刺激法　是给犬以食物来刺激犬做出一定动作的方法。如训练犬"前来"的动作时，采用食物刺激的方法，逗引犬前来。由于犬对于食物刺激具有很大的兴奋性，所以此法运用得当的话，可以使犬积极参加训练，能较快的学会动作。

食物刺激是非条件刺激，是训练各种动作的基本刺激，也是经常使用的。用这种刺激可使犬愿意执行、完成动作，同时也借此来巩固条件反射。

3. 机械刺激和奖励相结合训练法　机械刺激如前所述，而这里所说的奖励是指食物诱引，抚摸等。把这两种刺激结合起来是训练中最常用的方法。在单独使用机械刺激法进行训练时，只是采用一定外部的、生硬的、带有强制性的刺激，迫使它做出某一动作。有些动作与犬本身毫不相干，所以犬对这一动作的接受是勉强的。

如我们训犬衔取小型猎物时，就发现犬有这种习性。在没有外界干扰的情况下，未成熟犬有喜欢撕咬戏玩猎物（或其他物体）的习惯，但是，当猎人强行让它叼住猎物不动时，犬是很不愿意执行命令的。犬衔取猎物这一动作是狩猎中必须具备的。为了使犬掌握这一要领，就可采用机械刺激和奖励相结合的方法。使犬建立起衔取的条件反射。

有些动作与犬本身生活是无关的。但当它按主人的要求准确地做出一定动作时，能得到主人的奖励，这时的食物奖（抚摸）告诉它，主人希望它这样做，也是鼓励它继续这样做，使其巩固这一动作。

4. 模仿训练方法　是利用其他犬的行动影响被训练犬的一种方法。利用这种方法训练猎犬也能取得较好的效果。在我国东北地区，训练猎犬捕野猪和黑熊等就利用这一方法。把要训练的犬与善于猎捕野猪的犬放在一起饲养。使彼此熟悉后，带到猪场。让它向善于捕猎野猪的犬学习寻找、追赶、捕杀等技巧。经过训练后，有的犬在狩猎性能方面超过被模仿的犬，有的不及被模仿犬。可选拔好的犬留下来，淘汰不良犬。

六、用火箭牵拉网活捕野生动物

有些猎产品的获得，需要活捕野生动物，如活捕马鹿取茸后再放回到自然界，这样既不破坏资源，又能进行永续利用。珍稀动物的研究、保护、饲养驯化等，都急需解决活捕野生动物的工具。

注射枪为捕捉和保定活的野生动物提供了先进手段，使捕捉大型兽类成为可能，但注射枪的射程、稳定性和麻醉剂的效能还不太理想，并不适于捕捉成群的动物，使注射枪的使用范围受到一定的限制。

运用新型活捕野生动物工具——火箭牵拉网，可解决上述问题。

（一）原理

火箭牵拉网是利用小型火箭筒牵拉大型张网活捕野生动物的工具，由网具、小型火箭筒、发射架、火药包、起爆装置和引爆器等部分组成。

网具用各种绳类材料编织，网绳粗细、网眼大小及网面积等均根据捕捉对象与环境条件而定。网可做成小片，互相拼接。一般网宽 20～25m，每片长度 10～15m。网的周边有网纲，纲上拴有连接绳，可与小型火箭筒上的连接链连接（图 15-2）。

小型火箭筒是火箭牵拉网上的牵引工具，发射时由火药产生的高压气体推进（图 15-3）。

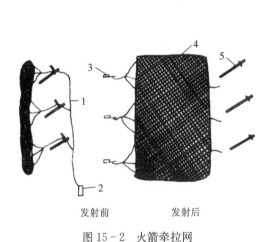
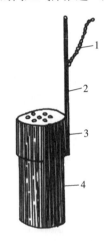

发射前　　　　　发射后

图 15-2　火箭牵拉网　　　　　图 15-3　小型火箭筒

1. 主导线　2. 引爆器　3. 小型火箭筒　4. 网具　5. 发射器　　　1. 连接链　2. 尾杆　3. 筒盖　4. 筒体

发射架由丁字形钢架制成，长 1～1.5m，末端尖形，可插入地中固定，顶端有支撑火箭筒的圆管。发射前，将发射架固定成 45°角度，使火箭筒至 45°发出去，以获得最大发射距离。

火药包是火箭发射筒的动力，由黑火药、单孔柱形无烟火药和七孔柱形无烟火药组成。

起爆装置由两片互相绝缘的金属薄片组成，金属片前端有电阻丝连接，电阻丝外覆盖一层起爆物质，金属片尾端用导线引出。引爆时，电流经过导线使电阻丝发热，点燃黑火药引起全部火药燃烧。

引爆器由电容、电池和匣体组成，利用电容器充放电原理，使引爆器瞬间释放较大电流使电阻丝发热，点燃火药。

（二）使用方法

1. 将发射器架插入地内　一般每次发射量至少用两枚火箭牵引，根据网具长度、形状和大小，可以增加火箭筒数量。发射架随网的长度均匀分开，两侧发射架的方向应向外侧偏斜，以使网具张开效果较好，但偏斜过大时，会发生相反效果。

2. 将火药包装入火箭筒内　由喷火孔引出起爆装置的导线，旋紧筒盖，将火箭的尾杆插入发射架顶端的圆管内。

3. 起爆装置　将几个起爆装置的导线用一根主导线并连，主导线长度一般为 30～50m，末端与引爆器连接。

4. 将网具依次折叠成条状　网具的折叠情况对网具的张开效果影响很大，必须仔细折叠好。网具一侧的连接绳与火箭筒尾杆上的连接链连接好。连接不好时，火箭筒会单独飞出，容易造成伤亡事故。野外使用时，网具还需伪装，操作人员也应隐蔽。

5. 捕获　当动物进入网具覆盖范围后，由操作人员掀起引爆器扳手，将动物捕获，如果活捕大型兽类，最好辅以注射枪，以达到安全生产的目的。

火箭牵拉网已由哈尔滨猎具厂根据资料和引进样品试制成功。

七、狩猎的射击方法

射击静止目标时，应使准星落在标尺板的底部，并掩盖目的物。假如鸟栖息在树上，瞄躯体上方，如果飞得很高，则瞄下方（图 15 - 4）。

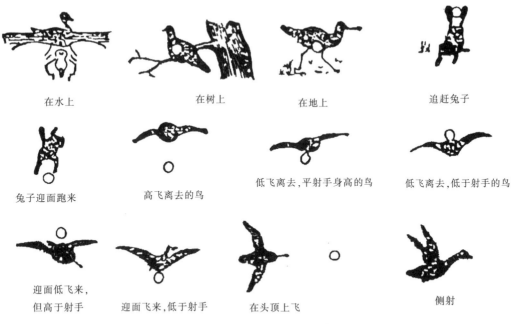

图 15 - 4　狩猎禽鸟的瞄准点

射击运动中的禽兽时，应瞄运动方向前面的位置，使目标恰好落入霰弹杀伤范围内。超前瞄准的位置取决于离目标的距离、目标运动速度及其他一些因素。在离目标 20～50m 时，超前瞄准的距离如表 15 - 8。

在射击运动目标时，还应采用以下方法：

①用猎枪追随目标，待枪口瞄准方向越过目标时，按原速移动并射击。

②不加瞄准，举枪对准目标就射，但此方法应有一定的训练基础。

③把枪指向目标前方，等待目标接近时射击。

不应当从无效距离射击。各种枪及其用药量不同，有效射击距离也不同（表 15-9）。

表 15-8　射击运动目标时超前瞄准距离

禽　兽	速度（m/s）	霰弹号码	至目标的距离（m）			
			20	30	40	50
慢跑的野兔	7	1	0.42	0.63	0.98	1.26
急奔的野兔	10	1	0.60	1.00	1.40	1.80
中速的飞鸟	15	5	0.90	1.50	2.25	3.00
高速的飞鸟	18	6～7	2.33	4.50	7.00	/

表 15-9　各种号码霰弹的有效射击距离

霰弹号码	0	1	2	3	4	5	6	7	8	9	10
有效距离（m）	75	70	65	60	55	52	50	47	45	40	35
极限距离（m）	270	260	255	250	235	210	180	162	158	140	130

八、狩猎动物的麻醉

（一）目的

学习并掌握应用各种麻醉剂的使用方法和原理，解决在狩猎业生产和科研工作中，对野生动物进行疾病防治、预防注射、观测记录以及动物交流时的活捕问题。

（二）方法与步骤

1. 偶蹄类动物的麻醉　苯环已哌啶和丙嗪 1.0mg/kg 或马来酸乙酰丙嗪 0.1mg/kg 联合应用，肌肉注射，对猪科和西貒科动物是敏感的。苯环已哌啶 1.0～1.5mg/kg 的剂量，对这类动物所有成年的健康个体都适用。投药 8～10min 有轻微的镇静，很快就继之以共济失调。若无干扰，动物卧倒 15～20min，保持明显的睑反射，对呼吸和心律无显著影响。这种药品是从脂肪组织吸收，对非常肥胖的动物需避免按剂量多次使用。

河马（*Hippopotamus*）和倭河马（*Choeropsis tiberiensis*）联合用乙托芬及乙酰丙嗪能够捉获和保定。但动物不应与水接触，否则有淹死的危险。

驼科（*Camelidae*）动物可用苯环乙哌啶进行保定，但对这类动物最安全有效的麻醉药是盐酸二甲苯胺噻嗪。保定单峰驼（*Camecus feras*）和双峰驼可用 0.5～1.0mg/kg 的剂量；但小羊驼（*Lama vicugna*）和原驼（*Lama huanchus*）则需 1.0～1.5mg/kg 的剂量。

驼鹿和驯鹿的保定，均可单独用盐酸二甲苯胺噻嗪。也可用乙托芬或芬太尼，反应良好。斑鹿（*Axis axis Erxleber*）、豚鹿（*Axis porcinus*）、梅花鹿、麋鹿、小鹿和马鹿，常在麻醉剂中加入 0.1mg/kg 乙酰丙嗪，即足以镇静，对黄古鹿（*Dama dama*）使用乙酰丙嗪，常有显著的体温升高和呼吸困难。若代之以 1.0mg/kg 氮杂斐罗宁，就看不到这种现象，可是镇静作用就不甚显著了，对沼鹿和獐（*Hydropotes inermis*）用乙酰丙嗪 0.4mg/kg 以上剂量的乙托芬联合应用，不能产生充分的镇静，可用盐酸二甲苯胺噻嗪作为全身麻醉前的先驱镇静剂。

表 15 - 10　偶蹄类动物的麻醉剂量表

动物种类	成年动物体重（kg）	药品和剂量	其他可选用的药品	说　明
野猪（*Sus scrofa*）	100～160	苯环乙哌啶 1.0～1.2mg/kg 乙酰丙嗪 0.1mg/kg		
双峰驼（*Camelus ferus*）	500～700	盐酸二甲苯胺噻嗪 0.7～1.2mg/kg	可完全用盐酸二甲苯胺噻唑代替	
马鹿（*Ceruus albirostris*）	90～150	M₉₉总量 2.0～3.0mg 乙酰丙嗪 0.1mg/kg	芬太尼总量 15～20mg 氮杂斐罗宁 1.1～1.7mg/kg	
梅花鹿（*Caruus Nippon*）	40～75	M₉₉总量 2.0～3.0mg 乙酰丙嗪 0.1mg/kg	芬太尼总量 2～4mg 氮杂斐罗宁 0.5mg/kg	
小鹿（*Muntiacus reevesi*）	10～15	M₉₉总量 0.7～1.0mg 乙酰丙嗪 0.1mg/kg		
驯鹿（*Rongifer tarandus*）	70～130	盐酸二甲苯胺噻嗪 0.8～1.2mg/kg		
驼鹿（*Alces alces*）	300～500	盐酸二甲苯胺噻嗪 1.0～1.5mg/kg	M₉₉总量 4.0～5.5mg 乙酰丙嗪 0.1mg/kg	用作麻醉剂时有兴奋及严重共济失调
麋鹿（*Elaphuus davidianus*）	150～250	M₉₉总量 3.0～4.5mg 乙酰丙嗪 0.1mg/kg	芬太尼总量 8～12mg 氮杂斐罗宁 0.5～0.8mg/kg	
沼鹿（*Ceruus duvauceli*）	160～250	M₉₉总量 3.0～5.0mg 乙酰丙嗪 0.2mg/kg		

长颈鹿（*Giraffa camelopardalis*）的化学保定，可同时以少量的乙托芬（1.0～1.5mg/kg）与乙酰丙嗪（0.1mg/kg）和东莨菪（0.1mg/kg）芬太尼，氮杂斐罗宁和东莨菪联合使用，可产生肌肉松弛作用。盐酸二甲苯胺噻嗪也曾单独用于捕捉和颈鹿（*Giraffa camelopardalis*）。

乙托芬，芬太尼，盐酸二甲苯胺噻嗪和各种镇痛剂、镇静剂，均用于牛科动物的保定。捻角羚（*Strepsiceros strepsiceros*）可用乙托芬或芬太尼保定，也可联合用乙酰丙嗪（0.2mg/kg）和氮杂斐罗宁（1.5～2.0mg/kg），亦可单独使用盐酸二甲苯胺噻嗪。对大角斑羚（*Taurotragus oryx*）的保定，可以联合使用乙托芬和盐酸二甲苯胺噻嗪。

家牛对盐酸二甲苯胺噻嗪特别敏感。爪哇野牛（*Bos ban teng wagner*）、欧洲野牛（*Bison bonasus*）、牦牛（*Bison mutus*）和美洲野牛（*Bison bison*），均能用此药镇静，但用量要大（10mg/kg）以上。

2. 奇蹄类动物的麻醉　奇蹄类动物的麻醉，普遍联合应用乙托芬和乙酰丙嗪。芬太尼和氮杂斐罗宁虽可试用，但尚未广泛应用。

马及野马比其他动物对乙托芬的需要量几乎多 2 倍。常在 6～8min 后发生共济失调，但仍可保持若干时间不卧倒。

乙托芬和乙酰丙嗪的联合应用，对南美貘（*Tapirus terrestris*）及印度貘（*Tapirus indicus*）有同样效果。大的印度犀牛（*Rhinoceros unicornis*）使用乙托芬和乙酰丙嗪 2.0~6.0mg/kg。这类药物也可用于黑犀牛（*Diceros bicornis*），有时要加入东莨菪。对这类动物可用塞普雷诺芬（M_{285}）或迪普雷诺芬（$M_{5\,050}$）作解药。但对抗乙托芬则不如烯丙吗啡有效。

表 15-11 奇蹄动物和长鼻动物麻醉剂表

动物种类	成年动物体重（kg）	药品和剂量
野马（*Dpuus przewalskii*）	300~500	M_{99}总量 4.0~8.0mg 乙酰丙嗪 0.1mg/kg
野驴（*Epuus hemionus*）	200~250	M_{99}总量 2.5~3.5mg 乙酰丙嗪 0.1mg/kg
非洲象（*Laxodonta Africana*）	3 000~6 000	M_{99}总量 4.0~8.0mg 乙酰丙嗪 0.01mg/kg
亚洲象（*Elephas maximus*）	2 000~4 500	M_{99}总量 6.0~12.0mg 乙酰丙嗪 0.01mg/kg

3. 长鼻目动物的麻醉 非洲象和亚洲象对乙托芬和乙酰丙嗪均极敏感，乙托芬则更突出。捕捉时可单独用乙酰丙嗪，剂量为 0.02mg/kg。即可使象充分镇静而易于保定。亚洲象对乙托芬所需剂量要比非洲象高出 2 倍。对非洲象用 1.0~6.0mg 乙托芬，7min 内开始有效共济失调。

4. 食肉类动物的麻醉 可使用苯环乙哌啶和丙嗪进行化学保定。在野外，特别是用量较高时宜谨慎，可产生阵痉性肌肉痉挛，并发展为抽搐等。若静脉注射硫喷妥钠（*Pentothal sodium*）6~10mg/kg 能加深麻醉。

熊科、犬科、浣熊科及鼬科动物，对苯环已哌啶敏感。

猫科，鬣狗科和灵猫科的动物，对同样剂量的苯环已哌啶也敏感。大多数动物在诱导期的晚期，偶尔出现阵痉性痉挛。如用量较大，镇静大为延长。如投以呼吸刺激剂，例如氨苯唑或盐酸哌醋甲酯可增加苏醒的速度。

乙托芬曾用于北极熊（*Thalartos maritimus*）效果良好。

乙托芬与甲氧异丁嗪联合应用，曾成功地用于棕熊（*Ursus arctos*）、狼（*Canis latrans*）和猎狗（*Lycaon pictus*）的保定。

5. 灵长类动物的麻醉 现时用于人类的麻醉剂均先用灵长类进行实验。在使用苯环乙哌啶和氯丙嗪以前，大都用巴比妥类药物腹腔注射。有芬太尼和达罗哌丁苯联合使用取得成功的报道。烯丙吗啡可以作为芬太尼的解药。芬太尼的肌肉注射剂量，已提出为 0.02mg/kg 用于猿，0.04mg/kg 用于猴；也可附加 2.0~3.0mg/kg 的达罗哌丁苯。

6. 鸟类的麻醉 全身麻醉药是目前对鸟类最为满意的麻醉药物。因为它能使外科医生较为自由，并能减少捕捉性休克和外科损伤的危险。

吸入麻醉药常用的有氟烷、甲氧氟烷、乙醚、氯乙烷、环丙烷和氧化亚氮等药物。注射麻醉药包括水合氯醛、硫酸镁、戊巴比妥钠、环已胺类的氯胺酮、苯环已哌啶等药物。

表 15 - 12　食肉类和灵长类动物的麻醉剂量表[*]

动物种类	药品和药量	其他可选用的药品	说　明
熊　科	苯环乙哌啶 0.8～1.5mg/kg	M₉₉附加镇静剂用于北极熊、黑熊和棕熊 M₉₉ 0.1mg/kg 附加氯丙嗪 1.0mg/kg 或甲氧异丁嗪 2.0mg/kg	
犬　科	苯环乙哌啶 0.8～1.2mg/kg	M₉₉附加镇静剂用于狼与猎犬，剂量与上述同	
猫　科	苯环乙哌啶 0.7～1.5mg/kg		可以附加阿托品，对花斑豹、虎和猎豹，在低剂量限度时较优
浣熊科	苯环乙哌啶 0.7～1.2mg/kg		常需要加入阿托品
鼬科与灵猫科	苯环乙哌啶 0.8～1.1mg/kg		可以附加阿托品
灵长目、猩猩科	苯环乙哌啶 0.5mg/kg	芬太尼 0.02mg/kg 及达罗哌丁苯 2.0～3.0mg/kg	
猴　科	苯环乙哌啶 0.8～0.04mg/kg	芬太尼 0.04mg/kg 及达罗哌丁苯 2.0～3.0mg/kg	
卷尼猴科	苯环乙哌啶 1.0mg/kg		
懒猴科	苯环乙哌啶 0.5～0.7mg/kg		

注：* 主要引自希尔氏（Seal）等的资料（1970）；所有动物中均附加丙嗪 1.0mg/kg。

吸入麻醉药是鸟类麻醉的首选药物，因为它便于控制和调整吸入气体中的麻药浓度，从而减少中毒机会。这与注射麻醉药相比，后者一旦注入即迅速被吸收，若剂量有微小错误，即可导致急性中毒或死亡的危险。

（三）麻醉剂的野外注射方法

1. 注射枪　目前常用注射枪有：气瓶型短注射枪（手枪式）、长注射枪（步枪式）和火药型长注射枪三种（图 15 - 5）。

（1）气瓶注射枪的使用方法。使用前，将储气管的密封螺旋帽旋下，装入气瓶（带盖的一端先装），旋紧螺帽。发射时向拉动发射拉手，直至听到"卡、卡、卡"声为止，然后向右推动保险，作一次空枪击发，使气瓶顶针穿破气瓶盖，气体进入储气管，第二次才能作实际射击用。发射注射子弹时，将枪栓抬起向后拉到底，掀起枪尾，从枪管后端推入注射子弹，放下枪尾，还原枪栓，拉动发射拉手，即可瞄准射击。每个气瓶可使用 15～18 次，直至压力不足，射程下降时，再作几次空枪击发，放完气体更换新气瓶。

注射子弹有针头、针管、活塞、重锤火帽、注射药剂和麻尾组成（图 15 - 6）。

使用前，需将针头、针管、活塞等消毒，活塞周围涂以凡士林，重锤火帽（无重锤一端）镶入活塞凹孔内，用平头木棒将活塞推入针管，活塞前面装入适量药剂，旋紧针头，再推动活塞至针头出现药液为止，旋紧麻尾，即可装入枪管等待发射。

图 15 - 5　注射枪的种类
1. 气瓶型短注射枪（手枪式）　2. 长注射枪（步枪式）　3. 火药型长注射枪

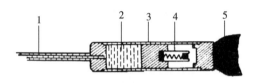

图 15 - 6　注射子弹剖面
1. 针头　2. 注射药剂　3. 胶塞　4. 重锤火帽　5. 麻尾

短注射枪直射距离为 15m，跑枪口 18m 处飞行速度为 34m/s，针头可穿透三合板，弹着点的散布，高低偏差大于左右偏差。短注射枪受气温和海拔高度影响较大。

（2）火药型长注射枪使用方法。使用时，用右手拇指向前推动开关柄，折开枪管，再打开枪尾上的枪栓，向左掀开枪尾，将注射子弹装入枪管，复原枪尾，关好枪栓。再将动力弹装入气室，还原枪管。如需发射，可将击锤拉向后方，呈待发状态，扣动扳机，即可发射。

这种枪较气瓶型注重枪受气温和海拔影响小，射程远，有效射程可达 50m。其注射子弹基本上与气瓶型的注射子弹相同，但针管与麻尾长度均较气瓶型注射子弹长，这样，才能保证子弹飞行的稳定性。

2. 无线电引发麻醉剂注射器　1984 年 12 卷第 1 期野生动物学会会刊（Wildlife Sociefy Bullefin）梅奇（Mech）等报道过一种项圈，它带有 2 个注射器，由无线电操纵，能随时再捕动物。

项圈重 600～800g，装有一个 C 型锂电池，能用 55d 左右，稍经调整电流，则可延长使用时间至 10 个月。无线电信号控制着两个充满麻醉药后每个重 40g 的麻醉液管。能在48km 高空或地面 20m 远的距离操纵注射。

该项圈由美国野生动物设备有限公司（Wildlife Materials，Inc）所研制，厂址在美国卡尔帮代尔（Carbondale，Ⅲ），由电子微型组件将两个注射管并连到一起。电子微型组件包括一个传感器，可用无线电示踪技术来查明动物所在；另一个为接受器，用来接收操纵注射筒的信号。

示踪信号脉冲的频率约 100/min，每隔 70s 示踪传感器关闭 5s，项圈在此时可接受要求进行注射的指令。每个注射筒均由一个电码控制着，而整个项圈则由一套电码的不同频率控制着。

注射器有圆柱形金属套套住注射器。接到电指令时，12 号针头伸出 2.5cm 全长后，麻醉剂才射出。一个电动引爆器点燃一种粉末状药物，使注射筒朝下压，将针头刺入颈部肌肉，注射器内的柱状活塞向下推进，使麻醉剂全部进入兽类体内。

参 考 文 献

马建章，贾竟波，1990. 野生动物管理学［M］. 哈尔滨：东北农业大学出版社 .

孙承骞，等，1986. 桃出狩猎场区划探讨［J］. 野生动物，(31)：42 - 45.

姜东涛 .1993. 谈野生动物的年增殖量与年猎捕量［J］. 野生动物，(72)：28 - 29.

罗泽询，等，1986. 用质量评估图管理野生动物资源的方法设计［J］. 野生动物，(31)：29 - 32.

马杏绵，等 .1986. 我国自然保护区的评价和预测［J］. 野生动物，(30)：34 - 37.

刘国义 .1993. 用自行车驮猎犬去猎场的训练［J］. 野生动物，(72)：51.

刘国义 .1986. 猎犬训练原理和方法［J］. 野生动物，(34)：51 - 52.

秦和生 .1985. 用于野生动物的麻醉剂［J］. 野生动物，(25)：47 - 50.

蒋劲松，等 .1986. 野生东北虎的麻醉与活捕［J］. 野生动物，(29)：41 - 44.

李振营，1979. 注射枪的种类及应用［J］. 野生动物，试刊：41 - 43.

（刘荣堂　编）

第十六章　草地遥感技术

草地遥感技术是将航空航天遥感探测技术用于草地资源调查和动态监测的综合性技术。目前在草地的应用领域主要是草地资源遥感调查，草地资源动态监测，草原牧区自然灾害预测预报，草地管理信息系统等方面。

一、草地资源遥感调查

（一）草地资源遥感调查的原理及其特点

遥感技术的理论基础是电磁波辐射。各种地物因其理化性质不同，可以产生或反射不同特征的电磁波，具体表现在电磁波的振幅和相位等随波长、空间位置、偏振方向和时间而变化。应用遥感信息解译草地类型主要是以它的光谱特征及其在空间、时间上的变化规律为基础。草地的电磁性质既受其植被特征所作用，又受地形、土壤、大气组分、太阳高度角等环境因素所影响，因而草地的光谱反射特征是十分复杂的。遥感可以记录草地植被及其所在地形、土壤、岩石等地表特征的综合信息从宏观上显示草地植被群落的特征及其分布规律，特别是草地类型的高级分类单位间的影像特征十分清晰。例如黄土高原西北部的温性草原草地与温性草甸草原草地的分界线，过去因地面调查的局限性，曾有不少争议，有了陆地资源卫星遥感影像后，其分布规律便一目了然，从卫片的色调分布便可确定这两类草地的分布区界。同样在地形复杂的山区，过去多根据海拔高程确定草地类型，若用大比例尺的卫片便比较容易地勾绘出各个草地类型的空间分布。因此用遥感技术调查草地资源有以下几个特点：①可以准确区分草地类型的空间分布，从而能更深入地了解草地类型的分布规律，并能分析草地类型形成的地理环境；②有宏观性、多时相性、多波段性和综合性等特点。对草地资源的定期清查，周期性收集遥感资料，便可了解草地牧草的长势，结合地面定位观测资料，便能对草地牧草产量进行遥感估测；③进行大面积草地资源调查，可以节省人力、物力和时间，从而降低草地资源调查的成本。

（二）草地资源遥感调查的工作程序

草地资源遥感调查与常规地面调查的程序和方法都有显著的不同，它使用分辨较高的卫星遥感影像和同比例尺的标准地形底图，以室内判读为主，结合野外核查，即先勾绘图，后调查，再修正的工作方法，其工作程序如图16-1所示。

1. 草地资源遥感调查的目的　主要是：①为草地畜牧业建设规划提供依据；②清查土地资源，为国土管理服务；③局部草地资源调查，为草地资源开发和牧场建设服务。

由于调查目的不同，草地资源调查的精度就不同。按照全国草地资源调查规范要求，省（区）级草地资源调查成图比例为1∶50万；县级草地资源调查成图比例为1∶10万。

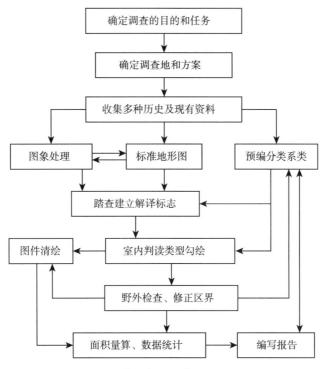

图 16-1　草地资源遥感调查工程过程

按制图规程和草地面积的量算要求，调查工作底图的比例尺对省级和县级分别不得小于 1:20 万和 1:5 万，要根据调查精度的不同准备相应的遥感资料，对于成图比例尺大于 1:5 万的草地类型调查，遥感调查常使用 SPOT 和航摄资料，地面分辨率低的资源卫星资料（如 TM 或 MSS）只能供作参考。而对大面积的草地资源调查则主要使用航天遥感影像，航空相片只能选择有代表性或特殊的局部点进行辅助性调查。所以调查的目的与任务不同，在遥感技术应用上必须有所侧重。

2. 草地资源遥感调查的方案　草地资源调查有草地专业调查和土地资源综合调查。所谓草地专业调查就是本专业单独调查，如全国草地资源普查。在草地专业的调查中，土地利用的目的和形式都是为草地畜牧业生产服务，不会形成土地利用方式的重叠。但在农区或半农牧区，有农地、林地、牧地及其他多种利用形式，因而要进行综合调查，以便综合平衡。因此在制定草地资源遥感调查方案时，必须考虑以下问题：

（1）调查区各地类要统一。工作地区无论是草原牧区还是农区，都需按国家土地管理规定的 8 类土地（耕地、园地、林地、草地、城乡农民及工矿用地，交通用地、水域、未利用土地）勾绘土类界线，概算各地类的面积及构成比例，并与现有数字进行比较，分析差异原因。

（2）根据调查精度和成图比例尺，设计踏查和核查的路线。踏查的目的是遥感影像判判读建立解译标志，而核查是在室内判读后，对图斑进行抽样核对。为减少在同一路线重复往返，必须对考查路线进行合理规划。

（3）遥感调查要使用遥感影像和标准地形图。影像资料包括磁带、卫片、航片等。因航、卫片价格便宜，使用广泛，草地资源遥感调查中的影像多指航、卫片，所以对卫片的选择和信息提取十分重要。应尽量选用近期的 NOAA/AVHRR、TM、MSS 和 SPOT 资料。无云或少云并与牧草生长同时的资料为最好，通常选用 7～8 月份的资料。图像处理有增强地物影像的多种方法。可试验多种处理方法，以突出草地类型特征为准。自己无处理设备的一般由卫星地面接收站进行处理。无论用怎样的方法处理，对卫片的质量要求：①地物影像清晰；②突出草地类型综合特征；③周边影像畸变小；④各类地物间色差大，色调差异明显。

（4）编定适于遥感草地调查的分类系统。这是一项十分重要的创造性工作，必须考虑到所用遥感资料的比例尺和精度，考虑到与其他资料的匹配关系，以及与现行分类系统之间的关系，总之既要有良好的相关性，又要有特定的唯一性。对于不同目的和成图比例的调查，要强调对生产中起主要作用的类型进行研究，并准确地反映在图件上。

（5）调查人员组成。草地资源调查的专业人员、后勤人员组成要合理；特别是在地广人稀的边疆牧区，必须要有后勤人员服务，但人员又不能过多，否则会增加调查成本。

3. 遥感影像的增强处理　传感器获取的遥感影像含有大量的地物信息，在影像上这些地物信息以灰度形式出现。当不同地物的灰度差异很小时，目视判读就无法辨认，因而用影像增强来实现这种灰度差异，以提高目视判读能力。影像增强处理实质上是增强研究地物与周围地物的影像反差。

影像增强的方法很多，归纳起来如下所示：

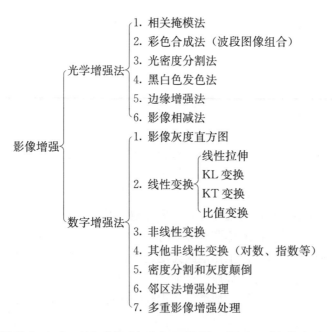

4. 基础底图的准备　由于遥感资料系中心投影，周边区域畸变大，通常用 TM 和 MSS 资料制作的专题图件的最大比例尺约为 1∶5 万和 1∶10 万，因此要用相应的标准地形图制成底图，以做地理信息方面的补充和纠正。对基础底图要求：

（1）不得出现政治性错误。国界、省界按国家正式出版图件准确描绘，不涉及保密内容，但要充分显示草地资源专业图的使用范围。

（2）基础底图要反映调查区域的地理面貌，是勾绘草地资源图的骨架，应以最新的相应比例尺的地形图为基本资料。

（3）1∶10万底图的网格只标10km×10km网，不标经纬线及注记，可用于图面各要素的转绘及面积量算。图廓线误差与对角线之较差不得超过±0.2mm和0.3mm。

（4）基础底图可直接用地形图，也可使用由地形图复制的透明薄膜。前者转绘卫片图斑时必须在透图台上完成，后者可直接覆在卫片上进行转绘。

（5）反映区域地貌的水系、居民地、道路网和主要高程点，在底图内要正确无误。水系是基础底图的骨架，又是订正卫片局部畸变的主要参考标志。

5. 野外踏查和解译标志建立 根据已掌握的资料和初步编定的草地类型分类系统，以及对卫片的宏观分析，决定踏查路线和观察地点。在确定地类特征的基础上，着重研究草地类型特征及分布规律。尤其是草地类型高级分类单位的分布规律，对于控制基础分类单位的分布是十分重要的。例如，我们从卫片上已看出了荒漠化草原与荒漠草地的分布界线，掌握了基本分布趋势，那么，属于荒漠化草原的草地植被群落就不能出现在荒漠草地类中，同样属荒漠草地类中的群落，就不能出现在荒漠化草原草地类中，更不能在温性草原草地中有荒漠性的群落。所以踏查要解决的任务是：①查明各地类的特征，建立地类解译志；②确定草地类型高级分类单位及其分布趋势；③确定分布面广、数量多的草地类型，组成基本上图单位，并建立相应的解译标志。

每幅卫片都应有自己的解译标志，因为各幅卫片的时相和处理工艺不同，其色调、纹理、反差等相差甚大，所以不能用统一的解译标志。草原调查专业人员除根据解译标志判读外，还应依相关地物、地貌部位、高程和坡向，结合遥感影像特征决定草地类型的分布。

6. 室内判读与勾绘图斑 将卫片固定在透图台上，然后按水系为地理标志将底图覆在卫片上，在底图上直接勾绘。采用区域控制方法，先中心后周边，在底图上逐块勾绘出地类界线。注意图斑线的闭合，因图斑轮廓是量算草地面积的唯一依据。勾绘图斑是编制草地资源图的关键技术，专业人员必须亲自动手。草地资源的图斑界线必须依据草地类型的地理分布规律和卫星影像分异特征为基础、图斑形态和轮廓就必然与反映其立地条件的气候、水文、土壤及其他地学特点相关。一般情况下，最小图斑不得小于 $4mm^2$，狭长图斑的宽度不小于 $0.6mm^2$。图斑的代码或代号，在勾绘时如有实地测定样方并已确定类型，则可将分类系统规定的代号直接注记，对于尚难确定的草地类型，在勾绘完后统一进行注记。勾绘和注记均应用 HB 铅笔，以便野外核查后进行更正修改。

7. 野外核查及样地调查 野外核查有两个任务：①抽查图斑判对率可采用随机抽样法对每幅图取一定量的图斑，进行编号后随机抽取，也可根据勾绘时产生的疑难点，有目标的进行核查；②选择有代表性的类型进行样地调查，按常规样方法进行植被、土壤和地形调查。

草地资源遥感调查除了查清草地类型及其空间分布规律外，要对草地的质量特征和使用特征进行定量研究，并对调查区内草地资源作出科学评价。这一工作要结合样方调查同时进行，评价时用统一标准作综合评定。

8. 草地资源遥感调查的工作总结　这一过程是室内工作的重要阶段，主要任务是：①统计分析样方资料；②整理草地类型分类系统和图例设计；③清绘草地类型图；④量算草地面积及统计分析；⑤评价草地资源的数量与质量；⑥编写调查报告；⑦整理影像资料（图片、录像等）。

二、草地资源动态遥感监测

（一）草地资源动态遥感监测的目的与意义

草地资源的数量与质量是随时间而变的再生资源，它的面积、类型结构，牧草生物量及各种生物资源都是时间的函数，特别在人类的利用干预下，草地资源的时空变化巨大。过去由于人们只能在地面对草地资源的空间分布进行观察研究，难以准确、迅速地判断草地资源时空变化的速度和范围。有了航空航天技术，人们便可从地球以外的太空来观察研究草地资源的时空变化。中国 60 亿亩草地，现在严重退化的已达 13 亿亩，内蒙古阿拉善盟的梭梭林草地已由 113 万亩锐减至 47 万亩，宁夏盐池县因滥挖甘草，每年造成 4 000～5 000 亩草地沙化。这种草地时间和空间的变化均可由遥感影像资料获得，特别是 NOAA/AVHRR 资料周期短、空间广，能为大范围的草地牧草长势、产草量、载畜量以及旱情和雪灾等进行监测。草地资源遥感监测的目的是：①清查各类草地的空间变化；②及时了解草地牧草长势，进行遥感估产；③预报草地载畜量和草畜平衡；④分析草地资源发展趋势。

（二）草地资源动态遥感监测的方法

草地资源动态遥感监测系统设计　遥感监测草地资源的数量与质量在时间和空间上的动态变化，是图像处理及地理信息系统（GIS）在这一特定领域的应用。草地资源动态遥感监测系统是由数据采集、数据库建立和系统应用三部分组成（图 16 - 2）。

数据采集主要为遥感影像资料和地面样地调查资料。动态监测要求时效快，覆盖范围广。因此大面积草地资源遥感监测都是使用 NOAA/AVHRR 资料。重点地区或地形复杂地区也常使用 TM、MSS、SPOT 资料。NOAA/AVHRR 虽然地面分辨率低，但时相多、易索取、成本低。TM 等资料分辨率高，信息丰富，可以作为 NOAA/AVHRR 的辅助。遥感影像资料应做轨道高度、大气噪声和太阳高度纠正，以便进一步作图像增强处理。其他资料如植被图、草地类型图、土壤图、地形图、行政图等也应通过扫描仪或数字化仪读入计算机，存入数据库备用。

数据库建立包括原始数据预处理、图形数字化、数据转换、检索查询、数据更新和报表生成等多种功能。

草地资源动态遥感监测系统的硬件可分为微机、工作站或小型机。输入设备多配有磁带机、数字化仪、扫描仪，输出设备多配有笔式绘图仪、静电绘图仪、彩色打印机（图 16 - 3）。

遥感监测系统的应用。系统应用部分主要包括一系列的统计分析软件、制图软件和设备，最终输出报表、报告和各种图件。输出成果为：①草地牧草少量等级分布图；②季节牧场草畜平衡图；③草地载畜量（羊单位）等级图；④草地土壤水分等值图；⑤草地湿润

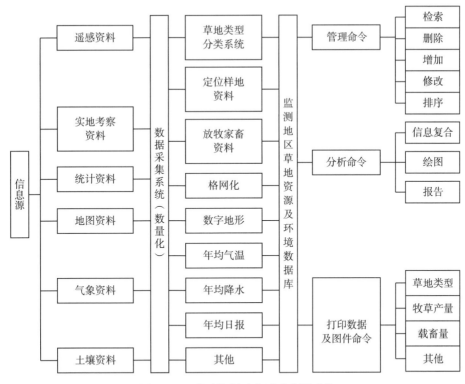

图 16-2　草地资源动态遥感监测系统

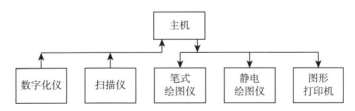

图 16-3　草地资源动态遥感监测系统主要硬件组成

度（K 值）等级图；⑥草地类型面积（公顷）及结构（％）报表；⑦草畜平衡报表；⑧草地资源动态报表（类型面积及结构变化，草地植被盖度及变化）；⑨草地载畜动态报表；⑩土地利用现状统计表；⑪典型地区三维地形图。

（三）草地资源动态遥感监测的常用软件

要达到草地资源动态遥感监测的目的，监测草地资源在数量与质量上随时间而变化的规律，必须采用以计算机为基础的图像处理和地理信息技术，ERDAS（Eearth Resource Data Analysis System）图像处理软件和 ARC/INFO 地理信息系统软件就是国内外使用最广泛、功能最齐全的两种系统软件。ERDAS 这种地球资源数据处理系统和地理信息系统软件 ARC/INFO，不仅有数据文件互相转换的程序，而且在 ERDAS 系统内可执行 ARC/INFO 的命令，在 ARC/NIFO 环境下可调用 ERDAS 的命令，这样，ERDAS 强大的图像处理功能补充了 ARC/INFO 的图像系统，同时，ARC/INFO 丰富多彩的图形功能，为

ERDAS 的图形手段锦上添花。另外，再加上统计软件 SAS，三者结合，从图形、图像的输入、加工、管理、输出以及多种数据的回归，拟合，平差，预报，在草地资源动态监测的各个应用方面，可获得出色的成果。

1. 图像处理系统软件 ERDAS 的功能及应用

（1）ERDAS 的特点。

a. 双屏幕操作：菜单清晰易读，用户界面良好。充分的人机对话几乎都含有缺省值，除非一些特殊情况，这样则便于操作，操作的过程也就成了学习提高的过程。

b. 包含充分的接口软件：如与世界著名的 GIS 软件 ARC/INFO，计算机辅助设计软件 Autocad，大众数据库 Dbase 及 Minitab，SAS 各种统计软件等，有着良好的接口，这样，ERDAS 的数据文件就能与其他软件进行交流与共享，扩大了 ERDAS 的应用面。

c. 别具特色的栅格地理信息系统：具有关于 GIS 专题的叠加，复合，搜索，分析等诸多功能，GISMO 语言，方便易用。

d. 包含了图像处理领域内诸多最新的算法：软件版本不断更新，以更适应于各种各样的新应用。

e. 图像文件分两种：LAN 文件和 GIS 文件，便于管理、分析。

（2）ERDAS 的硬件支持：ERDAS 可在多种微机、工作站、小型机上工作。若以微机为例，其硬件支持如下。

在带协处理器的微机扩展槽上插上图像卡、9 道磁带机卡、数字化仪卡、Joystick 卡等，在 ERDAS 软件管理下，接上栅格输入设备、栅格输出设备，就可开展诸多工作。

a. 微机指 IBM-PC 系列或 Compaq 计算机：对 RAM 的要求必须在 640K 字节以上，硬盘空间需 70 兆字节以上，因为遥感影像数据量很大，100 兆以上的硬盘才能勉强做些工作。

b. ERDAS 可支持的图像卡有三种：它们分别为 Number Nine、IMAG RAPH 和 AT-VISTA。Number Nine 显示器可提供 512×512 像元显示分辨率，1 个 24-bit 影像平面（3 个 8-bit 电子枪）和 1 个 4-bit 覆盖平面。IMAG RAPH 显示器可提供 $1\ 024 \times 1\ 024$ 像元显示分辨率，1 个 24-bit 影像平面（3 个 8-bit 电子枪和 1 个 4-bit 覆盖平面）。ATVISTA 显示设备可提供 $1\ 024 \times 765$ 像元显示分辨率，1 个 24-bit 覆盖平面（3 个 8-bit 电子枪）和 1 个 8-bit 覆盖平面。

c. ERDAS 可支持的数字化仪有：CALCOMP 9 500、CALCOMP 9 100、CALCOMP 9 000 和 GTCO DP5A、DIGI—PAD。

d. ERDAS 支持如下几种输出设备：胶片机、喷墨打印机、热敏打印机和静电绘图仪。

e. ERDAS 中的磁带机模块：只支持 9 道磁带机，不支持盒式（Cartridge）磁带机或 8mm 扫描磁带机。

（3）ERDAS 软件构成。ERDAS 的软件层次为三层，最里面的是磁盘操作系统（DOS），中间为 ERDAS 系统自身的管理程序，最外层为 ERDAS 的人机对话（图 16-4）。

a. 增强（Enhancement）

· 光谱增强（Spectral Enhancement）：包括线性反差拉伸（Linear Cont RAST Stretch）、非线性反差拉伸（Nonlinear Contrast Stretch）、直方图均衡化（Histogram Equalization）。

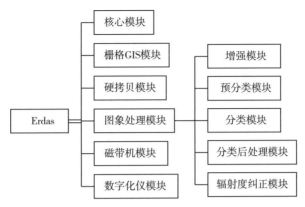

图 16 - 4　ERDAS 的主要软件框图

- 空间增强（Spatial Enhancement）：光谱增强处理单个的像元，空间增强根据周围元素变化单个像元值。
- 多波段增强（Multi-Band Enhancement）：增强技术可以处理一个以上的波段。它们可以用来压缩相似数据的波段，或者产生更易判读的新波段。许多 ERDAS 程序可以处理 16 个波段。

b. 分类（Classification）：有监督分类和非监督分类两大类。训练样本的选取可用两种方法：监督训练（Supervised Traini-ng）和非监督训练（Unsupervised Training）。

- 监督训练：ERDA 训练样本（Training Sample）选择程序提供了几种方式：用 DIGPOL（Tablet Digitizing）程序从地图上数字化训练样区，根据相似的光谱特征，把邻近像元作为一种训练样本，或者不管是否光谱特征相似，把一定区域内的邻近像元作为一种训练样本。
- 非监督训练：包含顺序聚类法（Sequential Clustering）、统计聚类法（Statistical Clustering）、迭代自组织数据分析技术（ISODATA Clustering）和红绿草蓝聚类法（RGB Clustering）。

分类的准则（Classification Decision Rules）：ERDAS 提供了如下一般应用的规则：平行六面体（Parallelepiped）、最小距离（Minimum Distance）、马氏距离（Mahalanobis Distance）和最大准则（Maximum Likelihood，With Bayesian Variation）。

c. 纠正（Rectification）：非线性纠正（Nonlinear Rectification）和线性纠正（Linear Rectification）两种。

ERDAS 中采样的方式（Resampling Methods）有最邻近像元抽样法（Nearest Neighbor）、双线性插值重抽样法（Bilinear Interpolation）、双三次褶积重抽样法（Cubic Convolution）和 GIS 集合法（GIS Aggregation）。

d. 栅格地理信息系统（Raster GIS）：GIS 可以是栅格的，也可以是矢量的。ERDAS 的 GIS 基于栅格影像，在 GIS 文件中。

通过 ERDAS-ARC/INFO Live Link，ERDAS GIS 的能力扩展到包括 ARC/INFO 所有的功能（ARC/INFO 是一种矢量形式的 GIS）。拥有 ERDAS 和 ARC/INFO 的用户可

以用两种系统同时生成数据，而后把所有层的数据合并在一个 GIS 文件中。

（4）ERDAS 能够直接读入的数据。ERDAS 能够直接读入的数据如表 16-1。表 16-2 为 ERDAS 主要程序及功能一览表。

表 16-1　ERDAS 能直接读入的数据一览表

数据类型	地面覆盖	像元大小	波段数	格式
TM 全景	185km×170km	28.5m×28.5m	7	快速 BSQ
TM1/4 景	92.5km×80km	28.5m×28.5m	7	快速 BSQ
MSS 全景	185km×170km	80m×57m	4	BIL BSQ BIP
SPOT Pan	60km×60km	10m×10m	1	
SPOT XS	60km×60km	20m×20m	3	BIL
NOAA AVHRR LAC	2 580km×2 580km	11km×11km	1～5	10 比特
GAC	4 000km×4 000km	4km×4km	1～5	10 比特
USGSDEM 1∶24 000	1°×1°	30m×30m	1	ASCII
1∶250 000	1°×1°	30m×30m	1	ASCII

注：Pan（Panchromatic）全色；XS 多光谱；LAC（Local Area Coverage）局地覆盖；GAC（Global Area Coverage）全球覆盖；Usgsdem 美国地质测量数字高程模型。

表 16-2　ERDAS 主要程序及功能一览表

序号	程序号	功　能	模块名
1	ANNOTAT	图像的各种注记，包括线条、文字、符号等多种注记方式	
2	ANTGRI	将注记文件（ANT 后缀）栅格化为图像文件（LAN 或 GIS 文件）	
3	BLANK	用于大屏幕的清屏	
4	BSTATS	建立关于一个数据文件统计信息的文件	
5	CALC	不退出 ERDAS，可方便地进行数学计算	
6	CCVRT	把一种地图坐标和投影系统转换成另一种	
7	CHED	在 ERDAS 内部提供的一个字符编辑器	
8	CHMAP	输出 GIS 文件或单波段 LAN 文件的字符地图	
9	CLASNAM	输入或改变一个 GIS 文件的种类和描述项	核
10	CLASOVR	将某一 GIS 文件用一个颜色枪显示，或叠加显示到已显示的图像上面	心
11	CLUSTR	从输入 LAN 文件中用顺序聚类法（Sequential Clustering）聚类数据	模
12	COLORMOD	是一个多目的颜色选择变换和管理程序	块
13	CPYSCR	从大屏幕拷贝任何影像到一个输出文件	
14	CURBOX	在大屏幕上显示长方形的框子（BOX），用于定位	
15	CVRSES	用于确定大屏幕上特定点的坐标和像元信息	
16	CUTTER	用数字化的边界挖取所需的影像	
17	CVT73	把 ERDAS7.4 版本的文件转换成 7.3 版本的格式	
18	CVT74	把 ERDAS7.3 版本的文件转换成 7.4 版本的格式	
19	CYCLE	以放幻灯片的形式循环显示存贮的各种影像	
20	DATDTAB	把 ERDAS 图像文件转换成表格式的 ASCII 文件	

（续）

序号	程序号	功　　能	模块名
21	DIAG	一系列的诊断程序，来测试显示设备的完成情况	
22	DIGSCRN	对大屏幕上显示的影像，可进行屏幕数字化	
23	DIGUTIL	对 ERDAS 数字化后生成文件的多种处理功能	
24	DISPLAY	在大屏幕上，以假彩色的方式显示图像（GIS 文件）	
25	DISPOL	显示存贮在数字化文件中的矢量数据	
26	DMPSCRN	用于快速显示 ERDAS7.3 版或更早版本生成的影像文件	
27	EDPAT	生成或编辑用于栅格输出的点阵文件	
28	EXPORT	将文件写到 9 道磁带上，或直接将文件从主机传送到工作站	
29	FIXHED	加入或者变换图像文件记录中的信息	
30	GISEDIT	对显示的图像，可用点、线、面的方式进行修改编辑	
31	GISOVR	将图像显示到已显示的图像上面，用于分类的一些程序	
32	GRDPOL	将一个或多个数字化文件矢量数据栅格化，并输出到新的或已存在的图像文件中	
33	HISTOEQ	对显示在大屏幕上的影像进行直方图均衡化	
34	IMPORT	从 9 道磁带读以 WXPORT 格式写的文件，或将文件直接从工作站传输到微机中	
35	INDEX	通过将 2 个到 4 个不同权重的图像文件合并到一起，生成一个复合图像文件	
36	IPX	图像的多种增强处理，包含映射，代数运算，滤波和线性纠正，输出都在大屏幕上	
37	LDDATA	从磁带或盘文件中装载图像数据，加上 ERDAS 的文件记录头	
38	LISTIT	列出存贮在图像文件头和统计文件中的信息	核心模块
39	MAKEFIL	生成或者修正图像文件	
40	MASK	用一个图像从另一个图像上选出特殊区域，以生成一个或多个新的图像文件	
41	MATRIX	分析两个图像，然后生成一个新的图像	
42	MOVIE	顺序显示图像，产生一个生动的、移动的图像效果	
43	MSTEST	用数字化仪建立一幅要数字化地图的控制面，并可测试建立的精度	
44	NPRINT	用文本打印机输出图像的字符地图，或输出到屏幕上	
45	NSPRINT	从当前显示在大屏幕的图像上，生成数字地图，输出到打印机或终端屏幕上	
46	OVERLAY	基于 2 个到 4 个输入图像的最小值或最大值，生成一个复合图像	
47	PIC	将显示在大屏幕的图像，贮成一个三通道图像	
48	READ	显示多波段遥感或者地形图像，每个像元可到 16 比特	
49	RECODE	把一个图像的种类值给新的值，生成新的图像	
50	RGBCLUS	将一个或多个图像文件进行 RGB 分类	
51	SCHMAP	基于当前在大屏幕上显示的图像，生成一个字符地图，可用字母，数字输出到打印机或终端屏幕上	
52	SEARCH	将输入的图像进行接近分析，生成一幅新的图像	
53	SMEASURE	在显示的图像上可进行线条和面积的测量	
54	STITCH	用于镶嵌（或缝接）两个或更多的图像文件，以生成一个单一的输出文件	
55	SUBSET	将输入数据文件的一部分拷贝成一个文件，以此方式，也可进行多个文件的镶嵌	
56	TOGGLE	允许挂上或清除图像和覆盖平面，红枪，绿枪，蓝枪可分别挂上或清除	
57	WFM	提供了一种快速，高效的交互式图像增强方式	
58	ZOOMER	用于现图像的放大和漫游功能	

（续）

序号	程序号	功　　能	模块名
59	ALGEBRA	图像数据的多波段进行代数运算，以增强图像的特征	
60	BADLIN	用于修正图像文件的损坏行	
61	CLASERR	进行分类后的误差分析，生成误差矩阵和精度报告	
62	CLUSTR	以顺序聚类方式进行分类（一种非监督分类方法）	
63	CMATRIX	生成混淆矩阵，以评价训练样区的选择优劣	
64	COORDN	计算转换矩阵，用以纠正图像	
65	DCONVLV	对图像进行卷积处理，生成新文件，增强了边缘	
66	DESKEW	用于早期 Landsat 数据的系统几何纠正（如 Landsat 1，2 或 3，在 1979 之前）	
67	DESTRIP	用于消除早期 Landsat1，2 和 3 数据的条带噪音	
68	DHISTEQ	对图像文件进行直方图均衡化，将结果存贮到一个新文件中	
69	DIVERGE	计算类别集群间的统计距离	
70	ELLIPSE	用椭圆显示集群间的统计距离，可用于比较集群	
71	GCP	用于几何纠正的第一步，选地面控制点	
72	HSTMATCH	匹配两幅图像的光谱特征，用直方图匹配	图
73	ISODATA	迭代自组织数据分析技术，一种非监督分类方法	像
74	IRECTIFY	图像的一阶线性几何纠正	处
75	MAXCLAS	主要的多光谱监督分类程序，包含最小距离法，Mahalanobis 距离法和最大似然法	理
76	NRECTIFY	非线性几何纠正或图像的配准（一阶到十阶）	模
77	POLYCAT	生成一个分类精度表，用于评价分类后的图像	块
78	PPDCLAS	平行六面体分类图像	
79	PRINCE	输入多波段图像的主成分计算，可到 16 个波段	
80	PROGCP	从已带地理参考系统的图中，生成地面控制点，目的是将文件转换在另一种地图坐标系统	
81	RANDCAT	生成分类精度表，用于评价分类后的图像	
82	SEED	选择训练样本的重要程序	
83	SIGCVRT	将 7.3 版本的集群文件转换成 7.4 版本的文件格式	
84	SIGDIST	根据集群中值的 Euckidean 光谱距离，评价集群	
85	SIGEXT	根据数字化文件中的多边形，从图像中生成训练样本	
86	SIGMAN	允许你将可到 4 个的集群文件进行浏览和多种操作	
87	STATCL	统计聚类，一种非监督训练方法	
88	STRETCH	将图像通过功能存贮器进行映射，生成一个新的图像文件	
89	TCXTURE	将图像文件的单波段进行纹理提取	
90	THRESH	用概率图像文件把监督分类后的结果图像中像元进行分类的正确分析，并做处理	
91	CONTOUR	用含高程数据的图像文件生成代表表面等高线的图像文件	
92	RELIEF	生成图像文件的地形浮雕图像	地
93	RESCALE	用于改变图像文件的比例尺，通常用于将 16 比特数据压缩成 8 比特数据	形
94	PRTATE	基于图像的坐标，完成一个 90°的旋转	分
95	SLOPE	计算地形图像文件的坡度或坡向	析
96	SORT	从数字化文件生成一个中间文件，此文件专用于 Surface 程序的输入文件	模
97	SURFACE	处理包含一组明显的 GIS 点的文件，然后生成一个反映连续平面的图像文件	块

（续）

序号	程序号	功　　能	模块名
98	DIGPOL	从原地图上用数字化仪数字化点、线面	数字化模块
99	MEASURE	用数字化仪交互式地在任意比例尺的地图上测量距离和计算面积	
100	ESCAN	控制 SBCC 和 1 000 系列 Eikonix 数字扫描照相机的操作	扫描仪模块
101	MAPTAC	将扫描图像文件头进行修改，加入地理扫描照相机的操作	
102	VIDDIG	将照片、地图其他目标物数字化成视频（Video）图像，可是黑白，也可是彩色	
103	AGGIE	对一个图像文件进行重采样，使图像行列数变小，完成图像的聚集	
104	CLUMP	识别一个图像文件中某个种类的邻近性，生成一个新文件，常与 SIEVE 程序配合使用	
105	DSCASCII	从 ASCII 文本文件中输出描述信息	栅格地理信息系统模块
106	DSCEDIT	编辑一个或多个描述文件（DSC 后缀）	
107	GISMO	将多层 GIS 专题文件及描述信息，按它的语言格式，可进行算术、逻辑运算及串的比较	
108	INQUIRE	用于对某个像元的多层次、多信息的调查	
109	POLYFIL	对一幅显示的图像中的邻近组的像元赋予一个 GIS 值，也可将变化贮存到图像文件中	
110	SCAN	用一种类似于卷积滤波的处理方法，对图像中的种类值完成一种分析	
111	SIEVE	将 CLUMP 程序输出的图像文件，删除小于用户指定的最小尺寸的图	
112	SUMMARY	输出两个等大图像之间的比较种类值面积的交叉统计表	

序号	程序号	功　　能	输出设备	模块名
113	CLRCHRT	打印某个指定的颜色模式文件（PAT 后缀）的参考表	喷墨打印机	硬拷贝模块
114	GISMAR	可输出带比例尺的处理后图像文件颜色硬拷贝地图		
115	LANMAP	从多波段图像生成颜色硬拷贝地图		
116	PRTCALIB	可让你微调喷墨打印机，以使地图按正确的比例尺输出		
117	PRTLIS	打印存贮的地图数据文件（LIS 后缀）		
118	SCALMAP	从图像文件（GIS 或 LAN 后缀）输出黑白硬拷贝地图		
119	PANELMAP	将图像文件在 Tektronix 4 693D 上输成彩色硬拷贝地图，可带注记（在 ANT 文件中）	热敏绘图仪	
120	TEKDMP	将当前屏幕上的图像输出非比例尺的硬拷贝		
121	QCR	将图像文件用 QCR，QCR2 或 PCR 数字胶片输成彩色或黑白摄影产品	胶片机	
122	ELECTROMAP	生成一个栅格绘图文件（PLT 后缀），可输出到多种彩色栅格设备，像喷墨打印机或静电绘图仪	SUN 系统输出设备	

2. 地理信息系统软件 PC ARC/NIFO 的功能及应用

（1）PC ARC/INFO 系统的结构。PC ARC/INFO（Aeronautic Research Committee/Information）是美国环境系统研究所研制的，以 PC（Personol Computer）为硬件支持下的地理信息系统（GIS）软件。国内目前流行的 PC ARC/INFO3.4D 版本能自动更新、处理、分析数据和编辑图表。该系统由主模块（ARC）和 12 个子模块组成（图 16 - 5），它们共同完成对矢量结构或栅格结构数据的处理，并进行存贮、检索、运算、分析、显示及形成地理信息系统的最终产品——系列图件和相应的报表。此外，PC ARC/INFO 还能提供图形与图像之间数据共享及同工作站主机之间进行数据交换等高级功能。

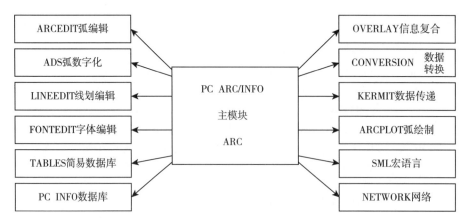

图 16 - 5　PC ARC/INFO 软件主要结构框图

（2）PC ARC/INFO 主模块及其功能。PC ARC/INFO 的主模块 ARC 及子模块如弧编辑（Arcedit）、弧数字化系统（ADS）、线划编辑（Lineedit）、字体编辑（Fontedit）、数据库管理系统（Tables 或 PC INFO）、信息复合与提取（Overlay）、数据转换（Data Conversion 及 Generate）、弧绘制（Arcplot）及网络（Network）等构成了地理信息系统（GIS）的基本功能。

主模块（ARC）系统主要管理微机或微机同工作站之间的通讯及所有子模块的运行，可管理信息系统的传送、数据库的建立、原始数据的预处理的 GIB 最终产品的形成。

（3）数字化子模块（ARCEDIT 及 ADS）。为 PC ARC/INFO 软件提供的两个数字化子模块。ARCEDIT 模块主要用于人机交互式地输入图形要素并编辑属性特征，从而为最终图形产品形成建立原始数据库；ADS 子模块是一个功能相对简单的弧数字化系统，适用于简单图形的数字化和属性编辑。

（4）线划编辑子模块（LINEEDIT）。可以人机交互式地编辑新的制图线划符号和晕线符号；字体编辑子模块（FONTEDIT）则可人机交互式地编辑新的制图注记符号和新字体。此外软件还提供 4 种（线划、晕线、注记和字体）符号的缺省集合。

（5）关系型数据库管理子模块（TABLES 和 PC INFO）。是 PC ARC/INFO 软件提供的两个数据库管理系统子模块。PC INFO 是一种第四代数据库管理工具，它具有关系型数据库的数据管理、人机交互式数据查询和更新、报表生成、数据输入操作、屏幕格式控制等功能。TABLES 则是一种简单的数据检索系统，可以建立、处理、查询和管理性表格。

（6）数据转换及数据共享子模块（CONVERSION）。可以把在 PC ARC/INFO 下形成的矢量数据转换为栅格文件也可转换为 PC ARC/INFO 的文件格式，从而为不同软件之间的数据共享带来极大方便。

（7）信息复合及信息提取子模块（PC OVERLAY）。可处理和分析地理信息、包括信息复合、信息提取、图形剪辑及补贴、删除、缓冲区建立等高级功能。

（8）宏语言子模块（Simple Macro Language）。是 PC ARC/INFO 系统中一种具高级设计程序的简单语言，可将工作中要重复使用的命令操作组成一种叫"宏"的一系列文件，从而只要在主模块下仅通过键入宏文件名，便可完成所需要的操作过程。

（9）网络子模块（NETWORK）。可真实地模拟网络中的一切要素、特征及功能，也可采集存贮在表格或地址文件中的信息。这一模块还包括分支（Routing）、分配（Allocating）和地址码（Address geocoding）3个子模块。Routing子模块用于模拟网络资源运移的最佳路径；Allocating子模块用来完成位置匹配分析；Address geocoding子模块可使地址文件同PC ARC/INFO文件中的地理位置建立相关关系。

（10）系列制图子模（ARCPLOT）。可人机交互式地建立、显示图形、并把图形送至打印机或绘图仪。同时可人机交互式地查寻和检索相关数据库的信息。

PC ARC/INFO系统与同类微机地理信息系统相比，它具有矢量数据制图、数据库分析管理、数据转换和通讯等强大功能，可广泛用于测绘、机助制图、区域规划、土地资源管理等地学领域。它与遥感图像处理系统相结合，能高效地进行草地资源监测和制图。

3. 草地遥感估产技术　草地遥感估产技术是草地资源动态遥感监测系统的核心，有3种技术路线，即①遥感影像像元绿度值（植被指数Ⅵ）—地面生物量等级关系模式；②遥感影像像元绿度值—地物光谱绿度值—地面物量关系模式；③遥感—地学综合模式。

（1）遥感影像像元绿度值—地面生物量等级关系模式。先求卫星影像像元绿度值，通常用：

$$RVI = IR/R = CH_2/CH_1 \tag{1}$$

式中：RVI——比值植被指数；

IR——$NOAA$通道2的（CH_2）反射比值；

R——通道1（CH_1）的反射比值（以下同）。

$$NDVI = (IR - R)/(IR + R) = (CH_2 - CH_1)/CH_2 + CH_1 \tag{2}$$

$NDVI$——归一化植被指数。

对绿度值分类，通常按监测地区草地类型数目划分绿度值等级，如监测地区有n个类型，即将绿度值分为n个等级，并对每一等级的绿度值求平均值。

$$RVI = \Big[\sum_{i=1}^{n} RVI \Big]/n \tag{3}$$

$$NDVI = \Big[\sum_{i=1}^{n} NDVI_i \Big]/n \tag{4}$$

再求每个草地类型（主要类型）的产草量（Y_i）与RVI_i或$NDVI_i$对应关系，可计其关联系数X^2：

$$X^2 = N(\mid ad - bc \mid - N/2)^2/efgh \tag{5}$$

$X^2 > 0.9$者，即为相关密切。求得Y_i与RVI_i或$NDVI_i$函数关系。常用模型有：

$$Y_1 = A + B \times RVI \tag{6}$$

$$Y_2 = A \times RVI \tag{7}$$

$$Y_3 = A \times EXP(B \times RVI) \tag{8}$$

$$Y_4 = A + B \times INRVI \tag{9}$$

$$Y_5 = A + B/RVI \tag{10}$$

再求草地总产草量（Y_g）

$$Y_g = \sum_{i=1}^{n} \sum_{j=1}^{N} P_i \overline{RVI_i} \overline{Y_i} \tag{11}$$

式中：P_i——每个像元对应地面面积（km^2）（对 NOAA/AHVRR 为 $11km \times 11km$，对 TM 为 $30m \times 30m$）；

$\overline{RVI_i}$——第 i 类（等级）中的平均绿度值；

Y_i——第 i 类中的平均地上生物量（kg/hm^2）。

监测系统输出的遥感估产等级图只反映卫星摄取影时的牧草长势和地生物量的空间分布状况。若与草地类型分布图进行叠加组合，可以分析每类草地当时的牧草长势及地上生物量情况。为核实遥感估产的可靠性，需对地面样地进行对比。如果遥感摄影时间与地面测产时间基本同期，其误差应该是不大的，或至少草地牧草产量在空间上的分布趋势也与遥感估产一致。

（2）遥感影像像元绿度值—地物光谱绿度值—草地产草量同步测量估产模式。草地牧草长势可用草地植被总盖度来表示，不同盖度的草地在可见光（380～760nm）和近红外（725～1 100nm）均有显著差异。例如高山草甸草地不同植物群落上的 R_{550}、R_{650} 和 R_{750} 波段的反射比具有显著差异（表16-3）。一般绿色植被的光谱反射比曲线为两峰夹一谷，随着植被盖度减少，在650nm 附近的吸收谷逐渐消失，而近红外波段（700～1 050nm）的高反射峰逐渐下降，当植被盖度低于30％时，其光谱曲线表现为土壤—植被型（图16-6）。因此在 R_{550}、R_{650}、R_{750} 3 个拐点上的反射比（R）的差异，既可用来区分草地类型的空间分布，又可直接反映草地牧草的长势。

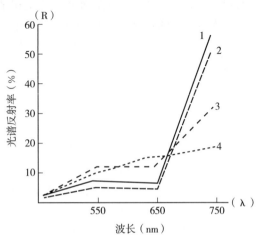

图 16-6 不同植被盖度下 R_{550}、R_{650}、R_{750} 波段反射比值的比较

1. 盖度 100％ 2. 盖度 83％
3. 盖度 56％ 4. 盖度 0％（裸地）

表 16-3 不同植被盖度下的 R_{550}、R_{650} 和 R_{750} 的反射比[*]

群落名称	总盖度（％）	R_{550}	R_{650}	R_{750}
灌丛—苔藓草地	100	8.41[a]	7.37[a]	55.20[a]
珠芽蓼草地	91	8.27[a]	6.02[a]	49.20[a]
线叶嵩草草地	78	7.44[b]	75.64[b]	45.51[c]
禾草—嵩草草地	83	8.50[b]	6.25[b]	40.30[c]
针茅—嵩属草地	56	11.40[c]	13.40[c]	32.93[d]
草甸土裸地	0	10.42[c]	15.56[c]	19.00[e]

a、b、c、d 显著水平差异（$P < 0.05$）；
资料来自牟新待 1994，草业科学，No1。

同一植物群落由于盖度和季相的变化，在光谱反射特征上也存在着明显差异（图16-7）。

为使地面植被光谱特征的测定数据与 NOAA 第 1 通道（580～680nm）和第 2 通道（725～1 100nm）相对应，现已设计生产专测此波段的野外光谱反射比照仪。

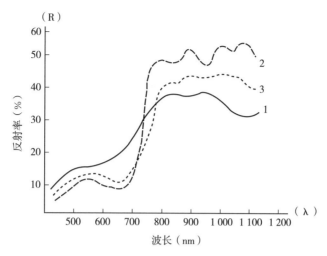

图 16 - 7　珠芽蓼群落不同季相期的光谱反射比曲线比较

1. 9 月上旬珠芽蓼叶片变红，下层为草绿色　2. 6 月中旬珠牙蓼叶片全展，碧绿色

3. 8 月中旬珠芽蓼花序及果实红褐色

草地植被的盖度和群落季相在遥感影像上是十分敏感的，在 NOAA 第 1 和第 2 通道上将产生相应的反映，经过图像处理的绿度值如 RVI 和 NDVI，可以求得遥感光谱绿度（rvi 值与地物光谱绿度值（RVI）之间关系，即，

$$Rvi = A \pm B \times RVI \tag{12}$$

或
$$ndvi = A \pm B \times NDVI \tag{13}$$

再求 rvi 或 ndvi 与草地植被盖度（C）的相关模型，即，

$$C_1 = A \pm B \times rvi \tag{14}$$

$$C_2 = A \pm B \times ndvi \tag{15}$$

或其他相关模型，如：

$$C_3 = A \times B^{rvi} \tag{16}$$

对于植被盖度小于 30% 的 RVI，可选用土壤—植被复合型绿度，如：

$$ND \pm ND_S = \{(IR \pm I_S) - (R \pm S)\} / \{(IR \pm I_S) + (R \pm S)\} \tag{17}$$

式中：IR——植被在 NOAA 第 2 通道上的反射比；

$\quad\quad$ I_S——土壤在 NOAA 第 2 通道上的反射比；

$\quad\quad$ R——植被在第 1 通道的反射比；

$\quad\quad$ S——土壤在第 1 通道的反射比。

经在高山草甸草地的针茅——蒿属植物群落上测定，选用 $1/Y = A - B/(ND - ND_S)$，为生物量表达式。

$$1/Y = 0.008\,2 - 0.001\,2/X \quad\quad r = 0.921\,5 \tag{18}$$

式中：Y——地上生物量（g/m²）；

$\quad\quad$ X——$ND - ND_S$ 绿度值。

因此对于荒漠草原及荒漠化草原草地可采用土壤—植被复合绿渡过值进行遥感

估产。

本模式的缺点在于地物光谱与遥感资料不易同步取得；其次是天气干扰，地面和天空都易受云层的影响。

（3）遥感—地学综合模式。牧草产量与区域水热条件密切相关，土壤及人类利用水平也影响草地牧草产量。因此，可把草地的地上生物量（W）看做这些因子的函数，即：

$$W = f(T,P,L,H) \tag{19}$$

式中：T——气温；

　　　P——降水；

　　　L——土壤状况；

　　　H——人类利用水平。

对于天然草地，在同样的气候条件下，短期内 L 变化甚小，H 可以忽略不计，这样（19）式可写成：

$$W = f(T,P) \tag{20}$$

而 T，P，又与纬度（ϕ）、经度（λ）和海拔（h）有关，即：

$$P = f_1(\lambda,\phi,h) \tag{21}$$
$$T = f_2(\lambda,\phi,h) \tag{22}$$
$$T_P = f_3(\lambda,\phi,h) \tag{23}$$

再求 P，T，T_P 与 W 之关系方程，如：

$$W_1 = f_4(P) \tag{24}$$
$$W_2 = f_5(P,T) \tag{25}$$
$$W_3 = f_6(P,T,T_P) \tag{26}$$

经草地资源动态遥感监测系统运行，将地学估产值（W_g）按草地类型分布空间呈网点输入图表内存放。再将遥感估产模型（W_R）与 W_g 进行复合，即：

$$W_y = f(W_g,W_R) = \alpha_1 W_g + \alpha_2 W_R \tag{27}$$

式中：α_1 和 α_2——两种估产模型的加权值，不同的草地类型其值不同，因此（27）式应为：

$$W_{yi} = \alpha_{1i}W_{gi} + \alpha_{2i}W_{ri} \tag{28}$$

在系统的图形叠加过程中，则形成地学产草量等级图与遥感估产等级的图复合（图16-8）其输出图形经过专家判断，确定是否符合监测区域内草地资源实际状态，不符合时要重新处理并去野外核查。

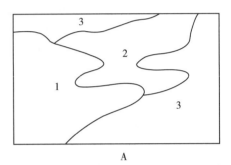

A

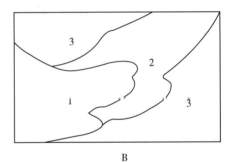

B

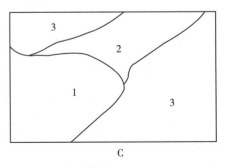

C

图16-8　地学估产与遥感估产草地
产量等级图的复合过程

A. 地学估产草地等级图　B. 遥感估产草地等级图
C. 复合图　1，2，3 为产草量等级

三、草原牧区自然灾害实时调查

（一）草地旱情遥感监测

草原牧区的干旱多有发生。由于发生的地区、受灾程度和影响范围不同，各地上报的旱情与实际情况常有出入。如果应用遥感技术实时调查，便可客观地反映草原牧区旱情发生发展的真实情况，为上级部分采取抗灾措施提供可靠依据。

遥感技术监测草地旱情的技术途径有三。

1. 土壤水分动态监测法　同一类的土壤因含水量不同，其光谱反射率有很大差异，图 16-9 是砂土在不同含水量下的光谱反射曲线，土壤含水较少，其反射率在可见光及红外波段都高于含水多的。特别是在热红外（1 700～2 100nm）波段有显著响应，水分多的土壤有一强吸收谷产生。因而利用红外航空摄影便可监测土壤水分布变化。

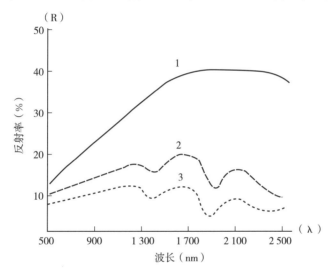

图 16-9　不同含水量的砂土的光谱反射特征曲线
1. 含水量低　2. 含水量中　3. 含水量高

同一土壤，因水分含量差异，其遥感影像的亮度值将产生明显变化。但是天然草地上除了沙漠和植被盖度极低的戈壁外，其土壤均有一定的植被覆盖，因而其影像特征所反映是植被——土壤综合信息。

2. 植被长势遥感监测法　草地牧草的生长，其盖度（C）与土壤水分（S）、气温（T）和降水（P）有着密切的关系，即：$C=f(S, T, P)$。而草地牧草长势（C）又与遥感影像的植被指数（VI）具有函数关系，即：$VI=f(C)$。

因而由 VI 可以推测出土壤水分含量。通过与该地域地面资料及历史资料的对比分析，便可知草地旱情发生的范围及危害程度。

3. 降水资料监测旱情　将地面气象台（站）观测的降水资料同已输入遥感监测的系统的历年平均值进行分析和比较，直接输出旱情分布图，这是气象遥感系统的常规业务。更进一步的研究是由于牧草生长和降水时期不一定同步，降水对草地牧草生长的有效性差异甚大，因而要分析牧草生长需水期与降水期的匹配程度，即要分析降水的有效性。旱灾害程度（D）与有效降水量（P_e）成反比，即 $D = -f(P_e)$。而与生长期的积温（$\sum T$）成正比，即 $D = f(\sum T)$。

如将旱情分为三级，即重灾、中等旱灾和轻灾与年平均降水量（P）比较便是灾情（D）的判断指标：

$$D重 = ((P - P_e)/P) \times 100 \qquad >50\%$$
$$D中 = (P - P_e)/P \times 100 \qquad >30\% \sim 40\%$$
$$D轻 = (P - P_e)/P \times 100 \qquad >10\% \sim 20\%$$

用上述标准划分，可制出旱情等级分布图，以明确草原抗旱灾的地区和将要采取的措施。

（二）草原雪灾的遥感监测

雪的光谱反射特征十分清楚，易于同其他地物区分，如白雪在可见光（500nm）波段反射率很大，特别是新雪与陈雪在红外波段（800～1 300nm）差别十分明显（图 16 - 10）。

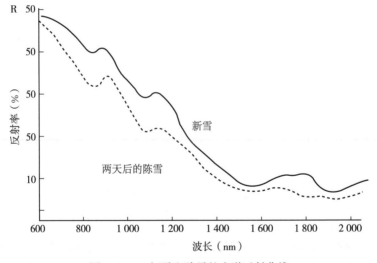

图 16 - 10　新雪和陈雪的光谱反射曲线

遥感影像上很容易识别雪的覆盖范围，但要确定积雪厚度，则需要采取特殊技术处理。微波成像传感器能够穿透冰雪层并能摄影成像。目前已有真实孔径侧视雷达、合成孔径侧视雷达和波动微波辐射仪可供使用。

雷达一般由于发射机、接收机、转换装置和天线组成。发射机产生脉冲信号，由转换控制到一定的周期（10^{-6}S）经天线向观测区发射，地物反射的脉冲信号也由转换开关控制进入接收机，接收的信号在显示器上显示或记录到磁带上构成雷达图像。

雷达接收到的回波信号强度是雷达系统参数与地面目标参数的复杂函数。用于测量雪被覆盖度时，主要考虑物质的电导率和电界常数。冰雪的电导率和电界常数大于土壤、岩石和植物，但是小于纯水。在光谱的微波区，大多数自然物质的复合界质常数为 3～8，而水体为 80。所以水对雷达的反射有强烈影响，雷达信号的强弱与物质含水量密切相关。对雷达信号进行处理后可合成彩色雷达图像，便能提高其目视判读性。

被动式微波辐射仪是直接接收物体发射的微波。一个黑体在一个窄频内所发射的微波，其发射功率可用其测量温度（T_g）表征。由于大多数地物是灰体，测定物体的微波辐射能量，可采用亮度温度（T_b）来表征，它与目标物的温度关系为 $T_b = \in T_g$。其中 $\in$ 为目标的极化发射本领，但事实上微波辐射仪所测得的信号不只是目标的亮度温度，还包括了大气层和其他一些影响。所以观测的是表面视场在温度 T_A。假定仪器高度为 H，以 Q 的入射角观测一个表面，得到的视场温度为：

$$T_A = L \times (T_b + T_\delta) + T_a \tag{29}$$

式中：L——大气透射；

T_δ——辐射仪方向上所测表面散射的大气发射；

T_a——仪器到被测表面的大气发射。

微波辐射仪经扫描成像，便可获一幅地面亮度温度的图像，经变换亮度温度灰阶处理，便可形成显示地物特征的图像。雪被的亮度温度（T_A）与积雪厚度（D）存在有某种函数关系，即 $D = f(T_A)$。

（三）草地火灾遥感监测

草地发生火灾时及发生后火烧迹地的遥感监测调查是遥感技术应用最成功的领域。利用 NOAA/AVHRR 和 LANDSAT 第 4 和第 5 通道的 TM 数据，均可监测草地火灾。尤其是 NOAA/AVHRR 资料可以进行实时观察，调查草地火灾发生的准确地点及火势走向。TM 可用于测量火烧迹地大小。

草地发生火灾后产生强大热红外辐射，卫星传感器的多个红外频道便可探测到。如 NOAA 的甚高频扫描仪（AVHRR）的第 4 通道（CH_4，10.3～11.3μm）第 5 通道（CH_5，11.5～12.5μm）可接收这些信息，经过温度定标处理，生成亮度温度灰阶。物体的辐射通量与灰度关系为：

$$N = G \times X + I \tag{30}$$

式中：G、I——定标数（不同的 NOAA 卫星的 G、I 参数不尽相同）；

X——灰度（亮度等级，一般分为 0～255）。

根据物体辐射值计算物体亮度温度 T_b。

$$T_b = C_2 * V_i / [I_n(1 + C_1 \times V_i \times 3/N)] \tag{31}$$

式中：$C_1 = 1.191\,065\,9 \times 10^{-6}$，$C_2 = 1.143\,883\,3$，$V_i = 929.389\,9$；$N$ 为各波段的单位亮度。

通过温度定标处理，再获得监测地区温度场异常区。为进一步确定温度场异常区的准确地点和火灾面积，需要采用 TM 资料作图像处理，提高其火烧迹地的分辨率，以区别未燃烧草地的边界。

（四）牧草病害鼠害的遥感监测

由地物光谱反射比例测试可以看出，受病虫害侵袭的植物在光谱反射特征曲线上有明显差异（图 16-11），随着病虫危害程度加剧，在 580～700nm 吸收处的反射比增加，而在红外波段（700～1 300nm）的反射比则大为下降。通过图像处理和地面路线检查，将会发现病虫鼠害危害的程度。若用 NOAA 的 CH_1 和 CH_2 通道形成的绿度值来表征，其数值的下降是快的。当然分析时还要参考气温、降水及土壤干旱等情况。

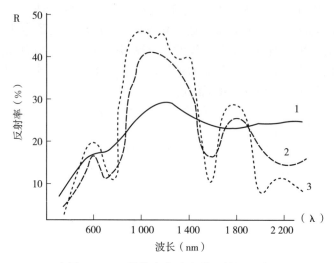

图 16-11　植物病害对光谱反射的影响
1. 严重病虫害　2. 病虫害 50%　3. 健植物

四、草地管理信息系统

草地遥感技术除了进行资源动态监测外，也可为草地管理信息系统提供某些如草地利用现状、不同季节的放牧密度、草地土壤的水热和肥力状况、草原野生动物的栖息和迁移状况、草地退化（沙漠化、盐碱化）等多种信息。这些资料与草地管理信息系统数据库中的其他资料相结合，进行对比分析，便能为管理决策提供依据。对于大面积的天然草地管理，政府常发布各种行政命令（决策），这些命令文件的产生，除了依据社会调查外，还要依据草地的基况，即草地资源中的各种信息及其分析。所以遥感技术在草地信息系统管理中将有重要作用。

（牟新待　陈全功）

第十七章　草坪研究方法

一、草坪床土性状的研究

（一）床土质地分析

草坪床上样本颗粒大小、组成，可用比重法进行研究分析。该方法的基本原理：土壤水悬液中土壤的颗粒是随大小顺序排列的；土壤水悬液的比重直接与悬液中土壤物质总量有关。研究分析时，将单个的土粒首先由搅拌或震荡作用机械进行分散，并用化学分散剂使土粒以等电荷不再凝聚，这样使单个土粒因重力而能沉淀。土壤沉降速度因粒级的大小而异，因此可达到分离和分类的目的。

1. 床土质地研究方法　此项分析需要装备一台机械分散器、沉降圆筒和土壤比重计。机械分散器是由一个电动机及带有伸进金属杯内的搅拌杆组成。杯内放的土壤与水的混合物。金属杯应在内侧装有一套缓冲板，以增加分散过程中的搅动。沉降筒为玻璃筒，口径刻度要使容量为 1 000mL，并使 1 000mL 的刻度号在沉降筒内底以上 34～38cm。土壤比重计刻度为每升土壤水混和物在 20℃时的土壤克数。

2. 床上分析样品制备　土样在分析之前，要在实验室内风干若干天。样品称重之后摊在铺有报纸的平面上，用擀面棍把土块碾碎，此时要小心，不要把石头和粗土粒破碎或压碎，用 10 号筛（孔径 2mm）过筛。筛下的石质称重，并确定全样品中大于 2mm 直径土粒重的百分比。此值随同总样本重记入表 17-1。比重计分析是在 2mm 的土壤部分进行。

表 17-1　应用比重法分析土壤质地数据表

样本	总样本重 (g)	粒径＞2mm部分 (%)	测定烘干重校正系数			粒径≤2mm分析样品重		校正的比重计读数			颗粒大小分析					备注
			气干重 (g)	烘干重 (g)	校正系数	气干重 (g)	烘干重 (g)	40 (s)	60 (min)	120 (min)	砂粒 (%)	粉粒		粘粒		
												旧标准 (%)	新标准 (%)	旧标准 (%)	新标准 (%)	

　　称出精度为 1/100g 的 20～25g 2mm 土样，在 105～115℃温度下烘干至少 24h，确定作为风干重百分数的烘干重。百分数计入表 17‐1，并用以计算比重法分析样品的烘干重。

　　比重法分析中粗质地土壤，如砂土或砂质壤土的样品为 100g，质地细的土壤，如壤土和黏土为 50g，精度为 1/100g。样品放在容量约为 250mL 的玻璃容器内，加入 125mL 六偏磷酸钠溶液（40/l）混合物在搅拌和机械分散前至少煮沸 16min，然后把样品换到金属分散杯内，用蒸馏水把玻璃容器内的残余物全部冲洗到金属杯内。将样品用机械搅拌机搅拌，砂质土壤搅拌约 5min，中等质地土壤约 10min，含高量粘粒的土壤约 15～20min。

　　3. 比重计校正的确定　必须确定一组用于土壤水悬液读数的校正系数。通常比重计是用已知清水中土壤在 20℃温度下测定刻度的，并设计以液面弯月面的底处读数。但是，在土壤水悬液一般需要在弯月面的顶处读数，还有偏离 20℃时的温度和化学分散剂亦可产生进一步的误差，为此必须进行校正。为得到对这一因素的综合校正，需把 125mL 分散的溶液置于沉降筒内，再加蒸馏水至 1 000mL 刻度处，然后在测定土壤水悬液所期望的温度范围内，在弯月面顶处读比重计的读数。在一定的温度下，读数与 0 之间的差为一校正系数，用来加在（如读数＜0）或减自（如读数 0）该温度下土壤水悬液的读数。

　　4. 粗分析法　用下述方法可确定样品中存在的砂粒、粉粒、粘粒部分的粗略百分比。其步骤假定土粒比重值为 2.65，并需要在 20℃或接近 20℃时进行沉降，为此，测试应在水浴槽或恒温箱中进行。

　　将分散的样品用蒸馏水冲洗置入沉淀筒，然后在筒中加蒸馏水 1 000mL 至刻度处，用手捂着筒口反复颠倒约 60 次（约 1min），以充分混合筒中的内容物，之后即刻把筒放在平面上，记下时间。应当在沉降开始后的 40S 和 60min、120min 时进行比重计读数。比重计应在读数前 20～25s 时小心放入。每次读数时记下土壤水悬液温度。在 2 次读数间应用蒸馏水冲洗比重计。比重计读数应用确定的校正系数校正，并记入表 17‐1。

　　校正过的比重计读数可用（1）式确定不同大小颗粒级重量百分比。

$$砂(2.0～0.05mm)=\frac{校正过的\ 60min\ 读数}{烘干样本重(g)}\times100\% \qquad (1)$$

$$粘粒(<0.002mm)=\frac{校正过的\ 120min\ 读数}{烘干样本重(g)}\times100\% \qquad (2)$$

$$粉粒(0.05～0.002mm)=100-(砂粒＋粘粒) \qquad (3)$$

　　5. 精确分析法　该法要对土粒比重偏离值 2.65 以及由于土壤水悬液偏离 20℃时引起沉降速率的差异进行校正。还要对土壤沉降时和比重计沉降到最大深度时，由比重计测出的悬液深度范围的变化进行校正。

　　分析时将样品换到一个沉降筒内，如上述方法搅拌，然后根据需要的间隙次数进行比重计和温度读数，以得到一个计算悬浮物质变化的平滑曲线（如 40s、2min、5min、15min、30min、1h、2h、4h 和 12h），这些比重计读数应如前法分析校正。然而，在此分析中也许会有对 20℃土壤水悬液温度偏离的校正，因此保证分析测定在 20℃恒温下进行是很重要的。

　　在任一时刻，土壤水悬液中留下的土壤物质量以样品烘干重的百分比表示，由（4）式算出。

$$占悬液的百分数 = \frac{校正的百分比读数(\alpha)}{烘干样品重(g)} \times 100\% \qquad (4)$$

式中：α——土壤比重对 2.65 值偏离的校正系数（表 17-2）。

表 17-2　不同土壤颗粒比重的校正系数 α 值

比重	校正系数 α	比重	校正系数 α	比重	校正系数 α
2.45	1.05	2.65	1.00	2.85	0.96
2.50	1.03	2.70	0.99	2.90	0.95
2.55	1.02	2.75	0.98	2.95	0.94
2.60	1.01	2.80	0.97		

由公式（5）得出土壤水悬液在一定时刻留下颗粒的最大直径为：

$$最大直径(mm) = K\sqrt{\frac{L}{T}} \qquad (5)$$

式中：K——土壤颗粒比重与土壤水悬液温度的相关系数（表 17-3）；

　　　L——用比重计测出的土壤水悬液的有效深度（cm）；

　　　T——从开始沉降以来的时间（min）。

用这些计算，便可从土壤水悬液中留下样品的百分比值，对最大颗粒直径绘图，由图上的点绘成的曲线说明样品颗粒大小组成。由此曲线也可确定土样任何大小颗粒的百分比组成。

表 17-3　计算比重分析中颗粒直径的 K 值

温度（℃）	比　　重								
	2.45	2.50	2.55	2.60	2.65	2.70	2.75	2.80	2.85
16	0.015 30	0.015 05	0.014 81	0.014 57	0.014 35	0.014 14	0.013 94	0.013 74	0.013 56
17	0.015 31	0.014 86	0.014 62	0.014 39	0.014 17	0.013 96	0.013 76	0.013 56	0.013 38
18	0.014 92	0.014 67	0.014 43	0.014 21	0.013 99	0.013 78	0.013 59	0.013 39	0.013 21
19	0.014 74	0.014 49	0.014 25	0.014 03	0.013 82	0.013 61	0.013 42	0.013 23	0.013 05
20	0.044 56	0.014 31	0.014 08	0.013 86	0.013 65	0.013 44	0.013 25	0.013 07	0.012 89
21	0.014 38	0.014 14	0.013 91	0.013 69	0.013 48	0.013 28	0.013 09	0.012 91	0.012 73
22	0.014 21	0.013 97	0.013 74	0.013 53	0.013 32	0.013 12	0.012 94	0.012 76	0.012 58
23	0.014 04	0.013 81	0.013 58	0.013 37	0.013 17	0.012 97	0.012 79	0.012 61	0.012 43
24	0.013 88	0.013 65	0.013 42	0.013 21		0.012 82	0.012 64	0.012 46	0.012 29
25	0.013 72	0.013 49	0.013 27	0.013 06	0.012 86	0.012 67	0.012 49	0.012 32	0.012 15
26	0.013 57	0.013 34	0.013 12	0.012 91	0.012 72	0.012 53	0.012 35	0.012 18	0.012 01
27	0.013 42	0.013 19	0.012 97	0.012 77	0.012 58	0.012 39	0.012 21	0.012 04	0.118 8
28	0.013 27	0.013 04	0.012 83	0.012 64	0.012 44	0.012 25	0.012 08	0.011 91	0.011 75
29	0.013 12	0.012 90	0.012 69	0.012 49	0.012 30	0.012 12	0.011 95	0.011 78	0.011 62
30	0.012 98	0.012 76	0.012 56	0.012 36	0.012 17	0.011 99	0.011 82	0.011 65	0.011 49

（二）床土强度测定方法

测定床土强度可使用两种装置，一是穿透计，另一种是十字板剪力仪。穿透计为顶角60°，底面积1cm²的手动锥形静力学工具，当慢慢地以一定恒定速度钻入土表以下2～3cm时，可自动记录阻力的大小，其单位为（kg/cm²）。十字板剪力仪是由围绕中轴相隔90°的4个刀片（每片1cm×4cm）所组成。当把十字板钻入地表，使刀片上刃与地表相平，运用转力矩克服土壤表面剪切阻力，从而测定土壤强度。用公式(6)计算：

$$S_V = \frac{T}{2\pi r^2 (\mu + 1/3r)} \tag{6}$$

式中：S_V——（土壤）十字板剪切强度（Pa）；

T——转力矩（扭力矩）（N·m）；

R——剪切仪半径（m）；

μ——剪切仪高度（m）。

（三）容重

测定容重可用容重杯（两个套起来的铁杯，高2cm×5cm，直径5cm），分别取样，可得到不同层次（0～2.5cm和2.5～5.0cm）的容重值。

表 17 - 4　各种比重计读数下测定土壤悬液比重的有效深度（cm）

比重计读数	有效深度	比重计读数	有效深度	比重计读数	有效深度
0	16.3	20	13.0	40	9.7
1	16.1	21	12.9	41	9.6
2	16.0	22	12.7	42	9.4
3	15.8	23	12.5	43	9.2
4	15.6	24	12.4	44	9.1
5	15.5	25	12.2	45	8.9
6	15.3	26	12.0	46	8.8
7	15.2	27	11.9	47	8.6
8	15.0	28	11.7	48	8.4
9	14.8	29	11.5	49	8.3
10	14.7	30	11.4	50	8.1
11	14.5	31	11.2	51	7.9
12	14.3	32	11.1	52	7.8
13	14.2	33	10.9	53	7.6
14	14.0	34	10.7	54	7.4
15	13.8	35	10.6	55	7.3
16	13.7	36	10.4	56	7.1
17	13.5	37	10.2	57	7.0
18	13.3	38	10.1	58	6.8
19	13.2	39	9.9	59	6.6

（四）床土水分

床土的水分状况，一般可用床土总含水量来描述，并可用重量法测定。床土中所含自由水和吸附水在 100~105℃下都能自由挥发，而有机质不至分解，利用烘干前后土样重量之差，求得床上含水量。

床土含水量可视土样情况分为干土样吸附水的测定和新鲜土样水分的测定，而略有差异。

1. 干土样吸附水的测定　取编号的铝盒，洗净，在 100~105℃烘箱中烘干，在干燥器中冷却 30min 后称重，再烘再冷称至恒重（W_1）。给铝盒中装入约 5g 风干土样，准确称重（W_2）。将土样铺平，铝盒盖半开，移入 100~105℃烘箱中，烘 6h。取出铝盒，盖上盒盖，置于干燥器中冷却 30min，于分析天平上称至恒重（W_3）。

2. 新鲜土样水分的测定　取大号铝盒编号后洗净，在 100~105℃烘箱中烘干，冷却后用感量 1/100g 的天平准确称重（W_1）。给铝盒中放入约 25g 新鲜土样、准确称重（W_2）。将土样铺平，盒盖半开，置于 100~105℃烘箱中，烘 6h。取出铝盒，盖好盒盖，冷却后称重（W_3）。

床土总含水量可用（7）式求算：

以烘干土为基础的水分百分数：

$$水分 = \frac{W_2 - W_3}{W_3 - W_1} \times 100\%　\qquad (7)$$

以风干土为基础的水分百分数：

$$水分 = \frac{W_2 - W_3}{W_2 - W_1} \times 100\%　\qquad (8)$$

（五）氧气扩散率和床土气相中氧气浓度

床土氧气扩散率（ODR）的测定方法，是利用插入土壤中铂金微型电子探针，通过探针表面氧气减少而测定，根据电子探针和氯化银参比电极之间的读数相比较而得出。ODR 值测定一般在土壤表层下 1cm、5cm、10cm、15cm、20cm、30cm 和 40cm 处进行。土样中氧气浓度则可用氧气分析仪测定。

为了更好地理解表层压紧实后对土壤气相中氧气分布的影响，可利用土壤空气理论加以解决。当考虑土壤和大气之间的氧气和二氧化碳气之间的变化时，分子扩散被假定为主要的运动过程。

土壤气体扩散作用可用（9）式描述：

$$F = D\frac{\delta c}{\delta z}　\qquad (9)$$

式中：F——通量（$cm^3 \cdot cm^{-2} \cdot s^{-1}$）；

D——气体扩散系数（$cm^2 \cdot s^{-1}$）；

$\dfrac{\delta c}{\delta z}$——扩散驱动力（$cm^3 \cdot cm^{-3}$）；

z——扩散通道长度（cm）。

在气体扩散过程中，由于根系的呼吸作用和微生物作用，氧气消耗（负）和二氧化碳产生（正），这种作用以 β 来表示，单位为（$cm^3 \cdot cm^{-3} \cdot s^{-1}$），将方程式（9）和连续方程联立可得：

$$\frac{\delta G}{\delta t} = \frac{\delta F}{\delta z} + \beta_z \qquad (10)$$

式中：G——气体浓度（$cm^3 \cdot cm^{-3}$）；

t——时间（s^{-1}）；

z——土壤表层下深度（cm）。

因为 $G = \varepsilon g \cdot c$，所以方程（10）可改写为：

$$\varepsilon g \cdot \frac{\delta c}{\delta t} = \frac{\delta\left(D\frac{\delta c}{\delta z}\right)}{\delta_z} + \beta_z \qquad (11)$$

对于扩散系数和 β_2 已知后，则可预测土壤中氧气浓度的垂直分布。设土壤活性表面厚度为 λ，则整个活性心土层厚度为 $z-\lambda$，一般假定表层氧气消耗是个常数，即 $\beta_2 = \beta$ 或（$0 < z < \lambda$），而根的下孔强度和微生物活性是随着深度增加而减小，因此心土层氧气消耗率可由（12）式求解：

$$\beta_z = \beta\left(1 - \frac{z-\lambda}{z-\lambda}\right) \qquad (12)$$

或

$$\beta_z = \beta\left(\frac{z-\lambda}{z-\lambda}\right) \qquad (13)$$

对于方程（11）氧气浓度变化趋于零，于是化为：

$$-\beta_z = \frac{\delta}{\delta_z}\left(D\frac{\delta c}{\delta Z}\right) \qquad (14)$$

规定一些特征边界条件：

(1) 当 $z=0$ $\quad C=C_0$

(2) 当 $z=Z$ $\quad \frac{dc}{dz} = 0$

(3) 当 $z=\lambda$ $\quad D_1\frac{dc}{dz} = D_2\frac{dc}{dz}$

其中 D_1、D_2 分别为土壤表层和心土层的扩散系数，把方程（13）和（14）联立：

对于表层：

$$C = C_0 + \frac{\beta}{D_1}\left[\frac{-z^2 + (Z+\lambda)z}{z}\right] \qquad (15)$$

对于心土层：

$$C = C_0 + \frac{\beta z\lambda}{2D_1} + \frac{\beta}{D_2}\left[\frac{z^3 - 3z^2Z + 2zZ^2 - \lambda^3 + 3\lambda^2Z - 3\lambda Z^2}{6(Z-\lambda)}\right] \qquad (16)$$

一般活性表层厚度为 5cm，总活性层厚度（Z）为 50cm，据研究，一般 β 值在 0.7 和 $4.0 \times 10^{-7} cm^3 \cdot c_m^{-3} \cdot s^{-1}$ 之间变动。

（六）表层和心土层间土壤排水特性

户外运动对土壤表层产生挤压，从而影响土壤水分的变化，另外土壤中有机质含量对表层土壤水分条件也有很大的影响。

一般通用研究土壤水分特性的方法事先测定并绘出 $\psi-\theta$ 和 $K-\psi$ 曲线（K 为导水率）。$\psi-\theta$ 曲线可用蒸发的方式确定。其方法是在表层土壤蒸发期间，在不同深度和不同时间间隔用张力计测定土壤水压力头，并测定土样水分蒸发后的重量，从而绘制出 $\psi-\theta$ 曲线。而 $K-\psi$ 曲线利用方程（17）所测得数据加以计算而得到：

$$V=-K(\psi)\left(\frac{d\psi}{dz}+1\right) \qquad (17)$$

式中：V——容积通量（$cm^3/cm^2 \cdot d$）。

草坪土壤水分直接影响降雨是否在很短时间内排完，而不产生积水。是否积水土壤水入渗率有关，当在某一段时间内，降雨总量（P）超过了土壤中水的入渗率（I）和贮存在表层水量（S）之和时，则发生场地积水，即：

$$P>I+S \qquad (18)$$

因而测定一个时期内降雨量及土壤水分渗入与贮存量，便可决定是否设置排水系统。

（七）床土有机质测定方法

土壤有机质测定方法有多种，依直接测定的物质是总有机质总量或总有机碳量而分为两类。第一类测定的是总有机质总量，是用样品在低温条件下，由过氧化氢（H_2O_2）氧化后重量的损失量，或样品在高温燃烧后灼烧损失量来确定的。第二类测定的是有机碳量，最后由有机碳量推导有机质总量的经验比率，进而求算出有机质总量。床土有机质的测定可采用灼烧分析法进行。

（1）编号和称重釉瓷坩锅，精确到 mg。

（2）将 $10\sim20g$ 由大气干燥，粒径 2mm 床土样品放入坩锅，在 105℃下烘干至少24h，冷却后称样本重，精度±1mg。

（3）把加盖的坩锅放入马福炉，加温至 700℃，保持 1h。

（4）用夹子和石棉手套取出坩埚，盖上盖，先在石棉垫上初冷后放入干燥器，直至冷却到能够称重。

（5）再次称重样品。土样有机质总量（%）可按下式计算

$$有机质总量=\frac{样品重的减少量}{样品烘干重}\times100\% \qquad (19)$$

（八）床土微生物研究方法

床土微生物与草坪的生长状况、维持年限有极密切关系，它是草坪生态系统中不可忽视的重要组分，了解草坪床土中微生物状况，对指导草坪建植和养护管理有着积极地指导作用。

1. 简易埋片法　直接研究床土微生物的最简单、最通用的方法，是埋片法。

此法是将洗净的干燥载玻片垂直地放进需研究的床土内（玻片长的一边与土壤表面垂直）。即用刀子在土壤表面上做成一个垂直的剖面，取出刀子后，把玻片放到剖面里（图17-1）。玻片的上面用挖出的土埋上，在靠近玻片的附近做好标志。玻片在土壤中放置的

时间根据季节及气候条件而定，通常要埋几天到几个星期。这时，在紧靠土壤的玻片表南上就发育着该土壤的微生物。

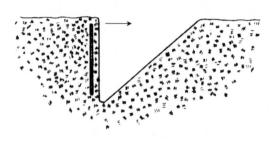

图 17-1　玻片在床土内的位置
→斜剖面方向

从床土中取出玻片时要小心，最好不要破坏该土壤微生物在玻片表面所形成的特有的空间分布。为此，开始时，用刀子把玻片一面的土壤去掉（即不进行研究的一面），然后很快的把玻片向另一面翻开。取玻片时，用手拿着玻片的边沿，把准备研究的一面向上，朝下的一面用棉花擦干净，并在酒精灯上固定。固定之后，去掉紧贴在玻片上的大粒土壤，因为它们可能影响镜检。为此，将玻片的涂面朝下放进水中，这样土粒即落到容器的底部。将玻片从水中取出后，拿在水龙头下冲洗，然后用石碳酸藻红染色 30min。染了色的玻片再用细水冲洗，晾干，即可进行显微镜检查。

2. 改进的埋片法　为了在玻片上刺激微生物更快发育，埋片时可在玻片上预先涂一薄层含有热能物质和矿物盐的洋菜培养基。也可以简单地用水洋菜滴到玻片上。当有热能物质存在时，微生物的发育要快得多，常用培养基成分如下：

水	(H_2O)	1 000mL
硫酸铵	$(NH_4)2SO_4$	2g
磷酸氢二钾	(K_2HPO_4)	1g
硫酸镁	$(MgSO_4)$	1g
氯化钠	(NaCl)	1g
淀粉		10g
白垩粉	$(CaCO_3)$	3g
洋菜		2g

为了去掉在培养基内含有的微生物细胞，在用鸡蛋清预先制好的培养基内加些白垩粉（$CaCO_3$）。制备的方法如下：用一枚鸡蛋清与 2 倍的水进行振荡，注入到 500mL 冷却到 50℃的培养基内。然后，将培养基剧烈地振荡，在水浴锅上放置 30min，以便使蛋清凝固。此后，用滤纸将培养基在热漏斗上或放在消毒锅中进行热过滤。

为了验证此培养基的适用性，在载玻片上预先滴几滴洋菜培养基进行干燥、固定、染色和镜检，以便确实证明其中没有微生物细胞。如果确定培养基是适宜今后工作之用（没有微生物细胞），则在培养基内加有白垩粉，最后在每个试管内倒入 4～5mL 的培养基，在消毒锅中用 0.75 大气压消毒 30min。

预先消毒好的玻片应在洁净的无菌操作箱内浇注培养基。为此，把培养基在热砂锅上溶解，同时，用火烧过了的镊子夹住玻片的一端，在火焰上烧过后，斜放在消过毒的培养基上。用吸管在玻片表面上浇注约 0.15～0.20mL 的培养基（多余的培养基流入培养皿内）。培养基应该均匀的分布在玻片的表面。仅用镊子夹住的那部分没有培养基。玻片浇注后，在每个培养皿内各放 4～5d，并置于 35～45℃ 的烘箱中进行干燥。此时培养皿的盖子应稍微揭开一点。

干燥的玻片连同培养皿一起放进罐子内，然后用火烧过的镊子将每对玻片以带有培养基的一面两两叠合起来，用消毒纸包好，最后再将若干对玻片用大纸包起来。

为了检验消毒是否彻底，应先把几个具有洋菜培养基的玻片放到恒温箱中的保温器皿内（带有湿滤纸的培养皿），搁置 24～48h，然后干燥、固定、染色及镜检。

当把这样的玻片埋放在土内时，应先在需要的床土中挖一个 6～10cm 深的沟，在沟的后壁用铲子铲一条垂直的缝，把玻片插在缝内，并用铲子把带有培养基的玻片一面紧紧压靠床土，再用土壤把玻片的另一面压紧，然后将沟用挖出来的土覆盖好。

玻片在床土中埋藏的时间取决于一系列的条件，首先是温度和湿度的条件。在温暖天气，数天就行了；在冷天或是干燥天气，微生物在埋片上的生长速度慢，这时玻片在土壤中埋藏的时间将要延长到几个星期或更久。

在床土中，洋菜培养基易于膨胀，因此，取出埋片时更要小心。取出的玻片在空气中干燥。在田间，用锇酸蒸汽固定，然后送入实验室。

在实验室内，玻片用石碳酸藻红溶液（1% 藻红溶液，5% 的石碳酸溶液）染色 1h。从玻片上洗去染料时，要小心，以免损坏洋菜培养基。为此，可将玻片放到一个盛有清水的玻璃杯内清洗，然后再换到另一杯清水内，如此继续，一直换到杯内水不再变色为止。染了色的玻片干燥后即可进行镜检。

镜检时先用低倍镜观察，这时只能察看微生物的一般生长特征及它们的相对密度。当详细研究微生物菌落时，还应利用油镜观察。

观察的结果是通过对埋片微生物的定性和定量分析，确定床土内所含藻类、真菌、放线菌、芽胞及无芽胞细菌的种类和数量。

二、草坪植物群落特征的研究方法

草坪是具有特别功能的植物群落，其植物种类与组成特性，决定着草坪的适应性及其应用功能。因此，研究草坪群落的特性，对草坪的建植与维持无疑是十分必要的。草坪群落植物特性的研究，可用传统植被调查的方法进行。

（一）草坪群落植被调查方法

1. 抽样　草坪植被调查的面积一般较大，不可能进行全体调查，因此应进行科学取样。

（1）确定抽样的最小面积。所谓最小面积是指这个面积能基本上包括草坪内所有植物种的草坪面积。其方法是在草坪内建立 2 个垂直的标尺，然后以 10×10、20×20、30×

30（cm）、……的面积进行草坪草种调查，直至取到不出现新的草种为止。这样以此面积反复3×5次，找出平均数作为取样的最小面积。

（2）确定最小取样数。依据同一思路，随着样方数量的增加，草坪内植物种类也增加，但到一定的取样数量时，再增加取样数量，植物种类也不再增加了，这时的样方数量即为最少取样数。

（3）取样位置。取样位置的选择要避免人为主观意识的选择，要尽量做到随机的确定位置。当定下第一个位置后，下边就可按一定的间距和方向，依次决定各个取样点。

2. 草坪植被调查方法

（1）样方法。草坪上最适合的是正方形的样方法。其方法是按抽样最小面积，在随机确定的样点处用绳子或直尺固定一正方形的样地，然后在样方范围内进行规定的调查和测量。该法的优点便于统计和使用。

为了长期定点进行调查，有时可将样方在一定时期内固定在一特定位置，这种样方叫永久（固定）样方。

样方依倨其作用又可分为记名样方（只记植物名称）、记名面积样方、记名记数样方、记名记重量样方多种。

（2）样带法。样带法适宜面积较大，环境条件差异较大的草坪调查。其做法是在草坪上用2条平行线作成1m宽的长方形的带状样方，长度随调查目的而定。

其调查方法和内容与样方法相同，主要是记录草坪植物种类、盖度、密度等，亦可对床土进行调查。

（3）样线法。样线法是样带法的简化，把样带缩成一条线，调查记录线上所接触的植物，以1m观测为基本单位。主要记录草坪内各种植物出现的频度。

（4）横断切线法。将样线法进一步改进成为横断切线法。这种方法不是了解随着环境的变化草坪植被发生的变化情况，而和样方法相同，是了解草坪植被全体的构造。

具体做法与样线法略同，特点是记录线所接触的某种植物种类所占的长度。

在中等复杂的草坪上，以长10cm的样线重复做15次，长15cm样线重复做10次，就可得到相当高的可信率。

（5）剖面法。主要以调查草坪植被立体结构为目的。剖面法对了解微地形变化和植被配制更有意义。

其做法：根据调查目的拉一条水平的调查线（10m长），然后分别以1m为单位作为观测点进行观测。首先测定调查线到草坪床面的深度，以厘米（cm）为单位。这样调查完了就能测出地形断面，然后在方格纸上正确地绘出地形断面图。接着调查与地形变化相应的植被配置和特定植物分布状况，把代表植物的主体情况绘在图上。

（6）点测法。该法是以样点为调查对象，较为适宜草被低的草坪植被调查。

点测法调查的原理是以一个尖锐的铁针为工具，记录针尖所接触的植物。如无植物，则按裸地处理。

调查器的构造是针与针间距离10cm，一个样点并列10根针，针装在一个铁架上，每根针能自由地上下移动。

调查时将调查器放在草坪上，然后从一侧开始把10根针依次提起，使之从上向下落，记录针所接触的植物名称。距地面 10cm 以上为上层，以下为下层。对上层和下层碰到的植物要分层列表记录，这样就能查明草坪植被的多层结构。

通常，一次调查中要测 20~30 次，200~300 个样点，即能相当准确地掌握植被特点。

（二）调查的内容和项目

1. 种群大小 种群的大小或种群的数量，是指种群内个体数量的多少。种群的数量或大小的变化，决定草坪草出生率和死亡率的对比关系。

从理论上讲，种群的大小决定种群的出生率、死亡率和起始种群的个体数目，在某个时间内群落的大小（N_t），等于该时间开始时种群的个体数目（N_o），加上该时间间隔内出生的个体数目（B）和死亡个体数目（D）的差，即 $N_t = N_o (B-D)$。

种群大小的变化深受环境条件的影响，草坪养护管理的根本任务就是保持草坪中草坪草相对的动态平衡，最大限度地保持种群的延续和繁盛，进而达到维持高质草坪及其利用年限的目的。

2. 密度 是指单位面积内种群的个体数目，以单位面积内种群个体数与单位面积的比率来表示。在草坪中由个体的草难于区分，通常以枝条数作为计数单位。

$$D(密度) = \frac{N(单位面积内某群体的个体数目)}{S(单位面积)} \qquad (20)$$

有者认为密度是每个个体所占的单位面积，也有者认为是个体所占的平均面积，实际上前者是指密度的倒数，即：

$$m \cdot a(平均面积) = 1/D(密度) \qquad (21)$$

在草坪植物群落研究中，通常较为重视全部种群的所有个体的密度和平均面积，并在此基础上得到相对密度（$D\%$）以及个体间的平均距离，即：

$$MD(平均距离) = \sqrt{\frac{S(单位面积)}{N(所有个体数目)}} - d(平均基径) \qquad (22)$$

3. 多度 或称丰富度。它表示一个种群在群落中个体数目的多少或丰富程度，是群落中种群个体数目的一个数量上的比率。

种群多度的测定，通常是在样地内记名记数直接统计，或是目测估计。

表 17-5 常用的几种多度等级

胡氏法（Hult）	史氏法（Schow，Drude）		克氏法（Clements）	布氏法（Braun-Blanguet）
5　很多	Soc.（Sociales）极多		D（Dominant）优势	5　非常多
4　多		Cop³　很多	A（Abundant）丰盛	4　多
3　不多	Cop.（Copiosae）	Cop²　多	F（Frequent）常见	3　较多
2　少		Cop¹　尚多	O（Occasional）偶见	2　较少
1　很少	Sp.（Sparsae）少			1　少
	Sol.（Solitariae）稀少		R（Rare）稀少	＋　很少
	Un.（Unicun）个别		Vr（Very rare）很少	

$$A(\text{多度}) = \frac{N(\text{某一种群的个体数})}{\sum N(\text{同一生活型所有种群个体数总和})} \times 100\% \qquad (23)$$

目测法多用于草坪群落，它可按已制定的多度等级（表 17-5）来进行估测。

4. 盖度 或称覆盖度。是指种群在地面上所覆盖的面积比率，表示种群实际所占据而利用的水平空间的面积。一般分为投影盖度和基部盖度。

投影盖度或称植冠盖度，亦即通常所指的盖度，它是植物枝叶或植冠所覆盖的地面面积的比率，即：

$$C(\text{盖度}) = \frac{S(\text{植冠遮蔽地面面积})}{a(\text{样地面积})} \times 100\% \qquad (24)$$

投影盖度还可以用目测法估计，按盖度级（表 17-6）以百分数表示。

表 17-6　常见的几个盖度级

等级	道氏法 (Domin)	布氏法 (Braun-Blanquet)	胡氏法 (Hult，Serlander)	纳氏法 (Lagerberg，Raunkiaer)
+	唯一的个体	<1%	—	—
1	1~2 个个体	1~5	0~6.25	0~10
2	盖度<1%	6~25	6.5~12.5	11~30
3	1~4	26~50	13~25	31~50
4	4~10	51~75	26~50	51~100
5	11~25	76~100	51~100	—
6	26~33	—	—	—
7	34~50	—	—	—
8	51~75	—	—	—
9	76~90	—	—	—
10	91~100	—	—	—

叶面积指数：指的是单位土地面积内的叶片表面的总面积，即：

$$LAI = \text{总叶面积表面积}/\text{单位土地面积} \qquad (25)$$

这是一种十分有效的等级标准，反映了正在利用着有效光能的程度。

基部盖度：又称基面积或底面积，是指植物基部实际所占的地面面积。在草坪测定中，因其较为稳定，较常采用。

5. 频度 表示某一种群的个体在群落中水平分布的均匀程度，它是表示个体与不同空间部分的关系，是一个种群在群落中出现的样地的百分数，或称为频度指数，即：

$$F = \frac{\sum S(\text{某种植物出现的样地数})}{N(\text{全部样地数})} \times 100\% \qquad (26)$$

因此，频度大的种群，其个体在群落中分布是较均匀的，反之，频度小的种群，其个体在群落中的分布是不均匀的，从而反映一个种群在群落中的水平格局。

频度测定的方法有多种，常见的有：

（1）扎根频度。是计数那些茎或丛的中心位于样地内的植物；

（2）覆盖度频度。考虑的是在样地内具有植冠盖度的任何植物；

（3）底面积频度。只计数被包括在样地内的底面积；

（4）生活型频度。只计数进入样地内的多年生芽的植物；

（5）样点频度。由样点法测定的频度。

频度是密度的函数，在随机分布的情况下，它们的关系可表示为：

$$D(密度) = -\log_e \left(1 - \frac{F(频度)}{100}\right) \qquad (27)$$

6. 存在度 是指某种植物在同一群落类型的、在空间上分隔的各个群落中所出现的百分率，即：

$$P(存在度) = \frac{n(某种植物出现的群落数)}{N(同一类型群落的总数)} \times 100\% \qquad (28)$$

存在度通常将同一类型的各个群落的所有种类，按其出现的次数比率划分为 5 个等级，即：

Ⅰ	1%～20%	稀少
Ⅱ	21%～40%	少有
Ⅲ	41%～60%	常有
Ⅳ	61%～80%	多数有
Ⅴ	81%～100%	经常有

（三）调查结果的分析与总结

1. 优势度 总结的第一步是判断优势度。优势度表示某种草坪草在草坪群落上占有优势的程度。草坪草种的优势度可用几种方法求得。

（1）图解法。在一个草坪群落里，虽然从群丛的外观可以推测出优势种，但不能知道其优势占多大程度，因此必须用图或数值来表示。

如已测定得知某种草坪群落草坪草种 a、b、c 等的特征值 F'（频度）、C'（盖度）、D'（密度）、H'（高度）（表 17-7）。

表 17-7 草坪植被调查

草坪草种名	F'	C'	D'	H'
a	100	100	100	100
b	100	25	50	80
c	50	50	25	100

根据表 17-7 中的 F'、C'、D'、H' 四项测定值绘制优势图。其方法是以 0 点为圆心绘出直角坐标系，再绘出单位圆，并把圆以 H'、F'、C'、D' 分成四等分，以半径为 100%，按上表数值分别标定在直角坐标内，按 H'、F'、C'、D' 标定点，顺次连接成四边形，从圆内四边形的形状与面积就能直观地看出草坪的优势度。

在时间少调查工作量大时，也可只调查 F'、C'、D' 三项，依上法制成三角形图解。

（2）算术优势度法（SDR 法）。这种方法除 F'、C'、D'、H' 四项数值外，还可以加

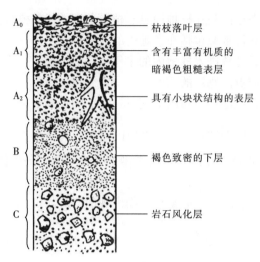

图 17-2　草坪草 a、b、c 优势度图解

入重量等特征值，其计算公式如下：

$$SDR_5 = \frac{F' + C' + D' + H' + P'}{5} \tag{29}$$

如果不用重量，也可用（30）式计算：

$$SDR_4 = \frac{F' + C' + D' + H'}{4} \tag{30}$$

2. 裸地率、植被率、杂草化率

（1）裸地率。在草坪点测法调查中，根据调查点数和调查总点数记录，依（31）式求出该草坪的裸地率，即：

$$裸地率 = \frac{裸地点数总计}{调查总点数} \times 100\% \tag{31}$$

（2）植被率。同理可算出草坪的植被率。

$$植被率 = \frac{全植物接触点数总计}{测点总数} \times 100\% \tag{32}$$

同一草坪的裸地率与植被率之和应为 1，即：

$$植被率 = 100\% - 裸地率(\%)$$

（3）杂草化率。草坪杂草化率可用上述点测法的结果加以计算，即：

$$杂草化率 = \frac{杂草接触点数总计}{调查总点数} \times 100\% \tag{33}$$

3. 相似度　在两草坪间，为确定其相似程度，可用草坪相似度的概念加以描述，相似度可用下述方法确定。

（1）重复系数法（CC 法）。草坪植被调查结果如表 17-8。表中 A 草坪群落构成的草种合计用 a 表示；B 草坪群落构成的草种合计用 b 表示；A、B 两草坪的共同草种的合计用 W 表示，则重复系数按（34）式计算：

$$CC = \frac{2w}{a+b} \times 100\% \tag{34}$$

表 17 - 8　草坪植被调查（CC 法）

草种	A 草坪	B 草坪
s	＋	＋
t	＋	＋
x		＋
z	＋	
合计	3	3

表中：$a=3$；$b=3$；$w=2$。如果两块草坪的草种出现完全一致的情况，此时 $CC=$ 100%，这个方法很简单，但这个方法完全忽视了草种在草坪中的优势程度，因此，这个方法应该改进。

（2）频度指数群落系数法（FICC 法）。这个方法重视了草种的频度，其方法如下。草种调查结果如表 17 - 9。

表 17 - 9 草坪植被调查（FICC 法）这个方法重视了草种的频度，其方法如下。草种调查结果如表 17 - 9。

表 17 - 9　草坪植被调查（FICC 法）

草种	A 草坪群落（%）	B 草坪群落（%）
s	10	30
t	50	30
x		80
y	70	
合计	130	140

表中：$a=70$；$b=80$；$w=10+30=40$。

如表 17 - 9 所示，A 草坪群落中出现，而 B 草坪群落中没出现的草种的合计用 a 表示；同样在 B 草坪群落中出现，而在 A 草坪群落中未出现的草种的合计用 b 表示；在 A、B 两草坪群落共同出现的草种的 F 值合计用 w 表示（但在 A、B 两草坪群落里 F 不同时，取最小值），然后代入公式（35）计算：

$$FICC=\frac{2w}{a+b}\times100\%　　　　　　（35）$$

因此，上述表 9 资料运算的结果为：

$$FICC=\frac{80}{150}\times100\%=53.3\%　　　　　（36）$$

用两个草坪群落的相同草种和不同的草种的对比来表示其相似度，这种做法多少有些缺点，为了弥补这个缺点，可采用以下做法：

$a=$A 草坪群落出现的全部草种 F 的合计：

$b=$B 草坪群落出现的全部草种 F 的合计；

$w=$A、B 两群落共同出现草种 F 的最小值的合计。

其公式为：

$$FICC = \frac{2w}{a+b} \times 100\%$$ (37)

如果有 A、B、C 3 个以上草坪时，在计算中可按排列组合的方式，两两进行比较。

4. 演替度（DS） 草坪从建成定植之后，由于利用和养护管理强度等因素变化，处于不断的变化之中，有时向好的方向发展（进展演替），有时向坏的方向发展（逆行演替），为了确定草坪的发展变化状态，为草坪的利用与管理提供依据，通过演替度来确定其演替阶段是十分有益的。

草坪从建植前的裸地开始，到形成稳定的群落（顶极）为止，各种草坪不同，它们经过的时间和演替过程是千变万化的。它们各自具有自己的演替序列。具体的草坪在某一时刻所处的演替序列中的具体阶段，可用演替进行量化描述。

$$DS = \frac{\sum (l \times d)}{N} \times U$$ (38)

式中：l——构成种的寿命；

d——构成种的优势度；

N——构成种的种数；

U——植被率（%）（如为 100%，则为 1）。

三、草坪草引种数量化决策研究

在具体的地点建立某种类型的草坪时，选择适宜的草种及其配合是实现草坪稳定、优质、低成本、高坪用价值的关键之举。然而草坪的选择和配合是涉及多因素的复杂问题，它需要在完备的理论指导和先进的手段运算，才能得出较为切合实际和符合人类要求的结论。该研究方法的基本程序是：

①通过生境类型（型号）、引种相似度（F）、或温度曲线的拟合，实现引种的地域（类）判定。

②根据草坪草与具体栽培地块小生境条件的数量化比较（生境适应指数 Y），以确定在第一级选定草种中在具体地块（亚类）引种栽培的可能性。

③在二级水平上选定的诸草种中，依据生产性状和经济特性（应用适应指数 M），选出应用特性最优、经济性状最好的草种，以达到草种的最后选择（型）。

（一）研究依据的理论基础

在草原生态系统中，草本植物（包括草坪草在内）是一重要组分，它的产生、生长和发育与着生的环境有密切的联系，即在特定的生态环境条件下，就有着与之相适应的植物种，这是自然选择或植物种长期适应环境的结果。为了综合、类比世界上丰富多彩的草原环境与纷繁的生物（植物）间关系，以利于人类的利用，就产生了草原类型学说，即对具体草原生态系统的本质进行概括。学者们从不同的学科角度对草原生态系统进行了多种抽象，提出了多种草原类型学说，其中甘肃农业大学任继周教授等所倡导的、以草原水热指标为核心的农业生物、气候综合顺序分类法较为全面。

　　农业气候综合顺序法分类体系和具体指标是：第一，根据生物气候条件划分第一级类；第二，在类的基础上根据土地条件划分出亚类；第三，在亚类的基础上，根据植被的特征，进一步划分型。

　　由于水热要素对草原生物及其立地条件（环境）起着根本而又显著的作用，为了用具体的量体现不同草原类别间生物、气候条件的差异，采用了草原湿润度和草原热量级两项指标。草原湿润度（K）和草原热量级（θ）的求算及分级规定如下：

　　1. 草原热量级　是草原热量状况的量度。具体是指草原上热量大于 0℃ 的年积量（$\sum \theta$），其分级标准见表（17-10）。

　　2. 草原湿润度　是草原水分状况的量度。具体用草原湿润系数（K）来表示。

$$K = \frac{r}{0.1 \sum \theta} \tag{39}$$

　　式中：r——全年降水量（mm）；

　　　　　$\sum \theta$——＞0℃ 的年积温（℃）。

表 17-10　草原热量度级

气候带	热量级	＞0℃的年积温（$\sum \theta$），（℃）	相当的热量带
寒	寒冷	＜1 100	寒　带
	寒温	1 100～1 700	寒温带
温	冷温	1 700～2 300	温　带
	微温	2 300～3 700	温　带
	暖温	3 700～5 000	暖温带
热	暖热	5 000～7 200	亚热带
	亚热	7 200～8 000	亚热带
	炎热	＞8 000	热　带

　　注：＊各地＞0℃的年积温和年降雨均可从气象台站查得，也可用适当的方法间接推算，具体的方法请参考《草原工作手册》，甘肃人民出版社，1978年。r 和 $\sum \theta$ 均采用多年的平均值。

　　根据湿润度级划分的草原类型指标，见表 17-11。

表 17-11　草原湿润度级

湿润度	K 值	相当的自然景观
极干	＜0.28	荒漠
干旱	0.85～0.95	半荒漠
微干	0.86～1.18	草原、旱生阔叶林
微润	1.19～1.45	森林、森林草原、草原
湿润	1.46～1.82	森林、草甸
潮湿	＞1.82	森林、草甸、冻原

依水热条件可将世界草原（包括草坪生境在内）划分为48个类（见图17-3）。

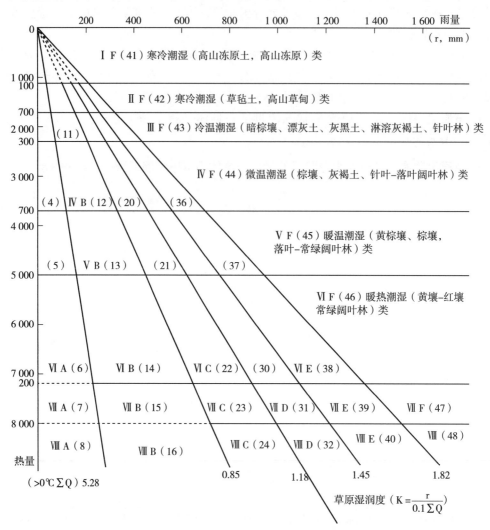

图17-3　草原类型检索图

草原类型基本上抽象概括了诸草原生境的本质和属性，也间接地反映了该系统中孕涵的生物（植物、动物、微生物）的特点与生境的关系。在某种意义上也反映了物种分布的规律性，从而为生物（草坪草）与环境（引种地、引入地、种育成地）关系的抽象提供了可能。

（二）草坪草引种区域的数量化选择

1. 草坪生境类型异同法　草原类型学说给予我们启示，依据诸草坪草适宜生长地的水热综合条件，把它们分属于不同的草坪生境类型。进而根据引种地和引入地草坪生境类型的异同，确定区域引种的能否。

（1）草坪生境类型检索图制作。取大幅精细的计算纸一张。以0℃以上年积温

（$\sum\theta$，℃）为纵轴，以年降雨量（r，mm）为横轴绘一向下、向右无限开放的直角坐标。过纵轴的点，平行于横轴绘出热量级线。在任一热量线上点出各湿润度级（K）的位置，自坐标原点（0）连接各 K 值点作直线并延长。各 K 值点与热量级线所包围的空间，即为某特定的草坪生境类型（地域）理论区（图 17-4）。

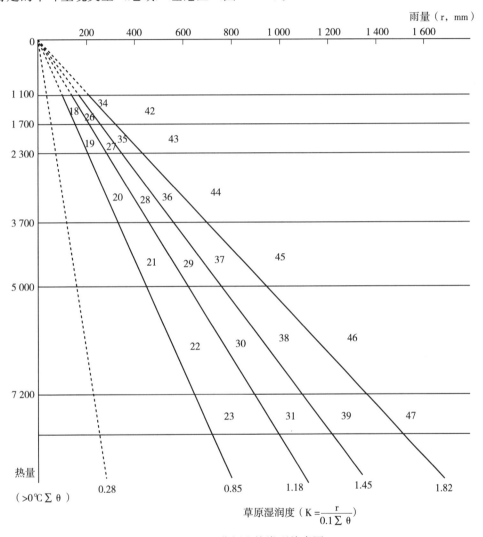

图 17-4 草坪生境类型检索图

（2）草坪草生境类型确定。根据草坪草种引种地与引入地的水热条件与年降水量与大于 0℃ 的年积温；国内外部分草坪草各主要产地与种植地水热材料（表 17-12），确定其在检索图中的位置，即生境类型，并用序号表示。

（3）草坪草引种成功的推论。根据草坪草生境类型相同，生境条件相似，引种可能成功的推论，可作以下判断：

①引种地与引入地草坪草生境类型相同，即序号相同时可实施引种。

②某引入地欲引进草坪草种时，应在草坪生境类型相同或相近的地域进行，这样成功

表17-12　草坪主要种植地月平均温度、年降水量及 E/E′值表

| 城市名称 | 各月平均0cm地温多年平均值（℃） | | | | | | | | | | | | 年均降水量（r·mm） | >0℃年积温（>0℃ $\sum\theta$） | E/(E′)值 $\left(E=\dfrac{r}{0.1\sum\theta};\ E'=\dfrac{r'}{0.1\sum\theta}\right)$ |
	1	2	3	4	5	6	7	8	9	10	11	12			
齐齐哈尔	-20.4	-15.4	-3.0	8.5	17.4	24.5	26.6	24.0	16.1	5.2	-8.1	18.6	451.5	3138.2	1.44
哈尔滨	-19.4	-15.3	-3.0	9.1	18.0	24.2	26.7	24.8	17.0	6.4	-5.7	-16.3	553.5	3192.6	1.73
吉林（九站）	-18.5	-14.9	-2.9	7.4	16.9	23.0	25.9	23.5	16.1	6.4	-3.8	-14.2	696.8	3289.0	2.12
长春	-16.9	-13.0	-2.4	8.8	18.0	23.6	26.4	24.7	17.4	7.3	-3.9	-13.6	610.8	3332.0	1.83
延吉	-14.8	-10.9	-0.4	9.7	17.7	22.4	25.8	25.1	18.0	8.1	-3.3	-12.7	515.4	3174.0	1.62
沈阳	-12.7	-8.1	1.3	10.6	18.9	24.6	27.2	25.6	18.8	9.4	-0.1	-9.4	755.4	3860.4	16.9
大连	-4.8	-2.3	4.5	12.4	20.6	24.5	26.6	26.9	21.9	14.1	5.6	-2.1	656.1	4040.6	1.62
伊宁	-11.4	-8.3	3.4	14.4	21.5	26.1	27.9	25.9	19.0	9.5	0.9	-6.6	263.7	3843.6	0.69
乌鲁木齐	-15.6	-12.5	0.9	13.9	22.5	28.1	30.6	28.0	20.2	9.1	-2.4	-12.3	572.7	3875.5	1.48
西宁	-7.6	-3.0	5.2	12.5	17.2	20.9	21.7	20.7	15.0	8.4	0.2	-6.8	371.7	2752.2	1.35
兰州	-7.8	-1.9	7.2	15.5	21.3	25.6	26.7	25.3	17.7	10.7	1.4	-7.1	331.9	3777.0	0.88
天水	-2.5	1.7	8.0	14.7	20.5	24.8	26.2	25.3	17.9	12.0	4.8	-1.0	552.9	4045.0	1.37
银川	-8.1	-4.0	4.2	13.0	21.3	26.6	28.9	26.6	19.7	10.5	0.7	-6.6	205.4	3776.1	0.54
西安	-0.4	3.0	9.8	16.2	22.3	29.1	30.8	30.1	21.3	14.3	6.9	0.6	604.2	4956.0	1.22
汉中	-3.3	5.8	11.5	17.3	23.1	27.4	29.7	30.3	22.0	16.1	9.6	4.5	889.7	5225.0	1.70
呼和浩特	-13.2	-8.1	1.5	10.2	19.2	25.0	26.0	23.5	16.2	7.4	-2.4	-11.5	426.1	2716.0	1.57
太原	-6.4	-2.4	5.4	14.1	22.1	26.6	26.9	25.0	18.6	11.1	2.6	-4.8	466.6	3974.2	1.17
北京	-5.6	-2.6	5.8	16.2	24.9	29.1	29.1	27.2	21.4	12.8	3.2	-4.0	682.9	4544.4	1.50
天津	-4.4	-0.8	7.5	17.0	24.8	29.2	29.4	27.8	22.6	14.3	4.9	-2.7	559.1	4743.9	1.18
张家口	-9.7	-5.4	3.3	13.7	21.8	26.6	27.7	25.8	18.9	10.1	-0.1	-8.3	404.9	3679.0	1.10
石家庄	-3.1	0.1	8.9	18.1	26.4	31.5	30.6	28.3	22.7	14.9	5.8	-1.4	598.9	4892.9	1.22

（续）

城市名称	各月平均0cm地温多年平均值（℃）												年均降水量（r·mm）	>0℃年积温（>0℃∑θ）	E/(E')值 $\left(E=\dfrac{r}{0.1\sum\theta};\ E'=\dfrac{r'}{0.1\sum\theta}\right)$
	1	2	3	4	5	6	7	8	9	10	11	12			
济南	−1.8	1.7	9.7	18.1	26.2	31.3	30.3	29.0	23.9	16.4	7.6	−0.5	672.2	5274.0	1.27
青岛（李村）	−1.8	1.0	7.0	14.1	20.9	25.4	28.1	28.5	23.0	15.9	7.6	0.7	777.4	4483.3	1.73
上海	3.9	5.3	9.4	15.4	20.6	24.7	30.5	31.1	25.1	18.7	12.4	5.9	1128.5	5562.0	1.99
南京	3.3	5.0	10.0	16.7	22.7	27.8	31.5	32.3	25.5	18.7	11.4	4.8	1026.1	5562.0	1.84
合肥	3.2	4.8	11.0	18.0	24.5	29.7	33.1	33.7	26.1	19.0	11.4	4.8	969.5	5711.5	1.70
盐湖	3.9	5.6	10.9	17.4	23.5	28.7	33.2	33.6	26.7	19.3	12.0	5.7	1208.3	5823.4	2.07
杭州	4.8	6.1	10.6	16.9	22.0	26.1	31.5	32.4	25.7	19.1	12.9	6.6	1400.7	5862.7	2.39
南昌	6.1	7.5	12.3	18.6	24.4	28.4	34.2	34.6	28.8	21.3	14.2	8.0	1598.0	6372.0	2.51
九江	5.3	6.5	11.5	17.7	23.7	28.5	33.4	34.0	28.0	20.2	13.4	7.1	1396.8	6236.0	2.24
厦门	14.4	15.5	18.3	23.1	27.1	29.4	33.7	33.7	31.1	27.1	22.4	17.6	1093.7	7615.0	1.44
台北													2047.5	8159.1	2.51
郑州	0.3	2.8	9.9	17.3	24.8	30.1	31.0	29.3	23.0	15.8	8.0	1.6	635.9	5206.0	1.22
洛阳	0.6	3.4	10.6	17.7	25.5	30.7	31.4	30.3	23.3	16.2	8.4	1.9	604.6	5381.9	1.12
宜昌	5.6	7.4	12.6	18.7	24.2	29.0	32.5	32.1	26.0	19.8	13.1	7.1	1198.8	6136.6	1.95
汉口	4.2	6.3	11.8	18.2	24.5	29.7	33.6	34.1	27.4	20.0	12.3	5.9	1260.1	5906.8	2.13
长沙	5.7	7.3	12.2	18.2	24.1	29.0	34.1	33.7	28.3	20.5	13.4	7.5	1422.4	6218.1	2.29
汕头	15.4	16.7	19.6	24.2	28.1	29.0	32.1	31.9	30.6	26.9	22.7	17.7	1514.5	7709.8	1.96
广州	15.2	16.3	19.8	23.4	28.2	29.5	30.9	30.9	29.9	26.6	21.6	17.1	1680.5	7959.1	2.11
宝安（深圳）	16.0	16.7	20.6	25.1	29.0	29.8	31.6	30.9	29.6	26.8	22.7	18.4	1881.5	8055.9	2.34
湛江	18.4	19.4	21.9	26.3	31.0	30.9	32.1	31.6	30.6	27.8	23.6	19.6	1440.6	8383.8	1.72
桂林	8.9	9.8	14.0	19.3	25.2	28.7	31.8	31.9	29.7	23.1	16.4	10.7	1873.6	6842.7	2.74

（续）

各月平均 0cm 地温多年平均值（℃）

城市名称	1	2	3	4	5	6	7	8	9	10	11	12	年均降水量 (r·mm)	>0℃年积温 (>0℃ $\sum\theta$)	$E/\langle E'\rangle$ 值 $\left(E=\dfrac{r}{0.1\sum\theta};\ E'=\dfrac{r'}{0.1\sum\theta}\right)$
南宁	14.3	15.6	19.0	23.5	28.3	30.0	30.8	30.3	29.8	25.7	20.4	16.0	1280.9	7860.0	1.63
成都	7.2	9.8	15.6	20.4	24.5	27.1	28.6	27.5	23.7	18.5	13.2	8.2	976.0	5928.5	1.65
重庆	8.1	10.1	15.9	20.8	24.6	27.5	32.5	33.2	26.1	19.5	14.4	10.0	1075.2	6715.6	1.60
贵阳	6.4	8.4	13.8	18.7	22.2	24.3	27.7	27.0	23.9	17.9	12.5	8.2	1162.5	5511.0	2.11
昆明	8.5	11.2	15.1	19.9	22.9	22.3	23.0	22.3	20.9	17.4	12.7	8.9	991.7	5361.3	1.85
拉萨	-1.5	2.2	8.0	13.0	18.1	20.6	18.6	17.8	15.3	9.6	2.8	-0.9	453.9	2853.0	1.59
日喀则	-3.4	1.4	6.9	13.4	19.0	22.3	19.9	18.1	16.2	10.2	2.0	-3.2	439.2	2570.4	1.71
海口	18.9	20.3	24.4	28.4	31.2	31.6	32.3	30.8	29.3	26.9	24.0	20.5	1689.6	9558.0	1.77
萨斯喀彻温（加）	-13.8	-11.5	-5.2	4.5	10.8	15.3	18.7	17.5	11.7	5.7	-3.6	-9.6	360.5		
伦敦（英）	4.2	4.4	6.6	9.3	12.4	15.8	17.6	17.2	14.8	10.8	7.2	5.2			
罗马（意大利）	8.1	8.6	11.1	13.9	18.1	21.7	24.5	24.5	27.2	17.2	12.5	9.2			
塔恩吉鲁（摩洛哥）	12.5	13.1	13.8	15.4	17.7	20.3	22.5	23.6	21.8	18.9	15.8	13.6			
多伦多（澳大利亚）	22.6	21.0	20.9	17.2	14.6	12.1	11.2	12.0	13.4	16.0	18.5	20.7			
惠灵顿（新西兰）	15.4	15.7	14.6	13.2	10.7	8.8	7.8	8.4	9.5	11.0	12.6	14.4			
札幌（日）	-4.9	-4.9	-0.4	6.2	12.0	15.9	20.2	21.3	16.9	10.6	4.0	-1.6			
仙台（日）	0.9	1.3	4.2	10.0	14.9	18.4	22.2	23.9	20.0	14.3	8.7	3.7			
东京（日）	4.7	5.4	8.4	13.9	18.4	21.5	25.2	26.7	22.9	17.3	12.3	7.4			
金沢（日）	2.9	3.1	6.0	11.9	16.8	20.7	25.0	26.2	22.0	16.1	10.8	6.0			
大阪（日）	5.6	5.8	8.3	14.5	19.2	22.8	27.0	28.0	24.1	18.3	12.7	7.8			
高知（日）	5.6	6.8	10.1	15.4	19.1	22.3	26.2	27.1	24.0	18.4	13.1	7.9			
宫崎（日）	6.8	8.1	11.0	15.8	19.3	22.6	26.7	27.0	24.0	18.6	13.7	8.8			

的可能性大。

2. 草坪草引种的相似度法　草坪草引种中，某草种所要求的环境条件与欲引入地的环境条件愈相接近，其引种成功的可能性就愈大，这就是公认的物种引种的相似论原则。草坪草所要求的环境条件是复杂的，在应用实践中不可能面面俱到地加以比拟。又加至草坪草自己对环境条件变化有一定的耐性，即适应性，表现在实践中某草坪草种的分布范围不是两维所描述的一个点，而是一个多维的空间地带，这样给两草坪生境的比较带来了一定困难。由于对生境地环境条件的不同综合，也就产生了极其丰富的相似程度的定义和计算方法。草坪草引种相似度的计算拟采用三种方法。

（1）草坪草种的水热指数法。任继周教授等将不同草原生态类型的本质属性用水热状况加以综合，提出了 $K=\dfrac{r}{0.1\sum\theta}$ 值的水热系数，这为草坪草引种地和引入地生境条件的比较提供了可能。以此为生长点，提出了如下具体做法。

①草坪草生态类型指数（E）：就草坪草而言，因基因遗传的结果，它对生境有一定的要求，通常在草坪生态系统的空间序列中，都有一个适宜的生长范围（区域）和一个最佳生长范围，具体而言，就是它所适宜的草坪生境类型。草坪草能正常生长（结实、越冬）的草坪生境类型的特征（一般是指草坪草种的原产地），就是草坪草所适宜（要求）的环境条件，当然它可以用水热条件的综合指数——水热系数表示。为了强调这一特征是草坪草对环境条件的要求，称之为"草坪生态类型指数"，用 E 来表示。E 是草坪草最适宜生境的特征值，为计算方便起见，宜采用草坪草原诞生地（或引种地）值。其计算公式是：

$$E=\frac{r}{0.1\sum\theta} \tag{40}$$

式中：E——某草坪草种生态类型指数；

　　　　r——该草坪草种最适宜生长环境的全年降水量（mm）；

　　　　$\sum\theta$——该草坪草种最适宜生长地≥0℃的年积温（℃）。

②草坪草生境类型指数（E'）：E' 是欲引入草坪草地域的环境条件，它表示了欲引入的草坪草种将要得到的环境条件（草坪主要种植地 E/E′值见表 17-12）。其计算方法如下：

$$E'=\frac{r'}{0.1\sum\theta'} \tag{41}$$

式中：E'——某欲引入草坪草地域的草坪草生境类型指数；

　　　　r'——该地的年平均降雨量（mm）；

　　　　$\sum\theta$——该地年平均≥0℃的年积温（℃）。

③草坪草引种相似度（F）：在草坪草引种中，某草种所要求的环境条件（E）与欲引入地环境条件（E'）愈相接近，就表示引种成功的可能性越大，反之不大。这种引种成功的可能性程度，可用草坪草 E 值和 E' 值重复系数法来表示，称草坪草引种相似度（F）。

$$F=\frac{2W}{E+E'}\times100\% \tag{42}$$

式中：F——草坪草引种相似度（%）；

E——草坪草生态类型指数；

E'——欲引入地草坪草生境类型指数；

W——E 和 E' 中的最小值。

④引种可能性判定：草坪草引种相似度（F'）表示了草坪草引种地和欲引入地环境条件同质程度，值愈高，引种成功的可能性愈大。然而自然界中绝无绝对相同的草坪生境地，也绝无只适应单一环境的草坪草。由于草坪草自身的适应性，它们往往或大或小，或宽或窄地适应某一地域，即占据（适应）一定的生态域。因此在进行引种适宜性判定时，应提出一个量的转折点，即引种相似度判定的"λ"值，当 $F \geqslant \lambda$ 时，引种可行；当 $F < \lambda$ 时，引种不可行。

各种草坪草因遗传特性的限定，它们适应的生态域是不同的，在水平（纬度）和垂直（海拔）分布上各有差异，它们各自具备自身的引种 λ 值。通常 λ 值根据经验可初定为 0.8（暖地性草坪草）或 0.7（寒地性草坪草）。具体草坪草种引种 λ 的正确值应通过试验确定，当 $F > \lambda$ 时，方能实施引种栽培。

（2）欧氏距离相似优先比法。此法是应用欧氏（Euclidem）距离定义、模糊优先比法来计算草坪草引种地与引入地之间的相似性。

"优先比"就是以成对的备选样品，与一个固定样品比较，以确定哪个样品与固定样品最先相似，具体做法举例如下：

设欲将日本福冈生产的半细叶结缕草（*Zoysia matrella* L.）引入我国合肥、长沙、桂林、温州、成都栽培，包括福冈共 6 个点，依次用 X_1，X_2，X_3，X_4，X_5，X_6 表示。选取年平均气温 C_1、年降水量 C_2、年日照时数 C_3、年极端最低气温 C_4、1 月平均气温 C_5 为相似因子，1951—1972 年的各点气候指标如表 17 - 13 所示。试以福冈为固定样点来比较其他与各地方气候相似程度，以确定半细叶结缕草在我国引入栽培的最适地域。

首先对原始数据（表 17 - 13）作归一化处理，用公式（43）计算：

$$X_i^e = \frac{X_{iS} - X_{S\min}}{X_{S_{\max}} - X_{S_{\min}}} \tag{43}$$

$$i = 1, 2, \cdots\cdots, 5; \quad s = 1, 2, \cdots\cdots 5$$

式中，$X_{S\max}$ 与 $X_{S\min}$ 分别表示第 s 个因子在样品集中极大值与极小值。当 $X_{is} = X_{S\max}$ 时，则 $X_{iS}^e = X_{\max}$ 时，则 $X_{iS}^e = 0$，于是 $X_{iS}^e \in [0, 1]$，由此可得表 14。

表 17 - 13　各点气候资料（1951—1972）

S＼i	X_1	X_2	X_3	X_4	X_5	X_6
C_1（℃）	15.7	17.2	18.8	17.9	16.3	16.2
C_2（mm）	970	1 129	1 874	1 698	976	1 492
C_3（h）	2 209	1 726	1 709	1 848	1 239	2 000
C_4（℃）	−20.6	−9.5	−4.9	−4.5	−4.6	−8.2
C_5（℃）	1.9	4.6	8.0	7.5	5.6	6.2

表 17-14　归一化处理后各点资料

S ＼ i	X_1	X_2	X_3	X_4	X_5	X_6
C_1	0	0.48	1	0.71	0.19	0.16
C_2	0	0.18	1	0.89	0	0.58
C_3	1	0.50	0.43	0.63	0	0.78
C_4	0	0.49	0.97	1	0.99	0.77
C_5	0	0.46	1.0	0.95	0.63	0.73

用相对欧氏距离计算被选样品 X_{is} 与固定样品 X_6 之间的差异，用公式（44）。

$$D_{ik} = \sqrt{\frac{1}{m} \sum_{s=1}^{m} (X_{iS}^e - X_{kS}^e)} \tag{44}$$

则得 $D_{1K}=0.554$，$D_{2K}=0.290$，$D_{3K}=0.472$，$D_{4K}=0.310$，$D_{5K}=0.448$
定义相似优先比为：

$$\begin{cases} r_{ej} = \dfrac{D_{jk}}{D_{ik}+D_{jk}} \\ r_{ji} = 1 - r_{ij} \end{cases} \tag{45}$$

式中：i，$j=1$，2，……5，$k=X_6$。
于是求得模糊相似优先比矩阵 R 为：

$$R = \begin{cases} 1 & 0.344 & 0.460 & 0.359 & 0.447 \\ 0.656 & 1.381 & 0.619 & 0.517 & 0.607 \\ 0.540 & 0.381 & 1 & 0.369 & 0.487 \\ 0.641 & 0.483 & 0.604 & 1 & 0.591 \\ 0.553 & 0.393 & 0.513 & 0.409 & 1 \end{cases}$$

取 λ 水平截集评选出备选样品相似次序。

当 λ≥0.517 时，则第二行首先达到全行为 1，记序号为 1；当 λ≥0.591 时，则第四行首先达到全行为 1，记序号为 2；同法可得 X_5 的序号为 3，X_3 的序号为 4，X_1 的序号为 5。于是得相似序号为：$X_2 > X_4 > X_5 > X_3 > X_1$，即半细叶结缕草引种成功可能性为：长沙＞成都＞桂林＞合肥。

（3）温度曲线拟合法。草坪草适应性的强弱，主要决定于温度和降水量因素。草坪草是集约化经营和高度培育的人工生长群落，在温度和降水量两因素中，降水量可用灌溉和喷灌方法加以调节；但在生产中不易为人力所改造的温度因素，且成了草坪草适应栽培的限制因素。因而人们常把温度因素作为草坪草引种栽培限制因素来考虑，用草坪草所需要的生存温度范围与环境地的温度变化范围进行拟合，如草坪草适应温度范围包含于环境地的温度变化范围之内，则可引种栽培，反之则逆。具体的做法是：

①在直角坐标系内，标出草坪草适应的温度范围：以 Y 轴为温度（℃）坐标、X 轴为时间（t）坐标，标出某一草坪草所适应的温度范围。为便利起见，通常用寒地性草坪草（4～26℃）和暖地性草坪草（10～40℃）的一般值表示。

②在坐标系统中绘出一年中引种地的月平均温度曲线，当该区曲线落入适宜温度区域内时，可引种栽培，反之则不宜栽培（见图 17-5 和图 17-6）。

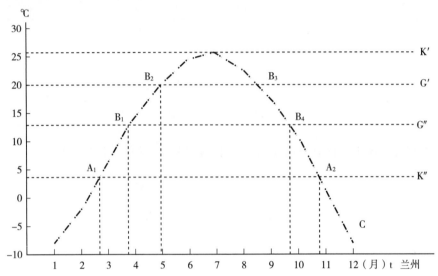

| 地面月平均温度 | -7.5 | -1.3 | 7.7 | 15.4 | 21.3 | 25.7 | 26.8 | 24.9 | 18.5 | 11.0 | 1.9 | 6.2 |

图 17-5 兰州市（冷地型）草坪草引种温度拟合图

C、为一年内地面月平均温度曲线 K. 草坪草适宜生长的温度范围（K′～K″）

G、草坪草最适宜生长的温度范围（G′～G″） B₁～B₂，B₃～B₄、草坪草最适宜生长期

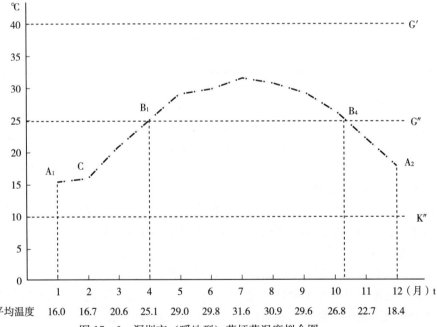

| 地面月平均温度 | 16.0 | 16.7 | 20.6 | 25.1 | 29.0 | 29.8 | 31.6 | 30.9 | 29.6 | 26.8 | 22.7 | 18.4 |

图 17-6 深圳市（暖地型）草坪草温度拟合图

通过上述引种地与引入地生态生境类型、水热指标及温度指标相似性的比较，就能初步判定所引进的草坪草种是否适宜欲引入的地域，也可以指导在特定地域宜选定的草坪草

种，从而在理论上实现了草坪草引种的区域数量化决策。

由图 17-6 可知，冷地型草坪草在兰州市 2 月下旬开始萌发，10 月下旬开始进入冬眠，全年生长期约 240d。最适生长期 3 月下旬到 4 月底，8 月中旬到 10 月下旬，全年约 70d，无夏枯现象。

由图可知，暖地型草坪草在深圳市无冬眠与夏枯现象，全年生长，最适生长期从 4 月初到 11 月上旬，约 190d。

（三）草坪草引种的地段数量化选择

草坪草引种相似性比较仅能从宏观的角度，在大的地域上（类级）确定一种草坪草所能适宜栽培的地域，或是一限定的地域适宜引种哪些草坪草。但是在地域内的各个地段（亚类级），由于地形和小气候等因素的差别，使草坪草着生的条件还存在着大的，有时甚至是质的差异。此外，人类对草坪使用的目的要求也不尽相同，从生产的角度又给草坪草提出了多种特殊要求。在具体地段引种何种草坪草适宜，这也是草坪草引种的重要步骤，因而尚需进一步对草坪草的适应性进行估计。在草坪引种中，可用草坪草对生境的适应指数（Y）来判定。

草坪草着生的立地条件不仅包括大气因素（地带性因素），而起直接指导作用的还有土壤和小生境条件的影响（非地带性因素）。草坪草欲正常生长发育，其自身则必须具备对生境立地条件的适应能力（表 17-15）。每个草坪草种因遗传特性的差异性，对上述环境条件均有各自的适应范围（当然还有最佳区间）。当任何一个环境条件超出草坪草种所能忍受的范围时，该草种就不能生存；当满足这个范围时，就能在该地维持正常生长；当落于最佳区间时，则表现出旺盛生长。草坪草种自身对土壤和小生境条件变动的耐受能力称为草坪草种的适应性，某草种对环境的适应能力可用环境适应指数（Y）表示。适应指数是草坪草对具体生境条件适应能力的综合。

表 17-15　草坪草适应性及其评定

符号	适应性	草坪草适应值	生境实际值	得分（0，1）
A	抗寒性（耐受的最低温度）			
B	耐热性（耐受的最高温度）			
C	耐荫性（最低照度）			
D	抗旱性（凋萎系数）			
E	耐淹性（耐浸淹天数）			
F	耐土壤酸性（最小 pH）			
G	耐土壤碱性（最大 pH）			
N	耐土壤盐性（最大含盐量）			

草名：　　　　　　　　　　　地名：

注　①草坪草适应值是指某一草坪草所能忍受的极值，因草种而异，分别测定；
　　②生境实际值指所建坪地实际具有值。

$$Y_j = A \times B \times C \times D \times E \times F \times \cdots\cdots \times N \tag{46}$$

草坪草环境适应指数（y）为两个值，1 为适应，即在此环境条件下该草坪草可生存；0 为不适应，在此条件下草坪草不能生存。

A，B，……，N 的值亦各自为 0 或 1。1 是环境条件值在草坪草种所能忍受的范围值之内；0 为超越了草坪草的忍受范围。

(四) 草坪草生产性状的数量化选择

草坪草引种的目的不仅是让其成活，而更重要的是在于利用。因而根据使用的不同需要来选定草坪草种，才是引种的最基本依据。草坪草决定草坪生产经济性状的指标包括多项内容（表 17 - 16）。

草坪草满足人类对草坪使用要求的能力称为草坪草对应用要求的适应能力，用草坪草应用适应指数（M）表示。

$$M = a + b + c + \cdots\cdots + k \tag{47}$$

草坪草诸生产性状（a，b，…，k），依据草坪的用途，划定其级别和评定标准，分别予以评分，最后将各项得分累加，依得分的多少就可评定某种草坪草适宜建某种用途草坪的优劣（见表 17 - 16），从而实现草坪草生产经济性状的数量化选择。

表 17 - 16　草坪草生产性状及评分

符　号	项　目	评　分
a	定植活力（成坪速度）	
b	刈割高度（留茬高度）	
c	刈割质量（坪面整齐度）	
d	对肥料的需求性（生长量/肥料量）	
e	疾病潜在性（感病度）	
f	形成芜枝层能力（芜枝物量/时间·面积）	
g	质地（触、感、度）	
h	枝条密度（枝条数/面积）	
i	耐磨性（耐磨限度）	
j	再生力（剪刈周期）	
k	种价	
l	单播种量	
⋮		
z	绿度（叶绿素含量）	

四、播种种子在床土分布位置的研究方法

草坪的直播或补播都是以大播种量和在沙床（或含沙量极高的轻质土壤）上定值为前

提。由于因不甚了解草坪草种的特点和对坪床的适应能力，特别是坪床准备处理对落种的影响及能够出苗的覆土深度，常常导致播种的失败。因此，研究种子在床土中的分布及测定床土整地技术对落种出苗的影响，就需要一种测定播种后种子在床土中分布深度的技术，这种技术应能迅速地进行各种坪床样品的分析。

（一）研究方法

在面积为 1m² 的各试验小区内，分别撒播一层供试草坪草种。各小区分别采用翻耕、划破、垂直刈割、打孔、松耙、镇压、踏压、覆土、覆沙和保持原状等处理。对于镇压、踏压、覆土、覆沙处理的小区在处理前播种，而对于翻耕、划破、垂直刈割、打孔、松耙等处理的小区则应在处理后播种。试验在土壤处理之后取样。如果土壤较干，可在样品区中洒水，使土壤湿水深至 3~5cm（为了保护苗床，洒水前应在苗床上铺一层遮雨纱）。下雨后当土壤水分接近田间持水量时也可取样。取样方法是用一个直径为 3.5cm，高为 6cm 的塑料瓶插入床土中采集土柱。瓶子从坪床拔出来后盖上瓶盖，浸入液氮中直至土壤结冻（10~20s），然后将样品放入有干冰的箱内，以便送入室内冷藏箱内存放。由于冻土柱内的种子仍然可以稍微移动，因此，在送运期间要保持最小程度的干扰。

在实验室，把每个装有冻土柱的塑料瓶竖着放入水盆中直至土柱容易地从瓶中滑出为止（约 12min）。土柱解冻之后，用微型土壤刀细心地把每个土块切割成两半，把两个半块放在一个槽中（把塑料瓶切成两半做成）。把装有土块的槽子放在一个土块架上，然后把这个土块架放到解剖镜下观察，在透明塑料纸上绘出每个土柱的轮廓，同时确定看到的每粒种子的位置，并把它标记在透明纸上。通过测量种子至土壤表面的距离，确定播种深度，用这些数据计算坪床中特定深度，可见种子的百分数。用这个方法可将种子覆土深度和出苗情况进行数量化，这些资料有助于解释同一种子在不同坪床整备处理中的出苗差异。

（二）可靠性检验

通过试验来测定，采用这种方法可估计不同深度的种子百分数的准确深度。具体方法是：在 3 个木箱（100cm×20cm×10cm）内装入水沙壤土（用筛孔直径为 2mm 的筛过筛）。在装箱的同时，把待试草种（每箱 1 个种）以 5mm 深度的间隔从 20mm 深处开始均匀地撒播至土壤表层。各层占总播量的比例是：20mm，5％；15mm，10％；10mm，15％；5mm，20％；土壤表层为 50％。播种后，洒水浸透土壤，然后按照前述方法从每个箱中随机采取 20 个土壤样品进行测定分析。把每个箱子的样品测定数据进行统计分析，把从土柱中估测出的各层种子百分数与已知百分数进行相关分析比较，用回归直线与标准直线比较其测定的准确度。

五、营养期草坪草的识别研究

（一）目的意义

草坪草是构成草坪的基本元素，因此，草坪管理措施（如施肥、灌水、施农药等）的确定，无不以草坪的植物学组成为依据。同样，当草坪生长不良或生长受害，也能通过对受害草种的研究来确定其原因。进行营养期草坪草的辨识研究，有利于草坪管理工作者早期识别侵入草坪的杂草，以便在杂草尚未造成大的危害和较易清除时及时清除。

植物分类学家，主要依据植物的果实和花序把植物分为不同的科、属、种。然而，良好管理的草坪，通常没有形成花序的机会，这是因为低茬和频繁的剪草加之高水平的施氮，往往使草坪草处于营养生长状态。因此这更加深了识别草坪草的难度。以草坪草的主要营养器官特征为基础，研究并识别营养期草坪草，是本研究方法的基本点。

（二）材料和工具

1. 材料　按样方法和样线法，在研究对象的草坪内采集全草坪植物标本。

2. 工具　标本类、采集箱、采集杖、剪刀、放大镜、号牌标鉴、记录卡（本）、铅笔。

（三）标本的鉴定

1. 禾草与苔草、灯芯草类的区别要点　在识别草坪草时，首先要肯定所识别的草是不是禾草。因莎草科的苔草和灯芯草科的灯芯草很像禾本科的禾草。因此，首先要能将这三类草区别开来。它们的识别要点见表 17 - 17。

表 17 - 17　禾草与苔草、灯芯的区别要点

草类	识别要点	
	叶	茎
苔草类	呈三列伸出，无叶舌或退化	三棱形，具髓、茎节不明显
灯芯草类	呈三列伸出，无叶舌或退化	髓质海绵状，或具空腔
禾草类	呈两列对生，有叶舌	中空、半中空或实心；圆柱形或扁平、茎节明显

2. 草坪草营养器官的特征

（1）营养期识别草坪草的常用器官是。幼叶卷叠方式、叶舌、叶鞘、叶耳、叶颈和叶片。这些器官着生的方法、质地、大小和形状的变化给营养期识别草坪草提供了便利。它们各自特点见表 17 - 18。

（2）生长习性。生长习性不仅指的是侧枝的形成方式（如根茎型、匍匐茎型和丛生型），也指枝条的生长方面（如匍匐型和直立型）。如果通过观察发现一种待定草是根茎型或是匍匐型，就可以初步断定该草不是一年生和多年生黑麦草。所以说枝条的生长习性是初步鉴定草坪草加快鉴定速度的有利特征。

3. 草坪草的鉴定　草坪草的鉴定一般用二歧检索表检索（表 17 - 19）。应用二歧检索表时，首先从上向下，从第一级开始选择"a"和"b"两种描述中适合待鉴定草种的一个，这一次选下的"a"或"b"右边所对应的罗马数字就代表下次需要检索的级数序号（即"a"或"b"前边的罗马数字），这样依次类推直到遇到草种名字为止。

表 17 - 18　草坪草叶的特征变化

叶器官	定　义	特　　征			代表草坪草种
幼叶卷叠式	幼叶在芽尖上的排列方式	卷叠		一层层卷成同心园	一年生黑麦草、匍茎剪股颖、结缕草
		折叠		两叶相对，均折为"V"形大叶包小叶	狗牙根、钝叶草、肯塔基早熟禾
叶舌	叶子近轴面叶片与叶鞘相接之处的突出物	类型		膜质：半透明或透明	匍茎剪股颖、高羊茅、黑麦草、肯塔基早熟禾
				丝状：状似头发	狗牙根、大黍草、结缕草
				无：退化	个别种、如稗子
		形状		截形：似剪断、平齐 渐尖：稍尖	肯塔基早熟禾 一年生黑麦草、匍匐紫羊茅
				圆形（半圆形）锐尖（针状）	
		边缘		全缘型、缺刻型（三尖）、锯齿型和缘毛型四种	
叶鞘	叶下部卷曲成圆柱状包围茎秆的部分	密封形		卷成圆柱形、边缘密封	
		开裂形		有开裂边缘、上部开裂明显	
		迭瓦形		边缘线明显、一个边缘压另一个边缘	
叶耳	叶片和叶鞘相边接处两侧边缘上的附属物	无叶耳型		叶耳完全退化	大多数草坪草，如狗牙根、匍茎剪股颖、钝叶草
		爪状型		细长交叉	一年生黑麦草
		退化型		只留一点痕迹	高羊茅
叶颈	结构和外观，与叶片和叶鞘不一样的组织，是位于叶片和叶鞘之间起连接作用的带状部分	阔条型		成宽带状、连续	巴哈雀稗、野牛草、钝叶草、结缕草
		间断型		宽带状、中间间断、似二梯形	肯塔基早熟禾、高羊茅
		窄条型		成细带状、连续	狗牙根、地毯草、紫羊茅
叶片	叶鞘以上叶子的伸展部分	叶尖		船形：卷成小木船形	肯塔基早熟禾
				钝形或圆形：叶尖平、展渐平	假俭草、钝叶草
				披针形：叶尖很尖	狗牙根、匍茎剪股颖、紫羊茅、高羊茅、结缕草
		叶形（横截面）		扁平型：叶片平坦、截面成一线形	狗牙根、匍茎剪股颖、钝叶草
				V型：叶卷折、截面成V型	肯塔基早熟禾
				折叠型：叶比V形卷得更紧	巴哈雀稗
				糙面型：叶片折叠、正面不平坦、截面不规则	紫羊茅、细叶羊茅

表 17-19　草坪草营养期二歧检索表

1a	幼叶卷叠式 ··· 见 2
1b	幼叶折叠式 ··· 见 8
2a	叶舌膜质 ··· 见 3
2b	叶舌丝状 ··· 见 6
3a	叶耳有，退化或爪型 ·· 见 4
3b	叶耳无 ··· 见 7
4a	叶耳退化，具有或不具有缘毛 ·· 苇状羊茅
4b	叶耳爪型，交叉 ·· 见 5
5a	叶片具柔毛，叶鞘开裂或无柔毛 ·· 扁穗冰草
5b	叶片无柔毛；近轴面光滑；叶鞘无柔毛，迭瓦型 ·· 意大利黑麦草
6a	叶舌非膜质；叶鞘开裂，无柔毛 ·· 野牛草
6b	叶舌非膜质；中鞘迭瓦状，密封处边缘簇生柔毛 ·· 日本地毯草或马尼拉草
7a	叶片宽 3mm 以上；基部边缘簇生柔毛；枝条粗状；扁平根茎和匍匐茎 ························ 巴哈雀稗
7b	叶片宽 3mm 以下，无柔毛，边缘粗糙或否 ··· 匍匐剪股颖
8a	幼叶折叠式，叶舌膜质 ·· 见 9
8b	幼叶折叠式，叶舌丝状 ·· 见 16
9a	叶鞘无柔毛，叠瓦状，边缘簇生柔毛，叶舌膜质，边缘具柔毛 ································ 假俭草
9b	叶鞘相接处边缘不具柔毛 ·· 见 10
10a	叶尖船形，叶片叶脉的每一面有一列泡状细胞 ·· 见 11
10b	叶尖船形，无明显泡状细胞 ··· 见 13
11a	叶舌膜质截形，长 0.2mm 至 1mm ·· 肯塔基早熟禾
11b	叶舌非膜质，截形 ·· 见 12
12a	叶舌膜质，1～3mm 长，锐尖；叶鞘无柔毛，基部白色，迭瓦状；植株通常具花序 ·········· 一年生早熟禾
12b	叶鞘膜质，长 4～6mm，锐尖；叶鞘闭合，背面粗糙，常呈紫色，部分开裂 ·················· 粗茎早熟禾
13a	叶尖披针形；叶耳短，大，交叉；叶片远轴面光滑有脊 ······································ 多年生黑麦草
13b	无叶耳 ··· 见 14
14a	叶片糙面型，宽 0.5～2mm，无柔毛；叶鞘基部红色 ··· 紫羊茅或细狐茅
14b	叶片非糙面型 ·· 见 15
15a	叶片宽 4～8mm，基部边缘具柔毛，具短而粗状的根茎或匍匐茎 ································ 巴哈雀稗
15b	叶片宽 2～5mm，叶耳有或无；叶片近轴面光滑有脊；疏丛状 ·································· 多年生黑麦草
16a	叶鞘具柔毛，比叶片上多；具粗状匍匐茎或匍匐枝；叶尖部平展 ······························ 西非狼尾草
16b	叶鞘无柔毛或稀有柔毛，叶鞘封闭，边缘有柔毛 ·· 见 17
17a	叶片宽 1.5～3mm；具匍匐茎和根茎；叶尖披针形 ··· 狗牙根
17b	宽片 4～10mm，无根茎，叶尖钝 ··· 见 18
18a	叶尖钝，成船形，叶片基部紧缩，叶鞘上部具柔毛，具粗状匍匐茎 ·························· 钝叶草
18b	叶鞘无柔毛，叶尖粗糙近基部具刚毛 ··· 地毯草

六、草坪的供水系统设计

(一) 设计

绿色植物的生命活动离不开水。合理灌溉不仅关系到建坪的成败，也直接影响到以后草坪草的生长。因此，灌溉是草坪培植过程中一项十分重要的内容。对草坪来说，一套布局合理，经济有效的供水系统，不仅是提高灌水效率，降低管理费用，保证灌水效果的重要保障，也是提高草坪利用率和观赏价值的前提之一。草坪供水系统的设计涉及系统设施性能和费用，实际需要和系统工作能力，工程设计理论和水力学原理等方面的知识。然后从众多的设计方案中选择出经济有效的最佳方案，这是一项重要而又十分复杂的工作。

(二) 基本方法和步骤

1. 基本情况调查

(1) 气候土壤条件，如年降水量及季节分布，年最高温、最低温和均温，风力情况，土壤含盐量、含硫量、酸碱性及地下水位等。

(2) 待建草坪的类型、面积及形状，预期的管理水平。

(3) 水源 (水井或集水池的远近、高差、水压)、电源 (变电站功率) 等情况。

(4) 建坪单位经费支付能力。

2. 室内设计

根据调查的资料 (可能性) 和主管部门的希望和要求 (必要性)，进行全面分析，综合平衡。草坪供水系统设计方案如下：

(1) 管道布局。

①水的特性：水温不同则性质不同，这里以水温为 15.6℃ 的水为例，水的性质见表 17-20。水压以水柱高度表示，1m 高的水柱压力是 $0.1kg/cm^2$，草坪供水系统的工作水压和各级侧管设计压力相差不应超过 ±10%。

②管材、管径：管材、管径不同，其费用、使用年限和水压摩擦损失也不同。

管道通常埋入地下，根据粗细有主次之分，从主管道到最远的喷头，其内径逐渐变细。管道依管壁厚度和最大承受压力分类。草坪灌水系统常用的管道按材料分为三大类。

表 17-20 15.6℃ 时水的几个特性

1L 水重	1.00kg
1m³ 水的升数	999.9L
黏滞性	$1.139×10^2 g/cm·se$
质量	$0.999g/cm^3$

A. 塑料管：又分为聚氯乙烯管 (PVC) 和聚乙烯管 (PE) 两种，可抗压 4～10kg/cm^2。PVC 是具有很高韧性和化学抗性的材料，因抗压力强，使用最广。PVC 具有滑动套管或套节式的溶解焊接配件。而 PE 管不能溶解焊接，因而这就增加了 PE 管的装配费用。PE 管道强度和抗压力均较低，限制了它在高压系统中的使用 (如 84kg/cm^2)。塑料管在埋设时要松或略弯曲，以防热胀冷缩断裂。

B. 铸铁管和石棉水泥管：一般用于管道直径 10cm 以上，大型草坪灌水设计。可抗压力 10kg/cm² 以上，一般寿命长达 60～70 年，最高可达 100 年（但一般 30 年后开始陆续更换）。虽易腐蚀，但不易生锈和损坏。其缺点是性脆、用材多、接头多、增加施工量；石棉水泥管强度较高，承受压力在 6kg/cm² 以下，重量轻，耐腐蚀，不生锈，不导电，安装简便，但较脆，因而安装时应小心，防止折断或填土时大石头碰撞破裂。

C. 镀锌钢管或铜管：只限于直径小于 7.6cm 以下的设计中使用，镀锌管使用寿命只有铸铁管一半，安装费用高，因而它虽能承受 15～60kg/cm² 的压力，但大量使用还是受限制；铜管使用寿命很长，但成本太高，一般只在直径小于 2.5cm 的设计中使用。在盐分和含硫量很高的土壤应避免使用铜管。

③管道布局：布局应遵循紧凑（管道长度在保证充分均匀浇水的情况下尽可能的短，支管首端和尾管压力差不超过工作压力的 20%）、合理（要整齐美观，灌水方便，不影响草坪管理和使用）和每种管道的连接应严格按说明书进行的原则。一般每一侧管应有一个阀门，阀门的作用像水闸，用手切断或打开水路。常见的阀门有手操作阀或遥控阀两种。遥控阀用在自控系统，它在接受到控制器发出的信号就自动开闭水路。常用的遥控阀有：隔阻阀（由电力或水力控制，最常用）、电热动力阀（电力控制）、活塞阀（电力或水力控制，易磨损）三种。另外，在自控系统还装配一个系统控制器，用于遥控整个系统，常用的自控器是固态电子控制器。

④水压摩擦损失：水在管道中流动时，因为和管壁产生摩擦而减小水压。摩擦损失随管道类型、表面光滑度、内径大小、流量（1/min）及其喷头、喷嘴、阀门等情况而变化。摩擦损失可直接从工具书上查表得到或按公式（48）计算，总摩擦损失按（49）式计算：

$$F = f(0.683)\left(\frac{100}{c}\right)^{1.85}\left(\frac{Q^{1.85}}{2.54d^{4.8655}}\right) \tag{48}$$

式中：F——100m 管道的摩擦损失（m/100m）；

f——多支管校正系数（表 17 - 21）；

c——糙面系数（铝管为 120、聚乙烯管 140、PVC150）；

Q——流量（gal/min）；

d——管道内径（cm）。

$$T_f = F\frac{L}{1\,000} \tag{49}$$

式中：T_f——总摩擦损失（以 m 计）；

F——公式（48）计算值；

L——实际管道长度（m）。

（2）喷头布局。任何一个喷灌系统的最终目的，是通过喷头给草坪洒水。因此，喷头的性能、数量、布局对充分发挥系统效能，保证灌水效果影响极大。

①喷头类型：根据草坪类型、面积和形状等来定。草坪上常用喷头有三类：

A. 喷雾式：这种喷头其喷角固定，能把水流以 30°～40° 的喷射角喷成细密的水珠。最适合于封闭式绿地或隔离的零星小块草坪，不适合于大的庭院草坪或公共绿地。按喷头的功能分为三种。

表 17-21　公式（48）中多支管校正系数（f）值表

支管数	校正系统（f）	支管数	校正系统（f）	支管数	校正系统（f）
1	1.000	11	0.380	22	0.357
2	0.625	12	0.376	24	0.355
3	0.516	13	0.373	26	0.353
4	0.469	14	0.370	28	0.351
5	0.440	15	0.367	30	0.350
6	0.420	16	0.365	35	0.347
7	0.408	17	0.363	40	0.345
8	0.398	18	0.361	50	0.343
9	0.391	19	0.360	100	0.338
10	0.385	20	0.359	>100	0.333

升降式喷头：水压可将喷头顶出地面 25～30cm，自动开启喷嘴喷水，喷完后喷头归位关闭喷嘴。正常喷水直径 5～11m，也有比这更小的喷头，还有从 60°～270°不同喷射角的喷头；

灌水型喷头：体积更小，喷头安装在一个可调节高低的升降杆上；

固定式喷头：整体固定，无活动部件。由于喷头与地面平行，因此，喷头周围的草皮往往影响喷水，由于升降式的优点，固定式事实上被取代而不常采用。

B. 旋转式：该喷头有 1 个或 2 个喷嘴。喷出窄长的一排水流，并随喷头的旋转喷洒成一个圆形或半圆形及扇形面积，角度可随时调节。旋转作用是通过水流冲击喷头内凸轮或齿轮装置，使之转动实现的。开始喷水时，水压将喷嘴顶起，结动后自动归位，一个与地面同高的盖子自动将其封盖。正常喷洒直径达 5～76cm，喷头间距为 12～27m。草坪上不应有树木等障碍物，风对它的影响比固定式大，但喷洒同样的水量比回定式的时间要长，这在渗透性差的土壤上更适用。

C. 特殊喷头：常有如下四种。

低角喷头：喷射角仅 10°，常用于公路草坪，以减少风力作用浪费水量；

喷枪式喷头：用于 0.3～0.9m 宽的窄条草坪；

喷射式喷头：该喷头有一个齿状喷嘴，能喷出一条条独立而又细密的水线，适宜庭院和灌丛草坪，在零星的分散小风景区最理想。滴灌喷头亦属此类。

快接喷头：由喷头和一段铜管组成，铜管上有一小手柄，铜管下段有对接口，只要将对口插入水管上的对接阀门，将手柄转 1～2 周，不仅可以打开阀门，还能将喷头旋紧在对接阀门上，结束后取下喷头，该阀门自行关闭。这种喷头多为旋转式，也可以是其他类型。草坪上常见的四种喷头见表 17-22。

②喷头布局：草坪喷头多采用全圆正方形喷洒方式。支管间距（b）或喷头间距（L）均等于喷头沿设计射程（$R_设$）的 1.42 倍，$R_设 = KR$，这里 R 是喷头最大射程，为了在任何情况下保证喷洒均匀不留空白，K 值一般为 0.7～0.8。有风区，固定式喷头 K 值为 0.7；旋围式喷头 K 值为 0.6。

表 17 - 22　四种常见喷头主要性能比较

喷头类型	喷洒直径（m）	流量（L/min）	最初成本	工作效率	劳动需要	用　途	备　注
升降式	2.5～9	0.95～19	高	中—高	低	庭院草坪	容量和喷洒模式多样
快接式	18～67	9.5～227	低	低	高	高尔夫球场，大面积公园	常常转换成自动系统
旋转式	15～76	57～341	高	中—低	低	大面积普通草坪，公园，运动场，高尔夫球场	需大面积草坪，不像喷洒系统那样灵活
喷射式	5～9	2～25	高	高	低	窄的隔离区小风景区	不冲刷地表

设计灌水定额 m：单位面积一次灌水的灌水量称灌水定额，一般用 mm 或 m^3/hm^2 表示。

$$m_{设}=0.033hgP\frac{1}{y} \qquad (50)$$

式中：$m_{设}$——设计灌水定额（mm）；

　　　P——田间最大持水量（%）（以土层体积百分数表示，表 17 - 23）；

　　　hg——草坪根系活动层厚度（cm）（为 50cm 左右）；

　　　y——喷灌水有效利用系数（一般为 0.7～0.9）。

表 17 - 23　土壤容重和田间最大持水量

土壤	容重（g/cm³）	田家最大持水量	
		重量（%）	体积（%）
砂土	1.45～1.60	16～32	26～32
砂壤土	1.36～1.54	22～30	32～40
轻壤土	1.40～1.52	22～28	30～36
中壤土	1.40～1.55	22～28	30～35
重壤土	1.38～1.54	22～28	32～42
轻黏土	1.35～1.44	28～32	40～45
中黏土	1.30～1.45	25～35	35～45
重黏土	1.32～1.40	30～35	40～50

设计灌水周期：指 2 次灌水的间隔时间，设计灌水量所允许的最大时间间隔。

$$T_{设}=\frac{m_{设}}{W}y_{水} \qquad (51)$$

式中：$T_{设}$——设计灌水周期（天）；

　　　$m_{设}$——设计灌水定额（mm）；

　　　W——草坪草最大日平均耗水量（mm/天）（在缺乏资料时可参考表 17 - 24）；

　　　$y_{水}$——喷灌水有效利用系数。

一次灌水所需水时间：为了计算达到需要的灌水定额所需时间，首先计算喷灌系统的平均喷灌强度，见公式（52）和（53）。

表 17 - 24 不同气候条件下草坪最大日平均耗水量

气候条件		草坪最大日平均耗水量（mm/天）
寒冷地区	潮湿天	2.5
寒冷地区	干旱天	3.8
温暖地区	潮湿天	3.8
温暖地区	干旱天	5.1
炎热地区	潮湿天	5.1
炎热地区	干旱天	7.6

$$P_{系统} = \frac{1\,000P}{bL} \tag{52}$$

式中：$P_{系统}$——喷灌系统的平均喷灌强度（mm/h）；

P——一个喷头的流量（mm^3/h）；

b——支管间距（m）；

L——喷头沿支管的间距（m）。

$$t = \frac{m}{p_{系统}}(h) \tag{53}$$

式中：m——灌水定额（mm）；

t——一次灌水所需时间（h）。

计算同时工作的喷头数和支管数

$$N_头 = \frac{F}{b \cdot L} \times \frac{t}{T \cdot C} \tag{54}$$

式中：$N_头$——同时工作的喷头数（个）；

F——整个喷灌系统面积（m^2）；

b——支管间距（m）；

L——喷头沿支管间距（m）；

t——一次灌水所需时间（h）；

T——灌水周期（天）；

C——一个喷头有效喷水时间（h）。同时工作的支管数：

$$N_支 = \frac{N_头}{N_{支头}} \tag{55}$$

式中：$N_支$——同时工作的支管数（条）；

$N_头$——同时工作的喷头数（个）；

$N_{支头}$——每个支管上的喷头数（个）。

③影响喷头布局的因素。

风：风对喷灌布局影响最大，因为风变化大，且不易控制。在吹风时，迎风面喷洒范围减小，水量增加，而背风面相反，风速越大，这种作用越明显。这种现象可通过缩小喷头间距来解决。

压力：压力低于或高于设计压都不好。高压使喷头喷出的水过度雾化，缩小喷洒面积，并使喷头附近的水量增加。低压不能使水充分雾化，使整个喷洒面积上（远处和喷头附近）的水量均减少。因此，应根据喷头说明书上所要求的压力和间隔来布置喷头。

旋转速度：若喷嘴旋转速度太高，则有效喷洒面积减小，单位被喷洒面积上的水量增加。当旋转速度不匀时，则转速慢的地方水多，快的部位水少。

喷嘴和立管：喷嘴必须和喷头设计间距及水压相一致，不论在最初安装时还是以后的维修等情况下，如果与设计标准不同会影响喷水效果。

立管就是用以安装喷头的一段垂直水管。必须有足够的高度，使喷头不致太低而受到周围草坪草影响喷水效果；具有足够大的直径，以免因水的冲击或喷头旋转等造成的振动而影响喷头喷水。

喷头和支管间距对喷水影响极大，这个问题可按公式（54）计算处理。

喷头喷水均一性测定：喷灌的均一性，可用克里斯坦森均一性系数说明。均一系数（C_u%）用公式（56）表示：

$$C_U = 100\left[1.0 - \frac{\sum_x}{mn}\right] \tag{56}$$

式中：Cu——均一系数（%）（若值大于 85%，则说明设计良好）。

$\sum_x$——每一观测值与平均值差的绝对值总和；

M——平均值；

N——观测点数。

水泵功率：草坪喷灌系统中常需水泵从水源抽水，升高水压和将水输送到灌溉系统中去。螺旋离心泵和垂直蜗轮泵是最常见的两种。许多自控器都能遥控水泵，但用压力箱控制水泵效果最好。草坪供水系统通常由一个或多个主泵和一个副泵组成。副泵是一个小泵，安在中心泵站，当主泵未开时由它供给少量的水。每一水泵都应安装止水阀防止倒流，并且都应有一个隔离阀隔离。水泵的功率太大或太小都不好，应通过计算确定。

喷灌系统设计流量应当大于同时工作喷头流量之和。

水泵的扬程要考虑喷灌系统中典型喷头的要求，喷灌系统设计水头用（57）式计算：

$$H = H_头 + T_f + \nabla \tag{57}$$

式中：H——喷灌系统设计总水头（m）；

$H_头$——喷头工作水头（m）；

T_f——水泵到典型喷头之间的总损失之和（公式 49）；

∇——典型喷头和水源水面之高差。

根据 Q 和 H 值，在水泵性能表中选用性能相近的水泵。

动力功率的计算用公式（58）。

$$N = K\frac{100rQ_泵\ H_泵}{75y_泵\ y_传动} = \frac{13.33K}{y_泵 \cdot y_传动}Q_泵\ H_泵 \tag{58}$$

式中：N——动力功率（kW）；

K——动力备用系数 1.1～1.3；

$y_泵$——水泵效率（由水泵性能曲线上查得）；

$y_传动$——传动效率（0.80～0.95）；

r——水的容重（T/m³）；

$Q_泵$——水泵流量（m³/h）；

$H_泵$——水泵扬程（m）。

因为：1 马力＝0.736kW，所以上式可改为公式（59）。

$$N=\frac{9.81K}{y_泵 \cdot y_{传动}}Q_泵 \, H_泵 \qquad (59)$$

式中：N——动力功率（kW）。

在实际设计中，水泵选定后，如果是与电机配套，就可以直接从水泵样中查出配套电机的功率和型号。在电力不足的地区，应考虑采用柴油机。

七、草皮性状的研究方法

草皮（twrf）是指由枝条系统加根系和土壤最上层（约 10cm）构成的草层部分。它是草坪生产的重要组成部分，草皮商品化后，是建植草坪的重要材料。草皮发育的状况及阶段，不仅表现了草坪坪用价值的高低，也反映着草坪的发育水平，因此，它也是草坪培育改良和合理利用的依据。草皮的性状主要表现在理化特性上，其测定方法如下：

（一）草皮厚度的测定

草皮厚度指从芜枝层到主要根系（地下层）分布的土层下限，通常用挖草皮块或做土壤剖面的方式进行调查。

具体做法：将草皮挖出地面，将其一侧面铲平，观察根（根茎）分布的状况，确定草皮层与土壤基质的界线，并作出标记，然后用直尺测定其厚度。用土壤剖面确定草皮层厚度时，操作同草皮块法。草皮厚度即为 A_{00} 层加 A_0 层的厚度。

（二）草皮饱和持水量的测定

草皮饱和持水量是灌溉或降雨条件下，在草皮层内所能保持的最大水量，通常以干土重的百分数表示。草皮饱和持水量是

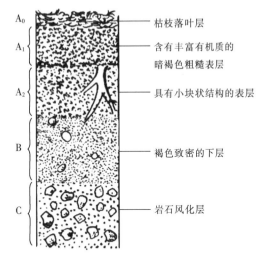

图 17-7　土壤剖面图

（图中标注：
A_0——枯枝落叶层
A_1——含有丰富有机质的暗褐色粗糙表层
A_2——具有小块状结构的表层
B——褐色致密的下层
C——岩石风化层）

草皮保水和通气状况的重要指标。草皮饱和持水量的测定，首先是按常规在具代表性的地段选取 3 个以上的样地，样地面积为 0.5m²。在已确定的样区四周筑起高 20～30cm，底宽 50～60cm 的土埂，土埂充分压实，以防漏水，并用厚的秸秆覆盖供试草皮的表面，然后充分灌水。当草皮所保持的水不被流失时，所得的草皮含水量即为其饱和持水量。草皮饱和持水量也可用环刀法测定。

1. 仪器　环刀（容积为 100cm²）、天平（感量为 0.01g）、烘箱、削土刀、铁铲、干

燥器、容盘等。

2. 操作步骤

（1）在选定地点用环刀取样时，要特别注意不要破坏草皮的原有结构，重复 3 次。

（2）把盛有原状草皮的环刀粗称重后，浸入水盘中，把环刀有孔并垫有滤纸的一段放在下面，再使环刀筒外水面与环刀一样高，但勿使水浸淹环刀的顶端，以免造成封闭空气，影响持水量。环刀筒放入水中的时间，一般约在 8～12h。

图 17 - 8　利用小灌水面积法测草皮的透水性

（3）盛样环刀在水中放到预定的时间后，迅速从水中取出，放入预先称重的铝盒中称量。然后再放入水盘中约 4h，继续称重。如 2 次无明显差异，按测定含水量的方法计算划皮的饱和持水量。

（三）草皮的透水性

在草坪上很容易测得草皮的透水性。测定时首先将木制（铁皮镶边）或金属制，底部楔形，面积 50cm×50cm 的正方形模子嵌入草皮，深度 10cm 为宜，并使模壁与草皮之间无裂缝。为了防止水的侧向浸流常可采用双模，即外模为 50cm×50cm，内模为 25cm×25cm。

在 2 个正方形模子内灌水到 5cm 深，经常保持这个水位。水消耗量和渗透时间后，就可计算出单位时间的渗水量（cm/s·cm² 或 mm/h·cm²）。

在研究实践中，也可用额定面积的无底铁桶代替模子进行透水性试验，操作和计算方法均与模子法相同。

由于草皮的透水性随时间而改变（通常随时间的增长而减小），所以观察宜在 6～8h 进行。

（四）草皮坚实度的测定

草皮坚实度指单位面积的草皮所能承受的重量，通常用土壤坚实度仪测得，国内常用型号为 FE - 3 型土壤坚实仪。按常规选取 3 个以上的样品，每点 3 次重复，分别以 10cm、15cm、20cm 的深度进行测量，记下各次数的读数，依表 17 - 25 记录和计算结果。

表 17 - 25　草皮坚实度测定

日期：_____　地点：_____

试验区号：_____

坚实度仪型号：_____

草坪类型：_____

压头面积 (cm²)	读数						平均草皮坚实度 (kg/m²)	备注
	点数					平均		
	1	2	3	4	5			

记录者：_____

当无专用的土壤坚实度仪时，也可用自制的简易压力计来测定草皮的坚实度。

简易压力计为长 50cm、内径 23mm 的铁管。铁管内套有一直径 5mm、具尖头的钢锥，钢锥可在管内上下活动。管子的一面做成有刻度的缺口，缺口内能让钢锥的指针通过，刻度以毫米（mm）为单位划分，刻度范围以钢锥刺入草皮的深度而定。为了测量草皮的坚实度，在管子上端装入一个与钢锥相连的特殊弹簧，以压紧钢锥并计量显示钢锥所承受的阻力。这样钢锥下降，借压力刺入草皮。

其操作步骤：将环形刻度移到刻度零，仪器垂直放于试验地表面，逐渐对仪器施加压力，力求使仪器的楔子插入草皮 5cm；只要楔子一插到这样的深度，薄铁片（指针）就开始移动。此时拔出楔子，观察其刻度数，用目测法根据指针的位置，即弹簧被压缩的程度估计钢锥所承受的阻力（1kg、0.5kg、0.25kg）等。

当草皮特别致密，超出压力计量度范围时（30g），为了使压力计得到插入 5cm 时的压力，可用（60）式计算。

$$P_5 = P_{n1} + \frac{P_{n1} - P_{n2}}{n_1 - n_2} \times (5 - m) \tag{60}$$

式中：P_5——楔子插入草皮 5cm 时，草皮对楔子的抵抗力（kg）；

　　　P——千克数（kg）；

　　　n——厘米数（cm）。

如楔子插入草皮 3cm 时，抵抗力为 28kg；插入 2cm 时，抵抗力为 14kg，则在 5cm 时抵抗力为：$P_5 = 28 + \frac{28 - 14}{3 - 2} \times (5 - 3) = 56(kg)$

草皮的坚实度与土壤的湿度及生长期有关，因此草皮的坚实度应在相同含水量下，在生长期内宜春季融雪后，夏季和秋季测定 3 次，也可在草坪开始使用和使用结束时各测定 1 次。每个地段重复 10～25 次。

（五）草皮比阻的测定

比阻是土壤对翻耕牵引力抗力的大小。草皮比阻是草皮在翻耕作业中对牵引抗力的大小，这在一定水平上反映了草皮絮结紧实的状态。草皮比阻通常可用拖拉机法来测定。

首先用测力仪器测定牵引力的变化曲线（用拖拉机法测定阻力时，需减去拖拉机的空行阻力）。求出平均值，计入表（17-26），并计算比阻。

$$比阻 = \frac{\rho}{\alpha \cdot \beta}(kg/cm^2) \tag{61}$$

式中：ρ——牵引阻力（kg）；

β——犁的平均耕宽（cm）；

α——犁的平均耕深（cm）。

表 17-26　草坪比阻测定记录

项目 ＼ 序号		第1行程	第2行程	第3行程	第4行程	平均
总阻力	阻力曲线的平均高度（cm）					
	阻力（kg）					
拖拉机空行阻力	阻力曲线的平均高度（cm）					
	阻力（kg）					
工作阻力（ρ）（kg）						
平均耕深（α）（cm）						
平均耕宽（β）（cm）						
草皮垡断面（$\alpha \cdot \beta$）（cm²）						
比阻（kg/cm²）						
时间（s）						
速度（m/s）						

犁的名称和型号：＿＿＿＿＿＿＿＿＿＿＿　　试验地点：＿＿＿＿＿＿＿＿＿＿＿＿＿

拖拉机型号：＿＿＿＿＿＿＿＿＿＿＿＿　　拉力代型号：＿＿＿＿＿＿＿＿＿＿＿＿

测定日期：＿＿＿＿＿＿＿＿＿＿＿＿＿　　测定人：＿＿＿＿＿＿＿＿＿＿＿＿＿＿

注：用拖拉机法测定草坪比阻时，拖拉机的空行阻力是卸去悬挂犁或半悬挂犁后，测量的拖拉机在犁沟内空行的阻力。

（六）草皮 pH 的测定

草皮 pH 测定可用常规法，也可用电位法。

1. 原理　pH 值是溶液中氢离子浓度的负对数，即：

$$pH = -lga H^+ \tag{62}$$

用水浸提出草皮层中水溶性的氢离子（活性酸）或用氯化钾溶液提出土壤中代换性的氢离子（潜在酸），因此可用电位法测定。

2. 仪器　酸度计，25型，1台；台称，1台；表面皿，2个；烧杯，50mL、1个；洗瓶，塑料，500mL，1个。

3. 试剂

（1）1mol 氯化钾溶液：称取分析纯的氯化钾 74.6g，溶于约 500mL 蒸馏水中，用 10％的氢氧化钾和 1mol 的盐酸调节至 pH 在 5.5～6.0，稀释至 1L。

（2）10％氢氧化钾溶液：称取 10g 氢氧化钾溶于 90mL 水中。

（3）1mol 盐酸溶液：量取比重 1.19 的浓盐酸 8.3mL，溶于 90mL 水中。

（4）pH＝6.86 的标准缓冲溶液：称取 GR 的磷酸二氢钾 3.39g 和 GR 的无水磷酸氢二钠 3.53g。称量前应将药品在 115±5℃温度下烘 2～3h 除去水分，在干燥器中冷却后称量，注意称量速度要快，尤其是称磷酸氢二钠。称好后，加水稀释至 1L。

（5）pH＝4.01 的标准缓冲溶液：称取 115±5℃烘烤 2～3h 的 GR 的苯二甲酸氢钾（$KHC_6H_4O_4$）10.21g，用蒸馏水溶解后稀释至 1L，相当于 0.05mol 的苯二甲酸氢钾溶液。

（6）pH＝9.18 的标准缓冲溶液：称取 GR 的硼砂 3.80g，注意不可烘烤，溶于无二氧化碳的蒸馏水中，稀释到 1L。

4. 操作步骤

制样：在草地选 10～20 个样点，将各点样品混合均匀后直接取样。

浸提：称 25g 样品，置于 50mL 小烧杯中，加热煮沸，除去二氧化碳，加冷却蒸馏水 25mL，即按水：样＝1∶1 加水提液，搅拌 1min，使样品充分散开，然后静置 0.5～1h，使其自然澄清。

测定：将 pH 玻璃电极的玻璃环泡插入土壤溶液下部悬浊液中，轻轻摇动，除去玻璃珠表面的水膜，使电极电位达到平衡。然后将甘汞电极插到上部澄清液中，按下读数开关，进行 pH 测定。

（七）有机体率的测定

草皮层是有机物（芜枝层、植物根系和地下茎）加土壤的混合体，有机物的多少是草皮化程度的重要标志。草皮层有机体的多少可用有机体率的概念来表示，即有机体的重量占草皮总重量的百分比值。其测定方法如下：

①依常规选取 3 个以上的取样地；

②将草坪草齐地面剪齐，除去其地上部分；

③用土钻以 5cm 的梯度分层取样（直至草皮层下限）；

④将同层土柱收入同一样袋；

⑤试验室取样，取样前挑出动物有机体；

⑥测灰分含量（同土壤测定）；

⑦依公式（53）计算有机体率：

$$TQ = \frac{M - M_1}{M} \times 100\% \qquad (63)$$

式中：TQ——草皮有机体率（％）；

　　　M——草皮总重量（g）；

　　　M_1——草皮无机体重量（灰分含量、g）。

（八）草皮土壤呼吸强度测定

草皮土壤呼吸强度是衡量草皮层中总的生物活动强度的重要指标，通常以单位时间、单位面积上草皮土壤扩散出的二氧化碳量为计量单位。测定草皮上土壤强度，对研究草皮有机质矿化速率、土壤肥力及其变化过程等，均有一定的参考价值，是草皮性状的一个重要指标。该指标可用玻璃钟罩直接吸收滴定法测定。

1. 样地选择　在草坪草的生长季，选取适宜草坪为样地。样地面积 $70cm^2$，每个处理 3 个重复。

2. 观测时间与次数　测定草皮土壤呼吸强度的日变化，应在 8～18h 进行，每隔 2h 测 1 次；昼夜变化在 9h 至翌日 5h 进行，每隔 4h 测一次；旬变化以所在旬的日测定值为代表。

3. 具体操作

（1）剪去样地上的部分植株。

（2）用移液管吸取 3mL0.2mol 氢氧化钡于吸收皿中，再加入 2mol 氯化钡 10 滴，放在铁丝三角架上，使皿稍高于地面（约 1cm），随机用罩扣紧（λ±1cm 左右），周围用土封闭。

（3）20min 后，取出吸收皿，加入 1‰酚酞指示剂 2～3 滴，用标准盐酸（0.200 0mol）滴定剩余的氢氧化钠，记录耗酸量 α（ml）。

（4）计算草皮土壤呼吸强度。

$$CO_2(kg/hm^2 \cdot h) = (a-b) \times M \times 22.005 \times \frac{100}{s} \times \frac{60}{t} \qquad (64)$$

式中：a——对照耗酸量（mL）；

b——试样耗酸量（mL）；

M——盐酸浓度（mol）；

s——取样面积（cm^2）；

t——吸收时间（min）；

$100/s$——换算成 kg/hm^2 之因数；

$60/s$——换算成小时之因数；

hm^2——公顷；

h——小时。

（九）草皮土壤微生物组成及数量的测定

土壤微生物不仅是草皮的重要组成部分，而且因为它们有巨大的生物化学活性，从而能动地影响着草皮和草皮的肥力状况。因此，草皮微生物的组成及其数量也是草皮具生命活性的特征之一，需要研究和测定。

1. 样品的采集　依草坪类型，按草坪草的生育期（返青期、草盛期、枯黄期等）用土钻法分层取样（0～10cm，20～30cm，至草皮层下限），每样点 3 个重复，混合后取1～2kg 样置于无菌铝盒，留待分析测定用。在采样的同时测定土壤水分。

2. 试验悬液的制备　称取草皮层土样 10g，放入已灭菌的研钵内。加入少量含 0.1%

琼脂的无菌水，仔细研磨约 1～2min，随后将此悬液倒入 250mL 无菌的空三角瓶中。再加 0.1% 琼脂的无菌水，使之成为 1/10 的稀释液。置振荡机（100 次/min）上振荡 10min 后，根据试验需要再稀释成各种浓度。

3. 土壤微生物的分离培养　采用分离平板法进行分离。每种稀释重复 3 次。

细菌采用牛肉膏培养基进行分离，1/10 000 稀释度接种，26℃ 培养，3d 后观察计数。

丝状菌采用马丁（Martiu）氏培养基；酵母菌采用酸性马铃薯培养基，二者均采用 1/10 稀释度接种，26℃ 培养，5d 后观察计数。

表 17 - 27　草皮土壤呼吸强度日变化

类型	日期 （日/月）	呼吸强度（CO_2 kg/hm^2 · h）						

制表人：_____

放线菌采用淀粉铵盐培养基进行分离，1/100 稀释度接种。接种前用 1% 苯酚处理土壤悬液 10min，以抑制细菌、真菌生长。26℃ 培养，7d 后观察计数。

微嗜氮菌采用阿须贝（Ashby）氏培养基进行分离，1/10 000 稀释液进行接种，26℃ 培养，10d 后观察计数。

好气性纤维分解菌采用赫奇逊（Hutchison）氏培养基进行分离，1/10 稀释度接，26℃ 保湿培养，15d 后观察在滤纸长生长的细菌、真菌、放线菌的总数（表 17 - 28）。

表 17 - 28　草皮微生物数量及组成表

草坪 类型	取样深度 （cm）	采样日期 （日/月）	细菌	放线菌	丝状真菌	酵母菌	微嗜氮菌	纤维分解 细菌

八、草坪品质评价的研究方法

草坪的品质，是草坪实用功能的综合体现。如运动场草坪品质是指其适于运动的能力；用作水土保持绿地草坪必须具有大量根系，并对土壤有持久的稳固作用；用于观赏的草坪，必须具备稠密、均一和令人愉快的颜色，能增进景色的美；足球场草坪则应具有牢固的坪面，缓和冲击力的弹性，抗践踏和损坏之后的强烈再生力。因此，草坪的本质与所需草坪的功能和使用目的密切相关，这是草坪品质评定研究所必须依据的基础。由于草坪类型庞杂，人们对其要求的功能各异，因此，草坪品质评定研究是一个复杂而又难于化一的问题，评定方法也因草坪类型而各具特色。

然而，在丰富多彩的各类草坪中，它们也具有共同特征，这就是构成草坪品质的基本因素是一致的，为草坪品质评定的研究提供了可能。基本因素包括草坪自身的均一性、密度，叶的宽度和触感，生育型，光滑度，颜色和与使用性状有关的刚性、弹性、回弹性、产草量和恢复力等，其中最重要的是利用目的所需求的特性。

（一）草坪品质评定方法

1. 评定的项目和确定方法

（1）均一性（Umiformity）。是对草坪平坦表面的估价。高品质草坪应是高度均一、不具裸地、杂草、病虫害污点、生育型一致的草坪。均一性包含两个方面：一是组成草坪的地上枝条；二是草坪表面平坦性的表面特征。因此，草坪的均一性受质地、密度、组成草坪草的种类、颜色、修剪高度与质量等条件的影响。在评定中设立和采用诸如植被特性测定中的相关量化指标来描述。

（2）盖度（Coverage）。是草坪草覆盖地面的面积与总面积比，可用目测法或点测法确定。盖度越大，草坪质量越高，当然，能见到裸地的草坪是品质低下的草坪。

（3）密度（density）。密度是草坪质量评价的最重要指标，密集毯状的草坪是最理想的。密度也是草坪草对各种条件适当能力的量度指标。

草坪的密度等级可用目测法确定。根据单位面积地上部枝条或叶的数量来测定密度，也可在草坪修剪后用密度测定器（densitometer）来测定。

（4）质地（texture）。是对叶宽和触感的量度。通常认为叶愈窄品质愈优。叶宽以1.5～3.3mm 为优，叶宽在叶龄相同和叶着生部位相同的条件下测定。依草坪草种及品种叶宽分为如下等级：

极细：细叶羊茅、绒毛剪股颖、非洲狗牙根等；

细：狗牙根、草地早熟禾、细弱剪股颖、匍匐剪股颖、细叶结缕草等；

中等：半细叶结缕草（马尼拉草）、意大利黑麦草、小糠草等；

宽：草地羊茅、结缕草等；

极宽：高羊茅、狼尾草、雀稗等。

（5）生育型（growth type）。是描述草坪草枝条生长特性的指标。草坪草的枝条包括丛生型、根茎型和匍匐茎型三种类型。

丛生型（直立）：该草坪草主要是通过分蘖进行扩展，在播种量充足的条件下，能形成一致性强的草坪。

根茎型：该草坪草是通过地下茎进行扩展，由于根茎末端是在远离母株的位置长出地面，地上枝条与地面枝条趋于垂直，因此强壮的根茎型草坪草可形成均一的草坪。

匍匐茎型：该草坪草是通过匍匐茎的地上水平枝条扩展。匍匐茎在某些部位常产生与地面垂直的枝条，因此，在修剪高度较高的条件下，修剪会产生明显的"纹理"现象，进而影响草坪的目视质量和草坪品质。

草坪草的生育型对于每种草而言是一定的，它可以用植物形态学的方法加以识别。

（6）光滑度（smoothness）。草坪的表面特征，是运动场草坪品质的重要因素。光滑度差的草坪将降低球滚动的速度和持续时间。光滑度可目测确定，但较准确的方法是球旋转测定器法（inclined plane technique）。这种方法是在一定的坡度、长度和高度的助滑道上，让球向下滚动，记录滚过草坪表面的球运动状态（滑行的长度、滑行方向变化角度）以确定草坪光滑性。在测定中应选若干个具代表性的样点，多次重复，最后求其平均值。

（7）颜色。颜色是对草坪反射光的量度，是进行草坪品质目测评定的重要指标。

草坪的颜色依草种与品种而异，以浅绿到深绿到浓绿，并依生育期和养护管理水平而发生变化。

确定草坪颜色的方法，传统上最测定草坪草叶绿素含量，以叶绿素含量高低确定绿色的深浅等级。在草坪颜色的目视测定时，也常用比色卡法，通过以色卡的比较来确定草坪的颜色。最简捷直观的方法，是在距地表坪床面高 1m 处，用测光表测定草坪的光反射量，通常反射光量愈少品质愈高。

就本质而言，草坪草的颜色是一个个人喜好的问题。如美国人喜欢浓绿色，在日本喜好淡绿色；在英国则喜好黄绿色；在我国一般喜欢深绿色。其品质评定就要充分考虑这些因素，但颜色的均一和一致性，则是共同的要求。

（8）刚性。是草坪草叶片的抗压性。它与草坪的抗磨损性有关，其大小受到草坪植物组成的化学成分、水分、湿度、植株密度及株体大小的影响。

刚性的反面是柔软性，草坪的刚性亦可用草坪的柔软性来描述。

（9）弹性。草坪的弹性是指草坪草在外力一旦去掉之后恢复原形态的能力。草坪的修剪和踏压等活动是不可避免的，所以弹性应是草坪的一个基本特性。

（10）回弹性。是草皮承受冲击而不改变其表面特性的能力。回弹性主要是由草坪草的叶和侧枝产生的，但是，在很大程度上是一个环境特性。如草坪着生环境地所具有的覆盖物的派生物，将大大地增加草皮的回弹性。当然与之有关的土壤类型和结构也是重要的因素。因此，草坪的回弹性可用物理的方法直接测定，亦可用土壤（床土）硬度、芜枝层厚度、枝条密度和草层厚度等相关量进行间接描述。

（11）产草量。是草坪修剪时所剪去的草量，严格地讲，应该是草坪草的生物生长量，它是草坪生长的数量化指标。

在草坪品质研究中，可定期测定草坪的产草量，用以表示草坪草的生长速度和再生能力等特性。产草量可用样方刈割法测定，也可用修剪时所得草屑的体积来估测。总体上可用单位时间、单位面积上草坪草重量表示。

（12）青绿度。是草坪修剪后地上枝条剩余量的量度。在特殊的草坪基因型内，增加青绿度与增加再生力和生活力的含意是一致的。在基因型相同时，修剪高度较高时，其青绿度较高，较耐磨损。青绿度可用单位面积内枝叶数或绿度指标来描述。

（13）生根量。是指草坪在生长季内任何时刻根系增长的数量。根量可用土钻法确定，一是看活根数量的多少，二是看其分布的层次。可用总根量和根系垂直分布图进行描述。

（14）恢复能力。是指草坪草受病源物、昆虫、交通、踏压、利用等伤害后恢复原来状态的能力。通常恢复能力强的草坪质量高于恢复能力弱的草坪。草坪的恢复能力通常用草坪草再生速度或恢复率描述。

（15）草皮强度。是指草坪耐受机械冲击、拉张、践踏能力的指标，用草皮强度计测定。

（16）有机质层（芜枝层）。是指草坪中未分解的枯枝落叶等物质。必要的有机质积累对草坪的恢复是需要的，但过多的积累则是草坪退化的象征。有机质层通常用草坪剖面法简单测定，用其厚度来度量。

2. 目测评定分级（rating） 草坪品质的评定，通常用目测法，这种方法受人主观影响较大，因而需要一定数量技术熟练的人同时进行。

（1）评定时间。草坪从建立之时起，其品质在不断地变化，因此应在播种、苗植、铺草皮时进行评定。即使是较稳定的草坪，一年中也会因季节而发生变化，因此，定期评定也是必要的。

（2）评定方法。目测评定时，把划分的等级叫评估。此时品质量优者为1，最低为10或5，有的则与此相反，这可依习惯而定，关键是统一。评定时提出统一的项目，由专家在实地踏察的基础上分级打分，然后将各自评定的结果进行统计处理，最后分出草坪品质的等级。评定的结果分析举例如表17-29。

表17-29　草坪草品质评定

评定项目 \ 草种		多年生黑麦草	草地早熟禾	紫羊茅			硬羊茅	高羊茅	匍茎翦股颖
				细羊茅	匍茎细羊茅	匍茎粗羊茅			
主要草坪草种的特性5分制	建植密度 a	5	1	3	3	3	2	3	1
	草皮密度 c	3	4	5	5	4	4	3	5
	叶片质地 c	2	3	5	4	3	5	1	4
	耐寒性 b	2	5	4	4	5	4	3	5
	耐旱性 b	3	3	4	4	4	5	4	4
	耐热性 b	1	4	3	3	2	4	5	4
	耐荫性 b	2	2	5	4	4	2	3	3
	耐盐性 b	4	2	2	5	3	3	3	3
	耐践踏性 b	5	4	2	3	2	2	4	2
	耐密集修剪性 b	2	3	4	4	3	4	2	5
适用于运动场草坪草和路边草坪	运动场 d	5	4	3	3	3	2	4	1
	草坪 d	3	4	5	5	3	4	3	4
	路边 d	1	2	5	5	3	3	1	5
适用于高尔夫球场草坪	绿色 d	1	2	5	5	3	3	1	5
	无障碍情况 d	1	5	5	5	4	4	4	1
	粗糙度 d	1	3	5	5	5	5	5	1

3. 草坪足球场坪用质量标准及测定方法　草坪足球场是进行足球运动、竞技比赛的场所，应为足球运动与竞技比赛提供优雅而美丽的场所和景观环境，有利于运动员竞技水平的充分发挥和对运动员起到安全保护、免受机械伤害的功能。用于比赛的场地，必须是草坪足球场。场地草坪可由直立型草坪草或匍匐草坪草构成。场地的大小一般为长 104m，宽 72m 的长方形，四周另加 1～5m 草坪缓冲地，草坪总面积为 7 600～10 000m²。为利于地表排水，自场地中轴线起微向两侧均匀倾斜，其比降为千分之三至千分之五，最多不得高于千分之七。

比赛时的草坪草留茬高度依草种而异，直立型为 4～5cm，匍匐型为 2～4cm。此时，草坪盖度不得低于 95％，草坪均匀度不应低于 90％、草坪弹性适中、摩擦力中等。草坪质地柔软并富弹性，叶宽在 1.5～3.0mm 适中。比赛应在草坪绿期内进行，场地草坪绿期应在 270d 以上。

测定方法如下：

（1）取样。采用随机取样法，但足球场在使用频度分布上有一定的规律性，可分为高利用区、中利用区、低利用区。为使测定具代表性，可采用对角线取样法。每项指标重复数不得少于 20 个。

（2）场地的大小。采用测绳丈量法，精确到 1cm。标准场地长为 107m、宽为 72m，长和宽允许在 ±10m 的范围内浮动。

（3）坡向和坡度。采用水准测量法，坡向应与中轴线垂直，单向坡降在千分之三至千分之五的范围内适中，零至千分之七为允许范围。

（4）草高。是指齐地平面至草顶端的自然高度，采用直尺测量法。直立型草坪草比赛适宜高度为 3.5～4cm，4～5cm 为允许范围。匍匐型草坪草的比赛适宜高度为 1.5～3.0cm，2～4cm 为允许范围。

（5）草地盖度。是指草坪草覆盖地面的程度。有样方针刺法测定，用草坪草的点数占测定总点数的百分数表示。适宜的盖度≥95％，允许范围为 90％以上。

（6）草坪均匀度。是指草坪草在场地的分散程度，用样线点测法测定。用同质草坪草点数占总测点数的百分数表示。适宜的均匀度≥90％，允许范围为≥85％。

（7）草坪弹性。用足球协会认定的压强为 0.7kg/cm² 的足球，从 3m 高处自由落下，测定回弹高度，弹性用回弹高度与下落高度的百分数表示。适宜的弹性范围为 20％～50％，允许的弹性范围为 15％～55％。

（8）草皮摩擦性。是指球场阻力。用足球协会指定的压强为 0.7kg/cm² 的足球，从 45°的斜面，高 1m 处自由下滑，从斜面的前端测定球滚出距离，测定时分顺坡 S↓ 和逆坡 S↑ 两方向进行。并按（65）式计算：

$$转动距离(m) = \frac{2S{\uparrow}S{\downarrow}}{S{\uparrow}+S{\downarrow}} \tag{65}$$

摩擦性的适宜距离为 3～12m，允许距离为 2～14m。

（9）草地质地。是指组成场地草的硬度，通常用草叶的细度表示。采用直尺测量法测定。草叶的适宜宽度为 1.5～3.0mm，允许的宽度为 1～4mm。

（10）草地绿期。是指草坪生长季的长短。采用季相观测法测定。适宜的绿期≥

270d，允许的绿期≥250d。

（二）草坪生态学评价研究方法

草坪生态系统是指有一定结构、一定功能和程序的草坪活体。它是以日光能为原动力，以绿色草坪草生产的有机物质为基础而自行运转的功能单位。草坪生态学评价，就是把草坪纳入生态系统之中，对其进行综合认识与评价。

1. 评价的原则

（1）目标明确。如草坪地被层，以评价草坪使用价值为目标。其中包括成坪的速度、再生能力、颜色、耐践踏性、抗病性等诸生产特性，市场价格，水土保持作用，体育运动作用，城市园林美化作用等内容。

（2）单位适当。度量系统的选择要适当，精度要求适宜准确。如草坪绿度评定，较为准确的度量应通过化学分析的方法在草坪草同一生育期的相同部位取样，进而确定叶绿素含量，然后再依据叶绿素含有量为基准的草坪绿度，确定不同草坪草的绿度等级。

（3）方法标准。草坪评价过程中，各指标的量度操作手续、取样时间和数量，数据统计所采用的方法等应规范化，以使评定结果一致，增加评价成绩的同一性。

（4）取值稳定。同一性状的测量，应采用同一方法、步骤和衡量单位，这样以保持其同质性，进而使所得特征数据具有较稳定的可比性。

（5）体现本质。评价中所采取的项目应能体现本质。

2. 评价步骤

（1）确定适当的评价指标。根据测定目的确定不同的评价指标。运动场草坪就应该确定与草坪是否适宜运动的指标，如再生力、弹性、耐践踏性等。用于环境保护的草坪，应采用与净化大气功能等有关的指标，如减尘力、抗污染力、代谢某种有毒有害物质的能力等。

（2）不同质的评价单位之间关系的确定。如1kg修剪青草，相当多少干草、多少干物质、多少热能、多少耗水量、多少附加能量、多少氮肥、多少劳力、多少货币等。同样可以计算草坪草种子、草皮、植生带、草坪草营养体、运动场草坪、绿地草坪等产品上述各项产值，从而使不同质的草坪产品，不同的草坪生态学系统间得到相对优势的概念。

（3）草坪生态系统的综合评定。将草坪生态系统的最终效益，其中包括生态效益、社会效益、经济效益及各种类型的草坪，应在统一的评定标准系统下作出综合评价。

3. 不同类型草坪评价方法

（1）自然保持区天然草坪评价。

①评价项目（类型典型性）：一个自然保护区的天然草坪，应代表某一典型草坪类型，典型性可用典型指数表示。以最典型天然草坪为"1"，该保护区天然草坪与之相比所表现的相似程度为典型指数（Ti）。

$$T_0 = \frac{X = X'}{X} \times 2; \qquad X = \frac{r}{0.1 \sum \theta}, X' = \frac{r'}{0.1 \sum \theta'} \qquad (66)$$

式中：r——给定典型天然草坪类型年降水量（mm）；

$\sum \theta$——给定典型天然草坪类型大于0℃的年积温（≥℃）；

X——r 与 $0.1\sum\theta$ 的绝对比值；

r'——某自然保护区的年降水量（mm）；

$\sum\theta'$——某自然保护区大于 0℃ 的年积温（$\geqslant$℃）；

X'——r' 与 $0.1\sum\theta'$ 的绝对比值。

用典型指数对自然保护区中天然草坪的长久存在特别重要，故再乘以 2。

②方法：自然保护区天然草坪的评定，可依下列项目和方法进行。

A. 演替序列指数：是天然草坪发育阶段的定量描述。如天然草坪的全部演替系列为 5 个演替阶段，此一保护区具备 4 个演替阶段，则其演替序列指数 4/5＝0.8。

B. 可用性：保护区天然草坪可供使用的内容、使用频率（一定时期内使用次数）、使用量（以年人次计），可用 5 级分别估测，即 0.2、0.4、0.6、0.8、1.0。

C. 开发难易：根据开发的难易程度，从难到易，也分 5 级，分级估测。

D. 维持难易：自然保护区内在自然状态下，天然草坪可永续存在，或需加以人为的特殊管理措施，以及其难易度，从难到易分五级估测。

③举例：根据上述逐项评定结果，列表评定。设有 3 个自然保护区天然草坪候选地，其分项评定结果如表（17-30），A 区与 C 区评价相等，B 区较逊色。如无特别原因，可弃除不用。A、C 两区相比，A 区有典型性及易于维持方面都优于 C 区，故应选入。

表 17-30　自然保护区天然草坪评价表

项　　目	A 区	B 区	C 区
典 型 性	2.0	1.2	1.4
演替序列	0.8	0.8	0.6
可 用 性	0.6	0.4	0.6
开发难易	0.6	1.0	0.8
维持难易	1.0	0.6	0.8
总　　计	4.2	4.0	4.2
评 价 值	4.2×1/5×100＝84	4.0×1/5×100＝80	4.2×1/5×100＝84

（2）运动场草坪评价。

①评价项目：

A. 草坪质量（Q）：包括绿期长短、草坪的均匀度、盖度、密度、耐用性、平滑性、弹性、消震性等，根据总的印象，从低到高，给以 0.2，0.4，0.6，0.8，1.0 指数。

B. 服务半径（R）：指可提供服务范围，以 2km 半径为 1.0，每增加 2km，指数减少 0.1。离场地愈远，其服务效率愈差。

C. 服务强度（S）：是指场地一年使用的人次，即场次×观众人数。根据场地容量（P），以平均场次（C）乘以（P）作为平均强度，给以 0.5。每增加一单位人次，增加指数 0.1，每减少一单位人次，减少 0.1。每单位人次＝P·C·1/5。

D. 开发难易（D）：从难到易，分 5 级记分。为 0.2，0.4，0.6，0.8，1.0 分。

E. 维持难易（M）：从难到易，记分同上。

②方法：运动场地的总评价（V），可用（67）式计算：

$$V=(Q+R+S+D+M)\times1/5\times100 \qquad (67)$$

（3）城市绿地评价。

①评价项目：

A. 服务半径（R）：设服务半径为1km时，其评价指数为1，每增加1km，减少0.1。

B. 风景水平（S）：草木郁蔽，园林设计完善，评价指数为1.0，以下分别记为0.8，0.6，0.4，0.2。

C. 客流量（U）：千人/日评价指数为0.5，每增加200人/日，增加0.1，每减少200人/日，减少0.1。

D. 交通条件（T）：有停车场及三路以上的公共汽车站，评价指数为1.0，无停车场或每减少一路公共汽车减0.1。

E. 开发难易（D）：保持绿地各项设施及宣传服务等项管理工作所需工作量，从难到易计：0.2，0.4，0.6，0.8，1.0。

F. 维持难易（M）：从难到易，分5级记分，0.2，0.4，0.6，0.8，1.0。

②方法　城市绿地总评价值（V），可用下式计算：

$$V=(R+S+U+T+D+M)\times1/5\times100\% \qquad (68)$$

4. 草坪草评价举例　草坪品质评价，常制定出一定的程序和表格，在各项内容的实际调查和评定中，来确定具体地块草坪的质量。

表 17-31　草坪评价举例

草坪位置，

面积：

建立日期：

检查日期：

检查者：

(1) 优势草坪草：（如有可能，估计草坪内出现的各草坪草种的百分含量，可用百分比盖度表示）。

草地早熟禾（　）、狗牙根（　）、翦股颖（　）、结缕草（　）、羊茅（　）、地毯草（　）、多年生黑麦草（　）、雀稗（　）、普通早熟禾（　）、钝叶草（　）、高羊茅（　）、假俭草（　）、冰草（　）、苔草（　）、野牛草（　）。

(2) 草坪密度：较密（　）、中等（　）、稀疏（　）。

(3) 土壤评定结果：pH（　）、盐性（　）、质地（　）、磷（　），钾（　）。

(4) 肥料：肥料使用级别（　）、不溶性氮（缓解性氮）的（　）%，施肥日期及每次肥料中氮的比例（　）、每年施用的总氮量（　）。

(5) 郁闭状况：较郁闭（　）、中等（　）、光照充足（　）。

(6) 芜枝层：芜枝层太厚，是（　）、不是（　）。

(7) 刈剪：留茬太高（　）、留茬合适（　）、留茬太低（　）。每次刈剪的草是留在草地（　）、移出草地（　）、生长季修剪次数（　）、刀太钝（　）、锋利（　）。

(8) 土壤紧实状况：紧实（　）、较紧实（　）、中等（　）、较松（　）。

(9) 水分：土壤排水太慢（　）、保水性差（　）、灌水次数太多（　）、灌水次数太少（　）。

(10) 可控制的阔叶杂草：蒲公英（　）、天蓝苜蓿（　）、阔叶车前（　）、菊苣（　）、大叶车前（　）、普通繁缕（　）、酸模（　）、草木樨（　）、其他（　）。

（续）

 （11）难防治的禾草杂草：双穗雀稗（ ）、毛花雀稗（ ）、一年生早熟禾（ ）、匍匐剪股颖（ ）、乱子草（ ）、结缕草（ ）、马唐（ ）、黄狗尾草（ ）、蟋蟀草（ ）、匍匐冰草（ ）、其他（ ）。

 （12）可控制的杂草：稗子（ ）、早熟禾（ ）、香头草（ ）、海韭菜（ ）、看麦娘（ ）、其他（ ）。

 （13）昆虫：象甲（ ）、蚂蚁（ ）、草螟（ ）、黏虫（ ）、白翅长蝽（ ）、地老虎（ ）、蛴螬（ ）、叶蝉（ ）、螨（ ）、蟋蟀（ ）、金针虫（ ）、其他（ ）。

 （14）病害：炭疽病（ ）、灰斑病（ ）、铜斑病（ ）、蘑菇圈（ ），镰孢枯萎病（ ）、褐斑病（ ）、蠕孢子叶斑病（ ）、线虫病（ ）、白粉病（ ）、腐霉枯萎病（ ）、红丝病（ ）、锈病（ ）、黑粉病（ ）、粘菌病（ ）、其他（ ）。

 （15）其他问题 土壤层浅（ ）、具冬害（ ）、具地衣（ ）、药害（ ）、人为损伤（ ）、其他（ ）。

  最后根据调查结果，在分析基础上给予草坪一个具体的印象，即模糊评定（ ）（好，坏，差不多等）。

参 考 文 献

李敏，1993.草坪品种指南［M］.北京：北京农业大学出版社.

孙吉雄，1989.草坪学［M］.甘肃兰州：甘肃科学技术出版社.

王伯荪，1987.植物群落学［M］.北京：高等教育出版社.

孙吉雄，1991.草坪草引种数量化决策初探［J］.甘肃农业大学学报，26（1）：9-23.

甘肃农业大学草原系，1991.草原与牧草学指导学［M］.甘肃兰州：甘肃科学技术出版社.

［日］土壤微生物研究会，1983.叶维青等译.土壤微生物实验法［M］.北京：科学出版社.

James B. Beard 等，1978.Introduction to Turfgrss Science and Culture Labobatoby Exercises［M］.

E. M.拉甫连柯等，1965.陈昌笃等译.野外地植物学［M］.北京：科学出版社.

（孙吉雄 编）

第十八章　草业技术经济分析方法

一、草业技术经济分析方法概述

草业技术经济定量分析方法，根据运用数学方法的不同，分为一般计量分析方法和现代数学模型两种。

一般分析方法，通称常规分析方法，它运用初等数学和统计方法进行运算和分析。如比较分析法、试算分析法、因素分析法、综合评分法，等等。这些方法的特点是简明易懂，容易掌握和运用，适宜变量较少、时间较短、内容较为简单的技术经济问题的计量和分析。

数学模型是现代分析方法，以高等数学为基础，借助于电子计算机进行运算，如生产函数模型、线性规划模型，以及其他经济计量模型等。现代分析方法可以用来揭示多种草业经济变量之间的相互关系及其发展变化的规律性，适宜分析较为复杂的草业技术经济问题。这种计量分析方法，要求较多、较系统的原始数据，涉及高等数学的很多领域，需要现代化的运算手段，但在变量设置和建立模型方面还有很多问题有待研究，所以，在草业技术经济分析中还难以普遍应用。

从我国农牧区实际情况出发，应当重视和普及常规分析方法，以利于广泛开展草业技术经济问题的分析和研究。在普及的基础上，积极创造条件，逐步运用现代分析方法，不断提高草业技术经济数量分析方法研究和应用的水平。

二、一般分析方法及其应用

（一）比较分析法

1. 比较分析法的含义　比较分析法是将不同技术措施或技术方案的技术经济效果指标分列出来，进行对比，以区别经济效果的大小，从中选出最优方案的一种分析方法，所以又称对比分析法。是草业技术经济分析的基础方法，简便易行，应用广泛，可以在不同地区、不同年份、不同单位、不同项目之间进行。

在运用比较分析法时，要特别注意多种可行方案及其评价指标之间的可比性条件，只有在评价对象、满足需要、劳动消耗、劳动占用、价格指标，以及自然和社会经济条件等方面具备了可比条件，运用比较法才能得出正确的结论。

2. 比较分析法的主要研究内容　比较分析法主要用于草业生产的规模、水平、速度、结构和效益等有关技术经济分析指标的对比和评价。

3. 比较分析法的具体应用　比较分析法由于比较的对象不同，又分为平等比较法、分组比较法和动态比较法。

（1）平等比较法。在分析不同技术在相同条件下的经济效益，或者同一项技术在不同条件下的经济效益时，往往采用平等比较法，即把反映不同效益的指标并列进行比较，评定其经济效益的优劣，从中选出经济效益最优的方案。例如，为了比较甘肃河西绒山羊产冬羔与产春羔的经济效益，列表如18-1进行对比分析。

表 18-1　河西绒山羊冬羔与春羔的经济效益对比分析

比较项目	单位	冬羔	春羔
母羊头数	头	250	250
繁殖成活羔羊数	头	175	168
周岁时鉴定特一级羊头数	头	82	54
周岁羊抓绒量	kg	26.25	18.48
周岁羊粗毛产量	Kg	26.25	18.48
测算繁殖的周岁羊价值	元	5 250	3 360
其中：特一级羊的价值	元	3 280	1 890
测算绒毛价值	元	1 181.25	830.25
测算粗毛价值	元	78.75	55.35
羔羊及其产品价值	元	6 510	4 245.60
测算母羊冬饲的饲料价值	元	2 500	1 250
牧工取暖及棚圈折旧	元	375	75
测算羔羊物资资料耗费合计	元	2 875	1 325
所得与所费之差	元	3 635	2 920.6
每头母羊所产净产值	元	14.54	11.68
每百元物资资料耗费取得的净产量	元	126.43	220.42

表18-1资料对比分析表明，在西北寒冷地区季节分娩的冬羔和春羔，其经济效益是不同的。2月份生产的冬羔，生产性能优于4月份生产的春羔，具体表现在特一级羊的比例大，产绒量高，粗毛产量也高，因而总产值大，技术效果好；但其对经济条件要求较高，需要投资一定的取暖费和较多的补饲，物资资料耗费较大，每100元物资资料费用得到的净收入为126.43元，较春羔低93.99元，即低约42.64%。表明技术效果与经济效益之间不一致。具体决策绒山羊分娩制度时，应结合地区实际，从技术、经济及其他方面全面权衡利弊，做出选择。

（2）分组比较法。草业技术经济资料种类繁多，来源广泛，有些资料需要按统计分组法进行分组后再比较各组的平均数，这种比较就是分组比较法。例如，某地对某种牧草12个不同产量区牧草成本试点调查资料，整理分组如表18-2所示。

表18-2资料表明：牧草在7 500kg以上产区，每公顷成本虽然高达1 306.5元，但由于产量高，而每千克成本为0.29元；在4 500kg以下的产区，每公顷成本虽然只有669元，但由于牧草产量低，而每千克成本达到0.306元。从每公顷纯收益看，差异更加明显，每公顷产量4 500kg以下时，亏损19.05元，而每公顷产4 500～7 500kg及7 500kg

以上的产量区，则分别为 42.60 元和 91.50 元，说明产量越高，相应的成本越低，纯收益越大。表明对优良牧草实行集约化经营是提高其经济效果的根本途径。

表 18-2　某种牧草 12 个不同产量区经济效果比较

单位：元

产量分组	每公顷成本	每千克成本	每公顷收入	每公顷纯收益
4 500kg 以下	669.00	0.306	674.10	−19.05
4 500～7 500kg	852.00	0.282	916.20	42.50
7 500kg 以上	1 306.50	0.290	1 428.15	91.50

（3）动态比较法。上述平行比较和分组比较，都是从静态上进行比较，但有些草业技术经济效益存在着时间上的变化，需要做时间数列比较，这种比较就是动态比较。它是从普遍联系的观点去研究草业经济现象的动态，把若干有联系的动态数列结合起来进行分析，用以揭示经济现象间的依存关系或因经济、技术条件不同而在生产发展速度上的不同。如表 18-3 所示。

表 18-3　安徽省利辛县魏楼队养地作物、有机肥料的增加与地力变化

年份	养地作物面积占耕地的比率		牲畜头数				粪肥施用量（T/hm²）	油饼总量（T）	氮磷化肥用量（kg/hm²）	全年粮食单产（kg/hm²）	土地生产率（元/hm²）	土地有机质含量（定位法）（%）	
	冬夏绿肥和大豆	%	猪	牛	兔	羊						南小洼	路东场南
1972	161	34.2	25	10			10.20	2.50	337.50				
1973	210	44.7	22	10			10.13	2.35	450.00	2 355.0	312.0		
1974	235	50.0	26	10			10.35	2.65	517.50	2 557.5	357.0		
1975	235	50.0	55	10			12.90	3.00	592.50	2 827.5	414.0		
1976	238	50.6		16		43	18.30	3.50	667.50	3 127.5	472.5	1.103	1.156
1977	305	64.9	135	17		69	19.35	7.00	600.00	3 262.5	868.5		
1978	335	71.3	121	22	43	80	34.88	6.70	562.50	4 455.0	1 387.5		
1979	320	68.1	142	25	123		39.30	10.50	637.50			1.410	1.389
1980	300	63.8	110	26	450		40.58	13.00	600.00	5 985.0	1 983.0		
1981	270	57.4	123	30	950		42.38	27.50	600.00	6 832.5	2 592.0	1.540	1.620

表 18-3 资料表明，有机肥料增加，土壤肥力提高；土地生产率和粮食单产水平，随着以绿肥为主的养地作物面积比例和有机肥料的增加而逐年提高。根据该队有关的说明资料，1977 年种植结构大调整以有，养地作物以大豆为主，绿肥牧草种植不多，畜种单一且数量少，家畜粪肥不多。1977 年扩大了绿肥牧草种植面积以后，以草养畜，草、畜肥地增加粮食的效果逐渐表现出来。两块耕地的定位测定表明，耕地的有机质含量逐步增加，为持续、稳定地增产奠定了可靠的基础。

（二）试算分析法

1. 试算分析法及其特点　试算分析法也称预算分析法。由于试算分析法往往是对新技术、新方案经济效益进行预算的一种方法，所以，也是一种预测方法。又由于试算分析法常常将某种技术措施方案与标准方案对比，或将两种不同的技术措施方案进行对比，故亦称为标准方案比较法，或方案设计法。

试算分析法具有以下特点：

（1）试算分析法与比较法不同。比较法一般用于事后总结性的比较；而试算分析法则是用于事前的估算和测算，常用于经济效益的预测和经营决策。

（2）比较分析法所用的数据是以统计为基础的实际记录，因而计算出的经济效益是实际数值。而试算分析法依据的是有关的技术经济系数、参数和定额，有时候不得不用相似企业、相邻地区的参数，这样计算所得的经济效益也就是很难与实际结果完全相符。所以，在应用试算分析法时，一方面在确定未来的各项投入、产出参数时，要力求准确可靠；另方面，应该注意本方法揭示出来的总趋势，而不要看成绝对的结论。

2. 试算分析法的适用范围

（1）用于新旧技术间经济效益的预测和比较。如草、畜品种，饲养管理，牧草栽培技术，饲料配方，家畜配种方法，等等。在新技术推广应用前，应进行试算分析。

（2）用于两项以上新技术经济效益的试算比较，从中选择出先进适用和经济效益好的技术。

（3）用于一项资源不同投入水平的试算比较，以确定资源的最适投入水平。

（4）用于一种资源不同生产过程前的试算分析，或多种资源同时投入同一生产过程前的试算分析，以确定最低的生产成本。

（5）用于不同规划、不同结构的经济效益的试算比较，以便为草业规划和生产结构调整得出可靠结论。

3. 试算分析法的一般步骤　用试算分析法进行草业技术经济分析，一般按以下几个步骤进行：

（1）根据研究对象进行定性分析，明确试算目的、范围、以及试算项目和指标。

（2）确定一个标准方案或基础方案，作为试算比较的基础。

（3）搜集整理有关资料、技术、经济数据，包括历史资料，现状资料及其他资料，并对搜集到的资料进行分类整理。

（4）对计算过程中所需要的系数、参数和定额进行验证，力求准确、可靠。

（5）进行运算，得出指标值；并进行分析，作出择优决策。

从以上步骤可以看出，试算分析法是在比较法的基础上发展起来的一种可行性研究方法。

4. 试算分析法的具体应用　例如，某草地放牧绵羊的配种，采用试算分析法，试算出人工授精和自然交配两种不同配种方式的技术经济效果，以便做出配种方式的抉择。

表18-4试算结果表明，人工授精技术方案从投资数额和配种费用两个方面比较，都优于自然交配方案。此外，人工授精还能提高优良种公羊的利用率，促使有生理缺陷的母羊受胎，能减少本交带来的传染病及招致的流产等。

表 18-4　绵羊人工授精与本交的经济效益试算比较

	试算项目	本交	人工授精
按投资比较	种公羊负担母羊的比例	1∶50	1∶300
	每 1 000 头母羊需要种公羊数（头）	20	3
	种公羊投资额，按每头 130 元计算（元）	2 600	390
	人工授精需要试情公羊数（头）		14
	试情公羊投资额，按每头 50 元计算（元）		700
	人工授精设备投资额（元）		600
	合计（元）	2 600	1 690
按配种费用比较	种公羊每年饲养费，按每头 80 元计（元）	1 600	240
	试情公羊饲养费，按每头 40 元计（元）		560
	人工授精消毒药品等消耗（元）		135
	配种增用劳动力 2 人的人工费用，按配种期 45d，每人每日 1.5 元计（元）		135
	配种技术员 45d 工资（元）		135
	合计（元）	1 600	1 205

（三）因素分析

连环代替法的模型解。

1. 连环代替法的意义　比较分析法和试算分析法只能是事先或事后分析各种因素对评价对象的影响，不能用来分析每个因素的作用和影响评价对象的程度。而因素分析法就是逐一分解、计算每个因素对评价对象的影响程度的一种方法。这种方法在分析每个因素的作用时是以假定其他因素不变为前提的。

连环代替法是逐一分解和分析相互联系的各因素对评价对象影响程度的一种方法。通过分析，找出各因素对总体指标的正反影响及其影响程度，从而采取针对性措施加以改进。

2. 连环代替法的具体步骤和方法　设某草原站机耕队 1985 年采用新技术为牧民种草，支出的油料费用合计为 1 612.80 元，比 1984 年增加 72.96 元。根据初步了解，1985年油料费用发生变动的原因有：a. 完成作业量增加；b. 每公顷耗油量减少；c. 油料单价提高。具体情况如表 18-5 所示。

表 18-5　采用新技术与油料费用的关系

项　目	1984（对照）	1985（采用新技术）	增减额
作业量（hm²）	534.67	597.33	+62.66
每 hm² 耗油量（kg）	12.00	9.00	−3.00
油料单价（元/kg）	0.24	0.30	+0.06
油料耗费总额（元）	1 539.84	1 612.80	+72.96

从表18-5看出，1985年油料费用比1984年增加了72.96元，是作业量、每公顷耗油量和油料单价3个因素综合影响的结果。现在只有分别查明3个因素对全年油料费用增减变化的影响程度，才便于评价1985年采用新农机技术的经济效益。这就需要运用连环代替法解决。

连环代替法的传统解法是：以原方案（对照）作为比较分析的基础，然后将新方案中的每一个指标，按照一定的顺序（先数量指标，后质量指标；先主要因素，后次要因素），在其他因素不变的基础上，逐次替代原方案中的同一指标，直至代替完最后一个因素为止。这样就可以计算出每个因素的作用及其影响程度。现根据表18-5中的资料，列出连环代替分析表18-6，表列括号中的数字，为代替指标的顺序。

表 18-6　连环代替分析表

项　目	连环代替方式（元）	增减（元）	差异原因
1984年原方案	$534.67\times12\times0.24=1\ 539.84$		
代替作业量（1）	$597.33\times12\times0.24=1\ 720.32$	180.48	作业量增加
代替每公顷耗油（2）	$597.33\times9\times0.24=1\ 290.24$	-430.08	油耗减少
代替油料单价（3）	$597.33\times9\times0.3=1\ 612.80$	322.56	油料提价
1985年新方案	$597.33\times9\times0.3=1\ 612.80$		
合计	$1\ 612.8-1\ 539.84=72.96$	72.96	油料费增加

从连环代替分析表可以看出，1985年采用新技术后，完成的作业量增加，因而使油料费增加180.48元，这是合理的；每公顷耗油减少，节约油料费430.08元，在3个因素中居主导地位，表明新技术是先进适用的；最后因油料提价使油料费增加322.56元，但是如果不采用新技术，则这类费用会更大。由此可以得同结论，1985年采用的农机技术新方案，技术是先进适用的，经济上是合理的，具有推广价值。

但是，连环代替法的传统解法存在着误差。因素替换顺序不同，不仅所得数值不同，而且主次因素有时也被颠倒，因而得出不同的分析结论。同时，先数量、后质量的排列顺序要求并没有理论上的根据。在缺乏价值观念时，产量指标具有突出地位；但在重视发展商品经济的时代，人们优先关心的是质量和盈利；而且经济越发展，人民生活水平越高，则消费品的质量愈加受到重视。

为了缩小和消除连环代替传统解法的误差，根据胡世棣所作的研究和准导，连环代替法二因素、三因素、四因素的数学模型如下：

二因素数学模型：

关系式为：
$$W'=A'B';\ W=AB$$
$$\begin{cases}\overline{\Delta A'}=\dfrac{A'-A}{2!}(B'+B)\\[2mm]\overline{\Delta B'}=\dfrac{B'-B}{2!}(A'+A)\end{cases}$$

例如，某饲料作物良种繁殖场，拟用株型紧密、单株产量较高的新品种饲料作物更换原种植的饲料作物品种，对比资料如表18-7所列。

表 18 - 7　饲料作物不同品种产量构成对比

品种	平均每公顷株数（株/hm²）	平均单株重量（g/株）	产量（kg/hm²）
原品种	30 000（A）	30（B）	900（W＝AB）
新品种	52500（A'）	50（B'）	2625（W'＝A'B'）

将表 18 - 7 中饲料作物不同品种产量构成的有关数据代入上述模型，则：

$$\overline{\Delta A'} = \frac{52\,500 - 30\,000}{1 \times 2}(50 + 30)/1\,000 = 900(\text{kg})$$

$$\overline{\Delta B'} = \frac{50 - 30}{1 \times 2}(52\,500 + 30\,000)/1\,000 = 825(\text{kg})$$

计算结果表明，因株数增加（$\Delta A'$）而增加的产量为 900kg；因单株产量提高（$\Delta B'$）而增加的产量为 825kg。前者为主要因素，后者为次要因素。

三因素数学模型：

关系式为：
$$W' = A'B'C' \left(\text{或 } W' = A'B'\frac{1}{C'}\right)$$

$$W = ABC \left(\text{或 } W = AB\frac{1}{C}\right)$$

$$\begin{cases} \overline{\Delta A'} = \dfrac{A' - A}{3!}\left[B'(2C' + C) + B(2C + C')\right] \\[2mm] \overline{\Delta B'} = \dfrac{B' - B}{3!}\left[C'(2A' + A) + C(2A + A')\right] \\[2mm] \overline{\Delta C'} = \dfrac{C' - C}{3!}\left[A'(2B' + B) + A(2B + B')\right] \end{cases}$$

将表 18 - 5 中机耕新旧方案的有关数据资料（1984 年方案为 $W = ABC$，1985 年方案为 $W' = A'B'C'$）代入上述公式，则有：

$$\overline{\Delta A'}(\text{作业量增加}) = \frac{597.33 - 534.67}{1 \times 2 \times 3}[9(2 \times 0.3 + 0.24) + 12(2 \times 0.24 + 0.3)]$$
$$= 176.72(\text{元})$$

$$\overline{\Delta B'}(\text{减少每 hm}^2 \text{油耗}) = \frac{9 - 12}{1 \times 2 \times 3}[0.3(2 \times 597.33 + 534.67)]$$
$$+ 0.24(2 \times 534.67 + 597.33)]$$
$$= -459.40(\text{元})$$

$$\overline{\Delta C'}(\text{油料提价}) = \frac{0.3 - 0.24}{1 \times 2 \times 3}[597.33(2 \times 9 + 12) + 534.67(2 \times 12 + 9)]$$
$$= 355.64(\text{元})$$

$$W' - W = \Delta W' = 176.72 - 459.4 + 355.64 = 72.96(\text{元})$$

四因素学模型：

关系式为：
$$W' = A'B'C'D' \left(\text{或 } W' = A'B'C'\frac{1}{D'}\cdots\cdots\right)$$

$$W = ABCD \left(\text{或 } W = ABC\frac{1}{D}\cdots\cdots\right)$$

$$\overline{\Delta A'} = \frac{A' - A}{4!} \{ B'[2C'(3D' + D) + C(2D + 2D')] +$$
$$B[2C(3D + D') + C'(2D' + 2D)] \}$$

$$\overline{\Delta B'} = \frac{B' - B}{4!} \{ C'[2D'(3A' + A) + D(2A + 2A')] +$$
$$C[2D(3A + A') + D'(2A' + 2A)] \}$$

$$\overline{\Delta C'} = \frac{C' - C}{4!} \{ D'[2A'(3B' + B) + A(2B + 2B')] +$$
$$D[2A(3B + B') + A'(2B' + 2B)] \}$$

$$\overline{\Delta D'} = \frac{D' - D}{4!} \{ A'[2B'(3C' + C) + B(2C + 2C')] +$$
$$A[2B(3C + C') + B'(2C' + 2C)] \}$$

连环代替法四因素模型的计算与评价,不再具体举例计算,由学习者通过作业去进行练习。

(四) 因素分析

指数加权法。

指数加权法是利用自变量与因变量的指数变动关系,分析自变量对因变量的影响程度,并予以加权的计量方法。

例如,牧草或饲料作物的总产量,一般与播种面积及单位面积产量成正比,如以 Q 表示总产量,r 表示播种面积,q 表示单产,则有:

$$Q = r \cdot q$$

总产量是由播种面积和单产这两个因素决定的。为了分析各因素的变动对总产量变动的影响程度,假定其中一个因素不变,例如,当播种面积不变时,单产变化对总产的影响程度是 $r_0 q_1 / r_0 q_0$;当单产不变时,播种面积对总产量影响的程度是:$r_1 q_0 / r_0 q_0$。

式中:r_1、q_1——评价期播种面积和单产;

R_0、q_0——基期播种面积和单产。

现通过以下实例进行具体分析。据西北地区某生产单位的资料,1984 年和 1985 年饲料作物生产情况如表 18 - 8 所列。

表 18 - 8　某生产单位饲料作物生产统计

年份	总产量 (10^4 kg)	播种面积 (hm²)	单产 (kg/hm²)
1984 年 (基期)	200	333.33	6 000
1985 年 (评价期)	360	533.33	6 750

则:播种面积指数 $= r_1 / r_0 = 533.33 / 333.33 = 1.6$

单产指数 $= q_1 / q_0 = 6\ 750 / 6\ 000 = 1.125$

总产指数 $= Q_1 / Q_0 = r_1 q_1 / r_0 q_0 = 1.6 \times 1.125 = 1.8$

设播种面积对总产量的影响程度为 P,单产对总产量的影响程度为 G,则:

$$P = 1.6/(1.6 + 1.125) = 0.587\ 2$$
$$G = 1.125/(1.6 + 1.125) = 0.412\ 8$$

计算结果表明，饲料作物总产量由 200 万 kg 增加到 360 万 kg，播种面积扩大的影响程度占 58.72%，单产提高的影响程度占 41.28%。

而播种面积的扩大和单产的提高又是受各种有关因素影响的结果，可以进行再分解。为了使这一分析方法有一个总的直观概念，便于继续进行分析，以下面方框图表示（图 18-1）。

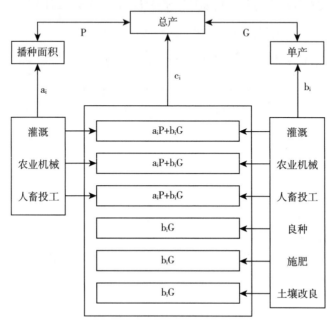

图 18-1　因素分析框图

方框图中的 P 和 G 表示播种面积和单产对总产量的影响程度；a_i 和 b_i 为下一层次的各因素分别对播种面积和单产的影响程度；c_i 为各单因素对总产量的影响程度。

经研究分析，在当地条件下，影响播种面积的主要因素是水、机械和人畜投工量；影响单产高低的主要因素为投入的水、肥、良种、机械、人畜投工、以及土壤改良面积占播种面积的比例。但各个因素的作用和影响程度是有较大差异的，所以需要加权。每个因素的权重可通过集体研究，慎重决定。本例根据各因素的重要程度顺序排列，末位为 1，其余依次加 1，然后将各因素的指数与权重相乘，求出各因素分别对播种面积和单产的影响程度，如表 18-9 和表 18-10 所示。

表 18-9　播种面积的影响因素分析

因　素	1984 年	1985 年	指数	权重	指数×权重	影响程度（a）
灌水量（$10^4\,\mathrm{m}^3$）	120	248	2.07	3	6.21	0.522 7
农机作业量（标准公顷）	2 000	4 266.67	2.13	2	4.26	0.358 6
人畜投工量（10^4 工日）	12.5	17.6	1.41	1	1.41	0.118 7
合　计					11.88	1.000 0

表 18-10　单产的影响因素分析

(单位：hm²)

因　素	1984 年	1985 年	指数	权重	指数×权重	影响程度（a）
灌水量（m³）	3 600	4 650	1.29	6	7.75	0.287 9
良种（kg）	37.5	52.5	1.40	5	7.00	0.260 0
化肥（kg）	75.0	90.0	1.20	4	4.80	0.178 3
机械作业（标准公顷）	6	8	1.33	3	3.99	0.148 2
土壤改良面积						
所占比重（%）	20	25	1.25	2	2.50	0.092 8
人畜投工（工日）	375	330	0.88	1	0.88	0.032 7
合　计					26.92	1.000 0

根据以上分析，可以看出饲料总产量是由播种面积和单产决定的；而播种面积和单产又受一系列因素的影响。当计算出 P、G、a_i、b_i 的数值后，便可求出某一因素对总产量的影响程度，即 $c_i = Pa_i + Gb_i$，且有 $\sum c_i = \sum (Pa_i + Gb_i) = 1$

例如，灌水、农机、化肥对总产量的影响程度为：

（灌水）$c = (0.587\ 2 \times 0.522\ 7) + (0.412\ 8 \times 0.287\ 9) = 0.425\ 2$

（农机）$c = (0.582\ 7 \times 0.358\ 6) + (0.412\ 8 \times 0.148\ 3) = 0.271\ 8$

（化肥）$c = 0.412\ 8 \times 0.178\ 4 = 0.073\ 6$

其余类推。

各因素对总产的增产效果可按下式计算：

某因素增产效果 $= \Delta Q \cdot c_i = (Q - Q_0)(Pa_i + Gb_i)$

如灌水增产效果 $= (360 - 200)(0.306\ 9 + 0.118\ 8) = 68.112(10^4\text{kg})$

农机化增产效果 $= (360 - 200)(0.210\ 6 + 0.061\ 2) = 43.488(10^4\text{kg})$

（五）综合评分法

1. 综合评分法的意义　综合评分法是对不同草业技术方案或不同技术系统设置的多项指标，通过"给分"进行综合评价和选优的一种数量分析方法。

通常情况下，草业技术经济效果需要设置多项指标来反映，但往往会出现不同指标反映的结果不一致的现象，即从这个指标看，甲方案的经济效益比乙方案大，但从另一个指标看，乙方案的经济效益又比甲方案大。因此，难以得出一个综合的数量概念。综合评分法就是要把各个具体指标反映的情况综合起来，用一个数字来表示草业技术方案或技术系统的优劣，以便进行决策。此外，在草业生产实践中还有许多内容无法用数量指标来反映，例如，良种对提高牧草质量或畜产品质量的效果，草粮轮作对提高土壤肥力的效果，等等，都难以用数量指标来反映。为了把这些因素也能在评价草业技术方案经济效益时估计在内，通过综合评分法，可对这些因素分别地进行评分，用"给分"的形式把它们数量化。

综合评分法用下列数学式表示：

$$某一技术方案的总分 = W_1P_1 + W_2P_2 + \cdots\cdots W_iP_i = \sum W_iP_i$$

式中：$\sum W_iP_i$—— 为某一技术方案的总分；

W_1，W_2，W_3，……，W_1——为各个评价项目的权重；

P_1，P_2，P_3，……，P_i——为各个评价项目的分数。

2. 综合评分法的步骤和方法

（1）正确选定评价指标。任何一类草业技术方案都有很多具体指标，一般应选择对整个技术方案目标影响较大的指标作为评价指标，参加综合评分。例如，一个粮草轮作方案的选优，一般应包括高产、低耗、省工、增收、增进土壤肥力等方面的内容和要求。每一项内容选定一个能说明问题的指标参加评分。

（2）确定各项指标的评分标准。一般可按 5 级评分，即 5 分为优，1 分为最差。各项指标的定级可根据历史资料或试验资料并参考具体条件进行分级。如以人工牧草混播种植方案选优为例，有 3 种不同混播的种植方案，这 3 种不同方案的每公顷年干草产量最高可达 24 000kg，最低为 4 500kg，按 5 级评分，确定 6 000kg 以下的为 1 分，6001～12 000kg 为 2 分，12 001～18 000kg 为 3 分，18 001～24 000kg 为 4 分，24 000kg 以上为 5 分。其余各评分项目依此类推。对环境保护的影响，可根据其影响程度分级定分，如最佳为 5 分，有利为 4 分，一般为 3 分，较差为 2 分，最差为 1 分。这样，其评分项目和评分标准拟定如表 18‑11。

表 18‑11　评分项目和标准

分数	每公顷年产干草（kg）	每公顷年产值（元）	每公顷年生产费（元）	每工作日产值（元）	对环境保护的影响
5	24 000 以上	3 901～4 200	525 以下	4.5 以上	最佳
4	18 001～24 000	3 601～3 900	526～600	4.1～4.5	有利
3	12 001～18 000	3 301～3 600	601～675	3.6～4.0	一般
2	6 001～12 000	3 001～3 300	676～750	3.1～3.5	较差
1	6 000 以下	3 000 以下	751～900	2.6～3.0	最差

（3）确定各个评价项目的权重：由于各项指标在整个方案中所占的地位和重要性不完全相同，因此，应根据项目的重要性和具体条件合理地确定各项指标的权重，一般用百分数表示。上例人工牧草混播种植制度方案各评价项目的权重假定如下：

$$
\begin{array}{ll}
每公顷年干草产量（W_1） & 40\% \\
每公顷年产值（W_2） & 20\% \\
每公顷生产费（W_3） & 15\% \\
每工作日产值（W_4） & 10\% \\
对环境保护的影响（W_5） & 15\%
\end{array}
$$

（4）编制综合评分表：积加各方案点分，进行选优。

即对照不同方案各项目指标数值，按评分标准进行评分；再将所得分数，分别乘以各自权重；然后积加起来，得出各个方案的总分；再根据总分的高低，在整体上比较各个方案的优劣。

综合评分表的一般形式如表 18-12 所示。

表 18-12　综合评分表的一般形式

方案	第1项	第2项	第3项	第4项	第5项	评分
	W_1	W_2	W_3	W_4	W_5	$\sum W_i P_i$
第一方案	P_{11}	P_{12}	P_{13}	P_{14}	P_{15}	K_1
第二方案	P_{21}	P_{22}	P_{23}	P_{24}	P_{25}	K_2
第三方案	P_{31}	P_{32}	P_{33}	P_{34}	P_{35}	K_3

经过典型调查，并应用各种参数进行试算预测，上述人工牧草混播的 3 种种植方案各项目指标的实际数值，可达到如下水平（见表 18-13）。

表 18-13　3 种方案各项目指标实际数值

项　目	第一方案	第二方案	第三方案
每公顷年产干草（kg）	22 215	24 690	5 400
每公顷年产值（元）	2 985	3 720	4 125
每公顷年生产费（元）	630	825	540
每工作日产值（元）	2.9	3.2	7.0
对环境保护影响	有利	一般	较差

根据已确定的评分标准，可将表 18-13 的数值折合评分。而后编制成综合评分分析（表 18-14）。

综合评分结果：第二方案总分最高，第一方案次之，第三方案最低。故应综合实际情况，推行第二方案的混播种植制度。

表 18-14　3 种方案综合分析表

指标	权重	第一方案		第二方案		第三方案	
		分数	加权分数	分数	加权分数	分数	加权分数
每公顷产量	0.4	4	1.6	5	2.0	1	0.4
每公顷产值	0.2	1	0.2	4	0.8	5	1.0
每公顷生产费	0.15	3	0.45	1	0.15	4	0.6
每工作日产值	0.1	1	0.1	2	0.2	5	0.5
对环境保护的影响	0.15	4	0.6	3	0.45	2	0.3
合　计	1		2.95		3.60		2.80
优劣顺序			Ⅱ		Ⅰ		Ⅲ

三、生产函数模型在草业技术经济分析中的应用

（一）草业生产函数的概念

进行草业经济活动，总是在一定的生产规模和一定的生产条件下进行的，都需要投入一定的资源。所谓草业生产资源，是指在草业生产过程中所施用的各种物质资料和生产手段，以及劳动力资源、智力资源（管理）等。例如，进行人工草地的生产，就必须在一定面积的土地上投入劳动力以及种子、肥料、农机具、动力等各种生产资料。其中有些生产资料在生产过程中改变了其自身形态，如种子、肥料等。有些则不改变其自身形态，但在服务过程中逐渐磨损，直到完全不能使用，如农机具等。凡是在一定生产周期内所消耗的生产资料数量、生产工具所提供的服务量以及人们所投入的劳动量，统称为"生产投入"。这一生产周期结束所获得的生产成果，就称为"生产产出"。在一定的生产条件下，一定时期内某种产出水平受到资源投入量的影响或制约，例如，人工草地的产草量随着灌溉量或施肥量的变化而变化，等等。因此，在投入与产出之间存在着一种数量关系，这种关系常常可以通过一定的函数式加以表达，这种函数通称为生产函数。运用生产函数分析投入与产出之间的数量关系和其相互联系的规律性，这种方法称作生产函数分析法，一般通过建立生产函数模型来进行。

（二）生产函数的表示方法

生产函数的表示方法大致有 3 种，即列表法、图示法和公式法。

1. 列表法 这是最常用的方法、用途广泛，简便易行。通过列表反映生产资源的投入与产品产出之间的函数关系。其缺点是不易表达微小的变化状态和多种变量的情况。列表法如表 18 - 15 所示。

2. 图示法 如图 18 - 2a 表示。

一般以横坐标表示生产资源投入量，纵坐标表示产品产出数量、图中曲线 Y 为 X 的生产函数、亦称总产量曲线。如果生产函数为连续性质，即投入的生产资源可以分割为无限组小的单位时，则图中所示的生产函数可绘成连续而平滑的曲线，如图 18 - 2b 所示。在分析时一般常假定生产函数为连续性质，因此，曲线变为连续曲线。

表 18 - 15　生产函数——投入产出关系

生产资源投入量（单位）	产品产出数量（单位）
0	0
1	30
2	40
3	50
4	45
5	40

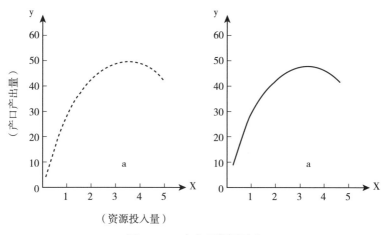

图 18-2　生产函数图示法

3. 公式法　在草业生产中，反映投入产出关系的生产函数，最一般的数学式为：

$$Y = f(X)$$

式中：Y——表示产品产出数量（因变量）；

$\quad\quad$ X——表示投入生产资源数量（自变量）；

$\quad\quad$ f——表示 X 与 Y 之间的关系（即 Y 是 X 的函数）。

由于草业生产是多种生产资源或因素同时参与下进行的，因此，草业生产函数的确切表达式为：

$$Y = f(X_1, X_2, X_3, \cdots\cdots, X_n)$$

参与草业生产过程的各种资源或因素的性质不同，人们所能控制的能力也不同。根据其性质和人们控制利用的能力，大致可分为 3 种类型：

第一种是人们目前还难以控制的自然资源或因素，如光、热、气等，它们是草业生产过程不可缺少的生产因素。

第二种是人们可以控制，而且比较稳定，经常是相对固定不变的资源或因素，如草地、草业建筑物等。

第三种是人们可以控制的、可变性大的生产因素，如劳力、畜力、机械、饲料、肥料、种子等。这些资源或因素根据需要和可能，在生产过程中不断变化，它们在草业生产过程中反应最为敏感。

如果考虑上述 3 种不同性质的资源或因素，则草业生产函数又可表达为：

$$Y = f(X_1, X_2, X_3, \cdots, X_r \mid X_{r+1}, \cdots, X_n)$$

式中，X_1，X_2，$\cdots$，X_r 代表已被认识和可控制的生产资源或因素，X_{r+1}，$\cdots$，X_n 表示未被认识、或不可控制的资源或因素。它们研究的是 Y 与 X_1，X_2，$\cdots$，X_r 之间的关系，即：

$$Y = f(X_1, X_2, X_3, \cdots\cdots, X_r)$$

此式即表示可控资源或因素的变动因素关系。

如果只考虑一种资源或因素变化对产量的影响，则函数式为：

$$Y = f(X)$$

上述生产函数式只说明产品与资源间具有函数关系，并未明确数量关系如何。如果要说明产品与资源间的实际数量关系，生产函数应以代数式表示，诸如：

$Y = a + bX$ （直线关系）

$Y = a + bX - cX^2$ （曲线二次多项式）

$Y = a + bX + cX^2 - dX^3$ （曲线三次多项式）

$Y = zX^b$ （幂函数）

或 $Y = aX_1^{b1} X_2^{b2} \cdots\cdots X_n^{bn}$ 等。

（三）生产函数模型在草业技术经济分析中应用

1. 用于草业技术方案的选优　例如，根据某地区调查资料，牧草种子生产量与施肥量关系如表 18-16 所列。

表 18-16　牧草种子产量与施肥量

每公顷施肥量（kg）	1 005	810	1 020	765	1 050	885	915	720	840
每公顷种子产量（kg）	2 580	2 505	2 685	2 445	2 715	2 595	2 535	2 400	2 535

现有 3 个牧草种子种植方案，各方案要求的牧草种子产量与施肥量如表 18-17 所示：

表 18-17　不同种植方案要求的牧草种子产量与施肥量

项　　目	Ⅰ方案	Ⅱ方案	Ⅲ方案
每公顷施肥量（kg）	825	1 050	975
每公顷计划种子产量（kg）	2 325	2 835	2 625

现根据表列资料，对牧草种子种植技术的 3 个方案进行经济合理性与可行性评价：

（1）根据调查资料进行分析，建立生产函数模型。结果如下：

$$Y = 1\ 827.316 + 0.818X \qquad (r = 0.934)$$

这一函数式说明，在一个有限的区间（每公顷施肥量为 750～1 050kg 的取值范围），牧草种子产量与施肥量是线性关系，据此可以计算牧草种子的理论产量。

（2）将理论产量与技术方案的计划产量比较。如表 18-18 所示。

表 18-18　牧草种子理论产量与计划产量的比较

项　　目	Ⅰ方案	Ⅱ方案	Ⅲ方案
施肥量（kg/hm²）	825	1 050	975
计划产量（kg/hm²）	2 325	2 835	2 625
理论产量（kg/hm²）	2 502.17	2 686.22	2 624.87

（3）分析评价，作出判断。根据理论产量与方案计划产量的比较，可以得出如下结论：

　　Ⅰ方案要求投入肥料 825kg，要求牧草种子产量 2 325kg，比理论产量少 177.17kg，表明其投入的生产要素利用的不好，经济效果不佳。

　　Ⅱ方案要求投入肥料 1 050kg，要求种子产量 2 835kg，比理论产量多 148.78kg，表明Ⅱ方案生产要素的投入不能满足牧草种子产量的要求，故可行性不佳。

　　Ⅲ方案要求投入肥料 975kg，要求种子产量 2 625kg，和理论产量基本一致，表明Ⅲ方案经济效果和可行性都好，故Ⅲ方案应为是佳种植方案。

2. 用于技术经济预测

　　例 1：甘肃省某县 11 个自然村育肥牛的头数与收益额资料，如表 18-19 所列。

表 18-19　育肥牛头数、收益额及收益额预测值

自然村	育肥牛数（头）	收益额（万元）	收益额预测值（万元）
1	2 900	270	286
2	5 100	490	490
3	1 200	135	129
4	1 300	119	138
5	1 250	140	134
6	920	84	103
7	722	67	85
8	1 100	171	120
9	476	60	62
10	780	103	91
11	5 300	515	509
合计	21 048	2 151	—

　　根据 18-9 表列资料和其散布点具有直线的趋势，可用直线回归模型表示二者的关系，经计算为：

$$\hat{Y}_C = 18.5 + 0.092\ 5X$$

　　将各自然村育肥牛头数依次代入上述模型，即可求得各自然村育肥牛经济收益额预测值（理论值）。如：

　　第 1 自然村：　　$\hat{Y}_C = 18.5 + 0.092\ 5 \times 2\ 900 = 286$（万元）

　　如下一年某自然村计划育肥牛的头数 1 500 头，则其经济收益额的预测值为：

$$\hat{Y}_C = 18.5 + 0.092\ 5 \times 1\ 500 = 157$$（万元）

　　估计标准误差计算，按照未分组资料的定义公式，计算结果为：$S_Y = 21.8$（万元）

　　这就是说，如果在正态分布的情况下，考虑估计标准误差，则当 $t=1$ 时，我们可以有 68.27% 的可靠程度来推断某一自然村下一年育肥 1 500 头牛的经济效益预测值，将在：

$$\hat{Y}_c \pm S_{YX} = 157 \pm 218$$，即在 135.2～178.8 万元之间。

　　例 2：某乡 1974—1993 年畜牧业产值如表 18-20 所列，预测城乡 1998 年畜牧业产值：

表 18 - 20　1974—1993 年期间某乡畜牧业产值（万元）

年份	1974	1975	1976	1977	1978
产值	1.26	1.65	3.42	5.47	8.01
年份	1979	1980	1981	1982	1983
产值	9.11	10.29	11.48	14.94	29.44
年份	1984	1985	1986	1987	1988
产值	65.03	80.63	101.68	117.33	139.52
年份	1989	1990	1991	1992	1993
产值	159.75	181.91	200.49	213.59	225.89

根据表 18 - 20 资料，可以看出该乡畜牧业产值随时间的延伸而增长，其散点图呈曲线状态，与幂函数图像相近，配合其他特征，可以确定此曲线的拟合公式（模式）为：

$$\hat{Y} = aX^b$$

式中，a、b 为系数，并且 $b > 1$。

为求方程的 a、b 两系数，需化非线性模式为线性模式，将上式两边取对数，变为：

$$\ln\hat{Y} = \ln a + b\ln X$$

令：$Y = \ln\hat{Y}$，$A = \ln a$，$T = \ln X$

则上式可写成：

$$Y = A + bT$$

按最小二乘法，进一步求出上式中的系数 A、b，其计算的有关数据分别列于表 18 - 21。据此，则有：

$$b = \frac{\sum T_i Y_i - \overline{T} \sum Y_i}{\sum T_i^2 - \overline{T} \sum Y_i} = \frac{169.578 - 2.117 \times 68.062}{102.161 - 2.117 \times 42.335} = 2.03$$

$$A = \overline{Y} - b\overline{T} = -0.9$$

表 18 - 21　求系数 A、b 所需中间计算数据

时间（X）	产值（Y）	Y＝lnY	T＝lnX	T^2	Y^2	$T \cdot Y$
1	1.26	0.231	0	0	0.053	0
2	1.65	0.501	0.693	0.480	0.251	0.347
3	3.42	1.230	1.099	1.208	1.513	1.352
4	5.47	1.699	1.386	1.921	2.887	2.355
5	8.01	2.081	1.609	2.589	4.331	3.348
6	9.11	2.209	1.792	3.211	4.880	3.959
7	10.29	2.331	1.946	3.787	5.434	4.536
8	11.48	2.441	2.079	4.322	5.958	5.075
9	14.94	2.704	2.197	4.827	7.313	5.941
10	29.44	3.382	2.303	5.304	11.438	7.789

（续）

时间（X）	产值（Y）	Y＝lnY	T＝lnX	T^2	Y^2	T·Y
11	65.03	4.175	2.398	5.750	17.431	10.012
12	80.63	4.390	2.485	6.175	19.272	10.909
13	101.68	4.622	2.565	6.579	21.263	11.855
14	117.33	4.765	2.639	6.964	22.705	12.575
15	139.52	4.938	2.708	7.333	24.384	13.372
16	159.75	5.074	2.773	7.690	25.745	14.070
17	181.91	5.204	2.833	8.026	27.082	14.743
18	200.49	5.301	2.890	8.352	28.101	15.320
19	213.59	5.364	2.944	8.667	28.772	15.792
20	225.89	5.420	2.996	8.976	29.376	16.238
Σ		68.062	42.335	102.161	288.288	169.578
均值		3.403	2.117			

还原、预测

∵ $A＝lna＝-0.9$

∴ $a＝0.41$

则该题的数学模型为：

$$\hat{Y}=0.41X^{2.03}$$

1998 年的 X 值等于 25，则该乡 1998 年的畜牧业产值预测值为：

$$\hat{Y}=0.41\times25^{2.03}=282.23(万元)$$

例 3：某村皮毛加工厂，1982～1993 年期间生产皮夹克情况如表 18－22 所列。试对其 1994 年生产量进行预测。

根据表 18－22 所列资料，和其散布点趋势看出，皮夹克生产量前期发展较慢，中期速度较快，后期发展速度又变慢，且图形的上半部与下半部对称，故选用 logistic 预测模型：

表 18－22 1982—1993 年皮夹克生产量

（万套）

年 份	1982	1983	1984	1985	1986	1987	1988	1989	1990	1991	1992	1993
生产量	1.8	2.0	2.3	2.6	3.1	3.8	4.1	4.4	4.6	4.7	5.0	5.2

$$Y=\frac{K}{1+be^{-at}}$$

求出模型号数 a、b、K 值（这里用"倒数和"法）：

a. 将表 18－22 的数据分为 3 段，每段（组）有 4 对（12÷3）数据。

b. 求出表 18－22 中各实际函数值 Y 的倒数，并求出每组比例数的和，最后将这些有关数据列入表 18-23。

c. 求 D_1、D_2 值。

$$D_1 = S_1 - S_2 = 0.819$$
$$D_2 = S_2 - S_1 = 0.235$$

d. 求 a、b、K 值。

表 18-23　有关计算数据

序号 t	年份	生产量 Y_t	$\dfrac{1}{Y_t}$	$S_i(r=4)$
1	1982	1.8	0.556	
2	1983	2.0	0.500	$S_1 = \sum\limits_{t=1}^{4} \dfrac{1}{Y_t} = 1.876$
3	1984	2.3	0.435	
4	1985	2.6	0.385	
5	1986	3.1	0.323	
6	1987	3.8	0.263	$S_2 = \sum\limits_{t=5}^{8} \dfrac{1}{Y_t} = 1.057$
7	1988	4.1	0.244	
8	1989	4.4	0.227	
9	1990	4.6	0.217	
10	1991	4.7	0.213	$S_3 = \sum\limits_{t=9}^{12} \dfrac{1}{Y_t} = 0.822$
11	1992	5.0	0.200	
12	1993	5.2	0.192	

$$a = \frac{1}{r}(InD_1 - InD_2) = \frac{1}{4}(In0.819 - In0.235) = 0.312$$

$$K = \frac{r}{S_1 - \dfrac{D_1^2}{D_1 - D_2}} = \frac{4}{1.876 - \dfrac{0.819^2}{0.819 - 0.235}} = 5.502$$

$$b = \frac{K}{\dfrac{e^{-a}(1 - e^{-ra})}{1 - e^{-a}}} \times \frac{D_1}{D_1 - D_2} = \frac{5.502}{\dfrac{e^{-0.312}(1 - e^{-4 \times 0.312})}{1 - e^{-0.312}}} \times \frac{0.819}{0.819 - 0.235} = 3.961$$

e. 将 a、b、K 值代入，得出 logistic 曲线预测模型：

$$\hat{Y} = \frac{5.502}{1 + 3.961e^{-0.312t}}$$

预测 1994 年皮加克生产量，则 $t = 13$

$$\hat{Y} = \frac{5.502}{1 + 3.961e^{-0.312 \times 13}} = 5.149(万套)$$

该村皮毛加工厂，1994 年预计可生产皮夹克 5.149 万套。

3. 用于确定资源最佳投入量　确定资源最佳投入量，是提高草业各生产层次经济效益的重要内容之一。

现以"金华猪"在育肥期间体重增长和饲料费用的资料（10 头平均值）为例，加以说明。

（1）育肥猪在育肥期间的体重增长量，如表 18 - 24 所列。

表 18 - 24　育肥猪体重增长统计表

育肥时间 X（月）	1	2	3	4	5	6
体重增长 Y_1（kg）	13.00	25.47	36.25	43.50	54.00	62.75

说明：体重增长均以育肥始重为零点，育肥始重是指育肥开始时 3 月龄仔猪的体重（17.2kg）。

根据表 18 - 24 的资料，建立育肥猪体重随时间变化的数学模型：
$$Y_1 = 9.46 + 27.09 InX$$

（2）育肥猪在育肥期间的饲料费用，如表 18 - 25 所列。

表 18 - 25　育肥猪饲料费用增长统计表

育肥时间 X（月）	1	2	3	4	5	6
饲料费用 Y_2（元）	9.75	21.49	37.94	52.27	66.72	72.17

根据表 18 - 25 的资料，建立饲料费用随育肥时间变化的数学模型：
$$Y_2 = 13.2X - 2.81$$

（3）若以 N 表示在育肥期内的收益，X 表示猪的育肥时间，P 表示生猪的单价，Y_1 为猪的生产能力，Y_2 为猪的饲料费用，则猪在育肥期内的收益，其数学表达式如下：
$$N = P \times Y_1 - Y_2$$

现假定生猪价格按 1kg1.36 元计算，则有：
$$N = 1.36 \times (9.46 + 27.09 InX) - (13.2X - 2.81)$$
$$= 15.68 + 36.84 InX - 13.2X$$

（4）计算 N 的一阶导数，并令其等于零：
$$\frac{dN}{dX} = 36.84 \frac{1}{X} - 13.2$$

令：$36.84 \frac{1}{X} - 13.2 = 0$，
$$\left(\frac{d^2 N}{dX^2} = -36.84 \frac{1}{X^2}, \ < 0 \right)$$

求得：$X = 2.8 \approx 3$（月）

根据以上计算和分析，在目前养猪技术条件下，"金华猪" 6 月龄时（仔猪 3 月龄加上育肥 3 个月）、体重达 55kg 左右出栏，经济效益最好，不仅能获得最大收益，而且可以避免饲料、设备和人力资源的浪费，同时可提供瘦肉率较高的猪肉。

4. 用于确定生产经营的最适规模　生产函数模型对于专业户、经济联合体等生产单位，在确定生产经营项目的最适规模方面也有重要作用。例如，某地区对条件相近的养猪专业户进行了典型调查，根据调查资料进行统计计算，得到了养猪场每百元产值纯收入和养猪头数之间的函数方程为下列经验公式：
$$Y = 1.8X - 0.02X^2$$

式中：Y——每百元产值纯收入（元）；

X——养猪场规模（头）。

据此，可求得养猪场规模的最优方案，即每百元产值纯收入最大时的养猪头数。求解的方法步骤，就是根据函数极值理论，当 Y 的一阶导数等于零、二阶导数小于零时，便是养猪场的最适规模。即

$$dY/dX = 1.8 - 0.02 \times 2X = 1.8 - 0.04X$$

$$d^2Y/dY^2 = -0.04 < 0$$

故：$1.8 - 0.04X = 0$，即 $X = 45$ 时，Y 有极大值，代入上述经验公式：

$$Y = 1.8 \times 45 - 0.02 \times 45^2 = 40.5 \text{（最大值）}$$

因为：$\left.\begin{array}{l} X=44, Y=40.48 \\ X=46, Y=40.48 \end{array}\right\}$ 均小于 40.5

因此，每百元产值纯收入最大值为 40.5 时，这时养猪场规模为 45 头。若大于或小于 45 头，每百元产值纯收入都要减少。如有几个养猪场方案可供选择，应该选择养猪场规模最接近 45 头的方案。

四、草业技术经济效果的边际分析方法

（一）边际分析法的基本概念

边际分析是运用边际的概念，研究草业生产投入和产出之间数量关系的一种定量分析方法。所谓边际，指的是变量的增量之间的比较关系，或称变化率。因此，边际分析实质上是对连续增加的每单位因素的作用及其所产生影响程度的分析。草业技术经济效果边际分析，就是通过研究草业生产过程中，各种生产资源投入量和产品的产出量之间增量比率的变化，故也称为投入产出分析或增量比较分析。投入产出的数量关系即生产函数，因此，生产函数是进行草业生产经济效益边际分析的基础和前提。

草业生产中所投入的各种物资和资金，在不同的技术条件和管理水平下，随着投入量的逐步增加，其相应的产出量可以表现为递增、递减或不变收益等多种关系，对草业生产的增产增收影响极大，是需要深入研究的重要问题。

假设以 X 表示某种投入资源，Y 表示某种产品产出。则表 18 - 26 就是以表格形式反映的一项生产或试验的生产函数。

在表 18 - 26 中，是假定除 X 为变动资源外，其他资源都是固定资源，对产量变化不产生影响而没有列入。现以表 18 - 26 所列生产函数为例，进一步整理成表 18 - 27，说明进行边际分析所必须的 3 个基本概念，即总产量、平均产量和边际产量。

表 18 - 26　产出 Y 对于投入资源 X 的生产函数

X	0	2	4	6	8	10	12	14	16	18	20	22
Y	0	3.7	13.9	28.8	46.9	66.7	86.4	104.5	119.5	129.6	133.3	129.1

总产量，以 TPP 代表（即 Total Physical Product），是指各种不同投入水平所取得的

产品总量叫总产品，或总物质产品。表 18－27 中第 3 栏，就是由变动资源 X 用量不同所引起的总产量。

表 18－27 总产量、平均产量和边际产量

投入资源 X	资源增量 (ΔX)	总产量 (TPP)	产量增量 (ΔY)	平均产量 (APP)	边际产量 (MPP)		生产弹性 (MPP/APP)
					精确值	平均值	
0		0	3.7			1.9	
2	2	3.7	10.2	1.9	3.6	5.1	1.9
4	2	13.9	14.9	3.5	6.4	7.5	1.8
6	2	28.0	18.1	4.8	8.4	9.1	1.8
8	2	46.9	19.8	5.9	9.6	9.0	1.6
10	2	66.7	19.7	6.7	10.0	9.0	1.5
12	2	86.4	18.1	7.2	9.6	9.1	1.3
14	2	104.5	15.0	7.5	8.4	7.5	1.1
16	2	119.5	10.1	7.5	6.4	5.1	0.8
18	2	129.6	3.7	7.2	3.6	1.9	0.5
20	2	133.3	−4.2	6.7	0.0	−2.1	0.0
22	2	129.1		5.9	−4.4		−0.7

平均产量，以 APP 代表（即 Average Physical Product），是指每单位变动资源所平均引起的产量。以变动资源投入量除相应的总产量而得。数值如表 18－27 第 5 栏所示。

边际产量，以 MPP 代表（即 Marginal Physical Product），是指连续追加的每单位变动资源所引起的总产量增加额。在本例中以每 2 个单位作一种处理，即每个处理的资源 X 增量 $\Delta X=2$。以资源增量除总产量增量 ΔY，即得到边际产量。这是每增加 2 单位变动资源 X 的边际产量平均值。如表 18－27 中第 7 栏所示。

对表 18－27 的资料，可以选用一种 3 次函数进行拟合，即：

$$Y=aX^2-bX^3$$

求解结果是：

$$a=1, \quad b=\frac{1}{30}$$

这样，得到这项生产函数的代数表达式：

$$Y=X^2-\frac{1}{30}X^2$$

通过数学计算，可以十分精确地求得 X 于任何投入量时相应的总产量、平均产量和边际产量：

$$总产量(TPP)Y=X^2-\frac{1}{30}X^3$$

$$平均产量(APP)=\frac{Y}{X}=\frac{X^2-\frac{1}{30}X^3}{X}$$

根据导数的几何意义：函数 $Y=f(X)$ 在点 X 处的导数 $f'(X)$，等于函数 $Y=f(X)$ 的曲线上在 X 点切线的斜率。因此，

$$边际产量(MPP) = \frac{dY}{dX} = 2X - \frac{1}{10}X^2$$

表 18-27 中边际产量的精确值就是根据上式计算出来的。例如，当投入资源 X 为 8 单位时的边际产量为：

$$2\times 8 - \frac{1}{10}\times 8^2 = 9.6$$

当 X 为 22 单位时，边际产量变为负值：

$$2\times 22 - \frac{1}{10}\times 22^2 = -4.4$$

边际分析法在草业生产中的具体应用，大体归纳为 3 类重要问题：①利用一定数量的生产资源，生产一种或多种产品时资源利用的最适度；②用多种资源生产一种或多种产品时，资源利用的最佳配合比例；③运用一定数量的生产资源生产多种产品，各种产品的最佳配合比例。第一类问题是资源—产品关系问题，目的在于探讨资源利用与取得最大经济效益的临界点。第二类问题是属于资源—资源的关系问题，目的在于探讨运用多种资源时资源间的最低成本配合方式。第三类是属于产品—产品间的关系问题，目的在于探讨运用定量资源生产多种产品时产品间的最佳组合问题。

（二）资源利用的边际分析

1. 资源投入的合理阶段 用前述总产量、平均产量和边际产量公式，可以求得足够数据，并据以作出总产量曲线、平均产量曲线和边际产量曲线（图 18-3）。

综观图 18-3 中 3 条曲线，有 2 个最重要的转折点：一是边际产量曲线与平均产量曲线相交处。在这一点，边际产量与平均产量相等，也是平均产量最高点。二是总产量曲线的顶点，边际产量在这个转折点上为 0，对此即转为负值。以这 2 个重要转折点为界限，连续投入变动资源的生产过程可以划分为 3 个阶段：从原点起到平均产量最高点为第一阶段。这个阶段的特点是边际产量高于平均产量，因而引起平均产量逐渐提高，总产量增加的幅度大于资源增加的幅度。因此，只要资源条件允许，就不应该在这个阶段停止资源投入。因为在这个阶段停止投入变动资源是不合算的，这会使资源得不到充分利用，所以称这个阶段为生产的相对不合理阶段。第二阶段是从平均产量最高点到总产量最高点之间。这一阶段的转折点是边际产量低于平均产量，因而引起平均产量逐渐降低，总产量增加幅度小于资源增加的幅度，出现报酬递减。但在这一阶段，总产量以报酬递减的形式仍在增长，可以获得较高的产量，在一定限度内继续投入资源仍可获得收益。所以资源投入量的最适点就在这一阶段内，因此称第二阶段为生产的合理阶段。至于资源投入的最适值，尚需考虑价格因素。第三阶段是在总产量曲线的最高点以后，也就是边际产量转为负值以后的阶段。在这一阶段内，越增加资源的投入就越是减产。很显然，这是生产的绝对不合理阶段。

2. 资源投入量最适水平的确定 如果生产是为了取得最高的产量或产值，则在以上分析了资源投入量与产量的关系以后，问题就已经解决了。但是在社会主义市场经济条件下，草业生产必须以经济效益为中心，生产的目的，在一般情况下，并不只是了为了取得

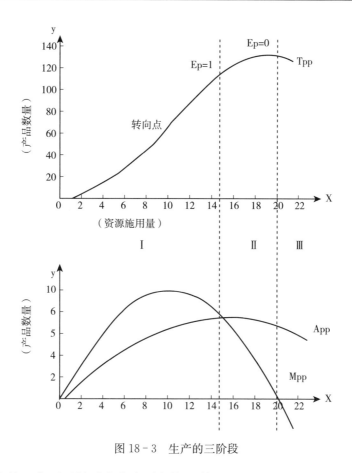

图 18-3　生产的三阶段

最高的产量或产值，主要还是了为获取更多的盈利。

上述生产函数三阶段基本理论表明，生产资源投入到第二阶段，是资源利用的合理阶段。但在这一阶段生产资源投入到多少时，才算是资源最适投入量，才能获得最好的技术经济效果？

由于固定资源的用量已经确定，不论产量多少，都是不变的。因而在考虑如何获得最高盈利时，只需分析投入多少变动资源最有利，这就必须考虑变动资源和产品的价格。假定上例使用的固定资源成本共计 100 元，每单位变动资源成本为 10 元，每单位产品价格 3 元。利用表 18-27 资料，经过计算，可以整理成如表 18-28 的分析表。

从表 18-28 中可以看出，盈利最高的资源投入量约为 18 单位，盈利额为 108.8 元。通过对该表各项数值的比较，可以发现一条重要的准则，即：在一项生产中，能取得最大经济收益的最适资源投入水平常不是能得到最大总产品的那一水平，也不是能得到最大边际产品的水平，而是通过边际收益与边际成本对比，适能得到补偿的那一水平，也即当边际收益等于边际成本（$MVP=MFC$）时，或两者最为接近时的水平，盈利最大，这通常称为边际平衡原理。以公式表示：

$$MVP=MFC$$

由于 $MVP=MPP \cdot P_Y=\dfrac{\Delta Y}{\Delta X} \cdot P_Y$；而 MFC 就是每单位资源的价格 P_X，因此，上式可以

写作：

$$\frac{\Delta Y}{\Delta X} \cdot P_Y = P_X$$

把此式进一步改写为：

$$\frac{\Delta Y}{\Delta X} = \frac{P_X}{P_Y} 或 MPP = \frac{P_X}{P_Y}$$

这个关系式说明：当盈利最高时，总产量增量与资源增量的比率等于两者价格的反比率。或者说，当边际产量等于资源价格与产品价格的比率时，盈利最高。这就是用于确定盈利最高的资源投入量的一条重要准则。

表 18-28　盈利最高的生产水平

资源	总成本	总产量	总产值	盈利	边际产值	边际资源成本	边际产值 / 边际资源成本
X	TC	Y	TVP	π	$MVP = MPP \cdot P_Y$	$MFC = P_X$	MVP/MFC
0	100	0	0	-100	$0 \times 3 = 0$	10	0
2	120	3.7	11.1	-108.9	$3.6 \times 3 = 10.8$	10	1.08
4	140	13.9	41.7	-98.3	$6.4 \times 3 = 19.2$	10	1.92
6	160	28.8	86.4	-73.6	$8.4 \times 3 = 25.2$	10	2.52
8	180	46.9	140.7	-39.3	$9.6 \times 3 = 28.8$	10	2.88
10	200	66.7	200.1	0.1	$10.0 \times 3 = 30.0$	10	3.00
12	220	86.4	259.2	39.2	$9.6 \times 3 = 28.8$	10	2.88
14	240	104.5	313.5	73.5	$8.4 \times 3 = 25.2$	10	2.52
16	260	119.5	358.5	98.5	$64 \times 3 = 19.2$	10	1.92
18	280	129.6	388.8	108.8	$3.6 \times 3 = 10.8$	10	1.08
20	300	133.3	399.9	99.9	$0 \times 3 = 0$	10	0
22	320	129.1	387.3	67.3	$-4.4 \times 3 = -13.2$	10	-1.32

3. 确定生产资源最适投入水平的具体应用　设有如下平均每只肉羊饲喂精料数量与增重的资料如表 18-29 所示：

表 18-29　肉羊饲料量与增重的关系

饲喂混合料（X）折合精料（kg）	3	4	5	6	7	8	9	10
体重（Y）(kg)	3.7	5.0	6.4	7.9	9.0	9.7	10.0	10.0
增重（ΔY）(kg)	—	1.3	1.4	1.5	1.1	0.7	0.3	0

由表 18-29 可以看出，随着饲料投入量的不断增加，羊的体重开始以递增的速度不断增加，后逐渐变为以递减的速度增加，继而体重不再增加，即边际生产力等于 0。当饲料投入量到使边际生产力等于 0 时，羊的体重达到最大，但这时的纯收入却并非最大。设混合精料单价为 0.66 元/kg，活羊单价为 0.6 元/kg，具体分析如下：

（1）根据表 18-29 资料，运用电子计算机模拟出饲料投入量（X）与体重（Y）关系的数学模型：

$$Y = -3.5 + 2.71X - 0.13X^2$$

（2）根据边际平衡原理公式。$\dfrac{dY}{dX} = \dfrac{P_X}{P_Y}$

求出：

$$\text{边际产量（增重）} \frac{dY}{dX} = 2.71 - 0.26X$$

$$\text{饲料与活羊的价格比} \frac{P_X}{P_Y} = \frac{0.66}{0.60} = 1.1$$

（3）将 $\dfrac{dY}{dX}$ 与 $\dfrac{P_X}{P_Y}$ 的值代入边际平衡原理公式，求出 X 值：

$$271 - 0.26X = 1.1$$

$$X = \frac{2.71 - 1.1}{0.26} = 6.2 (\text{kg})$$

即，在饲料投入量为 6.2kg 左右时纯收入达到最大。这就是在本例条件下最适度的饲料投入量。

（三）资源配合的边际分析

1. 资源利用最佳配合比例的意义　生产一定数量的产品，可以使用多种生产资源，其中有些是变动生产资源，各资源间并具有相互替代关系，这就需要确定最低成本的生产资源配合比例。在具有多种生产资源如 X_1，X_2，……，X_n 的情况下，当变动生产资源为 X_1，其余均为固定生产资源时，生产函数式可写为 $Y = f(X_1 \mid X_2, X_3, ……, X_n)$；如有两种变动资源 X_1 和 X_2 时，生产函数式可写为：$Y = f(X_1, X_2 \mid X_3, ……, X_n)$。畜牧生产中所使用的各种不同成分饲料间、饲草料生产中所使用的各种不同成分肥料间，都存在相互替代的情况。为达到一定的生产目的，各种饲料或各种肥料可以有多种不同的组合，但是由于各种饲料或肥料的价格不同，因而不同组合的饲料或肥料其费用也就各异，这样就必须考虑生产资源的最佳配合比例，以便用最小的成本，完成同样的生产任务，取得最大的经济效果。资源配合的边际分析，就是运用边际分析基本原理研究和分析 2 种或 2 种以上资源相互配合生产的技术经济效果，寻求最佳的资源配合比例。

2. 资源最佳配合比例的确定　资源最佳配合比例，也即成本最低配合比例如何确定？如前所述，当某种生产资源相继投入生产，随着投入量的递增，其边际投入所取得的边际产品以及边际收益均将有所变动。对某一种资源来说，如 X_1，其最为有利的投入水平是边际收益（MVP_{X_1}）与边际成本（投入物 X_1 的价格，即 P_{X_1}）相等或接近时的水平。如有 2 种可以相互替代的生产资源 X_1 及 X_2 同时使用时，则要求：

$$MVP_{X_1} = P_{X_1} \qquad\qquad (1)$$

及

$$MVP_{X2} = P_{X2} \qquad\qquad (2)$$

方程式两边各以其投入生产资源的价格相除，得到：

$$\frac{MVP_{X_1}}{P_{X1}} = 1 \qquad\qquad (3)$$

及

$$\frac{MVP_{X_2}}{P_{X2}} \tag{4}$$

因为两式同等于 1，故可结合，得式：

$$\frac{MVP_{X_1}}{P_{X_1}} = \frac{MVP_{X_2}}{P_{X_2}} = 1 \tag{5}$$

这个方程式说明，在使用多种生产资源时，各资源的配合比例要能符合下列条件，即：

$$\frac{MVP_{X_1}}{P_{X_1}} = \frac{MVP_{X_2}}{P_{X_2}} \tag{6}$$

因边际收益系边际产品和产品价格的乘积，即 MVP＝MPP·PY，将这一关系式代入（6）式得：

$$\frac{MPP_{X_1} \cdot P_Y}{P_{X_1}} = \frac{MPP_{X_2} \cdot P_Y}{P_{X_2}} \tag{7}$$

将（7）式两边同时除以 P_Y，得到

$$\frac{MPP_{X_1}}{P_{X_1}} = \frac{MPP_{X_2}}{P_{X_2}} \tag{8}$$

根据边际产品的概念，$MPP = \frac{\Delta Y}{\Delta X}$，因此，（8）式可写成：

$$\frac{1}{P_{x1}} \cdot \frac{\Delta Y}{\Delta X_1} = \frac{1}{P_{x_2}} \cdot \frac{\Delta Y}{\Delta X_2} \tag{9}$$

将（9）式两边同时除以 ΔY，得到：

$$\frac{1}{P_{X_1} \Delta X_1} = \frac{1}{P_{X_2} \Delta X_2} \tag{10}$$

或

$$P_{X_1} \Delta X_1 = P_{X_2} \Delta X_2 \tag{11}$$

将（11）式两边各除以 $P_{X_1} \Delta X_2$，并简化，得到：

$$\frac{\Delta X_1}{\Delta X_2} = \frac{P_{X_2}}{P_{X_2}} \tag{12}$$

或

$$P_{X_1} \cdot \Delta X_1 = P_{X_2} \cdot \Delta X_2 \tag{13}$$

在（12）式中，$\frac{\Delta X_1}{\Delta X_2}$ 称为 X_2 对 X_1 的边际替换率，$\frac{P_{X_2}}{P_{X_1}}$ 称为价格比率。从（12）式可知，在草业生产中，可相互替换的资源间的最佳配合比例，是其边际替换率和它们颠倒的价格比率相当时的比例。也即只有在 $P_{X_1} \Delta X_1 = P_{X_2} \Delta X_2$ 时，配合资源的成本最低。由此，也可以推论出 2 种以上资源的相互代替的最小成本条件为：

$$P_{X_1} \cdot \Delta X_1 = P_{X_2} \cdot \Delta X_2 = P_{X_3} \cdot \Delta X_3 = \cdots\cdots P_{X_n} \cdot \Delta X_n$$

3. 资源利用最佳配合比例的具体应用　假设饲养同一活重组的猪到一定体重，同时使用甲、乙 2 种饲料，可以有表 18-30 列的 6 种配合。甲种饲料单价 P_{X_1}＝0.4 元/kg，乙种饲料单价 P_{X_2}＝1.0 元/kg。现列出表 18-30 进行比较，直接运用边际替代原理进行择优。

表 18 - 30 直接运用边际替代原理择优表

饲料配合	甲饲料 X_1	乙饲料 X_2	边际代替率 $\Delta X_1/\Delta X_2$	价格比 P_{X_2}/P_{X_1}	配合饲料成本 $P_{X_1} \cdot X_1 + P_{X_2} \cdot X_2$
1	25	0			10.0
2	20	1	5	2.5	9.0
3	16	2	4		8.4
4	13	3	3		8.2
5	11	4	2		8.4
6	10	5	1		9.0

如表 18 - 30 所示，饲料的最低成本配合应是第 4 种，即 $X_1 = 13$，$X_2 = 3$。因为当乙种饲料从 2kg 增加到 3kg 时，平均 1kg 乙种饲料能代替 3kg 甲种饲料，此时 $\Delta X_1/\Delta X_2 > P_{X_2}/P_{X_1}$；而当乙种饲料从 3kg 增加到 4kg 时，则平均 1kg 乙种饲料只能代替 2kg 甲种饲料，此时 $\Delta X_1/\Delta X_2 < P_{X_2}/P_{X_1}$。显然可见，第 4 种饲料配合的边际代替率最接近其价格的反比率，此时的饲料组合成本最低，为此，应选择第 4 种饲料组合。

除上述列表法进行直接择优外，尚可用作图法和微分法求出较为精确的资源配合的最佳比例。

(四) 产品组合的边际分析

在草业生产中，通常不止生产一种产品，而是多种产品配合起来进行生产；同时，投入生产的资源往往是有限的。因此，就产生了如何把有限资源资源分配于不同产品生产，以取得最大收益的问题。所谓产品组合的边际分析，就是运用边际分析的基本原理，研究分析一定量的资源分配于多种产品生产的技术经济效果，以寻求产品与产品的最佳组合。

产品组合即产品与产品间的关系问题，无论对个别农牧户或整个国家来说，都是十分重要的。对农牧户而言，农牧民以一定量的土地或草地及其他定量的劳动以及有限的资金等，就考虑应如何进行产品的合理组合以使有限的资源得以充分有效地利用。就整个国家来说，政府需考虑不同区域的草业发展方式、发展水平以及与畜牧业发展的配合原则等，以做到全国资源的有效利用。

通过分析和推导，同样可以得到最大收益产品组合的公式：

$$\frac{\Delta Y_1}{\Delta Y_2} = \frac{P_{Y_2}}{P_{Y_1}}$$

这一公式可以表述如下：当资源或成本数量不变时，若 Y_1 对 Y_2 的边际代替率等于 Y_2 对 Y_1 的价格比率时，则此时产品生产配合数量所能产生的收益额最大。

上述公式可以改写如下：

$$P_{Y_1} \cdot \Delta Y_1 = P_{Y_2} \cdot \Delta Y_2$$

由此，也可以推论出两种以上产品配合的条件，即边际收益均等原理：

$$P_{Y_1} \cdot \Delta Y_1 = P_{Y_2} \cdot \Delta Y_2 = P_{Y_3} \cdot \Delta Y_3 = \cdots\cdots = P_{Y_n} \cdot \Delta Y_n$$

例如，某农户拟投资 4 000 元用于 3 种不同的产品生产，3 种产品的总收入和边际收益各不相同。假设根据有关资料预计各产品的边际收益如表 18‑31，如何使用该项资金以获得最大的经济收益。

表 18‑31 不同产品的资金投入分配表

资金投入单位数 (每单位：500元)	边际收益		
	产品甲	产品乙	产品丙
1	2 000	1 500	1 000
2	1 800	1 300	1 000
3	1 600	1 100	1 000
4	1 200	900	1 000
5	800	700	1 000
6	700	600	1 000
7	600	400	1 000
8	500	300	1 000
$\sum$	9 200	6 800	8 000

根据假设资料，如将全部资金投入产品甲，其最后 1 单位资金的投入仍可获得边际收益 500 元，足可抵偿其资金耗费，4000 元的资金投入，将可获得 9 200 元的总收益。现根据上述边际收益均等原理，将有限资金按照单位资金投入不同产品所可能获得的边际收益大小顺序进行安排，可先用 3 个单位资金投入产品甲；第 4 个单位资金如投入到产品甲，则仅可获得 1 200 元的收益，不如投入到产品乙，可获得 1 500 元的较高收益；第 5 个单位的资金可继续投入产品乙，但第 6 个单位的资金如继续投放产品乙，则不如返回投入产品甲；第 7 个单位资金又可投入产品乙；最后 1 个单位资金投入到产品丙。照此安排，共可获得总收益 11 500 元，较全部投入产品甲增加收益 2 300 元。除此之外，任何其他使用方式均不及这种使用方式有利。由此可见，对有限的资源，可同时用到不同的生产部门或同时作不同的用途，当这一资源在各个部门或各种用途中，其单位资源的边际收益相等或最为接近时，这时的资源总收入即为最大的资源总收入。依据边际收益均等原理，在草业生产中，有限的生产资源，在各部门或各种用途的安排中，应统筹兼顾，争取最终取得资源利用的最大总收入。

五、线性规划模型在草业技术经济分析中的应用

（一）线性规划的概念和特点

1. 线性规划的概念 线性规划，是在满足一定约束条件的前提下，寻求目标函数极值的一种经济数学方式。它通常所处理的基本问题有两类：

（1）在生产资源有一定数量限制的条件下，使产量或盈利最大。

（2）在经济目标和任务确定的情况下，以最小的成本，完成目标和任务。

所以，线性规划可以解决草业生产资源的科学安排和有效利用问题，是一种资源最优

配置的方法。

2. 草业技术经济分析运用线性规划方法的特点

（1）用线性规划方法研究草业技术经济问题，可以使研究对象具体化、数量化，可以对所研究的技术经济问题作出明确肯定的结论。

（2）用线性规划方法研究草业技术经济问题，其投入产出关系中须是一次式，即线性关系。生产要素的结合比率（生产系数、技术系数）是固定的，并可通过多个一次函数组合来表示经营技术结构。

（3）用线性规划方法研究草业技术经济问题，允许出现生产要素的剩余量，这一点与生产函数对资源的利用目标不同。线性规划的生产系数是预先确定的，但生产活动受最少资源量的制约，所以，线性规划方法必定不可能全部用尽生产资源。

（4）线性规划方法有一套完整的运算程序，它是以数学的形式对草业生产的技术经济问题进行综合的分析。计算机的广泛应用，为线性规划方法用于草业技术经济分析开辟了广阔的前景。

但是，线性规划对草业技术经济的定量分析，作为一种静态分析的数学方法，也有其局限性，主要是：

a. 线性规划方法只考虑费用和产量的比例关系，以技术不变和价格不变为前提，不能有效地处理时间因素。因此，线性规划只能以短期计划为基础。

b. 在草业生产中，投入产出关系不完全是线性关系。在技术相对稳定的条件下，报酬递减规律总在起作用，所以完全满足线性假设是不可能的。而在线性规划的设计中，又常把投入产出的非线性关系转化为线性关系来处理，以满足线性规划的规定性，这样必然会产生误差。所以线性规划方法计算结果的精确性也是相对的。

c. 线性规划方法把大量的经济现象转化为一组数学方程式，作为草业技术经济定量分析的工具。因此，它本身并不提供经济概念，并不能代替人们对草业经济现实问题的判断。

（二）线性规划模型设计

1. 线性规划模型的假设前提　线性规划方法是以若干假设为前提建立起来的。因此，建立线性规划模型必须符合这些假设前提，否则不能获得正确结果。

这些假设前提主要是：

（1）直线性。在线性规划中，目标函数、约束条件方程必须用一次式来表示，系数必须是确定的常数。但在草业生产实践中，由于受资源变动规律的影响和制约，要完全满足这种假设前提是有困难的。但如果在允许小的误差存在的条件下，通过技术经济分析，把一些非线性关系转化为线性关系，那么，这种假设多数还是可以满足的。

（2）活动与资源的比例性。这是指生产活与消耗的生产资源之间存在确定的比例，是一种线性关系。这个性质决定了生产活动规模扩大或缩小与所消耗生产资源增加或减少的倍数相对应，即生产活动增加1倍，资源消耗量也增加1倍。

（3）生产资源的有限性和生产可能性。用线性规划方法研究草业技术经济问题，一般来说，要首先研究生产资源的供应数量及其对生产活动的限制，即要按照既定的生产资源数量来确定合理的生产范围和规模，并研究在有限的生产活动和有限的生产资源数量条件下的最佳资源组合。因此，生产活动和资源数量的有限性，是线性规划模型建立的客观基础。

（4）目的和目标的明确性。生产单位投入资源的目的和经济目标必须明确，并且可以用数量化的函数关系来表达，这就是求目标函数极值的问题。在草业生产中，目标函数常常是一个利润方程或成本方程。

（5）生产活动对生产资源的可分性。可分性就是可除性。生产资源是可以无限细分的，它意味着生产活动量是生产资源分配量的连续函数。线性规划在运算过程中常常计算小数点以后的位数，如可能出现 0.97 头牛、0.9 台牧草收割机等，在综合分析时可根据实际情况具体处理。

（6）生产活动消耗生产资源的可加性。可加性是指两种作业或产品同时生产时，资源的总需要量为两种作业或产品所需资源数量的总和；产品总收益也等于这两种作业或产品单独生产时的总和。

（7）生产活动的非负性。非负性不仅是计算上的要求，也是草业现实中经济活动的客观表现。因为在草业生产过程中任何投入都不可能是负数，物质生产也不可能是负数，其最大限度不过为 0，即不进行生产活动。

（8）期望值的单一性。期望值的单一性是指在线性规划模型中，所有的系数，如技术系数、产品、价格等，都必须是确定不变的。

上述基本假设都是十分重要的，如果研究草业技术经济问题不能满足上述要求，便不能应用线性规划方法来求解。

2. 线性规划模型的基本结构

（1）变量。变量通称未知数，这是要通过模型计算来确定的决策因素，所以又叫做决策变量。

在草业技术经济问题中，决策变量或称作业，就是农事活动、作业项目或生产活动等等。线性规划的作业有两大类，一是实际作业，即真正作业，是求解的变量。如天然草地生产和人工草地生产，每公顷人工草地施化肥 80kg、120kg 和 150kg 等，在线性规划中都要看作不同的生产方法或生产项目；二是计算作业，即计算所需要的作业，也分为两类：闲置作业（松弛变量）和人工作业。前者是为把上限约束条件不等式变为等式而引进的变量；人工作业是在有下限不等式约束条件的情况下为满足单纯形法的要求而设置的变量。

（2）目标函数。草业技术经济问题的经济目标的数学表达式，称作目标函数。目标函数是求变量的线性函数的极大值或极小值的问题。在一般情况下，线性规划的目标函数只是同度量单位的单一目标，如牧草生产的最高产量或最大盈利，饲料配合的最小成本等。

（3）约束条件。这是实现经济目标的制约因素。如草地、资金和劳动力数量，计划指标规定，产品质量要求，市场供需状况，生产单位内部需要，等等，都对草业生产有制约作用。这些都是必须满足的对模型变量起限制作用的条件，所以叫做约束条件。

草业生产中的约束条件主要有 3 种：

第一，生产资源限制量。在草业生产中，像草地、劳力、机具、固定生产资金、饲料、肥料、种子等资源的数量和利用，都属于这类约束。这是客观约束条件，或称作基本约束条件。其数学表达式用≤表示限制。

第二，生产数量要求的限制。如对草产品、畜产品、加工产品的计划任务，经济合同规定，产品质量要求，企业内部需要等。这些是主观约束条件或补充约束条件。因为在一般情况下，只是对个别变量或少数变量进行限制。其数学表达式用≥表示。此外，市场需要也属这类限制因素，其数学表达式用≥或≤表示，视具体情况而定。

第三，特定技术的要求。在草业技术经济问题研究中，技术评价是一项重要内容，所以特定技术的要求便构成线性规划的重要约束条件。如畜禽饲料配合的各种营养成分含量的要求、低产草地综合治理的各项技术效果指标等等。其数学表达式视具体问题和要求而定。

（4）其他。线性规划的变量不能为负值。此外，为建立模型，尚需要各种投入产出系数，即技术系数。不同的技术系数构成不同的作业。

3. 线性规划模型的建立

（1）极大问题。极大问题是指线性规划的目标在于寻求最高产量、最大收益等。

例如，某国有牧场有耕地 $350 hm^2$，可种植甲、乙两种饲料作物。已知该生产单位可供投入的劳动日 24 000 个。根据典型调查和试验资料得知，种植甲种饲料作物每公顷用 360 个劳动日，收入 1 050 元；种植乙种饲料作物每公顷用 435 个劳动日，收入 2 250 元。根据上述条件，如何合理安排，才能充分利用资源、取得最大收益。

设甲、乙两种饲料作物的种植面积分别为 X_1、X_2，则问题归结为求 X_1、X_2，要求满足以下条件：

$$X_1 + X_2 \leq 350 \qquad 土地约束条件$$
$$360 X_1 + 435 X_2 \leq 24\ 000 \qquad 劳动力约束条件$$
$$X_1 \geq 0,\ X_2 \geq 0 \qquad 非负条件$$
$$Z = 1\ 050\ X_1 + 2\ 250 X_2 \qquad 目标函数最大$$

用数学符号表示，则：

$$a_{11} X_1 + a_{12} X_2 \leq b_1$$
$$a_{21} X_1 + a_{22} X_2 \leq b_2$$
$$X_i \geq 0$$
$$\max z = C_1 X_1 + C_2 X_2$$

（2）极小问题。极小问题是指线性规划的目标函数最小，如最小成本，最低费用等。

例如，某生产单位拟为产蛋鸡配合一个最低成本的饲料配方。假定用 A（玉米）、B（大豆饼粉）两种饲料相配合；同时考虑能量（TDN）、蛋白质（CP）和核黄素（维生素 B_2）3 种营养成分的特定技术要求。

产蛋鸡用饲料及营养需要的一些参数如表 18-32 所列。

表 18-32　产蛋鸡饲料及营养需要参数

饲　料	TDN	CP	VB$_2$	饲料单价（元/kg）
A（玉米）	78（%）	12（%）	1（mg/kg）	0.23
B（大豆饼粉）	56（%）	45（%）	10（mg/kg）	0.46
需要量（每日） （1 000 只产蛋鸡）	66（kg）	18（kg）	300（mg）	

设原料 A 和 B 分别为 X_1、X_2，根据已知条件，可列出以下数学模型：

$$\text{TDN}: 0.78X_1 + 0.56X_2 \geqslant 66$$
$$\text{CP}: 0.12X_1 + 0.45X_2 \geqslant 18$$
$$\text{VB}_2: X_1 + 10X_2 \geqslant 300$$
$$X_1 \geqslant 0, \ X_2 \geqslant 0$$
$$\min c = 0.23X_1 + 0.46X_2$$

用数学符号来表示，则：

$$a_{11}X_1 + a_{12}X_2 \geqslant b_1$$
$$a_{21}X_1 + a_{22}X_2 \geqslant b_2$$
$$a_{31}X_1 + a_{32}X_2 \geqslant b_3$$
$$X_i \geqslant 0$$
$$\min c = C_1X_1 + C_2X_2 + C_3X_3$$

从以上可以看出，线性规划的数学模型，就是要求非负变量 X_1、X_2、……，X_n，满足一组线性方程或线性不等式，使线性函数取得最大值或最小值。所以，技术经济问题线性规划模型的一般形式为：

$$LP \begin{cases} a_{11}X_1 + a_{12}X_2 + \cdots\cdots + a_{1n}X_n \leqslant b_1 \ (\text{或} \geqslant b_1, \ = b_1) \\ a_{21}X_1 + a_{22}X_2 + \cdots\cdots + a_{2n}X_n \leqslant b_2 \ (\text{或} \geqslant b_2, \ = b_2) \\ \cdots\cdots\cdots\cdots \\ a_{m1}X_1 + a_{m2}X_2 + \cdots\cdots + a_{mn}X_n \leqslant b_m \ (\text{或} \geqslant b_m, \ = b_m) \\ X_j \geqslant 0 \\ \max(\min) \ Z = C_1X_1 + C_2X_2 + \cdots\cdots + C_nX_n \end{cases}$$

还可以进一步简介为下式：

$$LP \begin{cases} \sum_{j=1}^{n} a_{ij}X_j \lesseqgtr b_i & (i = 1, 2, \cdots\cdots, m) \\ X_j \geqslant 0 & (j = 1, 2, \cdots\cdots, n) \\ \max(\min)Z = \sum_{j=1}^{n} C_jX_j \end{cases}$$

式中：LP——线性规划；

n——变量总数；

m——约束方程个数；

j——变量序号；

i——约束条件序号；

X_j——j 种活动方式的决策变量；

C_j——单位 j 种活动方式的决策变量系数（实质上是目标函数的效果系数）；

a_{ij}——约束条件中决策变量（资源）消耗系数（又称技术系数或投入产出系数），它表明 1 个单位活动量所消耗的资源数量）；

b_i——资源限制量；

Z——目标函数（可以是最大产量，最大收益，也可以是最小成本或最小费用）。

（三）线性规划的计算和分析

1. 线性规划从一般形式变成标准形式的方法　线性规划求解的方法很多。图解法一般只适用于解 2 个变量的线性规划问题，实用意义不大。解多变量的线性规划问题，主要应用单纯形法求解。但如果变量很多，条件复杂，则只有借助于电子计算机进行运算。

前述的线性规划模型的一般形式，对于反映不同的线性规划已有广泛的适应性。对于有专用程序（或线性规划软件包）求解线性规划规划问题的计算机来说，已经可以满足上机的需要。但它还不能用来直接进行人工运算；对某些无专用程序的计算机，也往往不符合上机要求，这就需要把一般形式改变为标准形式。

线性规划从一般形式改变成标准形式，要根据不同情况进行不同处理。具体办法是：

（1）当约束条件为≤的不等式时，要加入松弛变量（即使用剩余量），使不等式成为等式。松弛变量仍用 X 符号（为醒目起见，有的也用 t），但其脚标号码应等于 $n+k$（用 t 时则按顺序列出）。这里，n 为原来约束方程中变量 X 的个数，K 为该约束方程所处的行数。

（2）当约束条件为≥的不等式时，要减去一个松弛变量，使不等式成为等式。松弛变量的符号、脚标号码的计算同上。

（3）加入或减去松弛变量，意味着限制条件（如资源）的剩余量或超过量，这是符合约束条件的，这个变量的大小，不影响目标函数。因此，松弛变量可以不进入目标函数，如要进入目标函数，则其系数应等于"0"。

2. 线性规划单纯形求解方法举例　为说明线性规划单纯形求解的计算方法和步骤，现用下述例子具体说明。

某牧草饲料良种试验场，摸索出 3 种牧草饲料种植方式可供生产中采用，即天蓝苜蓿—箭筈豌豆，毛苕子—饲用玉米，出鼕豆—蚕豆，分别用 A_1，A_2，A_3 代表之。各种植方式每公顷消耗的劳动力数量及肥料数量如表 18-33 所示。

表 18-33　每公顷资源消耗量及资源量最大提供量[*]

种植公式	劳力（工/hm²）	肥料（kg/hm²）
A_1	480	3 000
A_2	225	4 500
A_3	675	3 750
最大提供量	45 000	450 000

注：*指大忙季节该场能提供的劳力数量；肥料是供应量的控制数量。

3 种种植方式每公顷产值分别为 7 425 元、4 620 元、4 110 元。为满足推广需要，根据有关合同规定，该场至少要生产蚕豆种子 112 500kg（每公顷产量 2 250kg）。现该场拟用 150hm² 同一类别的耕地专事种植并进行单独核算。则该场应采取何种种植方式及各应种植多少面积，才能获得最大的产值收益。

数学模型的建立：

设 X_1，X_2，X_3 分别表示 A_1，A_2，A_3 各种植方式应规划种植数量（hm²），则按本题所给的条件与寻求的目标，可用数学关系式描述如下，

$$480X_1 + 225X_2 + 675X_3 \leqslant 45\ 000\ （劳力条件）$$

$$3\ 000X_1 + 4\ 500X_2 + 3\ 750X_3 \leqslant 450\ 000\ （肥料条件）$$

$$X_1 + X_2 + X_3 \leqslant 150\ （土地条件）$$

$$2\ 250X_3 \geqslant 112\ 500\ （蚕豆种子条件）$$

$$X_j \geqslant 0 \quad (j=1,\ 2,\ 3)$$

在约束条件下，求 X_1，X_2，X_3，使产值函数：

$Z = 7\ 425X_1 + 4\ 620X_2 + 4\ 110X_3$ 为最大。

数学模型建立后，用单纯形法求解步骤如下：

（1）将问题整理成最初的表：引入松弛变量 t_i（亦可用 X_i）和人工变量 t_j（即虚设剩余量），将不等式变成等式。必须有 $t_j = 0$，为防止出现 $t_j \neq 0$，在目标函数表达式 Z 必须加一项"$-Mt_j$"。M 可以取任意大的正值，它的实际意义是"罚款"，就是如果 $t_j \neq 0$ 可以给予任意数量的"罚款"，否则目标函数不可能达到最大，因而 t_j 必须为 0，这样，上述数学模型可写成：

$$480X_1 + 225X_2 + 675X_3 + t_1 = 45\ 000$$

$$3\ 000X_1 + 4\ 500X_2 + 3\ 750X_3 + t_2 = 450\ 000$$

$$X_1 + X_2 + X_3 + t_3 = 150$$

$$2\ 250\ X_3 - t_4 + t_5 \geqslant 112\ 500$$

$$X_j \geqslant 0,\ t_i \geqslant 0\ (i=1,\ 2,\ 3,\ 4,\ 5;\ j=1,\ 2,\ 3)$$

求 $Z = 7\ 425X_1 + 4\ 620X_2 + 4\ 110X_3 - Mt_5$ 的最大值

然后将上式的系数与常数项写成如下表阵形式（最后一列计为各项数字之和）：如表 18 - 34 所示。

表 18 - 34　初始表

X_1	X_2	X_3	t_1	t_2	t_3	t_4	t_5		合计
480	225	675	1	0	0	0	0	45 000	46 381
3 000	4 500	3 750	0	1	0	0	0	450 000	461 251
1	1	1	0	0	1	0	0	150	154
0	0	2 250	0	0	0	−1	1	112 500	114 750
7 425	4 620	4 110	0	0	0	0	−M	Z	16 155 − M

（2）判定所得规划有无改善余地：为了得出最初的规划，对表 18 - 34 施以（5）+M（4）行变换（即第 5 行加上第 4 行的 M 倍），得表 18 - 35。

表 18 - 35 最后一行数字由 7 425 始至 0（对应于 t_5）止，称为检验数。若全体检验数均出现负数或 0，规划即达最优；若有正的检验数，所得规划就有改善的余地。本规划出现了 3 个正检验数，故需加以调整。

（3）调整不完善规划的第一步为决定枢轴件（或称主元）：在最大检验数 4 110 + 2 250 M 的右上方打上星号 *，用该列中的正数 675、3 750、1、2 250 去除最后第 2 列对应的数字 45 000、450 000、150、112 500，并取其中最小的一个比值的分母为枢轴件，即取：

$$\min\left\{\frac{45\,000}{675},\ \frac{450\,000}{3\,750},\ \frac{150}{1},\ \frac{112\,500}{2\,250}\right\}=\frac{112\,500}{2\,250}$$

的分母 2 250，加上框号 □，此数即称为枢轴件，见表 18-36。

表 18-35　第一规划与判定

480	225	675	1	0	0	0	0	45 000	46 381
3 000	4 500	3 750	0	1	0	0	0	450 000	461 251
1	1	1	0	0	1	0	0	150	154
0	0	2 250	0	0	0	−1	1	112 500	114 750
		4 110+						Z+	16 155+
7 425	4 620		0	0	0	−M	0		
		2 250M						112 500M	114 749M

表 18-36　迭代制定与决定枢轴件

480	225	675	1	0	0	0	0	45 000	46 381
3 000	4 500	3 750	0	1	0	0	0	450 000	461 251
1	1	1	0	0	1	0	0	150	154
0	0	2 250	0	0	0	−1	1	112 500	114 750
		4 110+						Z+	16 155+
7 425	4 620		0	0	0	−M	0		
		2 250M*						112 500M	114 749M

（4）调整不完善规划的第二步为用迭代法求新表：首先用枢轴件 2 250 的倒数遍乘该行所有的数字，即施以行变换：$\frac{1}{2\,250}$（4），得表 18-37。

表 18-37　迭　　代

480	225	675	1	0	0	0	0	45 000	46 381
3 000	4 500	3 750	0	1	0	0	0	450 000	461 251
1	1	1	0	0	1	0	0	150	154
0	0	1	0	0	0	−0.000 444	0.000 444	50	51
		4 110+						Z+	16 155+
7 425	4 620		0	0	0	−M	0		
		2 250M						112 500M	114 749M

然后将枢轴件所在的列、除枢轴件数字已化为 1 外，其余数字通过行变换化为 0，即对该列数字不为 0 的所在行施以行变换：（1）—675（4）、（2）—3750（4）、（3）—（4）、（5）、—（4 110+2 250M）（4），得表 18-38。

表 18 - 38 迭代、判定与决定枢轴件

480	225	0	1	0	0	0.299 7	−0.299 7	11 250	11 955
3 000	4 500	0	0	1	0	1.665	−1.665	262 500	270 001
1	1	0	0	0	1	0.000 444	−0.000 444	100	103
0	0	1	0	0	0	−0.000 444	0.000 444	50	51
7 425*	4 620	0	0	0	0	1.824 8	−1.824 8−M	Z−205 500	−193 455−M

（5）验算"计"对不对：把表中各行数字分别相加与"计"中数字核对，若相等则该行计算无误，继续转到步骤（2）进行判定。若该行计算有错误，找出错误进行改正。以下步骤同前，又得到如表 18 - 39、表 18 - 40 所示结果。

表 18 - 39 迭代、判定与决定枢轴件

1	0.468 75	0	0.002 083	0	0	0.000 624	−0.000 624	23.437 5	24.906 25
0	3 093.75		−6.249	1		−0.207	0.207	192 187.50	195 282.25
0	0.531 25	0	−0.002 083	0	1	−0.000 18	0.000 18	76.562 5	78.093 75
0	0	1	0	0	0	−0.000 444	0.000 444	50	51
0	1 139.531 25	0	−15.466 275	0	0	−2.808 4	2.808 4	Z−379 523.437	−378 383.906

表 18 - 40 最优规划

X_1	X_2	X_3	t_1	t_2	t_3	t_4	t_5		合计
2.13	1	0	0.004 4	0	0	0.001 3	−0.001 3	50	53.13
−6 589.7	0	0	−19.86	1	0	−4.228 9	4.228 9	37 500	30 891.45
−1.131 6	0	0	−0.004 4	0	1	−0.000 871	0.000 871	50	49.868
0	0	1	0	0	0	−0.000 444	0.000 444	50	51
−2 427.2	0	0	−20.48	0	0	−4.289 7	4.289 7	Z−436 500	−438 927.2

由表 18 - 40 最后一行可以看出，所有检验数均出现负数或 0，故所求规划已达最优。此表所对应的最优规划为：

$X_2=50$（hm^2），$X_3=50$（hm^2），$t_2=37500$（余肥料千克数），$t_3=50$（余土地公顷数），这时最大产值收益 $Z=436\,500$ 元。

如将表 18 - 40 改写成方程，则有：

$$\begin{cases} X_2=50-2.133\,3X_1-0.004\,4t_1-0.001\,3t_4+0.001\,3t_5 \\ X_3=50+0.000\,444t_4-0.000\,444t_5 \\ t_2=37\,500+6\,589.7X_1+19.86t_1+4.228\,9t_4-4.228\,9t_5 \\ t_3=50+1.131\,6X_1+0.004\,4t_1+0.000\,871t_4-0.000\,871t_5 \\ Z=436500-2427.2X_1-20.48t_1-4.289\,7t_4+4.289\,7t_5 \end{cases}$$

在上述方程式中，取 $X_1=t_1=t_4=t_5=0$，则 $X_2=50$，$X_3=50$，$t_2=37\,500$，$t_3=50$，

$Z=436\ 500$，即 A_2 宜种植 50hm^2，A_3 宜种植 50hm^2，这时产值将达到最大值 $436\ 500$ 元。

　　上式也表明，如果 A_1 种植/hm^2，即取 $X_1=1$，则 X_2 相应要减少 $2.133\ 3\text{hm}^2$，总产值要减少 $2\ 427.2$ 元，故以不种或少种 A_1 为宜。虽然从局部看，A_1 每公顷产值最大，但从全局看以不种 A_1 方案为最优决策，其原因主要是该场劳动力紧张、蚕豆种子生产任务又重之故。如果没有要求生产 $112\ 500\text{kg}$ 蚕豆种子的任务，则计算得到的最优方案为 $X_1=68.2\text{hm}^2$，$X_2=54.5\text{hm}^2$，这时土地只余 27.3hm^2，总产值预期可以达到 $758\ 250$ 元。

参 考 文 献

展广伟，1986. 农业技术经济学 [M]. 北京：中国人民大学出版社.

魏怀方，等，1988. 山羊饲养管理的技术经济方法探讨 [J]. 甘肃畜牧兽医（2）：22-25.

陈志渊，1980. 线性规划在农业系统工程学中的应用 [J]. 南京农学院学报（2）：91-105.

（葛文华　编）

第十九章　草业科研的申请立项与管理

如何提出、论证、获准不同类型的科研项目，并进行有效管理，取得预期结果，是草业科研不可缺少的部分，也是人们十分关心的问题。所以，了解各类项目的特点，在项目申请、立项、管理过程中采取有效的方法与策略是十分必要的。

一、科研项目的类别与特点

科研项目根据其性质、目的、应用或过程等，可分为不同的类别，具有不同的来源和管理特点。

通常根据从理论研究到生产应用的"过程"，将科学研究分为基础研究、应用研究和开发研究三种类型。前二者合起来又称之为基础性研究。基础性研究在科技中具有十分重要的意义，它不仅为人类利用和改造自然提供必要的知识基础，是新技术、新发明的先导和源泉，而且是培养高水平科技人才的摇篮。应用研究则主要是面向经济建设，直接为经济建设服务。这几类研究对科学和技术的发展都是必不可少的。

现将基础、应用和开发三类研究项目的主要特点及管理要求列于表 19 - 1，供申请项目和科研管理参考。

表 19 - 1　不同类型项目的主要特点及管理要求

类　别	基础研究	应用研究	开发研究
概念、目的	以创新探索为目标的研究，旨在发现自然规律和发展科学理论	运用基础研究成果和有关知识为创造新产品、新方法、新技术、新材料的技术基础所进行的研究，为应用创新科学知识、技术	利用基础研究、应用研究成果和现有知识为创新产品、新方法、新技术、新材料进行的研究，旨在生产新产品和完成工程任务
选题原则	以学术价值为主	注重社会与经济效益、兼顾学术价值	以经济效益为主，并注重社会效益
课题来源	以科学家自选为主	上级下达、委托、自选均有	以上级下达及生产单位委托为主
管理原则与方法	提倡自主自由，无具体内容、时间、经费要求，经费约占研究总经费 15% 左右，多实行基金制	有较明确的目标、时间和经费要求，经费占科研总经费 20%～30%，基金制和技术合同制兼有	有明确的目标、计划，有严格的时间、经费要求，经费占总研究费 60%～70%，技术合同制或承包制
成果形态及意义	学术论文、专著，对科学有广泛深远的影响，可开拓新技术或新生产领域	论文、专利、原理、模型，对有限特定领域有较普遍影响	专利设计、图纸、论证报告、样品、专利产品，影响特定具体领域
典型举例	1. 法拉第发现电磁感应原理（发电原理） 2. 草原生态系统研究 3. 牧草遗传学规律研究	1. 西门子制成励磁电机、可以发电，但尚不能应用 2. 草原生态系统的退化机理 3. 牧草遗传育种研究	1. 爱迪生制成电机，建成电厂，建立电力技术体系，迎来电世界 2. 退化草原生态恢复技术 3. 抗寒苜蓿杂交新品种选育

据《科学技术管理学概念》和《现代科学技术基础知识》资料改编。

二、国家自然科学基金项目

（一）国家自然科学基金项目类别简介

国家自然科学基金委员会（基金委）根据我国科学技术发展现状，针对不同层次研究工作和不同资助对象，设立了多种类型的科学基金资助项目，主要包括重大项目、重点项目和面上项目三类。现根据基金委项目管理和项目指南，就有关内容简介如下。

1. 重大项目　重大项目是以国家中长期科学技术发展纲要和科技工作战略布局为基础，主要针对我国科学技术、国民经济和社会发展中的一些重大科学技术问题，组织跨学科、跨单位、跨部门的联合研究。

重大项目必须是科学意义重大或具有重要应用前景，要求研究目标集中，研究内容有特色、有创新，并充分发挥多学科综合研究优势，还同时要求结合国家实验室的建设，组织高水平研究队伍、给予高强度资助，力争取得重大突破。

重大项目采取在专家建议基础上的统一规划，在项目指南指引下的定向申请，在同行评议基础上的逐项论证，以自下而上、上下结合的方式进行组织。具备相应研究能力和条件的研究集体或科技工作者均可针对《重大项目指南》进行定向申请。

2. 重点项目　重点项目也是一种定向研究。根据国家科技发展纲要确定的学科布局和优先发展领域，在广泛征求科学家意见和建议的基础上，国家基金委结合学科发展战略研究，分期分批确定重点项目的立项，并分布项目指南，资助强度平均 50 万元左右。凡具备相应能力和条件的研究集体均可根据指南公布的内容，定向申请，平等竞争。

重点项目的设置，主要是针对我国学科发展中的前沿科学问题，以及某些新学科领域的生长点，开展深入的研究。重点项目要求有限研究目标、有限研究规模，在研究基础好、研究内容有特色、可望取得突破性成果的申请者中，经评审答辩后，遴选精干的队伍，给予强度较高的支持。重点项目鼓励学科间的交叉与渗透，但不强调跨部门、跨单位的联合研究。

3. 面上项目　面上项目面向全国各部门、各地区、全民所有制单位的科技工作者。就其所占资助金额和资助项目而言，这一类型是国家自然科学基金资助的主体，目前每年投入的经费约占科学基金总额的 70%。1994 年资助强度约 7 万元左右。面上项目包括以下 4 种：

（1）自由申请项目。这是国家自然科学基金资助工作主体中的主体，占各类资助项目经费总额的 60% 以上。主要资助基础研究和应用基础研究，择优支持有重要科学意义和重要应用前景的研究工作，尤其是结合我国四化建设需要，针对我国自然条件和自然资源特点的研究工作，以及开拓新兴技术领域和促进新兴学科和交叉学科发展的研究工作。自由申请项目十分强调课题的创新性。具体申请办法在"（二）"中介绍。

（2）青年科学基金项目。为了发现和培养人才，促进优秀青年科技工作者在学科发展前沿脱颖而出，国家基金要从 1987 年起设立青年科学基金。

青年科学基金在选题和申请程序上与自由申请项目相同，但第一申请人必须是年龄在 35 周岁以下，已取得博士学位（或具有中级以上专业职称），能独立开展工作，学术思想活跃，有开拓创新精神的青年科技工作者，不具有高级专业技术职务的申请者，须由两名教授级同行专家推荐。

在国外攻读博士学位的青年科技工作者，可以在回国前一年提出申请，一经评审通过，将保留资格一年，待回国复议通过后，予以资助。

（3）地区科学基金。为加强对边远、少数民族地区和科学基础薄弱地区科研工作的支持，促进全民族科学技术水平的提高，从 1989 年起，国家基金委设立地区科学基金。目前选定的地区有：内蒙古、宁夏、青海、新疆、西藏、广西、海南、贵州、江西、云南 10 省区和延边朝鲜族自治州。地区科学基金的申请者限于上述省区所属研究机构和高等院校的科研人员；当地国务院各部委、中国科学研究院、解放军所属单位及外省市科研人员，根据需要可参加合作研究，但不得领衔申请。

地区科学基金重点资助结合当地自然资源和自然条件特点开展有研究工作，以适应当地经济建设和科技发展需要，争取和当地的科技、教育发展计划相呼应，并要求当地政府科技、教育及其他主管部门，尽力筹措匹配资金，加强对地区科学基金资助项目的支持和管理。

（4）高技术新概念新构思探索项目。依据我国《高技术研究发展计划纲要》，从国家高技术研究的总体经费中划出 2％用于支持新概念、新构思探索研究项目，由国家基金委负责管理申请，组织评审和管理。

申请高技术新概念新构思探索研究项目，应为生物、航天、信息、激光、自动化、能源、新材料 7 个高技术领域的研究内容，其范围是：

根据国家高技术研究发展计划目标，开展科学思想独特、新颖的科学探索，为高技术计划目标的实现提供新理论和新技术途径。

根据高技术的研究发展方向，跟踪世界科学前沿，进行新的理论探索，为 2000 年以后的高技术发展提供科学储备。

服务于高技术研究发展计划，能支持和促进相关主导领域的学科发展，但尚不具备条件在高技术计划中安排的基础性研究项目。

此类项目必须按发布的高技术探索研究项目指南规定的范畴定向申请，评审程序同自由申请项目。

（二）国家自然科学基金项目申请办法

国家自然科学基金资助的各类项目，申请办法可详见《国家自然科学基金管理办法汇编》，这里仅就面上自由申请项目申请办法的主要内容摘要介绍如下：

• 国家自然科学基金资助自然科学基础研究和应用基础研究，全国各部门、各单位的科技工作者均可通过所在单位提出申请。立项根据"依靠专家、发扬民主、择优支持、公正合理"的原则并贯彻"控制规模、提高强度、拉开档次、支持创新"的方针。

• 国家基金委接受具备下列条件研究项目的申请：

①有重要科学意义或重要应用前景，特别是科学发展前沿的研究；结合我国社会主义现代化建设需要，针对我国自然资源和自然条件特点，以及开拓新兴学科技术领域的研究。

②学术思想新颖，立论根据充分，研究目标明确，研究内容具体，研究方法和技术路线合理、可行，可获得新的科学发现或近期可取得重要进展的研究。

③申请者与项目组成员应具备实施该项目的研究能力和可靠的时间保证，并具备基本

的研究条件。

④经费预算实事求是。

• 基金委根据国家发展科学技术的方针、政策与规划，结合学科发展战略，每年发布《国家自然科学基金项目指南》，提出资助的主要范围、鼓励研究领域或定向研究课题，指导申请。申请内容必须符合科学基金资助范围。基金项目申请每年集中受理一次，一般自每年1月1日开始，3月15日截止。

• 申请者必须是项目的实际主持人，并且有高级专业技术职务。不具有高级专业技术职务的申请者，必须有两名具有高级专业技术职务的同行专家推荐。

• 申请者和具有高级专业技术职务的项目组主要成员的申请项数，连同在研的科学基金项目数（不含重点项目、重大项目）不超过两项。

• 申请手续必须完备，所需资料必须齐全。

• 申请者须按规定的格式，认真、实事求是地填写《国家自然科学基金申请书》。项目组主要成员应在申请书上签字，以郑重表示参加申请与合作研究。

• 申请者所在单位应负责对本单位的申请项目严格审查，认真推荐。所在单位学术委员会应对研究项目的学术意义、研究特色和创新点、研究方法和技术路线的可行性等进行全面审查并签署具体意义。申请者及合作者所在单位领导，应对支持该项研究及监督其计划的执行等做出保证。

• 申请者所在单位应按规定的受理时间，将申请书一式6份统一报送基金委对口科学部；将本单位申请项目清单及按规定录制的全部申请书简表内容的软盘报送综合计划局。

• 申请各类项目时，均按国家有关部门的统一规定，每项交纳评审费100元，由申请者所在单位统一汇寄科学基金委员会。未交纳评审费的申请项目，不予受理。

• 申请者及所在单位了解申请事宜、购买申请表格和有关资料、复制申请书简表录入程序，可直接写科学基金委员会或就近到科学基金管理工作地区联络网组长单位联系。

（三）国家自然科学基金面上项目管理办法

下面就面上项目管理办法的主要内容作一介绍。

1. 计划实施

• 项目负责人接到科学基金资助项目批准通知一个月内，按要求填报《国家自然科学基金资助项目研究计划》，经所在单位审核后，报基金委对口科学部审查，作为拨款和检查的依据，逾期不报或未说明原因，作自动放弃处理。

• 计划实施中，鼓励创新，如涉及降低目标，减少研究内容，中止或提前推后结题等变动，需项目负责人提出，所在单位签署意见，报对口科学部审批。

• 计划执行中项目负责人每年须填写《国家自然科学基金资助项目年度进展报告》，报所在单位审核签署意见，于次年1月15日前报对口科学部（联合资助项目同时报送匹配经费主管部门）。对不按规定报送"进展报告"或工作无进展、或经费使用不当的，将缓拨次年经费，逾期不纠正的，中止资助。

2. 财务管理

• 科学基金资助经费，按项目分年度拨至资助单位。受资助单位应按项目单独建账，专款专用，严格按基金项目财务管理办法管理。在本单位财务部门和基金项目管理部门管理监督下，项目负责人按计划自主支配使用，任何单位、个人无权截留、挪用。

• 中止计划实施和撤销的项目，停止拨款。已拨经费余款退回。

3. 结题与评议

• 基金项目结束后3个月内，项目负责人应认真填写《国家自然科学基金资助项目总结报告》，包括研究工作总结、结题简表、研究成果目录、完成论著目录，经单位审查、验收并签署意见后，由单位统一报送对口科学部一式两份。

• 基金委科学部对资助项目《总结报告》提出验收意见。对项目完成好的可优先资助新上项目，完成不好的两年内不受理其新申请。

• 资助项目的有关论文、专著、成果评议鉴定资料等，均应标注“国家自然科学基金资助项目”，未标注的，检查、验收时不计。

• 科学基金资助项目的研究成果，按《中华人民共和国国家科学技术委员会关于科学研究成果管理的规定（试行）》进行管理、上报登记和申请奖励。需基金委组织评议、鉴定的科学基金资助项目研究成果，按《国家自然科学基金资助项目研究成果评议鉴定试行办法》规定执行。

• 基金项目结束后3个月内，项目负责人应按《财务管理办法》的规定，认真填写《国家自然科学基金资助项目财务决算表》，报所在单位财务、审计部门审核、审计。所在单位按要求汇总，报送计划局审核，同意后批复核销。

三、国家攻关项目申请与管理

通常将有组织、有领导、有目标、跨学科、跨部门、跨地区的科研合作称之为“协作攻关”。协作攻关，从横的方面可有计划、有步骤地综合多专业领域的成果和力量；从纵的方面可把专业领域的基础研究、应用研究和开发研究有机结合起来，以较省的人力物力、较快的速度，解决具有重大经济或社会意义的关键性科学技术问题。

攻关项目的特点是，时间上具有紧迫性、科学技术上具有综合性、组织管理上有系统性、科技成果具有系列性，是科学研究中的系统工程。

（一）攻关项目的选题与申请

攻关项目的选题原则主要是考虑其必要性和可行性，即经济效益、社会效益和学术价值。还需要强调的是，国家建设中的薄弱环节以及急需解决的战略性重大科技问题，国家重点建设和重点技术改造中的科技难题、社会上急需解决的环保、生态、文化体育、计划生育等重要科技问题等，都可作为攻关项目的重要选题。

科学技术研究要面向经济建设，为国民经济发展服务，其本身也是一种经济活动，而且是较生产劳动更复杂、意义更深远的经济活动，尤其应考虑宏观的、长远的经济效益。另一方面，科研活动不是一个单纯或真接地经济活动，对社会的众多方面或长远发展可能产生深远影响，或者在学术上有重要创新意义，对促进科学技术发展有重大影响。所以，在项目选题立项时，社会、经济、生态效益及学术价值都应考虑，当然会有所侧重。

在选题确定后要进行可行性论证，主要包括：确定攻关项目是否符合现行科技政策的要求、技术上是否先进、经济上是否合理可行；与重大基本建设或技术改造相结合的攻关项目在短期内能否形成生产力或促进国民经济发展；项目是否配套，只有符合上述要求的项目才能立项。同时，对完成项目的条件、技术路线的合理性、工艺技术水平、国内外情况都摸清楚的情况下，最后确定立项。

为了解攻关项目申请报告的格式和内容，现将"九五"国家科技攻关计划申请报告列出，供参考。

"九五"国家科技攻关计划申请报告（标书）格式

一、研究的目的和意义

二、国外技术发展概况及国内需求

三、现有研究基础和条件（包括试验手段、技术力量、前期科研情况）

四、研究内容、主要技术关键及所要达到的技术经济指标（分别叙述）

五、研究的技术路线及实施方案

六、国际合作研究、调研、考察的必要性及可行性

七、与其他项目（包括工程）结合的可能性

八、研究任务完成后的技术水平

九、本研究的直接经济及社会效益

十、推广应用前景

十一、进度安排

十二、所需经费额及筹措方案（包括国拨、地方配套、自筹等）

十三、攻关所必须的支撑条件（包括必要的技术人员、攻关环境条件及5万元以上的国内外仪器设备）

十四、研究人员情况

1. 主持人简介

2. 主要参加人员表

姓名　性别　年龄　职称　学历　专业　单位

十五、本单位对该研究的意见

（二）攻关项目的管理

攻关项目管理要运用系统工程方法，抓好各个环节，进行有效调控，其主要内容和程序；

①确定项目的学术带头人和项目管理单位。项目学术负责人除具有同本项目有关的学术知识外，还要求对本项目的意义有深刻了解，有丰富的组织管理才能；项目管理单位（机构）要与学术带头人密切配合、具强有力的组织协调和指挥系统。

②确定本项目的一级课题并进行总体方案论证、同行评议。

③确定各级课题的承担单位并进行方案论证。

④签订协议书或科研合同。包括下达项目单位与管理单位及项目技术负责人签订纵向任务合同，和有联系两个阶段或同一阶段有联系的两单位之间横向的接收合同。

⑤编制系统图。管理单位根据总体方案，编制系统（网络）图，明确指标、进度、负责人，建立报告制度，以便有效管理、调控。

⑥项目实施中的检查。

⑦阶段成果和最终成果验收。

⑧完善科技档案。管理单位应将整个项目进程中形成的技术文件、资料及时归档，并将各课题科技档案收集汇总，以备查阅。

四、国际合作项目

随着改革开放的不断深入和发展，国际技术合作与研究项目也不断增加，如何争取国际援助或技术合作项目，对已进行项目如何进行有效管理，同样是人们十分关心的问题。

外国政府或国际组织提供的无偿援助，一般属于经济技术合作范畴，其主要形式为提供技术援助、技术设备援助和人员培训等安排，尤其在人才开发、技术扶贫、妇女参与、环境保护诸方面更为关心，对技术合作项目还十分注意互惠互利和经济效益。

为了更好的申请与管理外援项目，现根据有关材料和我们执行项目的情况，将欧共体和联合国多边援助项目有关问题作如下介绍，双边项目大致相同，可作参考。

（一）欧共体对华财政技术援助农业项目立项和执行程序

1. 欧共体项目立项程序 欧洲共同体在其对外财政援助计划下，对中国提供部分农业技术援助项目，帮助受援部门和地区发展农业生产，改善农村落后和低收入状况。

我国接受欧共体援助项目申请和批准程序有以下几个步骤：

（1）申请立项。由申请立项单位通过主管部门，将申请材料报送农业部国际合作司、或省（市区）外经委并转向外经部提出项目申请。选项应侧重于农业生产技术提高、基础条件和环境改善，扶贫及帮助农村发展等内容。

项目申请建议书的内容除项目名称、项目执行单位、项目主管部门、项目地点等外，主要包括：

①项目背景状况；

②项目内容及目标；

③项目的实施措施及手段；

④项目资金概算；

⑤项目经济、社会效益分析和预算；

⑥项目期限；

⑦项目所需进口设备清单（视需要而定）；

（2）审核研究。分国内和国外两部分。

国内由外经部对申请建议书中的各项内容进行审核研究的同时，还要考虑受援技术在国内农业发展中的作用、受援单位人员素质和对外合作能力等。

国内审核通过后，项目申请书还得以英文文本提交欧洲共同体（对外关系总司）研究，对方将根据其援助方向、政策、资金、技术能力等，对项目建议进行研究和筛选。

（3）评估调查。被对方认为初步可行的项目将列入立项考察计划。一般考察计划分两个阶段进行，即"评估调查"和"论证考察"。此项工作由欧共体专家在中方项目部门的配合下进行。评估调查由1～2名专家完成，目的是通过对项目单位和地点的访问调查和资料收集，对项目整体构思进行分析，了解中方的要求，从技术专业、经济能力和社会状况等方面进行评估，提出评价调查报告。欧共体将根据专家报告意见分析是否符合立项条件，在符合条件的情况下，将安排第二阶段"论证考察"。

（4）论证考察。论证考察又称可行性考察，是第一阶段评估调查工作的继续和深入，其特点是考察内容更加专业化和具体化。考察的主要内容和提纲通常在第一阶段的专家报告或专门材料中提出，以便中方单位有针对性地作准备。可行性考察中，双方要就项目的各具体内容进行讨论，如项目进行方式、采取的技术手段、技术援助规模和范围，人员培训计划，设备援助内容，双方投入的资金估算，中方配套工程内容，项目管理体制等等。所有考察结果将记录在专家考察报告中，作为执行项目的方案建议提交欧共体审核。

（5）立项审批。欧共体委员会在其专家对项目内容进行了论证、获得了所有必要的论据和资料后，将把项目提交给共同体成员国代表组成的审批委员会讨论批准。审批委员会通过后，项目援助资金将纳入相应的共同体对外援助年度计划内，至此，项目立项程序全部结束。

2. 欧共体项目执行程序和事项　欧共体援华项目批准立项后进入执行阶段和执行中，有如下一些工作程序和执行事项：

（1）签订协议。项目批准后2～3月内，欧共体和中国政府将签订项目援款协议，内容包括"特别条款"和"总则"（规定援助性质和金额以及援助条件和程序）、"行政与技术条款"（规定项目进行的具体方案和双方执行项目的责任及义务等）。

（2）执行准备。援款协议签订后至项目开始前，有一个项目执行准备阶段（一般3～5个月），这一阶段双方要做的工作有：

共同体方面：根据协议规定和共同体援助程序，项目中共同体承担的义务（技术援助、培训安排、设备采购（等）将由共同体成员国一名专业技术机构（或公司）来完成。为此，共同体将通过招标，在成员国内选择执行机构，并代表与中方执行机构签订合同。

中国方面：项目单位根据双方签订的协议，落实配套工程和内投资金，任命项目经理，同时配合共同体对选择的欧共体专家执行机构进行审核确定。

（3）项目执行。项目开始执行的时间，一般从对方专家机构来华执行项目之时算起（或根据协定，从共同体批准第一年度工作计划算起）。项目执行和管理程序有一定要求，现介绍如下：

①执行和管理体制：项目由中方项目单位和欧洲专家机构共同合作执行，中方项目经理和欧方专家组长分别负责履行协议各方项目义务并配合开展所有具体工作。

在项目管理上外经部和共同体委员会将分别通过项目主管部门和共同体驻华代表团对项目的实施进行监督管理，同时建立中欧双方日常工作关系。其中，双方执行机构之间必须拥有日常通讯联系手段。如有必要，协议中将规定项目专设指导委员会或协调委员会来加强项目的执行管理。

②执行步骤：欧共体专家机构在签订执行合同后，一般在2个月内派人来华工作，项

目执行便告开始。来华工作的专家将首先与中方项目单位共同商量制定年度工作计划、预算方案、设备采购方案和培训计划等，并书面报共同体委员会批准。

此后，项目中每一阶段的工作（包括专家来华提供技术指导和合作研究）将按照共同体批准的工作计划来进行，直至项目全部完成。

③援款使用方法：项目援助资金用于项目协议中规定的各项活动，主要包括技术援助、设备援助和培训三大方面。援助资金全部由共同体委员会管理，原则上每一笔开支都是经过中方（项目经理）同意后使用的，即根据批准的工作计划由共同体委员会直接支付各项活动。如，所有技术援助（专家来华工作）活动，由共同体根据专家合同费用支付给专家执行机构；培训和考察费用，由共同体按照专家机构的实际安排来支付，设备援助费用，由共同体根据与设备供货人的合同来支付。由于中方是援助资金的受益和使用者，因此上述每项由共同体资金安排和支付的活动，都必须经中方（项目经理）事先或事后签字证明认可后，共同体方予付款，项目结束时如有剩余资金，双方将协商使用办法。

④设备采购程序：根据共同体援助规定，使用援助资金提供的设备，原则上要经过在共同体成员国范围内的招标来购买，没有极其特殊的原因，这一招标程序是不容免除的。由于招标工作要求的时间长，少量项目急用设备在共同体同意后可由专家机构负责直接购买提供。为此，项目开始执行时，就应尽早制定出设备采购方案报共同体批准。

⑤国外培训和考察：项目内一般都包括一些国外培训和考察活动。根据协议规定，这些活动的安排将由专家机构按照项目的技术领域和要求在共同体成员国内联系落实，个别项目如需要可安排去其他国家地区。

项目所有派出计划的国内审批手续，均由项目主管部门根据协议规定向其上级主管部门（中央单位向主管部委，地方单位向省市区政府）报批。出国人员要严格按技术和业务要求选派，确保他们将来为项目工作和服务。

⑥年度计划和情况报告：项目协议中规定的年度工作计划和每半年、一年的项目进展情况报告由中方（项目经理）与专家机构协商一致，起草完成，并经双方项目负责人共同签字后送交共同体委员会。

凡送交共同体的文件，均用英文一式两份送（寄）交共同体驻华代表团，同时将中、英文各 1 份送外经部。

需要协商共同体审批的临时性专题问题，可随时提交报告，如涉及对原协议内容有调整或修改的问题，必须经项目主管部门报外经部同意后方可向对方正式提出。

（4）专家来华工作。协议中安排的共同体专家来华工作，无论属长期或短期（项目管理、技术指导、合作研究、培训授课、检查评审等）都系技术援助，此项援助由共同体专家执行机构负责提供。项目开始执行后，所有专家来华工作都应是经过双方共同计划安排的。

除协议中有专门规定外，原则上卖方家在华期间的住宿、膳食、医疗、个人娱乐和消费等费用由专家本人负担；工作交通、办公用品、劳动保护等费用由项目单位承担。

（5）检查审评。项目执行过程中，项目单位应随时接受和安排共同体方面和外经部对项目的检查。根据工作需要，外经部或主管部门就项目执行中的特别问题将召集项目有关各方开会讨论解决。

审评工作按协议有关规定，由共同体派专家在中方人员配合下对项目进行中期或终期审评。如协议中无审评安排，则在项目结束时，由项目单位负责自行审评，并将审评结果写入项目最终报告，报告内容一般包括：项目总进程，援助资金实际使用情况，内投资金使用情况，技术援助情况和效果，培训工作总结，援助设备使用情况，项目实现的效益和成果，项目未能解决的问题及原因，项目结束后的工作目标和发展方向等。

（二）联合国项目计划任务书、项目实施计划、项目文件（参考格式）

联合国项目一般都经国际经济交流中心协调中外双方、中方承包者与交流中心签定合同执行。

这里以甘肃草原生态所、新西兰梅西大学与贵州农业厅共同执行联合国"贵州草地农业系统试验示范项目"（1989—1994）和甘肃省治沙研究所执行的"甘肃沙漠综合治理与持续农业"项目为例，说明项目任务书、实施计划及项目文件的格式和主要内容。

1. 贵州草地农业系统试验示范项目计划任务书

A. 概要与背景

B. 项目建设计划

    B_1. 项目地点

    B_2. 项目目标与规模

    B_3. 计划进展

    B_4. 资金来源

C. 经费预算

    C_1. 固定资产

    C_2. 研究费用

    C_3. 培训费用

    C_4. 行政费用

D. 经济效益测算

    D_1. 有关净收入参数的确定

    D_2. 实际（有效）经营规模

    D_3. 净收入总值

    D_4. 资金回收期

E. 项目成员

2. 贵州草地农业系统试验示范项目实施计划

A. 目标与宗旨

B. 草畜生产与经营方向

C. 技术培训

D. 科学试验

E. 基本建设与投资

    E_1. 基本建设

    E_2. 投资

F. 组织领导

G. 项目总体流程表

年度	内容
1988	项目开始执行
⋮	⋮
1994	项目审评、结束

（包括国内外培训计划、专家来华工作日程、项目活动时间表等各种具体表格）

3. 联合国开发计划署与中国政府"甘肃沙漠综合治理与持续农业"项目文件

A. 说明

　A$_1$. 基本情况

　A$_2$. 受援国政策

　A$_3$. 前期或正在进行中的援助

　A$_4$. 下属部门的机构格局

B. 项目理由

　B$_1$. 要解决的问题与现状

　B$_2$. 项目预期结果

　B$_3$. 目标受益者

　B$_4$. 项目战略和机构安排

　B$_5$. 联合国开发计划署援助的理由

　B$_6$. 特殊因素

　B$_7$. 协作安排

　B$_8$. 受援方的能力

C. 开发目标

D. 近期目标、输出与活动

E. 投入

　E$_1$. 政府投入（包括人员、培训、设备、其他经费投入）

　E$_2$. 联合国开发计划署投入（包括国内外专家、培训、设备、其他经费投入）

F. 风险

G. 前期义务和必要条件

H. 项目检查、报告和评估

附件.

五、项目的可行性研究

可行性研究近年来被广泛用于企业投资、工程建设、科研课题等方面。它的基本任务是在各类项目正式立项建设或投资之前，为了减少决策失误，获得最佳效益，进行全面调查研究，从技术、经济、生态等方面进行综合系统分析与评价，论证拟意中的项目在技术上是否先进，经济上是否有效，生态上是否合理，如果有多个方案还要进行比较选优，从而提出可否立项的理由，并写出可行性研究报告，为立项决策以及银行贷款或上级投资提供可靠的依据。

(一) 可行性研究的步骤

当今世界上的许多国家,将可行性研究作为建设项目投资前期阶段的主要内容,是决定项目投资的关键。

1980 年以后,我国在研究了西方国家在投资决策上进行可行性研究的办法,经过不断完善,逐步形成了我国基本建设的程序:"项目建议书——可行性研究——设计任务书——初步设计——施工图设计",将可行性研究正式纳入建设程序。重大科研项目的可行性研究大致也是如此。

可行性研究一般分为如下 4 个步骤:

①投资机会论证;

②初步可行性研究;

③技术经济的可行性研究;

④提出评价报告和决策意见,确定研究方案。

这 4 个步骤是一个由粗到细、由浅入深、逐步深化的可行性研究过程。较小项目不一定分 4 步进行,但必须经过调查研究、收集数据、摸清情况、提出方案、方案比较等环节。

各阶段的关系、目的及要求如图 19-1 所示。

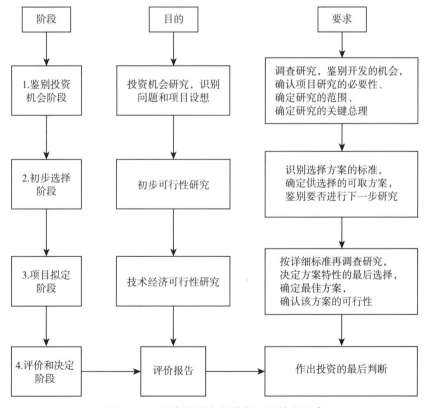

图 19-1 可行性研究的阶段、目的和要求

（二）可行性研究报告及主要内容

通过可行性研究，要提交正式的可行性研究报告。该报告的内容因行业、条件、项目不同而有差异，但一般而言，应具有如下主要内容：

（1）总论。包括项目提出的背景、研究或建议的依据和范围、立项的必要性和意义。

（2）需求预测或拟建（拟研）规模。国内外需求情况调查预测、产品或成果的推广应用前景、最佳建设或试验研究规模、范围。

（3）资源、原材料、燃料、动力及公用设施情况。包括可利用条件评述、供应规划的建议及经济分析。

（4）研究或建设基地选择。选择地点的地理、气候等自然条件和经济、交通等社会状况，基地选择是否合理。

（5）设计方案。包括研究方案和技术路线的论述、分析和比较，研究工作量估算。

（6）环境及社会经济效益综合评价。对项目实施和推广后对社会、经济及环境的影响分别或综合加以评价，提出建议或初步方案。

对草业建设项目，可行性研究的主要内容和基本目的是：

①项目建设的经济效益。包括投资者的利润和生产经营者的利益。

②生态效益。草业既是生产部门，更是生态与环保部门，草业建设项目必须考虑生态效益和持续发展的需要。

③论证草业建设项目在技术和经济上的可行性。只有在技术上具有先进性、经济上有效益时才能立项。

④对草业建设项目的后效益和社会效益进行预测和评估。草地畜牧业生产作为农业的一个部分，是国民经济最重要的基础产业，又是社会效益高而自身效益低的弱质产业，也是周期长、时效久、效益滞后的产业，在项目论证时应充分考虑这些因素，作出符合客观规律的评价。

关于科研项目的可行性论证，这里以农业部"八五"重点科研项目计划"专题可行性论证报告"格式为例，列出其主要应包括的内容：

目的意义；

国内外技术发展概况及国内需求；

现有的工作基础和条件（包括试验手段、技术力量、前期科研工作情况）；

主要研究内容、技术关键及达到的技术指标；

攻关的技术路线及实施方案；

研究任务完成后的技术水平；

本专题直接技术经济及社会效益分析；

推广应用前景；

进度安排；

经费预算（包括国拨、地方自筹）及必要的支撑条件；

专题主持人简介、主要参加人员名单；

其他。

（三）可行性研究的方法

可行性研究的基本方法是进行深入调查，掌握各种信息资料，取得研究根据，运用科学的理论和方法作出合理的评价。

1. 进行深入调查掌握所需的各种信息资料 要从方针、政策、计划、市场、社会与自然环境、建设条件诸方面进行深入、广泛的调查，搜集客观而符合实际情况的经济信息资料，并加以整理、验证，确保调查资料的精确度和可靠度。

2. 取得研究根据 可行性研究必须以各种有效文件、协议为根据。如国家建设方针、政策和国民经济长期规划、地区规划、行业规划；项目建议书和委托单位的设想说明；当地的自然、地理、气象、地质等基本资料；法定或公认的用于项目评价的有关参数、数据、指标等。

3. 进行辅助研究 一般情况下，辅助研究工作可与可行性研究同时进行，在一些大型项目中也可以先行。如市场研究、新产品新技术实验室研究、新品种筛选、"三废"治理试验分析等。

4. 全面综合分析评价 在进行全面调查、收集资料及辅助研究的基础上，运用系统论、决策论的有关原理和方法，对拟设项目技术或学术上的先进性、研究或建设方案的合理性、经济或生态方面的有效性等进行综合分析，多方比较，作出科学评价，从而为决策立项提供可靠的依据。

六、项目管理概述

（一）项目（或课题）管理的意义

课题或项目管理是管理者指导和协调人们完成预期目的所采取的行动，是人们运用调查、决策计划、组织、指挥和监督办法达到预期目的的手段，是保证计划完成、更好地出成果、出人才、出效益的重要环节。

各种项目的管理都应按程序依次进行，大致可分为项目选定、建立项目组、进行项目的中后期管理3个主要步骤。

（二）项目的选定

爱因斯坦曾说过："提出一个问题往往比解决一个问题更重要。因为解决问题也许仅仅是一个数字或实验上的技能而已，而提出新的问题、新的可能性、从新的角度看旧的问题，却需要创造性的想象力，而且标志着科学的真正进步。"

正确的选题对研究的第一步就迈上正确轨道有决定的意义。正确选题一要遵循一定的原则，二要遵守严格的程序，三要掌握科学的方法。

选题原则主要是必要性（有价值）和可行性（有条件）。农牧业研究与开发项目可从经济效益、社会效益、生态效益及学术价值诸方面来考虑。

立项程序的主要步骤是：

1. 全面调查 主要解决可行性问题，对技术路线、研究方法、人财物及社会经济、市场等进行全面调查，并进行系统分析，据此写出《立项报告》或《开题报告》。

《立项报告》的编写：目前国内较通用的《立项报告》除项目名称、承担单位、项目负责人外，主要包括下列内容：

（1）国内外研究概况、水平及发展趋势。

（2）研究的主要内容、目的、意义。

（3）采取的研究、技术路线，制定可比较方案并进行技术、经济比较分析。

（4）计划进度及最终目标（包括经济、社会效益等）。

（5）成果推广应用前景、市场预测。

（6）完成项目已具备条件（工作基础、仪器设备、原材料、协作单位等）。

（7）直接参加项目人员的姓名、年龄、专业、职称、可投入时间。

（8）经费概算。

还有学术委员会、主管单位意见等。

2. 同行评议　邀请熟悉本行专家或对某种技术负有责任的人对项目进行技术经济综合评价，并写出评价报告，作为项目审批的依据。

3. 填报《计划任务书》　基本内容与《立项报告》大体一致，但这是立项的正式文件和依据，故内容应更具体、更明确，要按程序履行批准手续，一经批准，就正式列入国家计划。

有时还需编制项目实施计划，提出具体要求、制定工作进程等。

项目选定除上所述外，有时还采取其他办法，其中签订科研合同和技术招标较为常用。

4. 签订科研合同　是以签订合同代替《计划任务书》，这种方法较简单，由于签了合同当事者甲、乙、丙三方《即提出任务单位、承担任务单位、监督并保证合同执行单位》就成了法人关系，受法律保护和制约。一般有两种情况，一是上级下达项目，二是委托项目，一经签订就按合同依法执行。

5. 招标与投标　在有几个承担单位（投标方）的情况下，选择研究单位的招标方法，可对投标单位进行选择，主要程序为：对投标单位资历预审——招投双方互通情况——投标——开标——评标——签订合同。课题中标后组织实施。

（三）建立项目组

项目一经选定，就应立即组织项目组，进行人员的合理组合与任务分工。

建立项目组应注意以下几点：①简化管理层次，明确业务指导关系，防止多头领导或无人过问的情况，以明确职责、提高效率；②合理确定参加人数及各类人员比例，实行优化组合；③项目组长可由项目人员推选或由上级任命学术造诣较深、有良好组织管理才能的人员担任。

较大项目可分设课题组或专题组。

（四）项目的中后期管理

按照科研项目进行的程序，通常把提出任务阶段及技术准备阶段（包括选题、开题、定题、课题组组建、实施计划制定等）称为项目的前期管理；把研究实施阶段（包括进度检查、协调、阶段小结、分段评审等）称为中期管理；而把项目的总结、鉴定、中试、成果推广等）称为后期管理。根据以上各期特点，在管理上要求前期要抓得准，中期要抓得紧，后期要抓得狠。前期主要是选题、制订计划、要以"准"为主，"好的开始等于成功的一半"，选题准、计划又周密，就为以后的成功奠定了基础。中期主要是实施，搞好组织协调，务质落实，是任务完成的关键，务必抓紧。后期，成果在望、容易产生松劲情绪或虎头蛇尾的情况，要取得最后成果并应用于生产，必须狠抓到底。

中、后期管理的主要任务是：

（1）项目实施中的检查、协调与平衡。为在限期内达标，必须在实施过程中对计划进度、经费使用、人员安排、设备使用等进行检查，加强反馈，及时发现和解决问题。

（2）阶段小结。对年限或周期较长，或有明显阶段性的研究，应进行必要的阶段性小结，以便掌握情况，前后衔接，搞好全程工作。

（3）项目总结。这是研究过程中的最后一道程序，目的在于揭示研究对象的本质和规律性，或找到新的方法或建立试验示范模式。总结的最终形式是研究论文、研究报告、技术图纸或其他技术资料。总结要认真完成下面几项主要工作：数据处理和研究；技术经济效益分析；撰写研究报告和学术论文；进行技术鉴定或验收。

（张自和　编）

主 题 词 索 引

跋

本书为《任继周文集》第八卷。

根据编委会制定的收录原则，《任继周文集》主要包括任继周先生作为第一作者撰写的重要研究论文、学术报告和单独编著或主编的具有代表性的学术专著与教材。《文集》一至四卷为论文，五至十一卷为著作，十二卷为序言、题词等。在全国草业科学界及有关部门的大力支持下，《文集》的一至七卷已正式出版。

本卷为第八卷。本卷收录的是任继周院士于1998年在中国农业出版社出版的《草业科学研究方法》一书。该书首次以四个生产层的体系系统介绍草业科学野外与室内的各种方法与技术，代表草业科学方法论体系的成熟。本书与任继周院士1995年出版的《草地农业生态学》构成了草业科学理论和方法论体系的基础，其出版标志现代草业科学学科体系正式建立。

本卷的编辑工作是由在南志标院士直接指导下开展的，南志标院士同时也承担了大量具体的工作。日常工作由设在兰州大学草地农业科技学院的《任继周文集》办公室承担。傅华教授兼任办公室主任，负责日常工作的领导、督促、检查。任先生的现任助手、兰州大学草地农业科技学院唐增副教授完成文字的录入校订和制图，卫东负责文献的管理和协调。由唐增副教授对全书的图、表、注解、参考文献进行了订对、查补。

甘肃省科技厅张天理厅长和李文卿厅长对本卷的出版始终给予了热情的鼓励与极大的支持。

本卷的出版费用由草地农业生态系统国家重点实验室资助。

《任继周文集》编委会谨向以上单位及个人郑重致谢。

《任继周文集》编委会及办公室工作人员竭尽全力，保证《文集》的质量，但恐仍存有个别文字错误，敬请读者见谅。

图书在版编目（CIP）数据

任继周文集. 第 8 卷，草业科学研究方法 / 任继周著 .
—北京：中国农业出版社，2018.8
ISBN 978-7-109-24469-6

Ⅰ. ①任… Ⅱ. ①任… Ⅲ. ①任继周－文集②草原学
－文集 Ⅳ. ①S812-53

中国版本图书馆 CIP 数据核字（2018）第 182560 号

中国农业出版社出版
（北京市朝阳区麦子店街 18 号楼）
（邮政编码 100026）
责任编辑 刘博浩

北京通州皇家印刷厂印刷 新华书店北京发行所发行
2018 年 8 月第 1 版 2018 年 8 月北京第 1 次印刷

开本：787mm×1092mm 1/16 印张：31.5 插页：6
字数：720 千字
定价：200.00 元
（凡本版图书出现印刷、装订错误，请向出版社发行部调换）